AF456810

Analytiker-Taschenbuch · Band 7

Analytiker-Taschenbuch

Band 7

Herausgegeben von

W. Fresenius · H. Günzler · W. Huber
H. Kelker · I. Lüderwald
G. Tölg · H. Wisser

Mit 208 Abbildungen und zahlreichen Tabellen

Springer-Verlag
Berlin Heidelberg New York
London Paris Tokyo

Prof. Dr. WILHELM FRESENIUS
Institut Fresenius
Im Maisel, D-6204 Taunusstein

Dr. HELMUT GÜNZLER
BASF Aktiengesellschaft, ZAM Analytik – M 325
D-6700 Ludwigshafen

Dr. WALTER HUBER
BASF Aktiengesellschaft, ZAM Analytik – M 320
D-6700 Ludwigshafen

Prof. Dr. HANS KELKER
Rauenthaler Weg 26
D-6000 Frankfurt am Main 71

Prof. Dr. INGO LÜDERWALD
Dr. Karl Thomae GmbH
Analytik/Qualitätskontrolle
Postfach 1755
D-7950 Biberach

Prof. Dr. GÜNTER TÖLG
Institut für Spektrochemie
Bunsen-Kirchhoff-Str. 11
D-4600 Dortmund 1

Prof. Dr. Dr. HERMANN WISSER
Robert-Bosch-Krankenhaus
Auerbachstr. 110
D-7000 Stuttgart 50

CIP-Kurztitelaufnahme der Deutschen Bibliothek
Analytiker-Taschenbuch Band 7
Berlin, Heidelberg, New York: Springer, 1988

ISBN-13: 978-3-642-72591-3 e-ISBN-13: 978-3-642-72590-6
DOI: 10.1007/978-3-642-72590-6

Softcover reprint of the hardcover 1st edition 1988

Bindearbeiten: Lüderitz & Bauer, Berlin
2154/3020-543210

Vorwort

Die Analytische Chemie ist eine angewandte Wissenschaft, die heute mehr denn je weit über Chemie, Biochemie und Lebensmittelchemie hinaus für Biologie, Klinische Medizin, Geowissenschaften, Werkstoffwissenschaften, Umweltforschung, Umweltüberwachung und auch für die Physik grundlegende Bedeutung erlangt hat. Aus diesem interdisziplinären Zusammenwirken erwuchs eine Fülle neuer analytischer Aufgaben und Möglichkeiten: Der Physik und der Physikalischen Chemie verdankt die Analytik neue Methoden; die Automatisierung der chemischen Analytik ist in rascher Entwicklung begriffen; die Techniken der elektronischen Datenverarbeitung eröffneten der Analytik eine neue Dimension an Qualität und bislang nicht gangbare methodische Strategien. Aus dieser Situation entstand die Forderung nach einem aktuellen, handlichen Taschenbuch, das am Arbeitsplatz kurz gefaßte und präzise Informationen über Prinzip und Anwendbarkeit der analytischen Verfahren bietet.

Das bislang etwa jedes Jahr erscheinende Werk soll, der fortschreitenden Entwicklung folgend, in einer Reihe von Einzelbeiträgen neue wie auch bewährte klassische „Grundlagen", „Methoden" und „Anwendungen" beschreiben. Im Anschluß an diesen Beitragsteil erscheinen (ab Band 2) einige für den Analytiker nützliche Informationen ständig gleichbleibend als „Basisteil", der in den Folgebänden ergänzt bzw. überarbeitet wird. Die Auswahl der Beiträge erfolgt nach Aktualität des Themas oder aufgrund des technischen, methodischen oder anwendungsbezogenen Fortschrittes analytischer Verfahren. Das Taschenbuch hat seine Aufgabe dann erfüllt, wenn es dem analytisch Arbeitenden ein Hilfsmittel am Arbeitsplatz ist, das ihm täglich auftretende Fragen beantwortet oder ihm Hinweise gibt, wo er eine Antwort finden kann.

Von einem jeden Band einzeln erschließenden Sachregister wurde von Band 7 an abgesehen; statt dessen ist geplant, Band 10 mit einem alle bis dahin erschienenen Beiträge umfassenden Register zu versehen. Das Autorenverzeichnis wird dagegen von Band zu Band ergänzt. Um eine optimale Inhaltsübersicht zu gewährleisten, werden von Band 4 ab die Inhaltsverzeichnisse der vorangegangenen Bände abgedruckt.

W. Fresenius, H. Günzler, W. Huber, H. Kelker, I. Lüderwald, G. Tölg, H. Wisser

Autoren

Prof. Dr. K. Ballschmiter
Universität Ulm, Analytische Chemie,
Postfach 40 66, D-7900 Ulm
Dr. G. Baumann
Chemische Werke Hüls AG, Umweltschutz, Postfach 1320, D-4370 Marl
Prof. Dr. W. Baumann
Fachbereich Chemie, Universität Mainz
Jakob-Welder-Weg 26, D-6500 Mainz
Prof. Dr. G. Blaschke
Institut für Pharmazeutische Chemie der Westfälischen
Wilhelms-Universität Münster, Hittorfstr. 58–62, D-4400 Münster
Prof. Dr. S. Ebel
Bayerische Julius-Maximilians-Universität Würzburg
Institut für Pharmazie und Lebensmittelchemie
Am Hubland, D-8700 Würzburg
Dr. W. Frede
Chemische Lebensmitteluntersuchungsanstalt im Hygienischen Institut
Marckmannstr. 129a, D-2000 Hamburg 28
Prof. Dr. W. A. König
Institut für Organische Chemie, Universität Hamburg
Martin-Luther-King-Platz 6, D-2000 Hamburg 13
Dr. J. Möller
TECATOR AB, P. O. Box 70, S-26301 Höganäs/Schweden
Prof. Dr. R. Nießner
Universität Dortmund, Fachbereich Chemie
Postfach 50 05 00, D-4600 Dortmund 50
Prof. Dr. G. Schwedt
Institut für Lebensmittelchemie der Universität Stuttgart
Pfaffenwaldring 55, D-7000 Stuttgart 80
Dr. R. Westermeier
Pharmacia LKB GmbH, D-7800 Freiburg 1
Dr. P. Wölfel
Zweckverband Landeswasserversorgung, Postfach 665,
Schützenstraße 4, D-7000 Stuttgart 1

Inhaltsverzeichnis

I. Grundlagen

II. Methoden

III. Anwendungen

IV. Basisteil

Inhalt der Bände 1–6

Band 1

I. Grundlagen

II. Methoden

III. Anwendungen

Band 2

I. Grundlagen

II. Methoden

III. Anwendungen

IV. Basisteil

Band 3

I. Grundlagen

Band 4

Band 5

Band 6

I. Grundlagen

II. Methoden

III. Anwendungen

IV. Basisteil

I. Grundlagen

Statistische Methoden für die Analytik
Grundlagen und praktische Anwendungen

Professor Dr. Wolfram Baumann

Fachbereich Chemie, Universität Mainz
Jakob-Welder-Weg 26, D-6500 Mainz

1 Einleitung

Im Laufe ihrer langen Geschichte hat die Chemie zum besseren Verständnis und zur genaueren Beschreibung experimentell beobachteter Phänomene zunehmend kompliziertere mathematische Formalismen herangezogen und auch mitentwickelt – man denke zum Beispiel an Thermodynamik, die Kinetik und die Quantenchemie. Mit den Angaben von Mittelwerten und Standardabweichungen als Mittel etwa zur zusammenfassenden Angabe einer Reihe von Meßergebnissen hat sie auch Hilfsmittel der

Statistik benutzt. Aber erst die Entwicklung der modernen analytischen Chemie zu einem betont quantitativen Zweig der Chemie, der obendrein über die angewandten Nachweismethoden heute in hohem Maße physikalisch durchdrungen ist, hat in jüngster Zeit die Anwendung auch komplizierterer Methoden der Statistik in rasch wachsendem Umfang notwendig gemacht.

Betrachtet man die sich dann mit der Anwendung solcher Methoden dem analytisch arbeitenden Chemiker stellenden Probleme genauer, so zeigt sich, daß nicht so sehr die richtige Anwendung von statistischen Arbeitsvorschriften und ihre korrekte rechnerische Abarbeitung Schwierigkeiten bereiten, sondern daß einige recht wenige Grundvorstellungen aus Statistik und Wahrscheinlichkeitstheorie meist nicht vorhanden sind, was dann eine wohlverstandene und damit angemessene Anwendung statistischer Methoden oft sehr erschwert, wenn nicht überhaupt unmöglich macht.

Daher soll dieser Artikel vor allem die Grundbegriffe und Grundgedanken aus Wahrscheinlichkeitstheorie und mathematischer Statistik diskutieren, wobei naturgemäß auf Grundbegriffe der Mathematik nicht verzichtet werden kann.

Es soll dann weiter gezeigt werden, daß Fehlerangaben zum Beispiel bei der Angabe eines mittleren Wirkstoffgehalts mit Mitteln der Statistik nicht „richtiger“ oder „besser“ werden, daß vielmehr die Statistik uns Mittel an die Hand gibt, subjektive Willkür in der Schätzung von Fehlern durch objektive, übertragbare und quantitative, in ihrer Unsicherheit definierte Fehlerangaben zu ersetzen.

Um das gestellte Ziel zu erreichen, darf der Artikel keine lehrbuchähnliche Breite haben — er muß sich auf die modellhaft wichtigsten Anwendungen der Statistik in der analytischen Chemie beschränken. Danach sollte der Leser in der Lage sein, mit Hilfe von Lehrbüchern der Statistik speziellere statistische Methoden auf seine vielleicht komplizierteren Verhältnisse richtig anzuwenden.

2 Wahrscheinlichkeitstheorie und Eigenschaften von Grundgesamtheiten

2.1 Ereignisse

Führt man ein Experiment durch, so ist sein Ergebnis mehr oder weniger zufallsbedingt — wiederholte Durchführung ein und desselben Experiments führt zu mehr oder weniger unterschiedlichen Ergebnissen. Man spricht daher von einem *Zufallsexperiment*.

Führt man ein solches Zufallsexperiment einmal aus, beobachtet man als Ergebnis ganz allgemein ein *Ereignis*. Solche Ereignisse sind z. B. mit einem Photometer gemessene Extinktionswerte.

Jedes solches Ereignis ist eine Teilmenge der *Grundgesamtheit* genannten Menge E aller bei dem betrachteten Experiment möglichen *Elementarereignisse* e_i, also $E = \{e_i\}$.

Als sicheres *Ereignis* S bezeichnet man das Ereignis, das alle Elemente der Menge E enthält.

Als *unmögliches Ereignis* 0 bezeichnet man das Ereignis, das kein Element der Menge E enthält.

Das zum Ereignis A *komplementäre Ereignis* $\bar{A}$ ist definiert als

$$\bar{A} = E - A. \tag{1}$$

Zur späteren Berechnung von Wahrscheinlichkeiten braucht man auch in der Praxis häufig Verknüpfungsregeln zwischen zwei (oder analog mehreren) Ereignissen:

$$C_1 = A + B \tag{2}$$

ist das Ereignis, das eintritt, wenn A oder B oder A und B gemeinsam eintreten,

$$C_2 = A - B \tag{3}$$

ist das Ereignis, das eintritt, wenn A eintritt und gleichzeitig B nicht eintritt,

$$C_3 = A \cdot B \tag{4}$$

ist das Ereignis, das eintritt, wenn sowohl A als auch B eintritt.

Kann man ein Ereignis in der Form darstellen:

„Eine Funktion X hat den Wert x angenommen", nennt man diese Funktion *Zufallsvariable* $\mathcal{X}$ (hier durch Kursivdruck gekennzeichnet). Die Zufallsvariablen der analytischen Chemie sind die durch die jeweiligen experimentellen Vorschriften gegebenen *Meßgrößen*; es liefert die i-te Beobachtung einer Meßgröße $\mathcal{X}$ einen (von i. A. vielen möglichen) *Meßwert* x_i.

Auch bei Fragestellungen wie dem Sortieren in „gut" und „schlecht" kann man stets eine Funktion $\mathcal{X}$ definieren, deren Meßwerte etwa 0 (für „schlecht") und 1 (für „gut") sein können. Vorteil des Umgangs mit Zufallsvariablen gegenüber dem mit den Ereignissen selbst ist, daß man sie mathematisch wie Funktionen behandeln kann.

2.2 „Wahrscheinlichkeit" von Ereignissen

Es werde betrachtet ein Zufallsexperiment, das Ereignisse A liefert, etwa die Messung der Meßgröße $\mathcal{X}$ mit Meßwerten $X = x_i$.

Dann existiert zu jedem Ereignis A eine Zahl P(A) genannt *Wahrscheinlichkeit* dieses Ereignisses.

Also ist $P(\mathcal{X} = x_1)$ oder kurz $P(x_1)$ die Wahrscheinlichkeit dafür, daß bei einer Messung der Meßgröße $\mathcal{X}$ der Meßwert x_1 gefunden wird, und es ist $P(a < \mathcal{X} \leqq b)$ die Wahrscheinlichkeit dafür, daß die Messung der Meßgröße $\mathcal{X}$ irgendeinen Wert im Intervall $a < x \leqq b$ liefert.

Es gelten folgende, für die Praxis wichtige Regeln für den Umgang mit Wahrscheinlichkeiten, die allerdings nicht alle benötigt werden, um eine Wahrscheinlichkeitstheorie zu begründen.

1. $0 \leqq P(A) \leqq 1$ (5)
2. $P(S) = 1$ (6)
3. $P(0) = 0$ (7)

4. $P(A) = 1 - P(\bar{A})$ (8)

   oder analog

   $P(\mathcal{X} > c) = 1 - P(\mathcal{X} \leqq c)$.

5. Wenn zwei Ereignisse A_1 und A_2 sich gegenseitig ausschließen, gilt

$$P(A_1 + A_2) = P(A_1) + P(A_2). \quad (9)$$

6. Wenn zwei Ereignisse A_1 und A_2 unabhängig voneinander sind, gilt

$$P(A_1 \cdot A_2) = P(A_1)\, P(A_2). \quad (10)$$

P(A) kann häufig als sogenannte a priori-Wahrscheinlichkeit in vielen Modellfällen sofort aus den Gegebenheiten des betrachteten Experiments angegeben werden. In den den analytischen Chemiker interessierenden Fällen kann sie gewöhnlich nur über eine sehr große Anzahl von Wiederholungen des Experiments – und dann grundsätzlich nur näherungsweise – als a posteriori-Wahrscheinlichkeit angegeben werden.

Beispiel:

Gegeben sei ein regulärer Würfel, der hintereinander zweimal geworfen werde. Die Wahrscheinlichkeit, mit Wurf a z. B. eine 1 zu würfeln, ist $P_a(1) = 1/6$ (da alle 6 Seiten gleich wahrscheinlich sind), die Wahrscheinlichkeit, mit Wurf b z. B. eine 4 zu würfeln, ist $P_b(4) = 1/6$.
Wegen der Unabhängigkeit der beiden Würfe ist die Wahrscheinlichkeit $P_{ab}(1{,}4)$ mit Wurf a eine 1 und mit b eine 4 zu würfeln, gleich $P_{ab}(1{,}4 = P_a(1) \cdot P_b(4) = 1/36$.
Fragt man lediglich nach der Wahrscheinlichkeit der Zahlenkombination 1,4 ohne Zuordnung zu einem bestimmten Wurf, dann ist nach Axion III

$$P(1{,}4) = P_{ab}(1{,}4 + 4{,}1) = P_{ab}(1{,}4) + P_{ab}(4{,}1) = \frac{2}{36}.$$

Würde der Würfel unregelmäßig abgenutzt sein, kann P(1) oder P(4) nur nach sehr vielen Würfen ungefähr angegeben werden, und beide Werte werden wohl unterschiedlich und nicht gleich 1/6 sein.

2.3 Wahrscheinlichkeitsfunktion und Verteilungsfunktion einer diskreten Zufallsvariablen

Eine Zufallsvariable bzw. Meßgröße $\mathcal{X}$ heißt *diskret*, wenn sie

1. nur endlich viele oder abzählbar unendlich viele reelle Werte x annehmen kann und wenn
2. in jedem endlich Intervall nur endlich viele solcher Werte liegen.

Über die Wahrscheinlichkeit

$$P(\mathcal{X} = x_i) = p_i \quad (11)$$

der diskreten Ereignisse $\mathcal{X} = x_i$ wird die *Wahrscheinlichkeitsfunktion* f(x) der Zufallsvariablen bzw. Meßgröße $\mathcal{X}$ definiert

$$f(x) = \begin{cases} p_i & \text{für} \quad x = x_i \\ 0 & \text{für alle übrigen x.} \end{cases} \quad (12)$$

Da die Ereignisse $\mathcal{X} = x_i$ sich gegenseitig ausschließen, folgt nach Gl. (9)

$$P(a < \mathcal{X} \leqq b) = \sum_{a<x_i\leqq b} f(x_i) = \sum_{a<x_i\leqq b} p_i \tag{13}$$

und wegen Gl. (6)

$$P(-\infty < \mathcal{X} \leqq +\infty) = 1 = \sum_{-\infty<x\leqq+\infty} f(x_i). \tag{14}$$

Vereinbarungsgemäß betrachtet man stets nach unten offene, nach oben geschlossene Intervalle, was eine der beiden Möglichkeiten ist, Intervalle formal sauber aneinander anzuschließen.

Analog wird über die Wahrscheinlichkeit $P(\mathcal{X} \leqq x)$ die *Verteilungsfunktion* F(x) der Zufallsvariablen bzw. Meßgröße $\mathcal{X}$ definiert

$$F(x) = P(\mathcal{X} \leqq x). \tag{15}$$

Da $\mathcal{X} \leqq \infty$ ein sicheres Ereignis bedeutet, $\mathcal{X} \leqq -\infty$ ein unmögliches Ereignis, folgt sofort aus Gl. (15) und Gln. (6) bzw. (7)

$$F(+\infty) = 1, \tag{16}$$

$$F(-\infty) = 0. \tag{17}$$

Die Verteilungsfunktion kann demnach nur Werte zwischen 0 und 1 annehmen. Zwischen F(x) und f(x) besteht ein wichtiger Zusammenhang, der durch Vergleich von Gl. (13) mit $a = -\infty$ und $b = x$ und Gl. (15) sofort ersichtlich ist

$$F(x) = \sum_{-\infty<x_i\leqq x} f(x_i). \tag{18}$$

Kennt man F(x), dann kann die Wahrscheinlichkeit $P(a < \mathcal{X} \leqq b)$ sofort einfach berechnet werden. Denn da die Ereignisse $a < \mathcal{X} \leqq b$ und $\mathcal{X} \leqq a$ sich gegenseitig ausschließen, ist

$$P(a < \mathcal{X} \leqq b) + P(\mathcal{X} \leqq a) = P(\mathcal{X} \leqq b), \tag{19}$$

und es folgt mit Gl. (15)

$$\begin{aligned} P(a < \mathcal{X} \leqq b) &= P(\mathcal{X} \leqq b) - P(\mathcal{X} \leqq a) \\ &= F(b) - F(a). \end{aligned} \tag{20}$$

Graphisch zeigt die Abb. 1 den Zusammenhang von F(x) und f(x) für das Beispiel des regulären Würfels.

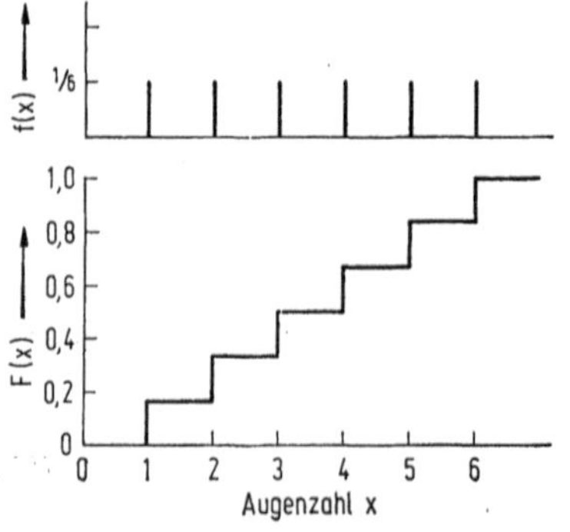

Abb. 1. Graphische Darstellung von f(x) und F(x) beim regulären Würfel. Bei einem irregulären Würfel wären für die x_i die $f(x_i)$ unterschiedlich und folglich wären die Stufen in F(x) unterschiedlich hoch

2.4 Wahrscheinlichkeitsdichte und Verteilungsfunktion einer stetigen Zufallsvariablen

Eine Zufallsvariable bzw. Meßgröße $\mathcal{X}$ heißt *stetig*, wenn

1. die zugehörige *Verteilungsfunktion* F(x) in Integralform dargestellt werden kann:

$$F(x) = P(\mathcal{X} \leqq x) = \int_{-\infty}^{x} f(r)\,dr \qquad (21)$$

und

2. der Integrand f(r) eine nichtnegative und bis auf höchstens endlich viele Punkte stetige Funktion ist.

Diese Voraussetzungen erfüllen viele der in einem analytischen Labor anfallenden Meßgrößen, so daß es der analytische Chemiker vorwiegend mit stetigen Zufallsvariablen zu tun hat.

Der Integrand f(r) heißt *Wahrscheinlichkeitsdichte* und gibt die Verteilung der Wahrscheinlichkeit auf die Werte x der Meßgröße $\mathcal{X}$ an. f(x) kann aus F(x) durch Differentiation erhalten werden

$$f(x) = F'(x). \qquad (22)$$

Die Beziehungen Gl. (16) und Gl. (17) gelten mit derselben Argumentation wie dort auch bei stetigen Zufallsvariablen bzw. Meßgrößen. Insbesondere gilt auch die häufig benutzte Beziehung

$$P(a < \mathcal{X} \leqq b) = \int_{a}^{b} f(r)\,dr = F(b) - F(a), \qquad (23)$$

die, wie unter 2.3 gezeigt, bewiesen werden kann.

Abbildung 2 veranschaulicht F(x) und f(x) und ihre Wechselbeziehungen am Beispiel der Streuung der Meßwerte x einer typischen stetigen Meßgröße $\mathcal{X}$.

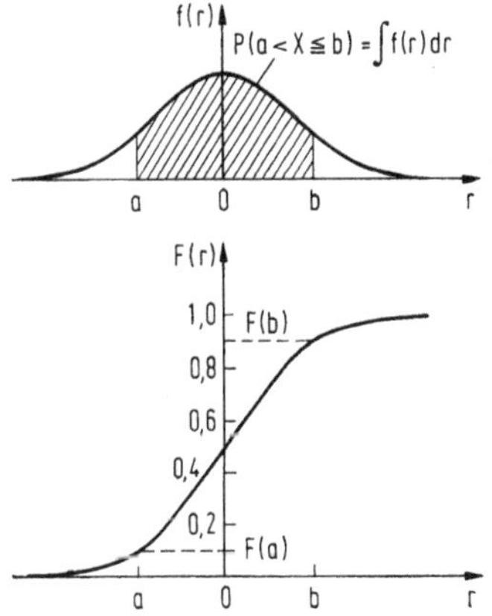

Abb. 2. Graphische Darstellung von f(x) und F(x). P (a < X ≦ b) wird aus f(x) durch Integration von a bis b und aus F(x) durch einfache Differenzbildung der Funktionswerte bei b und a erhalten

2.5 Maßzahlen

Maßzahlen sind aus der Wahrscheinlichkeitsfunktion bzw. -dichte einer Zufallsvariablen $\mathcal{X}$ nach bestimmten Vorschriften abgeleitete Größen, bzw. im konkreten Einzelfall die Zahlenwerte dieser Größen. Sie kennzeichnen zwar die betrachtete *Verteilung* der Wahrscheinlichkeit auf die möglichen Ereignisse $\mathcal{X} = x$ in gewisser Weise, beinhalten aber nicht mehr die vollständige Information, wie sie mit F(x) oder f(x) gegeben ist.

Da Maßzahlen andererseits als einfache Zahlen viel bequemer handhabbar sind als z. B. diskrete Verteilungsfunktionen, ist es nicht verwunderlich, daß einige von ihnen herausragende Bedeutung erlangt haben. Dies sind insbesondere solche Maßzahlen, die eine Aussage zur Lage der Verteilung einer Meßgröße oder zu deren Streubreite machen. Die wichtigsten, *Mittelwert* und *Varianz*, sind Spezialfälle von allgemeineren Maßzahlen, den *Momenten*.

2.5.1 Der Erwartungswert

Der *Erwartungswert* $\mathcal{E}(g(\mathcal{X}))$ einer Funktion g der Zufallsvariablen $\mathcal{X}$ ist definiert als

$$\mathcal{E}(g(\mathcal{X})) = \sum_i g(x_i)\, f(x_i) \qquad \text{für diskrete Zufallsvariable} \qquad (24)$$

$$\mathcal{E}(g(\mathcal{X})) = \int_{-\infty}^{+\infty} g(x)\, f(x)\, dx \qquad \text{für stetige Zufallsvariable.} \qquad (25)$$

2.5.2 Das k-te Moment

Das *k-te Moment* der Verteilung einer Zufallsvariablen $\mathcal{X}$ ist definiert als der Erwartungswert der k-ten Potenz der Funktion $g(\mathcal{X}) = \mathcal{X}$, also

$$\mathcal{E}(\mathcal{X}^k) = \sum_i x_i^k\, f(x_i) \qquad \text{für diskrete Zufallsvariable} \qquad (26)$$

$$\mathcal{E}(\mathcal{X}^k) = \int_{-\infty}^{+\infty} x^k f(x)\, dx \qquad \text{für stetige Zufallsvariable.} \qquad (27)$$

Das erste Moment einer Verteilung nennt man *Mittelwert* μ der Verteilung, also

$$\mu = \mathcal{E}(\mathcal{X}) = \sum_i x_i f(x_i) \qquad \text{für diskrete Zufallsvariable} \qquad (28)$$

$$\mu = \mathcal{E}(\mathcal{X}) = \int_{-\infty}^{+\infty} x f(x)\, dx \qquad \text{für stetige Zufallsvariable.} \qquad (29)$$

2.5.3 *Das k-te zentrale Moment*

Das *k-te zentrale Moment* der Verteilung einer Zufallsvariablen $\mathcal{X}$ ist definiert als der Erwartungswert der k-ten Potenz der Funktion $g(\mathcal{X}) = (\mathcal{X} - \mu)$, also

$$\mathcal{E}((\mathcal{X} - \mu)^k) = \sum_i (x_i - \mu)^k f(x_i) \quad \text{für diskrete Zufallsvariable} \tag{30}$$

$$\mathcal{E}((\mathcal{X} - \mu)^k) = \int_{-\infty}^{+\infty} (x - \mu)^k f(x)\, dx \quad \text{für stetige Zufallsvariable.} \tag{31}$$

Das zweite zentrale Moment einer Verteilung nennt man *Varianz* σ^2 der Verteilung, also

$$\sigma^2 = \mathcal{E}((\mathcal{X} - \mu)^2) = \sum_i (x_i - \mu)^2 f(x_i) \text{ für diskrete Zustandsvariable} \tag{32}$$

$$\sigma^2 = \mathcal{E}((\mathcal{X} - \mu)^2) = \int_{-\infty}^{+\infty} (x - \mu)^2 f(x)\, dx \text{ für stetige Zufallsvariable.} \tag{33}$$

Es kann einfach gezeigt werden, daß gilt:

$$\sigma^2 = \mathcal{E}(\mathcal{X}^2) - (\mathcal{E}(\mathcal{X}))^2 = \mathcal{E}(\mathcal{X}^2) - \mu^2. \tag{34}$$

Die höheren zentralen Momente und auch Momente benötigt der analytische Chemiker nur in seltenen Fällen, z. B. das dritte zentrale Moment zur Charakterisierung der Schiefe einer unsymmetrischen Verteilung von Meßgrößen (siehe dazu Lehrbücher).

2.5.4 *Die Kovarianz zweier Zufallsvariabler*

Es seien $\mathcal{X}$ und $\mathcal{Y}$ zwei Zufallsvariable und

$$\mathcal{Z} = \mathcal{X} + \mathcal{Y} \tag{35}$$

deren Summe. Dann gilt nach Gl. (34) für die Varianz von $\mathcal{Z}$

$$\sigma_z^2 = \mathcal{E}(\mathcal{Z}^2) - (\mathcal{E}(\mathcal{Z}))^2, \tag{36}$$

woraus nach Einsetzen von Gl. (35) folgt

$$\sigma_z^2 = \sigma_x^2 + \sigma_y^2 + 2\sigma_{xy}, \tag{37}$$

mit der *Kovarianz* σ_{xy} der Zufallsvariablen $\mathcal{X}$ und $\mathcal{Y}$

$$\sigma_{xy} = \mathcal{E}(\mathcal{X}\mathcal{Y}) - \mathcal{E}(\mathcal{X})\,\mathcal{E}(\mathcal{Y}). \tag{38}$$

Für zwei unabhängige Zufallsvariable $\mathcal{X}$ und $\mathcal{Y}$ gilt

$$\sigma_{xy} = 0. \tag{39}$$

Dann folgt aus Gl. (37)

$$\sigma_z^2 = \sigma_x^2 + \sigma_y^2, \tag{40}$$

das heißt, die Varianz der Summe zweier (auch mehrerer) unabhängiger Zufallsvariabler ist gleich der Summe der Varianzen.

2.5.5 Der Korrelationskoeffizient zwischen zwei Zufallsvariablen $\mathcal{X}$ und $\mathcal{Y}$

$$\rho_{xy} = \frac{\sigma_{xy}}{\sigma_x \sigma_y} \tag{41}$$

heißt *Korrelationskoeffizient* zwischen $\mathcal{X}$ und $\mathcal{Y}$.

Man sagt, $\mathcal{X}$ und $\mathcal{Y}$ sind *unkorreliert*, wenn $\rho = 0$. Insbesondere sind zwei unabhängige Zufallsvariable (da dann $\sigma_{xy} = 0$) auch unkorreliert. Zwischen zwei Zufallsvariablen bzw. Meßgrößen $\mathcal{X}$ und $\mathcal{Y}$ besteht genau dann eine lineare Beziehung der Form

$$\mathcal{Y} = a\mathcal{X} + b, \tag{42}$$

wenn gilt $\rho_{xy} = 1$.

Der einfache Beweis, der in beiden Richtungen gleichermaßen läuft, soll hier als Beispiel für das Rechnen mit Erwartungswerten gebracht werden.

$$\rho_{xy} = \frac{\sigma_{xy}}{\sigma_x \sigma_y} = \frac{\mathcal{E}(\mathcal{X}\mathcal{Y}) - \mathcal{E}(\mathcal{X})\,\mathcal{E}(\mathcal{Y})}{\sigma_x \sigma_y}. \tag{43}$$

Wegen Gl. (42) ist

$$\begin{aligned} \sigma_{xy} &= \mathcal{E}(a\mathcal{X}^2 + \mathcal{X}b) - \mathcal{E}(\mathcal{X})\,\mathcal{E}(a\mathcal{X} + b) \\ &= a\mathcal{E}(\mathcal{X}^2) + b\mathcal{E}(\mathcal{X}) - a(\mathcal{E}(\mathcal{X}))^2 - b\mathcal{E}(\mathcal{X}) \\ &= a[\mathcal{E}(\mathcal{X}^2) - (\mathcal{E}(\mathcal{X}))^2] = a\sigma_x^2. \end{aligned} \tag{44}$$

$$\begin{aligned} \sigma_y^2 &= \mathcal{E}(\mathcal{Y}^2) - (\mathcal{E}(\mathcal{Y}))^2 \\ &= \mathcal{E}(a^2\mathcal{X}^2 + b^2 + 2ab\mathcal{X}) - a^2(\mathcal{E}(\mathcal{X}))^2 - b^2 - 2ab\mathcal{E}(\mathcal{X}) \\ &= a^2\mathcal{E}(\mathcal{X}^2) - a^2(\mathcal{E}(\mathcal{X}))^2 = a^2\sigma_x^2. \end{aligned} \tag{45}$$

Also ist

$$\rho_{xy} = \frac{\sigma_{xy}}{\sigma_x \sigma_y} = \frac{a\sigma_x^2}{\pm\sigma_x a \sigma_x} = \pm 1. \tag{46}$$

2.6 Einige häufig benötigte Verteilungen

2.6.1 Die Binominalverteilung

Die diskrete Binominalverteilung beschreibt Verteilungen von Meßgrößen, die bei Experimenten beobachtet werden, die dem folgenden *Bernoulli*-Zufallsexperiment entsprechen:

1. Die mit dem Experiment verknüpfte Zufallsvariable bzw. Meßgröße $\mathcal{X}_1$ kann bei einmaliger Ausführung des Experiments nur zwei Werte annehmen, 1 und 0.
2. $P(\mathcal{X}_1 = 1) = p$
   und damit
   $P(\mathcal{X}_1 = 0) = 1 - p$.
3. Die Werte, die $\mathcal{X}_1$ bei wiederholter Ausführung des Experiments annimmt, sind voneinander unabhängig.

Führt man das Experiment n-mal aus, kann die diskrete Meßgröße $\mathcal{X}_n$ Werte von $\mathcal{X} = 0$ bis $\mathcal{X} = n$ annehmen; ihre Verteilung ist die *Binominalverteilung* mit

$$f(x) = \begin{cases} \binom{n}{x} p^x(1-p)^{n-x} & \text{für } x = 0, 1, 2, \ldots, n \\ 0 & \text{für alle übrigen } x. \end{cases} \tag{47}$$

Zwei Parameter bestimmen die Form der Verteilung:

1. p mit $0 < p \leqq 1$
2. n mit $n = 1, 2, 3, \ldots,$

wobei $\binom{n}{k}$ die Binominalkoeffizienten sind:

$$\binom{n}{k} = \frac{n!}{(n-k)!\,k!}. \tag{48}$$

Mit den Gln. (28) und (32) können die Maßzahlen μ und σ^2 berechnet werden

$$\mu = np \tag{49}$$

$$\sigma^2 = np(1-p). \tag{50}$$

Die Binominalverteilung spielt vor allem bei Sortierproblemen und im biologischen Bereich eine Rolle.

2.6.2 Die Poissonverteilung

Die diskrete Poissonverteilung beschreibt Verteilungen von Meßgrößen, die bei Experimenten beobachtet werden, die dem folgenden Poisson-Modell-Zufallsexperiment entsprechen.

1. Die mit dem Experiment verknüpfte Zufallsvariable bzw. Meßgröße $\mathcal{X}_0$ kann in einem gegen Null strebenden Zeitintervall δt nur zwei Werte annehmen, 1 oder 0.
2. $P(\mathcal{X}_0 = 1, \delta t) = \lambda \cdot \delta t$
   und damit
   $P(\mathcal{X}_0 = 0, \delta t) = 1 - \lambda \cdot \delta t$.
3. Die Werte, die $\mathcal{X}_0$ bei wiederholter Ausführung zu verschiedenen Zeiten annimmt, sind voneinander unabhängig.

Beobachtet man das Experiment in einem endlichen Zeitintervall t, kann die diskrete Meßgröße $\mathcal{X}_t$ die Werte 0, 1, 2, ... annehmen; ihre Verteilung ist die Poissonverteilung mit

$$f(x) - \begin{cases} \frac{e^{-a}a^x}{x!} & \text{für } x = 0, 1, 2, \ldots, \\ 0 & \text{für alle übrigen } x, \text{ wobei } a = \lambda \cdot t \text{ ist.} \end{cases} \tag{51}$$

Nur ein Parameter bestimmt bie Form der Poisson-Verteilung:

$$a > 0.$$

Die Maßzahlen μ und σ^2 können berechnet werden zu

$$\mu = a, \tag{52}$$

$$\sigma^2 = a. \tag{53}$$

Es soll hier darauf hingewiesen werden, daß bei solchen unsymmetrischen Verteilungen der Mittelwert auch nicht näherungsweise mit dem wahrscheinlichsten Wert, also dem mit größtem f(x), zusammenfällt!

Die Poisson-Verteilung spielt vor allem bei Analysen an radioaktiven Proben über Zählverfahren eine Rolle.

2.6.3 Die Normal- oder Gauß-Verteilung

Die stetige Normalverteilung beschreibt meist recht gut Verteilungen von stetigen Meßgrößen $\mathcal{X}$, deren Werte x nur wenig um einen vergleichsweise großen Mittelwert schwanken. Da solche Verteilungen auch in der analytischen Chemie überwiegen, hat die Normalverteilung besondere Bedeutung. Sie ist durch ihre Wahrscheinlichkeitsdichte

$$f(x) = \frac{1}{\sigma\sqrt{2\pi}} \exp\left[-(x-\mu)^2/2\sigma^2\right] \tag{54}$$

oder ihre Verteilungsfunktion

$$F(x) = \frac{1}{\sigma\sqrt{2\pi}} \int_{-\infty}^{x} \exp\left[-(u-\mu)^2/2\sigma^2\right] du \tag{55}$$

gegeben. Die Form der Normalverteilung, oft durch $N(\mu, \sigma^2)$ bezeichnet, wird durch zwei Parameter μ und σ^2 bestimmt, die, wie man zeigen kann, tatsächlich der Mittelwert μ und die Varianz σ^2 der Verteilung sind.

Abb. 3 zeigt einige Normalverteilungen.

Die Verteilungsfunktion kann nicht elementar ausgewertet werden. Um den Umgang mit ihr zu erleichtern, wurde eine standardisierte Normalverteilung $\Phi(z) = N(0, 1)$ eingeführt. Durch die Transformation

$$\frac{r-\mu}{\sigma} = u \tag{56}$$

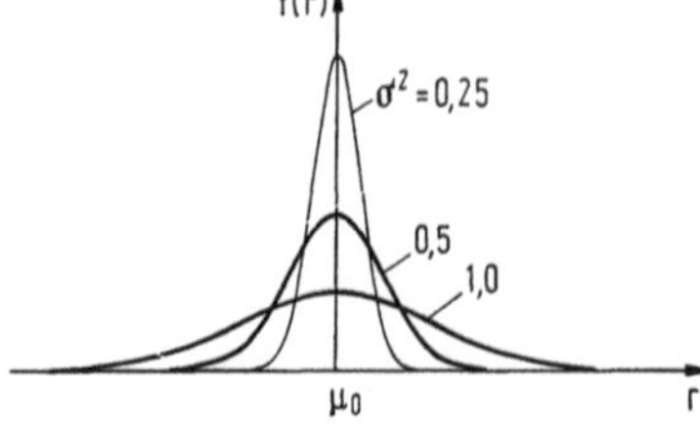

Abb. 3. Wahrscheinlichkeitsdichten von Normalverteilungen mit $\mu = \mu_0$ und $\sigma^2 = 1$, 0,25 und 0,0625

geht das Integral Gl. (55) über in

$$F(x) = \frac{1}{\sqrt{2\pi}} \int_{-\infty}^{\frac{x-\mu}{\sigma}} \exp(-u^2/2)\, du. \tag{57}$$

Die Funktion

$$\Phi(z) = \frac{1}{\sqrt{2\pi}} \int_{-\infty}^{z} \exp(-u^2/2)\, du \tag{58}$$

kann numerisch berechnet werden und ist in allen Lehrbüchern und Tabellenwerken zur Statistik tabelliert.

F(x) kann mit $\frac{x-\mu}{\sigma} = z$ als

$$\Phi\left(\frac{x-\mu}{\sigma}\right) = \Phi(z) \tag{59}$$

aus diesen Tabellenwerten erhalten werden.

Wegen der praktischen Bedeutung der Normalverteilung in der analytischen Chemie wird die Wahrscheinlichkeit für das Auftreten von Meßwerten in einem symmetrischen Intervall um den Mittelwert, der hier gleichzeitig der Maximalwert bzw. wahrscheinlichste Wert ist, dargestellt. Nach Gl. (23) und Gl. (59) ist

$$\begin{aligned} P(\mu - z\sigma < x \leq \mu + z\sigma) &= F(\mu + z\sigma) - F(\mu - z\sigma) \\ &= \Phi(z) - \Phi(-z). \end{aligned} \tag{60}$$

Die Funktion $\Phi(z) - \Phi(-z)$ ist häufig ebenfalls tabelliert. Wenn nicht, folgt aus der Symmetrie der Normalverteilung N(0, 1)

$$\Phi(-z) = 1 - \Phi(z) \tag{61}$$

und damit

$$\Phi(z) - \Phi(-z) = 2\Phi(z) - 1. \tag{62}$$

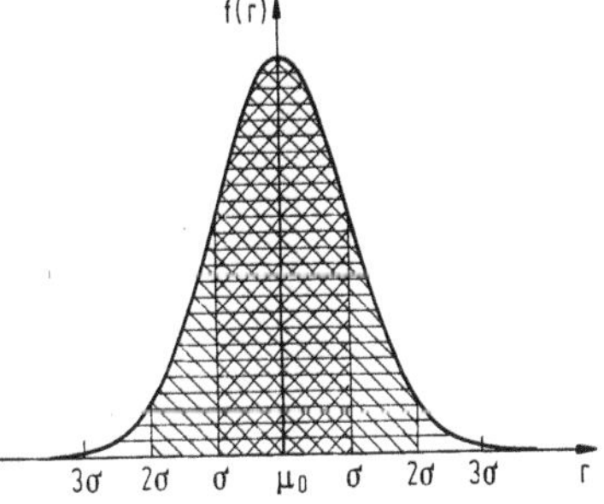

Abb. 4. Die Wahrscheinlichkeit von Meßwerten in einem Intervall um μ als Fläche unter der Wahrscheinlichkeitsdichte der Normalverteilung

Die folgenden Wahrscheinlichkeiten für das Auftreten von einzelnen Meßwerten x sind in der Praxis wichtig:

$$P(\mu - \sigma < \mathscr{X} \leqq \mu + \sigma) \approx 0{,}68, \tag{63}$$

$$P(\mu - 2\sigma < \mathscr{X} \leqq \mu + 2\sigma) \approx 0{,}955, \tag{64}$$

$$P(\mu - 3\sigma < \mathscr{X} \leqq \mu + 3\sigma) \approx 0{,}997. \tag{65}$$

Graphisch ist dies in Abb. 4 dargestellt.

Es sei hier angemerkt, daß für große n und $p \approx 0{,}5$ die Einhüllende einer diskreten Binomialverteilung die Normalverteilung $N(np, np(1-p))$ ist; man sagt, die Binominalverteilung ist asymptotisch normalverteilt mit $n \to \infty$ und $p = 0{,}5$.

2.6.4 Die logarithmische Normalverteilung

Viele Verteilungen in der Natur sind nicht symmetrisch wie die Normalverteilung. Wichtige Fälle sind Verteilungen, die einseitig beschränkt sind durch einen Wert c (z. B. $c = 0$).
In solchen Fällen ist oft nicht die Meßgröße $\mathscr{X}$, sondern die abgeleitete Meßgröße $\ln(\mathscr{X} - c)$ näherungsweise mit $N(\mu, \sigma^2)$ normalverteilt, also

$$f(x) = \begin{cases} \dfrac{1}{\sigma\sqrt{2\pi}} \dfrac{1}{x-c} \exp\left(-(\ln(x-c) - \mu)^2/2\sigma^2\right) & \text{für} \quad x > c \\ 0 & \text{für} \quad x \leqq c. \end{cases} \tag{66}$$

2.6.5 Die Verteilungsfunktion einer Summe normalverteilter Zufallsvariabler

Es werden n unabhängige Zufallsvariable bzw. Meßgrößen $\mathscr{X}_i$, alle verteilt mit $N(\mu_i, \sigma_i^2)$ betrachtet. Dann ist die Zufallsvariable

$$\mathscr{Y} = \sum_{i=1}^{n} \mathscr{X}_i \tag{67}$$

ebenfalls normalverteilt, und zwar mit $N(\mu_n, \sigma_n^2)$, wobei gilt

$$\mu_n = \sum_i \mu_i \tag{68}$$

$$\sigma_n^2 = \sum_i \sigma_i^2. \tag{69}$$

Da die Beschreibung von vielen Experimenten durch normalverteilte Meßgrößen geschehen kann, ist dieser Satz sehr wichtig. Sind die Meßgrößen $\mathscr{X}_i$ im Spezialfall alle gleich verteilt mit $N(\mu, \sigma^2)$, dann gilt mit Gln. (68) und (69)

$$\mu_n = \mu \tag{70}$$

$$\sigma_n^2 = n\sigma^2. \tag{71}$$

2.7 Testverteilungen

Die hier anzuführenden Verteilungen sind die Verteilungen von speziellen zusammengesetzten, aus den ursprünglichen Meßgrößen abgeleiteten Zufallsvariablen, die der analytische Chemiker bei der Diskussion der Verteilung von Mittelwerten und Varianzen der ursprünglichen Meßgrößen benötigt — also nicht zur Diskussion der meist als normal verteilt angenommenen Meßgrößen selbst!

2.7.1 Die χ^2-Verteilung

$\mathcal{X}_1, \mathcal{X}_2 \dots \mathcal{X}_n$ seien n unabhängig mit N(0, 1) normalverteilte Zufallsvariable. Dann heißt

$$\chi^2 = \sum_i \mathcal{X}_i^2 \tag{72}$$

χ^2-Zufallsvariable (gesprochen Chi-Quadrat-Zufallsvariable) mit n Freiheitsgraden.

Sind die $\mathcal{X}_i$ alle mit $N(\mu, \sigma^2)$ normalverteilt, dann ist mit der Transformation nach Absatz 2.6.3 auch $\sum_i \left(\frac{\mathcal{X}_i - \mu}{\sigma}\right)^2$ eine χ^2-Zufallsvariable.

Die Wahrscheinlichkeitsdichte einer χ^2-*Verteilung* mit n Freiheitsgraden ist

$$f_{\chi^2}(x) = \begin{cases} \dfrac{x^{(n-2)/2} e^{-x^2/2}}{2^{n/2}\Gamma(n/2)} & x \geqq 0 \\ & n > 0, \text{ ganzzahlig} \\ 0 & x < 0 \end{cases} \tag{73}$$

$\Gamma(\alpha)$ heißt *Gammafunktion* und ist definiert für $\alpha > 0$ als

$$\Gamma(\alpha) = \int_0^\infty e^{-t} t^{\alpha-1} dt. \tag{74}$$

Die Gammafunktion $\Gamma(n/2)$ und damit auch die χ^2-Verteilung kann berechnet werden. In der Praxis benutzt man beim Umgang mit der χ^2-Verteilung Tabellen oder Computerprogramme.

Der Mittelwert und die Varianz der χ^2-Verteilung ergibt sich zu

$$\mu = n \tag{75}$$

$$\sigma^2 = 2n. \tag{76}$$

Für große n geht die χ^2-Verteilung in eine Normalverteilung über: sie ist asymptotisch normalverteilt mit $n \to \infty$.

2.7.2 Die t-Verteilung

Es seien $\mathcal{X}$ und $\mathcal{Y}$ unabhängige Zufallsvariable. $\mathcal{X}$ sei normalverteilt mit N(0, 1) und $\mathcal{Y}$ sei χ^2-verteilt mit n-Freiheitsgraden. Dann heißt

$$\mathcal{T}(=t) = \frac{\mathcal{X}}{\sqrt{\mathcal{Y}/n}} \qquad n > 0, \text{ ganzzahlig} \tag{77}$$

t-Zufallsvariable mit n Freiheitsgrad.

Die *t-Verteilung* hat die Wahrscheinlichkeitsdichte

$$f_t(x) = \frac{\Gamma\left(\frac{n+1}{2}\right)}{\sqrt{n\pi}\,\Gamma(n/2)\left(1+\frac{x^2}{n}\right)^{(n+1)/2}}. \tag{78}$$

Der Mittelwert existiert nur für $n > 1$:

$$\mu\,(n > 1) = 0, \tag{79}$$

die Varianz nur für $n > 2$

$$\sigma^2(n > 2) = \frac{n}{n-2}. \tag{80}$$

Für große n geht die t-Verteilung in die Normalverteilung $N(0, 1)$ über: sie ist asymptotisch normalverteilt mit $n \to \infty$.

2.7.3 Die *F-Verteilung*

Es seien $\mathcal{X}$ und $\mathcal{Y}$ unabhängige Zufallsvariable, die χ^2-verteilt sind mit den Freiheitsgraden m bzw. n.
Dann heißt

$$\mathcal{F} = \left(\frac{\mathcal{X}}{m}\right) \Big/ (\mathcal{Y}/n) \tag{81}$$

F-Zufallsvariable mit (m, n) Freiheitsgraden, wobei gilt $m, n > 0$, ganzzahlig.

Die F-Verteilung ist durch die Verteilungsfunktion

$$F_F(x) = \begin{cases} \dfrac{\Gamma\dfrac{m+n}{2}}{\Gamma\dfrac{m}{2}\,\Gamma\dfrac{n}{2}} \cdot m^{m/2} n^{n/2} \displaystyle\int_0^x \frac{r^{(m-2)/2}\,dr}{(mr+n)^{(m+n)/2}} & x > 0 \\ 0 & x < 0 \end{cases} \tag{82}$$

beschrieben.

Wie auch die vorangegangenen Verteilungsfunktionen, kann man $F_F(x)$ mit den gegebenen Voraussetzungen direkt berechnen.

2.8 Zentraler Grenzwertsatz

Eine wichtige, weil bei vielen Experimenten auftretende Frage, ist die nach der Verteilung einer Summe von Zufallsvariablen $\mathcal{X}$, deren einzelne Verteilungsfunktionen $F(x_i)$ im Gegensatz zu dem in Abs. 2.6.5. behandelten Fall nicht bekannt sind. Es ist leicht einsichtig, daß unter diesen Umständen allgemein tatsächlich keine Verteilungsfunktionen $F\left(\sum_i x_i\right)$ angegeben werden kann, man kann allenfalls mit Annahmen über die Verteilungsfunktionen $F(x_i)$ dann $F\left(\sum_i x_i\right)$ berechnen.

Solche Berechnungen werden in der Praxis wenig Wert haben. Praktisch wichtig ist dagegen die Frage nach der Verteilungsfunktion $F\left(\sum_i x_i\right)$, wenn die Zahl n der Zufallsvariablen gegen ∞ strebt.

Darauf gibt der *zentrale Grenzwertsatz* eine Antwort.

Es seien $\mathcal{X}_i$ n unabhängige Zufallsvariable. Zu ihren Verteilungen existieren die Momente dritter Ordnung, und es seien die Varianzen $\sigma_i^2 \neq 0$. Dann gilt für die Verteilungsfunktion $F_n(z)$ der Zufallsvariablen

$$\mathcal{Z} = \frac{\sum_i (\mathcal{X}_i - \mu)}{\sqrt{\sum_i \sigma_i^2}} \tag{83}$$

die Grenzbeziehung

$$\lim_{n \to \infty} F_n(z) = \frac{1}{\sqrt{2\pi}} \int_{-\infty}^{z} e^{-u^2/2}\, du \equiv \Phi(z) = N(0, 1). \tag{84}$$

Die Zufallsvariable $\mathcal{Z}$ ist asymptotisch normalverteilt mit N(0, 1).

Für große n kann die Verteilungsfunktion einer Summe unabhängiger Zufallsvariabler als Normalverteilung betrachtet werden, auch wenn die Verteilungsfunktion der einzelnen Zufallsvariablen nicht bekannt ist. Wegen dieses Satzes ist die Normalverteilung in der Praxis so herausragend wichtig.

3 Stichproben

3.1 Zum Verhältnis Stichproben – Grundgesamtheit

Im Abschnitt 2 wurden für Meßgrößen $\mathcal{X}$, deren Verteilung bekannt war, Wahrscheinlichkeitsaussagen gemacht, z. B. über die Wahrscheinlichkeit dafür, daß eine Zufallsvariable bzw. Meßgröße $\mathcal{X}$ den Wert x annimmt, oder es wurden ausgehend von der bekannten Verteilung in bestimmter Weise definierte Maßzahlen berechnet.

Die experimentellen Gegebenheiten, die u. a. der Chemiker im analytischen Labor vorliegen hat, sind dagegen dadurch ausgezeichnet, daß die Verteilungen der Zufallsvariablen bzw. Meßgrößen nicht quantitativ bekannt sind. Dies liegt daran, daß der Experimentator mit endlich vielen einzelnen Meßgrößen x_i, die er für eine Zufallsvariable $\mathcal{X}$ gemessen hat, niemals die *Grundgesamtheit* als Ganzes erfassen kann. Vielmehr muß man die einzelnen Meßwerte x_i als *Stichprobenwerte*, gezogen aus der Grundgesamtheit, betrachten. Die Gesamtheit von n Stichprobenwerten eines abgeschlossenen Satzes solcher Meßwerte nennt man *Stichprobe vom Umfang* n. Eine Stichprobe wurde zwar aus der zugehörigen Grundgesamtheit gezogen, doch ist damit die Grundgesamtheit gewöhnlich nicht quantitativ erfaßt. Aufgabe des analytischen Chemikers ist es daher, aus Eigenschaften der Stichprobe auf die der Grundgesamtheit zu schließen, was nach dem oben Gesagten sicher nur „ungefähr" geschehen kann. Die *analytische Statistik* liefert die Methoden, dieses „Ungefähr" zu optimieren und zu objektivieren.

3.2 Stichprobenverteilungen

3.2.1 *Häufigkeitsfunktion einer Stichprobe*

Betrachtet man eine Stichprobe vom Umfang n mit $m \leqq n$ verschiedenen Meßwerten x_i, so kann die absolute *Häufigkeit* $k_i(x_i)$ eines Meßwertes x_i einfach dadurch bestimmt werden, daß man die Häufigkeit des Auftretens von x_i in der Stichprobe abzählt.
Die relative *Häufigkeit* $h(x_i)$ eines Meßwertes x_i ist damit definiert als

$$h(x_i) = \frac{k(x_i)}{n}, \tag{85}$$

woraus sofort folgt

$$0 \leqq h(x_i) \leqq 1. \tag{86}$$

Damit wird die *Häufigkeitsfunktion* $\tilde{f}(x)$ der Stichprobe definiert

$$\tilde{f}(x) = \begin{cases} h(x_i) & \text{für } x = x_i \quad (i = 1 \ldots m) \\ 0 & \text{für alle übrigen } x. \end{cases} \tag{87}$$

Insbesondere folgt aus der Definitionsgleichung (85) sofort

$$\sum_{x=x_i} \tilde{f}(x) = 1. \tag{88}$$

3.2.2 *Summenhäufigkeitsfunktion einer Stichprobe*

Die *Summenhäufigkeitsfunktion* oder *Verteilungsfunktion* $\tilde{F}(x)$ einer Stichprobe ist definiert als

$$\tilde{F}(x) = \sum_{x_i \leqq x} h(x_i) = \sum_{u \leqq x} \tilde{f}(u). \tag{89}$$

Die Definition ist analog zur Verteilungsfunktion einer Zufallsvariablen gewählt. Trotzdem darf die Summenhäufigkeitsfunktion einer Stichprobe und die Verteilungsfunktion einer Zufallsvariablen gedanklich nicht verwechselt werden — wie natürlich auch die Häufigkeitsfunktion einer Stichprobe und die Wahrscheinlichkeitsfunktion einer diskreten Zufallsvariablen nicht verwechselt werden dürfen.

3.3 Mittelwert und Varianz einer Stichprobe

3.3.1 *Der Mittelwert einer Stichprobe*

Der Mittelwert $\bar{x}$ einer Stichprobe vom Umfang n mit Stichprobenwerten x_i $(i = 1 \ldots n)$ ist definiert als

$$\bar{x} = \frac{\sum_{i=1}^{n} x_i}{n}. \tag{90}$$

Liegen m verschiedene Werte x_j mit relativen Häufigkeiten $h(x_j)$ vor, so ist

$$\bar{x} = \sum_1^m x_j h(x_j) = \sum_1^m x_j \tilde{f}(x). \tag{91}$$

3.3.2 *Die Varianz einer Stichprobe*

Die Varianz s^2 einer Stichprobe vom Umfang n mit Stichprobenwerten x_i ($i = 1 \dots n$) ist definiert als

$$s^2 = \frac{1}{n-1} \sum_1^n (x_i - \bar{x})^2 = \frac{1}{n-1} \sum_1^n (x_i^2 - \bar{x}^2). \tag{92}$$

Liegen m verschiedene Werte x_j mit relativen Häufigkeiten $h(x_j)$ vor, so ist

$$s^2 = \frac{n}{n-1} \sum_1^m (x_j - \bar{x})^2 h(x_j) = \frac{n}{n-1} \sum_1^m (x_j - \bar{x})^2 \tilde{f}(x) = \frac{n}{n-1} \sum_1^m (x_j^2 \tilde{f}(x) - \bar{x}^2). \tag{93}$$

3.3.3 *Standardabweichung und Variationskoeffizient*

Die Wurzel aus der Varianz einer Stichprobe bezeichnet man als *Standardabweichung* s

$$s = \sqrt{s^2}. \tag{94}$$

In Fehlerdiskussionen wird die Standardabweichung s oft auch als *mittlerer quadratischer Fehler* bezeichnet.

s ist das fast ausschließlich benutzte Maß für die absolute Streubreite einer Häufigkeitsverteilung. Als relatives Maß wird der Variationskoeffizient V_k verwendet, definiert als

$$V_k = \frac{s}{\bar{x}}. \tag{95}$$

3.3.4 *Kovarianz und Korrelationskoeffizient einer zweidimensionalen Stichprobe*

(x_i, y_i) seien Wertepaare einer Stichprobe vom Umfang n, gezogen aus einer zweidimensionalen Grundgesamtheit mit den Zufallsvariablen $\mathcal{X}$ und $\mathcal{Y}$. Dann ist die Kovarianz dieser Stichprobe definiert als

$$s_{xy} = \frac{1}{n-1} \sum_1^n (x_i - \bar{x})(y_i - \bar{y})$$
$$= \frac{1}{n-1} \sum_1^n x_i y_i - \frac{n}{n-1} \bar{x}\bar{y}. \tag{96}$$

Mit s_{xy} ist der Korrelationskoeffizient r_{xy} der Stichprobe definiert

$$r_{xy} = \frac{s_{xy}}{s_x s_y}, \tag{97}$$

wobei s_x und s_y die Stichprobenvarianzen analog Abschnitt 3.3.2 sind.

3.4 Das Gaußsche Fehlerfortpflanzungsgesetz

Ein sehr häufig auftretender Fall ist, daß in einem Experiment zwei (oder mehr) unabhängige fehlerbehaftete Meßgrößen, also Zufallsvariable, $\mathcal{X}$ und $\mathcal{Y}$ getrennt beobachtet werden und dann die eigentlich interessierende Meßgröße $\mathcal{Z}$ nach einem bestimmten, durch das Experiment vorgegebenen funktionalen Zusammenhang berechnet wird, also

$$\mathcal{Z} = g(\mathcal{X}, \mathcal{Y}), \tag{98}$$

wobei die Funktion g z. B. für die Summe oder das Produkt oder irgendeinen anderen Zusammenhang steht. Die beobachteten Stichprobenwerte z_{ij} sind dann gegeben als

$$z_{ij} = g(x_i, y_j). \tag{99}$$

Die Stichproben von $\mathcal{X}$ (Umfang n) und $\mathcal{Y}$ (Umfang m) liefern unabhängig Mittelwerte $\bar{x}$ und $\bar{y}$ und Varianzen s_x^2 und s_y^2.
Dann kann der Mittelwert $\bar{z}$ nach Gl. (90) berechnet werden als

$$\bar{z} = \frac{1}{nm} \sum_1^n \sum_1^m z_{ij} = g(\bar{x}, \bar{y}) \tag{100}$$

und die Varianz s_z^2 nach Gl. (92) als

$$s_z^2 = \frac{1}{nm-1} \sum_1^n \sum_1^m (z_{ij} - \bar{z})^2 = \frac{1}{nm-1} \sum_1^n \sum_1^m (z_{ij}^2 - \bar{z}^2). \tag{101}$$

Für nicht zu große Abweichungen $z_{ij} - \bar{z}$ kann z_{ij} um $\bar{z}$ linear entwickelt werden, also

$$z_{ij} = g(\bar{x}, \bar{y}) + (x_i - \bar{x}) \frac{\partial}{\partial x} g(x, y)\Big|_{\bar{x},\bar{y}} + (y_i - \bar{y}) \frac{\partial}{\partial y} g(x, y)\Big|_{\bar{x},\bar{y}}. \tag{102}$$

Daraus folgt nach Einsetzen in Gl. (101)

$$s_z^2 = \frac{1}{nm-1} m(n-1) s_x^2 \left(\frac{\partial}{\partial x} g(x, y)\right)_{\bar{x},\bar{y}}^2$$
$$+ \frac{1}{nm-1} n(m-1) s_y^2 \left(\frac{\partial}{\partial y} g(x, y)\right)_{\bar{x},\bar{y}}^2, \tag{103}$$

was schon bei recht kleinen Stichprobenumfängen in guter Näherung übergeht in

$$s_z^2 = s_x^2 \left(\frac{\partial}{\partial x}\, g(x, y)\right)^2_{\bar{x},\bar{y}} + s_y^2 \left(\frac{\partial}{\partial y}\, g(x, y)\right)^2_{\bar{x},\bar{y}}. \tag{104}$$

Diese Verknüpfung von s_z^2 mit s_x^2 und s_y^2 nennt man *Gaußsches Fehlerfortpflanzungsgesetz*. Es kann durch einfaches Hinzufügen weitere Summanden in Gl. (104) auf mehrere fehlerbehaftete Größen erweitert werden.

4 Schätzen von Parametern

Kennt man die Verteilung einer Meßgröße, so kann man die Verteilung charakterisierende Maßzahlen berechnen, wie in Abschnitt 2.5 gezeigt wurde. Wichtigste Maßzahlen waren der Mittelwert μ und die Varianz σ^2. In der Praxis kennt der Experimentator die Verteilung einer Meßgröße nur leider nicht. Daraus folgt, daß Maßzahlen wie μ und σ^2 nicht exakt angegeben, allenfalls aus entsprechenden Stichproben geschätzt werden können.

4.1 Punktschätzungen

Ziel des Schätzens muß es also zunächst sein, eine allgemein anwendbare *Schätzfunktion* $\tilde{\mathcal{U}}$ für einen zu schätzenden Parameter u der Grundgesamtheit zu finden, die dann mit den n Werten einer Stichprobe einen möglichst guten Schätzwert $\tilde{u}$ für diesen Parameter liefert. Da man auf diese Weise zunächst nur einen Punkt auf der Zahlengeraden erhält,

Tabelle 1. Mögliche Schätzwerte für die Parameter μ und σ^2 einer Normalverteilung

Parameter	Schätzwert
μ von $N(\mu, \sigma^2)$	1. $\bar{x}$
	2. $\dfrac{\max x_i + \min x_i}{2}$
	3. x_j mit $h(x_j)$ maximal
	4. der Median usw.
σ^2 von $N(\mu, \sigma^2)$	1. $s^2 = \dfrac{1}{n-1} \sum_i (x_i^2 - \bar{x}^2)$
	2. $s'^2 = \dfrac{1}{n} \sum_i (x_i^2 - \bar{x}^2)$
	3. $s''^2 = \dfrac{1}{n} \sum_i x_i^2 - \mu^2$ usw.

spricht man auch von *Punktschätzung.* Wie stets bei Schätzungen, wird es unterschiedliche Schätzfunktionen $\tilde{\mathcal{U}}$ geben, die dann selbst mit derselben Stichprobe unterschiedliche Schätzwerte $\tilde{u}$ für den betrachteten Parameter u der Grundgesamtheit liefern. Die Tabelle 1 zeigt einige Beispiele für unterschiedliche Schätzfunktionen $\tilde{\mathcal{U}}$ für μ und σ^2.

Welche Schätzfunktion ist nun die beste? Um dies zu beantworten, hat man recht allgemeine Forderungen aufgestellt, die gute Schätzfunktionen erfüllen sollen; die drei wichtigsten seien hier genannt. Schätzfunktionen sollen danach sein:

1. konsistent
2. erwartungstreu
3. möglichst wirksam.

4.1.1 Konsistente Schätzfunktionen

Eine selbstverständlich erscheinende Forderung an Schätzfunktionen $\tilde{\mathcal{U}}$ ist, daß sie für großen Stichprobenumfang n Schätzwerte $\tilde{u}$ liefern, die mit n gegen den wahren Parameter u der Grundgesamtheit streben. Diese Bedingung ist erfüllt, eine Schätzfunktion ist also konsistent, wenn

$$\lim_{n\to\infty} \mathcal{E}((\tilde{\mathcal{U}} = u)^2) = 0. \qquad (105)$$

4.1.2 Erwartungstreue Schätzfunktionen

Die geforderte Konsistenz einer Schätzfunktion $\tilde{\mathcal{U}}$ ist aus Wahrscheinlichkeitsüberlegungen für das Grenzverhalten für großen Stichprobenumfang abgeleitet. Für endliche Stichprobenumfänge ist eine ebenfalls naheliegende Forderung die folgende:

Zieht man viele Stichproben aus derselben Grundgesamtheit und erhält damit viele, i. A. unterschiedliche Schätzwerte $\tilde{u}$, so soll der Erwartungswert der zugehörigen Schätzfunktion gleich dem zu schätzenden Parameter u der Grundgesamtheit sein, also

$$\mathcal{E}(\tilde{\mathcal{U}}) = u. \qquad (106)$$

Schätzfunktionen, die diese Forderung erfüllen, heißen *erwartungstreue* Schätzfunktionen.

4.1.3 Wirksame Schätzfunktionen

Eine naheliegende Forderung ist weiter die, daß die möglichen Schätzwerte $\tilde{u}$ einer erwartungstreuen Schätzfunktion $\tilde{\mathcal{U}}$ sich möglichst dicht um ihren Erwartungswert häufen, was ja eine hohe Wahrscheinlichkeit bedeutet, daß auch eine einzelne Abschätzung des Parameters u durch eine einzige Stichprobe einen Schätzwert $\tilde{u}$ liefert, der nahe beim Parameter u der Grundgesamtheit liegt.

Wenn insbesondere für eine Schätzfunktion $\tilde{\mathcal{U}}$ im Vergleich mit allen möglichen anderen Schätzfunktionen $\tilde{\mathcal{U}}'$ gilt

$$\mathcal{E}((\tilde{\mathcal{U}} - u)^2) \leqq \mathcal{E}((\tilde{\mathcal{U}}' - u)^2) \qquad \text{für alle } \tilde{\mathcal{U}}' \neq \tilde{\mathcal{U}} \tag{107}$$

nennt man $\tilde{\mathcal{U}}$ *wirksamste* Schutzfunktion.

4.1.4 Erwartungstreue von $\overline{\mathcal{X}}$ und $\mathcal{S}^2$

Es wird eine Meßgröße, also Zufallsvariable $\mathcal{X}$, mit beliebiger und unbekannter Verteilung betrachtet. Mit einer aus der zugehörigen Grundgesamtheit gezogenen Stichprobe vom Umfang n sollen die Parameter μ und σ^2 der Verteilung von $\mathcal{X}$ geschätzt werden. Dazu werde willkürlich der Mittelwert $\overline{\mathcal{X}}$ als Schätzfunktion für μ und $\mathcal{S}^2$ für σ^2 benutzt. Sind $\overline{\mathcal{X}}$ und $\mathcal{S}^2$ erwartungstreue Schätzfunktionen?

Es ist nach Gl. (90)

$$\overline{\mathcal{X}} = \frac{1}{n} \sum_1^n \mathcal{X}_i . \tag{108}$$

Damit ist

$$\mathcal{E}(\overline{\mathcal{X}}) = \mathcal{E}\left(\frac{1}{n} \sum_1^n \mathcal{X}_i\right) = \frac{1}{n} \sum_1^n \mathcal{E}(\mathcal{X}_i). \tag{109}$$

Üblicherweise werden die n Stichprobenwerte x_i als n Meßwerte einer Meßgröße (bzw. Zufallsvariablen) $\mathcal{X}$ aufgefaßt. Man kann aber auch jeden der n Stichprobenwerte als einen einzigen Meßwert von n Meßgrößen $\mathcal{X}_i$ auffassen, die natürlich dieselbe Verteilungsfunktion wie $\mathcal{X}$ selbst haben. Dann ist

$$\mathcal{E}(\mathcal{X}_i) = \mathcal{E}(\mathcal{X}) \tag{110}$$

und damit folgt aus Gl. (109)

$$\mathcal{E}(\overline{\mathcal{X}}) = \frac{1}{n} \sum_1^n \mathcal{E}(\mathcal{X}) \tag{111}$$

und da

$$\mathcal{E}(\mathcal{X}) = \mu \tag{112}$$

folgt

$$\mathcal{E}(\overline{\mathcal{X}}) = \frac{1}{n} \sum_1^n \mu = \frac{1}{n} n\mu = \mu . \tag{113}$$

$\mathcal{X}$ ist also erwartungstreu.

In ähnlicher Weise zeigt man, daß $\mathcal{S}^2$ auch erwartungstreu ist, daß also

$$\mathcal{E}(\mathcal{S}^2) = \sigma^2 . \tag{114}$$

Würde man gemäß Tab. 1. $\mathcal{S}'^2$ als Schätzfunktion benutzt haben, wäre

$$\mathcal{E}(\mathcal{S}'^2) = \frac{n-1}{n} \sigma^2 ; \tag{115}$$

$\mathcal{S}'^2$ ist also eine nicht erwartungstreue Schätzfunktion. Dieser Vergleich zeigt, warum $\mathcal{S}^2$ nach Gl. (92) mit $\frac{1}{n-1}$ als Vorfaktor definiert worden war.

Noch deutlicher wird die Problematik der Wahl einer optimalen Schätzfunktion, wenn μ der Grundgesamtheit bekannt ist (z. B. aus sehr vielen Messungen). Dann ist nämlich nicht $\mathcal{S}^2$ eine erwartungstreue Schätzfunktion, sondern $\mathcal{S}''^2$, definiert in Tabelle 1.
Denn

$$\mathcal{S}''^2 = \frac{1}{n}\left(\sum_1^n \mathcal{X}_i\right) - \mu^2 \tag{116}$$

$$\mathcal{E}(\mathcal{S}''^2) = \frac{1}{n}\sum_1^n \mathcal{E}(\mathcal{X}_i^2) - \mu^2$$

$$= \frac{1}{n} n\mathcal{E}(\mathcal{X}^2) - \mu^2 = \sigma^2. \tag{117}$$

Dies macht deutlich, daß schon bei recht alltäglichen Problemen die vertrauten Schätzer nicht die besten sein können!

Man mache sich aber klar, daß im Einzelfall einer Stichprobe ein Schätzwert s^2 bei unbekanntem μ durchaus nicht am nächsten bei σ^2 liegen muß, sondern daß zufällig auch s''^2 näher bei σ^2 liegen kann!

4.2 Intervallschätzung — Konfidenzintervalle

4.2.1 Definition eines Konfidenzintervalls

In Abschnitt 4.1 wurde deutlich, daß oftmals mehrere Punktschätzer denkbar und konstruierbar sind, die i. A. auch unterschiedliche Schätzwerte $\tilde{u}$ für den einzig interessierenden Parameter der Grundgesamtheit u liefern. Nicht nur für den analytischen Chemiker ist die mit einem Punktschätzer mögliche Angabe „u ist ungefähr gleich $\tilde{u}$" unbefriedigend, er möchte Fehlergrenzen angeben, also etwa sagen: u liegt im Intervall $\{\tilde{u}_1, \tilde{u}_2\}$.

Eine Fehlerangabe mit solchen absoluten Fehlergrenzen ist bei Wahrscheinlichkeitsbetrachtungen nur sehr selten (etwa bei durch Maschinen gegebenen Grenzwerten) möglich. Wohl ist aber die Angabe eines Intervalls möglich, in dem u mit vorgegebener Wahrscheinlichkeit liegt. Dazu konstruiert man aus der Verteilung der Zufallsvariablen $\tilde{\mathcal{U}}$ die Intervallgrenzen $\tilde{u}_1$ und $\tilde{u}_2$ so, daß

$$P(\tilde{u}_1 < \mathcal{U} \leqq \tilde{u}_2) = \gamma. \tag{118}$$

Die Werte $\tilde{u}_1$ und $\tilde{u}_2$ werden dabei aus der durch die Stichprobenwerte bestimmten Verteilung der Schätzfunktion $\tilde{\mathcal{U}}$ berechnet. Das Intervall

$$\text{KONF}\{\tilde{u}_1 < u \leqq \tilde{u}_2\} \qquad (\gamma = \ldots)$$

nennt man *Konfidenzintervall.*
Die Länge dieses Intervalls hängt von der *Konfidenzzahl* γ ab, die der Experimentator nach den unterschiedlichsten Gesichtspunkten selbst vorgeben muß.

$\gamma = 0{,}95$ heißt also, daß mit 95% Wahrscheinlichkeit der wahre Parameter u der Grundgesamtheit im Intervall berechnet nach Gl. (118) liegt.

Die Wahl von $\gamma = 0{,}95$ (oder häufig auch 0,99, oder andere Werte) ist im Grunde willkürlich, wie jede Fehlerangabe.

Der Wert der statistischen Methoden liegt nun darin, diese Willkür mit vorgegebenen Methoden zu objektivieren und zu optimal scharfen Aussagen zu gelangen.

In diesem Zusammenhang wird die Bedeutung der Forderung nach konsistenten und wirksamen Schätzfunktionen klarer, als dies in Kapitel 4.1 über Punktschätzer möglich war. Abb. 5 zeigt die Bedeutung dieser Begriffe anhand der Wahrscheinlichkeitsfunktion $f(\tilde{\mathscr{U}} = \tilde{u})$ der Schätzfunktion $\tilde{\mathscr{U}}$.

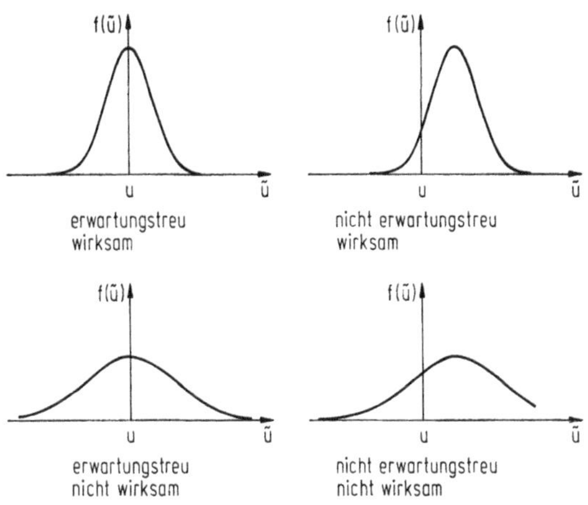

Abb. 5. Zur Erläuterung der Begriffe erwartungstreu und wirksam

4.2.2 Konfidenzintervall für μ einer Normalverteilung bei bekanntem σ^2

Es werde eine Zufallsvariable bzw. Meßgröße $\mathscr{X}$ betrachtet, die normalverteilt sei mit bekannter Varianz σ^2, aber unbekanntem Mittelwert μ. Aus einer Stichprobe vom Umfang n wird $\bar{x}$ berechnet, was einen (Punkt)-Schätzwert für μ liefert.

$$\overline{\mathscr{X}} = \frac{1}{n} \sum_{1}^{n} \mathscr{X}_i \tag{119}$$

soll nun als Schätzfunktion für μ aufgefaßt werden. Dann ist zur Bestimmung der Intervallgrenzen des Konfidenzintervalls für μ die Kenntnis der Verteilung von $\overline{\mathscr{X}}$ Voraussetzung.

Nach Abschnitt 2.6.5 ist $\overline{\mathscr{X}}$ unter den gegebenen Voraussetzungen ebenfalls normalverteilt, und zwar mit $N(\mu, \sigma^2/n)$, wobei eine Transformation nach Gl. (56) auf Standardform zur Zufallsvariablen $\mathcal{Z}$ führt

$$\mathcal{Z} = \frac{\overline{\mathcal{X}} - \mu}{\sigma} \cdot \sqrt{n}, \tag{120}$$

die normalverteilt mit N(0, 1) ist.

Man wählt entsprechend den Erfordernissen eine Konfidenzzahl und kann nach Gl. (11), also aus

$$P(-c < \mathcal{Z} \leqq c) = \gamma \tag{121}$$

über die Tabelle der Verteilungsfunktion der Normalverteilung die Schranken $\pm c$ für die Zufallsvariable $\mathcal{Z}$ berechnen, bzw. nach Rücktransformation gemäß Gl. (56) die Schranke für μ

$$P\left(\overline{\mathcal{X}} - \frac{c\sigma}{\sqrt{n}} < \mu \leqq \overline{\mathcal{X}} + \frac{c\sigma}{\sqrt{n}}\right) = \gamma. \tag{122}$$

Damit ist das Konfidenzintervall mit dem Stichprobenmittelwert $\bar{x}$ bestimmt als

$$\text{KONF}\left\{\bar{x} - \frac{c\sigma}{\sqrt{n}} < \mu \leqq \bar{x} + \frac{c\sigma}{\sqrt{n}}\right\}.$$

Meist schreibt man in der Praxis

$$\mu = \bar{x} \pm \frac{c\sigma}{\sqrt{n}} \quad (\gamma = \ldots) \tag{123}$$

und sollte γ stets mit angeben.

4.2.3 Konfidenzintervall für eine Normalverteilung für μ einer Normalverteilung bei unbekanntem σ^2

Es werde eine Zufallsvariable bzw. Meßgröße $\mathcal{X}$ betrachtet, die normalverteilt sei mit unbekannter Varianz σ^2 und unbekanntem Mittelwert μ. Aus einer Stichprobe vom Umfang n wird $\bar{x}$ berechnet, was einen (Punkt)-Schätzwert für μ liefert.

Unter diesen Voraussetzungen sind

$$\mathcal{Z} = \sqrt{n}\, \frac{\overline{\mathcal{X}} - \mu}{\sigma} \tag{124}$$

und

$$\mathcal{Y} = (n-1)\frac{\mathcal{S}^2}{\sigma^2} \tag{125}$$

unabhängige Zufallsvariable, wobei $\mathcal{Z}$ normalverteilt mit N(0, 1) und $\mathcal{Y}$ χ^2-verteilt mit n-Freiheitsgraden ist. Man eliminiert die unbekannte Varianz σ^2 und erhält die Zufallsvariable

$$\mathcal{T} = \frac{\mathcal{Z}}{\sqrt{\mathcal{Y}/(n-1)}} = \sqrt{n}\, \frac{\overline{\mathcal{X}} - \mu}{\mathcal{S}}. \tag{126}$$

Sie ist nach Absatz 2.7.2 t-verteilt mit n − 1 Freiheitsgraden. Mit den Gln. (23) und (118) und einer vorgegebenen Konfidenzzahl γ ist

$$P(-c < \mathcal{T} \leqq c) = F_t(c) - F_t(-c) = 2F_t(c) - 1 = \gamma, \quad (127)$$

da $F_t(x)$ symmetrisch ist.

Man wählt eine Konfidenzzahl γ und kann dann aus der Tabelle der t-Verteilung den Wert c bestimmen. Damit ist das Intervall

$$\{-c < \mathcal{T} \leqq +c\}$$

und nach Rücktransformation nach Gl. (126) das Konfidenzintervall für μ mit dem Stichprobenmittelwert $\bar{x}$ bestimmt

$$\mathrm{KONF}\left\{\bar{x} - \frac{cs}{\sqrt{n}} < \mu \leqq \bar{x} + \frac{cs}{\sqrt{n}}\right\}.$$

Auch hier schreibt man in der Praxis

$$\mu = \bar{x} \pm \frac{cs}{\sqrt{n}} \quad (\gamma = \ldots). \quad (128)$$

In ähnlicher Weise können Konfidenzintervalle für die Differenz zweier Mittelwerte bestimmt werden, siehe Abschnitt 5.2.

4.2.4 Konfidenzintervall für die Varianz σ^2 einer Normalverteilung

Es werde wieder eine Zufallsvariable bzw. Meßgröße $\mathcal{X}$ betrachtet, die normalverteilt sei mit unbekannter Varianz σ^2 und unbekanntem Mittelwert μ. Aus einer Stichprobe vom Umfang n wird s^2 berechnet, was einen (Punkt-)Schätzwert für σ^2 liefert. Unter diesen Voraussetzungen ist

$$\mathcal{Y} = (n-1)\frac{\mathcal{S}^2}{\sigma^2} \quad (129)$$

eine Zufallsvariable, die χ^3-verteilt mit n − 1 Freiheitsgraden ist. Mit den Gln. (23) und (118) und mit einer vorgegebenen Konfidenzzahl γ ist

$$P(c_1 < \mathcal{Y} \leqq c_2) = F_{\chi^2}(c_2) - F_{\chi^2}(c_1) = \gamma. \quad (130)$$

Im Gegensatz zur Normal- und t-Verteilung ist die χ^2-Verteilung unsymmetrisch, das heißt $c_2 \neq c_1$. Eine notwendige und zweite Beziehung liefert die Forderung, daß die rechts und links außerhalb des Vertrauensbereichs liegenden Wahrscheinlichkeitsintegrale gleich sein sollen, wie in Abb. 6 verdeutlicht.

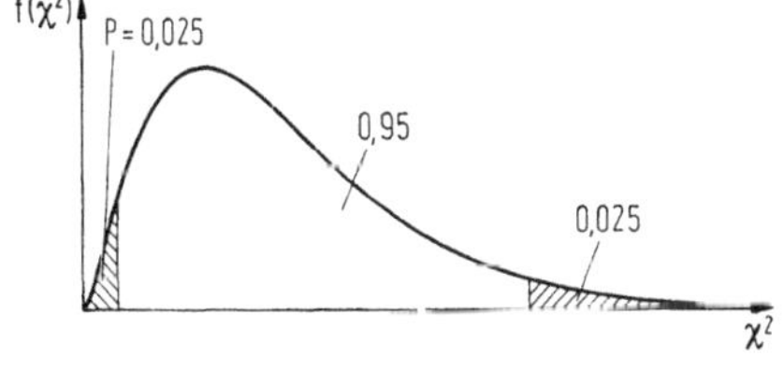

Abb. 6. Zur Bestimmung eines Konfidenzintervalls für die Varianz — unsymmetrische Intervallgrenzen

Damit folgt:

$$F_{\chi^2}(c_1) = \frac{1-\gamma}{2} \tag{131}$$

$$F_{\chi^2}(c_2) = \frac{1+\gamma}{2}. \tag{132}$$

Aus der Tabelle der χ^2-Verteilung bei $n - 1$ Freiheitsgraden wird c_1 und c_2 bestimmt. Damit ist das Intervall

$$\left\{c_1 < (n-1)\frac{s^2}{\sigma^2} < c_2\right\}$$

und nach Auflösen bezüglich σ^2 das Konfidenzintervall für σ^2 bestimmt.

$$\text{KONF}\left\{\frac{n-1}{c_2}s^2 < \sigma^2 < \frac{n-1}{c_1}s^2\right\}.$$

Eine Schreibweise „$\sigma^2 = s^2 \pm \ldots$" ist wegen der Unsymmetrie des Intervalls nicht möglich!

4.2.5 Konfidenzintervalle bei beliebigen Verteilungen

Die oben gezeigten Methoden zur Bestimmung von Konfidenzintervallen setzen die Normalverteilung der Grundgesamtheit voraus. Kennt man, wie häufig der Fall, die Verteilung nicht, so können die Verfahren grundsätzlich nicht angewandt werden. *Näherungsweise* können diese Verfahren jedoch bei *großen Stichprobenumfängen* trotzdem angewandt werden, da mit dem zentralen Grenzwertsatz aus Absatz 2.8 die Zufallsvariable $\mathcal{Z} = \sqrt{n}\,\frac{\overline{\mathcal{X}} - \mu}{\sigma}$ asymptotisch (d. h. für $n \to \infty$) normalverteilt ist mit $N(0, 1)$. Bei kleinen Stichproben aus nicht normalverteilten Grundgesamtheiten ist die Anwendung der genannten Methoden fragwürdig.

4.3 Parameter-Tests

4.3.1 Vorgehensweise beim Testen

Die in 4.2 diskutierten Punkt- und Intervallschätzungen und die damit verbundenen Fragestellungen mache man sich anhand der Abb. 7 am Beispiel des Konfidenzintervalls für den Mittelwert einer Normalverteilung nochmals klar.

Die Fragestellung des Testens ist zwar mit der des Intervallschätzens verwandt, ist andererseits aber in gewisser Weise dazu komplementär. So wird ein Konfidenzintervall für μ um $\bar{x}$ konstruiert, das Testen geschieht mit $\bar{x}$ anhand eines Intervalls um einen hypothetischen Parameter μ_0. Das soll im folgenden erläutert werden.

Aufgrund irgendwelcher Erfahrungen, Vermutungen oder auch eines gesetzlichen oder eines durch einen Kunden vorgeschriebenen Grenz-

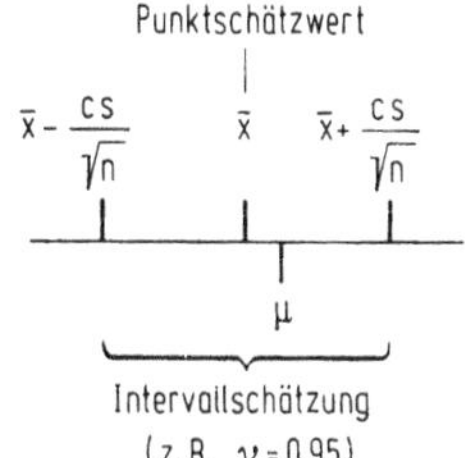

Abb. 7. Punkt- und Intervallschätzung von μ

wertes stellt man für einen Parameter u einer Grundgesamtheit eine Hypothese auf, etwa

$$u = u_0 . \tag{133}$$

Mit einem aus einer Stichprobe bestimmten Schätzwert ũ, beim Testen häufig *Prüfgröße* genannt, testet man diese Hypothese u_0 dann gegen mögliche Alternativen $u = u_a$, z. B. gegen

$$\text{a)}\ u = u_a > u_0 \tag{134}$$

$$\text{b)}\ u = u_a < u_0 \tag{135}$$

$$\text{c)}\ u = u_a \neq u_0 . \tag{136}$$

Einen Test nach a) nennt man einen rechtsseitigen, nach b) einen linksseitigen und nach c) einen zweiseitigen Test.

Entscheidungskriterium für oder gegen die Annahme der Hypothese ist dabei, ob der Schätzwert ũ innerhalb oder außerhalb eines um u_0 mit einer vorgegebenen Signifikanzzahl α aus der Verteilungsfunktion von $\tilde{\mathcal{U}}$ konstruierten Intervalls liegt, also innerhalb oder außerhalb des Wahrscheinlichkeitsintervalls, das entsprechend den drei Alternativen Gln. (134—136) definiert ist durch

$$\text{a)}\ P(\tilde{\mathcal{U}} > c) = \alpha \tag{137}$$

$$\text{b)}\ P(\tilde{\mathcal{U}} < c) = \alpha \tag{138}$$

$$\text{c)}\ 1 - P(c_1 < \tilde{\mathcal{U}} \leqq c_2) = \alpha \tag{139}$$

Abbildung 8 veranschaulicht diese Fälle.

Mit Abb. 8 wird also die Hypothese verworfen, wenn die Prüfgröße ũ im schraffierten Bereich liegt. Daraus folgt: Die Signifikanzzahl α gibt den *Fehler erster Art* an, den man macht, wenn man die Hypothese aufgrund einer Stichprobe verwirft, obwohl sie richtig ist. Daraus folgt weiter: Der Test wird um so signifikanter sein, je kleiner α ist.

Welcher Wert im Einzelfall für α gewählt wird, hängt entscheidend von den Folgen einer Fehlentscheidung ab. Auch hier gilt, was in Abs. 4.2.1 schon gesagt wurde, daß die Statistik vor allem mit wohldefinierten übertragbaren Methoden Willkür (hier in der Wahl der Intervallgrenzen zur Entscheidungsfindung) objektiviert.

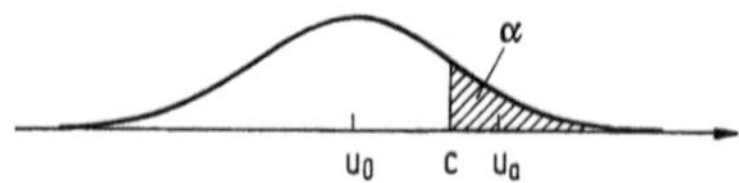

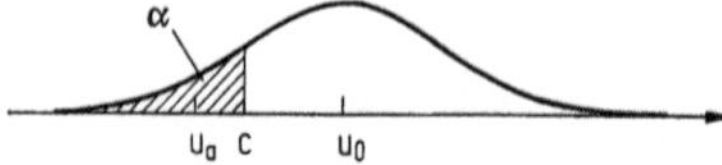

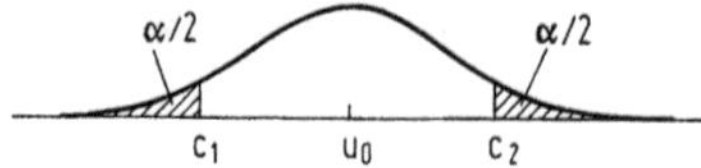

Abb. 8. Entscheidung beim Testen

Die Wahl von α hängt aber außerdem von den Folgen eines *Fehlers zweiter Art* ab, den man macht, wenn man die Hypothese annimmt, obwohl sie falsch ist. Diesen Fehler kann man für gegebene Alternativen abschätzen, indem man entsprechend den Alternativen Gln. (134–136) die Wahrscheinlichkeit $\beta(u_a)$ einen Fehler zweiter Art zu vermeiden, berechnet

$$\text{a) } P(\tilde{\mathcal{U}} > c) = \beta(u_a) \tag{140}$$

$$\text{b) } P(\tilde{\mathcal{U}} < c) = \beta(u_a) \tag{141}$$

$$\text{c) } 1 - P(c_1 < \tilde{\mathcal{U}} \leqq c_2) = \beta(u_a) \tag{142}$$

$\beta(u_a)$ wird dabei aus der Verteilung der Alternative u_a berechnet. Siehe dazu auch Schemata Abschn. 5.3.

Die Wahrscheinlichkeit $\beta(u_a)$ nennt man auch *Macht des Tests.* Offensichtlich ist also die Wahrscheinlichkeit, einen Fehler zweiter Art zu machen, $1 - \beta(u_a)$.

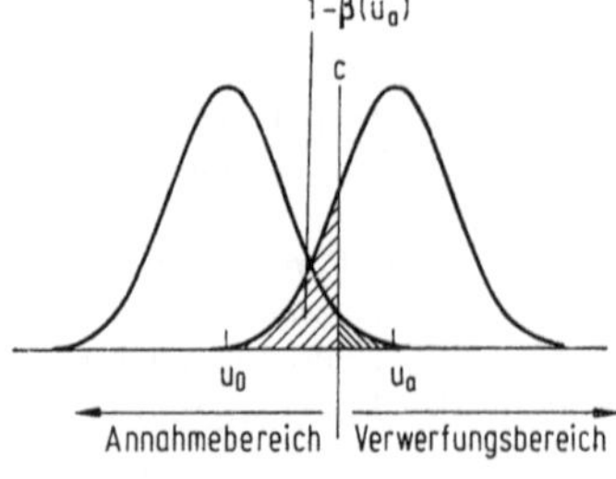

Abb. 9. Fehler erster Art und zweiter Art

Aus dem Gesagten folgt, daß ein Fehler zweiter Art nur mit der Annahme der Hypothese gemacht werden könnte. Man wird also in der Praxis die Fragestellung eines Tests, wenn möglich, stets so fassen, daß die Antwort im Regelfall eine Ablehnung der Hypothese ist.

Abb. 9 soll die Fehler erster und zweiter Art verdeutlichen.

Ähnlich wie zur Berechnung von Konfidenzintervallen muß auch beim Testen die Verteilung der Schätzfunktion $\tilde{\mathcal{U}}$ um u_0 und u_a angebbar sein.

Die folgenden Beispiele setzen normalverteilte Grundgesamtheiten voraus; für diese sind die folgenden Tests optimal scharf. Ähnlich wie bei der Bestimmung von Konfidenzintervallen können diese Tests aber auch in vielen Fällen für nicht normalverteilte Grundgesamtheiten verwandt werden, wenn der Stichprobenumfang genügend groß ist.

4.3.2 Test des Mittelwerts der Normalverteilung bei bekannter Varianz

Es werde eine Zufallsvariable bzw. Meßgröße $\mathcal{X}$ betrachtet, die normalverteilt sei mit bekannter Varianz σ^2 und unbekanntem Mittelwert μ. Aus einer Stichprobe wird der Schätzwert $\bar{x}$ berechnet, der die Prüfgröße für den Test ist. Hypothese sei $\mu = \mu_0$. Unter diesen Voraussetzungen ist $\mathcal{Z} = \frac{\bar{\mathcal{X}} - \mu_0}{\sigma} \sqrt{n}$ eine Zufallsvariable, die normalverteilt ist mit N(0, 1).

Aus der Tafel der Normalverteilung wird mit vorgegebener Signifikanzzahl α die Schranke c bestimmt und mit der transformierten Prüfgröße

$$\tilde{z} = \frac{\bar{x} - \mu_0}{\sigma} \sqrt{n} \tag{143}$$

verglichen.

Siehe Schema im Abschnitt 5.3.

4.3.3 Test des Mittelwerts der Normalverteilung bei unbekannter Varianz

Es werde eine Zufallsvariable bzw. Meßgröße $\mathcal{X}$ betrachtet, die normalverteilt sei mit unbekannter Varianz σ^2 und unbekanntem Mittelwert μ. Aus einer Stichprobe vom Umfang n werden die Schätzwerte $\bar{x}$ und s^2 berechnet. Hypothese sei $\mu = \mu_0$. Unter diesen Voraussetzungen ist, ähnlich wie beim Konfidenzintervall 4.2.3, $\mathcal{T} = \frac{\bar{\mathcal{X}} - \mu_0}{s} \sqrt{n}$ eine Zufallsvariable, die t-verteilt ist mit $n - 1$ Freiheitsgraden. Aus der Tafel der t-Verteilung mit $n - 1$ Freiheitsgraden wird mit vorgegebener Signifikanzzahl α die Schranke c bestimmt und mit der ebenfalls transformierten Prüfgröße

$$\tilde{t} = \frac{\bar{x} - \mu_0}{s} \sqrt{n} \tag{144}$$

verglichen.

Siehe Schema in Abschnitt 5.3.

Für genügend große n ($n > 25$) ist s^2 ein genügend genauer Schätzer für σ^2. Dann kann der Test mit diesem Schätzwert für σ^2 auch nach Abschnitt 4.3.2 durchgeführt werden, was wegen der Verwendung der Normalverteilung bequemer ist. Leider sind so große Stichprobenumfänge in der chemischen Analytik sehr selten.

Analog kann man die Differenz der Mittelwerte zweier unabhängiger Variabler z. B. auf Gleichheit testen; die entsprechende transformierte Prüfgröße $\tilde{t}$ ist dann

$$\tilde{t} = \frac{\bar{x}_1 - \bar{x}_2}{s_d} \sqrt{N}, \tag{145}$$

wobei die zusammengefaßte Standardabweichung s_d ist

$$s_d = \sqrt{\frac{(n_1 - 1)\, s_1^2 + (n_2 - 1)\, s_2^2}{n_1 + n_2 - 2}} \tag{146}$$

und

$$N = \left(\frac{1}{n_1} + \frac{1}{n_2}\right)^{-1}. \tag{147}$$

Bei diesem Test ist (wie auch sonst meistens) nur die einseitige Fragestellung wichtig, die auf die Alternative $\mu_1 - \mu_2 > 0$ beschränkt werden kann, da stets durch Wahl der Bezeichnung $\bar{x}_1 - \bar{x}_2 > 0$ erreicht werden kann, womit eine Alternative $\mu_1 - \mu_2 < 0$ unsinnig ist.
Siehe dazu Schema im Abschnitt 5.3.

Der Vergleich der Mittelwerte mehrerer Normalverteilungen mit homogenen Varianzen ist mit der einfachen Varianzanalyse möglich. Die Varianzanalyse vergleicht dazu die Streuungen zwischen den Stichproben mit den Streuungen innerhalb der Stichproben. Ein Schema Abschnitt 5.3 zeigt das praktische Vorgehen.

4.3.4 Test der Varianz der Normalverteilung

Es werde wieder eine Zufallsvariable bzw. Meßgröße $\mathcal{X}$ betrachtet, die normalverteilt sei mit unbekannter Varianz σ^2 und unbekanntem Mittelwert μ. Aus einer Stichprobe vom Umfang n wird der Schätzwert s^2 berechnet. Hypothese sei $\mu = \mu_0$; unter diesen Voraussetzungen ist $\mathcal{Y} = (n - 1)\, \mathcal{S}^2/\sigma^2$ eine Zufallsvariable, die χ^2-verteilt ist mit $n - 1$ Freiheitsgraden. Aus der Tafel der χ^2-Verteilung mit $n - 1$ Freiheitsgraden wird mit vorgegebener Signifikanzzahl α die Schranke c bestimmt und mit dem transformierten Schätzwert

$$\tilde{y} = (n - 1)\, \frac{s^2}{\sigma^2} \tag{148}$$

verglichen.

Siehe Schema im Abschnitt 5.3.

Auch ein Test auf Gleichheit der Varianzen zweier Normalverteilungen wird angegeben; die transformierte Prüfgröße ist dann

$$\tilde{v} = s_1^2/s_2^2, \tag{149}$$

die F-verteilt mit $(n_1 - 1, n_2 - 1)$ Freiheitsgraden ist.

Bei diesem Test ist nur die einseitige Fragestellung interessant, die auf die Alternative $\sigma_1^2/\sigma_2^2 > 1$ beschränkt werden kann, da stets durch Wahl der Bezeichnung $s_1^2/s_2^2 > 1$ erreicht werden kann.

Ein häufig benutzter Test auf Homogenität von Varianzen ist der Bartlett-Test. Er setzt gut normalverteilte Gesamtheiten voraus sowie mindestens $k = 5$ Stichproben mit Stichprobenwerten x_{ij} und Umfängen n_i $(i = 1 \dots k)$. Nimmt man Gleichheit aller Varianzen an, ist die Variable

$$\mathscr{W} = \frac{1}{d}\left[(n - k)\ln(\mathscr{S}^2) - \sum_i (n_i - 1)\ln(\mathscr{S}_i^2)\right] \tag{150}$$

χ^2-verteilt mit $k - 1$ Freiheitsgraden, wobei ist

$$d = 1 + \frac{1}{3(k-1)}\left[\sum_1^k (n_i - 1)^{-1} - (n - k)^{-1}\right], \tag{151}$$

$$n = \sum_1^k n_i \tag{152}$$

und

$$s^2 = \frac{1}{n - k}\sum_1^k \left((n_i - 1)\, s_i^2\right). \tag{153}$$

Siehe dazu Schema in Abs. 5.3.

4.3.5 *Ausreißertest*

Voraussetzung der bisherigen Tests waren ausreißerfreie Stichproben. Bedingt durch Ablesefehler, Übertragungsfehler, elektronische Störungen usw. können jedoch Stichprobenwerte gefunden werden, die in manchen Fällen aufgrund der Unmöglichkeit eines solchen Wertes (eine Kugel von 5 mm ⌀ kann nicht durch eine Bohrung von 3 mm fallen!) sofort aussortiert werden können, in vielen Fällen aber nur „abnorm" aussehen. Hier kann die Statistik wieder objektive Methoden zur Erkennung wahrscheinlicher Ausreißer liefern. Entsprechende Tests sollten aber generell sehr vorsichtig verwendet werden. Erwähnt sollen hier werden die Ausreißertests nach Nalimov, Grubbs (siehe dazu auch H. Streuli, Fresenius Z. Anal. Chem. *303*, 406 (1980)), Dean-Dixon und Graf und Henning, die alle in entsprechenden Lehrbüchern beschrieben sind.

4.3.6 *Sonstige Tests*

Es gibt eine enorme Anzahl von Tests für die unterschiedlichsten Anwendungen. Insbesondere sollen erwähnt werden Tests auf Normalverteilung der Grundgesamtheit, wie der Chi-quadrat-Test oder der Kolmogoroff-Smirnow-Test, sowie verteilungsunabhängige Tests. Die Besprechung solcher Tests würde den Rahmen dieses Aufsatzes jedoch sprengen.

5 Arbeitsschemata für die Bestimmung von Konfidenzintervallen und für die Durchführung von Tests

5.1 Voraussetzungen

Voraussetzungen für alle Schemata in diesem Abschnitt sind normalverteilte Grundgesamtheiten, deren Varianzen beim Vergleich von Mittelwerten homogen sein müssen, was z. B. mit dem Bartlett-Test geprüft werden kann.

Die durchgerechneten Beispiele nutzen die folgenden vier fiktiven Stichproben, die den Gehalt eines Wirkstoffs in mg in Tabletten angeben, wie er an unterschiedlichen Tagen vom Dosierautomaten geliefert wurde.

Stichprobe				
1	104, 106, 101, 101, 103, 107, 108	$\bar{x}_1 = 104{,}3$	$s_1^2 = 7{,}907$	$s_1 = 2{,}812$
2	105, 104, 107, 111, 103	$\bar{x}_2 = 106$	$s_2^2 = 10$	$s_2 = 3{,}162$
3	99, 98, 103, 107, 101, 102	$\bar{x}_3 = 101{,}7$	$s_3^2 = 10{,}27$	$s_3 = 3{,}204$
4	104, 100, 105, 109, 106, 107	$\bar{x}_4 = 105{,}2$	$s_4^2 = 9{,}37$	$s_4 = 3{,}061$
5	104, 105, 106, 106, 107	$\bar{x}_5 = 105{,}6$	$s_5^2 = 1{,}30$	$s_5 = 1{,}140$

Für die Konfidenzintervallbestimmung 5.2.1 und den Test 5.3.1 wird beispielshalber σ^2 als aus vielen solchen Meßserien bekannt vorausgesetzt mit $\sigma^2 = 9{,}00$.

5.2.1 Konfidenzintervall für den Mittelwert μ einer Normalverteilung bei bekannter Varianz σ^2

		Beispiel
Gegeben $\sigma = \sqrt{\sigma^2}$	$\sigma =$ $n =$	$\sigma_1 = 3$ g $n_1 = 7$
Berechne mit Gl. (90) $\bar{x} = \frac{1}{n}\sum_i x_i$	$\bar{x} =$	$\bar{x}_1 = 104{,}3$ g
Wähle	$\gamma =$	$\gamma = 0{,}95$
Bestimme $c = \Phi^{-1}\left(\frac{1+\gamma}{2}\right)$ aus der Normalverteilung	$c =$	$c = 1{,}96$
Berechne $a = \frac{c\sigma}{\sqrt{n}}$	$a =$	$a = 2{,}2$ g

Konfidenzintervall

KONF $\{\bar{x} - a < \mu \leqq \bar{x} + a\}_{\gamma=\dots}$

$\mu = \bar{x} \pm a$ $\qquad$ $\mu_1 = (104{,}3 \pm 2{,}2)$ g

5.2.2 Konfidenzintervall für den Mittelwert μ einer Normalverteilung bei unbekannter Varianz σ^2

		Beispiel
Gegeben	$n =$	$n_1 = 7$
Berechne mit Gl. (90) $\bar{x} = \frac{1}{n} \sum x_i$	$\bar{x} =$	$\bar{x}_1 = 104{,}3$ g
Berechne mit Gl. (92) $s = \frac{1}{n-1} \sum (x_i - \bar{x})^2$	$s =$	$s_1 = 2{,}812$ g
Wähle	$\gamma =$	$\gamma = 0{,}95$
Bestimme $c = F_t^{-1}\left(\frac{1+\gamma}{2}\right)$ aus der t-Verteilung mit $n - 1$ Freiheitsgraden	$c =$	$c = 2{,}45$
Berechne $a = \frac{cs}{\sqrt{n}}$	$a =$	$a = 2{,}6$ g

Konfidenzintervall

$\text{KONF}\,\{\bar{x} - a < \mu \leq \bar{x} + a\}_{\gamma = \ldots}$

$\mu = \bar{x} \pm a$ $\qquad\qquad$ $\mu_1 = (104{,}3 \pm 2{,}6)$ g

5.2.3 Konfidenzintervall für die Differenz $\mu_1 - \mu_2$ der Mittelwerte zweier Normalverteilungen mit unbekannten, aber gleichen Varianzen σ^2

		Beispiel
Gegeben	$n_1 =$ $n_2 =$	$n_1 = 7$ $n_2 = 5$
Berechne mit Gl. (90) $\bar{x}_1 = \frac{1}{n_1} \sum_i x_{1i}$	$\bar{x}_1 =$	$\bar{x}_1 = 104{,}3$ g
Berechne mit Gl. (90) $\bar{x}_2 = \frac{1}{n_2} \sum_i x_{2i}$	$\bar{x}_2 =$	$\bar{x}_2 = 106{,}0$ g
Berechne mit Gl. (92) $s_1 = \frac{1}{n_1 - 1} \sum_i (x_{1i} - \bar{x}_1)^2$	$s_1 =$	$s_1 = 2{,}812$ g
Berechne mit Gl. (92) $s_2 = \frac{1}{n_2 - 1} \sum_i (x_{2i} - \bar{x}_2)^2$	$s_2 -$	$s_2 = 3{,}162$ g
Berechne mit Gl. (146) $s_d = \sqrt{\frac{(n_1 - 1)\, s_1^2 + (n_2 - 1)\, s_2^2}{n_1 + n_2 - 2}}$	$s_d =$	$s_d = 2{,}957$ g

5.2.3. Konfidenzintervall für die Differenz $\mu_1 - \mu_2$ der Mittelwerte zweier Normalverteilungen mit unbekannten, aber gleichen Varianzen σ^2; Fortsetzung

		Beispiel
Berechne mit Gl. (147) $N = \left(\frac{1}{n_1} + \frac{1}{n_2}\right)^{-1}$	$N =$	$N = 2{,}917$
Wähle	$\gamma =$	$\gamma = 0{,}95$
Bestimme $c = F_t^{-1}\left(\frac{1+\gamma}{2}\right)$ aus der t-Verteilung mit $n_1 + n_2 - 2$ Freiheitsgraden	$c =$	$c = 2{,}23$
Berechne $a = \frac{c s_d}{\sqrt{N}}$	$a =$	$a = 3{,}9$ g

Konfidenzintervall

$\mathrm{KONF}\{\bar{x}_1 - \bar{x}_2 - a < \mu_1 - \mu_2 \leqq \bar{x}_1 - \bar{x}_2 + a\}_{\gamma=\ldots}$

$\mu_1 - \mu_2 = \bar{x}_1 - \bar{x}_2 \pm a$ $\qquad$ $\mu_1 - \mu_2 = -(1{,}7 \pm 3{,}9)$ g

5.2.4 Konfidenzintervall für die Varianz einer Normalverteilung

		Beispiel
Gegeben	$n =$	$n_1 = 7$
Berechne mit Gl. (92) $s^2 = \frac{1}{n-1} \sum (x_i - \bar{x})^2$	$s^2 =$	$s_1^2 = 7{,}907$ g^2
Wähle	$\gamma =$	$\gamma = 0{,}95$
Bestimme $c_1 = F_{\chi^2}^{-1}\left(\frac{1-\gamma}{2}\right)$	$c_1 =$	$c_1 = 1{,}24$
Bestimme $c_2 = F_{\chi^2}^{-1}\left(\frac{1+\gamma}{2}\right)$ aus der χ^2-Verteilung mit $n - 1$ Freiheitsgraden	$c_2 =$	$c_2 = 14{,}46$
Berechne $a_1 = \frac{(n-1)\,s^2}{c_1}$	$a_1 =$	$a_1 = 38{,}26$ g^2
$a_2 = \frac{(n-1)\,s^2}{c_2}$	$a_2 =$	$a_2 = 3{,}281$ g^2

Konfidenzintervall

$\mathrm{KONF}\{a_2 < \sigma^2 \leqq a_1\}_{\gamma=\ldots}$ $\qquad$ $3{,}28\ \mathrm{g}^2 < \sigma_1^2 < 38{,}26\ \mathrm{g}^2$

5.3.1 Test für den Mittelwert einer Normalverteilung bei bekannter Varianz σ^2

		Beispiel
Gegeben	$n =$	$n_1 = 7$
$\sigma = \sqrt{\sigma^2}$	$\sigma =$	$\sigma_1 = 3$ g
Hypothese $\mu = \mu_0$	$\mu_0 =$	$\mu = \mu_0 = 103$ g
Alternative		
a) $\mu = \mu_a > \mu_0$		
b) $\mu = \mu_a < \mu_0$	$\mu_a =$	b) $\mu = \mu_a = 100$ g
c) $\mu = \mu_a \neq \mu_0$		
Berechne mit Gl. (90) $\bar{x} = \frac{1}{n} \sum_i x_i$	$\bar{x} =$	$\bar{x}_1 = 104{,}3$ g
Berechne die Prüfgröße $\tilde{z} = \frac{\bar{x} - \mu}{\sigma} \sqrt{n}$	$\tilde{z} =$	$\tilde{z} = 1{,}146$
Wähle	$\alpha =$	$\alpha = 0{,}05$
Bestimme		
a) $c = \varphi^{-1}(1 - \alpha)$		
b) $c = \varphi^{-1}(1 - \alpha)$	$c =$	b) $c = 1{,}65$
c) $c = \varphi^{-1}(1 - \alpha/2)$		
aus der Normalverteilung		

Entscheide

Annahme der Hypothese, wenn

a) $\tilde{z} < c$	
b) $\tilde{z} > c$	b) $1{,}146 > -1{,}65$
c) $-c < \tilde{z} < +c$	Annahme der Hypothese

Bei Annahme der Hypothese:

Berechne die Macht

a) $\beta(\mu_a) = \Phi\left(\frac{\mu_a - \mu_0}{\sigma}\sqrt{n} - c\right)$	
b) $\beta(\mu_a) = \Phi\left(\frac{\mu_0 - \mu_a}{\sigma}\sqrt{n} - c\right)$	b) $\beta(\mu_a) = \Phi(0{,}9958) = 0{,}84$
c) $\beta(\mu_a) = \Phi\left(\frac{\mu_0 - \mu_a}{\sigma}\sqrt{n} - c\right) + \Phi\left(\frac{\mu_a - \mu_0}{\sigma}\sqrt{n} - c\right)$	

5.3.2 Test für den Mittelwert einer Normalverteilung bei unbekannter Varianz

		Beispiel
Gegeben	$n =$	$n_1 = 7$
Hypothese $\mu = \mu_0$	$\mu_0 =$	$\mu = \mu_0 = 103$ g
Alternative a) $\mu = \mu_a > \mu_0$ b) $\mu = \mu_a < \mu_0$ c) $\mu = \mu_a \neq \mu_0$	$\mu_a =$	b) $\mu = \mu_a = 100$ g
Berechne mit Gl. (90) $\bar{x} = \frac{1}{n} \sum_i x_i$	$\bar{x} =$	$\bar{x}_1 = 104{,}3$ g
Berechne mit Gl. (92) $s = \left(\frac{1}{n-1} \sum (x_i - \bar{x})^2\right)^{1/2}$	$s =$	$s_1 = 2{,}812$ g
Berechne die Prüfgröße $\tilde{t} = \frac{\bar{x} - \mu_0}{s} \sqrt{n}$	$\tilde{t} =$	$\tilde{t} = 1{,}223$
Wähle	$\alpha =$	$\alpha = 0{,}05$
Bestimme a) $c = F_t^{-1}(1 - \alpha)$ b) $c = F_t^{-1}(1 - \alpha)$ c) $c = F_t^{-1}(1 - \alpha/2)$ aus der t-Verteilung mit $n - 1$ Freiheitsgraden	$c =$	$c = 1{,}94$
Entscheide Annahme der Hypothese, wenn a) $\tilde{t} < c$ b) $\tilde{t} > -c$ c) $-c < \tilde{t} < c$		b) $1{,}223 > -1{,}94$ Annahme der Hypothese
Bei Annahme der Hypothese Berechne die Macht a) $\beta(\mu_a) = F_t\left(\frac{\mu_a - \mu_0}{s}\sqrt{n} - c\right)$ b) $\beta(\mu_a) = F_t\left(\frac{\mu_0 - \mu_a}{s}\sqrt{n} - c\right)$ c) $\beta(\mu_a) = F_t\left(\frac{\mu_a - \mu_0}{s}\sqrt{n} - c\right) + F_t\left(\frac{\mu_0 - \mu_a}{s}\sqrt{n} - c\right)$		b) $\beta(\mu_a) = \beta(100)$ $= F_t(0{,}8826)$ $= 0{,}79$

5.3.3 Vergleich der Mittelwerte zweier Normalverteilungen bei unbekannten, aber gleichen Varianzen

		Beispiel
Gegeben	$n_1 =$ $n_2 =$	$n_1 = 7$ $n_2 = 5$
Hypothese $\Delta_0 = \mu_1 - \mu_2 = 0$	$\Delta_0 =$	$\Delta_0 = \mu_2 - \mu_1 = 0$
Alternative $\Delta_a > 0$	$\Delta_a =$	$\Delta_a = \mu_2 - \mu_1 = 6$ g
Berechne mit Gl. (90) $\bar{x}_1 = \frac{1}{n_1} \sum_i x_{1i}$	$\bar{x}_1 =$	$\bar{x}_1 = 104{,}3$ g
Berechne mit Gl. (90) $\bar{x}_2 = \frac{1}{n_2} \sum_i x_{2i}$	$\bar{x}_2 =$	$\bar{x}_2 = 106{,}0$ g
Berechne mit Gl. (92) $s_1 = \left(\frac{1}{n_1 - 1} \sum_i (x_{1i} - \bar{x}_1)^2\right)^{1/2}$	$s_1 =$	$s_1 = 2{,}812$ g
Berechne mit Gl. (92) $s_2 = \left(\frac{1}{n - 1} \sum_i (x_{2i} - \bar{x})^2\right)^{1/2}$	$s_2 =$	$s_2 = 3{,}162$ g
Berechne mit Gl. (146) $s_d = \left(\frac{(n_1 - 1)\, s_1^2 + (n_2 - 1)\, s_2^2}{n_1 + n - 2}\right)^{1/2}$	$s_d =$	$s_d = 2{,}957$ g
Berechne mit Gl. (147) $N = \left(\frac{1}{n_1} + \frac{1}{n_2}\right)^{-1}$	$N =$	$N = 2{,}917$
Berechne die Prüfgröße $\tilde{t} = \frac{\bar{x}_1 - \bar{x}_2}{s_d} \sqrt{N}$	$\tilde{t} =$	$\tilde{t} = 0{,}982$
Wähle	$\alpha =$	$\alpha = 0{,}05$
Bestimme $c = F_t^{-1}(1 - \alpha)$ aus der t-Verteilung mit $n_1 + n_2 - 2$ Freiheitsgraden	$c =$	$c = 1{,}81$
Entscheide		
Annahme der Hypothese, wenn $\tilde{t} < c$		$0{,}982 < 1{,}81$
Bei Annahme der Hypothese		
Berechne die Macht $\beta(\Delta_a) = F_t\left(\frac{\Delta_a}{s_d}\sqrt{N} - c\right)$		b) $\beta\,(\Delta_a = 6) = F_t(1{,}66) = 0{,}94$

5.3.4 Vergleich der Mittelwerte μ_i von k Normalverteilungen bei unbekannten, aber gleichen Varianzen – einfache Varianzanalyse

		Beispiel
Hypothese: alle Mittelwerte μ_i $(i = 1 \ldots k)$ sind gleich		
Alternative: nicht alle Mittelwerte μ_i sind gleich		
Gegeben k Stichproben, je vom Umfang n_i	$k =$	$k = 4$
Berechne mit Gl. (152) $n = \sum_i n_i$	$n =$	$n = 24$
Berechne mit Gl. (90) alle Mittelwerte x_i	$\bar{x}_1 =$	$\bar{x}_1 = 104{,}3$ g
$x_i = \frac{1}{n_i} \sum_j^{n_i} x_{ij}$	$\bar{x}_2 =$	$\bar{x}_2 = 106$ g
	$\vdots$	$\bar{x}_3 = 101{,}7$ g
	$\bar{x}_k =$	$\bar{x}_4 = 105.2$ g
Berechne Gesamtmittelwert $\bar{x} = \frac{1}{n} \sum_{i=1}^{k} n_i \bar{x}_i$	$\bar{x} =$	$\bar{x} = 104{,}2$ g
Berechne $A = \sum_{i=1}^{k} \sum_{j=1}^{n_i} x_{ij}^2$	$A =$	$A = 260\,871{,}00\ \text{g}^2$
Berechne $q_1 = \sum_{i=1}^{k} n_i(\bar{x}_i)^2 - n(\bar{x})^2$	$q_1 =$	$q_1 = 205{,}65\ \text{g}^2$
Berechne $q_2 = A - \sum_{i=1}^{k} n_i(\bar{x}_i)^2$	$q_2 =$	$q_2 = 81{,}99\ \text{g}^2$
Berechne die Prüfgröße $\tilde{v} = \frac{q_1}{k-1} \Big/ \frac{q_2}{n-k}$	$\tilde{v} =$	$\tilde{v} = \frac{68{,}55}{4{,}10} = 16{,}72$
Wähle	$\alpha =$	$\alpha = 0{,}05$
Bestimme $c = F_f^{-1}(1-\alpha)$ aus der F-Verteilung mit $(k-1, n-k)$ Freiheitsgraden	$c =$	$c = 3{,}10$

Entscheide

Annahme der Hypothese, wenn

$\tilde{v} < c$ | $\tilde{v} > c$

mindestens ein Mittelwert (evtl. μ_3?) ist nicht gleich

5.3.5 Test für die Varianz einer Normalverteilung

		Beispiel
Hypothese $\sigma^2 = \sigma_0^2$	$\sigma_0^2 =$	$\sigma^2 = \sigma_0^2 = 9\ g^2$
Alternative		
a) $\sigma^2 = \sigma_a^2 > \sigma_0^2$		
b) $\sigma^2 = \sigma_a^2 < \sigma_0^2$	$\sigma_a^2 =$	$\sigma^2 = \sigma_a^2 = 25\ g^2$
c) $\sigma^2 = \sigma_a^2 \neq \sigma_0^2$		
Gegeben	$n =$	$n_1 = 7$
Berechne mit Gl. (92) $s^2 = \frac{1}{n-1} \sum_i (x_i - \bar{x})^2$	$s^2 =$	$s_1^2 = 7{,}905\ g^2$
Berechne die Prüfgröße $\tilde{y} = \frac{s^2}{\sigma_0^2}(n-1)$	$\tilde{y} =$	$\tilde{y} = 5{,}27$
Wähle	$\alpha =$	$\alpha = 0{,}05$
Bestimme		
a) $c_2 = F_{\chi^2}^{-1}(1-\alpha)$		
b) $c_1 = F_{\chi^2}^{-1}(\alpha)$	$c_1 =$	
c) $c_1 = F_{\chi^2}^{-1}(\alpha/2)$	$c_2 =$	$c_2 = 12{,}60$
und $c_2 = F_{\chi^2}^{-1}(1-\alpha/2)$		
aus der χ^2-Verteilung mit $n - 1$ Freiheitsgraden		

Entscheidung	
Annahme der Hypothese, wenn	
a) $\tilde{y} < c_2$	a) $5{,}27 < 12{,}60$
b) $\tilde{y} > c_1$	Annahme der Hypothese
c) $c_1 < \tilde{y} < c_2$	

Bei Annahme der Hypothese	
Berechne die Macht	
a) $\beta(\sigma_a^2) = 1 - F_{\chi^2}(c_2\sigma_0^2/\sigma_a^2)$	a) $\beta\ (\sigma_a^2 = 25)$
b) $\beta(\sigma_a^2) = 1 - F_{\chi^2}(c_1\sigma_0^2/\sigma_a^2)$	$= 1 - F_{\chi^2}(4{,}54)$
c) $\beta(\sigma_a^2) = 1 - F_{\chi^2}(c_2\sigma_0^2/\sigma_a^2)$	$= 0{,}40$
$+ F_{\chi^2}(c_1\sigma_0^2/\sigma_a^2)$	

5.3.6 Vergleich der Varianzen zweier Normalverteilungen

		Beispiel
Hypothese $\sigma_1^2/\sigma_2^2 = q = 1$	$q = 1$	$\sigma_2^2/\sigma_1^2 = 1$
Alternative		
$\sigma_1^2/\sigma_2^2 = q > 1$	$q > 1$	$\sigma_2^2/\sigma_1^2 = q = 2$
Gegeben	$n_1 =$	$n_1 = 7$
	$n_2 =$	$n_2 = 5$
Berechne mit Gl. (92)	$s_1^2 =$	$s_1^2 = 7{,}907\ g^2$
$s_i^2 = \frac{1}{n-1} \sum_i (x_i - x)^2$	$s_2^2 =$	$s_2^2 = 10\ g^2$
Berechne die Prüfgröße		
$\tilde{v} = s_1^2/s_2^2$	$\tilde{v} =$	$\tilde{v} = s_2^2/s_1^2 = 1{,}265$
Wähle	$\alpha =$	$\alpha = 0{,}05$
Bestimme $c = F_F^{-1}(1-\alpha)$ aus der F-Verteilung mit $(n_1 - 1, n_2 - 1)$ Freiheitsgraden	$c =$	$c = 4{,}53$
Entscheide		
Annahme der Hypothese, wenn $\tilde{v} < c$		$1{,}265 < 4{,}53$
Bei Annahme der Hypothese Berechne die Macht		
$\beta(q) = 1 - F_F(c/q)$		$\beta(q = 2) = 1 - F_F(2{,}27) = 0{,}82$

5.3.7 Vergleich der Varianzen σ_i^2 von k Normalverteilungen Bartlett-Test

		Beispiel
Hypothese: alle k Varianzen sind gleich		
Alternative: nicht alle Varianzen sind gleich		
Gegeben: alle n_i $(i = 1 \ldots k)$	$k =$	$k = 5$
Berechne mit Gl. (152) $n = \sum_{i=1}^{k} n_i$	$n =$	$n = 29$
Berechne mit Gl. (92)	$s_1^2 =$	$s_1^2 = 7{,}907\ g^2$

5.3.7. (Fortsetzung)

		Beispiel
$s_i^2 = \frac{1}{n_i - 1} \sum_{j=1}^{n_i} (x_{ij} - \bar{x}_i)^2$	$s_2^2 =$	$s_2^2 = 10{,}0\ g^2$
	$s_3^2 =$	$s_3^2 = 10{,}27\ g^2$
	$\vdots$	$s_4^2 = 9{,}37\ g^2$
	$s_k^2 =$	$s_5^2 = 1{,}30\ g^2$
Berechne mit Gl. (153) $s^2 = \frac{1}{n-k} \sum_{i=1}^{k} (n_i - 1)\, s_i^2$	$s^2 =$	$s^2 = 7{,}95175\ g^2$
Berechne mit Gl. (151) $d = 1 + \frac{1}{3(k-1)} \times \left(\sum_{i=1}^{k} (n_i - 1)^{-1} - (n-k)^{-1}\right)$	$d =$	$d = 1{,}08542$
Berechne die Prüfgröße $\tilde{w} = \frac{1}{d}\left[(n-k) \ln (s^2) - \sum_{i=1}^{k} (n_i - 1) \ln (s_i^2)\right]$	$\tilde{w} =$	$\tilde{w} = 3{,}9261$
Wähle	$\alpha =$	$\alpha = 0{,}05$
Bestimme $c = F_{\chi^2}^{-1}(1-\alpha)$ aus der χ^2-Verteilung mit $(k-1)$ Freiheitsgraden	$c =$	$c = 9{,}49$
Entscheide Annahme der Hypothese, wenn $\tilde{w} < c$		$3{,}9261 < 9{,}49$ Annahme der Hypothese

6 Lineare Regression

6.1 Grundsätzliche Bemerkungen

In den bisherigen Abschnitten wurde die Verteilung einer Zufallsvariablen betrachtet, insbesondere wurden Parameter der Verteilung dieser Zufallsvariablen abgeschätzt. In diesem Abschnitt sollen zwei Variable $\mathcal{X}$ und $\mathcal{Y}$ betrachtet werden. Sind $\mathcal{X}$ und $\mathcal{Y}$ beide gleichberechtigte Zufallsvariable und bestehen irgendwelche Zusammenhänge zwischen $\mathcal{X}$ und $\mathcal{Y}$, spricht man von deren *Korrelation*. So sind etwa Körpergröße und Körpergewicht korreliert. Betrachtet man $\mathcal{Y}$ dagegen als abhängige Zufallsvariable und

$\mathcal{X}$ als unabhängige Variable, die in vielen Fällen keine Zufallsvariable zu sein braucht, so spricht man von *Regression von $\mathcal{Y}$ bezüglich $\mathcal{X}$*, wenn zwischen $\mathcal{X}$ und $\mathcal{Y}$ irgendwelche Zusammenhänge bestehen.

Solche Regressionen spielen in der Praxis des analytischen Chemikers eine wichtige Rolle, wo lineare Zusammenhänge in Eichgeraden vorausgesetzt werden bzw. überprüft werden sollen.

6.2 Regressionsgerade der Stichprobe

Es werde eine Stichprobe vom Umfang n aus einer zweidimensionalen Grundgesamtheit gezogen. Die Stichprobenwerte seien Stichprobenpaare (x_i, y_i). Trägt man diese Wertepaare graphisch auf, so erhält man z. B. Abb. 10.

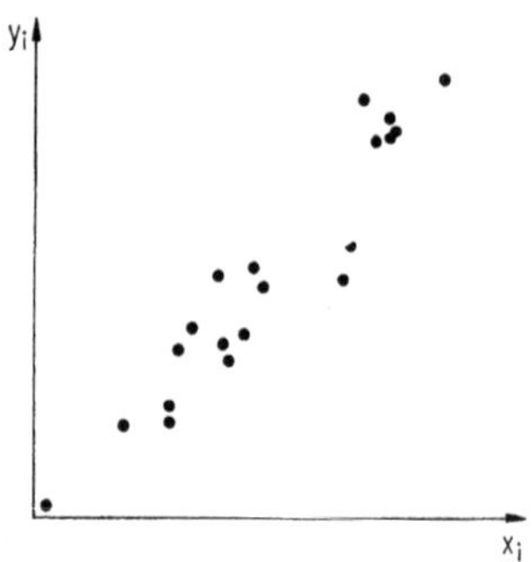

Abb. 10. Lineare Regression von y bezüglich x

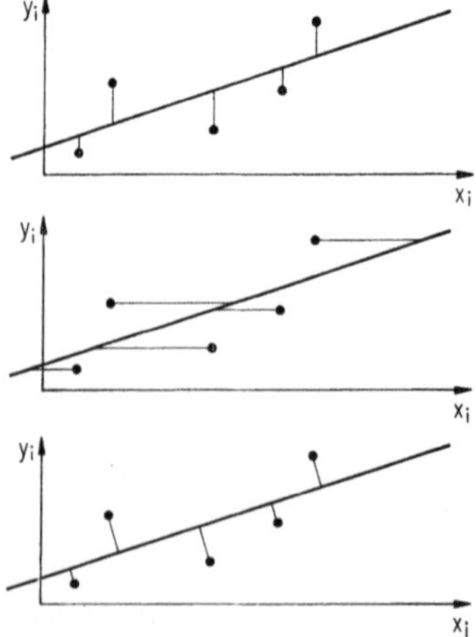

Abb. 11. Zur Minimierung der Abstandsquadrate in einer linearen Regression

Mit dem Auge kann man eine lineare Regression von $\mathcal{Y}$ bezüglich $\mathcal{X}$ leicht erkennen, und man kann eine Gerade mit dem Auge optimiert durch die Punktfolge legen. Dieses subjektive Verfahren ist wenig befriedigend, weswegen man nach *Methoden zur objektiven* und übertragbaren Bestimmung einer „optimalen Geraden" sucht. Man bestimmt die Gerade so, daß die Abstände der Punkte von der Geraden minimal werden, genauer, daß die Summe ihrer Abstandsquadrate minimal wird. Drei Möglichkeiten bieten sich an, die Abb. 11 andeutet.

Alle drei Möglichkeiten haben ihre Bedeutung. Betrachtet man allerdings $\mathcal{X}$ als unabhängige Variable, die, wie häufig, nicht zufallsabhängig ist, $\mathcal{Y}$ als die von $\mathcal{X}$ abhängige und zufallsabhängige Variable, dann ist der Methode Abb. 11a) der Vorzug zu geben.

Es sei

$$y = a + bx \tag{154}$$

die Gleichung der optimalen Geraden.

Dann muß nach dem oben Gesagten die Summe der Abstandsquadrate minimal sein, also auch s_Δ^2

$$s_\Delta^2 = \frac{1}{n-2} \sum_{i=1}^{n} [y_i - (a + bx_i)]^2. \tag{155}$$

Das heißt

$$\frac{\partial}{\partial a} s_\Delta^2 = 2 \sum_{1}^{n} (y_i - a - bx_i) = 0 \tag{156}$$

$$\frac{\partial}{\partial b} s_\Delta^2 = 2 \sum_{1}^{n} (y_i - a - bx_i)\, b = 0. \tag{157}$$

Daraus folgt

$$a = \frac{\sum x_i^2 \sum y_i - \sum x_i \sum (x_i y_i)}{n \sum x_i^2 - (\sum x_i)^2} \tag{158}$$

$$b = \frac{n \sum (x_i y_i) - \sum x_i \sum y_i}{n \sum x_i^2 - (\sum x_i)^2} = \frac{s_{xy}}{s_x^2}, \tag{159}$$

womit die Regressionsgerade der y-Werte bezüglich der x-Werte in der Stichprobe bestimmt ist.

Der Korrelationskoeffizient kann nach Gl. (97) berechnet werden

$$r_{xy} = \frac{s_{xy}}{s_x s_y} = b\,\frac{s_x}{s_y}. \tag{160}$$

Man kann die Regressionsgerade mit a und b nach Gln. (158) und (159) schreiben oder auch als

$$y - \bar{y} = b(x - \bar{x}), \tag{161}$$

was die Bedeutung vor allem des Regressionskoeffizienten b betont und zum anderen zeigt, daß die Regressionsgerade stets durch den Punkt $(\bar{x}, \bar{y})$ geht.

6.3 Regressionsgerade der Grundgesamtheit

Die in 6.2 erhaltene Regressionsgerade ist eine mögliche von vielen: Wiederholung des Experiments führt trotz etwa gleich gewählten x_i zu unterschiedlichen y_i und damit zu unterschiedlichen a und b.

a und b sind also allenfalls Schätzwerte für die entsprechenden Koeffizienten α und β der Regressionsgeraden der Grundgesamtheit, in der der folgende lineare Zusammenhang gegeben sei

$$\mathcal{Y} = \alpha + \beta \mathcal{X}. \tag{162}$$

6.4 Konfidenzintervall für α oder β

Für die weitere Betrachtung werde angenommen, daß $\mathcal{X}$ eine zufallsfehlerfreie Variable ist und $\mathcal{Y}$ für jedes feste $\mathcal{X} = x_i$ eine Zufallsvariable verteilt mit $N(\mu_i, \sigma^2)$. σ^2 hänge nicht von x ab. Dann ist

$$\mathcal{E}(\mathcal{Y}_i) = \mu_i \tag{163}$$

$$\mathcal{E}((\mathcal{Y}_i - \mu_i)^2) = \sigma^2, \tag{164}$$

und mit Gl. (162) folgt

$$\mu_i = \alpha + \beta x_i. \tag{165}$$

Um α und β aus einer Stichprobe abzuschätzen, wird a und b als eine Realisation einer Zufallsvariablen $\mathcal{A}$ und $\mathcal{B}$ aufgefaßt, also b etwa als Realisation von

$$\mathcal{B} = \frac{n \sum x_i \mathcal{Y}_i - \sum x_i \sum \mathcal{Y}_i}{n \sum x_i^2 - (\sum x_i)^2}. \tag{166}$$

$\mathcal{B}$ ist ein erwartungstreuer Schätzer für β, denn

$$\begin{aligned} \mathcal{E}(\mathcal{B}) = \mu_B &= \frac{n \sum (x_i \mathcal{E}(\mathcal{Y}_i)) - \sum x_i \sum \mathcal{E}(\mathcal{Y}_i)}{n \sum x_i^2 - (\sum x_i)^2} \\ &= \frac{n \sum x_i(\alpha + \beta x_i) - \sum x_i \sum (\alpha + \beta x_i)}{n \sum x_i^2 - (\sum x_i)^2} = \beta. \end{aligned} \tag{167}$$

Genauso berechnet man

$$\mathcal{E}((\mathcal{B} - \beta)^2) = \sigma_B^2 = \frac{n\sigma^2}{n \sum x_i^2 - (\sum x_i)^2} = \frac{\sigma^2}{(n-1)\, s_x^2} \tag{168}$$

und analog auch

$$\mathcal{E}((\mathcal{A} - \alpha)^2) = \sigma_A^2 = \frac{\sigma^2 \sum x_i^2}{n \sum x_i^2 - (\sum x_i)^2} = \frac{\sigma^2 \sum x_i^2}{n(n-1)\, s_x^2} \tag{169}$$

und auch die Kovarianz von $\mathcal{A}$ und $\mathcal{B}$

$$\mathcal{E}((\mathcal{A} - \alpha)(\mathcal{B} - \beta)) = \sigma_{AB} = \frac{\sigma^2 \sum x_i}{n \sum x_i^2 - (\sum x_i)^2}. \tag{170}$$

Daraus folgt sofort, daß A und B korreliert sind

$$\rho_{AB} = \frac{\sigma_{AB}}{\sigma_A \sigma_B} = \frac{\sum x_i}{\sqrt{n \sum x_i^2}}. \tag{171}$$

Um σ_A^2 und σ_B^2 schätzen zu können, benötigt man eine Schätzfunktion für σ^2.
Es kann gezeigt werden, daß

$$\mathscr{S}_\Delta^2 = \frac{1}{n-2} \sum (\mathscr{Y}_i - (a + bx_i))^2 \tag{172}$$

eine erwartungstreue Schätzfunktion für σ^2 ist.
Damit sind

$$\mathscr{S}_a = \frac{\mathscr{S}_\Delta^2 \sum x_i^2}{n(n-1)\, s_x^2} \tag{173}$$

und

$$\mathscr{S}_b^2 = \frac{\mathscr{S}_\Delta^2}{(n-1)\, s_x^2} \tag{174}$$

erwartungstreue Schätzer für σ_A^2 und σ_B^2.

Die Zufallsvariablen $\mathscr{A}$ und $\mathscr{B}$ sind normalverteilt mit $N(\alpha, \sigma_A^2)$ bzw. $N(\beta, \sigma_B^2)$ und die Zufallsvariable $\mathscr{V} = (n-2)\,\mathscr{S}^2/\sigma^2$ ist χ^2-verteilt mit $n-2$ Freiheitsgraden.
Dann sind die Variablen

$$t_a = \frac{\mathscr{A} - \alpha}{\sigma} \Big/ \sqrt{\mathscr{V}/(n-2)} = \frac{\mathscr{A} - \alpha}{\mathscr{S}_a} \tag{175}$$

$$t_b = \frac{\mathscr{B} - \beta}{\sigma} \Big/ \sqrt{\mathscr{V}/(n-2)} = \frac{\mathscr{B} - \beta}{\mathscr{S}_b} \tag{176}$$

t-verteilt mit $n-2$ Freiheitsgraden, womit analog Abschnitt 4.2.3 Konfidenzintervalle für a und b konstruiert werden können.

$$\alpha = a \pm c \cdot s_a \tag{177}$$

$$\beta = b \pm c \cdot s_b, \tag{178}$$

wobei c aus der t-Verteilung bei $n-2$ Freiheitsgraden bestimmt wird. Da $\mathscr{A}$ und $\mathscr{B}$ korreliert sind, kann jeweils nur ein Konfidenzintervall angegeben werden, nicht gleichzeitig das zweite.
Siehe dazu das Arbeitsschema in Abschnitt 6.6.

6.5 Konfidenzintervall für den Mittelwert μ_i von $\mathscr{Y}_i(x_i)$

Bestimmt werden soll ein Konfidenzintervall für den Mittelwert μ_i der Zufallsvariablen $\mathscr{Y}_i$ bei festen $\mathscr{X} = x_i$.
Die Regressionsgerade ist nach Gl. (161)

$$y = \bar{y} + b(x - \bar{x}). \tag{179}$$

Faßt man $\mathscr{B}$ als Zufallsvariable auf, die normalverteilt ist mit $N(\beta, \sigma_B^2)$, dann ist — was hier nicht gezeigt werden soll — die zu einem festgehaltenen x_i gehörige Schätzfunktion

$$\tilde{\mathscr{Y}}_i = \bar{y} + \mathscr{B}(x_i - \bar{x}) \tag{180}$$

normalverteilt mit $N(\mu_i, \tilde{\sigma}_i^2)$, wobei ist

$$\sigma_i^2 \quad \left[\frac{(x_i - \bar{x})^2}{(n-1)\, s_x^2} + \frac{1}{n}\right] \sigma^2 = k^2\sigma^2 = k^2(x_i)\, \sigma^2 . \tag{181}$$

Damit ist die Zufallsvariable $\tilde{\mathscr{Z}} = \dfrac{\tilde{\mathscr{Y}}_i - \mu_i}{\tilde{\sigma}_i}$ normalverteilt mit $N(0, 1)$.

$\tilde{\mathscr{Y}}_i$ wird nach Gl. (180) geschätzt und $\tilde{\sigma}$ kann mit Gl. (181) geschätzt werden. Also ist die transformierte Variable $\tilde{\mathscr{T}}_i = \dfrac{\bar{y} + \mathscr{B}(\bar{x}_i - \bar{x}) - \mu_i}{\sqrt{k^2\sigma^2\mathscr{V}/(n-2)}}$ eine t-Variable mit $(n-2)$ Freiheitsgraden.

Man bestimmt die Schranken $\pm c$ für den Schätzwert $\tilde{t}_i$

$$\tilde{t}_i = \frac{\bar{y} + b(x_i - \bar{x}) - \mu_i}{ks} = \frac{\tilde{y}_i - \mu_i}{ks}, \tag{182}$$

transformiert diese Schranken nach μ_i zurück und erhält damit das Konfidenzintervall für μ_i.

$$\mu_i = \tilde{y}_i \pm c \cdot k \cdot s . \tag{183}$$

Siehe dazu das Arbeitsschema Abschnitt 6.6.

Die Bedeutung dieses Konfidenzintervalls wird mit der Abb. 12 vielleicht noch klarer.

Es soll darauf hingewiesen werden, daß beim Erstellen einer Eichgeraden gewöhnlich x (z. B. die Konzentration) die unabhängige und y (z. B. die Extinktion) die abhängige Variable ist, beim späteren Gebrauch der Eichgeraden aber umgekehrt y die unabhängige und x die abhängige Variable darstellt. Dazu soll auf zwei Artikel von S. Ebel in CAL Computer-Anwendung im Labor, 1983, hingewiesen werden.

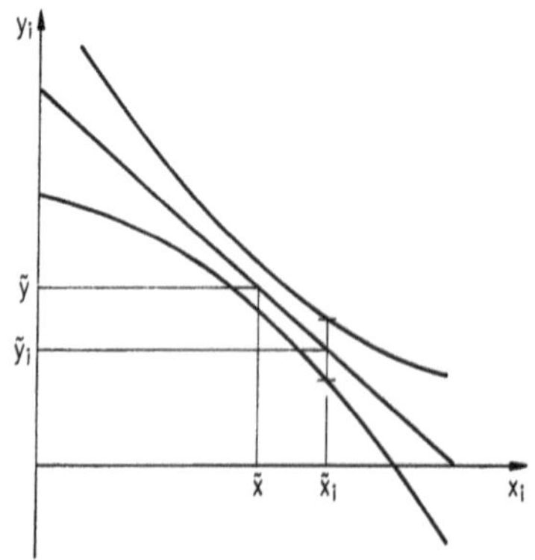

Abb. 12. Konfidenzintervall für y-Werte bei festgehaltenen x-Werten

6.6 Arbeitsschemata zur linearen Regression

Gegeben seien n Stichprobenwertepaare (x_i, y_i), wobei x_i in einer Eichmessung die unabhängige Variable, hier die Konzentrationen von Eichlösungen, und y_i die abhängige und fehlerbehaftete, bei festgehaltenem x_i normalverteilte Variable, hier also z. B. die Meßgröße „Extinktion" sei.
Folgende Konzentrationen und Extinktionen wurden gemessen:

$x_i/10^{-6}$ mol l^{-1}	y_i
103	0,121
197	0,224
261	0,311
350	0,406
472	0,546
593	0,700
686	0,798
802	0,950
914	1,044
1020	1,193

6.6.1 Bestimmung der Regressionskoeffizienten a und b und des Korrelationskoeffizienten r einer Regressionsgeraden $y = a + bx$

		Beispiel
Gegeben: n Wertepaare (x_i, y_i)	$n =$	$n = 10$
Berechne $\Sigma_1 = \Sigma x_i$	$\Sigma_1 =$	$\Sigma_1 = 5398$
$\Sigma_2 = \Sigma x_i^2$	$\Sigma_2 =$	$\Sigma_2 = 3804068$
$\Sigma_3 = \Sigma y_i$	$\Sigma_3 =$	$\Sigma_3 = 6{,}293$
$\Sigma_4 = \Sigma x_i y_i$	$\Sigma_4 =$	$\Sigma_4 = 4433{,}078$
$\Sigma_5 = \Sigma y_i^2$	$\Sigma_5 =$	$\Sigma_5 = 5{,}166979$
Berechne $a = \dfrac{\Sigma_2\Sigma_3 - \Sigma_1\Sigma_4}{n\Sigma_2 - (\Sigma_1)^2}$	$a =$	$a = 0{,}0010385$
Berechne $b = \dfrac{n\Sigma_4 - \Sigma_1\Sigma_3}{n\Sigma_2 - (\Sigma_1)^2}$	$b =$	$b = 0{,}0011639$
Berechne $r = \dfrac{n\Sigma_4 - \Sigma_1\Sigma_3}{(n\Sigma_5 - (\Sigma_3)^2)\,(n\Sigma_2 - (\Sigma_1)^2)^{1/2}}$	$r =$	$r = 0{,}99964$

6.6.2 Konfidenzintervall für den Regressionskoeffizienten β einer linearen Regression von y bezüglich x

		Beispiel
Gegeben n Wertepaare x_i, y_i		
Bestimme a und b nach Schema 6.6.1	$a =$ $b =$	$a = 0{,}0010385$ $b = 0{,}0011639$
Berechne mit Gl. (172) $s_\Delta^2 = \frac{1}{n-2} \sum_i (y_i - (a + bx_i))^2$	$s_\Delta^2 =$	$s_\Delta^2 = 0{,}000110057$
Berechne mit Gl. (92) $s_x^2 = \frac{1}{n-1} \sum_i (x_i - \bar{x})^2$	$s_x^2 =$	$s_x^2 = 98914{,}18$
Berechne mit Gl. (174) $s_b = \left(\frac{s_\Delta^2}{(n-1)\, s_x^2}\right)^{1/2}$	$s_b =$	$s_b = 0{,}011119 \cdot 10^{-3}$
Wähle	$\gamma =$	$\gamma = 0{,}95$
Bestimme $c = F_t^{-1}\left(\frac{1+\gamma}{2}\right)$ aus der t-Verteilung mit $n - 2$ Freiheitsgraden	$c =$	$c = 2{,}31$
Berechne $l = cs_b$	$l =$	$l = 0{,}0257 \cdot 10^{-3}$
Konfidenintervall $\text{KONF}\,\{b - l < \beta \leqq b + l\}_{\gamma=\dots}$ $\beta = b \pm l$		$\beta = (1{,}164 \pm 0{,}026)\, 10^{-3}$

6.6.3 Konfidenzintervall für den Mittelwert μ_i der Meßgröße Y_i bei festgehaltenem x_i

		Beispiel
Gesucht Konfidenzintervall für μ_i an der Stelle x_i	$x_i =$	$x_i = 197$
Bestimme b nach Schema 6.6.1	$b =$	$b = 0{,}0011639$
Berechne $\tilde{y}_i = \bar{y} + b(x_i - \bar{x})$	$\tilde{y}_i =$	$\tilde{y}_i = 0{,}2303$
Berechne mit Gl. (90) $\bar{x} - \frac{1}{n} \sum x_i$	$\bar{x} =$	$\bar{x} = 539{,}8$
Berechne mit Gl. (92) $s_x^2 = \frac{1}{n-1} \sum (x_i - \bar{x})^2$	$s_x^2 =$	$s_x^2 = 98914{,}18$

6.6.3. (Fortsetzung)

		Beispiel
Berechne mit Gl. (172) $s_\Delta = \left(\frac{1}{n-2} \sum (y_i - (a + bx_i))^2\right)^{1/2}$	$s_\Delta =$	$s_\Delta = 0{,}0104908$
Berechne mit Gl. (181) $k(x_i) = \left(\frac{(x_i - \bar{x})^2}{(n-1)\, s_x^2} + \frac{1}{n}\right)^{1/2}$	$k(x_i) =$	$k(x_i) = 0{,}4817$
Wähle	$\gamma =$	$\gamma = 0{,}95$
Bestimme $c = F_t^{-1}\left(\frac{1+\gamma}{2}\right)$ aus der t-Verteilung mit – 2 Freiheitsgraden	$c =$	$c = 2{,}31$
Berechne $l = c k(x_i)\, s_\Delta$	$l =$	$l = 0{,}0117$
Konfidenzintervall KONF $\{\tilde{y}_i - l < \mu_i \leqq \tilde{y}_i + l\}_{\gamma=\dots}$ $\mu_i = \tilde{y}_i \pm l$		$\mu_i = 0{,}2303 \pm 0{,}0117$

Dieser Artikel basiert auf Erfahrungen, die der Autor zusammen mit Dr. R. Böhm, Degussa Hanau, bei der Durchführung von Fortbildungskursen der Gesellschaft Deutscher Chemiker gewinnen konnte.

Dank sei gesagt dem Centro de Química des Instituto Venezolano de Investigaciones Científicas in Caracas, wo dieser Aufsatz in angenehmer Atmosphäre geschrieben wurde.

Weiterführende Literatur

Die angegebene Literatur ist nur eine kleine Auswahl meist neuerer Bücher aus einer großen Vielfalt angebotener Werke zur Statistik und Wahrscheinlichkeitstheorie.

1. E. Kreyszig, Statistische Methoden und ihre Anwendungen, Vandenhoeck & Ruprecht, Göttingen 1979, ISBN 3-525-40717-3
2. P. Zöfel, Statistik in der Praxis, Uni-Taschenbücher 1293, G. Fischer Verlag, Stuttgart 1985, ISBN 3-437-40145-9
3. G. Gottschalk, Auswertung quantitativer Analysenergebnisse, in: Analytiker Taschenbuch Band 1, S. 63, Springer-Verlag, Berlin 1980, ISBN 0-540-09594-2
4. K. Doerffel, Statistik in der analytischen Chemie, Verlag Chemie Weinheim 1984, ISBN 3-527-26122-2
5. K. Doerffel und W. Wundrack, Korrelationsfunktion in der Analytik, in: Analytiker Taschenbuch Band 6, Springer-Verlag, Berlin 1986, ISBN 3-540-15037-4

6. L. Sachs, Angewandte Statistik, Springer-Verlag, Berlin 1974
7. S. Noack, Auswertung von Meß- und Versuchsdaten mit Taschenrechner und Tischcomputer, W. de Gruyter, Berlin 1980, ISBN 3-11-007263-7
8. M. Fisz, Wahrscheinlichkeitsrechnung und Mathematische Statistik, VEB Deutscher Verlag der Wissenschaften, Berlin 1980
9. J. C. Miller, J. N. Miller, Statistics for Analytical Chemistry, Ellis Horwood Limited, Chichester 1984, ISBN 0-85312-655-0
10. J. Green, D. Margerison, Statistical treatment of experimental data, Elsevier Scientific Publishing Co., Amsterdam 1979, ISBN 0-444-41725-7
11. M. Hollander, F. Proschan, The statistical exorcist, Marcel Dekker, Inc. New York 1984, ISBN 0-8247-7225-3
12. H. Scheffé, The Analysis of Variance, John Wiley & Sons, Inc., New York 1959, ISBN 0-471-75834-5
13. A. S. C. Ehrenberg, Statistik oder der Umgang mit Daten, VHC Verlagsgesellschaft, Weinheim 1986, ISBN 3-527-25440-4
14. J. C. Miller and J. N. Miller, statistics for Analytical Chemistry, Ellis Horwood Ltd., Chichester 1984, ISBN 0-85312-655-0

Chemische Sensoren: Prinzipien und Anwendungen

Prof. Dr. R. Nießner

Universität Dortmund, Fachbereich Chemie
Postfach 500500, D-4600 Dortmund 50

Einleitung

In den letzten Jahren führten die zunehmende automatische Prozeßüberwachung und -steuerung, die rasche Weiterentwicklung von signalverarbeitenden und -speichernden Medien sowie neue Überwachungsaufgaben im Umweltschutzbereich zu einem expandierenden Bedarf an chemischen Sensoren.

Die im folgenden besprochenen Einsatzgebiete für chemische Sensoren und die zu untersuchenden Phasen sind in Tabelle 1 zusammengefaßt.

Die Anforderungen an chemische Sensoren sind aufgrund dieser vielfältigen Einsatzgebiete äußerst unterschiedlich. So erfordert eine dezen-

Tabelle 1. Anwendungsbereiche chemischer Sensoren

Einsatzgebiet	Phase gasförmig	flüssig	Aerosol
Prozeßüberwachung und -kontrolle	*	*	*
Arbeitsschutz	*	*	*
Medizin/Biochemie	*	*	
Analytik	*	*	*
Emissionskontrolle	*	*	*
Immissionsüberwachung	*	*	*
Sicherheitstechnik	*		*

tralisierte *Prozeßüberwachung*, (z. B. für Temperungs- oder Härtungsprozesse) robuste, hochtemperaturbeständige Sensoren. Dagegen werden z. B. zur Kontrolle von Fermentationsvorgängen Sensoren gefordert, die multifunktionell und selektiv arbeiten, aber biokompatibel sind. Zur *Produktionskontrolle* ist die möglichst kontinuierliche Signalabgabe Voraussetzung: Nach Vergleich von Soll- und Ist-Werten kann über prozeßsteuernde Schritte (z. B. Temperatur-, Druck- oder Konzentrationsänderung) das gewünschte Produkt optimiert und rationell hergestellt werden. Da sich bei Prozessen der vorgenannten Art die zu kontrollierende Matrix nur in wenigen Parametern ändert, ist hier nicht unbedingt ein selektiv arbeitender Sensor nötig.

Ein relativ neues Gebiet der Prozeßüberwachung ist die Luft- und Klimatechnik in Reinraumbereichen. Sensoren für Reinraumbereiche sind bisher noch kaum im Einsatz. Die z. B. in der Mikrochip-Herstellung vorhandenen Risiken zwingen jedoch zur Entwicklung von hochempfindlichen, rasch ansprechenden Aerosol-Sensoren.

Im *Arbeitsschutz* liegt ebenfalls ein weites Anwendungsfeld für Sensoren. Auch hier spielt die Miniaturisierbarkeit eine große Rolle. So werden sog. „personal monitors“ für die personenbezogene Schadstoffexpositionsüberwachung in ultraleichter Bauweise hergestellt. Durch entsprechende Kombination mit einer integrierten Signalverarbeitung in „Chipform“ kann selbst bei wechselnder Schadstoffexposition die Dosis eines Arbeitstages ermittelt werden.

Besonders gefragt sind Sensoren zur Erkennung potentiell cancerogener und mutagener Substanzen wie z. B. polyzyklischer aromatischer Kohlenwasserstoffe. Neben der direkten Bestimmung dieser Stoffe in der Umgebungsluft werden auch Körperflüssigkeiten durch die Erkennung spezifischer Antikörper oder über die Fluoreszenzeigenschaften von PAHs kontrollierbar.

Die größten Zuwachsraten für chemische Sensoren sind bei *Anwendungen in der Medizin und Biochemie* zu beobachten. Komplizierte, von der physiologischen Konstitution abhängige „on line“-Dosierungen von Wirkstoffen (z. B. Insulin) oder die Überwachung von Metabolitenkonzentrationen in vivo stellen höchste Anforderungen an Selektivität und Nachweisstärke. Weiter verbreitet sind Sensoren zur in vivo-Kontrolle von Anästhetika wie z. B. Halothan.

In der *Spurenanalytik* kann in den letzten Jahren ebenfalls ein zunehmender Einsatz von chemischen Sensoren registriert werden. Hier sind es besonders die in der Flüssigphase ablaufenden Analysentechniken wie HPLC oder „Flow injection"-Analyse, die sich multifunktioneller, parallelgeschalteter Sensoren („sensor array") als Detektor bedienen können. Gerade durch die Möglichkeiten der Datenverarbeitung werden parallelgeschaltete oder auch in Serie betriebene Sensoren anwendbar.

Sensoren in der *Emissionskontrolle* stehen erst am Anfang ihrer Verwendung, denn hier ist höchste Zuverlässigkeit gefordert, da von ihren Signalen folgenschwere Maßnahmen wie Produktionsdrosselungen o. ä. die Folge sein können. Bekannt sind Sensoren in der Heizungsregelung mit dem Ziel der Minimierung des Schadstoffausstoßes bei maximalem Wirkungsgrad.

In der *Immissionsüberwachung* werden Sensoren in allernächster Zukunft ihren Platz bei der Messung von Depositionsvorgängen finden. Hierbei kommt es auf kürzeste Ansprechzeiten und höchste Nachweisstärke an. Solche wirkungsbezogenen Depositionskontrollen können durch Einsatz von chemischen Sensoren überhaupt erst weitere Planungen im Umweltsektor absichern.

Im Bereich der *Sicherheitstechnik* werden Sensoren seit langem erfolgreich eingesetzt. Ob als Brandmelder oder Warnmonitor für explosible Gasgemische im Bergbau oder Haushalt (für Erdgasheizungen), gefragt ist hier ein zuverlässiger, billiger und somit für Massenfertigung geeigneter Sensor. Im militärischen Bereich finden Sensoren in Frühwarnsystemen der ABC-Abwehr Verwendung. Außerdem sind Sensoren in verschiedenen Systemen zur Erkennung von Explosivstoffen wie TNT bekannt. Noch wenig berichtet wurde über den Einsatz chemischer Sensoren im Bereich der Viren- und Bakterienüberwachung. Erste Sensoren auf der Basis der Messung von Eisenporphyrinen sind im Einsatz, sollen hier jedoch nicht weiter abgehandelt werden.

Übersichtsartikel von Sensoranwendungen in den o. a. Gebieten belegen die rasante Verbreitung [1—5].

Ein chemischer Sensor soll hier wie folgt definiert sein: *Ein kleiner Meßwertaufnehmer zur Umsetzung von Stoffkonzentrationen in elektrische oder optische Signale.*

Um in o. a. Anwendungsbereichen brauchbar zu sein, muß ein chemischer Sensor einer Reihe von Anforderungen genügen. Diese sind in der Tabelle 2 zusammengestellt.

Tabelle 2. Anforderungen an einen chemischen Sensor

Nachweisstark
Selektiv
Elektrische oder optische Signalabgabe
Monoton funktioneller Zusammenhang zwischen Signal S und Stoffkonzentration [X]
Hohe Reproduzierbarkeit des Signales
Geringe Langzeitdrift (unter Druck- und Temperatureinfluß)
Billig herstellbar
Miniaturisierbar
Mechanisch stabil

Die im folgenden beschriebenen Sensortypen wurden einmal unter dem Gesichtspunkt der bereits bekannten Eigenschaften und der akzeptierten Zuverlässigkeit ausgewählt. Zum anderen aber werden auch Sensorprinzipien vorgestellt, die aus der Sicht eines Analytikers auf besonders attraktiven und ungewöhnlichen Eigenschaften beruhen und es daher verdienen, vorgestellt zu werden.

Die wachsende Bedeutung der Sensoren spiegelt sich auch in einer Vielzahl von Übersichtsartikeln und Tagungsberichten [6–11] wieder.

Will man die bisher bekannten Sensorprinzipien ordnen, so bietet sich eine Einteilung an, welcher die Bildung des Sensorsignales durch einen elektrischen oder optischen Effekt als oberstes Ordnungsprinzip zugrunde liegt (Tabelle 3). Die weitere Unterteilung erfolgt durch die Art der Signalerzeugung sowie durch die zu untersuchende Matrix.

Tabelle 3. Sensor-Übersicht

Bildung des Sensorsignales	Sensor-Typ	Matrix
Elektrische Signalerzeugung		
Leitfähigkeitsänderung	Homogene Metalloxid-Halbleiter	gasförmig
	Organische Halbleiter	gasförmig
	Pellistoren	gasförmig
Elektrochemische Strom- bzw. Spannungs-Bildung	Anorganische Festkörperelektrolyte	gasförmig, flüssig
	Ionenselektive Elektroden	gasförmig, flüssig
	Chemisch sensitive Metalloxid-Halbleiterstrukturen	gasförmig, flüssig
Resonanzfrequenz-Änderung	Piezoelektrische Waage	gasförmig, Aerosol
	*S*urface *a*coustic-*w*ave-Sensoren (SAW)	gasförmig, Aerosol
Optische Signalerzeugung		
Remission Fluoreszenz Transmission Lichtbrechung	Faseroptiken, Lichtleiter	gasförmig, flüssig
Optothermische Wechselwirkung	Photoakustischer Sensor	gasförmig, flüssig, fest
Photoemission	Photoelektrischer Aerosol-Sensor	Aerosol
Photoneninduzierte Leitfähigkeit	Photo-Impedanz-Halbleiter	gasförmig
Plasmonen-Anregung	*S*urface *P*lasmon *R*esonance-Sensor (SPR)	gasförmig

In der folgenden Besprechung der verschiedenen chemischen Sensoren soll auch auf einige spezielle Probleme, wie Ansprechverhalten oder die Signal-Auswertung, eingegangen werden.

1 Elektrische Signalerzeugung als Sensorprinzip

1.1 Chemische Sensoren, auf Widerstandsänderung beruhend

1.1.1 Homogene (Dickschicht-) Metalloxid-Halbleitersensoren

Anorganische Metalloxidsensoren werden zumeist entweder aus einer homogen ausgebildeten Halbleiterschicht oder einer „Pille" oder Dickschicht gefertigt. Besonders in Japan werden letztere Sensoren zur Überwachung von brennbaren und explosiblen Gasen hergestellt („Taguchi-Sensoren"). Es kommen dabei Metalloxide mit n-Typ-Elektronenleitung wie SnO_2, ZnO, TiO_2, Fe_2O_3, zur Anwendung [12–14]. Abbildung 1 zeigt einen auf SnO_2-Basis aufgebauten Dickschicht-Gassensor mit indirekter Heizung [15]. Über zwei Kontakte wird hierbei der *Leitwert* der Metalloxidschicht abgegriffen.

Diese Sensoren beruhen auf der reversiblen Oxidation bzw. Reduktion des zu messenden Gases an der Metalloxid-Oberfläche z. B. [16].

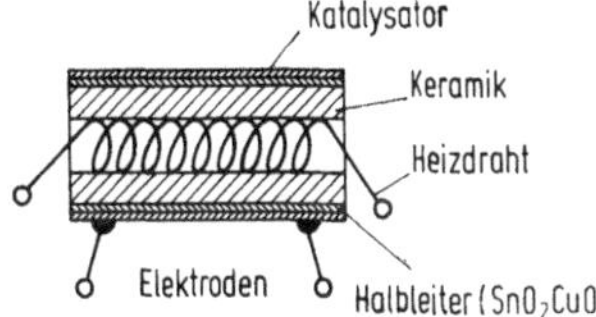

Abb. 1. Querschnitt eines Metalloxid-Gassensors mit indirekter Heizung

Bei höherer Temperatur (120–600 °C) betrieben, besitzen verschiedene Metalloxide bereits eine gute Eigenleitfähigkeit, die durch die von der Temperatur abhängenden Störstellenkonzentration bestimmt wird. Durch geeignete Dotierung des Metalloxides über einen Sinterungsprozeß werden diese Störstellen gezielt eingebaut [17, 18]. Wird ein derartiger Sensor zunächst bei reiner Luft betrieben, so kommt es zur Chemisorption des Sauerstoffs an der Oberfläche. Dadurch werden Elektronen vom Metalloxid zum Sauerstoffmolekül abgegeben und es erfolgt eine Gleichgewichtseinstellung der Ladungsträgerdichte auf niedrigem Niveau. Reduzierende Gase wie CO, H_2 und H_2S sowie Kohlenwasserstoffe reagieren nun im Falle ihrer Anwesenheit mit dem adsorbierten Sauerstoff und setzen dabei Elektronen frei. Die Folge ist eine Erhöhung des Leitwertes. Nimmt die Konzentration reduzierend wirkender Gase ab, so wird die Oxidoberfläche erneut mit Sauerstoffmolekülen gesättigt und der Leitwert sinkt entsprechend. Die Desorption der Reaktionsprodukte ist bei höheren Temperaturen ebenfalls sehr schnell. Da aber viele Gase mit Sauerstoff an heißen Oberflächen reagieren, ist die Selektivität dieser Sensoren nicht besonders hoch. Versuche, durch Trimethylsilylierung eine Erhöhung der Selektivität zu erreichen, sind von Kanefusa et al. [19] publiziert worden. Dasselbe Ziel hat die Sensibilisierung des Sensors durch eine Vorbehandlung mit einem reaktiven Gas [20]. Neben den n-halbleitenden MeO-Sensoren sind auch p-halbleitende Sensoren (CuO, NiO und CoO) für oxidierende Gase bekannt.

Neben dem bereits erwähnten Problem der Querempfindlichkeit gegenüber anderen Gasen besteht auch noch das der Stabilität der Eichung über längere Zeit. Hier muß durch regelmäßige Kontrolle mit definierten Eichgasen die Anwendbarkeit überprüft werden. Die reproduzierbare Herstellung dieser Sensorart bereitet wegen der Abhängigkeit des Leitwertes von der Kristallitgröße und der Art der Korngrenze im polykristallinen Material besondere Schwierigkeiten.

Ein wesentliches Problem liegt darin, daß z. Z. noch nicht alle Einzelheiten der Wirkungsweise verstanden werden. Erste grundlegende Arbeiten an Einkristallen zum Reaktionsmechanismus von MeO-Sensoren stammen von Heiland und Kohl [21], Bott et al. [22] sowie Runge und Göpel [23].

1.1.2 Halbleitersensoren aus organischem Material

Trotz der großen Anzahl organischer Verbindungen werden nur wenige zu Sensorzwecken benutzt. Man kann diese in zwei Gruppen einteilen: Organische Verbindungen mit spezifischen funktionellen Gruppen (erzeugen *ionische Leitfähigkeit* im Kristall) oder Verbindungen mit einem mehr oder weniger ausgedehnten System konjugierter Doppelbindungen (erzeugen *elektronische Leitfähigkeit*). Zu letzteren zählen Makrozyklen wie die Phthalocyanine [24] oder organische Polymere wie die Polypyrrole [25]. Je nachdem, ob das organische Material als Elektronendonator oder -akzeptor wirkt, handelt es sich dabei um n- oder p-halbleitende Sensoren.

Im Gegensatz zu den anorganischen Halbleitern ist hier hauptsächlich die Dünnfilmtechnik verbreitet. Ein typischer Sensoraufbau bei organischen Halbleitern ist in Abb. 2 dargestellt. Die organische Substanz wird als Dünnfilm zwischen den fingerförmig ausgebildeten Meßelektroden aufgebracht. Dies kann einmal durch Aufziehen von Monolagen mittels der Langmuir-Blodgett-Technik [26] erfolgen, aber auch durch Aufsublimieren des organischen Stoffes.

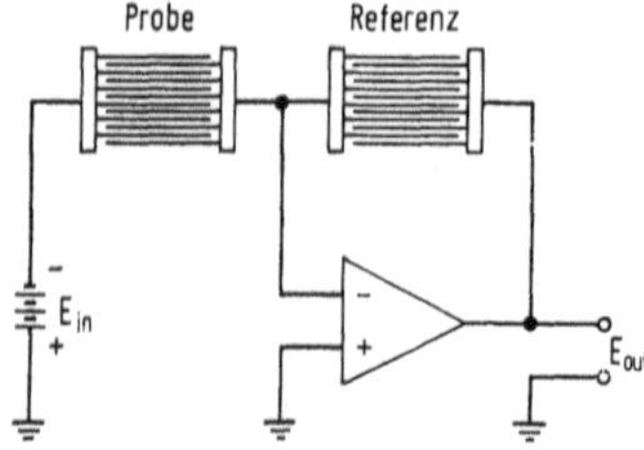

Abb. 2. Typischer Aufbau einer Gassensor-Meßanordnung bei Verwendung von organischen Halbleitern

Die Anforderungen an einen geeigneten organischen Stoff sind wie folgt:

1. Die Leitfähigkeitsänderung sollte proportional zur Gaskonzentration sein.
2. Der Chemisorptionsprozeß sollte reversibel erfolgen.
3. Der organische Halbleiter sollte thermisch und chemisch stabil sein.
4. Die Dunkelleitfähigkeit sollte hinreichend niedrig ($< 10^{11}\ \Omega$/cm) sein.

Diesen Vorgaben genügen besonders die Phthalocyanine. Diese haben eine Ähnlichkeit im Strukturaufbau mit dem als biologische Gasüberträger bekannten Hämin oder Chlorophyll. Publiziert sind NO_2-Sensoren auf Phthalocyaninbasis von Bott and Jones [27]. Es konnten dabei Nachweisgrenzen von 1 ppb NO_2 erreicht werden. Durch Variation der Me-Zentralatome im Phthalocyanin werden unterschiedliche Selektivitäten gegenüber verschiedenen Gasen erzielt [28]. Die Messung gasförmigen Ammoniaks gelingt im ppm-Bereich [29]. Durch leichte Beheizung (ca. 150 °C) des „Chips" mit auf der Rückseite des Keramiksubstrates aufgebrachten Heizelektroden wird eine Ansprechzeit im Minutenbereich bei Anstieg auf 90% des Sollwertes gefunden [27].

Rosenberg fand, daß mit β-Karotin als sensitiver Halbleiterschicht SO_2, NH_3, H_2S und auch organische Stoffe (z. B. Ethylalkohol) detektierbar sind [30].

Der Mechanismus der Leitfähigkeit in organischen Halbleitern ist ebenfalls nicht vollständig klar. Bekannt ist aber, daß besonders oxidierende Gase mittels Phthalocyaninfilmen nachweisbar werden. Dies deutet auf einen Defektelektronenmechanismus hin [31]. Das zu detektierende Gasmolekül bildet dabei mit dem organischen Molekül einen „charge-transfer-Komplex", wobei die Ladungsträgerdichte verändert wird.

1.1.3 *Gassensoren auf katalytischer Basis* (*Pellistoren*)

Billige Gassensoren sind häufig auf katalytischen Reaktionen des Sensorkörpers mit dem nachzuweisenden Gas aufgebaut. In Abb. 3 ist ein derartiger Sensor dargestellt [6]. Ein Heizdraht aus Pt oder Ir ist in eine inerte Sinterpille aus ThO_2 und/oder Al_2O_3 eingelassen. Die Oberfläche besteht aus einer katalytisch wirksamen Schicht, meistens erzeugt durch Dotierung mit Pt- oder Pd-Atomen.

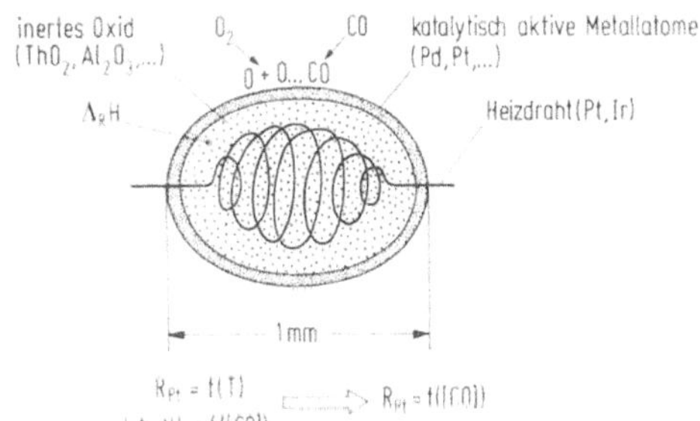

Abb. 3. Katalytischer Gassensor (Pellistor)

Gemessen wird dabei nicht das Gas selbst, sondern die bei der Oberflächenreaktion freiwerdende *Reaktionswärme*. Bei einer Temperatur von etwa 550 °C werden reduzierende Gase wie CO oder CH_4 an der Oberfläche des Pellistors vom adsorbierten Luftsauerstoff oxidiert [32—36]. Die freiwerdende Reaktionswärme bewirkt einen Anstieg des Widerstandes der eingebauten Heizwendel. Bei geringen Temperaturänderungen ist die Widerstandsänderung proportional zur Oxidationsrate an der Sensoroberfläche und somit auch zur Konzentration des nachzuweisenden Gases.

Nachteilig sind bei diesem Sensortyp die Langzeitdrift und Querempfindlichkeit gegenüber vielen Gasen, verursacht durch Vergiftung der Katalysatoratome bzw. Veränderungen des polykristallinen Gefüges.

Üblicherweise wird dieses Verfahren mit einer inaktiven Sinterperle als Referenz in einer Wheatstoneschen Meßbrückenschaltung betrieben, um so geringste Variationen des Widerstandes detektieren zu können.

1.2 Sensoren mit Strom- bzw. Potentialbildung

1.2.1 *Amperometrisch arbeitende Sensoren*

Von den amperometrisch arbeitenden Gassensoren ist die Clark-Zelle der am meisten verbreitete Typ. Das Prinzip ist in Abb. 4 dargestellt. Die Zelle besteht aus einem Gehäuse, worin sich ein KCl-Elektrolyt über einer Sauerstoff-durchlässigen Membran mit Sauerstoff in Kontakt befindet. Die Anode besteht aus Silber, die Kathode aus Platin. Durchdringt Sauerstoff die Membran, so gelangt er diffusionskontrolliert an die Kathode und wird reduziert. Entsprechend wird die Silberelektrode anodisch aufgelöst. Der in der Zelle fließende *Strom* ist somit proportional zum Partialdruck des Sauerstoffes. Hier wird auch der Nachteil dieses Sensorprinzips deutlich: Die Anode und der Elektrolyt werden mit der Zeit verbraucht. Trotzdem sind, wegen des niedrigen Preises, derartige Sensoren in „Wegwerfversion" verbreitet. Durch Nutzung moderner Halbleiterherstellungsverfahren ist eine Miniaturisierung leicht möglich und für medizinische Applikationen geeignet [37]. Auch Dickfilm-Ausführungen (Siebdruckaufbringung von Metallen auf Aluminiumsubstraten) sind publiziert [38].

Kombinationen mit *Enzymreaktionen* sind ebenfalls bekannt [39—41]. Dabei ist das Enzym in immobilisierter Form an die Membran angekoppelt. So ist z. B. die Glucosekonzentration in Flüssigkeiten ohne weiteres indirekt durch die sauerstoffverbrauchende Glucose-Oxidase-Reaktion meßbar. Leider hängt das Ansprechverhalten dieses enzymatischen

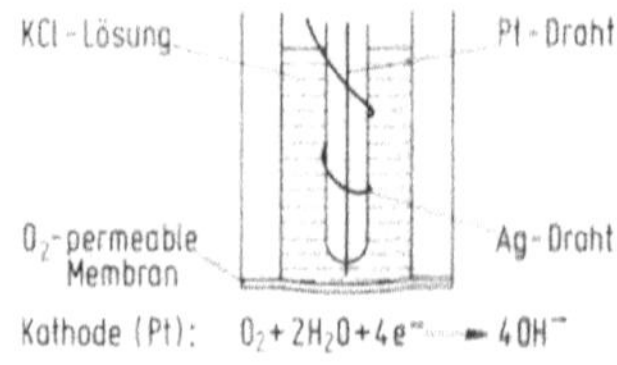

Abb. 4. Amperometrischer Sauerstoff-Sensor (Clark-Zelle)

Sensors vom Sauerstoffgehalt des Analyten selbst ab. Für die Überwachung von Diabetes-Kranken ist von Cass et al. [42] ein andersgearteter Sensor entwickelt worden. Dieser besteht aus einer kleinen Graphitelektrode, auf welcher Glucoseoxidase immobilisiert ist. Dabei werden die erzeugten Elektronen von ebenfalls auf der Elektrodenoberfläche aufgebrachtem, modifiziertem Ferrocen aufgenommen. Man kann hierbei von einer Glucose-Brennstoffzelle sprechen, da hier direkt der Verbrauch an Glucose gemessen wird.

Gemeinsam ist allen amperometrischen Sensoren, daß das Meßgas die katalytisch aktive Elektrode nur über einen Diffusionsschritt erreicht. Dabei ist zu beachten, daß die Elektrode eine große Oberfläche besitzt und andererseits die Diffusionsbarriere hydrophob ausgebildet ist, um den Elektrolyt nicht zu verändern. Als Membran wird häufig PTFE[R] verwendet. Außer für Sauerstoff sind derartige Sensoren zur NO-, CO- und SO_2-Bestimmung bekannt [43–50].

1.2.2 Potentialbildende Sensoren

1.2.2.1 Festkörperelektrolyte als potentialbildende Sensoren

Bei den potentialbildenden Festkörperelektrolyt-Sensoren erfolgt der Ladungstransport über Ionenleitung im Festkörper. Hier ist die Beweglichkeit der Ionen bei entsprechend hohen Temperaturen schon hinreichend. Dabei baut sich zwischen zwei Elektroden, die durch den Festkörperelektrolyten getrennt werden, wegen der Konzentrationsunterschiede auf beiden Seiten eine *Nernst-Spannung* auf, die zur Potentialmessung zur Verfügung steht.

Am besten untersucht dürfte wohl Yttrium-dotiertes ZrO_2 als Sauerstoffionenleiter sein [51–60]. Dieser Festkörperelektrolyt findet z. B. Verwendung als Sauerstoff-Sensor zur Verbrennungsregelung („λ-Sonde"). Der prinzipielle Aufbau ist in Abb. 5 dargestellt. Er besteht aus dem eigentlichen Elektrolyt, dessen eine Seite als Referenzkammer, und dessen andere Seite als Meßkammer ausgebildet ist. Das zu vermessende Gas gelangt durch poröse Pt-Elektroden an die Elektrolytoberfläche.

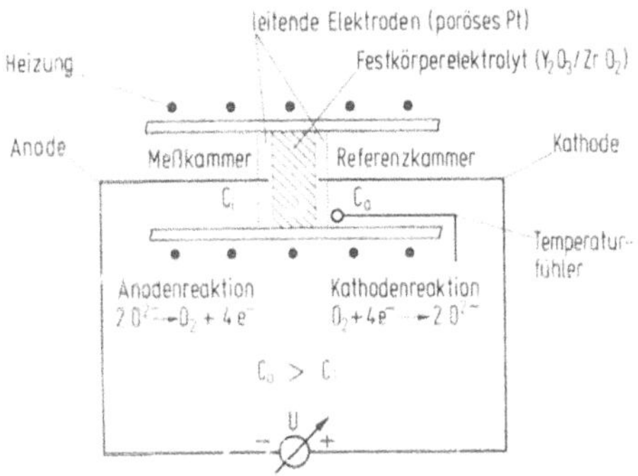

Abb. 5. Querschnitt eines potentiometrischen Sauerstoff-Sensors

Hier steht der Sauerstoff mit dem Gittersauerstoff (O^{2-}) und den Elektronen im Platin im Gleichgewicht:

$$O_2\ (\text{gasförmig}) + 4\,e^- \rightleftharpoons 2\,O^{2-}$$

Dies gilt sowohl für die dem Meßgas zugewandte als auch für die als Referenzkammer benutzte andere Seite der Sensoranordnung. Bei konstanter Temperatur baut sich daher über dem Elektrolyten eine Spannung U auf:

$$U = \frac{1}{4}\frac{RT}{F}\ln(c_i/c_a)$$

$$= A\,\frac{1}{4}\log(p_i/p_a)$$

R = Gaskonstante
F = Faradaykonstante
c_i, p_i = Konzentration bzw. Partialdruck des Sauerstoffes in der Referenzkammer
c_a, p_a = Konzentration bzw. Partialdruck des Sauerstoffes in der Meßkammer

Bei Raumtemperatur ist A = 0.059. Als Referenz kann hier ein definierter Sauerstoffpartialdruck oder ein anderes Bezugspotential benutzt werden.

Bei der Verwendung als λ-Sonde wird im Abgas eines Kfz-Motors oder einer Heizungsanlage gemessen. Dabei wird von der Tatsache Gebrauch

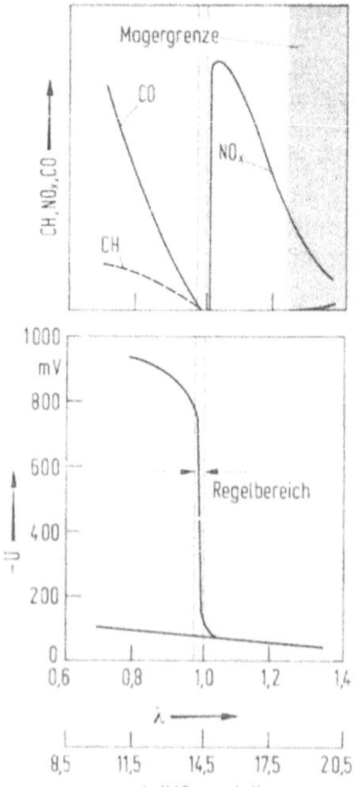

Abb. 6. Anwendungsbereich einer λ-Sonde

gemacht, daß im Bereich $\lambda = 1$ (stöchiometrisch exaktes Verhältnis Brennstoff/Luft) ein großer Sprung im Sauerstoff-Partialdruck auftritt (z. B. von $\lambda = 0.99$ bis $\lambda = 1.001$ ändert sich der p_{O_2} um 19 Zehnerpotenzen). Wie aus Abb. 6 ersichtlich ist, entstehen bei einem mit Drei-Wege-Katalysator bestückten KFZ bei zu fetten Gemischen hohe CO-Emissionen, dagegen kommt es bei zu magerem Gemisch zu einem erhöhten NO_x-Ausstoß. Das Minimum der Emissionen liegt im Bereich des Potentialsprunges der λ-Sonde. Ein Vorteil der λ-Sonde liegt auch in der äußerst kurzen Ansprechzeit von ca. 200 ms bei Temperaturen über 350 °C.

Zirkoniumdioxid-Festkörperelektrolyt-Sensoren werden in vielen Anwendungen benutzt. So werden bei metallurgischen Prozessen (Härten, Nitrieren, Carbonitrieren und Temperung) Sauerstoffpartialdrücke $< 10^{-20}$ atm bei Temperaturen zwischen 800–1000 °C vermessen. Neben Zirkonoxid findet auch Thoriumdioxid als Sauerstoffionenleiter in Sensoren Verwendung. Die guten Erfahrungen mit diesem Sensortyp führten zu einer Vielzahl von Entwicklungen für andere Gase (SO_2, SO_3, CO, CO_2 und NO_x) [61 bis 70].

1.2.2.2 Ionenselektive Elektroden als potentialbildende Sensoren

Ionenselektive Elektroden werden seit Jahren zur mehr oder weniger selektiven Bestimmung von Ionen in wäßrigen Systemen verwendet [71–76]. Die bekannteste ionenselektive Elektrode ist die Glaselektrode zur H^+-Bestimmung. Die pH-Elektrode hat zahllose Anwendungen in der klassischen analytischen Chemie, aber auch in der industriellen Praxis oder Medizin. Der Aufbau einer üblicherweise verwendeten Meßkette ist in Abb. 7 dargestellt. Eine Glasröhre ist an einem Ende verschlossen. Dabei ist ein Teil als dünne Glasmembran ausgebildet. Das Innere ist mit einem Referenzelektrolyten (gepufferte Chloridlösung) gefüllt. Der elektrische Kontakt zur inneren Elektrolytlösung wird dabei über eine Ag/AgCl-Ableitelektrode vorgenommen. Entscheidender Nachteil ist die Notwendigkeit, daß eine zweite Bezugselektrode zur relativen Poten-

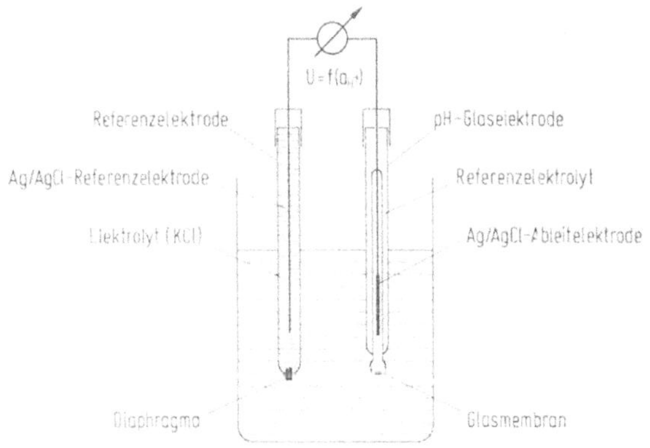

Abb. 7. Typische Meßkette mit ionenselektiver Elektrode (ISE)

tialbestimmung verwendet werden muß. Beide müssen somit in die zu vermessende Lösung eingetaucht werden. Die H^+-Ionen erzeugen dabei über dem Membranquerschnitt eine pH-abhängige *Potentialdifferenz,* welche dem Nernstschen Gesetz gehorcht. In Bezug auf die Referenzelektrode stellt sich eine Potentialdifferenz ΔE ein:

$$\Delta E = \frac{RT}{nF} \ln (a_i/a_a)$$

T = Temperatur
R = Gaskonstante
F = Faradaykonstante
a_i = Aktivität der H^+-Ionen innen
a_a = Aktivität der H^+-Ionen außen

Für H^+ ist die gemessene Potentialdifferenz logarithmisch von der H^+-Aktivität abhängig (59 mV/pH-Einheit).

Durch Variation der Glasmembran, wie z. B. durch Verwendung von Festkörperelektrolyten wie LaF_3 zur F^--Bestimmung oder in flüssigen oder festen Polymermembranen eingebauten Ionenaustauschern sowie spezieller Ioneneinschlußverbindungen gelingt die selektive Ionenbestimmung neben einer Vielzahl von gelösten Stoffen [73].

Gemessen werden die teilweise geringen Potentialunterschiede im stromlosen Zustand, d. h. bei möglichst hohem Eingangswiderstand der üblicherweise verwendeten Elektrometerschaltungen. Durch die moderne Technik von Operationsverstärkern in Hybridbauweise oder Varaktordiodenbrückenverstärkern stehen mittlerweile Bauteile mit Eingangswiderständen von mehr als 10^{11} Ohm zur Verfügung. Damit lassen sich nahezu alle Anforderungen erfüllen.

Ein wesentlicher Nachteil ist die nicht ohne weiteres durchführbare Miniaturisierung. Eine typische ionenselektive Elektrode ist ca. 100 bis 150 mm lang und hat einen Durchmesser von 10 mm. Dies ist besonders für klinische Zwecke zu groß, da hier *in vivo*-Applikationen durchgeführt werden müssen.

Versuche, Glaselektroden zu verkleinern, stammen von Berman und Hebert [77]. Unter Verwendung von Antimoneinkristallen konnten Edwall [81] und Ask et al. [82] unzerbrechliche, kleinste und langzeitstabile pH-Sensoren zur in vivo-Applikation entwickeln.

Durch Freiser [80] wurden CW-Elektroden („coated wire") eingeführt. Dabei wird einfach ein Metalldraht mit dem ionenselektiven Polymer eingehüllt. Der genaue Mechanismus ist noch nicht geklärt.

Normalerweise erstrecken sich die Anwendungen auf einen Temperaturbereich von unter 40 °C, normale Druckverhältnisse und nichtaggressive Medien. Von Lauks et al. stammt eine glaslose pH-Elektrode zum Einsatz in konzentrierter Flußsäure [78]. Der Sensor besteht aus einem Aluminiumoxidstab mit aufgesputterter Iridiumoxidschicht (s. Abb. 8). In weniger

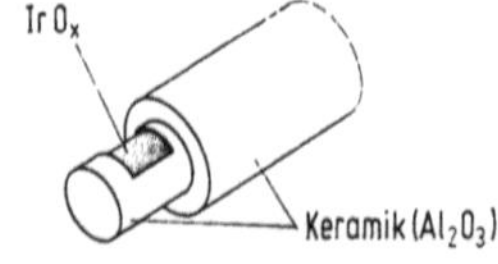

Abb. 8. Festkörper-Elektrode zur H^+-Bestimmung bei hohen Temperaturen

reaktiven Flüssigkeiten kann bis zu einer Temperatur von 200 °C gearbeitet werden.

Durch Kombination gasdurchlässiger Membranen mit einem mit dem zu messenden Gas im Gleichgewicht stehenden Elektrolyt und einer darin eintauchenden pH-Elektrode können auch *Gase* kontinuierlich bestimmt werden [71]. Membranlose Versionen, wie die „air-gap"-Elektrode (eine Luftblase trennt die Analytlösung von der Pufferlösung) sind von Vorteil, da es hier zu einer schnelleren Gleichgewichtseinstellung kommt [79].

Besondere Verbreitung finden ionenselektive Elektroden zur Messung biochemischer Stoffe. Hierzu wird meistens die Elektrode mit einem immobilisierten Enzym in Verbindung gebracht. So beschreiben Roberts et al. [83] eine Enzym-modifizierte Metalloxidelektrode (als potentiometrischen Sensor) für die Bestimmung hydrolytischer Vorgänge bei der Spaltung von Peptidbindungen durch Chymotrypsin und Trypsin. Diese Enzyme werden auf RuO_2/Ti- bzw. IrO_2/Ti-pH-Elektrodenoberflächen mit Chlorcyan gebunden. Tritt ein hydrolytischer Vorgang (z. B. Protolyse einer Peptidbindung durch Chymotrypsin) ein, so ändert sich der pH-Wert an der Elektrodenoberfläche und somit das Potential. Umgekehrt kann dieser Vorgang durch *Inhibitoren* gehemmt werden, so daß dadurch auch diese bestimmt werden können.

Detaillierte Hinweise zu ähnlichen Applikationen finden sich bei Guilbault [84].

Das Arbeiten mit ionenselektiven Elektroden erfordert häufig eine Matrixkorrektur, da letzten Endes nur Aktivitäten der entsprechenden Ionen erfaßt werden und Einflüsse von Komplexbildnern und Fällungsreagenzien (welche die Membraneigenschaften verändern können) berücksichtigt werden müssen.

1.2.2.3 Chemisch sensitive Halbleiterstrukturen

Die modernen Halbleitertechnologien eröffnen für weitere Sensorentwicklungen völlig neue Perspektiven. Die mit der zunehmenden Miniaturisierung von elektronischen Bauteilen gewonnenen Erfahrungen werden natürlich auch zur Fertigung winziger Sensoren auf Halbleiterstrukturbasis genutzt. Dabei erfreuen sich besonders die Silizium enthaltenden Strukturen besonderer Beachtung. Durch die sog. Planar-Technologien gelingt die Integration des eigentlichen chemischen Sensors mit den das Ausgangssignal verstärkenden Elementen auf einem „Chip". Preiswürdigkeit und die vorhandenen Möglichkeiten zur Massenfertigung werden in den nächsten Jahren für eine weitere Verbreitung sorgen.

Eine besondere Stellung nimmt dabei der chemisch sensitive *Feldeffekt-Transistor* (FET) mit seinen zahlreichen Modifikationen ein [85–91]. Er stellt die eigentlich logische Weiterentwicklung von ionenselektiven Elektroden dar. In Abb. 9a ist eine konventionelle Meßanordnung mit ionenselektiver Elektrode, Referenzelektrode und Verbindung zum hochohmigen Eingang eines pH-Meters dargestellt. Man kann nun im Gedankenexperiment die ionenselektive Membran direkt mit dem isolierenden Teil eines FETs, dem Gate, verbinden, oder besser, direkt auf das Gate aufbringen. Wenn nun noch die gesamte Anordnung in die zu vermessende Lösung gebracht wird (siehe Abb. 9b) ist im Prinzip ein ionenselektiver

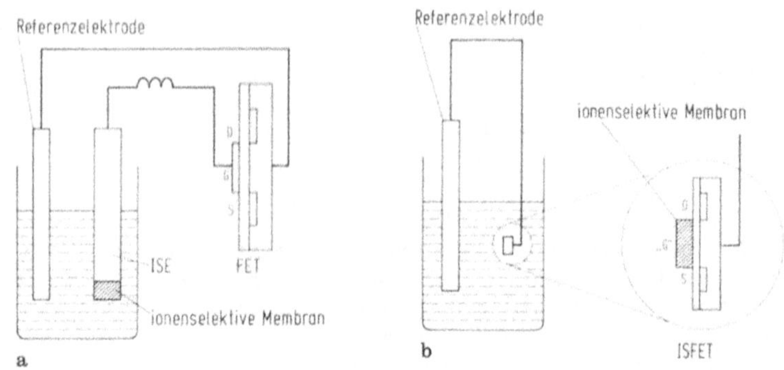

Abb. 9. Übergang von der Kombination ISE/hochohmiger Eingang eines Voltmeters zum ISFET. **a** Kopplung ISE mit FET eines hochohmigen Verstärkereinganges, **b** Integration der ionenselektiven Schicht auf einem FET: ISFET

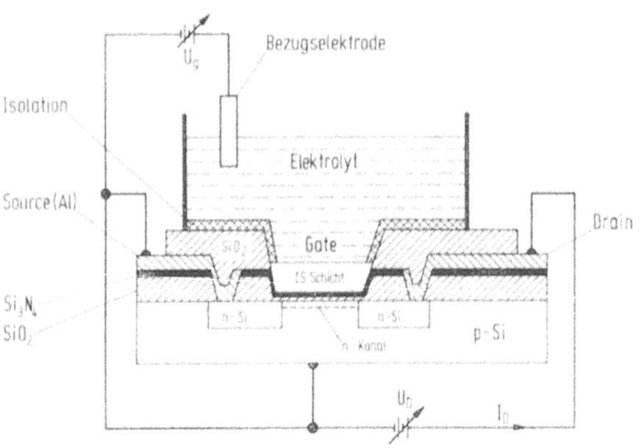

Abb. 10. Aufbau eines ISFETs

Feldeffekttransistor (ISFET) im Einsatz. Abb. 10 zeigt eine schematische Darstellung eines ISFETs [87]. Der FET besteht aus n-Silizium und p-Silizium. Im Verlauf der einzelnen Fertigungsschritte entstehen zwei mit n-Si angereicherte Bereiche im p-Si, die durch SiO_2 fast völlig abgedeckt sind. Zusätzlich ist noch eine stabile Si_3N_4-Schutzschicht aufgebracht. Zwischen den n-Si-Bereichen ist zusätzlich (als sandwich) eine ionenselektive Schicht vorhanden. Die zwei n-Si-Bereiche sind dabei über aufgedampfte Aluminiumelektroden (Source und Drain) galvanisch beeinflußbar. Bei einem bestimmten Drainpotential U_D bildet sich ein durch ein weiteres elektrisches Feld im Gatebereich kapazitiv beeinflußbarer Stromfluß I_{Drain} aus (siehe Abb. 11). Dieses den Drainstrom steuernde Gatepotential U_G setzt sich aus der an der Bezugselektrode angelegten Spannung U_G, dem Potentialsprung U_{BE} und U_{IS} an der Phasengrenze zwischen der ionensensitiven Schicht und dem Elektrolyt, zusammen. Analytisch verwertbar ist U_{IS}. Im günstigsten Fall ist die in Abb. 11 dargestellte Kennlinie bei Nernstschem Verhalten und einer Konzentrationsänderung um den Faktor 10 um 59 mV/p_{Ion} verschoben.

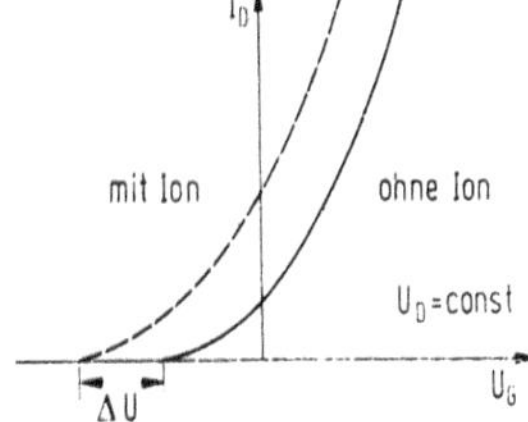

Abb. 11. (I_D – U_G)-Charakteristik eines chemisch selektiven FETs

Ein wesentlicher Vorteil ist, daß der Drainstrom nur kapazitiv über Dipolbildung an der Grenzschicht beeinflußt wird. Daher kommt der Entwicklung ionensensitiver Schichten, die auf das Gate aufgebracht werden können, die entscheidende Bedeutung zu.

Der erste chemisch sensitive FET (CHEMFET) wurde von Bergveld 1970 [88] beschrieben. Inzwischen sind weitgehend alle bei den ionenselektiven Elektroden angewandten Modifizierungen auch auf CHEMFETs übertragen worden [90]. In der Tab. 4 sind die zur Zeit bekannten Varianten zusammenfassend aufgeführt.

Tabelle 4. Chemisch sensitive Feldeffekttransistoren (CHEMFETs)

Typ	Sperrschicht-Modifikation	Verwendung	Literatur
Gas-sensitiver FET (GASFET)	Katalytisch aktives Pd-Gate	H_2 NH_3 CO	[92, 101] [93] [94, 101]
FET mit offenem Gate (*O*pen *G*ate *FET*) ≙ OGFET	Gas diffundiert direkt an Sperrschicht im Gatebereich	H_2O, CH_3OH	[95]
Adsorptions-FET (ADFET)	50 Å dicke SiO_2-Isolation im Gatebereich, teilweise silyliert	H_2O, NH_3, HCl, CO, NO NO_2, SO_2	[96]
FET mit Luftspalt (*S*urfache *a*ccessible FET) ≙ SAFET	Unterhöhlte Gatestruktur	H_2O, CH_3OH $(CH_3)_2CO$	[97]
Chemisch sensitiver Gate-strukturierter FET (*S*uspended *G*ate FET ≙ SGFET)	Unterhöhlte Gatestruktur mit Polypyrrolbeschichtung	R–OH	[166]

Tabelle 4. (Fortsetzung)

Typ	Sperrschicht-Modifikation	Verwendung	Literatur
Zeitverzögerter Ladungsfluß-FET (*C*harge *f*low *T*ransistor) ≙ CFT	Exzentrisch geformtes Gate + Gate mit eingeschlossener adsorptionsfähiger Widerstandsschicht	H_2O	[98, 99]
Ionenselektiver FET (ISFET)	Ionenselektive Schicht im Gatebereich mit Referenzelektrode anstatt SiO_2-Sperrschicht:		
	– Ta_2O_5, Al_2O_3, BN	H^+	[101–103]
	– Valinomycin	K^+	
	– Gasdurchlässige Membran + Al_2O_3	NH_3, CO_2	[104]
Referenz-FET (REFET)	Gate ist in einem gewissen pH-Bereich insensitiv	Bezugselektrode mit U = const	[105]
Enzymatisch arbeitender FET (ENFET)	Gelschicht im Gatebereich mit immobilisiertem Enzym	Harnstoff	[106]
		Penicillin	[107]
		Acetylcholin	[106, 108]
		H_2	[109]
		Glucose	[110]
Immunologisch reaktiver FET (IMFET)	Gatebereich ist mit Antigen bzw. Antikörpern bedeckt	Albumin	[111, 112]
Biochemisch reaktiver FET (BIOFET)	Bakterien oder lebendes Gewebe ist im Gatebereich implantiert (mit „enzymatic cycling")		[113]
FET mit verlängertem Gate (*E*xtended *g*ate FET ≙ EGFET)	Auf einem verlängerten Gatestreifen werden gleichzeitig verschiedene Spezies erfaßt	H^+, Cl^-, F^-	[114]

Der CHEMFET besitzt folgende besondere Vorteile:

1. verursacht durch den hohen Widerstand im Gatebereich erfolgt eine konzentrationsabhängige in situ-Transformation der elektrostatischen Feldänderung in einen niedrigen Widerstand. Dies bedeutet, daß keine weiteren elektrischen Abschirmmaßnahmen (während des Einsatzes) nötig sind. Dies wiederum macht diesen Sensortyp so geeignet für in vivo-Applikationen.
2. der Aufbau ist bis in den μm-Bereich verkleinerbar [116].
3. er ist durch Massenfertigung billig herstellbar.

Nachteilig ist die bisher noch nicht völlig beherrschte elektronische Drift während des Langzeitbetriebes, sowie die während des Herstellungsprozesses hohe Empfindlichkeit gegenüber elektrostatischen Entladungen, die zur Zerstörung der Schichtstruktur führen kann. Probleme entstehen auch mit der Verkapselung eines CHEMFETs. Diese ist nötig, um keine Kurzschlüsse beim Eintauchen in Elektrolytlösungen zu erzeugen.

Neben den CHEMFETs sind aber auch andere chemisch sensitive Bauteile Gegenstand intensiver Sensorforschung. So verwenden Wen et al. [115] eine *ionenkontrollierte Diode*. Auch hier kommt eine mit der Ionenkonzentration variable Sperrschicht zum Einsatz.

Winquist et al. [93] publizierten kürzlich einen ebenfalls auf Metalloxidhalbleitung beruhenden Sensor. Allerdings wird hier der Sperrschichteffekt zur Speicherung von Ladungen benutzt und als Meßsignal die *Verschiebung der Kapazität/Spannungscharakteristik* beobachtet. Nachweisbar sind damit noch 2 ng Kreatinin in 85 µl-Proben.

Es dürfte somit für die nächste Zukunft zu erwarten sein, daß ein großer Teil der ionenselektiven Elektroden durch chemisch sensitive Halbleiterstrukturen ersetzt werden wird.

1.2.3 Chemische Sensoren als frequenzbestimmendes Bauteil in einer Oszillatorschaltung

1.2.3.1 Piezoelektrische Quarze als Sensoren

Obwohl der piezoelektrische Effekt seit mehr als hundert Jahren bekannt ist, wurde er erst 1957 von Sauerbrey zum Bau einer Mikrowaage verwendet [117].

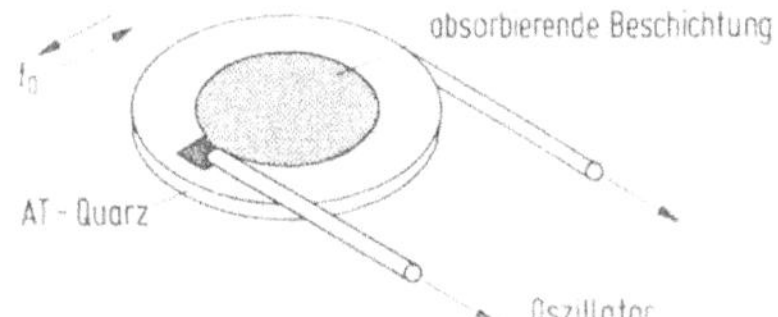

Abb. 12. Piezoelektrischer Quarz-Gassensor

Heute sind viele Varianten zur Massenbestimmung auf AT-geschnittenen Schwingquarzen (Quarzkristall mit Temperaturkoeffizient = 0) bekannt [118]. Das Prinzip dieses Sensortyps ist die Messung von *Resonanzfrequenzänderungen* bei der Deposition von Stoffen auf der Kristalloberfläche. Abb. 12 zeigt schematisch die Meßanordnung. Ein Schwingquarz befindet sich in ungekapseltem Zustand als frequenzbestimmendes Element in einer Oszillatorschaltung. Wird auf einer der planen Kristallflächen Material deponiert, so wird die die Dicken-Scherschwingung ausführende Masse verändert und damit auch die Resonanzfrequenz f_0 verschoben. Sauerbrey leitete unter Einbeziehung von Materialkonstanten folgende Gleichung zwischen Δf (Frequenzverschiebung) und dem Massenzuwachs ΔM ab [119]:

$$\Delta f = -2{,}3 \cdot 10^6 f_0^2 \left(\frac{\Delta M}{A}\right)$$

ΔM = Massenzuwachs
Δf = Frequenzverschiebung
A = Belegte Quarzoberfläche
f_0 = Resonanzfrequenz des unbelegten Quarzes

Auflösbar sind bei 10–15 MHz noch 0,01 Hz, d. h., es sind prinzipiell Massenzuwächse bis 10^{-11} g feststellbar. Allerdings setzt dieses Verfahren eine gleichmäßige Massenbelegung auf der Quarzoberfläche voraus.

Mit selektiv wirkenden Absorptionsmitteln beschichtet, wurden Quarzkristalle zur kontinuierlichen Überwachung von Schadgasimmissionen eingesetzt. Besonders G. Guibault [120, 121] und King [122, 123] veröffentlichten eine Vielzahl von Applikationen (z. B. NH_3, NO_2, SO_2, H_2S, O_3, CO, CO_2, Alkohole, HCl, Hg(g), aliphatische und aromatische Kohlenwasserstoffe). Auch zur schnellen Erkennung von flüchtigen Mononitrotoluolen aus Explosivstoffen sind Anwendungen bekannt [124]. In militärischen C-Waffen-Frühwarnsystemen sind ebenfalls Quarzsensoren mit für Organofluorophosphate selektiven Absorberschichten im Einsatz [125]. Wird ein Bakteriennährmedium auf der Quarzoberfläche angebracht, so ist das Wachstum der Kultur kontinuierlich verfolgbar [126].

Allen Applikationen gemeinsam haftet der Nachteil einer gewissen Unselektivität des Absorbens an. Um dieser Schwierigkeit zu entgehen, wurde versucht mit den Mitteln der modernen Statistik („pattern recognition") und der Verwendung mehrerer, sich nur wenig unterscheidender Quarzsensoren, einzelne Stoffanteile mathematisch aus dem Gesamtsignal „herauszuarbeiten" [127]. In einem späteren Kapitel wird auf diese, für unspezifisch ansprechende Sensoren anwendbare Vorgehensweise näher eingegangen.

Im Bereich der Lufthygiene sind Quarzsensoren inzwischen zur schnellen Staubkonzentrationsbestimmung etabliert. So können Impaktionsflächen in größenselektionierenden Staubsammelsystemen (Impaktoren [128], elektrostatische Präzipitatoren [129], Aerosolzentrifugen [130]) mit Quarzsensoren bestückt werden.

Vorteilhaft bei diesem Sensortyp ist die direkte massenanaloge Signalausgabe, die hohe Nachweisstärke und der relativ niedrige Preis.

1.2.3.2 Chemische Sensoren, auf Rayleigh-Wellen beruhend

Ein, im Vergleich zum Quarzsensor, noch nachweisstärker arbeitendes Bauelement ist der „surface acoustic wave"-Sensor (SAW-Sensor) [131]. Das Prinzip dieses Sensors ist in Abb. 13 skizziert. Auf einem piezoelektrischen Substrat werden zwei fingerförmig verzweigte Elektroden mit circa 25 µm Abstand durch Photolithographie aufgebracht. Werden diese Elektroden über einen Hochfrequenzverstärker zu rückgekoppelten Schwingungen angeregt, so stellt das gesamte Gebilde einen Oszillatorschaltkreis dar. Dabei wird die von einer Elektrode abgegebene Wechselspannung in Rayleigh-Wellen umgesetzt, welche sich mit einer für das Medium (piezoelektrisches Substrat) charakteristischen Laufzeit zur Empfängerelektrode ausbreiten. Dort werden diese wieder in eine Spannung

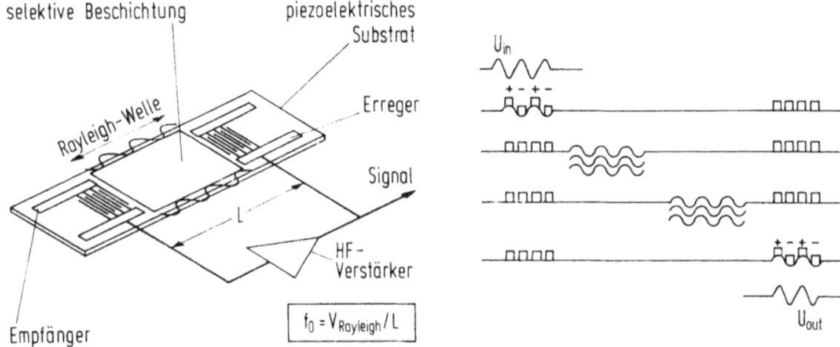

Abb. 13. „Surface acoustic wave"-Sensor: Entstehung und Verlauf einer Rayleigh-Welle

umgesetzt, verstärkt und wieder phasengleich eingespeist. Es kommt zu einer Resonanz mit der Frequenz f_0, die von der Laufzeit der Rayleigh-Welle bestimmt wird. Auf diesem Prinzip beruht eine größere Anzahl elektrischer Bauelemente [132].

Ähnlich wie bei den mit selektiv sorbierenden Schichten versehenen Quarzsensoren sind mittlerweile SAW-Sensoren für Gas-Detektion bekannt [133]. Snow und Wohltjen [134] bestimmen Cyclopentadien durch eine bei höherer Temperatur reversibel verlaufende Diels-Alder-Reaktion im ppm-Bereich. Obwohl die Entwicklung erst am Anfang steht, kann aus prinzipiellen Erwägungen geschlossen werden, daß bei derselben Gesetzmäßigkeit der Frequenzverschiebung wie bei Quarzsensoren, aufgrund der weitaus höheren Eigenfrequenzen ($f_0 \leqq 1$ GHz) eine Massenempfindlichkeit von 10^{-15} g erreicht werden kann [135].

2 Sensoren, auf optischer Wechselwirkung beruhend

2.1 Faseroptische Verfahren

2.1.1 Lichtleitfasern als Signalvermittler

Die in den letzten Jahren sprunghafte Verbreitung der Glasfasertechniken hat auch vor der Analytischen Chemie nicht Halt gemacht. Die zur Analyse unterschiedlichster Matrices entwickelten optischen Verfahren (*Photometrie*, *Remission*, *Fluorimetrie*) erfahren durch die Kombination mit Glasfaseroptiken eine neue Dimension: Es wird die Untersuchung räumlich weit entfernter Stoffe mit einem zentral aufgestellten Gerät ermöglicht.

Gerade im medizinischen Bereich sind bereits eine Vielzahl von faseroptischen Sensoren eingeführt. Die geringen Kosten eines Glasfaser-Lichtleiters sowie der vorgebildete geringe Durchmesser des Sensors erlaubt die Applikation als „Wegwerf"-Sensor zur in vivo-Kontrolle gefährdeter Patienten. Positiv zu vermerken ist außerdem die hohe mechanische

Flexibilität. Des weiteren ist hervorzuheben, daß, im Gegensatz zu den potentialbildenden Sensoren, keine Referenzelektrode benötigt wird. Auch ist keine Beeinflussung durch elektrische Störstrahlung oder Kontaktpotentiale möglich. Der in Abb. 14 dargestellte in vivo pH-Sensor

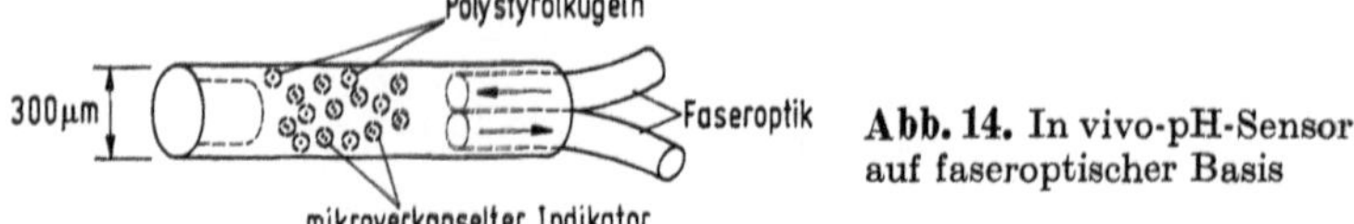

Abb. 14. In vivo-pH-Sensor auf faseroptischer Basis

von Peterson [136] verdeutlicht dieses. In einer kleinen Cellulose-Dialyseröhre sind neben Polyacrylamidkügelchen mit gebundenem Indikator (Phenolrot) noch circa 1 µm große Polystyrolkugeln untergebracht. Diese Dialyseröhre ist direkt an ein Lichtleiterpaar (aus Plastik) angekoppelt. Der Sensor wird bei zwei Wellenlängen alternierend betrieben (560 nm bzw. $>$ 600 nm). Eine intensiv strahlende Lichtquelle erzeugt nach Durchgang einer Lichtleitfaser von mehreren Metern an den Polystyrolkugeln Streulicht. Die mit der Körperflüssigkeit in Kontakt stehenden Indikatorkugeln variieren je nach aktuellem pH ihr Licht-Absorptionsverhalten. Das rückgestrahlte Licht wird von der zweiten Lichtleitfaser auf eine Photodiode übertragen. Nur die im grünen Bereich liegende Strahlung wird durch den pH-Indikator beeinflußt. Die rote Lichtstrahlung dient dabei als interne Referenz. Dieser Sensor ist speziell für den Bereich pH 7.0–7.4 ausgelegt und besitzt eine Genauigkeit von $\pm$0.01 pH-Einheiten.

Durch Kombination mit pH-empfindlichen Membranen können mittels immobilisierter Enzyme Wirkstoffbestimmungen (z. B. Penicillin) im unteren Millimol-Konzentrationsbereich durchgeführt werden. Die Reproduzierbarkeit ist im allgemeinen mit besser als 2% angegeben [137].

Faseroptische Sensoren sind für die Detektion farbstoffbildender oder -ändernder Stoffe in „flow injection"-Verfahren geradezu ideal. Von Ruzicka und Hansen [3] stammen zwei in Abb. 15a und 15b dargestellte Optosensoren.

Dabei wird (Abb. 15a) in einer Remissions-Messung die konzentrationsproportionale Verfärbung eines kovalent an eine Schwammstruktur gebundenen Indikators beobachtet. Die kontinuierliche Bestimmung von Gasen (siehe Abb. 15b) wird durch eine ähnliche Remissions-Messung möglich. Eine weiße permeable Teflonmembran trennt Gas und Farbstoffreaktand. An der Grenzfläche zwischen Flüssigkeit und Teflonmembran bildet sich ein stationärer Farbstoffkonzentrationszustand aus, der über eine Faseroptik kontinuierlich vermessen werden kann.

Neben der photometrischen Bestimmung von Stoffen ist auch die *Fluoreszenz* [139–141] oder *Quenchung* [142, 143] derselben ein häufig verbreitetes Prinzip. Zur Zeit wird von den verschiedensten Gruppen versucht, selektiv reagierende Fluoreszenzfarbstoffe (Fluorophore) an Membranen zu koppeln, die wiederum am Ende einer Lichtleitfaser angebracht sind [144].

Die Übertragung von *Chemilumineszenzstrahlung*, mit dem Vorteil, kein Anregungslicht zu benötigen, wurde von Freeman und Seitz [145] publiziert.

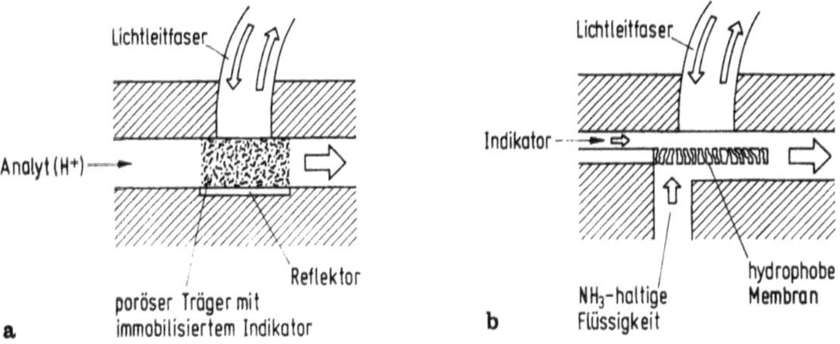

Abb. 15. **a** pH-Optosensor **b** NH_3-Optosensor

2.1.2 Lichtleiter mit chemisch sensitiver Beschichtung

Eine andere Variante, Lichtleitfasern oder -kapillaren in einen chemischen Sensor umzuwandeln, ist die Anregung der auf der Oberfläche eines Lichtleiters aufgebrachten, chemisch sensiblen Indikatorschicht.

Für die Erzeugung analytisch verwertbarer Signale stehen dazu zwei parallel ablaufende Prozesse zur Verfügung. Einmal wird die Transmission durch einen Lichtleiter bei einer Wellenlänge als Funktion der Verfärbung der außen aufgebrachten Indikatorschicht beobachtet. Zum anderen kann die die Faser verlassende Lichtwelle eine außen aufgebrachte Fluoreszenzfarbstoff-Schicht zu einer Emission zurück in die Lichtleitfaser (bei einer anderen Wellenlänge) anregen und mit der die Fluoreszenz hervorrufenden oder quenchenden Substanz massenmäßig korreliert werden.

Das erste Prinzip ist in Abb. 16 dargestellt [146, 147]. Über eine Leuchtdiode wird vom einen Ende der Lichtleiter durchstrahlt. Am anderen

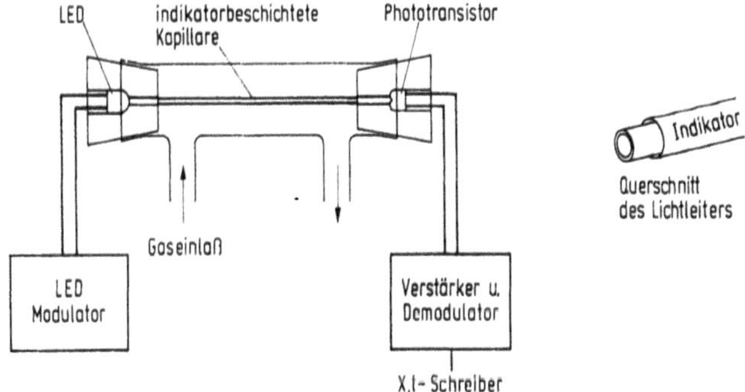

Abb. 16. Gassensitiver „Optical waveguide"-Sensor

Ende ist eine das transmittierte Licht registrierende Photozelle o. ä. fixiert. Der Lichtleiter selbst ist mit einem gassensitiven Stoff (in einem Polymer gelöst) beschichtet. Dabei durchläuft der emittierte Lichtstrahl die gassensitive Beschichtung bei Einhalten des Grenzwinkels für interne Reflexion an der Grenzschicht Polymer/Luft (Abb. 17). Diffundiert z. B. Ammoniak in die mit Ninhydrin angereicherte Polymerschicht, so wird der intern reflektierte Lichtstrahl gemäß dem Beerschen Gesetz abgeschwächt. Wohltjen benutzt 9 cm lange Quarzlichtleiter zur Detektion von Ammoniak im ppb-Bereich [148].

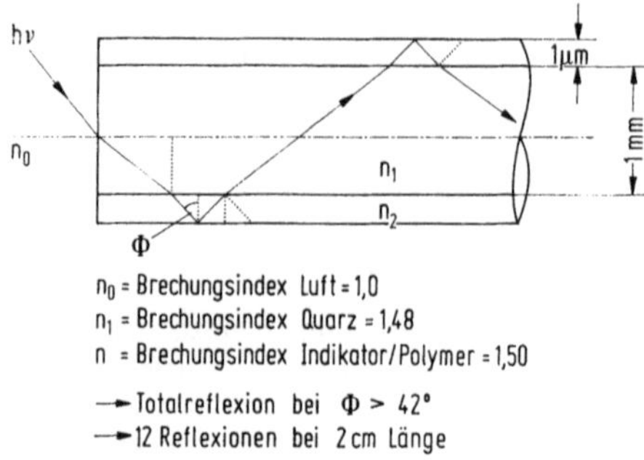

Abb. 17. Verlauf des Meßstrahles in einem „Optical waveguide"-Sensor

Die Kombination mit einer Lichtleitfaser und Anregung eines auf der Oberfläche einer Lichtleitfaser aufgebrachten Fluorophores beschreiben Newby et al. [138, 149]. Dabei wird ein Rhodamin-markiertes Protein auf die unbeschichtete Lichtleitfaser sorbiert und nur im sorbierten Zustand (nach Anregung bei 488 nm) zur Fluoreszenzemission bei 556 nm veranlaßt. Durch die an der Faseroberfläche stattfindende Anregung kann diese in die Faser rückkoppeln und am anderen Ende beobachtet werden (siehe Abb. 18). Krull et al. [144] entwickelten kürzlich Lipidmembranschichten mit angekoppeltem Fluorophor mit demselben Ziel, diese Doppelschicht auf ein Ende einer Lichtleitfaser zu übertragen.

Ein ähnliches Prinzip verwenden Seifert et al. [150] zur Kontrolle einer Antigen-Antikörper-Reaktion in einem 1 mm × 0.1 mm großen Anregungsvolumen. Dabei werden Brechungsindex-Änderungen bis $|n_c| = 5 \cdot 10^{-5}$ detektierbar.

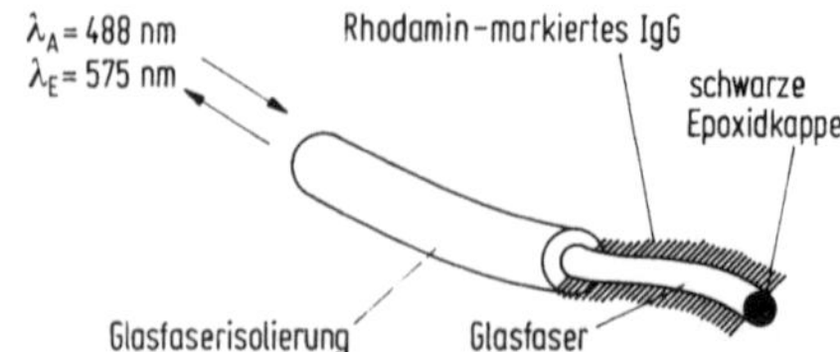

Abb. 18. Lichtleitfaser mit chemisch sensitiver Antigen/Antikörper-Beschichtung

2.2 Sensoren, auf optothermischer Wechselwirkung beruhend (Photoakustische Sensoren)

Optothermische oder auch photoakustische Spektroskopie als Sensorprinzip wird zunehmend verwirklicht. Dabei wird Materie mit Licht bestrahlt und im Falle einer Absorption die aufgenommene Wärme durch geeignete Übertragungsmedien in Elektrizität umgesetzt [151].

Aufgrund des teilweise selektiven Absorptionsvermögens von Gasen im infraroten Bereich sind hier bereits einige Gassensoren entwickelt worden (z. B. für CO_2) [152, 153]. Diese Sensoren bestehen aus einer geschlossenen Zelle mit IR-durchlässigen Fenstern (s. Abb. 19). Im Innern der Zelle befindet sich ein Drucksensor. Wird bei einer für das Gas charakteristischen Wellenlänge ein IR-Übergang angeregt, so dehnt sich das Gasvolumen durch die Erwärmung aus. In einem abgeschlossenen System führt dies zu einem *Druckanstieg*, welcher das Analysensignal darstellt. Bei der photoakustischen Spektroskopie ist das Meßsignal proportional zur Intensität des anregenden infraroten Strahlers. Da mittlerweile die Übertragung von Laserlicht über Glasfaser-Lichtleiter kein Problem mehr darstellt, kann die anregende IR-Quelle weit entfernt betrieben werden. So konnte mittels eines 0,5 W starken Argonlasers noch 100 ppt NO_2 in Luft nachgewiesen werden (bei 514,5 nm) [154].

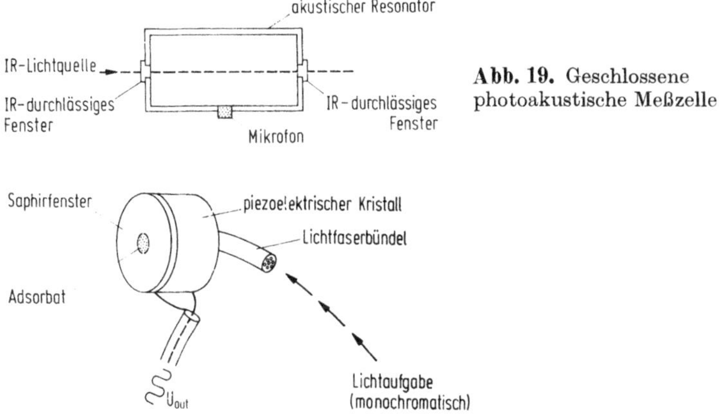

Abb. 19. Geschlossene photoakustische Meßzelle

Abb. 20. Optothermischer Sensor (offene photoakustische Zelle)

Eine kleine offene photoakustische Zelle zur Hämoglobin-Kontrolle in Blut wurde von McQueen veröffentlicht (s. Abb. 20) [155]. Dabei befindet sich die zu untersuchende Probe nicht in der Zelle, sondern ist von außen in Kontakt mit einem IR-durchlässigen Saphirfenster. Wird eine gechoppte IR-Strahlung absorbiert, so wird die Wärme auf das Fenster übertragen. Dieses dehnt sich in radialer Richtung aus und erzeugt an der Piezokeramik ein druckproportionales elektrisches Signal. Über eine Glasfaseroptik kann das interessierende photoakustische Spektrum durchfahren werden.

In den letzten Jahren wurden verschiedene piezoelektrisch sensitive Folien (z. B. aus Polyvinylidenfluorid) entwickelt, mit deren Hilfe eine weitere Miniaturisierung der optothermischen Sensoren gelingen dürfte. Auch ist die Anwendung auf Aerosole, besonders zur Diesel-Ruß-Kontrolle nach Vorarbeiten von Japar demnächst zu erwarten [156, 157].

2.3 Photoelektrischer Aerosol-Sensor

Ein auf Photoemission an Aerosoloberflächen beruhender Sensor ist der photoelektrische Aerosolsensor [158, 159]. Dabei werden Aerosole mit ultraviolettem Licht bestrahlt. Ist die Austrittsarbeit des Photoelektrons (von der Partikeloberfläche) kleiner als die von der UV-Quelle eingestrahlte Energie, so wird das Partikel wegen des abdiffundierenden Photoelektrons positiv aufgeladen. Dieses Prinzip ist in Abb. 21 schematisch dargestellt. Den Sensoraufbau zeigt Abb. 22. Das Licht einer kleinen UV-

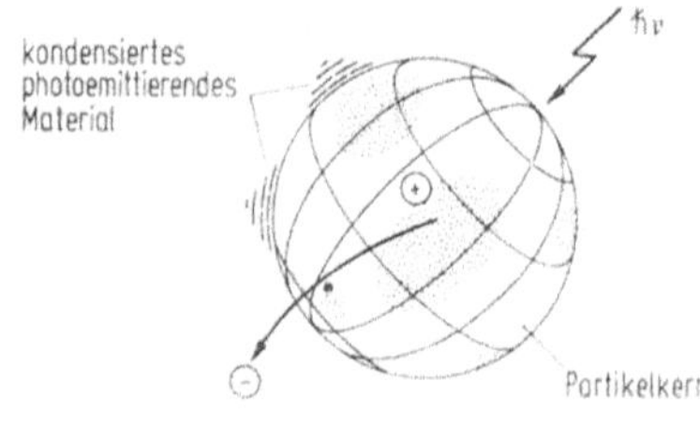

Abb. 21. Prinzip der Photoelektronenemission von einem Partikel

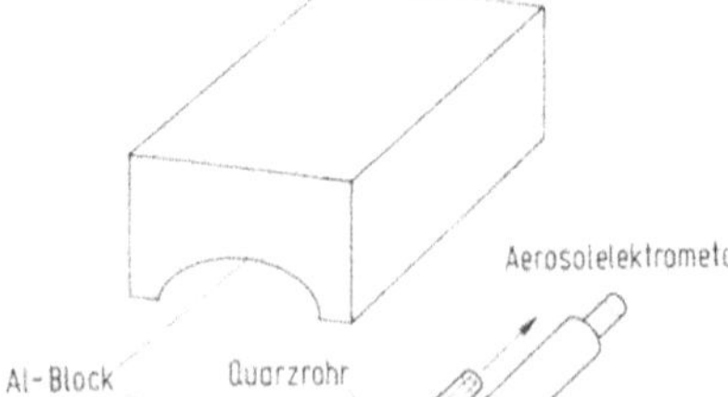

Abb. 22. Schematischer Aufbau des photoelektrischen Aerosol-Sensors

Stablampe wird in einem elliptisch ausgefrästen Aluminiumblock genau in einer Brennachse positioniert; in der zweiten Brennachse befindet sich ein Quarzrohr. Die emittierten Photoelektronen diffundieren zur Quarzglaswand und werden abgeleitet. Die nun positiv geladenen Partikel werden kontinuierlich durch ein als Sammelelektrode ausgebildetes Absolutfilter gesaugt und der erzeugte Strom in einem Elektrometerverstärker registriert.

Für eine gegebene Anzahl photoemissionsfähiger Partikeln gilt folgender Zusammenhang für die Signalbildung:

$$dN^+/dt = f(Y(h\nu), \vartheta, t_{irr}, c_N, \pi r^2, \varphi)$$

$Y(h\nu)$ = Photoelektrische Ausbeute bei der Energie $h\nu$
ϑ = Bedeckungsgrad eines Partikels mit photoemittierendem Material
t_{irr} = Belichtungszeit
φ = Intensität und Photonenfluß der UV-Quelle
c_N = Gesamtzahl der Partikel
πr^2 = Beleuchteter Partikelquerschnitt
N^+ = Anzahlkonzentration positiv geladener Partikel

Das Meßsignal ist das Auftauchen positiv geladener Partikel während des Passierens der beleuchteten Zone im Sensor. Dabei ist üblicherweise t_{irr} (durch konstanten Durchfluß), φ und die Energie der UV-Quelle konstant. Damit ist die photoelektrische Aktivität direkt proportional zur Anzahl, Oberfläche und Oberflächenbedeckung der Partikel, die mit photoemissionsfähigem Material bedeckt sind. In der Abb. 23 ist das Ergebnis für reine polyzyklische aromatische Kohlenwasserstoffe in Aerosolform dargestellt. Wie ersichtlich ist, ist das Signal bei gleichen Partikelkonzentrationen c_N zur Oberfläche direkt proportional.

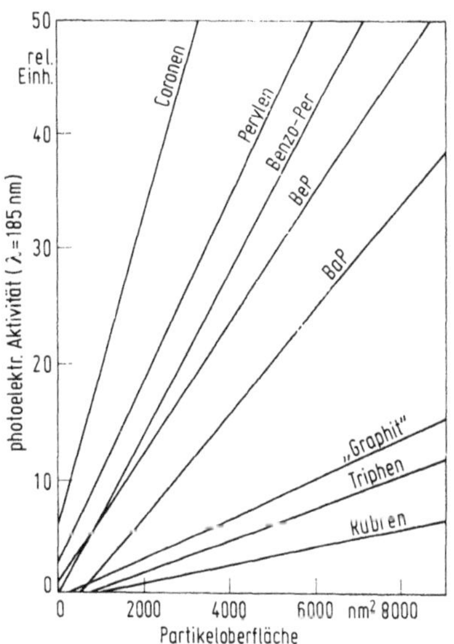

Abb. 23. Photoelektrische Aktivität (dN^+/dt) als Funktion der Oberfläche reiner Aerosole aus polyzyklischen aromatischen Kohlenwasserstoffen bzw. Graphitaerosol

Eine besonders hohe Photoausbeute Y besitzt das System PAH auf Rußpartikeln. Hier können ohne weiteres Benzo[a]pyren oder Coronen in sub-ppt-Konzentrationsverhältnissen nachgewiesen werden [160].

Dieser Aerosolsensor wird z. Z. zur Heizungsregelung eingesetzt [161]. Weitere Verwendungen sind im Bereich der Arbeitsplatzüberwachung und Kfz-Katalysatorkontrolle zu sehen. Durch gezielte chemische Variation von Aerosoloberflächen dürften weitere Anwendungen in der Spurenanalytik möglich sein, da im Prinzip schon ein einziges adsorbiertes Molekül auf einem Partikel bei hinreichend hohem Photonenfluß und Intensität der Lichtquelle auch getroffen werden wird und somit das Partikel durch seine positive elektrische Ladung erkennbar macht.

2.4 Sensoren, auf Photo-Impedanzänderungen beruhend

Neben den bereits abgehandelten anorganischen und organischen Leitfähigkeitssensoren gibt es die noch weitgehend unerforschte Gruppe der auf *Photo-Impedanzänderungen* beruhenden Sensoren.

Viele Halbleitersensoren werden bei höherer Temperatur betrieben, um so eine rasche Desorption des adsorbierten Gases zu erreichen. Dabei wird aber häufig die Selektivität des Sensors vermindert. Bei niedrigen Temperaturen ist die Desorptionskinetik wiederum zu langsam. Wird nun Licht auf einen im Betrieb befindlichen Halbleiter eingestrahlt, so wird im günstigen Fall nur ein Oberflächenzustand angeregt und so die Desorption beschleunigt.

Hager und Belko [162] berichteten über Versuche mit ZnO als Dickfilm und Beleuchtung im sichtbaren Bereich von 625—680 nm. Dabei wurde eine CO-spezifische Photoleitfähigkeit im Prozentbereich beobachtet. Probleme bestehen in der Veränderung der Ansprechempfindlichkeit. Trotzdem ist es erstaunlich, daß keine detaillierten Untersuchungen zur Nutzung der zahlreichen organischen Photohalbleiter in Gassensoren vorliegen.

2.5 Sensoren, auf Anregung von Plasmonen beruhend

Auf der Anreicherung von Molekülen an Metalloberflächen, und der Beobachtung der dadurch erfolgten Veränderung der Reflexionseigenschaften, beruhen die SPR-Sensoren (*S*urface *P*lasmon *R*esonance). Nylander et al. [163, 164] beschrieben 1982 erstmals einen derartigen Sensor.

In Abb. 24a ist der Sensoraufbau dargestellt. Auf einer kleinen Gasküvette ist ein Silberfilm auf einer Glasplatte über eine Silikonölschicht und Immersionsöl mit einem Quarzprisma gekoppelt. Bei einem gewissen Einfallswinkel ϑ sind Lichtimpuls und Ausbreitung von *Oberflächenplasmonen* auf der *anderen* Seite des Metallfilmes in Resonanz [165]. Dies führt zu einer Abschwächung des reflektierten Lichtes. Wird die Lichtreflexion als Funktion des Einfallswinkels ϑ gemessen, so findet man im Fall der Licht/Plasmonen-Resonanz ein äußerst scharfes Minimum (siehe Abb. 24b). Dieser Effekt wird nur bei Anregung mit p-polarisiertem Licht erhalten.

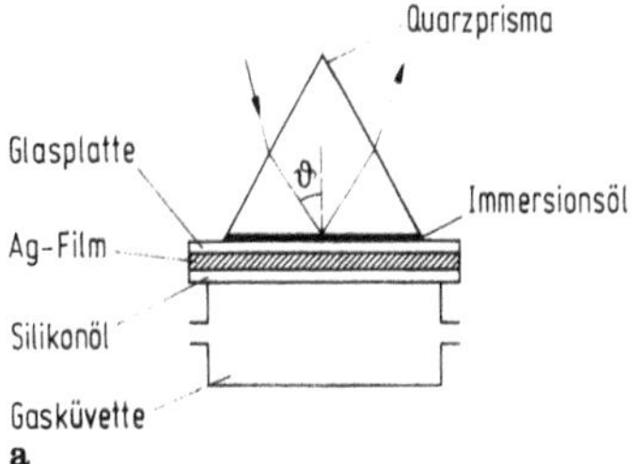

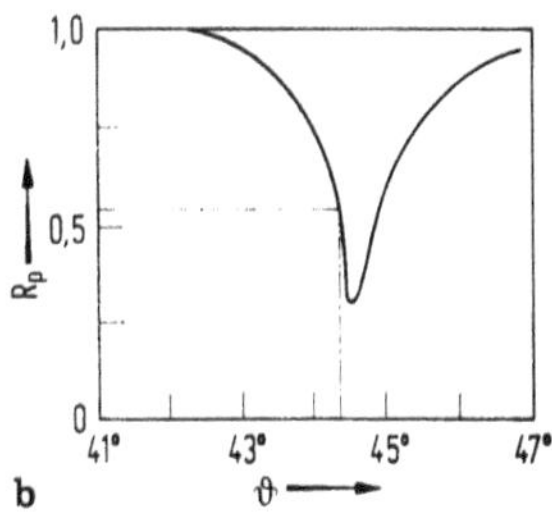

Abb. 24. SPR-Gassensor. **a** Prinzipielle Meßanordnung, **b** Reflexionsausbeute als Funktion des Einstrahlwinkels ϑ

Wird die Reflexionsausbeute an einem Punkt im linearen Teil der dem Reflexionsminimum zustrebenden Kurve beobachtet, so werden geringste Veränderungen der Grenzfläche Metall/Silikonöl/Gas durch eine Änderung der Reflexion bemerkbar.

Anwendungen sind bisher die Halothan-Messung im ppm-Bereich [163] sowie von γ-Globulin (a-IgG) im Bereich 0,5–200 μg a-IgG/ml [164]. Gerade Antigen/Antikörper-Reaktionen sind mit SPR-Sensoren wegen der ausgeprägten Oberflächenempfindlichkeit analytisch verwertbar. Probleme sind z. Z. in der Schaffung kleinster p-polarisierter Lichtquellen zu sehen.

Andererseits besticht ein derartiger Sensor durch die Einfachheit und die Möglichkeit, auf verschiedenen Metallfilmen Spurengasanreicherungen quantitativ zu verfolgen.

3 Selektivität chemischer Sensoren

Ein gemeinsames Problem aller chemischer Sensoren ist die Querempfindlichkeit gegenüber ähnlichen Substanzen.

Da fast alle Sensoren auf einer Wechselwirkung zwischen dem zu untersuchenden Stoff (Molekül, Ion) mit der *Sensoroberfläche* beruhen, müssen auch die dabei üblichen Nachteile, wie die Reaktionen ähnlicher Stoffe mit aktiven Zentren, in Kauf genommen werden.

Spezifisch ansprechende Sensoren sind bis heute nicht bekannt. Daher wird im allgemeinen folgender Weg beschritten:

1. Erhöhung der Selektivität durch einen vorgeschalteten Trennungsschritt
   und
2. Anwendung eines „sensor array“, das aus mehreren in bekannter Weise querempfindlichen Sensoren zusammengesetzt ist, mit nachfolgender mathematischer Signalverarbeitung.

Der erste Weg, die Kombination mit einem vorgeschalteten Trennungsschritt, ist bis heute wenig beschritten worden. Dies wohl deshalb, weil dadurch zumeist die geforderten geringen Dimensionen eines chemischen

Sensors erheblich vergrößert werden und daher der Einsatz bei vielen Applikationen nicht mehr praktikabel ist.

Maßnahmen zur Vortrennung sind üblicherweise in der Nutzung der bekannten Trennprinzipien zu sehen:

- Diffusion
- Permeation
- Wanderungsgeschwindigkeit im elektrischen Feld
- Verteilung in verschiedenen, miteinander nicht mischbaren Phasen
- Maskierung durch Komplexierung

  usw.

Ein Vorteil der Anwendung von Trennvorgängen liegt in der impliziten *Anreicherung* der Stoffe. Dies kann zu einer nicht unwesentlichen Steigerung des Nachweisvermögens führen. Auf der anderen Seite wird durch einen Anreicherungsprozeß der kontinuierliche Meßvorgang in einen diskontinuierlichen (Anreicherung — Desorption) umgewandelt. Dies ist für den Einsatz von Sensoren in schnellen Steuerungen und Regelmechanismen jedoch nicht zulässig.

Deshalb bemühen sich z. Z. mehrere Arbeitsgruppen, die bei der Interpretation von spektroskopischen Problemen bereits eingeführten Techniken von „Chemometrics" auf die Signalverarbeitung bei Sensoren anzuwenden [166].

Ziel ist es dabei, die einem Sensor eigene Querempfindlichkeit gegenüber anderen Stoffen zur Bestimmung derselben mitzubenutzen.

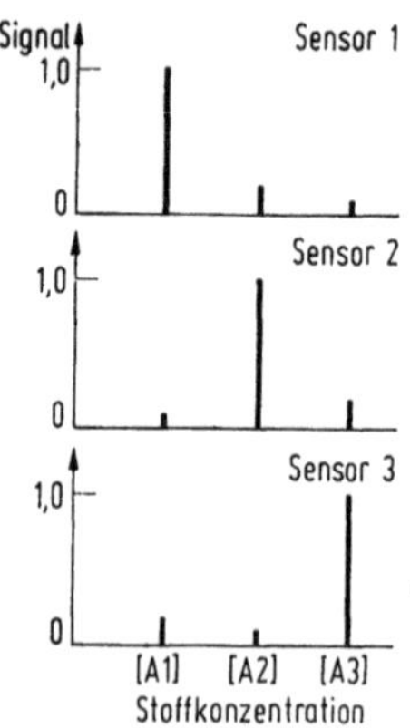

Abb. 25. Ansprechverhalten von drei modifizierten Sensoren gegenüber drei Stoffen unterschiedlicher Konzentration

Das Prinzip ist in der Abb. 25 vereinfacht dargestellt. Jeder der drei verwendeten Sensoren erzeugt bei Anwesenheit der drei verschiedenen Stoffkonzentrationen [A1], [A2] und [A3] ein Gesamtsignal S, welches jeweils durch die Gleichungssysteme

$$S1 = 1{,}0\,[A1] + 0{,}2\,[A2] + 0{,}1\,[A3]$$
$$S2 = 0{,}1\,[A1] + 1{,}0\,[A2] + 0{,}2\,[A3]$$
$$S3 = 0{,}2\,[A1] + 0{,}1\,[A2] + 1{,}0\,[A3]$$

repräsentiert wird. Mathematisch betrachtet wird somit der Signalvektor **S** durch die Multiplikation der dem „sensor array" eigenen Responsematrix **R** mit dem unbekannten Konzentrationsvektor **A** erhalten. Da man aber den Konzentrationsvektor **A** wissen möchte, müssen zunächst in aufwendigen Eichversuchen die Elemente der Responsematrix **R** ermittelt werden.

Ist dies hinreichend und unter der Voraussetzung einer verschwindenden Wechselwirkung der störenden Komponenten untereinander durchgeführt worden, so stehen verschiedene Algorithmen zur Lösung des Gleichungssystems zur Verfügung.

Anwendungen dieser Technik der Signalverarbeitung und Nutzung von parallelgeschalteten, modifizierten Sensoren sind bei Zaromb und Stetter [167], Stetter et al. [168] sowie Carey et al. [127] zu finden. Besonders bei piezoelektrischen Quarzsensoren ist die Verwendung von verschiedenen Absorptionsbeschichtungen zur Erkennung mehrerer Stoffe bekannt.

Literatur

1. J. Engels and M. Kuypers, J. Chem. E.: Sci. Instrum. 16:987 (1983)
2. T. Hirschfeld, J. Callis and B. Kowalski; Science 226:312 (1984)
3. J. Ruzicka and E. Hansen; Anal. Chim. Acta 173:3 (1985)
4. Proceedings Int. Symp. Protection Against Chemical Warfare Agents, Stockholm, Schweden, 6.–9. Juni 1983
5. Proceedings of the Smoke/Obscurants Symposium VII, Harry Diamond Laboratories, Adelphi, Maryland, 26.–28. April 1983
6. W. Göpel, Technisches Messen 52:47 (1985)
7. C. Nylander, J. Phys. E: Sci. Instrum. 18:736 (1985)
8. Transducers '85, International Conference on Solid-State Sensors and Actuators, Philadelphia, USA. IEEE, Piscataway, 1985
9. T. Seiyama, K. Fueki, J. Shiokawa and S. Suzuki, Proceedings of the International Meeting on Chemical Sensors. Elsevier Science Publishers, P. O. Box 211, 1000 AE Amsterdam, Niederland, 1983
10. H. Preier, Regelungstechnische Praxis 24:342 (1982)
11. J. Stetter, J. Colloid Interface Sci. 65:432 (1978)
12. M. Schulz, E. Bohn und G. Heiland, Technisches Messen 11:405 (1979)
13. G. Heiland, Sensors and Actuators 2:343 (1982)
14. G. Heiland, VDI-Berichte 509:223 (1984)
15. Datenblätter für TGS-Sensoren, Figaro-Engineering Inc., Osaka, Japan
16. H. Pink and P. Tischer, Siemens Forsch.- u. Entwickl. Ber. 10:78 (1981)
17. S. Samson and C. Fonstad, J. Appl. Phys. 44:4618 (1973)
18. P. Moseley and B. Tofield, Mat. Sci. Technol. 1:505 (1985)
19. S. Kanefusa, M. Nitta and M. Haradome, J. Electrochem. Soc.: Solid-State Sciences and Technology 132:1770 (1985)
20. R. Lalauze and C. Pijolat, Sensors and Actuators 5:55 (1984)
21. G. Heiland and D. Kohl, Studies on Single Crystals in Relation to the Principles of Semiconducting Metal Oxide Gas Sensors. In: Proc. Int. Meeting on Chem. Sensors. Elsevier, Amsterdam, 125 (1983)
22. E. Bott, T. Jones and B. Mann, Sensors and Actuators 5:65 (1984)
23. F. Runge und W. Göpel, Z. Phys. Chem. N. F. 123:173 (1980)
24. T. van Oirschodt, D. van Leeuwen and J. Medema, J. Electroanal. Chem. Interfacial Electrochem. 37:373 (1972)

25. C. Nylander, M. Armgarth and I. Lundström, An Ammonia Detector Based on a Conducting Polymer. In: Proc. Int. Meeting on Chem. Sensors. Elsevier, Amsterdam, 203 (1983)
26. G. Kovacs, P. Vincett and J. Sharp, Can. J. Phys. 63:346 (1985)
27. B. Bott and T. Jones, Sensors and Actuators 5:43 (1984)
28. C. Honeybourne, R. Ewen and C. Hill, J. Chem. Soc., Faraday Trans. 80:851 (1984)
29. A. Sczurek and K. Lorenz, Intern. J. Environ. Anal. Chem. 23:161 (1986)
30. B. Rosenberg, J. Chem. Phys. 34:812 (1961)
31. H. Meier, Organic Semiconductors. Verlag Chemie, Weinheim, 1974
32. W. Innes and A. Andreatch, Environ. Sci. Techn. 4:143 (1970)
33. J. Firth, A. Jones and T. Jones, Combust. Flame 21:303 (1973)
34. Der Pellistor. Prospektunterlagen und Applikationsbericht der Firma Nucletron-Vertriebs GmbH, 8000 München, Gärtnerstr. 60
35. S. Gentry and P. Walsh, Sensors and Actuators 5:239 (1984)
36. S. Gentry and P. Walsh, Sensor and Actuators 5:229 (1984)
37. J. Engels and M. Kuypers, J. Phys. E: Sci. Instrum. 16:987 (1983)
38. M. Neuman, Med. Progr. Technol. 9:95 (1982)
39. L. Clark and L. Lyons, Ann. NY Acad. Sci. 102:29 (1962)
40. S. Updike and G. Hicks, Nature 3:986 (1967)
41. M. Nanjo and G. Guilbault, Anal. Chem. 46:1769 (1974)
42. A. Cass, G. Davis, G. Francis, H. Hill, W. Aston, I. Higgins, E. Plotkin, D. Scott and A. Turner, Anal. Chem. 56:667 (1984)
43. H. Böhm, Elektrochemisches Meßgerät zum Nachweis von Kohlenmonoxid, Schwefelwasserstoff, Wasserstoff und Schwefeldioxid in verschiedenen Gasen. Forschungsbericht T 78-08, BMFT (1978)
44. D. Kitzelmann, Elektrochemische Sensoren zur Erfassung von Schadstoffen in Industrie und Umwelt. Verh. DPG 6:1463 (1984)
45. J. Fouletier, P. Fabry and M. Kleitz, J. Electrochem. Soc. 123:204 (1976)
46. H. Böhm and V. Hartmann, Chemie-Ingenieur-Technik 51:649 (1979)
47. W. Vielstich, Brennstoffelemente. Verlag Chemie, Weinheim, 1965
48. H. Liebhafsky and E. Cairns, Fuel Cells and Fuel Batteries. J. Wiley & Sons, New York, 1968
49. M. Watande, M. Tomikawa and S. Moto, J. Electroanal. Chem. 182:193 (1985)
50. H. Böhm, DECHEMA-Monographien 97:169 (1984)
51. L. Heyne and D. den Engelsen, J. Electrochem. Soc. 114:727 (1967)
52. G. Holzäpfel und H. Rickert, Naturwissenschaften 64:53 (1977)
53. W. Flemming, J. Electrochem. Soc. 124:21 (1977)
54. W. Fischer und R. Rohr, Chemie-Ingenieur-Technik 50:303 (1978)
55. S. Geller, Solid Electrolytes. Topics in Applied Physics, Springer Verlag, Berlin 1979
56. M. Esper, E. Logothetis and J. Chu, SAE Technical Paper Series 790140 (1979)
57. G. Farrington, Sensors and Actuators 1:329 (1981)
58. A. Crocker, Sensors and Actuators 1:347 (1981)
59. J. Fouletier, E. Mantel and M. Kleitz, Solid Ionics 6:1 (1982)
60. J. Fouletier, Sensors and Actuators 3:295 (1982/83)
61. M. Gauthier and A. Chamberland, J. Electrochem. Soc. 119:1579 (1977)
62. M. Gauthier, R. Bellamare and A. Belanger, J. Electrochem. Soc. 124:371 (1977)
63. N. Miura, H. Kato, N. Yamazoe and T. Seiyama, Proton Conductor Sensors for H_2 and CO Operative at Room Temperature. In: Proc. Int. Meeting on Chem. Sensors. Elsevier, Amsterdam, 233 (1983)

64. G. Velasco, J. Schnell and M. Croset, Sensors and Actuators 2:371 (1982)
65. K. Jacob and D. Rao, J. Electrochem. Soc. 126:1842 (1979)
66. Y. Saito, T. Maruyama, Y. Matsumoto, K. Kobayashi and Y. Yano, Solid State Ionics 14:273 (1984)
67. Y. Saito, K. Kobayashi and T. Maruyama, Solid State Ionics 314:393 (1981)
68. K. Kobayashi and Y. Saito, Thermochim. Acta 53:299 (1982)
69. Y. Saito, T. Maruyama and K. Kobayashi, Solid State Ionics 14:265 (1984)
70. Y. Saito, T. Maruyama, Y. Matsumoto and Y. Yano, Electromotive Force of the $SO_2-O_2-SO_3$ Concentration Cell Using Nasicon ($Na_3Zr_2Si_2PO_{14}$) as a Solid Electrolyte. In: Proc. Int. Meeting on Chem. Sensors. Elsevier, Amsterdam, 326 (1983)
71. K. Camman, Das Arbeiten mit ionenselektiven Elektroden. Springer Verlag, Heidelberg, 1977
72. A. Covington, Ion-Selective Electrode Methodology. CRC Press, Boca Raton, 1979
73. R. Buck, Sensors and Actuators 1:197 (1981)
74. H. Freiser, Ion Selective Electrodes in Analytical Chemistry. Plenum Press, New York, 1978
75. G. Fricke, Anal. Chem. 52:259 R (1980)
76. M. Meyerhoff and Y. Fraticelli, Anal. Chem. 54:27R (1982)
77. H. Berman and N. Hebert, Ion Selective Microelectrodes. Plenum Press, New York, 1974
78. I. Lauks, M. Yuen and T. Dietz, Sensors and Actuators 4:375 (1983)
79. J. Ruzicka and E. Hansen, Anal. Chim. Acta 173:3 (1985)
80. H. Freiser, Ion-selective Electrodes in Analytical Chemistry 2:85 (1980)
81. G. Edwall, Med. and Biol. Eng. and Comput. 16:661 (1978)
82. P. Ask, G. Edwall, K. Johansson and L. Tibbling, Med. and Biol. Eng. and Comput. 20:383 (1982)
83. D. Roberts, J. Osborn and A. Yacynych, Anal. Chem. 58:140 (1986)
84. G. Guilbault, Handbook of Enzymatic Analysis. Marcel Dekker, New York, 1977
85. I. Lundström, M. Shivaraman, C. Svensson, J. Appl. Phys. 46:3876 (1975)
86. J. Janata and R. Huber, Ion-Selective Electrode Rev. 1:31 (1979)
87. W. Göpel, Techn. Messen 52:47 (1985)
88. P. Bergveld, IEEE Trans. BME-17, 70 (1970)
89. T. Matsuo, M. Esashi and K. Iinuma, Digest of Joint Meeting of Tohoku Sections of IEEJ, October 1971
90. P. Bergveld, Sensors and Actuators 8:109 (1985)
91. P. Bergveld and N. de Rooy, Sensors and Actuators 1:5 (1981)
92. I. Lundström, M. Shivaraman, C. Svenson and L. Lundkvist, Appl. Phys. Lett. 26:55 (1975)
93. F. Winquist, A. Spetz, M. Armgarth, C. Nylander and I. Lundström, Appl. Phys. Lett. 43:839 (1983)
94. D. Krey, K. Dobos and G. Zimmer, Sensors and Actuators 1:169 (1983)
95. B. Thorstensen, Field effect studies of gas adsorption on oxidized silicon surfaces. Thesis, University of Trondheim, Norwegen, Report Nr. STF 44A 81118 (1981)
96. P. Cox, US Patent 3 831 432 (1974)
97. M. Stenberg and B. Dahlenbäck, Sensors and Actuators 4:273 (1083)
98. S. Senturia, C. Seeken and J. Wishnewski, Appl. Phys. Lett. 30:106 (1977)
99. S. Garverick and S. Senturia, IEEE Trans. Electron Devices ED-29:90 (1982)
100. K. Dobos, R. Strotmann and G. Zimmer, Sensors and Actuators 4:593 (1983)

101. H. Wohltjen, Anal. Chem. 56:87A (1984)
102. A. van den Berg, P. Bergveld, D. Reinhoudt and E. Sudhölter, Sensors and Actuators 8:129 (1985)
103. D. Sobczynska, W. Torbicz, A. Olszyna and W. Wlosinski, Anal. Chim. Acta 171:357 (1985)
104. K. Shimada, M. Yano, K. Shibatanik, Y. Komoto, M. Esashi and T. Matsuo, Med. and Biol. Eng. and Comput. 18:741 (1980)
105. T. Matsuo and H. Nakajima, Sensors and Actuators 5:293 (1984)
106. Y. Miyahara, F. Matsu and T. Moriizumi, Micro Enzyme Sensors using Semiconductor and Enzyme – Immobilization Techniques. In: Proc. Int. Meeting on Chem. Sensors. Elsevier, Amsterdam, 501 (1983)
107. S. Caras and J. Janata, Anal. Chem. 52:1935 (1980)
108. J. Janata, R. Huber, R. Cohen and E. Kolesar, Aviation, Space and Environmental Medicine 666 (1981)
109. B. Danielsson, I. Lundström, K. Mosbach and L. Stiblert, Analyt. Lett. 12:1189 (1979)
110. Y. Hanazato and S. Shiono, Bioelectrode using Two Hydrogen Ion Sensitive Field Effect Transistors and a Platinum Wire Pseudo Reference Electrode. In: Proc. Int. Meeting on Chem. Sensors. Elsevier, Amsterdam, 513 (1983)
111. J. Janata and G. Blackburn, Ann. NY Acad. Sci. 248:286 (1984)
112. J. Schenck, Technical Difficulties Remaining to the Application of ISFET Devices. In: Theory, Design and Biomedical Applications of Solid State Chemical Sesors. C.R.C. Press, Boca Raton, 165 (1978)
113. M. Aizawa, Molecular Recognition and Chemical Amplification of Biosensors. In: Proc. Int. Meeting on Chem. Sensors. Elsevier, Amsterdam, 683 (1983)
114. J. van der Spiegel, I. Lauks, P. Chan and D. Babic, Sensors and Actuators 4:291 (1983)
115. C. Wen, T. Chen and J. Zemel, IEEE Trans. Electron Devices ED-26, 1945 (1979)
116. S. Shoji, M. Esashi and T. Matsuo, Micro ISFETS of 10 μm Tip Size. In: Proc. Int. Meeting on Chem. Sensors. Elsevier, Amsterdam, 473 (1983)
117. G. Sauerbrey, Phys. Verh. 8:113 (1957)
118. J. Alder and J. McCallum, Analyst 108:1169 (1983)
119. G. Sauerbrey, Z. Phys. 155:206 (1959)
120. G. Guilbault, Ion. Sel. Electrode Rev. 2:3 (1980)
121. G. Guilbault, Anal. Proc. 19:68 (1982)
122. W. King. Anal. Chem. 36:1735 (1964)
123. W. King, US Patent 3 164 004 (1965)
124. Y. Tomita, M. Ho and G. Guilbault, Anal. Chem. 51:1475 (1979)
125. W. Shackelford and G. Guilbault, Anal. Chim. Acta 73:383 (1974)
126. J. Downes, Internal Report, Imperial College, London (1979)
127. W. Carey, K. Beebe, B. Kowalski, D. Illman and T. Hirschfeld, Anal. Chem. 58:149 (1986)
128. T. Carpenter and D. Brenchley, Am. Ind. Hyg. Assoc. J. 33:503 (1973)
129. G. Sem and K. Tsurubayashi, Am. Ind. Hyg. Assoc. J. 36:791 (1975)
130. W. Stöber, F. Mönig, N. Schwarzer und H. Flachsbart, Massenverteilungsmessungen mit einer Aerosolzentrifuge und Quarzen als Massen-Detektoren. In: Proc. 6th Conf. of the Assoc. for Aerosol Research. Sept. 26–28, Vienna, 271 (1978)
131. H. Wohltjen and R. Dessy, Anal. Chem. 51:1458 (1979)
132. Special Issue on Surface Acoustic Wave Devices and Applications, Proc. IEEE 64:579 (1976)
133. A. Bruyant, D. Lee and J. Vetelino, Ultrason. Symp. Proc., IEEE Cat. 81 CH 1689-9, 1735 (1981)

134. A. Snow and H. Wohltjen, Anal. Chem. 56:1411 (1984)
135. H. Wohltjen, Sensors and Actuators 5:307 (1984)
136. J. Peterson, S. Goldstein, R. Fitzgerald and D. Buckhold, Anal. Chem. 52:864 (1980)
137. C. Lowe and M. Goldfinch, Biochem. Soc. Trans. 11:448 (1983)
138. K. Newby, J. Andrade, R. Benner and W. Reichert, J. Colloid Interface Sci. 111:280 (1986)
139. L. Saari and W. Seitz, Anal. Chem. 54:821 (1982)
140. D. Lübbers and N. Opitz, Blood Gas Analysis with Fluorescence Dye as an Example of their Usefulness as Quantitative Chemical Sensors, in: Proc. Int. Meeting on Chem. Sensors. Elsevier, Amsterdam 609 (1983)
141. Z. Zhujun and W. Seitz, Anal. Chim. Acta 171:251 (1985)
142. L. Schultz, US Patent 4344 438 (1982)
143. O. Wolfbeis, H. Posch and H. Kroneis, Anal. Chem. 57:2556 (1985)
144. U. Krull, C. Bloore and G. Gumbs, Analyst 111:259 (1986)
145. T. Freeman and W. Seitz, Anal. Chem. 53:98 (1981)
146. D. David, M. Willson and D. Ruffin, Anal. Lett. 9:389 (1976)
147. G. Giuliani and H. Wohltjen, US Patent 4 513 087 (1985)
148. J. Guiliani, H. Wohltjen and N. Jarvis, Opt. Lett. 8:54 (1983)
149. K. Newby, W. Reichert, J. Andrade and R. Benner, Applied Optics 23:1812 (1984)
150. M. Seifert, K. Tiefenthaler, K. Heuberger, W. Lukosz and K. Mosbach, Anal. Lett. 19:205 (1986)
151. P. Hess, Resonant Photoacoustic Spectroscopy. In: Topics in Current Chemistry 11: 1 (1983)
152. O. Oehler, M. Seifert, S. Cliffe and K. Mosbach, Infrared Phys. 25:319 (1985)
153. O. Oehler, Anwendungsbeispiele für Photoakustische Gassensoren. In: Proceed. of Sensor 1985. Network GmbH, Wunstorf, 5, 8.4.1 – 8.4.8 (1985)
154. R. Terhune and J. Anderson, Opt. Lett. 1:70 (1970)
155. D. McQueen, J. Phys. E: Sci. Instrum. 16:738 (1983)
156. S. Japar and A. Szkarlat, Combust. Sci. Technol. 24:215 (1981)
157. S. Japar, A. Szkarlat, Fuels & Lubricants Meeting Tulsa, Oklahoma 1981, SAE Technical Paper Series
158. H. Burtscher, R. Nießner and A. Schmidt-Ott, In Situ Detection by Photoelectron Emission of PAH Enriched on Particles Surfaces. In: Aerosols: Science, Technology, and Industrial Applications of Airborne Particles. Elsevier, Amsterdam, 443 (1984)
159. R. Nießner, J. Aerosol Science 17: (1986) 705
160. R. Nießner, The Photoelectric Aerosol Sensor. Paper presented at 2nd Int. Meeting on Chemical Sensors, July 7 – 10, 1986, Bordeaux
161. H. Burtscher, A. Schmidt-Ott and H.-C. Siegmann, Eur. Pat. EP 147 521 (1985)
162. H. Hager and J. Belko, Sensors and Actuators 8:161 (1985)
163. C. Nylander, B. Liedberg and T. Lind, Sensors and Actuators 3:79 (1982/83)
164. B. Liedberg, C. Nylander and I. Lundström, Sensors and Actuators 4:299 (1983)
165. H. Raether, Surface Plasma Oscillations and Their Applications. In: Physics of Thin Films. Academic Press, New York 9:145 (1977)
166. I. Frank and B. Kowalski, Anal. Chem. 54:232 R (1982)
167. S. Zaromb and J. Stetter, Sensors and Actuators 6:225 (1984)
168. J. Stetter, S. Zaromb and W. Penrose, Deutsche Patentanmeldung DE 3507 386 (1985)

Vollautomatische rechnergesteuerte Analysensysteme: Geräteentwicklung und Auswertung
II. Elektrochemische Analysenverfahren*

Siegfried Ebel

Bayerische Julius-Maximilians-Universität Würzburg
Institut für Pharmazie und Lebensmittelchemie
Am Hubland, D-8700 Würzburg

Einführung

Im ersten Teil dieser Einführung in Aufbau, Anwendung und Problematik vollautomatischer rechnergesteuerter Analysensysteme wurde schwerpunktmäßig auf die Grundlagen (Rechner, Interface, Steuerung) eingegangen. Im folgenden stehen die Probleme der Anwendung und vor allem Auswertung im Vordergrund.

Dieser Teil beschäftigt sich mit elektrochemischen Analysenverfahren (potentiometrisch indizierte Titrationen, Arbeiten mit ionensensitiven Elektroden, Coulometrie und Polarographie).

In zwei weiteren Beiträgen soll auf vollautomatische rechnergesteuerte Meßplätze aus dem Bereich der Chromatographie (DC und HPLC) sowie Spektroskopie (UV und IR) mit den zugehörigen Auswertungsproblemen eingegangen werden.

---

* Teil I. Allgemeine Grundlagen, s. Analytiker Taschenbuch Bd. 6, S. 17–36

2 Hardware

Bei der Beschaffung eines analytischen Großgerätes, das ohne nachgeschaltete Datenverarbeitung nicht betreibbar ist (FTIR, NMR, CC-MS), wird kein vernünftig denkender Analytiker Gerät und Rechner von unterschiedlichen Herstellern kaufen und dann die Software selbst schreiben. Demzufolge sollen alle Großgeräte aus diesen Betrachtungen ausgenommen werden. Demgegenüber steht die ganze „Kleinanalytik", die in der Analytik der Industrie und vor allem in der Qualitätskontrolle eine besonders große Rolle spielt. Hier kann es unter Umständen lohnender sein, selbst Entwicklung zu betreiben oder auf Literaturangaben zurückzugreifen. Hier spielt auch die spezielle Problemstellung des betreffenden Labors eine ganz ausschlaggebende Rolle. Die nachfolgend besprochenen Analyseverfahren sind Beispiele und auch als solche zu verstehen. Manches ist inzwischen Stand der Technik und auch kommerziell erhältlich, in vielen Fällen wird man jedoch Eigeninitiative entwickeln oder aber die Zusammenarbeit suchen müssen, um eine problemgerechte und kostengünstige Lösung zu finden. So sind auch die gewählten Beispiele vor allem als Anregung gedacht. Sie sind mit Sicherheit persönlich geprägt, aber doch für den Routinebetrieb des analytischen Alltags typisch und charakteristisch [6], [7].

3 Elektrochemische Analysenverfahren

Elektrochemische Analyseverfahren bilden auch heute noch einen wesentlichen Grundstock der Routineanalytik in den analytischen und Qualitätskontroll-Laboratorien der chemischen Industrie. Durch den Einsatz ionensensitiver Elektroden hat sich ihr Anwendungsgebiet stark erweitert. Vermutlich dürfte auch die Polarographie und die Voltammetrie an Festkörperelektroden in Zukunft eine verstärkte Beachtung finden, wenn bessere Möglichkeiten der Auswertung und Rechnersteuerung sich durchsetzen.

3.1 Potentiometrisch indizierte Titrationen

3.1.1 Apparative Möglichkeiten

Titrationen gehören zu den klassischen naßchemischen Analyseverfahren und es ist deshalb nicht verwunderlich, daß bereits relativ frühzeitig Versuche zur Digitalisierung und Automatisierung dieser in der Routineanalytik häufig angewendeten Methode unternommen wurden [8]. Mit dem Metrohm Titroprint E 475 kam Ende der 60er Jahre das erste kommerzielle digitale Titrationssystem auf den Markt. Zeitabhängige Phänomene, wie die Elektroden-Kinetik oder die Kinetik der der Titration zugrundeliegenden chemischen Reaktion, die vor allem bei Fällungs- und Redox-Titrationen eine Rolle spielen, wurden durch eine einstellbare Wartezeit berücksichtigt. Nachteilig wirkt sich dabei aus, daß die Wartezeit auch in dem flachen Teil der Titrationskurve, wo sie eigentlich nicht benötigt wird, wirksam ist und damit die Analysenizet verlängert. Bereits 1963 beschrieben Boldt und Lackner [9] für langsame Redoxtitrationen ein relaisgesteuertes Titrationssystem, das auf einer Gleichgewichtseinstellung basiert, ein Verfahren, das später sowohl rechnergesteuert [10] durchgeführt sowie elektronisch realisiert und kommerziell vertrieben wurde (Mettler Gleichgewichtstitrator). Die ersten Kopplungen von Tischrechnern an kommerzielle Titrationssysteme (Abb. 12 und 13) beschränken sich lediglich auf eine passive Datenübernahme mit nachfolgender Auswertung [11].

Ein wesentlicher Nachteil der äquidistanten Volumen-Inkremente ist jedoch, daß im interessierenden Bereich der Titrationskurve nur relativ wenige Meßpunkte zur Verfügung stehen (vgl. Abschn. 3.1.2). Dies führte dazu, Titrationssysteme zu entwickeln, die es gestatten, beliebige Volu-

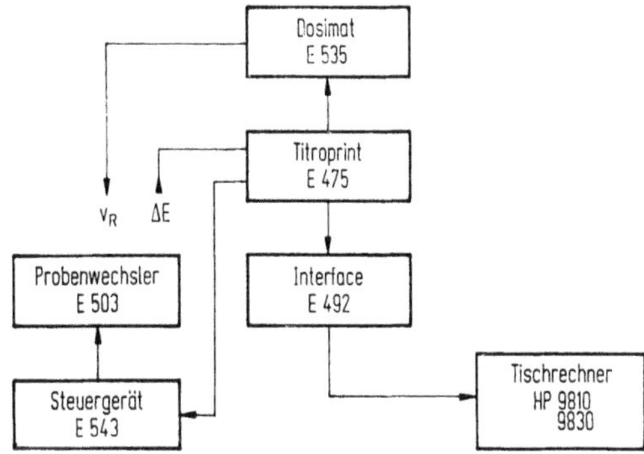

Abb. 12. Blockdiagramm eines vollautomatischen digitalen Titrationssystems auf Basis des Metrohm Titroprozessor mit passiver Datenübernahme [7], [11]

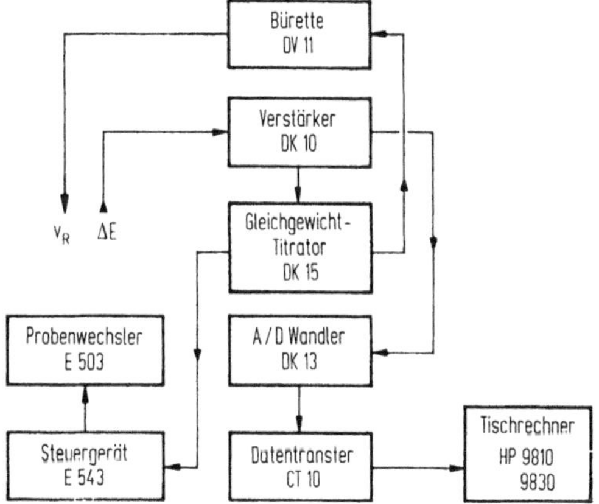

Abb. 13. Blockdiagramm eines vollautomatischen digitalen Titrationssystems auf Basis des Mettler Gleichgewichtstitrators [7], [11]

men-Inkremente zu dosieren (Metrohm Titroprozessor E 636; Radiometer Titrator), so daß im Idealfall auf konstante Potentialschritte titriert werden kann, ein Verfahren, das auch als dynamische Titration bezeichnet wird. Ein Nachteil kommerzieller Systeme besteht oftmals darin, daß es sich um mikroprozessorgesteuerte Titratoren handelt, bei denen der Anwender auf das vorgegebene Programm voll angewiesen ist und bei dem keine Änderungen der Steuer- und Auswertungs-Software möglich sind. Hierdurch bedingt ist auch keine Anpassung an spezielle Probleme des Benutzers möglich. Die neueren Versionen des Titroprozessors dagegen schöpfen die Möglichkeiten eines mikroprozessorgesteuerten Systems sehr weit aus und können weitgehend dem Problem angepaßt werden. Demgegenüber zeigen rechnergesteuerte Titrationssysteme eine noch höhere Flexibilität und lassen wegen des Einsatzes optimal ausgelegter Auswertungsverfahren auch eine höhere Genauigkeit erwarten.

Um eine Ansteuerung von mehreren Büretten über möglichst wenige Interfaces zu erreichen, wobei möglichst weitgehend kommerziell erhältliche Geräte eingesetzt werden sollten, wurde zunächst ein System konzipiert, bei dem jeweils zwei Büretten E 535 über einen Dosifix E 542 angesteuert werden. Durch die enorme Leistungsfähigkeit moderner Tischrechner (Hewlett-Packard HP 9835/45) ist es möglich, daß ein Rechner zwei Titrationen simultan, aber unabhängig voneinander, überwacht, durchführen läßt und auswertet. Um mit einer minimalen Anzahl an Interfaces auszukommen, werden input und output von jeweils einem 16 bit duplex I/0 Interface übernommen. Über ein drittes Interface (HP-IB Interface) ist dieses Tandem-Titrationssystem mit verschiedenen Ausgabemedien verknüpft und in einen Rechnerverbund eingegliedert (Abb. 14) [12]. Beide Probenstraßen können dabei unterschiedliche Proben abarbeiten.

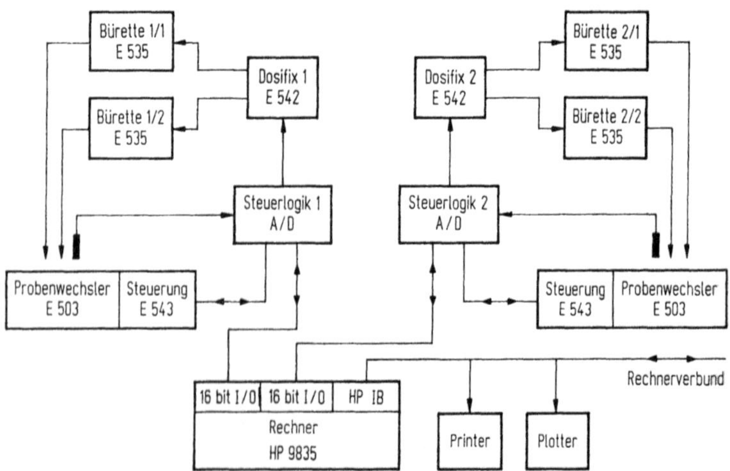

Abb. 14. Blockdiagramm eines vollautomatischen rechnergesteuerten Titrationssystems mit zwei Probenstraßen [12]

Da die Volumendosierung vom Dosifix kontrolliert wird, reduziert sich der Aufwand in der Steuerlogik auf zwei funktionelle Einheiten: a) die Steuerung des Dosifix und b) die Übernahme des Elektrodenpotentials. Über eine kommerziell erhältliche Platine läßt sich beim Dosifix das zuzudosierende Volumen, die Wahl der Bürette (I oder II) sowie der Volumenstart von außen programmieren. Die Volumenvorwahl erfolgt im BCD-Code, d. h. pro Dezimalstelle sind 4 bit erforderlich. Da das Rechnerinterface nur über 16 Ausgangsleitungen verfügt, müßte eine aufwendigere Multiplexlogik nachgeschaltet werden, um alle Dezimalstellen, die Start- und Füllbefehle sowie die Steuerbefehle an den Probenwechsler auszugeben. Beschränkt man sich hingegen auf ein in einem Schritt auszugebendes Maximalvolumen von 0,99 ml = 2 Dezimalstellen, so genügen hierfür 8 bit, was durchaus sinnvoll ist, da dieser Schritt ja beliebig oft wiederholt werden kann. Die beiden Dezimalstellen müssen rechnerintern in eine geeignete bit-Kombination umgesetzt werden, da der Eingang des Dosifix BCD-codiert ist, die Ausgabe jedoch binär erfolgen muß. Bei den verbleibenden 8 bit können 5 mit den Funktionen „Wahl der Bürette", „Start", „Füllen der Bürette 1", „Füllen der Bürette 2" und „Absenken der fertigen Probe" belegt werden. Die restlichen 3 bit dienen zum Umschalten des Meßverstärkers auf unterschiedliche Meßbereiche. Das Interface verfügt ferner über zwei Status-Eingänge, die mit dem „besetzt"-Signal vom Dosifix sowie mit dem Probenmelder des Probenwechslers belegt werden. Diese beiden Funktionen ermöglichen die gemeinsame Steuerung zweier unabhängiger Titrationssysteme, da der Rechner den jeweils freien Dosifix erkennt und jederzeit über den Status der Probenwechsler informiert ist.

Zur Meßwerterfassung gelangt das Elektrodensignal an einen Impedanzwandler mit umschaltbarer Verstärkung. Über 3 hierfür reservierte bits lassen sich vom Rechner 8 verschiedene Meßbereiche einschalten. Der Eingangsverstärker kann somit an alle in Frage kommenden Elektrodentypen angepaßt werden. Das jetzt niederohmige Signal wird anschließend von einem 14-bit A/D-Wandler digitalisiert und den Eingangsleitungen des Rechner-Interfaces zugeführt.

Inzwischen sind Kolbenbüretten erhältlich, die von einem Mikroprozessor gesteuert werden und über eine Parallel-Schnittstelle verfügen (Metrohm E 655). Hierdurch vereinfacht sich der Aufbau vollautomatischer rechnergesteuerter Analysensysteme beachtlich (Abb. 15) [7].

Komplexere Titrationen setzen jedoch den Einsatz mehrerer steuerbarer Büretten voraus. Hier wäre der Aufwand, mehrere Parallel-Interfaces einzusetzen, unvertretbar groß. Aus diesem Grunde ist es wesentlich günstiger, auf eine einzige IEEE-Schnittstelle auszuweichen, an die die gesamte Peripherie angeschlossen wird. Das Steuergerät für den eigentlichen Titrationsmeßplatz verfügt über einen IEEE/Parallel-Schnittstellen-Wandler, über den, einzeln adressierbar, bis zu 8 Büretten anschließbar sind, so daß mit relativ kleinen Rechnern (HP 85, HP 9807) sehr komplexe Problemlösungen mit geringem Aufwand möglich sind [13].

Einen ganz anderen Weg beschreiten Buschmann und Umland bei der Rechnerkopplung von Titrationssystemen: ein Interface [76] verbindet einen normalen Potentiographen (Metrohm E 536) mit einen personal computer (Apple II). Es lassen sich somit wohl über den Potentiographen

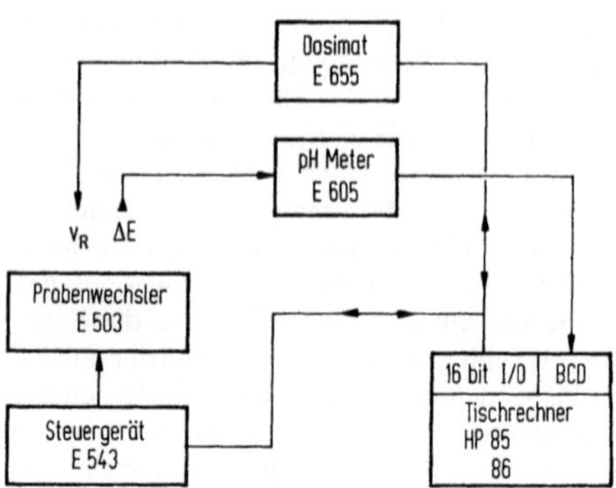

Abb. 15. Blockdiagramm eines ausschließlich mit kommerziell erhältlichen Bauteilen aufgebauten vollautomatischen rechnergesteuerten Titrationssystems [7]

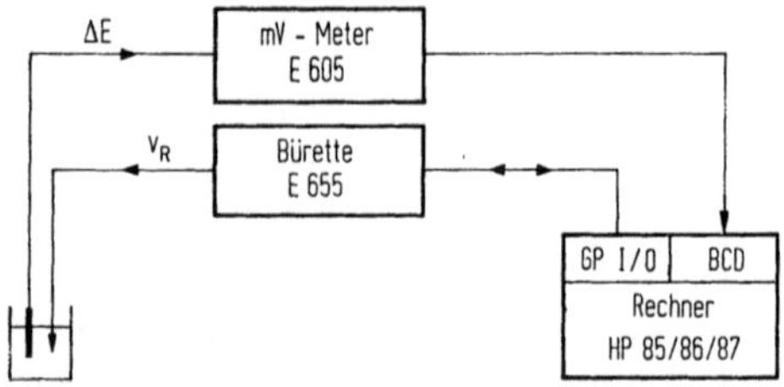

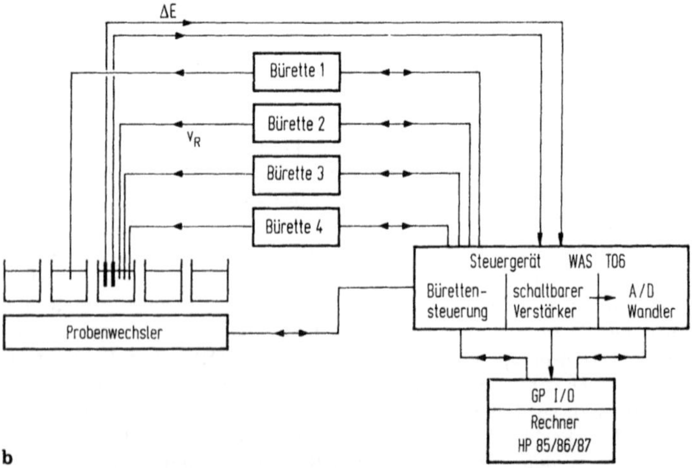

a

b

Abb. 16. Blockdiagramm rechnergesteuertes Titrationssystem mit mikroprozessorgesteuerten Büretten (insgesamt sind anschließbar 2 Elektroden und bis zu 8 Büretten) [7], [13], [57]

ablaufende Titrationen vom Rechner verfolgen oder aber über den Dosimaten (Metrohm E 412) auch inkrementelle Titrationen durchführen [83].

Konsequenterweise hat Metrohm (Herisau) einen Dosimat E 665 entwickelt (ACHEMA 1985), der über eine RS 232 C-Schnittstelle verfügt, so daß auch mit ganz einfachen Rechnern rechnergesteuerte Titrationssysteme aufgebaut werden können.

3.1.2 Dynamische Steuerung der Volumenschritte

Fast alle automatischen oder rechnergesteuerten Titrationssysteme (ältere Zusammenfassungen: [8], [14]; eine neuere, allerdings sehr unvollständige Zusammenfassung vgl. [15]) arbeiten mit einer schrittweisen Reagenzführung. Ältere Systeme verwenden dabei konstante Volumenschritte, während neuere Systeme eine von der Dynamik der Titrationskurve abhängige Reagenzdosierung wählen. Dieses wurde erstmalig von Frazer [16] bzw. Leggett [17] beschrieben.

Der eigentliche Anstoß zur rechnergesteuerten Titration mit potentiometrischer Indikation ging von der geräteherstellenden Industrie durch die Konzeption mikroprozessorgesteuerter Titrationssysteme aus. Unabhängig voneinander wurden von Radiometer (Kopenhagen) und von Metrohm (Herisau) Geräte entwickelt, die das von Hahn und Frommer bereits 1927 vorgeschlagene Prinzip der dynamischen Titration verwirklichen: anstelle mit konstanten Volumeninkrementen zu arbeiten, wird auf konstante Potentialschritte titriert. Im Jahre 1976 wurde von Christiansen u. a. [18] der erste Steueralgorithmus für eine variable und dem Verlauf der Titrationskurve angepaßte Volumenschritt-Steuerung veröffentlicht. Diese Formel (2) ist empirisch für die typischen S-förmigen Titrationskurven bei potentiometrischer Indikation erarbeitet worden. Die Reagensdosierung wird dabei aus der abgeleiteten Titrationskurve Gl. (1) ermittelt. Der Faktor A in Gl. (2) soll die relative Größe der Titrationsschritte bis zum Äquivalenzpunkt bestimmen, während die Faktoren B und C die maximale und minimale Begrenzung der Volumenschritte festlegen. In der zitierten Originalarbeit wurden für eine 1 ml-Bürette mit einer Auflösung von 1 µl die Werte A = 300, B = 0,8 und C = 5 angegeben. Das neue Volumeninkrementnt Δv_R ergibt sich dabei in der Einheit µl bzw. Impulse.

$$\Phi' = \frac{\Delta(\Delta E)}{\Delta v_R} \tag{1}$$

$$\Delta_{R,dos} = \frac{A}{\Phi'_i + B + (\Phi'_1 - \Phi'_2)} + C \tag{2}$$

$$\Phi'_1 = \frac{\Delta E_i - \Delta E_{i-1}}{v_{R,i} - v_{R,i-1}} \tag{3}$$

$$\Phi'_2 = \frac{\Delta E_{i-1} - \Delta E_{i-2}}{v_{R,i-1} - v_{R,i-2}} \tag{4}$$

Die folgenden Abb. 17 und 18 zeigen an zwei Beispielen die Titrationskurve und die hierbei auftretenden Potentialschritte. Man erkennt deutlich, daß bei der Titration einer starken Säure mit einer starken Base das Ziel, auf konstante Potentialschritte hin zu titrieren, nur unvollkommen erreicht wird. Im zweiten vorgestellten Fall ist die Schwankung wesentlich geringer. Insgesamt werden etwa 25 Titrationsschritte benötigt.

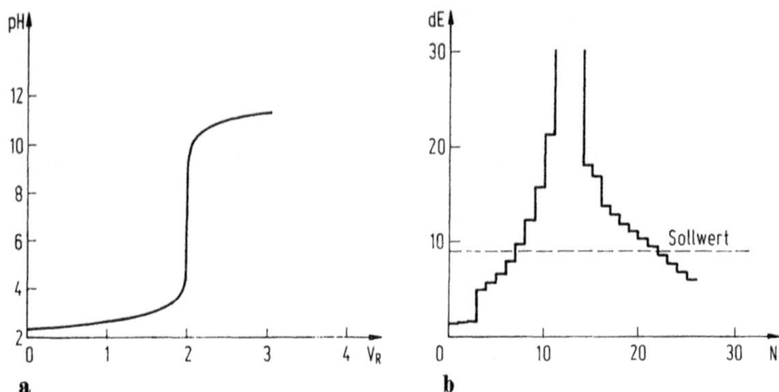

Abb. 17. Titration einer starken Säure (HCl; $C_A = 0.005$ mol/L, $V_A = 40$ ml) mit einer starken Base ($C_R = 0.1$ mol/L [19]

a Titrationskurve

b Größe der Potentialschritte bei der Verwendung von Gl. (2) zur Steuerung

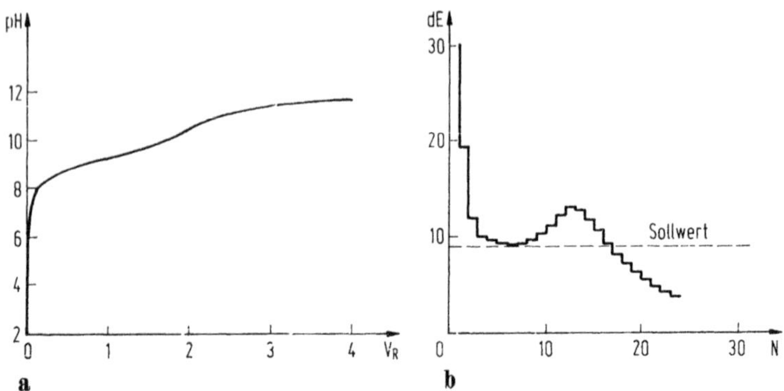

Abb. 18. Titration einer schwachen Säure (NH_4^+; pK = 9.25; $C_A = 0.005$ mol/L, $V_A = 40$ ml) mit einer starken Base ($C_R = 0.1$ mol/L) [19]

a Titrationskurve

b Größe der Potentialschritte bei der Verwendung von Gl. (2) zur Steuerung

Untersucht man Gl. (2) einmal kritisch auf den Einfluß der Parameter A, B und C auf die Dynamik der Titration, so läßt sich eine ganze Reihe von Verbesserungen anbringen. Läßt man zunächst die Faktoren B und C weg, so vereinfacht sich (2) zu (5). Da es nun aber möglich ist, daß direkt nach Überschreiten des Endpunktes die letzte Ableitung sehr viel kleiner werden kann als die vorletzte, kann Δv_R negativ werden. In diesem Fall wird Gl. (5) in (6) geändert.

$$\Delta v_{R,dos} = \frac{A}{2\Phi_1' - \Phi_2'} \tag{5}$$

$$\Delta v_{R,dos} = \frac{A}{2\Phi_2' - \Phi_1'} \tag{6}$$

Ein rechnergesteuertes Titrationssystem sollte aber so flexibel sein, daß der Analytiker auch über einfache Vorgaben die Gesamtdynamik bestimmen kann. Dies kann durch Festlegung einer minimalen und maximalen Reagenszugabe erreicht werden. Die Größe dieser Werte wird vom vorliegenden Problem und von der zu erreichenden erforderlichen Genauigkeit abhängen. Diese insgesamt recht einfache Volumenschrittsteuerung bietet gegenüber der oben angeführten eine Reihe von Vorteilen: einmal wird das Prinzip der Titration auf konstante Potentialschritte hier besser erreicht und vor allem ergeben sich mehr Meßpunkte in den stärker gekrümmten Bereichen der Titrationskurve. Gerade auch die letztere Tatsache ermöglicht es, das bei stark unsymmetrischen Titrationskurven bewährte Verfahren nach Tubbs [20] auch bei digitalen Titrationen einzusetzen [21].

Trotz der Verbesserungen, die Gl. (5) und (6) gegenüber der ursprünglichen Gl. (2) bringt, erschienen uns diese Ergebnisse noch nicht zufriedenstellend. Eine relativ genaue Einhaltung der vorgegebenen Potentialdifferenz ist durch folgendes Verfahren zu realisieren: Von der nach (5) bzw. (6) errechneten Volumenzugabe werden zunächst nur 60% ausgeführt. Dann erfolgt nach einer kurzen Wartezeit eine Zwischenmessung, aus der der erreichte Potentialschritt ermittelt wird. Mit Hilfe von Gl. (7) erfolgt die Festlegung des zu dosierenden Restvolumens.

$$\Delta v_{R,neu} = \frac{0{,}6 \cdot \Delta v_{R,dos}[\Delta(\Delta E)_{soll} - \Delta(\Delta E)_{ist}]}{\Delta(\Delta E)_{ist}} \tag{7}$$

$\Delta v_{R,dos}$ zugegebener Anteil des berechneten Volumenschrittes

$\Delta(\Delta E)_{soll}$ gewünschter Potentialschritt

$\Delta(\Delta E)_{ist}$ bislang erreichter Potentialschritt

Auch hiervon werden wiederum nur 60% ausgeführt. Dieser Vorgang wird solange wiederholt, bis 90% des vorgegebenen Potentialschrittes erreicht sind. Ist dies der Fall, so wird auf die endgültige Potentialeinstellung übergegangen. Der für diese Prozedur notwendige Zeitbedarf fällt überhaupt nicht ins Gewicht, da die zeitbestimmenden Faktoren die Dosierung und die Einstellung des Elektrodengleichgewichtes sind. Abb. 19 enthält das Flußdiagramm, das diesen Ablauf der Volumenschrittsteuerung anschaulich verdeutlicht.

Die folgenden Abbildungen zeigen die Ergebnisse, die mit diesem Algorithmus erzielt werden. Bei der Titration einer starken Säure steigt

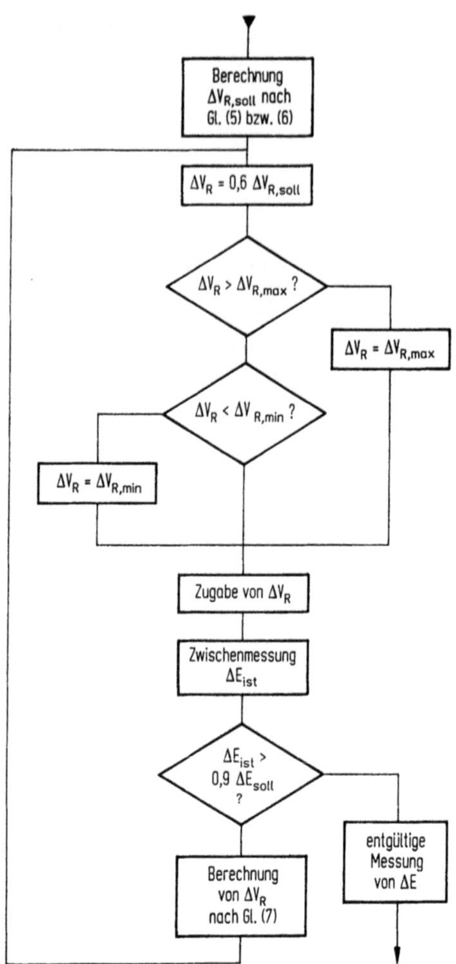

Abb. 19. Flußdiagramm des **Ablaufes** der Volumenschrittsteuerung [19]

allerdings die Anzahl der Meßpunkte, dafür ergeben sich aber auch bis auf den direkten Sprungbereich recht konstante Potentialschritte (Abb. 20a), während nach Gl. (2) vor dem Äquivalenzpunkt stetig ansteigende und nach dem Äquivalenzpunkt stetig abfallende Potentialschritte resultieren mit der Konsequenz, daß driftbedingte systematische Fehler auftreten können. Bei den Titrationen schwacher Säuren wird bei praktisch gleicher Schrittzahl eine augenfällige Verbesserung der dynamischen Titration erreicht (Abb. 20b).

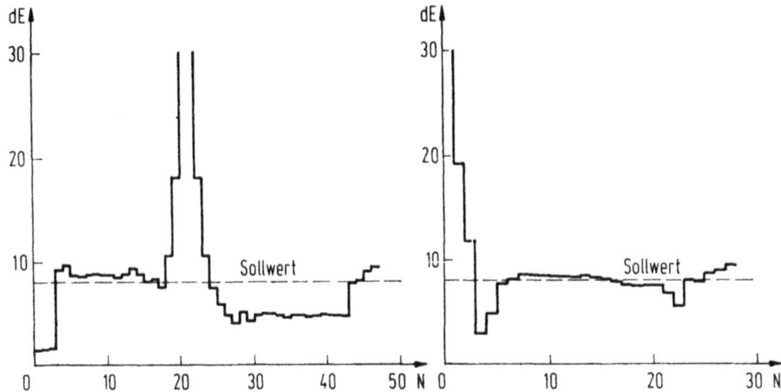

Abb. 20. Potentialschritte bei Anwendung von Gl. (5) bzw. (6)
a) gleiches Beispiel wie Abb. 17.
b) gleiches Beispiel wie Abb. 18.

3.1.3 Auswertung potentiometrisch indizierter Titrationen

Zur Auswertung digitaler, potentiometrisch indizierter Titration stehen prinzipiell drei Verfahren zur Verfügung:

1. Interpolationsverfahren, die lediglich wenige Punkte in der Nähe des Endpunktes verwenden;
2. Mathematische Verfahren, die viele Meßpunkte heranziehen und auf der Kenntnis der Mathematik der Titrationskurve basieren;
3. Approximationsverfahren, die ebenfalls alle Meßpunkte heranziehen, aber über Modellfunktionen die Titrationskurve approximieren und anschließend auswerten.

Alle Interpolationsverfahren gehen auf die bahnbrechende Arbeit von Hahn zurück. Sie basieren entweder auf der 2. Ableitung der Titrationskurve [22], [23] oder der Unterscheidung von Außenzone und Innenzone einer Titrationskurve, wie sie von Hahn aufgrund theoretischer Überlegung und experimenteller Arbeiten zur Verbesserung der Auswertung eingeführt wurden [24], [25]. Ursprünglich handelte es sich dabei um Nomogramm-Verfahren [26], [27], die später von Wolf [28] bzw. Keller und Richter [29] für digitale Titrationssysteme in einfache Approximationsformeln umgesetzt wurden. Eine Erweiterung für unsymmetrische Titrationen ist bei allen Interpolationsverfahren möglich [30]. Systematische Untersuchungen haben gezeigt, daß das Keller-Richter-Verfahren die geringsten Fehler aufweist [31] und daß der Fehler durch die Volumeninkremente festgelegt ist: je kleiner die Volumeninkremente sind, desto geringer wird der Fehler. Der eindeutige Nachteil aller Interpolationsverfahren geht aus Abb. 21 hervor. Im steilen Sprungbereich der Titrationskurve liegen nur wenige Meßpunkte vor. Durch eine Interpolation zwischen den beiden entferntesten Punkten muß der Endpunkt ermittelt werden.

Von den mathematischen Verfahren ist die auf Gran [32] zurückgehende Linearisierung der Titrationskurve am bekanntesten. Die ursprünglichen Näherungsformeln wurden später verbessert [33], [34]. Problematisch ist jedoch, daß sowohl die thermodynamischen Konstanten wie auch die Elektrodenparameter bekannt sein müssen. Der Hauptfehler beim Auswerten nach Gran ist jedoch die Annahme, daß die resultierende, transformierte Funktion linear verläuft. Durch iterative Einrechnungen [35], [36] oder durch Polynomausgleich der transformierten Daten [35] lassen

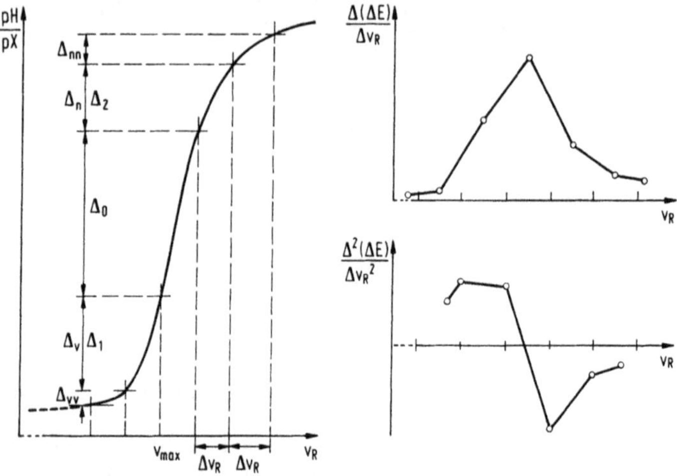

Abb. 21. Grundprinzip der Interpolationsverfahren zur Ermittlung des Endpunktes potentiometrischer Titrationen A [8] mit 1. und 2. Ableitung (Auswertung nach Hahn-Weiler [22]) B bzw. C

sich multiplikative Fehler (Elektrodensteilheit) oder im letzteren Falle auch nicht genau bekannte, thermodynamische Daten als Fehlerquellen eliminieren. Ebenfalls vom mathematischen Ansatz der Titrationskurve geht die nichtlineare Regressionsanalyse aus [37], [38], [39], [40]. Problematisch ist jedoch die numerische Instabilität der notwendigen iterativen Lösungen von Matrizen-Operationen wegen der sehr unterschiedlichen Größenordnungen der Regressionsparameter.

Approximationsverfahren benötigen im allgemeinen eine relativ hohe Datendichte, vor allem in der Nähe des gesuchten Endpunktes. Geht man zunächst von der Näherung aus, daß der Wendepunkt der Titrationskurve mit dem Äquivalenzpunkt zusammenfällt, so kann das Maximum der ersten Ableitung als Endpunkt genommen werden. Diese Auswertemethode wurde erstmalig von Hostetter im Jahre 1919 beschrieben [41]. Da jede Ableitungstechnik das Signal/Rausch-Verhältnis verschlechtert, ist im allgemeinen bei numerischen Ableitungen eine zusätzliche Glättung durchzuführen. Dies ist selbstverständlich ohne allzugroße Bildung systematischer Fehler nur bei hohen Datendichten möglich [84]. In diesem

Falle kann man außer der ersten auch die zweite Ableitung zur Auswertung heranziehen. Dem Wendepunkt der Titrationskurve entspricht das Maximum der ersten Ableitung bzw. die Nullstelle der zweiten Ableitung. Bei den grafischen Darstellungen ist allerdings zu beachten, daß bei den abgeleiteten Meßkurven zusätzliche Verzerrungsfunktionen eingeführt werden mußten, da sonst schwache Säuren bzw. starke Säuren nicht in dem selben Maßstab dargestellt werden können. Vor allem bei Simultantitrationen bieten Auswertungen über die Ableitung Vorteile.

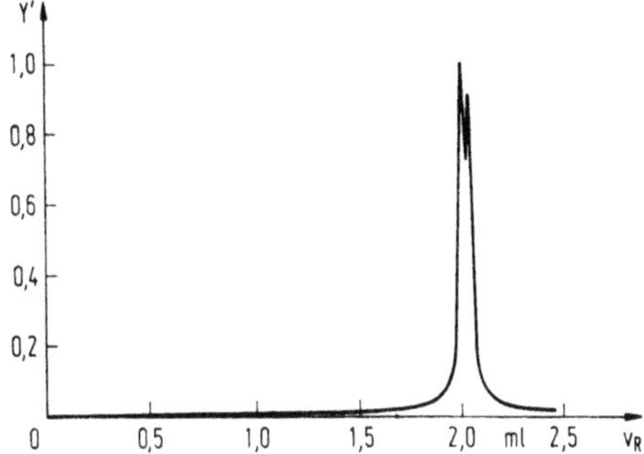

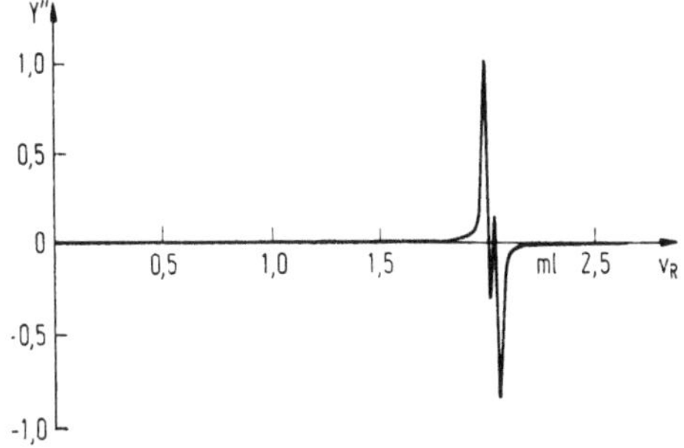

Abb. 22. Titrationskurve der Titration von HCl und 2% 4-Nitrophenol (c_A = 0,005 mol/L; v_A = 40,0 ml, titriert mit 0,1 M-NaOH) als erste und zweite Ableitung [42]

Die Leistungsfähigkeit dieser Auswertung über die Ableitungen kann man auch aus Abb. 23 sehr gut entnehmen. Es handelt sich hierbei um Titrationen schwacher Säuren (Essigsäure) neben einer starken Säure (HCl) bei unterschiedlichen Konzentrationsverhältnissen. Bei einem Konzentrationsverhältnis von 5:1 ist aus der normalen Titrationskurve die Verzerrung noch eindeutig zu erkennen. Bei einem Konzentrationsverhältnis von 1:10 versagt jedoch bereits die normale Titrationskurve, während bei der ersten Ableitung die Störung noch erkennbar ist. Dem-

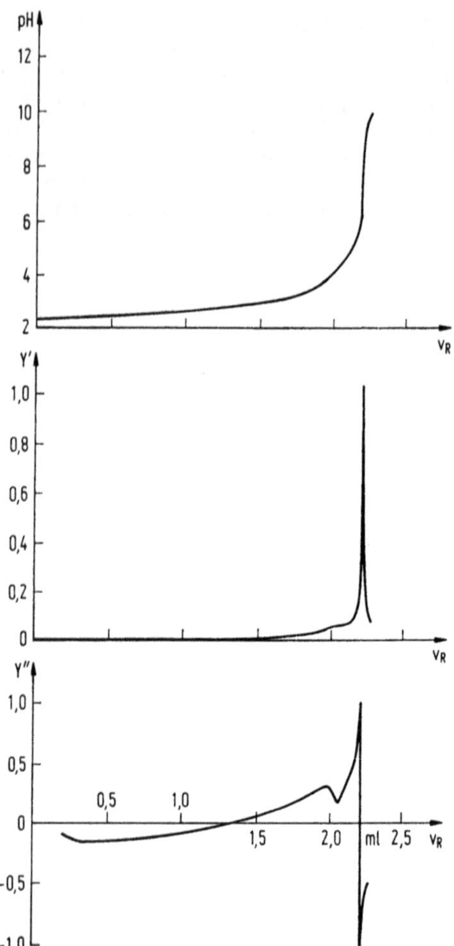

Abb. 23. Titrationskurve des Gemisches HCl/Essigsäure bei einem Konzentrationsverhältnis von 1:20 (Originaltitrationskurve, erste und zweite Ableitung) [42]

gegenüber ist bei einem Konzentrationsverhältnis von 1:20 lediglich in der zweiten Ableitung (Abb. 23) noch eindeutig der Anteil der schwachen Säure zu erkennen.

Speziell für die Auswertung unsymmetrischer, analog registrierter potentiometrischer Titrationskurven hat sich ein von Tubbs [20] beschriebenes Verfahren in der Routine ausgezeichnet bewährt. Diese Auswertungsmethode basiert auf folgenden Überlegungen (vgl. Abb. 24): Beide Äste der Titrationskurve besitzen jeweils einen, und nur einen,

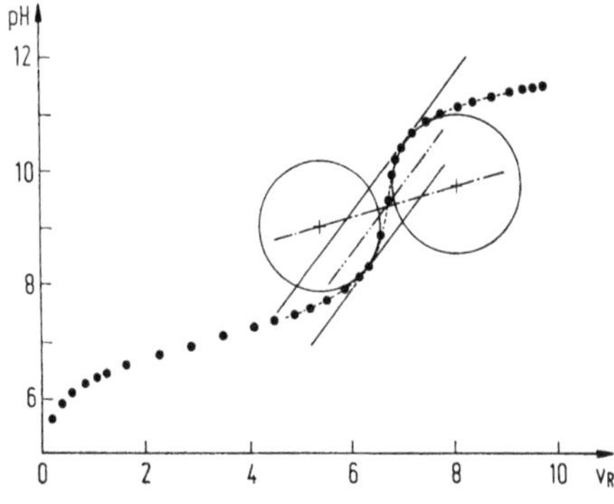

Abb. 24. Auswertung potentiometrischer Titrationen mit Hilfe des Tubbs-Verfahrens am Beispiel der Titration von Essigsäure mit Natronlauge [21] im Vergleich zum Tangentenverfahren

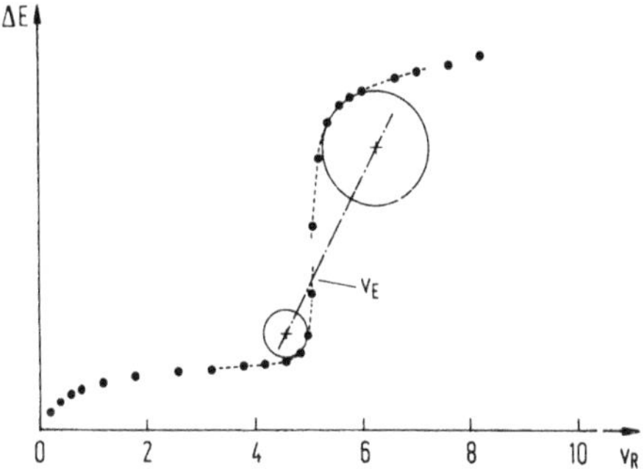

Abb. 25. Auswertung der Redoxtitrationskurve von Chlorpromazin mit Cer-IV-Sulfat [21]

einschreibbaren Krümmungskreis mit minimalem Radius. Dabei ist das Verhältnis dieser beiden Radien durch Unsymmetrie der Titrationskurve bestimmt. Verbindet man die beiden Mittelpunkte dieser kleinsten eingeschriebenen Krümmungskreise, so entsteht eine Gerade, deren mittlerer Schnittpunkt mit der Titrationskurve den gesuchten Endpunkt ergibt.

Digitale potentiometrische Titrationskurven liegen als diskrete Meßwertfolge vor. Es ist somit notwendig, zunächst die Meßpunkte durch eine geschlossene Funktion zu approximieren. Hierfür eignen sich z. B. Kegelschnitte, insbesondere Hyperbeln, sofern man die Approximation lediglich auf den interessierenden Bereich der Titrationskurve beschränkt. Aus diesen approximierten Hyperbelgleichungen wird der Scheitel bestimmt, da diesem Punkt der kleinste Krümmungskreis zugeordnet ist. Aus der Krümmung der Approximationsfunktion im Scheitel errechnet sich der Krümmungsradius und damit auch der Mittelpunkt des eingeschriebenen kleinsten Krümmungskreises. Dieses Auswerteverfahren besitzt besondere Vorteile bei stark unsymmetrischen Redoxtitrationen (Abb. 25) und läßt sich auch bei Simultan-Titrationen einsetzen. Ein besonders eindrucksvolles Beispiel ist in Abb. 26 wiedergegeben: hier handelt es sich um die Auswertung der Titration von Iodid neben Chlorid mit Silbernitrat.

Rechnerkontrollierte oder rechnergesteuerte voltammetrische oder amperometrische Titrationen sind bislang anscheinend nur relativ wenig beschrieben worden [83]. Zumeist handelt es sich um mehr oder weniger linear verlaufende Titrationskurven, die allerdings bei geringen Konzentrationen ziemlich ausgerundet sein können. Obwohl photometrische – direkte Messung der Absorption bzw. Transmission – oder kolorimetrische – unter Verwendung geeigneter Indikatoren – Titrationen nicht zu den elektrochemischen Analysenverfahren gehören, sollen hier die Arbeiten von Smit [85] erwähnt werden, die sich mit der rechnergesteuerten Auswertung dieser Titrationskurven befassen.

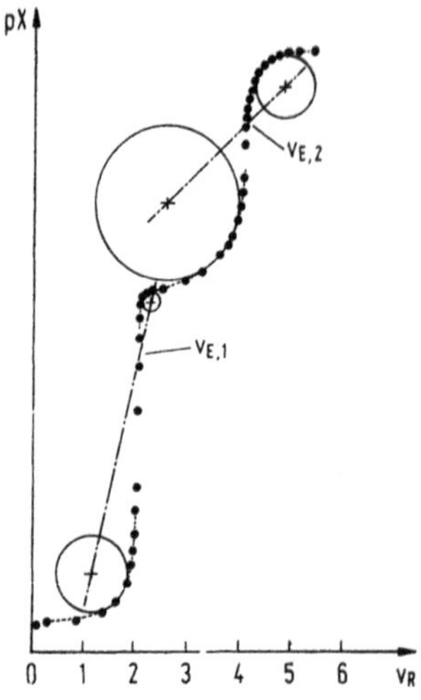

Abb. 26. Auswertung der Titration Iodid/Clorid mit Silbernitrat nach dem Tubbs-Verfahren [21]

3.2 Coulometrische Titrationen

Titrationen mit coulometrischer Reagenserzeugung zeigen gegenüber volumetrischen Titrationen den Vorteil, daß wesentlich kleinere Substanzmengen mit viel höherer Genauigkeit bestimmt werden können [43]. Der Stoffumsatz ergibt sich aus dem Produkt zweier sehr gut meßbarer Größen: Stromstärke und Zeit, d. h. die Zeitachse (bei konstanter Stromstärke) entspricht der Volumenachse einer volumetrischen Titration. Darüber hinaus lassen sich sonst nur sehr schwierig zu handhabende Reagenzien in vielen Fällen durch elektrochemische Reaktionen sehr leicht erzeugen. Geräte zur analogen Registrierung potentiometrischer Titrationen mit coulometrischer Reagenserzeugung oder für coulometrische Endpunkttritrationen sind heute handelsüblich und werden in vielen Fällen auch (vor allem bei der Karl-Fischer-Titration) routinemäßig eingesetzt. In der Literatur finden sich auch Arbeiten über rechnergesteuerte coulometrische Endpunkttritrationen [44]. Bereits 1973 wurde ein prozeßrechnergesteuertes coulometrisches Titrationssystem beschrieben [45], das ebenso wie ein tischrechnergesteuertes System [46] mit inkrementeller Reagenserzeugung und in Form eines Gleichgewichtstitrators arbeitet. Die Verwendung von Rechnern mit interner Uhr vereinfachen den Aufbau rechnergesteuerter coulometrischer Titrationssysteme beachtlich [47].

Alle Geräte arbeiten letztlich so, daß eine hochgenaue und stabile Konstantstromquelle über einen Schalttransistor auf die Arbeits- und Gegenelektrode geschaltet werden kann. Eingang und Ausgang des Konstantstroms müssen potentialmäßig so gelegt werden, daß keine Erdschleifen entstehen können, da dadurch unter Umständen Stoffumsätze an den Elektroden stattfinden können, die das Ergebnis verfälschen. Der eigentliche Schalttransistor muß in Sperrichtung einen extrem hohen Sperrwiderstand aufweisen ($10^{13}\ \Omega$ ergeben bei einem Analysenstrom von 1 µA etwa 1% Fehler!). Arbeitet man mit Stromstärken von 1 bis 10 mA, so sind z. B. Säuren im Bereich von 0,5 bis 5 mg bis zu pK_a-Werten von etwa 7,5 mit einer Genauigkeit von 0,2 bis 0,8% bestimmbar [48], wobei als Auswerteverfahren sowohl Interpolations- wie auch z. B. das Gran-Verfahren eingesetzt werden können. Konzipiert man das Gerät so, daß vom Rechner verschiedene Stromstärken auf die Elektrode geschickt werden können, so wird nach Annäherung an den Endpunkt von 10 mA auf 100 µA und später 10 µA heruntergeschaltet. Damit lassen sich Präzisionsanalysen z. B. bei der Einstellung oder Kontrolle von Urtitersubstanzen mit Genauigkeiten von besser als 0,5‰ erzielen [49].

3.3 Arbeiten mit ionensensitiven Elektroden

Der Einsatz rechnergesteuerter Titrationssysteme (Abb. 16) bietet auch beim Arbeiten mit ionensensitiven Elektroden beträchtliche Vorteile, vor allem bei einer hochpräzisen Kalibrierung und bei der Durchführung der multiplen Standard-Zumisch- (Additions- oder Subtraktions-) Methode. Eine Übersicht über mikroprozessor-gesteuerte Ionenmeter findet sich bei Pungor [15].

3.3.1 Rechnergesteuerte Kalibrierung

Das Prinzip Aktivitäts-Bestimmung mit Hilfe ionensensitiver Elektroden basiert auf der Nernstschen Gleichung (8). In der Praxis geht man dabei so vor, daß man durch Zugabe einer TISAB-Lösung (total ionic strength adjustment buffer) den Aktivitätskoeffizienten auf einen definierten Wert einstellt, wodurch sich (9) zu (11) vereinfachen läßt [11], [50], [51]. Man arbeitet somit immer unter den Bedingungen einer konstanten Ionenstärke.

$$\Delta E = E^{\ominus} + \frac{R \cdot T}{n \cdot F} \cdot \ln a_x \qquad (8)$$

$$\Delta E = E^{\ominus} + \frac{R \cdot T}{n \cdot F} \cdot \ln (c_x \cdot f_x) \qquad (9)$$

$$\Delta E = E^{\ominus} + \frac{R \cdot T}{n \cdot F} \cdot \ln f_x + \frac{R \cdot T}{n \cdot F} \cdot \ln c_x \qquad (10)$$

$$\Delta E = E^{\ominus}_{*} + s \cdot \log c_x \qquad (11)$$

a_x Aktivität des Ions x
c_x Konzentration des Ions x
f_x Aktivitätskoeffizient.

Das komplexe Standardpotential der verwendeten Meßkette $E^{\ominus}_{*}$, das wegen (10) von der verwendeten TISAB-Lösung abhängig ist, und die aktuelle Steilheit der Meßelektrode s müssen durch Kalibrierung ermittelt werden. Hierbei geht man üblicherweise so vor, daß man mehrere Standardlösungen herstellt und vermißt. Bei der rechnerischen Regression lassen sich zusätzlich die Unsicherheiten (Streuungen) in $E^{\ominus}_{*}$ und s [52], [53] und damit auch der Vertrauensbereich (Konfidenzintervall) [54] berechnen. Je größer die Anzahl der Meßpunkte ist, desto geringer wird, bei gleicher Varianz der Meßdaten, die statistische Unsicherheit der auf diesem Wege bestimmten Elektrodenparameter.

Die Voraussetzungen für eine lineare Regression sind erfüllt. Normalverteilung der Meßwerte wurde näherungsweise mit Hilfe des Testes nach David und die Konstanz der Varianzen mit Hilfe des Testes nach Cochran überprüft. Eine Transformation der Abszisse — x_i entspricht $\log c_{x,i}$ — ist zulässig, da x als fehlerfrei gegenüber y (entspricht ΔE_i) angesehen werden kann und eine Transformation in x die Varianzen in y nicht verändert. Eine Verringerung der Unsicherheit der Kalibrierfunktion kann durch Erhöhung der Anzahl der Meßpunkte n_c bei der Kalibrierung erreicht werden, was allerdings bei der herkömmlichen Durchführung relativ arbeitsintensiv ist. Dabei wäre es optimal, wenn die Meßpunkte bei der Kalibrierung nach der Transformation äquidistant im durch die Kalibrierung definierten Arbeitsbereich angeordnet würden.

Die Meßwerte liegen folglich bei den Volumeninkrementen 0,02, 0,04, 0,08, 0,16, 0,32, 0,64, 1,28, 2,56, 5,12, 10,24, 20,48 ml. Durch diese Meßwertfolge wird erreicht, daß die Meßwerte näherungsweise äquidistant auf der Abszisse ($\log c_x$-Achse) angeordnet sind. Insgesamt können auf diese Weise praktisch drei Zehnerpotenzen im Konzentrationsmaßstab durchlaufen werden. Die Meßwertübernahme erfolgt drift-kontrolliert. Es werden fünf Meßwerte pro Sekunde übernommen und die Kinetik der Elektrodeneinstellung verfolgt. Hierfür gibt es verschiedene Möglichkeiten (Trendanalyse, Approximation, Modellfunktionen) [55], [56].

Liegt die Drift unter einem definierten Schwellenwert (z. B. $\leqq 0{,}2$ mV/Min.), so wird ein Mittelwert aus einer vorgegebenen Anzahl von Meßwerten als endgültiger Meßwert angesehen und übernommen. Es hat sich als sehr nützlich erwiesen, drei Präzisionsstufen zu definieren, die die Anzahl der Meßpunkte, die Größe der zulässigen Drift und die Anzahl der Einzelmessungen pro Mittelwert kombinieren. Mit zunehmender angestrebter Präzision steigt auch die notwendige Meßzeit entsprechend an.

Die hier beschriebene Driftkontrolle, verbunden mit einer relativ hohen Meßpunktdichte bei der Kalibrierung (typisch sind 10—12 Meßpunkte gegenüber 4—5 Meßpunkten bei der herkömmlichen Kalibrierung), führen zu insgesamt verbesserten Ergebnissen bei der Kalibrierung.

In speziellen Fällen (z. B. in der Abwasseranalytik) kann es erforderlich sein, die Kalibrierung über einen größeren Konzentrationsbereich vorzunehmen. Bei dem hier beschriebenen Prinzip gelingt dies ohne weitere Schwierigkeiten, wenn man zwei Büretten verwendet. Diese Weitbereichs-Kalibrierung bietet darüber hinaus eine höhere Sicherheit gegen systematische Fehler. Beide Standardlösungen werden mit Hilfe gesonderter Einwaagen – also nicht durch Verdünnen – hergestellt. Die Meßdaten, die mit beiden Standardlösungen gewonnen werden, werden anschließend zunächst getrennt ausgewertet. Die beiden Geraden müssen parallel zueinander verlaufen (gleiche Steilheit) und dürfen einen über die angestrebte Präzision definierten Abstand voneinander nicht überschreiten. Die Prüfung erfolgt mit Hilfe der üblichen statistischen Tests [55], [56].

Eine ionensensitive Elektrode spricht niemals wirklich selektiv auf nur ein bestimmtes Ion an, sondern besitzt immer gegenüber anderen Ionen eine definierte Querempfindlichkeit. Deshalb muß Gl. (11) in der Form (12) geschrieben werden, wobei $k_{x/j}$ die Selektivitätskonstante einer für das Ion x sensitiven Elektrode gegenüber dem Ion j darstellt.

$$E = E^{\ominus} + s \cdot \log (c_x + k_{x/j} \cdot c_j) \tag{12}$$

Aufgrund der im Vergleich zum zu bestimmenden Ion hohen molaren Konzentration der TISAB-Lösung ergeben nun aber bereits geringe Mengen einer diesbezüglichen Verunreinigung bei kleinen Konzentrationen des zu bestimmenden Ions relativ große Fehler in der Zielgröße c_x. Moderne mikroprozessorgesteuerte Ionenmeter sind *deshalb* häufig mit einem Arbeitsprogramm für eine sog. Blindwert-Korrektur (blanc-correction) ausgestattet. Man geht dabei so vor, daß zunächst die Potentialdifferenz in der reinen TISAB-Lösung ΔE_{bl} bestimmt wird. Nach der eigentlichen Kalibrierung der Meßkette wird nun der zu dieser Potentialdifferenz gehörige Blindwert c_{bl} als Konzentration des zu messenden Ions berechnet (13). Dieses Verfahren besitzt aber *entscheidende Nachteile:* die Potentialeinstellung erfolgt zumeist nicht vollständig und man arbeitet nicht mehr im linearen Bereich.

$$c_{bl} = 10^{(\Delta E_{bl} - E_*^{\ominus}/s)} \tag{13}$$

Berücksichtigt man diesen Blindwert c_{bl}, so ist Gl. (11) in der Form (14) zu schreiben, wobei jetzt $E_*^{\ominus}$, s und c_{bl} die unbekannten Parameter der Kalibrierung darstellen. Der Index i soll darauf hindeuten, daß bei der Kalibrierung eine Reihe von Meßwerten mit ansteigendem $c_{x,i}$ ausgewertet wird.

$$\Delta E_i = E_*^{\ominus} + s \cdot \log (c_{x,i} + c_{bl}) \tag{14}$$

Aus Gl. (14) geht hervor, daß ΔE_i nichtlinear mit $c_{x,i}$ und c_{bl} zusammenhängt. Für die Ausgleichsrechnung bietet sich deshalb die nichtlineare Regression an [57].

Als Beispiel einer Kalibrierung bis an die Erfassungsgrenze – auf eine statistische Definition der Bestimmungsgrenze [64] für den nichtlinearen Fall beim Arbeiten mit ionensensitiven Elektroden soll hier nicht eingegangen werden [55], [56] – sei die Kalibrierung einer nitratsensitiven

Elektrode angeführt (Abb. 27). Der sich nach höheren Konzentrationen anschließende Bereich läßt sich als lineare Kalibrierung mit einer weiteren Standard-Lösung durchführen, so daß ein Arbeiten fast über 5 Zehnerpotenzen hinweg möglich wird.

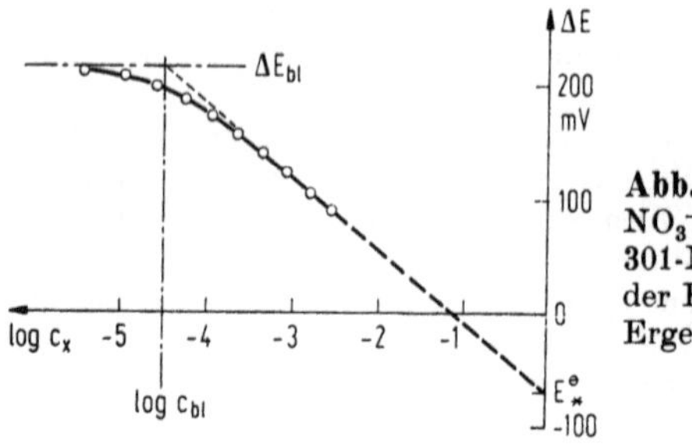

Abb. 27. Kalibrierung einer NO_3^- Elektrode (Metrohm EA 301-NO_3) mit Daten im Bereich der Erfassungsgrenze [57]. Ergebnis: $E_*^\ominus$ = **−45,53 mV**
s = **−56,63 mV/l**
c_{bl} = **3,014 mol/L · 10^{-5}**

3.3.2 Rechnergesteuerte multiple Standard-Zumisch-Methode

Neben der Konzentrationsbestimmung potentiometrisch erfaßbarer Spezies nach Kalibrierung wird oftmals die Aufstockmethode angewendet. Dabei besitzt die multiple Standard-Zumisch-Methode wegen der verwendeten höheren Zahl von Meßpunkten Vorteile gegenüber zufälligen Fehlern.

Bei der multiplen Standard-Zumisch-Methode gilt für die Messung in der entsprechend aufbereiteten Analysenlösung zunächst Gl. (11). Nach Zugabe definierter Volumina der Standard-Lösung werden weitere Meßpunkte erhalten, d. h., es ergibt sich ein überbestimmtes Gleichungssystem (15) mit den unbestimmten Elektrodenparametern s und $E_*^\ominus$ sowie der gesuchten Konzentration c_x. Mit Hilfe der nichtlinearen Regressionsrechnung lassen sich diese drei Größen ermitteln [58].

$$\Delta E_0 = E_*^\ominus + s \cdot \log c_x \tag{11}$$

$$\begin{aligned} \Delta E_1 &= E_*^\ominus + s \cdot \log \left\{ \frac{c_x \cdot v_x + c_s v_1}{v_x + v_2} \right\} \\ \Delta E_2 &= E_*^\ominus + s \cdot \log \left\{ \frac{c_x v_x + c_s(v_1 + v_2)}{v_x + v_1 + v_2} \right\} \\ &\vdots \\ \Delta E_n &= E_*^\ominus + s \cdot \log \left\{ \frac{c_x v_x + c_s \Sigma v_i}{v_x + \Sigma v_i} \right\} \end{aligned} \tag{15}$$

Ein anderes Auswerteverfahren wurde von Liberti und Mascini [59] beschrieben und basiert auf Arbeiten von Gran [32]. Grundlage ist die Umformung von (16) in (17), wodurch ein linearer Zusammenhang zwischen der transformierten Größe Γ_i und dem Volumen der zugefügten Standard-Lösung entsteht (18).

$$\Delta E_j = E_*^\ominus + s \cdot \log \left\{ \frac{c_x v_x + c_s \Sigma v_i}{v_x + \Sigma v_i} \right\} \tag{16}$$

$$(v_x + \Sigma v_i) \cdot \beta_i = (c_x v_x + c_s \Sigma v_i)\, \beta_* \tag{17}$$

$$\beta_i = 10^{\Delta E_i/s}, \quad \beta^* = 10^{E_*^{\ominus}/s}$$

$$\Gamma_i = (v_x + \Sigma v_i)\, b_i \tag{18}$$

Der Schnittpunkt der nach (18) erhaltenen Gerade mit der Abszisse (Volumenachse) ergibt einen Volumenwert v_E, aus dem sich die gesuchte Analysenkonzentration c_x nach Gl. (19) errechnen läßt.

$$c_x = -\frac{c_s \cdot v_E}{v_x} \tag{19}$$

Üblicherweise geht man bei der praktischen Durchführung so vor, daß man nach der Messung in der Analysenlösung die Standard-Lösung mit konstanten Volumenschritten zudosiert. Hierdurch ergibt sich ein relativ schmaler Arbeitsbereich, der durch das Verhältnis von c_x/c_s charakterisierbar ist [60], [61], [62]. Diese Beschränkung des Verfahrens geht auch aus Abb. 28 hervor.

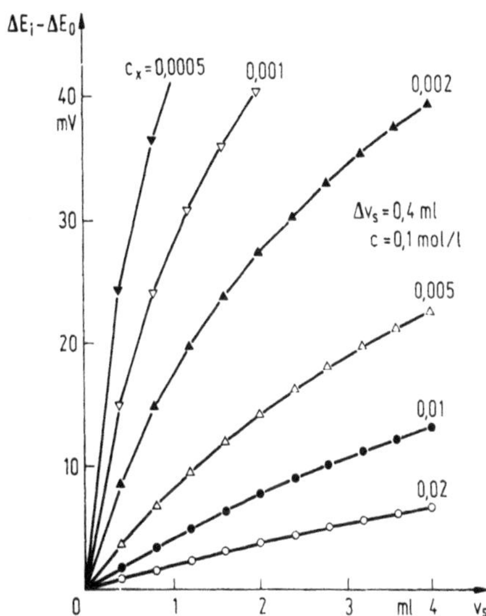

Abb. 28. Meßwertfolge bei der multiplen Standard-Zumisch-Methode bei Arbeiten mit äquidistanten Inkrementen im Volumen [63]

$c_s = 0{,}1$ mol/L
$v_x = 50$ ml
$v_s = 0{,}4$ ml

Hier ist der Verlauf der Potentialdifferenz in Abhängigkeit von der Standard-Konzentration für verschiedene Analysenkonzentrationen aufgetragen. Wird c_x im Verhältnis zu c_s zu klein, fällt die Meßkurve anfangs zu steil ab. Als weitere Konsequenz hieraus folgt sofort, daß in dem meßtechnisch günstigen Meßbereich nur wenige Meßpunkte liegen, während in dem flachen Teil der Meßkurve mehr Meßpunkte liegen, die sich aber in ihrem Potential nur recht wenig unterscheiden. Umgekehrt ergibt sich bei einer Annäherung von c_x an c_s ein zu flacher Verlauf der eigentlichen Meßwertfolge.

Nach der Linearisierung erkennt man noch besser, daß sich in manchen Fällen sehr ungünstige Meßwertfolgen ergeben. Ohne Beschränkung der Allgemeinheit und Änderung des Ergebnisses ist in Abb. 29 der relative Wert für Γ, der nach (20) definiert ist, aufgetragen. Es sind somit alle Geraden auf den Wert $\Gamma_{rel} = 1$ normiert.

$$\Gamma_{rel} = \frac{\Gamma_i}{\Gamma_0} \tag{20}$$

Problematisch ist die Extrapolation auf v_E. Bei zu großen Analysenkonzentrationen ist der Extrapolationswert zu groß und damit auch sehr fehleranfällig. Umgekehrt wird das im Verhältnis zum Zugabevolumen sehr geringe Extrapolationsvolumen bei kleinen Analysenkonzentrationen auch wiederum nur ungenau bestimmbar sein.

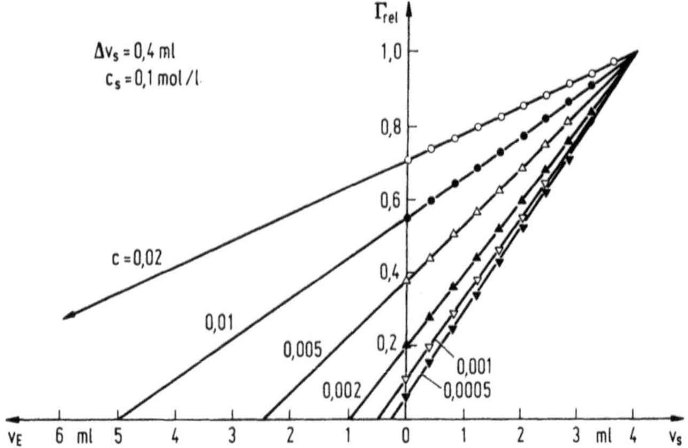

Abb. 29. Auswertung der multiplen Standard-Zumisch-Methode nach Gran-Liberti-Mascini [59] (Daten vgl. Abb. 28.) mit den sehr ungünstigen Extrapolationen [63]

Die Verwendung voll rechnergesteuerter Titrationssysteme gestattet es jedoch, beliebige Reagensvolumina innerhalb der Auflösung der Bürette zu dosieren. Diese apparative Möglichkeit eröffnet nun eine ganz andere Arbeitsweise: anstelle mit konstanten Volumenschritten wird auf eine konstante Potentialänderung hin titriert. Wendet man diesen Zugabemodus an, so ergeben sich die in Abb. 30 A dargestellten Meßwertfolgen. Man sieht im Vergleich mit Abb. 28 deutlich, daß durch diese Meßwertfolgen die in Wirklichkeit vorliegenden Kurven viel besser beschrieben werden als bei volumen-äquidistantem Zugabemodus. Die Meßgenauigkeit in ΔE kann somit viel besser ausgeschöpft werden. Auch bei den steilen Meßkurven liegen genügend Meßpunkte im optimalen Meßbereich. Bei den flachen Kurven wird der Meßbereich durch die verlängerte Volumenachse ebenfalls besser ausgenützt. Während bei der Arbeitsweise mit konstanten Volumenschritten unter den hier gewählten Bedingungen eine Analysenkonzentration $c_x = 0{,}01$ mol/L vielleicht gerade noch bestimmbar wäre, ist beim Arbeiten mit konstanten Potentialschritten auch eine Konzentration von $c_x = 0{,}02$ mol/L noch auswertbar. In diesem Falle würden bei einem maximalen Zugabevolumen von 30 ml immerhin noch

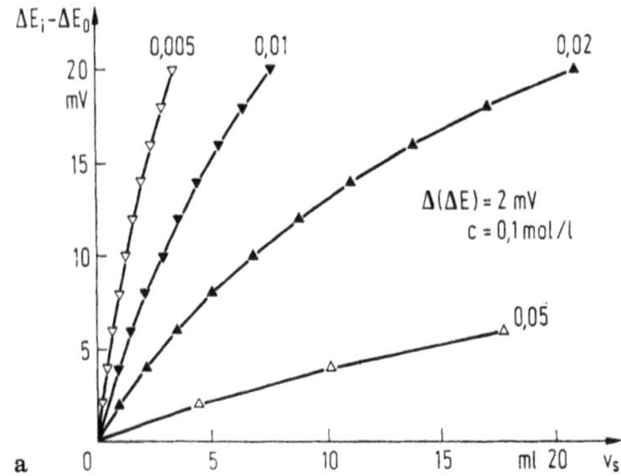

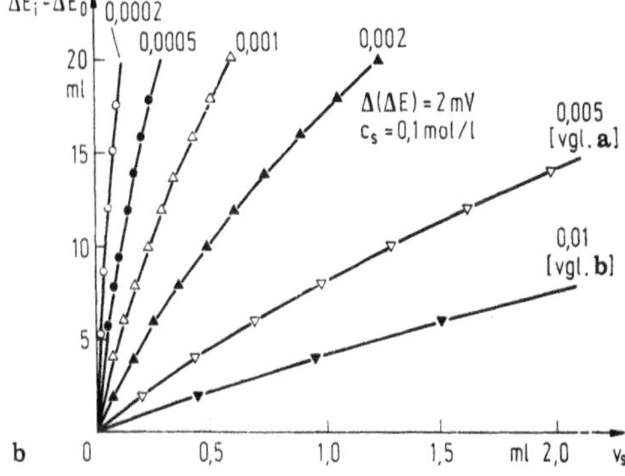

Abb. 30. Meßwertfolgen bei der rechnergesteuerten multiplen Standard-Zumisch-Methode [63]

$c_s = 0{,}1$ mol/L, $v_x = 50$ ml ,$\Delta(\Delta E) = 2$ mV

5 Meßpunkte resultieren. Auch bei sehr geringen Analysenkonzentrationen ist das Verfahren einsetzbar. Legt man den kleinsten zu dosierenden Volumenschritt auf 0,02 ml fest, so ändert sich zwar die Meßwertfolge in bezug auf die Potentialschritte (ca. 3 mV statt 2 mV), doch es werden noch Konzentrationen bis herab zu $c_x = 0{,}0002$ mol/L erfaßbar (Abb. 30b).

Nach der Linearisierung ergibt sich das in Abb. 31 wiedergegebene Verhalten. Man erkennt sehr deutlich, daß in keinem Falle eine ungünstige Extrapolation notwendig ist. Während beim volumenschrittkontrollierten Arbeiten das Verhältnis von Extrapolationsvolumen zu zudosiertem Reagensvolumen im Bereich von 1:10 bis 0,025:1 schwankt, liegen bei der hier vorgeschlagenen Meßtechnik trotz wesentlich erweiterem Arbeitsbereich die Schwankungen lediglich im Bereich von 0,3:1 bis 1:3.

Die rechnergesteuerte Durchführung der multiplen Zumischmethode in der hier besprochenen Datenfolge mit konstanten Potentialschritten verbessert lediglich die Genauigkeit im Hinblick auf zufällige Fehler. Ein Fehler in der Steilheit, die über Gl. (17) in die Transformation der Meßwerte eingeht, bewirkt jedoch einen systematischen Fehler. Um auch diesen Fehler weitgehend zu eliminieren, kann die multiple Zumischmethode mit einer Kalibrierung der Elektrode verknüpft werden [55].

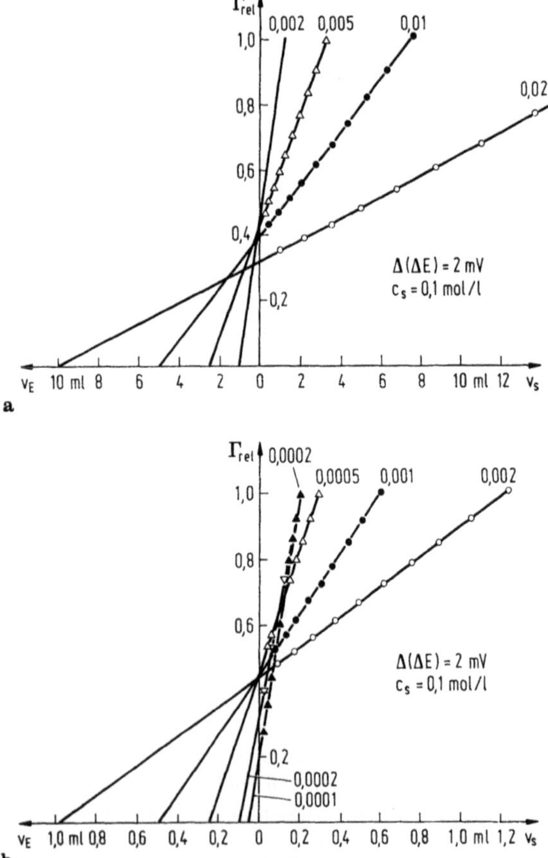

Abb. 31. Auswertung der rechnergesteuerten multiplen Standard-Zumisch-Methode nach Gran-Liberti-Mascini [59] mit den verbesserten Extrapolationen [63]

3.4 Polarographie

Die Polarographie ist eine relativ selektive und vor allem eine sehr nachweisstarke Analysenmethode. Im Hinblick auf die Analyse von Schwermetallen, auch in Matrizen komplexer Zusammensetzung, ist sie der UV/VIS-Spektralphotometrie überlegen und der Atomabsorption durchaus ebenbürtig. Weitere Vorteile ergeben sich aus der Selektivität, die eine Multielement-Analyse in einer Lösung zuläßt. Auch in der pharmazeutischen Analytik ist die Polarographie wegen ihrer Empfindlichkeit, die sich auch auf organische Substanzen erstreckt, eine sehr geeignete Methode.

3.4.1 Meßplatz

Ihrer breiteren Anwendung in der Routineanalytik steht der relativ hohe Arbeitsaufwnnd einschließlich des notwendigen Entgasens und das Fehlen automatischer Meßplätze im Wege. Bos [65] und Kryger [66] legten bereits Mitte der siebziger Jahre mit ihren computerunterstützten Polarographiegeräten die Grundlagen in der Automatisierung auf diesem Gebiet. Von Lund und Opheim [67], [68] sind Durchflußmessungen mit modifizierten Auto-Analyzer-Systemen beschrieben, wobei das Problem der Entfernung des gelösten Sauerstoffs auf verschiedenem Wege erreicht wird [69], [70]. Polarographische Durchflußzellen wurden bereits vor 20 Jahren beschrieben und später verbessert [71]. Demgegenüber sind nur wenige Versuche unternommen worden, den Gesamtablauf einer polarographischen Analyse in der pharmazeutischen Qualitätskontrolle zu automatisieren. Ein von Pungor [72] beschriebenes System stellt lediglich eine Mechanisierung dar, da keine Datenverarbeitung integriert ist, während das von Cooley [73] veröffentlichte System mit Hilfe eines Mikroprozessors vom Probentransport bis zur Auswertung alle Schritte einschließt. Speziell für die Wasseranalytik sind von Valenta automatische Meßplätze ausführlich beschrieben [74], [75]. Die passive Kopplung eines Polarographen mit einem Microcomputer im Hinblick auf die Meßdatenübernahme sind von Umland [76], Graham [77] sowie früher von Ebel und Mitarbeitern [78] beschrieben worden, wobei der letztere Meßplatz zum vollautomatischen System für die tropfende Quecksilbersäule ausgebaut werden kann.

Der prinzipielle Aufbau eines solchen vollautomatischen rechnerkontrollierten Polarographie-Meßplatzes ist in Abb. 32 aufgezeigt [79], [80].

Die Meßeinheit besteht aus einer Meßzelle M, einer Vorbereitungszelle B, einem Abfallgefäß A, einem Spülgefäß S, einem Probenwechsler F und einem 3-Wege-Hahn H, welcher von einem Schrittmotor gedreht werden kann. Ferner sind sechs für die Steuerung notwendige Mini-Magnetventile *V1* bis *V6* vorhanden, wobei an Ventil *V3* und *V4* ein geringer Stickstoffüberdruck und an Ventil *V2* und am Abfallgefäß ein mittels einer Wasserstrahlpumpe erzeugter Unterdruck anliegt. Die Wasserstrahlpumpe kann ebenso durch eine elektrische Pumpe ersetzt werden. Die Vorbereitungszelle besitzt vier Zugänge und einen Ablauf. Die Stickstoffbegasung der Lösung in der Vorzelle, die Reinigung der Vorzelle mit Spülflüssigkeit und das Anlegen eines Unterdruckes in der Vorzelle wird durch drei Magnetventile gesteuert. Die Regelventile sind auf einer Arbeitsplatte montiert, welche am Polarographiestand befestigt ist. Ferner stellt ein Teflonschlauch eine Verbindung zur Probenentnahmestelle des Probenwechslers her. Am unteren Teil der Vorbereitungszelle befindet sich der obengenannte 3-Wege-Hahn. In der Meßzelle befinden sich außer den drei Elektroden (Arbeits-, Referenz- und Hilfselektrode) drei Zugänge und ein Ablauf. Ein Zugang gelangt aus der Vorzelle in die Meßzelle, die beiden anderen werden wiederum durch zwei Magnetventile (*V4*, *V6*) kontrolliert. Das erste (*V6*) regelt die Reinigung der Meßzelle mit Spülflüssigkeit aus dem Vorratsgefäß. Das zweite (*V4*) steuert die Stickstoffbegasung der Meßzelle. Der Ausgang wird durch ein weiteres

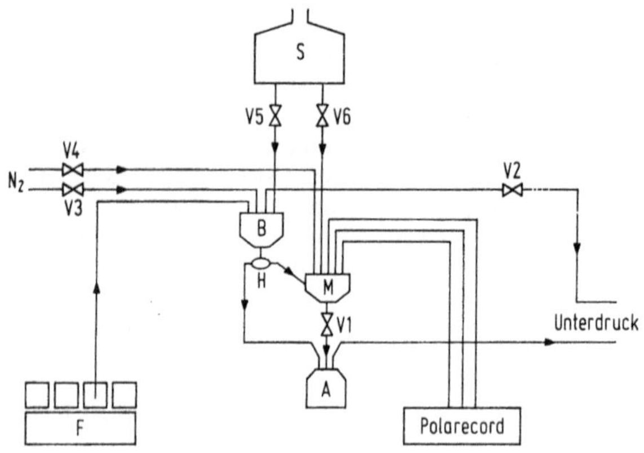

Abb. 32. Aufbau eines rechnerkontrollierten Meßplatzes für die vollautomatische Polarographie [79], [80]

spezielles Magnetventil (*V1*) kontrolliert. Es regelt den Abfluß aus der Meßzelle in das Abfallgefäß. Da sich das Abfallgefäß unter der Meßzelle befindet, ist der gesamte Analysenstand auf einem Gestell montiert worden. Bei der Auswahl des Magnetventils (*V1*) galt es, aufgrund der Verwendung von Quecksilber als Elektrodenmaterial eine Besonderheit zu beachten. Um eine eventuelle Amalgambildung aufgrund der Reaktion von Quecksilber mit Metall zu vermeiden, wurde für das gesamte Ablaufsystem, einschließlich des Dichtungsmaterials des Magnetventiles, Teflon verwendet.

3.4.2 Auswertung

Hier soll lediglich auf die Auswertung in der differential pulse-Polarographie (dp-Polarographie) eingegangen werden. Dieses bedeutet jedoch keine Einschränkung, da ein normales Gleichstrom-Polarogramm durch glättende numerische Differentiation in eine prinzipiell der dp-Polarographie entsprechende Meßkurve überführt werden kann.

Prinzipiell würde es sich zunächst anbieten, in der rechnerkontrollierten Polarographie solche Verfahren einzusetzen, die unmittelbar auf der der Polarographie zugrundeliegenden Mathematik basieren. Dieses Verfahren erscheint jedoch nicht erfolgversprechend, da alle bekannten Ansätze praktisch eine horizontale Basislinie implizieren, aber zu viele Parameter den Verlauf der Basislinie und damit auch der Meßkurve verfälschen. Hinzu kommt, daß die Peakform durch zuviele Einflüsse, wie Art und Konzentration des Leitelektrolyts, Pulsamplitude, aber auch z. T. durch die Elektronik des Meßsystems mitbestimmt wird. Die Auswertealgorithmen sollten deshalb möglichst modellfrei arbeiten, um mit den unterschiedlichen Polarogrammen (Abb. 33) fertig zu werden.

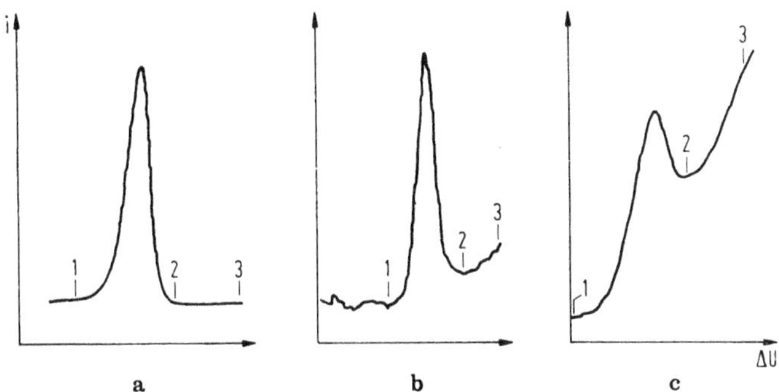

Abb. 33. Typischer Verlauf von dp-Polarogrammen [81]

Für die Peakerkennung bietet sich die 1. Ableitung oder in vielen Fällen besser die 2. Ableitung an, die durch glättende numerische Differentiation erhalten wird. Dabei können Peakanfang und Peakende über vorgegebene Schranken (slope sensitivity) oder aber besser über die durch die beiden Wendepunkte (Extrema der 1. bzw. 2. Nullstellen der 2. Ableitung) zugängliche Peakbreite festgelegt werden. Diese Festlegung wird zunächst lediglich für die Peakerkennung verwendet. Sie wird weiterhin dazu genutzt, überlappende Peaks zu erkennen und vor allem um solche Teile des Polarogramms zu definieren, die außerhalb der Peakbereiche liegen und somit Informationen über die Basislinie liefern.

Eines der Hauptprobleme bei der Auswertung von Polarogrammen — vor allem, wenn es sich um geringe Konzentrationen der zu bestimmenden Substanz in einer komplexen Analysenmatrix handelt — ist die Festlegung der Basislinien. Im allgemeinen wird sich diese nicht experimentell bestimmen und damit subtrahieren lassen, sondern man ist gezwungen, die Basislinie aus dem Polarogramm selbst zu rekonstruieren. Die Approximation der Basislinie als Gerade, die durch die beiden Basispunkte des gaussoiden Peaks festgelegt wird, ist trivial und soll hier nur erwähnt werden. Die Anwendung ist auf wenige, sich ideal verhaltende Polarogramme beschränkt. Bei vielen realen Meßkurven kann der hierbei gemachte systematische Fehler sehr beachtlich sein, so daß eine allgemeine Anwendung dieses Verfahrens von vornherein ausscheidet. Von den ganzrationalen Funktionen wurden die Polynome 2. und 3. Grades näher untersucht (21), (22) [81].

$$y = a_0 + a_1x + a_2x^2 \tag{21}$$

$$y = a_0 + a_1x + a_2x^2 + a_3x^3 \tag{22}$$

Darüber hinaus bieten sich Exponentialfunktionen als Ausgleichsmodelle an [82]. Der einfachste Fall einer in ihrem Erscheinungsbild sehr flexiblen Exponentialfunktion läßt sich durch Gl. (23) beschreiben. Hierbei ist der Koeffizient c für die Parallelverschiebung zur Abszisse verantwortlich. Der Kozffizient b beschreibt das Steigungsverhalten. Da die einzelnen Koeffizienten in (23) nichtlinear verknüpft sind, erfolgt der Ausgleich iterativ mittels einer nichtlinearen Regression. Die Vorbesetzung der drei Koeffizienten erfolgt aus der nach (24) umgeformten Ansatzgleichung.

$$y = a \cdot e^{bx} + c \tag{23}$$

$$bx + \ln a = \ln (y - c) \tag{24}$$

Die 3 hier aufgezeigten Modellfunktionen für die freizügige Approximation des Basislinienverlaufs in der dp-Polarographie besitzen Vorteile, aber auch Nachteile. Die Exponentialfunktion ist bei weitem flexibler als das Polynom 3. Grades. Als Nachteil ist jedoch der wesentlich höhere Rechenaufwand und vor allem das Auftreten numerischer Schwierigkeiten anzuführen. Neben den erwähnten Eigenschaften haftet dem Polynom 3. Grades jedoch noch ein weiterer prinzipieller Nachteil an: bei ungünstiger Lage der für die Approximation der Basislinie notwendigen Meßpunkte kann unter Umständen ein systematisch falscher Verlauf resultieren. Es hat sich als zweckmäßig erwiesen, einige Nebenbedingungen zu berücksichtigen. So darf z. B. die Anzahl der Meßpunkte für die Ausgleichsrechnung vor und hinter den beiden Basispunkten nicht zu groß gewählt werden. Näherungsweise wird in beiden Approximationsbereichen die Steigung bestimmt. Bei stark gekrümmten Basislinienverläufen unterscheiden sich die Steigungen. In diesem Falle wird auf der Seite mit der kleineren Steigung eine größere Anzahl von Punkten zur Festlegung des Basislinienverlaufes verwendet. Darüber hinaus darf das Polynom 3. Grades nicht nach „oben" durchschwingen, d. h., die Basislinie muß unterhalb der Verbindungsgeraden durch die beiden Basispunkte verlaufen. Dieses Durchschwingen würde z. B. auftreten, wenn man den durch 2–3 in Abb. 33c bezeichneten Teil des Polarogramms zur Festlegung verwenden würde. Verschiebt man Punkt 2 zu höherem Potential, tritt dieses Phänomen nicht auf. Unter Berücksichtigung der angeführten Kriterien kann die Basislinien-Approximation über ein Polynom 3. Grades als schnelles und auch zuverlässiges Verfahren in der rechnerunterstützen Auswertung in der Polarographie eingesetzt werden. Der Rechenaufwand ist dabei mit guten Tischrechnern leicht und schnell zu bewältigen, vor allem, wenn die notwendigen Matrizen-Operationen als ROM-Befehle vorliegen. Typische Ergebnisse sind in Abb. 34 aufgezeigt.

Zur eigentlichen Auswertung wird das basislinien-korrigierte Polarogramm verwendet, wobei Peakhöhe oder Peakfläche verwendet werden können.

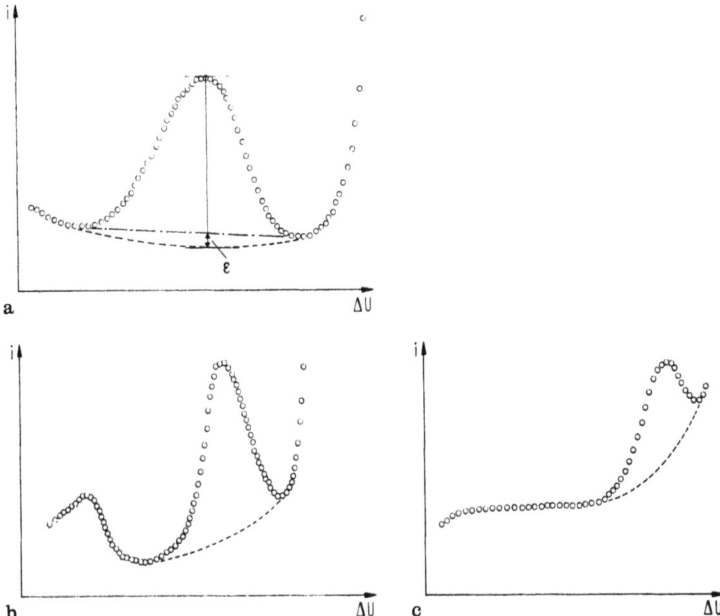

Abb. 34. Bestimmung verschiedener Substanzen über dp-Polarographie mit eingezeichnetem Verlauf der approximierten Basislinie.
a Carbromal ($c_A = 10\ \mu g/ml$); Leitelektrolyt: Natriumacetat ($c_L = 1\ mol/L$); Empfindlichkeit: 1 nA/mm
b Methylnaphthochinon ($c_A = 0{,}5\ \mu g/ml$); Leitelektrolyt: Britton-Robinson-Puffer pH 4,5; Empfindlichkeit: 0,4 nA/mm
c Ascorbinsäure ($c_A = 2\ \mu g/ml$); Leitelektrolyt: NaOH ($c_L = 0{,}1\ mol/L$); Empfindlichkeit: 1 nA/mm [81]

Dank. Insofern in dieser Übersicht eigene Arbeiten referiert wurden, danke ich der Deutschen Forschungsgemeinschaft für die großzügige Unterstützung unserer Forschungen auf dem Gebiet der rechnergesteuerten Potentiometrie und Polarographie durch Sach- und Personalmittel, dem Fonds der Chemischen Industrie für eine Sachbeihilfe sowie allen meinen Mitarbeitern auf diesem Gebiet für die fruchtbare Zusammenarbeit.

Literatur

6. S. Ebel und J. Hocke: Fresensius Z. Anal. Chem. 294: 16 (1979)
7. S. Ebel: Fresenius Z. Anal. Chem. 313: 452 (1982)
8. S. Ebel und A. Seuring: Angew. Chem. 89: 129 (1977)
9. P. Boldt und H. Lackner: Chem. Ing. Techn. 35: 707 (1963)
10. T. Anfält und D. Jagner: Anal. Chim. Acta 57: 177 (1971)

11. S. Ebel und W. Parzefall: Experimentelle Einführung in die Potentiometrie; Verlag Chemie 1975
12. S. Ebel, J. Hocke und B. Reyer: Fresenius Z. Anal. Chem. 308:437 (1981)
13. S. Ebel, U. Becht und B. Reyer: Fresenius Z. Anal. Chem. 319:381 (1985)
14. G. Svehla: Automatic Potentiometric Titrations; Pergamon Press, Oxford 1978
15. E. Pungor et al.: Crit. Rev. Anal. Chem. 14:53:175 (1983)
16. J. W. Frazer, A. M. Kray, W. Selig und R. Lim: Anal. Chem. 47:869 (1975)
17. D. J. Leggett: Anal. Chem. 50:718 (1978)
18. T. F. Christiansen, J. E. Buch und S. C. Krogh: Anal Chem. 48:1051 (1976)
19. S. Ebel und B. Reyer: Fresenius Z. Anal. Chem. 312:346 (1982)
20. C. F. Tubbs: Anal. Chem. 26:1670 (1954)
21. S. Ebel, E. Glaser, R. Kantelberg und B. Reyer: Fresenius Z. Anal. Chem. 312:604 (1982)
22. F. L. Hahn und G. Weiler: Fresenius Z. Anal. Chem. 69:417 (1926)
23. I. M. Kolthoff und N. H. Furmann: Potentiometric Titrations; Wiley, New York 1949
24. F. L. Hahn: pH und photentiometrische Titrierungen; Acad. Verlagsges. Frankfurt 1964
25. F. L. Hahn, M. Frommer und R. Schulze: Z. Phys. Chem. 133:390 (1928)
26. F. L. Hahn und M. Frommer: Z. Phys. Chem. 127:1 (1927)
27. J. M. H. Fortuin: Anal. Chim. Acta 24:175 (1961)
28. S. Wolf: Fresenius Z. Anal. Chem. 250:13 (1970)
29. H. J. Keller und W. Richter: Metrohm Bull. 2:173 (1971)
30. S. Ebel und S. Kalb: Fresenius Z. Anal. Chem. 278:105 (1976)
31. S. Ebel und S. Kalb: Fresenius Z. Anal. Chem. 278:109 (1976)
32. G. Gran: Analyst 77:661 (1952)
33. F. Ingmann und E. Still: Talanta 13:1431 (1966)
34. A. Johansson: Analyst 95:535 (1970)
35. S. Ebel und R. Krömmelbein: Fresenius Z. Anal. Chem. 264:342 (1973)
36. C. McCallum und D. Midgley: Anal. Chim. Acta 65:155 (1973)
37. D. Dyrssen, D. Jagner und F. Wengelin: Computer Calculation of Ionic Equilibria and Titration Procedures; Wiley, New York 1968
38. T. Meites und M. Meites: Talanta 19:1131 (1972)
39. L. G. Sillen: Acta Chem. Scand. 16:159:173 (1962), 18:1085 (1964)
40. K. Waldmeier und W. Rellstab: Fresenius Z. Anal. Chem. 264:337 (1973)
41. J. C. Hostetter und H. S. Roberts: J. Amer. Chem. Soc. 41:1337 (1919)
42. B. Reyer: Dissertation Marburg 1981
43. K. Abresch und I. Clasen: Die coulometrische Analyse; Verlag Chemie, Weinheim 1961
44. W. Lange und K. Borner: Z. Klin. Chem. Klin. Biochem. 10:33 (1972)
45. W. Keller, J. Padel, H. Gamsjäger und P. W. Schindler: Chimia 27:90 (1973)
46. S. Ebel, J. Hocke und S. Kalb: Fresenius Z. Anal. Chem. 288:183 (1977)
47. P. J. Taylor und D. M. Brown: Comput. Applic. Laborat. 1:179 (1983)
48. S. Ebel und S. Kalb: Fresenius Z. Anal. Chem. 291:34 (1978)
49. S. Ebel und S. Kalb: unveröffentlichte Ergebnisse (vgl. z. T. Dissertation S. Kalb, Marburg 1974)
50. K. Cammann: Das Arbeiten mit ionenselektiven Elektroden; Springer Verlag, Berlin 1973
51. G. J. Moody und J. D. R. Thomas: Selective Ion-sensitive Electrodes; Warford, Merrow 1971

52. N. R. Draper und H. Smith: Applied Regression Analysis; Wiley, New York 1981
53. S. Ebel, E. Glaser und H. Seuring: Fresenius Z. Anal. Chem. 291:108 (1978)
54. S. Ebel: Comput. Anwend. Laborat. 1:55 (1983)
55. U. Becht: Dissertation Würzburg 1985
56. S. Ebel und U. Becht: Fresenius Z. Anal. Chem. 323:359 (1986)
57. U. Becht, S. Ebel und B. Reyer: Fresenius Z. Anal. Chem. 319:371 (1984)
58. M. J. D. Brand und G. A. Rechnitz: Anal. Chem. 42:478 (1970)
59. A. Liberti und M. Mascini: Anal. Chem. 41:676 (1969)
60. J. Buffle, N. Partharasathy und D. Monnier: Anal. Chim. Acta 59:427 (1972)
61. N. Partharasathy, J. Buffle und D. Monnier: Anal. Chim. Acta 59:477 (1972)
62. A. Seuring: Dissertation Marburg 1978
63. S. Ebel und U. Becht: Fresenius Z. Anal. Chem. 320:117 (1985)
64. S. Ebel und U. Kamm: Fresenius Z. Anal. Chem. 316:382 (1983)
65. M. Bos: Anal. Chim. Acta 81:21 (1976)
66. L. Kryger, D. Jagner und H. J. Skov: Anal. Chim. Acta 79:241 (1975)
67. W. Lund und L. Opheim: Anal. Chim. Acta 79:35:245 (1975)
68. W. Lund und L. Opheim: Anal. Chim. Acta 88:241 (1977)
69. A. Cinci und S. Silvestri: Farmaco Ed. Prat. 27:28 (1972)
70. L. F. Cullen, M. P. Brindle und G. I. Papariello: J. Pharm. Sci. 62:1708 (1973)
71. Z. Feher und E. Pungor: Anal. Chim. Acta 71:425 (1974)
72. Z. Feher, G. Horvai, G. Nagy, Z. Niegreisz, K. Toth und E. Pungor: Anal. Chim. Acta 145:41 (1983)
73. R. E. Cooley, C. E. Stevenson und E. C. Rickard: J. Automat. Chem. 2:60 (1980)
74. P. Valenta, H. Rützel, P. Krumpen, K. Salgert und P. Klahre: Fresenius Z. Anal. Chem. 292:120 (1978)
75. P. Valenta, L. Sipos, P. Kramer und H. Rützel: Fresenius Z. Anal. Chem. 312:101 (1982)
76. N. Buschmann, H. Kavel, T. Rump und F. Umland: Fresenius Z. Anal. Chem. 318:592 (1984)
77. R. C. Graham, H. Racker und J. K. Robertson: Comput. Anwend. laborat. 1:53 (1984)
78. S. Ebel, J. Hocke, M. Richter und P. Surmann: Fresenius Z. Anal. Chem. 300:200 (1980)
79. R. Brockmeyer: Dissertation Würzburg 1985
80. S. Ebel, R. Brockmeyer und B. Reyer: Fresenius Z. Anal. Chem. 323:232 (1986)
81. S. Ebel, E. Glaser, M. Richter und P. Surmann: Fresenius Z. Anal. Chem. 305:204 (1981)
82. S. Ebel, M. Richter und P. Surmann: unveröffentlichte Untersuchungen.
83. N. Buschmann, T. Rump und F. Umland: Fresenius Z. Anal. Chemie 322:29 (1985)
84. J. C. Smit und H. C. Sunit: Anal. Chim. Acta 143:45 (1982)
85. J. C. Smit, H. C. Smit, H. Steigstra und U. Hannema: Anal. Chim. Acta 143:79 (1982)

II. Methoden

Flüssigkeitschromatographische Enantiomerentrennungen an optisch aktiven Adsorbentien

Professor Dr. Gottfried Blaschke

Institut für Pharmazeutische Chemie der
Westf. Wilhelms-Universität Münster
Hittorfstraße 58–62, D-4400 Münster

1 Einleitung

Die direkte flüssigkeitschromatographische Enantiomerentrennung an optisch aktiven stationären Phasen hat sich in den letzten Jahren stürmisch entwickelt. Besonders im Journal of Chromatography erscheinen Originalarbeiten über dieses Gebiet, und Übersichtsartikel informieren über Anwendungsmöglichkeiten. So werden die Trennung chiraler Arzneistoffe [1, 2], kommerziell erhältliche chirale stationäre Phasen für die HPLC [3], die chromatographische Analyse von Enantiomeren bei der Untersuchung der Metabolisierung [4] und in einem kürzlich erschienenen

Buch [5] chromatographische Trennungen von Stereoisomeren referiert. In einem Sonderheft sind Übersichtsreferate von den meisten mit der Entwicklung und Anwendung der flüssigkeitschromatographischen Enantiomerentrennung befaßten Arbeitsgruppen erschienen [6]. Oft werden aber nur Vorteile der jeweiligen Adsorbentien mit Beispielen gelungener Trennungen vorgestellt, die Anwendungsgrenzen aber verschwiegen.

Soweit überschaubar, gibt es bisher noch keine allgemein anwendbare optisch aktive Trennphase, und manchmal muß die Probe vor der Trennung in geeignete Derivate übergeführt werden. Hier soll keine vollständige Auflistung der bisher getrennten Racemate, sondern ein Überblick über die Möglichkeiten und Grenzen dieser Methode versucht werden. Es ist vor allem die neueste Literatur aus dem Jahre 1986 ausgewertet.

Die Flüssigkeitschromatographie ist im Gegensatz zur Gaschromatographie nicht nur für analytische, sondern auch für präparative Trennungen und auch für schwer flüchtige oder thermolabile Verbindungen geeignet. Neben Niederdruck- und Hochdruckflüssigkeitschromatographie sind inzwischen auch dünnschichtchromatographische Tennungen an optisch aktiven Adsorbentien möglich. Ein wachsender Anwendungsbereich ist die Trennung an üblichen achiralen Phasen wie Silicagel, Silicagel-Diol oder Umkehrphasen nach Zusatz optisch aktiver Hilfsreagenzien zum Fließmittel. Diese Zusätze bilden in Lösung mit den Enantiomeren diastereomere Komplexe oder Salze und werden an den achiralen Phasen chromatographisch getrennt. Die Verwendung spezieller, kostspieliger Adsorbentien wird damit umgangen.

Basislinientrennungen und damit enantiomerenreine Eluate werden auch dann erhalten, wenn das optisch aktive Adsorbens nicht in enantiomerenreiner Form vorliegt. Je mehr sich die Enantiomerenzusammensetzung des Adsorbens dem eines Racemats nähert, um so mehr nähern sich die Enantiomerenpeaks im Chromatogramm, um bei racemischem Adsorbens zu einem Peak zusammenzufallen. Kann die Konfiguration der optisch aktiven Reste am Adsorbens vertauscht werden, so beobachtet man eine Änderung der Reihenfolge der eluierten Enantiomere.

2 Naturstoffe als Adsorbentien

Die leicht zugänglichen optisch aktiven Naturstoffe wie Wolle, Seide, Kartoffelstärke, Chitin oder Cellulose sind als optisch aktive Adsorbentien häufig zur chromatographischen Enantiomerentrennung versucht worden. Ihr Anwendungsbereich ist aber sehr begrenzt, z. B. auf einige Aminosäuren [7]. Dagegen haben sich Cellulosederivate und in jüngster Zeit auch Cyclodextrine als vielseitig anwendbare Adsorbentien hoher Selektivität zur direkten Racemattrennung bewährt.

2.1 Mikrokristallines Cellulosetriacetat

Dieses Adsorbens der Strukturformel (SF 1a) wird durch heterogene Acetylierung kommerziell erhältlicher mikrokristalliner Cellulose (Avicel) mit Acetanhydrid/$HClO_4$ hergestellt. Es ist kommerziell z. B. von Merck,

Darmstadt, und Macherey-Nagel, Düren, erhältlich und sowohl für die präparative Niederdruckchromatographie als auch für die HPLC anwendbar. Als Trennmechanismus wird eine stereoselektive Inklusion der Enantiomere in die durch Quellung aufgeweiteten Schichtgitter des Adsorbens diskutiert, wobei ein Aromat als „Ankergruppe" dient. Besonders erfolgversprechend ist damit ein Trennversuch bei Verwendungen, bei denen sich der Aromat in der Nähe des Chiralitätszentrums befindet. Es sind aber keine funktionellen Gruppen Voraussetzung für die Trennung, auch racemische Kohlenwasserstoffe sind prinzipiell trennbar. Auch der Aromat ist nicht immer Vorbedingung. So werden aliphatische N-Methylbarbiturate getrennt [1]. Carbonsäuren, Amine und Alkohole werden oft mit der Fließmittelfront eluiert. Manchmal führt dann die Derivatisierung zu Carbonsäureestern (bei aliphatischen Verbindungen auch Phenyl- oder Benzylester), zu N-Benzoylderivaten oder zu Benzoesäureestern zum Ziel.

Abb. 1 zeigt als Beispiel die präparative Trennung eines chiralen Arzneitoffs.

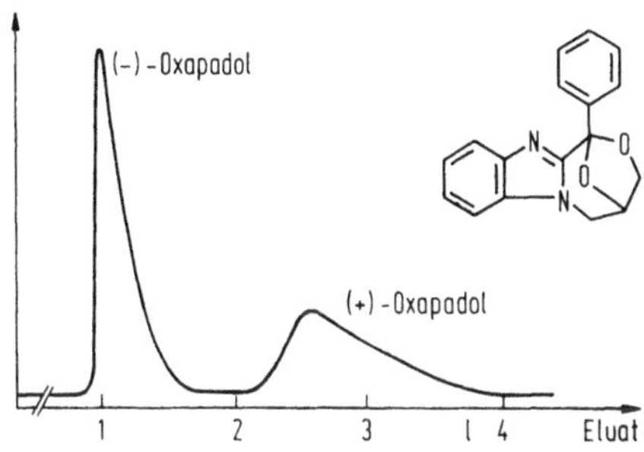

Abb. 1. Trennung von 2,1 g racemischem Oxapadol an 380 g Cellulosetriacetat. Fließmittel 96proz. Ethanol (90 ml/h), Druck 2 bar

Als Fließmittel wird meist 96%iger Ethanol verwendet. Manchmal wird das eine Enantiomer dicht nach der Fließmittelfront, das zweite jedoch sehr schleppend aus der Säule eluiert. Durch Methanol als Fließmittel wird eine rasche Elution erreicht. Im präparativen Maßstab empfiehlt sich dann ein Wechsel des Fließmittels: Nach Elution des ersten Enantiomers mit Ethanol wäscht man das zweite Enantiomer mit Methanol aus der Säule aus und spült mit Ethanol nach, wonach ein neuer Trennzyklus begonnen werden kann. So lassen sich auch im präparativen Maßstab rasch die reinen Enantiomere gewinnen.

Die Trennleistung einer präparativen Säule bleibt nach unseren Erfahrungen bei ständiger Nutzung etwa 6 Monate erhalten, wonach die Trennleistung durch Kanäle und Risse in der Packung abnimmt. Zur Regenerierung kocht man das Adsorbens in Ethanol auf und packt die Säule erneut.

Niedermolekulare Anteile des Adsorbens werden kontinuierlich mit dem Fließmittel ausgewaschen. Der Abdampfrückstand sollte deshalb in Wasser aufgenommen und mit Ether ausgeschüttelt werden, wobei die polaren Cellulosefragmente in der Wasserphase verbleiben. Werden Amine überhaupt getrennt, dann nur entweder als freie Basen oder als Salze mit schwachen Säuren, die in der Säule in Amin und Säure zerlegt werden. Hydrochloride werden stets mit der Fließmittelfront ohne Trennung eluiert. Ist die freie Base außerdem empfindlich gegen Luftsauerstoff, so wird die Lösung des Hydrochlorids durch eine Vorsäule mit basischem Ionenaustauscher in die Base übergeführt, als Base chromatographiert und das Eluat in einer Vorlage aufgefangen, die Essigsäure enthält und damit die eluierte Base wieder in ein Salz überführt.

Zahlreiche Racemate aus verschiedenen Substanzklassen sind bisher an Cellulosetriacetat vollständig in Enantiomere getrennt worden. Dazu gehören chirale Arzneistoffe wie N-Methylbarbiturate und Phenylcyanessigester [1], Ketamin, Mianserin, Praziquantel, Rolipram, Oxapadol [2] und Ester des Oxindazac [8], ferner Mandelsäureamid, 1-(9-Anthryl)-2,2,2-trifluorethanol, helicale Kohlenwasserstoffe [9) und chirale Indole [10].

Wichtiger Vorteil des Cellulosetriacetats ist die Möglichkeit, eine analytische Trennung an einer HPLC-Säule zu prüfen und dann in den präparativen Maßstab übertragen zu können.

2.2 Weitere Cellulosederivate

Während mikrokristalline Tribenzoylcellulose (SF 1b) gegenüber dem Triacetat nach den bisherigen Erfahrungen keine Vorteile aufweist [11], sind mehrere amorphe, auf weitporigem Silicagel gefällte Cellulosederivate zur analytischen Racemattrennung durch HPLC geeignet [12]. Einige von ihnen sind kommerziell erhältlich, z. B. Cellulosetriacetat (SF 1a), Cellulosetribenzoat (SF 1b), Cellulosetriphenylcarbamat (SF 1c) und Cellulosetricinnamat (SF 1d) (Lieferfirmen Daicel sowie Baker).

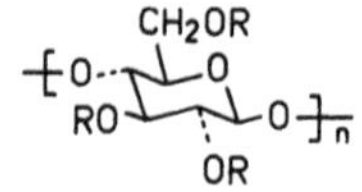

CH_2OR, O, RO, OR, n

a $R = -COCH_3$
b $R = -COC_6H_5$
c $R = -CONHC_6H_5$
d $R = -COCH{=}CHC_6H_5$

(SF 1)

An solchen Adsorbentien sind z. B. chirale Schwefelverbindungen [13] getrennt worden. Bei N-Benzoylverbindungen wird eine Abhängigkeit der Trennung von der Kettenlänge eines Substituenten am Chiralitätszentrum beobachtet [14]. Zahlreiche weitere Cellulosederivate wurden hergestellt und auf ihre Trennleistung geprüft [15, 16]. Es bleibt abzuwarten, ob diese nur im analytischen Bereich sinnvoll einsetzbaren Adsorbentien dem mikrokristallinen Cellulosetriacetat stets überlegen sind. Wer kann sich schon viele derart kostspieliger HPLC-Säuren zur Optimierung einer chromatographischen Racemattrennung hinlegen?

2.3 Cyclodextrine

Cyclodextrine, chirale cyclische Oligosaccharide, sind mit einer Ringgröße von 6, 7 und 8 Glucoseeinheiten (α-, β- und γ-Cyclodextrin) erhältlich. Durch ihre Ringstruktur inkludieren sie Moleküle geeigneter Größe, wobei die unterschiedliche Einpassung in die asymmetrischen Hohlräume chromatographische Racemattrennungen ermöglicht. Viele solcher Trennungen an silicagel-gebundenen Cyclodextrinen durch HPLC sind in einem Übersichtsreferat [17] zusammengestellt. Weitere Beispiele sind Dansylderivate von Aminosäuren [18], aromatische α-Hydroxycarbonsäuren wie Tropasäure und phenolische Metaboliten von Phenytoin [20], Kronenether mit Binaphthylresten [21] und Barbiturate wie Hexobarbital [22]. Trennungen an silicagel-gebundenen oder vernetzten Dextranen sind auch im präparativen Maßstab möglich. Ebenso werden dünnschichtchromatographische Enantiomerentrennungen der Dansyl- und Naphthylamide von Aminosäuren an silicagel-gebundenem β-Cyclodextrin beschrieben [23].

3 Synthetische Polymere als Adsorbentien

Während bei makromolekularen Naturstoffen wie Cellulose die Trenneigenschaften nur im begrenzten Rahmen einer Derivatisierung variierbar sind, können bei synthetischen Polymeren die Trenneigenschaften fast unbeschränkt durch Kettenstruktur, optisch aktive Substituenten sowie Herstellungsbedingungen wie radikalische oder anionische Polymerisation variiert werden. Angewendet werden bisher Polyacryl- und Polymethacrylamide sowie Poly(tritylmethacrylat).

3.1 Polyacryl- und Methacrylamide

Durch Umsetzung optisch aktiver Amine oder Aminosäureester mit Acryl- bzw. Methacrylsäurechlorid erhält man N-Acryloyl- bzw. N-Methacrylolylamide, die mit Vernetzern radikalisch zu optisch aktiven Polyamiden copolymerisiert werden können. Bei der Polymerisation entstehen wahrscheinlich Sekundärstrukturen mit asymmetrischen Hohlräumen. Beide Enantiomere einer chiralen Verbindung können durch Wasserstoffbrückenbindungen in solche Hohlräume adsorbiert werden, wobei eine unterschiedliche Einpassung der Enantiomere zur Trennung führt.

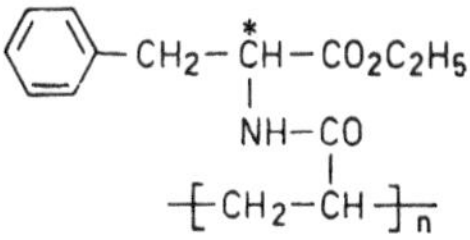

$$C_6H_5{-}CH_2{-}\overset{*}{C}H(NH{-}CO{-})({-}CO_2C_2H_5) \qquad {-}[CH_2{-}CH({-}CO{-}NH{-})]_n{-} \qquad \text{(SF 2)}$$

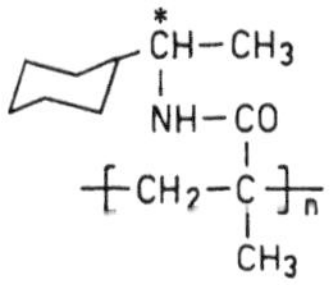

$$C_6H_{11}{-}\overset{*}{C}H(CH_3){-}NH{-}CO{-} \qquad {-}[CH_2{-}C(CH_3)]_n{-} \qquad \text{(SF 3)}$$

Untersucht wurde z. B. der Anwendungsbereich des Polyacrylamids (SF 2) mit Phenylalaninethylester-Seitenketten. Daran sind polare

Arzneistoff-Racemate, die Wasserstoffbrückenbindungen mit den Amidgruppen des Adsorbens ausbilden können, durch Niederdruckchromatographie mit Toluol/Dioxan als Fließmittel trennbar [1, 2]. Das Adsorbens ist beliebig oft wiederzuverwenden. Beispiele sind das Diuretikum Chlortalidon [1], Arzneistoffe aus der Gruppe der Thiazid-Diuretika [24] und Cytostatika aus der Gruppe der Oxazaphosphorine [25]. Von Ifosfamid, einem Racemat aus dieser Gruppe mit Phosphor als Chiralitätszentrum, konnten an 630 g Adsorbens jeweils 1,55 g in einem Durchlauf vollständig getrennt werden [26]. Zur Gewinnung größerer Mengen der Enantiomere für pharmakologische Tests wurde die Probenaufgabe zeitlich so gesteuert, daß sich jeweils 3 Proben auf der Säule befanden. Damit nutzte man die Trennkapazität der Säule besser aus.

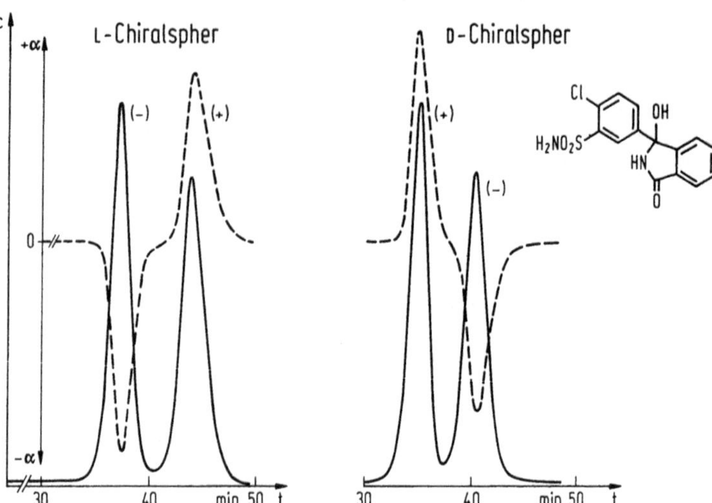

Abb. 2. HPLC-Trennungen von 10 µl Chlortalidon (20 mg/ml), Säule 250 × 4 mm, Hexan/Dioxan (55:45) 1 ml/min, Druck 30 bar, Detektion UV 254 nm. Links: Säule „L"-Chiralspher aus L-Phenylalanin, rechts: „D"-Chiralspher aus D-Phenylalanin. Durchgezogene Kurven: UV-Absorption, gestrichelte Kurven: Drehwert

Weitere Adsorbentien vom Polyamid-Typ wie das Polymethacrylamid (SF 3) mit Cyclohexylethyl-Resten sind hergestellt und auf ihre Trenneigenschaften untersucht worden. (SF 3) trennt z. B. das früher als Schlafmittel verwendete Thalidomid [1].

Solche Adsorbentien sind jedoch nicht druckstabil: Es sind Gele, die bei höherem Druck komprimiert werden, wodurch die Fließgeschwindigkeit abnimmt. Ferner ist ihr Quellungsgrad von der Zusammensetzung des Fließmittels abhängig. HPLC oder Gradientenelution ist nicht möglich.

Durch Bindung der optisch aktiven Polyamide an Silicagel lassen sich diese Beschränkungen umgehen, wobei die Trenneigenschaften nicht beeinträchtigt werden [27]. Diese Adsorbentien enthalten etwa 10–20 Gew.-% Polyamid. An einer analytischen Säule (250 × 4 mm) können auch halbpräparative Trennungen z. B. von 7 mg Chlortalidon durchgeführt werden. Am Silicagel dieser Säule sind etwa 0,2 g Polyamid gebunden. Dies entspricht einem Gewichtsverhältnis Racemat:Polyamid von etwa 1:30. Das silicagel-gebundene Polyacrylamid des Phenylalaninethylesters (SF 2) wird als Chiralspher (Merck AG, Darmstadt) demnächst kommerziell erhältlich sein.

Beispiel für analytische Trennungen an Chiralspher ist Chlortalidon (Abb. 2).

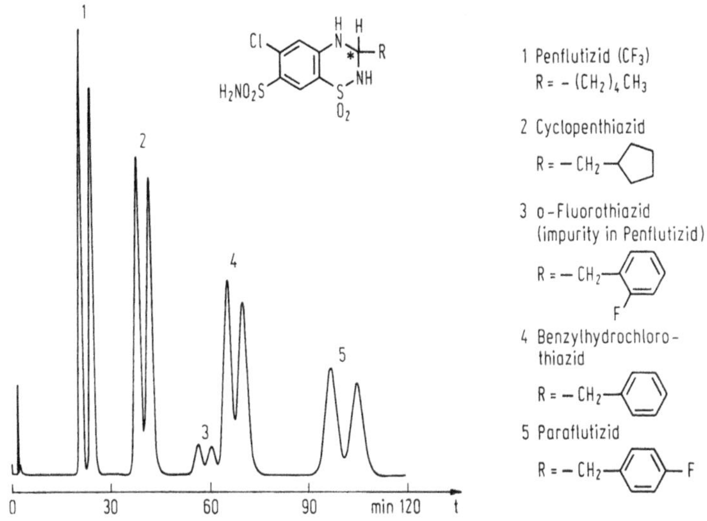

Abb. 3. HPLC-Chromatogramm eine Mischung von jeweils 10 µg racem. Penflutizid (CF_3 statt Cl), Cyclopenthiazid, Benzylhydrochlorothiazid und Paraflutizid. Der Peak Nr. 3 ist das im Paraflutizid als Verunreinigung enthaltene o-Fluorisomere. Säule L-Chiralspher 250 × 4 mm, Hexan/Dioxan/2-Propanol (55:44:1), 1 ml/min, Druck 70 bar, Detektion UV 254 mm

Das Racemat ist einmal am „normalen", aus L-Phenylalanin hergestellten Chiralspher chromatographiert worden, wobei (−)-Chlortalidon zuerst eluiert wird. Am „D"-Chiralspher aus D-Phenylalanin wird entsprechend (+)-Chlortalidon zuerst eluiert.

Abb. 3 ist ein Beispiel für die Trennung eines Gemisches strukturell sehr ähnlicher chiraler Pharmaka aus der Gruppe der Thiazid-Diuretika an Chiralspher. Es werden die einzelnen Verbindungen getrennt und erscheinen jeweils als Doppelpeaks beider Enantiomere.

3.2 Poly(tritylmethacrylat)

Das optisch aktive Adsorbens (Formel 4a) wurde von Okamoto [28] aus dem achiralen Methacrylsäureester des Triphenylmethans durch anionische Polymerisation in Gegenwart einer optisch aktiven Verbindung wie (−)-Spartein erhalten.

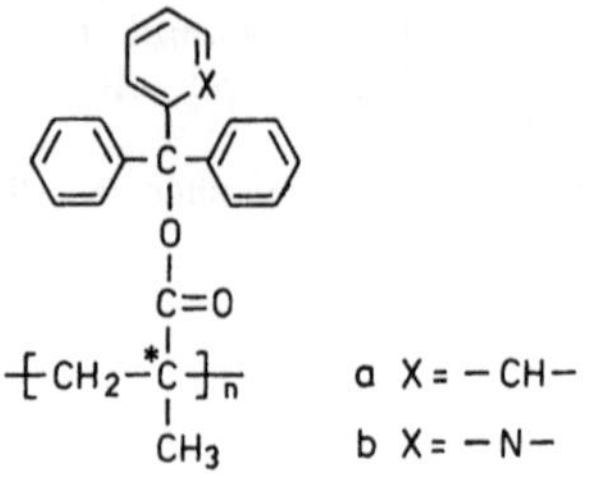

(SF 4)

a X = −CH−

b X = −N−

Die Enantiomerentrennung erfolgt offenbar über eine Inklusion in die helicalen Strukturen der im Polymer propellerartig angeordneten Tritylreste. Sowohl für den gemahlenen als auch für den auf makroporösem, silanisiertem Silicagel ausgefällten Polyester sind Racemattrennungen starrer nichtplanarer Strukturen, darunter auch chiraler Kohlenwasserstoffe, beschrieben. Das Adsorbens ist als Chiralpak-OT (Daicel, Baker) kommerziell erhältlich. Neben dem Adsorbens (SF 4a) mit Triphenylmethylgruppen ist ein weiteres Adsorbens (SF 4b) dieses Typs mit 2-Pyridyldiphenylmethylgruppen (Chiralpak-OP) auf dem Markt. Nachteil dieser Adsorbentien ist die Hydrolyselabilität. In Gegenwart alkoholhaltiger Fließmittel werden ferner die Tritylreste durch Umesterung abgespalten. Aromatische Kohlenwasserstoffe, Chloroform und Tetrahydrofuran müssen wegen der Löslichkeit des Polymers vermieden werden. Als Fließmittel verwendet man Hexan, Hexan/2-Propanol und Methanol und spült vor der Aufbewahrung die Säule mit reinem Hexan.

4 Proteinphasen als Adsorbentien

Enantiomere können eine unterschiedliche Affinität zu Proteinen aufweisen. So wird nach Dialyseversuchen L-Tryptophan etwa 100mal stärker als die D-Form an Albumin gebunden. Durch kovalente Bindung solcher Proteine an Silicagel erhält man Adsorbentien, die sich zur Enantiomerentrennung im analytischen Maßstab eignen. Zwei dieser Adsorbentien sind kommerziell erhältlich. Nachteilig ist die sehr geringe Beladbarkeit dieser Säulen, präparative Trennungen sind damit nicht möglich.

4.1 Silicagel-gebundenes Albumin

Durch kovalente Bindung von Albumin an Silicagel erhielt Allenmark [29] ein Adsorbens, das in HPLC-Säulen als Resolvosil kommerziell erhältlich ist (Fa. Macherey-Nagel, Düren). Getrennt wurden daran u. a. aromatische

Aminosäuren wie D,L-Tryptophan und Kynurenin, N-substituierte aliphatische Aminosäuren als Dansyl- und Benzolsulfonylderivate, basische Verbindungen wie Prilocain, aromatische Sulfoxide, Cumarinderivate, Benzodiazepine und Benzoin. Sowohl hydrophobe wie elektrostatische Wechselwirkungen bewirken neben Wasserstoffbrückenbindungen und charge-transfer-Komplexen die Interaktion der Enantiomere mit den Albumin-Molekülen und damit die Enantiomerentrennung. Fließmittel sind wäßrige Pufferlösungen mit pH-Bereich 4—9, wobei die Ionenstärke des Eluens und der Anteil an organischer Phase wie 1-Propanol zur Optimierung der Trennung variiert werden können. Ionische Verbindungen sind nur in Ausnahmefällen zu trennen.

4.2 Silicagel-gebundenes saures α_1-Glykoprotein

Die Trennung chiraler Säuren und Amine ist der Hauptanwendungsbereich der zweiten kommerziell erhältlichen Proteinphase, die von Hermansson entwickelt und als Enantio-Pak (Fa. LKB) kommerziell erhältlich ist. Die Säule wird durch kovalente Bindung von saurem α_1-Glykoprotein aus Humanserum am Silicagel hergestellt. Fließmittel sind Puffergemische auch unter Zusatz von 2-Propanol. An dem Adsorbens wurden Carbonsäuren wie Ibuprofen, Hexobarbital und das Thiazid-Diuretikum Bendroflumethiazid vollständig getrennt [30]. Oft begünstigt der Zusatz ionischer „modifier“ wie N,N-Dimethyloctylamin die Trennungen. Von basischen Arzneistoffen sind z. B. Atropin, Dimetinden, Disopyramid und Methadon getrennt worden [31].

5 Silicagel-gebundene optisch aktive Monomere

An Polymerphasen treten die Enantiomere mit Sekundärstrukturen des Adsorbens, also stets mit mehreren räumlich benachbarten optisch aktiven Resten in Wechselwirkung. Aber auch optisch aktive Monomere können nach ionischer oder kovalenter Bindung an einer stationären Phase die chromatographische Racemattrennung ermöglichen. Beteiligt sind dabei charge-transfer-Komplexe, Wasserstoffbrückenbindungn und π-π-Wechselwirkungen.

Zahlreiche Phasen dieses Typs sind entwickelt worden, und einige sind kommerziell erhältlich. So wurde das N-(3,5-Dinitrobenzoyl)-Derivat der Aminosäure Phenylglycin sowohl ionisch (SF 5a) als auch kovalent (SF 5b) an Aminopropylsilicagel gebunden. Die Aminosäurereste in beiden Adsorbentien sind durch die Dinitrobenzoylgruppe π-Akzeptoren, welche mit π-Donatorgruppen des Racemats Wechselwirkungen eingehen können. Die zu trennenden Racemate werden oft derivatisiert, um sowohl Wasserstoffbrückenbindungen als auch die für eine Trennung notwendigen π-π-Wechselwirkungen eingehen zu können. Amine müssen daher vor der

Chromatographie mit 2-Naphtoylchlorid zu den Naphthylamiden derivatisiert werden.

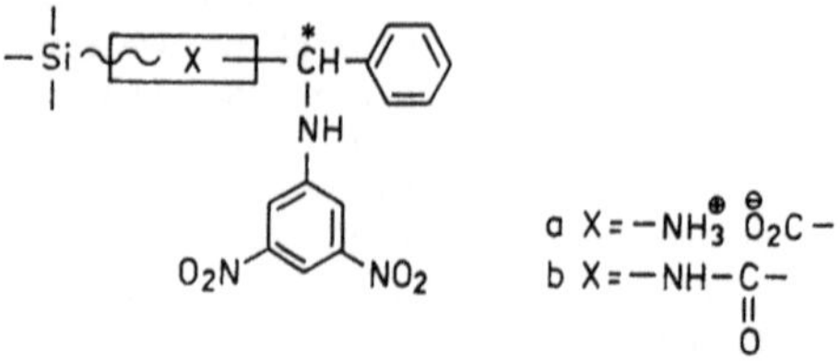

(SF 5)

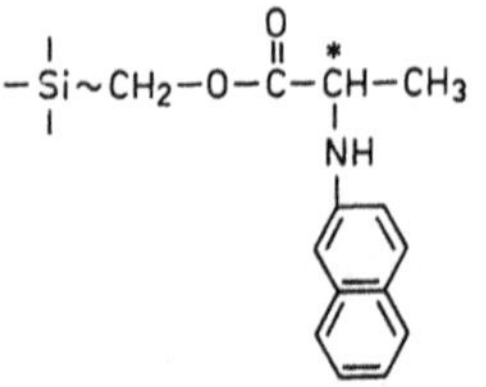

a X = $-NH_3^{\oplus}\ {}^{\ominus}O_2C-$
b X = $-NH-C(=O)-$

(SF 6)

Entsprechend sind optisch aktive Phasen des Typs (SF 6) mit kovalent gebundenem Naphthylrest als π-Donatorgruppe zur Trennung von Verbindungen mit Elektronenmangelaromaten eingesetzt worden. So können Amine und Aminosäuren nach Derivatisierung mit 3,5-Dinitrobenzoylchlorid, Alkohole nach Derivatisierung mit 3,5-Dinitrophenylisocyanat getrennt werden. Aus der umfangreichen Literatur auf diesem Gebiet seien hier einige der neuesten Arbeiten aufgeführt: Trennung von N-(3,5-Dinitrobenzoyl)aminosäurealkylestern [32], Amiden [33], Phosphinoxiden, [34], β-Lactamen [35], Aminoalkoholen als Oxazolidinderivate [36], Pyrethroiden [37], Dinitrobenzoylderivaten von Aminen und Alkoholen [38] sowie Dinitrophenylcarbamate und -harnstoffe [39]. Diese Trennungen sind sowohl im analytischen wie im präparativen Maßstab durch HPLC durchführbar.

Neben diesen „Pirkle"-Phasen sind Adsorbentien mit ähnlichem Anwendungsbereich z. B. von Oi [40] mit zwei chiralen Resten in der Seitenkette (L-Valin/R-α-Naphthylethylamin, „Sunipak" der Fa. Sunimoto) und Däppen [41] beschrieben worden. Feibusch [42] beschreibt Silicagelgebundene Derivate des optisch aktiven N,N'-2,6-Pyridindiylbis(2-phenylbutanamids) und trennt daran verschiedene Imide wie chirale Barbiturate, Glutarimide, Hydantoine und Siccinimide.

6 Ligandenaustauschchromatographie

Die Enantiomerentrennung durch Ligandenaustausch in Kupferkomplexen ist von Davankov und Rogozhin [43] entwickelt worden. Zur Herstellung des Adsorbens wird eine optisch aktive Aminosäure wie L-Prolin kovalent an polymere Träger gebunden und mit Kupferionen beladen. Enantiomere von polaren Verbindungen wie Aminosäuren können mit dem Adsorbens diastereomere Chelatkomplexe bilden, deren unterschiedliche Stabilität die Enantiomerentrennung ermöglicht. Solche Phasen sind auch für die HPLC entwickelt worden und kommerziell erhältlich (z. B. Nucleosil Chiral-1 Macherey-Nagel mit L-Hydroxprolin; Chiral HypoCu, Chiral ProCu und Chiral ValCu der Fa. Serva mit Hydroxyprolin, Prolin und Valin; Chiralpak der Fa. Daicel). Außer Aminosäuren und Glycyl-dipeptiden sind z. B. α-Hydroxycarbonsäuren [44] an diesen Phasen getrennt worden. Trennungen unter optimierten Bedingungen werden von Engelhard [45] beschrieben. Einfacher scheint allerdings die im folgenden Abschnitt beschriebene Trennung an adsorbierten Kupferkomplexen zu sein.

7 Zusatz optisch aktiver Komponenten zum Fließmittel

Auch an „normalen" achiralen Adsorbentien wie RP-Phasen können nach Zusatz optisch aktiver Komplex- oder Salzbildner Enantiomerentrennungen im analytischen Maßstab getrennt werden. Diese Variante wird zukünftig sehr wichtig werden, da man die ohnehin im Labor für normale Stofftrennungen vorhandenen HPLC-Säulen nutzen und darüber hinaus die Trennung durch Anpassung des Komplex- oder Salzbildners optimieren kann. Nach der Enantiomerentrennung ist das Hilfsreagenz wieder auswaschbar und die Säule im Normalbetrieb nutzbar.

7.1 Salze

Basen wie die chiralen Aminoalkohole aus der Arzneistoffgruppe der Betablocker bilden mit starken organischen Säuren wie (+)-10-Camphersulfonsäure in Lösung diastereomere Salze, die durch HPLC an achiralem LiChrosorb DIOL vollständig getrennt werden. Mit N-Carbobenzoxycarbonylglycyl-L-prolin als optisch aktivem Gegenion in der mobilen Phase werden die Trennungen verbessert. Entsprechend sind Enantiomere chiraler Carbonsäure wie 0-Methylmandelsäure, 2-Phenoxypropionsäure oder Atrolactinsäure mit Chinin als optisch aktivem Gegenion zu trennen [46]. Dazu muß der Wassergehalt des Fließmittels (Methylenchlorid/1-Pentanol 99:1) sehr genau eingestellt werden. Bei zu niedrigem Wassergehalt dauert die Gleichgewichtseinstellung zu lange, bei zu hohem Wassergehalt wird keine Trennung erzielt. So wird ein Wassergehalt von 80–90 ppm empfohlen, der bei rascher Äquilibrierung die Trennung noch nicht wesentlich beeinträchtigt. Auch am Beispiel der Trennung des racemischen Arzneistoffs threo-Methylphenidat (Ritalin^{R}) mit einer (+)-Camphersulfonsäure-Lösung sind die Variationsmöglichkeiten solcher Chromatographieversuche eingehend beschrieben [46].

7.2 Cyclodextrine

Die Zumischung monomerer Cyclodextrine zum Fließmittel und Trennung der in Lösung gebildeten Komplexe an achiralen stationären Phasen ist ebenfalls besonders einfach durchzuführen. So gelang erstmals die analytisch wichtige Trennung des synthetischen Gestagens D,L-Norgestrel mit einer 10^{-2}-molaren Lösung von γ-Cyclodextrin in Methanol/Wasser (1:1) an handelsüblichen Umkehrphasen wie Hypersil ODS, Lichrosorb RP-18 und Nucleosil C-18 [47]. Weiter werden Trennungen racemischer Dansylaminosäuren an ODS-Hypersil [48] und von Barbituraten sowie Hydantoinen an LiChrosorb RP-18 [49] (pH 2.0) [49] mit Cyclodextrin-Lösungen beschrieben. Ebenso sind dünnschichtchromatographische Trennungen mit Cyclodextrinen möglich [59].

7.3 Albumin

Auch Serumalbumin, das in kovalenter Bindung an Silicagel für die Enantiomerentrennung HPLC verwendet wird, ermöglicht als Zusatz zum Fließmittel solcher Trennungen an achiralen Umkehrphasen. So sind Säuren wie Ditoluyl- und Dibenzoylweinsäure, α-Methoxyphenylessigsäure und Atrolactinsäure sowie die Aminosäure Tryptophan getrennt worden [51].

7.4 Kupferkomplexe von Aminosäuren

Kupferkomplexe optisch aktiver N-Alkylaminosäurederivate wie des 4-Hydroxyprolins, an Kieselgel adsorbiert, ermöglichen ohne apparativen Aufwand die dünnschichtchromatographische Enantiomerentrennung von Aminosäuren und N- bzw. α-Methylaminosäuren [52] sowie die Prüfung der optischen Reinheit von D-Penicillamin [53]. Hier sind noch 0,5% des toxischen L-Enantiomers nachweisbar. Eine Nachweisgrenze von 0,1% werde an einer entsprechenden HPLC-Säule erreicht [54].

8 Ausblick

Die Zahl der Anwendungsbeispiele flüssigkeitschromatographischer Enantiomerentrennungen und die Vielfalt der verschiedenen verwendeten Adsorbentien nimmt stürmisch zu. Aber immer noch muß für ein konkretes Trennproblem das geeignetste Trennsystem oft sehr mühsam durch Ausprobieren kostspieliger HPLC-Säulen herausgefunden werden. Ziel zukünftiger Entwicklungen sollten daher optisch aktive Adsorbentien mit möglichst breitem Anwendungsbereich sowie allgemeiner anwendbare optisch aktive Komplexbildner als Fließmittelkomponenten sein.

Literatur

1. G. Blaschke, Angew. Chem. 92:14 (1980); Angew. Chem. Int. Ed. Engl. 19:13 (1980)
2. G. Blaschke, J. Liqu. Chromatogr. 9:341 (1986)
3. R. Däppen, H. Arm und V. R. Meyer, J. Chromatogr. 373:1 (1986)
4. B. Testa, Xenobiotica 16:265 (1986)

5. R. W. Souter, Chromatographic Separation of Stereoisomers. Boca Raton, Florida/USA 1985, CRC Press, Inc.
6. J. Liqu. Chromatogr. 9: 241 – 699 (1986)
7. S. Yuasa et al., Chromatographia 21:79 (1986).
8. E. Francotte, H. Stierlein und J. W. Faigle, J. Chromatogr. 346:321 (1985)
9. A. Mannschreck, H. Koller und R. Wernicke, Kontakte (Darmstadt) 1985 (1), 40
10. J. Nilson und R. Isaaksson, Acta Chem. Scand. B39:531 (1985).
11. K.-H. Rimböck, F. Kastner und A. Mannschreck, J. Chromatogr. 351:346 (1986)
12. T. Shibata, O. Okamoto und K. Ishii, J. Liqu. Chromatogr. 9:313 (1986)
13. J. W. Wainer, M. C. Alembik und C. R. Johnson, J. Chromatogr. 361:374 (1986)
14. J. W. Wainer und M. C. Alembik, J. Chromatogr. 358:85 (1986)
15. Y. Okamoto, M. Kawashima und K. Hatada, J. Chromatogr. 363:173 (1986)
16. T. Shibata, I. Okamoto und K. Ishii, J. Liqu. Chromatogr. 9:313 (1986)
17. T. J. Ward und D. W. Armstrong, J. Liqu. Chromatogr. 9:407 (1986)
18. astec/ict, Firmenschrift „Cyclobond I"
19. K. G. Feitsma, J. Bosman, B. Drenth und R. A. Zeeuw, J. Chromatogr. 333:59 (1985)
20. J. S. McClanahan und J. H. Maguire, J. Chromatogr. 381:438 (1986)
21. D. Armstrong, T. Ward, A. Czech, B. Czech und R. Bartsch, J. Org. Chem. 50:5556 – 5559 (1985)
22. W. L. Hinze et al., Anal. Chem. 57:237 (1985)
23. A. Alak und D. W. Armstrong, Anal. Chem. 58:582 (1986)
24. G. Blaschke und J. Maibaum, J. Pharm. Sci. 74:438 (1985)
25. G. Blaschke und J. Maibaum, J. Chromatogr. 366:329 (1986)
26. G. Blaschke, P. Hilgard, J. Maibaum, U. Niemeyer und J. Pohl, Arzneim.-Forschung (Drug Res.) 36:1493 (1986)
27. G. Blaschke, W. Bröker und W. Fraenkel, Angew. Chem. 98:808 (1986), Angew. Chem. Int. Ed. (Engl.) 25:830 (1986), J. N. Kinkel, W. Fraenkel, G. Blaschke, Kontakte (Darmstadt) 1987 (1), 3
28. Y. Okamoto und K. Hatada, J. Liqu. Chromatogr. 9:369 (1986)
29. S. Allenmark, J. Liqu. Chromatogr. 9:425 (1986)
30. J. Hermansson und M. Eriksson, J. Liqu. Chromatogr. 9:621 (1986)
31. G. Schill, I. W. Wainer und S. A. Barkan, J. Liqu. Chromatogr. 9:641 (1986)
32. O. W. Griffith, E. B. Campbell, W. H. Pirkle, A. Tsipouras und M. Hyun, J. Chromatogr. 362:345 (1986).
33. I. W. Wainer und M. C. Alembik, J. Chromatogr. 367:59 (1968)
34. A. Tambute, P. Gareil, M. Caude und R. Rosset, J. Chromatogr. 362:436 (1986)
35. W. H. Pirkle, A. Tsipouras, M. Hyun, D. J. Hart und Ch. Lee, J. Chromatogr. 358:377 (1986)
37. I. W. Wainer, Th. D. Doyle, F. S. Fry und Z. Hamidzadeh, J. Chromatogr. 355:149 (1986)
37. G. R. Marchelli, R. Virgili, E. Armani und A. Dossena, J. Chromatogr. 356:354 (1986)
38. W. H. Pirkle und Th. C. Pochapsky, J. Am. Chem. Soc. 108:352 (1986)
39. W. H. Pirkle, G. Mahler und M. Hyun, J. Liqu. Chromatogr. 9:443 (1986)
40. N. Oi und H. Kitahara, J. Liqu. Chromatogr. 9:511 (1986)
41. R. Däppen, V. R. Meyer und H. Arm, J. Chromatogr. 361:93 (1986)

42. B. Feibush, A. Figueroa, R. Charles, K. D. Onan, P. Feibush und B. L. Karger, J. Am. Chem. Soc. 108:3310 (1986)
43. V. A. Davankov und S. V. Rogozhin, J. Chromatogr. 60:280 (1971)
44. G. Gübitz, J. Liqu. Chromatogr. 9:519 (1986)
45. H. Engelhardt, T. König und S. Kromidas, Chromatographia 21:205 (1986)
46. H. K. Lim, M. Sardessai, J. W. Hubbard und K. K. Midha, J. Chromatogr. 328:378 (1985)
47. M. Gaszdag, G. Szepesi und L. Huszar, J. Chromatogr. 351:128 (1986)
48. T. Takeuchi, H. Asai und D. Ishii, J. Chromatogr. 357:409 (1986)
49. D. Sibylska, J. Zukowski und J. Bojarski, J. Liqu. Chromatogr. 9:591 (1986)
50. A. Alak und D. W. Armstrong, Anal. Chem. 58:582 (1986)
51. C. Pettersson, T. Arvidsson, A.-L. Karlsson und I. Marle, J. Pharmac. & Biomedical Anal. 4:221 (1986)
52. J. Martens, K. Günther und M. Schickedanz, Naturwissenschaften 72:149 (1985)
53. J. Martens, K. Günther und M. Schickedanz, Arch. Pharm. 319:461 (1986)
54. E. Busker, K. Günther und J. Martens, J. Chromatogr. 359:179 (1985)

Die Praxis der Gaschromatographischen Enantiomerentrennung

Wilfried A. König

Institut für Organische Chemie
Universität Hamburg, D-2000 Hamburg 13

1 Einführung

Die Tatsache, daß viele wichtige Biomoleküle chiral sind, d. h. in Form mehrerer Stereoisomerer auftreten können, von denen aber meist nur eines die spezifische biologische Wirkung hat, weist auf die außerordentliche Bedeutung der Stereochemie hin. So hat beispielsweise nur das rechtsdrehende Östron (*1*) Hormonwirkung, das linksdrehende Isomer

(+)-Östron (−)-Östron (SF 1)

ist dagegen unwirksam. Auch unsere Geschmacks- und Geruchs-Rezeptoren verhalten sich selektiv gegenüber chiralen Verbindungen: L-Asparagin (*2*) schmeckt bitter, sein Enantiomer D-Asparagin dagegen süß. Der Geruch des Terpenkohlenwasserstoffs Limonen (*3*) ist zitronenartig im Falle des S-Antipoden, während der R-Antipode orangenartig duftet.

L-Asparagin D-Asparagin (SF 2)

S-Limonen R-Limonen (SF 3)

Ähnlich verhalten sich viele Pheromone, das sind Signalstoffe im chemischen Kommunikationssystem von Insekten. Ihre spezifische Wirkung ist streng an eine bestimmte Konfiguration gebunden [1].

Konfigurationsabhängige Substrat-Rezeptorwechselwirkungen sind auch bei chiralen Arzneistoffen für die unterschiedliche Wirkung vieler Stereoisomerer verantwortlich. Modellhaft ist dies in Abb. 1 dargestellt.

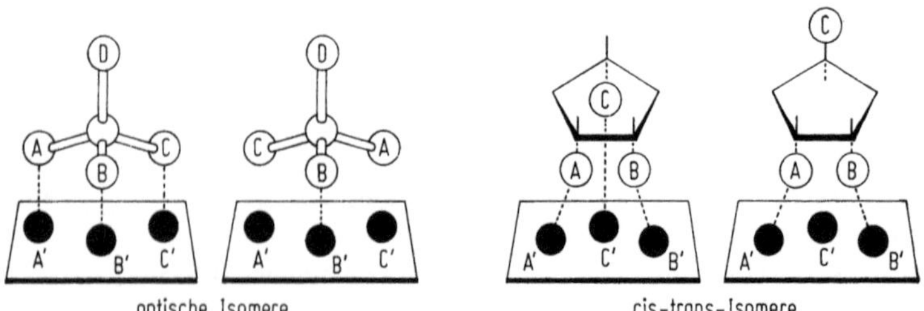

Abb. 1. Schematische Darstellung der Substrat-Rezeptor-Wechselwirkung in Abhängigkeit von der Stereochemie. Aus [122]

Etwa die Hälfte aller Pharmazeutika sind chiral, doch nur etwa 20% davon werden als reine Enantiomere eingesetzt, der Rest findet als Razemat Verwendung [2]. Von den vier Stereoisomeren des Antibiotikums Chloramphenicol (*4*) hat nur das natürliche (−)-threo-Isomer hohe anti-

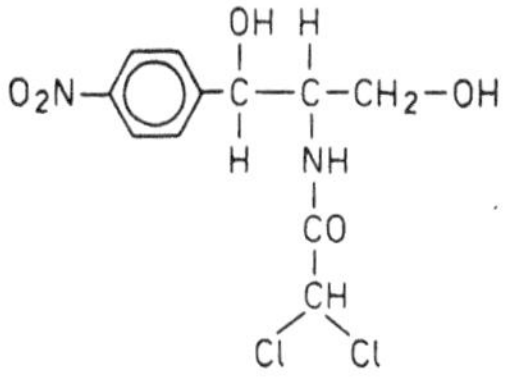

```
          OH  H
          |   |
O2N-<O>-C---C-CH2-OH
          |   |
          H   NH
              |
              CO
              |
              CH
             /  \
           Cl    Cl
```

(SF 4)

biotische Wirkung. In verschiedenen Fällen wurden sogar stark toxische Wirkungen bestimmter Stereoisomerer von Arzneistoffen nachgewiesen. Hier verbietet sich selbstverständlich die Verwendung von Razematen.

Methoden zur Überprüfung der Enantiomerenreinheit sind daher von besonderer Wichtigkeit.

In natürlichen Organismen verlaufen die meisten Stoffwechselprozesse streng stereospezifisch. Heute macht man sich diese Eigenschaft von Enzymen bei biotechnologischen Produktionsmethoden zunutze. Die Überprüfung der Stereoselektivität ist auch hierbei von Interesse.

Die Enantioselektivität von Enzymen wird zwar bei asymmetrischen chemischen Synthesen nur selten erreicht, dennoch sind in den letzten Jahren erstaunliche Fortschritte in diesem wichtigen Bereich der präparativen organischen Chemie erzielt worden.

Der Bedarf an empfindlichen Methoden zur Bestimmung der absoluten Konfiguration und der Enantiomerenüberschüsse (e.e. = enantiomeric excess) ist somit größer denn je.

1.1 Chromatographische Methoden der Konfigurations-Analytik

Die Trennung von Enantiomeren durch Gaschromatographie mit Kapillarsäulen kann auf zwei unterschiedlichen Wegen erreicht werden. Im ersten Fall werden durch Umsetzung mit chiralen Reagentien diastereomere Derivate hergestellt und diese an stationären Phasen getrennt, die üblicherweise nicht chiral sind. Der Vorteil dieser Verfahren besteht darin, daß eine Trennung in jedem chromatographischen System möglich ist, vorausgesetzt, es besitzt die notwendige Selektivität. Beim zu trennenden Substrat ist das Vorhandensein einer Funktionalität, die mit einem optisch reinen Reagenz zur Reaktion gebracht werden kann, nötig. Von Nachteil ist die Notwendigkeit, absolut enantiomerenreine Reagentien zu verwenden, will man einen systematischen Fehler vermeiden. Ein Fehler kann sich auch daraus ergeben, daß bei der Reaktion eines Enantiomerengemisches mit einem optisch aktiven Reagenz energetisch unterschiedliche (diastereomere) Übergangszustände auftreten, die durch unterschiedliche Reaktionskinetik zu verfälschten Produktanteilen führen können.

Eine zweite Möglichkeit besteht in der direkten Enantiomerentrennung an chiralen stationären Phasen. Hierbei erfolgt die Trennung durch Ausbildung diastereomerer (und damit energieungleicher) Assoziate zwischen den zu trennenden Enantiomeren und einer chiralen stationären Phase. Im Falle von „chiralem Erkennen" kann eine Trennung der Antipoden resultieren.

Gleichzeitig erlaubt das chromatographische Detektorsignal durch Flächenintegration eine quantitative Bestimmung des Enantiomerenverhältnisses. Selbst für den Fall, daß die chirale stationäre Phase nicht enantiomerenrein ist, bedeutet dies keine Beeinträchtigung der Richtigkeit des Ergebnisses, lediglich die Trennfaktoren fallen kleiner aus. Der Trennfaktor α ist definiert durch den Quotienten der (von einem Inertgaspeak aus gemessenen) Nettoretentionszeit t_2' des später und t_1' des früher eluierten Antipoden.

$$\alpha = \frac{t_2'}{t_1'}$$

Aus dem experimentell bestimmten Trennfaktor läßt sich auch die Differenz der freien Enthalpien der Assoziate der beiden Enantiomeren R und S mit der chiralen stationären Phase angeben:

$$-\Delta(\Delta G^0)_{R,S} = RT \ln \alpha$$

Nach Schurig [3] kann als untere Grenze für eine quantitative Auftrennung von zwei Enantiomeren an einer Hochauflösungs-Kapillarsäule ein α-Wert von 1,01 (entsprechend $\Delta(\Delta G^0)_{R,S} = 10$ cal/mol) angesehen werden.

Bei Kenntnis der Elutionsfolge der Enantiomeren von der chromatographischen Säule ist auch die Bestimmung der Absolutkonfiguration möglich. In der Regel wird innerhalb einer Stoffklasse Konsistenz der Elutionsfolge beobachtet, so daß, mit einigem Vorbehalt, auch dann eine Konfigurationszuordnung möglich ist, wenn eine optisch reine oder angereicherte Referenzsubstanz nicht verfügbar ist.

Ein entscheidender Vorteil chromatographischer Methoden (Gaschromatographie, Dünnschichtchromatographie, Hochdruckflüssigchromatographie) bei der stereochemischen Analytik ist die Tatsache, daß exakte Ergebnisse auch von nicht isolierbaren Einzelkomponenten komplexer Gemische erhalten werden können, vorausgesetzt, alle chiralen und nicht-chiralen Komponenten werden ausreichend gut getrennt. Diese Voraussetzung wird in hohem Maße durch die Kapillargaschromatographie erfüllt, die von allen chromatographischen Methoden die höchste Trennleistung aufzuweisen hat. Dadurch ist man mit dieser Methode in der Lage, auch geringste enantiomere Verunreinigungen noch zuverlässig nachzuweisen.

Es sollte klargestellt werden, daß die Kapillargaschromatographie nahezu ausschließlich als *analytische* Methode eingesetzt wird, bei der typischerweise Substanzmengen im Bereich von 10^{-12} g (1 Picogramm) bis 10^{-6} g (1 Mikrogramm) pro Komponente injiziert werden. Dennoch gelingt es mit einigem technischen Aufwand, die Kapillargaschromatographie auch für präparative Zwecke einzusetzen. Roerade und Enzell [4] konnten zeigen, daß mit einem mikroprozessorgesteuerten, automatisierten System die Isolierung von Mikrogramm-Mengen einzelner Komponenten möglich ist, die dann im „off-line"-Verfahren mit NMR untersucht werden können.

1.2 Chirale stationäre Phasen

Die ersten Enantiomerentrennungen beschrieben E. Gil-Av et al. [5, 6]. Unter Verwendung von acylierten Aminosäure- und Dipeptidestern als stationäre Phasen in Kapillarsäulen konnten N-trifluoracetylierte Aminosäureester getrennt werden. Schon hierbei zeigte sich, daß stationäre Phasen, die L-Aminosäuren als Bausteine enthielten, L-Aminosäurederivate länger zurückhielten als D-Aminosäuren. Gil-Av führte die Trennung auf die Ausbildung von Wasserstoffbrückenbindungen zwischen den zu trennenden Enantiomeren und der stationären Phase zurück. Die diastereomeren Assoziate zwischen gleichkonfigurierten Partnern sind erwartungsgemäß stabiler, was zu einer längeren Retentionszeit führt als bei ungleichkonfigurierten Partnern.

Besonders gute Trenneigenschaften wies das Dipeptidderivat N-Trifluoracetyl-L-Valyl-L-Valincyclohexylester (*5*) auf. Die maximale Betriebs-

$$CF_3-CO-NH-CH(CH(CH_3)_2)-CO-NH-CH(CH(CH_3)_2)-C(=O)-O-C_6H_{11} \qquad \text{(SF 5)}$$

temperatur von 110°C für Kapillarsäulen, die mit dieser Phase belegt waren, begrenzte ihre Anwendbarkeit jedoch erheblich.

Eine Erweiterung des Anwendungsbereichs konnte durch Einführung anderer Aminosäuren, wie L-Asparaginsäure, L-Phenylalanin oder L-Leucin, erreicht werden [7, 8].

Weitergehende Modifizierungen stellen die ebenfalls zur Enantiomerentrennung geeigneten von Gil-Av und Feibush vorgeschlagenen Carbonyl-bis-aminosäureester (*6*) dar („Ureidphasen") [9, 10], die, abgesehen von Aminosäurederivaten, auch chirale acylierte Amine trennen.

$$(H_3C)_2CH-O-C(=O)-CH(CH(CH_3)_2)-NH-C(=O)-NH-CH(CH(CH_3)_2)-C(=O)-O-CH(CH_3)_2 \qquad \text{(SF 6)}$$

Hohe Enantioselektivität ließ sich durch das von Feibush eingeführte n-Dodecanoyl-L-Valin-t.butylamid (*7*) [11] erreichen, einer Phase, die zwar nur ein Asymmetriezentrum aufweist, infolge ihrer Diamidstruktur

$$CH_3-(CH_2)_{10}-CO-NH-CH(CH(CH_3)_2)-C(=O)-NH-C(CH_3)_3 \qquad \text{(SF 7)}$$

jedoch zur Ausbildung von H-Brücken besonders geeignet erscheint. Etwas unerwartet war dagegen die relativ breite Verwendbarkeit von n-Dodecanoyl-(S)-α-(1-naphthyl)ethylamin (*8*) mit nur einer Amidfunk

$$CH_3-(CH_2)_{10}-C(=O)-NH-CH(CH_3)-C_{10}H_7 \qquad \text{(SF 8)}$$

tion [12]. An dieser Phase sind neben Aminosäuren und Aminen auch α-chirale Carbonsäureamide trennbar.

Nach diesen Erfolgen, die ausschließlich an Stickstoff enthaltenden Verbindungen erreicht worden waren, bestand naturgemäß der Wunsch nach einer größeren Anwendungsbreite der enantioselektiven Gaschromatographie. Es war naheliegend, die Struktur der stationären Phasen an die Struktur der zu trennenden Substrate anzupassen. So gelang erstmals die Trennung acylierter α-Hydroxysäureester an (S)-α-Hydroxysäure-(S)-α-phenylethylamiden (z. B. *9*) [13—15]. Die unzureichende ther-

$$CH_3{-}(CH_2)_5{-}CH(OH){-}C(=O){-}NH{-}CH(CH_3){-}C_6H_5 \qquad \text{(SF 9)}$$

mische Stabilität dieser stationären Phasen begrenzte allerdings auch hier die breitere Anwendung.

Verschiedene weitere, niedermolekulare stationäre Phasen wurden von Oi et al. [16—18] vorgeschlagen, an denen ebenfalls, neben Aminosäuren, einige α-Hydroxysäuren, Alkohole, Nitrile und Lactone getrennt wurden.

Eine entscheidende Verbesserung hinsichtlich der Temperaturstabilität von chiralen stationären Phasen konnte durch ein neues Konzept von Frank, Nicholson und Bayer erreicht werden [19, 20]. Durch Copolymerisation von Dimethylsiloxan mit (2-Carboxypropyl)methylsiloxan und Verknüpfung der Carboxylgruppe mit der Aminogruppe von L-Valin-t.butylamid wurde eine Polysiloxanmatrix mit chiralen Liganden in den Seitenketten erhalten. Neben hoher Enantioselektivität weist diese unter dem Namen Chirasil-val bekannt gewordene Phase (*10*) Temperatur-

$$(CH_3)_3Si{-}\left[O{-}Si(CH_3)\left(CH_2{-}CH(CH_3){-}C(=O){-}NH{-}CH(CH(CH_3)_2){-}C(=O){-}NH{-}C(CH_3)_3\right)\right]_n\left[O{-}Si(CH_3)_2\right]_{\sim 7n}{-}O{-}Si(CH_3)_3 \qquad \text{(SF 10)}$$

stabilität von über 200 °C auf. Der weite Anwendungsbereich dieses chiralen Polymers ist in verschiedenen Übersichtsartikeln beschrieben worden [21—23].

Einen weiteren Zugang zu chiralen Polysiloxanen wiesen Verzele et al. [24, 25], indem sie die als stationäre Phasen bekannten Cyanoalkylpolysiloxane OV-225 bzw. Silar-10C nach Verseifung zu den Carboxylalkylderivaten mit L-Valin-t.butylamid koppelten. In Abwandlung dieser

Methode konnten chirale Polysiloxane auch durch Reduktion der Nitril- zu Aminomethylgruppen und Kopplung mit freien Carboxylgruppen von N-acylierten Aminosäuren erhalten werden [26]. An diesen Phasen konnten neben Aminosäuren vor allem Aminoalkohole und Amine getrennt werden.

Als noch wesentlich vielseitiger verwendbar erwiesen sich zwei chirale Polymerphasen, die durch Modifizierung des Polysiloxans XE-60 hergestellt werden können [15, 27–29]. Nach basischer oder saurer Verseifung der Cyanoethyl-Seitenketten wird mit L-Valin-(S)-α-phenylethylamid oder L-Valin-(R)-α-phenylethylamid gekoppelt (Schema 1).

XE-60 $\xrightarrow{(H^+)}$ $\xrightarrow[-HCl]{(COCl)_2}$

$+ H_2N-CH(CH(CH_3)_2)-CO-NH-CH(CH_3)C_6H_5 \xrightarrow{-HCl}$

XE-60-L-VAL-(S)-α-PEA (SF 11)

Man erhält Polysiloxane mit zwei zueinander diastereomeren chiralen Seitenketten, die dem Polymer hoch enantioselektive, jedoch deutlich unterschiedliche Trenneigenschaften verleihen. Während XE-60-L-val-(S)-α-pea (*11*) mit Chirasil val vergleichbare Eigenschaften hinsichtlich der Trennung von Aminosäurederivaten hat, ist XE-60-L-val-(R)-α-pea besonders zur Trennung acylierter Amine, Aminoalkohole, cyclischer Carbonate und verschiedener Pharmaka geeignet. Die XE-60-Phasen sind auch ähnlich temperaturstabil wie Chirasil-val und ebenfalls mindestens bis 200°C verwendbar. Quarzkapillaren mit Chirasilval und XE-60-L-Valin-(S)- bzw. (R)-α-pea sind im Handel erhältlich [30].

Ein weiterer Zugang zu chiralen stationären Phasen ist kürzlich von Schomburg et al. beschrieben worden [31]. Dabei werden Carbowax 20 M und Acryloyl-L-Valin-(S)-α-phenylethylamid mit Dicumoylperoxid in der Kapillare radikalisch vernetzt. Die resultierende Belegung eignet sich zur Trennung von Aminosäurederivaten; die Trennfaktoren reichen jedoch bisher nicht an die von XE-60-L-Valin-(S)-α-pea heran.

Die bis etwa 1982 bekannten niedermolekularen und polymeren chiralen Trennphasen sind in einer Übersicht von Liu und Ku [32] vergleichend beschrieben worden.

Hinsichtlich der Synthese der XE-60-Phasen und der Herstellung von Glaskapillarsäulen sei auf die Literatur verwiesen [15, 33, 34, 85, 137].

1.3 Enantioselektive molekulare Wechselwirkungen, Mechanismus der Enantiomerentrennung

Gil-Av und Mitarb. [5, 6, 35] machten Wasserstoffbrückenwechselwirkungen zwischen Carbonyl- und Amid-NH-Funktionen für die Ausbildung unterschiedlich stabiler diastereomerer Komplexe zwischen den zu trennenden Enantiomeren und einer chiralen stationären Phase verantwortlich. Die ersten einfachen Modelle wurden später unter Berücksichtigung konformativer Aspekte der Peptidbindung verfeinert [36–38]. Obwohl diese Erklärung plausibel erscheint, sind Wasserstoffbrückenbindungen nicht ausschließlich für die Trennung von Enantiomeren verantwortlich zu machen. Es konnte nämlich gezeigt werden [39], daß N-Trifluoracetyl-DL-Prolin-isopropylester (*12*) an N-Trifluoracetyl-L-Prolyl-L-Prolin-cyclohexylester (*13*) als stationärer Phase getrennt wird. In diesem System

$$CF_3{-}C({=}O){-}N\langle\text{Pyrrolidin}\rangle C^{*}{-}C({=}O){-}O{-}HC(CH_3)_2 \qquad \text{(SF 12)}$$

$$CF_3{-}C({=}O){-}N\langle\text{Pyrrolidin}\rangle C^{*}{-}C({=}O){-}N\langle\text{Pyrrolidin}\rangle C^{*}{-}C({=}O){-}O{-}C_6H_{11} \qquad \text{(SF 13)}$$

stehen keine NH-Funktionen für die Ausbildung von H-Brücken zur Verfügung. Ein ähnliches Beispiel stellt die Trennung von O-Trifluoracetyl-DL-Mandelsäure-isopropylester an O-Benzyloxycarbonyl-L-Mandelsäure-cyclohexylester dar [13]. Hier liegt sogar ein System vor, das völlig frei von Stickstoffatomen ist.

Es ist somit anzunehmen, daß neben Wasserstoffbrücken weitere durch polare oder sterisch-konformative Wechselwirkungen hervorgerufene Bindungskräfte zum „chiralen Erkennen" beitragen. Dipol-Dipol-Wechselwirkungen dürften dabei eine besonders wichtige Rolle spielen.

Ein weiterer Versuch, „chirales Erkennen" unter Berücksichtigung von thermodynamischen Daten, Konformationsbetrachtungen und mittels eines Inkrement-Systems der Wasserstoffbindungs-Wechselwirkungen halb-quantitativ zu beschreiben, wurde von Bayer und Koppenhoefer unternommen [23].

Ein andersartiger Typ von Wechselwirkungen, die zu einer Trennung von Enantiomeren genutzt werden können, sind die zwischen chiralen Substraten und Chelatkomplexen von Übergangsmetallionen mit chiralen β-Diketonen wirkenden Kräfte. Auf diesen Wechselwirkungen beruht die Komplexierungs-Gaschromatographie [40], die in vielen Bereichen als Komplementärmethode zur Enantiomerentrennung mit chiralen Amid-Phasen eingesetzt werden kann.

2 Anwendungen

2.1 Derivatbildungsmethoden (Tabelle 1)

Mikrochemische Reaktionen zur Erhöhung der Flüchtigkeit polarer Verbindungen sind seit langer Zeit in der Gaschromatographie üblich [41]. Von diesen Reaktionen wird gefordert, daß sie in möglichst quantitativen Ausbeuten zu möglichst einheitlichen und stabilen Produkten führen. Bei der Untersuchung chiraler Verbindungen ist darüber hinaus abzusichern, daß während der Reaktion keine Razemisierung erfolgt. Nachdem relativ temperaturstabile stationäre Phasen zur Verfügung stehen, hat der Aspekt der Flüchtigkeit der Derivate nicht mehr die größte Bedeutung. Im Vordergrund steht vielmehr der Gesichtspunkt, durch die Derivatbildungsreaktion funktionelle Gruppen einzuführen, die eine enantioselektive Wechselwirkung mit der stationären Phase fördern und damit die Enantiomerentrennung unterstützen. Das kann im Einzelfall bedeuten, daß die Polarität eines Substratmoleküls durch die Derivatbildung erhöht und die Flüchtigkeit erniedrigt wird.

Im einzelnen erwiesen sich die säurekatalysierte Veresterung von Carboxylgruppen und die Acylierung von Amino-, Hydroxyl- und Thiol-Gruppen (Trifluoracetyl-, TFA; Pentafluorpropionyl-, PFP; Heptafluorbutyryl-, HFB) in der Enantiomeren-Analytik als besonders günstig, um die Flüchtigkeit polarer Substrate zu erhöhen. Neuerdings wurden darüber hinaus die vielseitigen Verwendungsmöglichkeiten von Isocyanaten (Isopropyl-isocyanat, Schema 2) und Phosgen (Schema 3) für die Derivatbildung erschlossen [42—45]. In Tabelle 1 sind die wichtigsten Stoffklassen, die entsprechenden Derivate, die verwendbaren stationären Phasen und Literaturhinweise zusammengefaßt.

Es soll nicht verschwiegen werden, daß bei der Umsetzung von feuchten Proben mit Isocyanaten häufig erhebliche Mengen an Nebenprodukten auftreten können, wobei N,N′-Diisopropylharnstoff (*14*) und das höher substituierte Produkt (*15*) besonders zu erwähnen sind. Da Naturstoff-Extrakte oft nur schwer völlig wasserfrei zu erhalten sind, ist die Bildung von (*14*) und (*15*) kaum zu verhindern. Sollte eines dieser Produkte im Chromatogramm stören, kann eine Abtrennung doch meist durch Verwendung einer kürzeren oder längeren Trennsäule, möglicherweise auch durch Veränderung des Temperatur-Programms, erreicht werden.

Tabelle 1. Die wichtigsten für die gaschromatographische Enantiomerentrennung geeigneten Stoffklassen, geeignete Derivate, chirale Trennphasen und zugehörige Literatur

Stoffklasse	Derivat	Stationäre Phase	Literatur
α-Aminosäuren	TFA/Isopropylester	C[a], S[b], Diamide, Dipeptide	8, 27, 29, 50
α-Aminosäuren	PFP/Isopropylester	C, S, Diamide, Dipeptide	19, 20, 51
α-Aminosäuren	t.Butylureid/ Isopropylester	S	29, 42, 43
N-Methylaminosäuren	Isopropylureid/ Isopropylamid	R[c]	42, 43
N-Methylaminosäuren	Oxazolidin-2,5-dion	S	44, 15
α-Alkyl-α-aminosäuren	TFA/t.Butylamid	Diamide	68
α-Alkyl-α-aminosäuren	t.Butylureid/ Methylester	S	69
α-Amino-γ-hydroxysäuren	N-TFA/Lacton	R	56
BOC-Aminosäuren	Methylester (Diazomethan)	S	—
Amine	TFA	R, C	29, 78
Amine	Isopropylureid	S, C	79
α-Aminoalkohole, Sympathomimetica, β-Blocker	Oxazolidin-2-on	R	29, 90—92
α-Aminoalkohole, Sympathomimetica	TFA, HFB	R, C	15, 20, 27, 29, 85, 86
Alkohole	Urethan	S	29, 42, 104
Diole	TFA	S	20, 21
Diole	cyclisches Carbonat	R	44, 45
Diole	Mono-Isopropylurethan	S, C	—
Polyole	TFA	R, S	78
Kohlenhydrate	TFA/Methylglycosid	R, S	15, 109, 110
Kohlenhydrate	Trimethylsilyl/ Boronsäureester	C	112, 113

Ketone	Oxim	S, R	114, 115
Acyloine	Urethan	S, R	120
α-Hydroxycarbonsäuren	Urethan/Ester	S, C	79, 93
α-Hydroxycarbonsäuren	TFA/Ester	Mandelsäureamide	13—15
α-Hydroxycarbonsäuren	PFP/Amid	C	20
α-Hydrocycarbonsäuren	Urethan/Amid	S	42
α-Hydroxycarbonsäuren	1,3-Dioxolan-2,4-dion	R	44, 45
β-Hydroxycarbonsäuren	Urethan/Amid	S	42, 43
α-Halogencarbonsäuren	Amid	Diamide, C	72, 72
α-Alkylcarbonsäuren	Amid	S	42
α-Aminoalkylphosphonsäuren	TFA/Ester	S	unveröffentlicht

a C = Chirasil-L-val
b S = XE-60-L-VAl-(S)-α-pea
c R = XE-60-L-VAl-(R)-α-pea

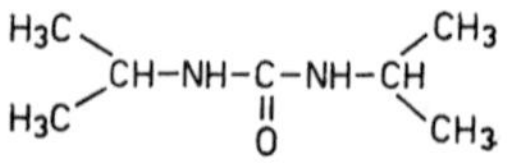

(SF 14)

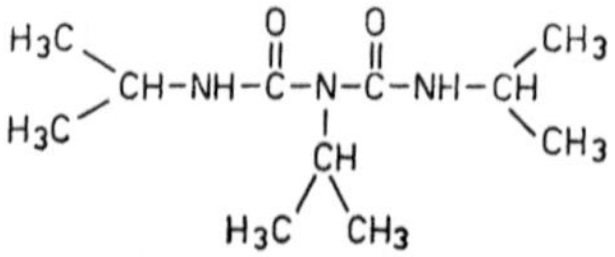

(SF 15)

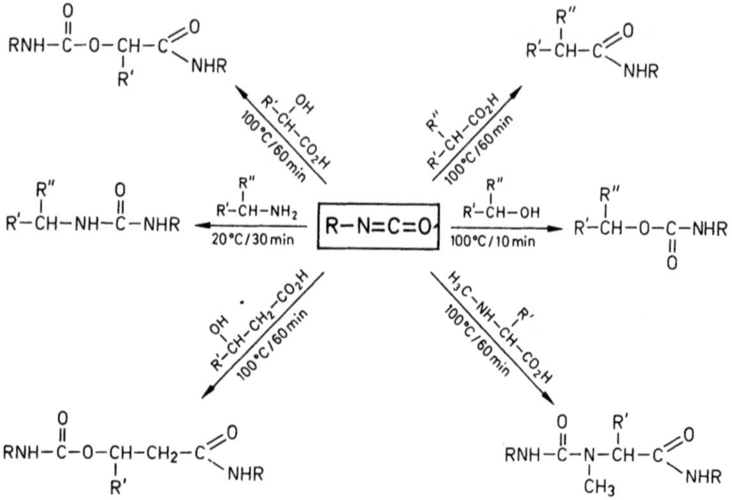

R−N=C=O
20°C/30min
100°C/10min
100°C/60min

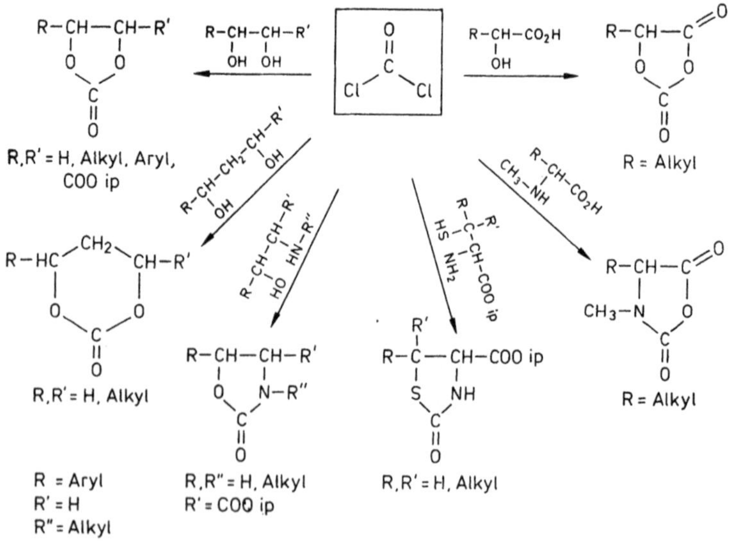

R,R' = H, Alkyl, Aryl, COO ip
R = Alkyl
R,R' = H, Alkyl
R = Alkyl
R = Aryl
R' = H
R'' = Alkyl
R,R'' = H, Alkyl
R' = COO ip
R,R' = H, Alkyl

Phosgen kann in vielen Fällen auch durch Oxalylchlorid oder Chlorameisensäure-ethylester ersetzt werden, wenn das Arbeiten mit Phosgen vermieden werden soll [46].

Durch die Einführung von flexiblen Quarzkapillaren („fused silica") mit einer besonders inerten inneren Oberfläche ist es in vielen Fällen möglich, Enantiomere auch ohne vorherige Derivatisierung zu untersuchen. Vor allem Alkohole, deren Hydroxylgruppe die einzige in einer H-Brücke wechselwirkende Funktion darstellt, können häufig direkt getrennt werden [47], während acylierte Derivate fast immer zu unpolar und in der Regel nicht trennbar sind. Dennoch führt hier die Urethanbildung weitaus häufiger zum Erfolg als die Untersuchung underivatisierter Alkohole.

Die Trennung von α-chiralen Ketonen erfordert in der Regel Derivatisierung zu den Oximen, wobei der Nachteil der Bildung von E- und Z-Isomeren in Kauf genommen werden muß. Wird die enantioselektive Wechselwirkung mit der stationären Phase durch zusätzliche funktionelle Gruppen verstärkt, kann eine Trennung auch ohne Derivatbildung erfolgen. Dies trifft z. B. auf die Strukturen *16–19* zu [47–49].

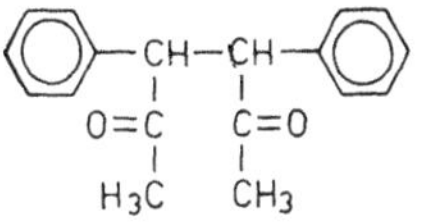

(SF 16)

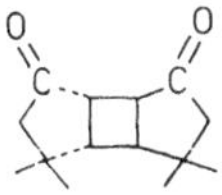

(SF 17)

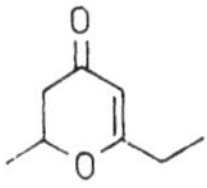

(SF 18)

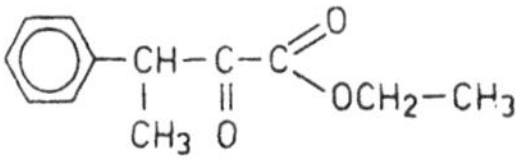

(SF 19)

2.2 Aminosäuren

Die Trennung trifluoracetylierter Aminosäureester ist nach wie vor mit die wichtigste Anwendung der enantioselektiven Gaschromatographie. Sie wird in den meisten Laboratorien, in denen Peptidsynthese betrieben wird, als Routinemethode zur Überprüfung der optischen Reinheit eingesetzt. Die am häufigsten verwendeten Derivate sind trifluoracetylierte Aminosäureisopropylester [27, 29, 50]. Die Kombination Pentafluorpropionyl/Isopropylester wurde ebenfalls vorgeschlagen [19, 20, 51]. Mit der Anwendung des chiralen Polysiloxans Chirasil-val gelang erstmals die Trennung sämtlicher in Proteinen üblicherweise auftretenden Aminosäuren in *einer* chromatographischen Analyse [19, 20]. Lediglich die vollständige Trennung der Enantiomeren von Prolin ist schwierig, da nach

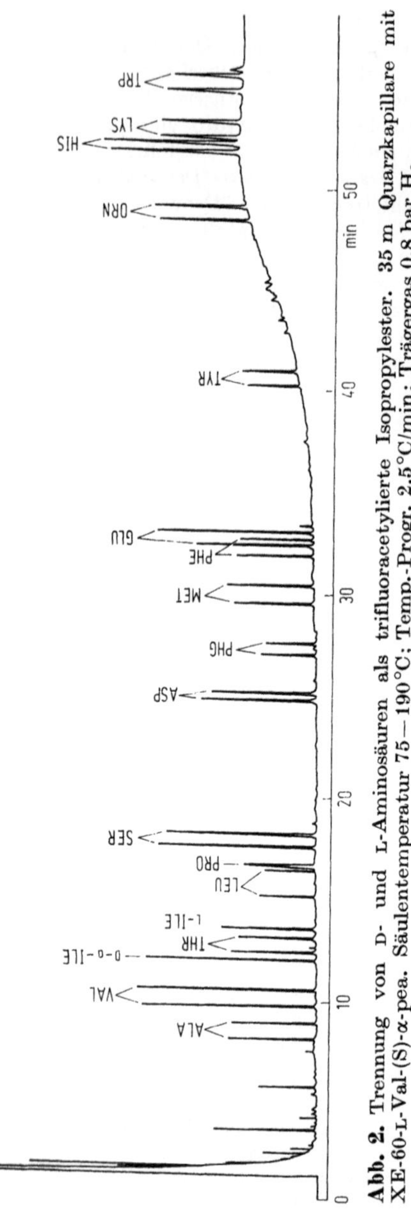

Abb. 2. Trennung von D- und L-Aminosäuren als trifluoracetylierte Isopropylester. 35 m Quarzkapillare mit XE-60-L-Val-(S)-α-pea. Säulentemperatur 75—190 °C; Temp.-Progr. 2,5 °C/min; Trägergas 0,8 bar H_2

Acylierung der sekundären NH-Funktion kein Amidwasserstoff für die Wechselwirkung mit dem chiralen Partner verbleibt. Die Analyse von Arginin ist nur bei besonders sorgfältiger Oberflächenvorbehandlung der Kapillaren möglich [52]. Erfahrungsgemäß wird das sehr empfindliche Trifluoracetylderivat irreversibel in der Säule adsorbiert. Einen Ausweg stellt die Überführung von Arginin in Ornithin durch Behandeln mit Hydrazin dar, das dann verestert und acyliert wird und problemlos untersucht werden kann. Razemisierung bei der Hydrazinbehandlung konnte ausgeschlossen werden. Zur Untersuchung von Histidin ist es angezeigt, das trifluoracetylierte Derivat in einem weiteren Reaktionsschritt mit Chlorameisensäureethylester in Dichlormethan kurze Zeit auf 100°C zu erhitzen [52]. Dabei wird die basische Imidazol-NH-Gruppe substituiert. Das resultierende Carbamat ist stabil und gut trennbar. Andere Aminosäurederivate werden durch diese Reaktion nicht beeinträchtigt. In Abb. 2 ist die Trennung einer Standardmischung von Aminosäuren an der chiralen Phase XE-60-L-Val-(S)-α-pea dargestellt. Ebenso wie an Chirasil-L-val werden an dieser Phase ohne Ausnahme die L-Enantiomeren länger zurückgehalten als die D-Enantiomeren.

Eine große Vielfalt an ungewöhnlichen Aminosäuren tritt in Peptidantibiotika auf. Die Konfigurationsbestimmung dieser Aminosäuren ist ein typisches Anwendungsgebiet der enantioselektiven Gaschromatographie [53—57]. Eine Studie über Schwefel enthaltende Aminosäuren aus Peptidantibiotika wurde von E. Bayer et al. publiziert [58].

Razemisierung von Aminosäuren während der Peptidsynthese kann nach Hydrolyse der Syntheseprodukte überprüft werden [59—61].

Stereochemisch uneinheitliche Produkte werden aber auch bei Verwendung nicht enantiomerenreiner Ausgangsstoffe erhalten. Die häufig in der Peptidsynthese verwendeten t.Butyloxycarbonylaminosäuren lassen sich nach Veresterung mit Diazomethan ebenfalls auf Enantiomerenreinheit überprüfen [62] (Abb. 3).

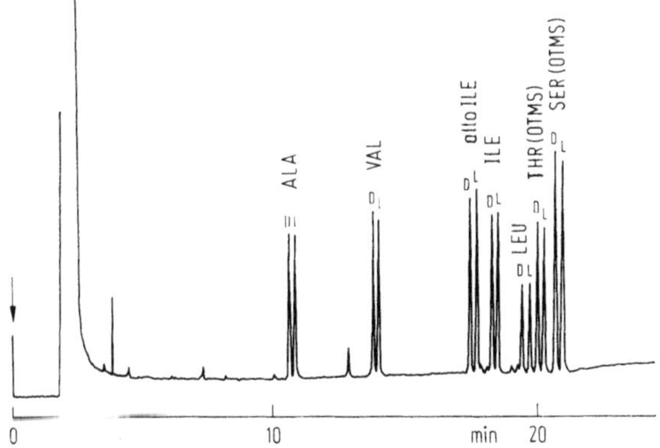

Abb. 3. Trennung einiger BOC-DL-Aminosäure-methylester (Serin und Threonin als O-Trimethylsilylether). Säule wie in Abb. 2. Säulentemperatur 100°C; Temp.-Progr. 1,5°C/min bis 180°C; Trägergas 0,8 bar H_2

Die Langzeit-Kinetik der Aminosäure-Razemisierung ist darüber hinaus für eine Altersbestimmung von Fossilien nutzbar [63], vorausgesetzt, man kennt den Temperaturverlauf über die betreffenden geologischen Zeiträume. Für die Entstehungsweise der in Meteoriten in Spuren aufgefundenen Aminosäuren war der Befund, daß es sich um razemische Aminosäuren handelt, von großer Bedeutung, konnte doch damit eine biogene Entstehung ausgeschlossen werden [64, 54].

Neue Aspekte für die quantitative, gaschromatographische Aminosäure-Analyse bei natürlichen Proteinen ergaben sich durch die Möglichkeit, die unnatürlichen D-Enantiomere als idealen internen Standard zu verwenden. In allen Analyse-Operationen unter nicht-chiralen Bedingungen verhalten sich Enantiomere völlig gleichartig, d. h., unvollständige Ausbeuten, irreversible Adsorption, partielle Zersetzung, unbekannter Detektor-Respons u. dgl. können so als Fehlerquelle ausgeschaltet werden. Dieses als „Enantiomer-labelling" [66] bezeichnete Verfahren ist natürlich auch auf andere Stoffklassen übertragbar.

2.3 α-Alkylaminosäuren, N-Methylaminosäuren, α-Alkylcarbonsäuren

α-Alkylaminosäuren und N-Methylaminosäuren sind relativ häufige Bausteine von Peptidantibiotika, so daß erhebliches Interesse an gaschromatographischen Verfahren für die Konfigurationsbestimmung besteht. Für α-Alkylaminosäuren sind von Schöllkopf et al. enantioselektive Synthesemethoden entwickelt worden, die zu sehr hohen Enantiomerenüberschüssen führen [67]. Untersuchungen von E. Gil-Av et al. [68] zeigten, daß α-Alkylaminosäuren als N-Trifluoracetyl/t.Butylamid-Derivate an

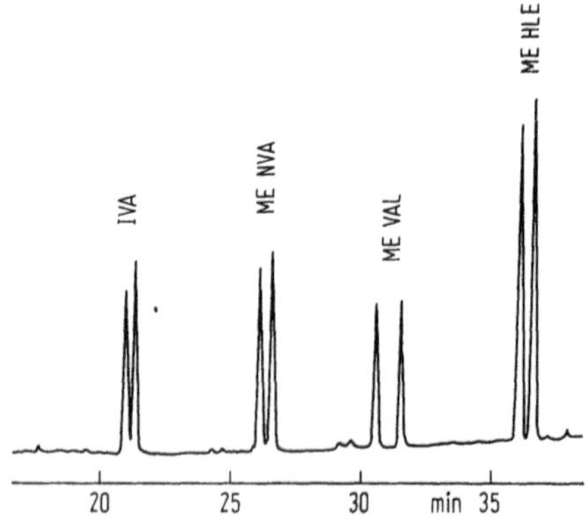

Abb. 4. Trennung einiger α-Methylaminosäuren als N-t.Butylureido/Methylester. Iva = Isovalin, MeNval = α-Methylnorvalin, MeVa = α-Methylvalin, MeHle = α-Isopentylalanin. Säule wie in Abb. 2. Säulentemperatur 140 °C; 20 min isotherm; Temp.-Progr. 1,5 °C/min bis 160 °C; Trägergas 0,8 bar H_2

verschiedenen Diamidphasen trennbar sind. Verwendet man Ester anstelle von Amiden, ist die Enantioselektivität erheblich geringer.

Eine weitere Möglichkeit, die Enantioselektivität zu steigern, besteht in der Verwendung der N-Carbamat/Methylester-Derivate, die sich an XE-60-L-Val-(S)-α-pea trennen lassen (Abb. 4), wobei die (R)-Enantiomeren vor den (S)-Enantiomeren eluiert werden [69].

Eine Besonderheit der N-Methylaminosäuren ist das Verhalten gegenüber reaktiven Anhydriden, wobei sich unter Verlust des ursprünglichen Asymmetriezentrums am α-C-Atom Alkylidenoxazolidin-5-one bilden [70]. Auch hier bietet sich die Umsetzung mit Isocyanaten an, wobei sich in einem Schritt die Carbamat/Amid-Derivate bilden (vgl. Schema 2). Ein Trennbeispiel ist in Abb. 5 dargestellt [42].

Auch bei anderen schwer trennbaren Aminosäuren wie Prolin, Pyroglutaminsäure oder Pipecolinsäure bieten die Ureid-Derivate gegenüber den Trifluoracetyl-Derivaten den Vorteil der höheren Enantioselektivität. Die Derivatbildung verläuft mit Isopropylisocyanat razemisierungsfrei.

Isopropylamide bilden sich auch bei der Reaktion chiraler α-Alkylcarbonsäure mit Isopropylisocyanat. Diese Derivate sind an XE-60-L-Val-(S)-α-pea trennbar [42].

Auch α-Halogencarbonsäuren wurden als Amide getrennt. Gil-Av et al. [71] setzten dazu niedermolekulare Diamidphasen ein. Von Bayer et al. [72] sind die t.-Butylamide von α-Chlor- bzw. α-Bromcarbonsäuren an Chirasil-val untersucht worden. Die Trennfaktoren sind ähnlich hoch wie die der Aminosäurederivate. Die Elutionsfolge ist ebenfalls R vor S.

N-Methylaminosäuren lassen sich auch mit Phosgen zu trennbaren Derivaten umsetzen (vgl. Schema 3). Auch bei dieser Reaktion konnte Razemisierung ausgeschlossen werden [44, 45]. Dasselbe Reagenz eignet sich auch zur Untersuchung trifunktioneller Aminosäuren, wie Serin, Threonin, Cystein oder Penicillamin, die nach Veresterung mit Phosgen zu den entsprechenden Heterocyclen reagieren. Einen Sonderfall stellen die in den Nikkomycinen (Antibiotika mit fungizider und insektizider Wirkung [73]) auftretenden chiralen α-Amino-γ-hydroxysäuren dar. Hier genügt bereits die Umsetzung mit Trifluoracetanhydrid, um zu stabilen N-trifluoracetylierten Lactonen zu gelangen, die sehr gut getrennt werden [56].

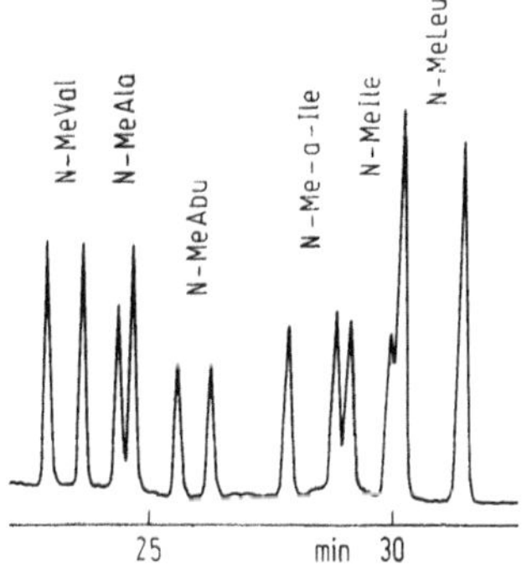

Abb. 5. Trennung von N-Methylaminosäuren als N-Isopropylureido/Isopropylamide. 25 m Glaskapillare mit XE-60-L-Val-(R)-α-pea. Säulentemperatur 170 °C, Trägergas 0,6 bar H_2. Aus [43]

Relativ schlecht trennbar sind β- und γ-Aminocarbonsäuren, die in der Natur gelegentlich als Bausteine von Peptidantibiotika, z. B. der Edeine und Iturine, auftreten [74, 75]. Trennungen konnten bisher nur an einigen niedermolekularen Phasen erzielt werden [10, 76].

Einen besonderen Typ modifizierter Aminosäuren stellen die 1-Aminoalkylphosphonsäuren dar, deren biologische Bedeutung noch nicht in vollem Umfang bekannt ist, für die jedoch bereits enantioselektive Synthesen entwickelt wurden [77]. Ein Trennbeispiel ist in Abb. 6 dargestellt.

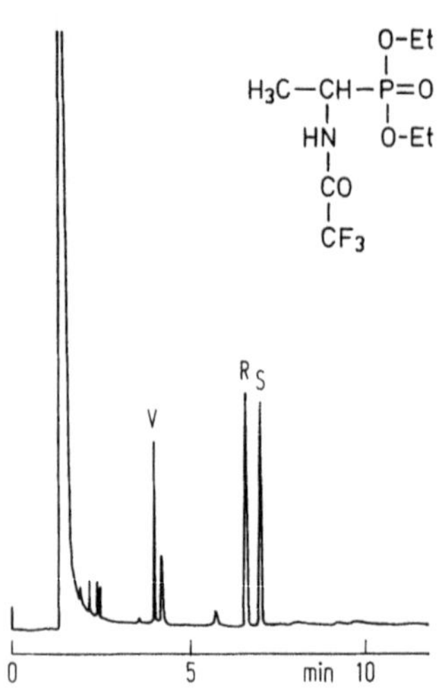

Abb. 6. Trennung von DL-1-Amino-ethyl-phosphonsäure-diethylester nach Trifluoracetylierung (V = Verunreinigung). 25 m Quarzkapillare mit XE-60-L-Val-(S)-α-pea. Säulentemperatur 160 °C; Trägergas 0,6 bar H_2. Für die Probe danke ich Herrn Dr. R. Schütze, Universität Göttingen.

2.4 Amine

Zur Trennung von α-chiralen Aminen eignen sich mehrere Verfahren. Trifluoracetylderivate lassen sich an XE-60-L-Val-(R)-α-pea (Abb. 7) oder auch an Chirasil-val trennen, wobei die (S)-Enantiomere längere Retentionszeiten aufweisen. Als Alternative bietet sich auch hier die Herstellung und Trennung der Isopropylharnstoffderivate an. Die Derivatbildung erfolgt bei Raumtemperatur mit Isopropylisocyanat in Dichlormethan.

Im Vergleich zu den Trifluoracetylderivaten sind die Carbamate wesentlich schwerer flüchtig. Hohe Enantioselektivität für diese Derivate haben XE-60-L-Val-(S)-α-pea [79] und Chirasil-val. Auch bei diesen Derivaten werden die (S)-Enantiomeren später eluiert als die (R)-Enantiomeren. Sekundäre Amine, die z. T. als Arzneimittel von Bedeutung sind, sind erheblich schwerer trennbar. Hier wirkt sich das Fehlen der NH-Donorfunktion ungünstig aus.

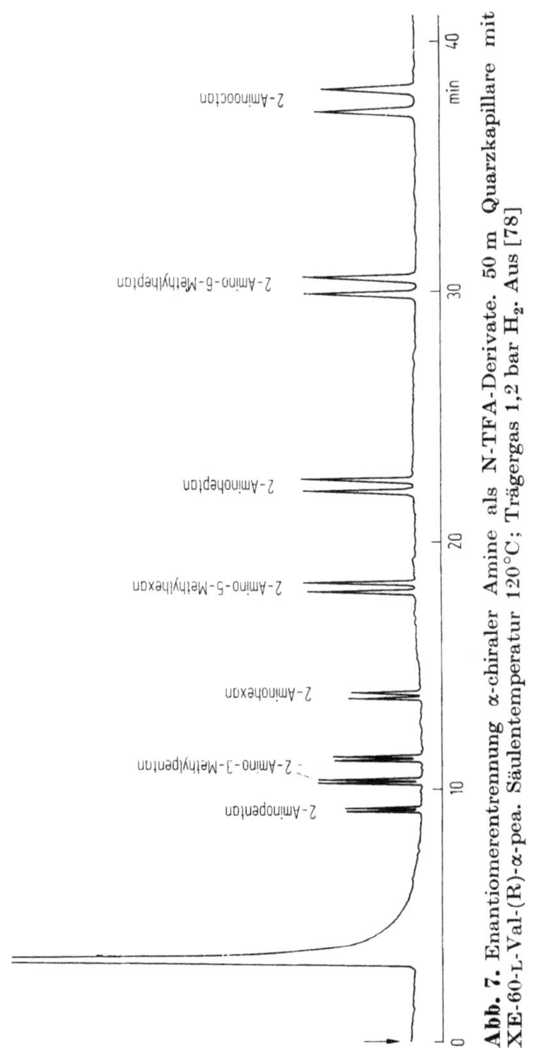

Abb. 7. Enantiomerentrennung α-chiraler Amine als N-TFA-Derivate. 50 m Quarzkapillare mit XE-60-L-Val-(R)-α-pea. Säulentemperatur 120 °C; Trägergas 1,2 bar H_2. Aus [78]

2.5 Aminoalkohole

Eine erste systematische Untersuchung O-acylierter/N-trifluoracetylierter α-Aminoalkohole wurde von Gil-Av et al. an N-Dodecanoyl-L-Valin-6-undecylamid durchgeführt [76], einer chiralen Trennphase, an der nicht nur α-Aminoalkohole, sondern auch β- und γ-Aminosäuren als N-Trifluoracetyl/Isopropylester getrennt werden können.

Wie schon bei trifluoracetylierten Aminen beobachtet, weist XE-60-L-Val-(R)-α-pea auch gegenüber N,O-trifluoracetylierten Aminoalkoholen ausgeprägte Enantioselektivität auf [15, 27], wobei die Enantiomeren mit (R)-Konfiguration in Nachbarschaft zur Aminogruppe retardiert werden (Abb. 8).

Einige Aminoalkohole, wie Valinol, Leucinol, Phenylalaninol und Tryptophanol, sind als C-terminale Bausteine von membranaktiven Peptidantibiotika identifiziert worden [80—84]. Ihre Konfigurationsbestimmung, soweit sie beschrieben wurde, erfolgte durch Gaschromatographie an chiraler Phase [81, 82].

Wegen ihrer größeren Stabilität wurden für die Trennung einiger Sympathomimetika vom Ephedrintyp (*20*) sowie einiger N-isopropylsubstituierter β-Rezeptorenblocker (*21*) die Heptafluorbutyryl-Derivate verwendet [85]. Chirasil-val ist ebenfalls zur Trennung perfluoracylierter

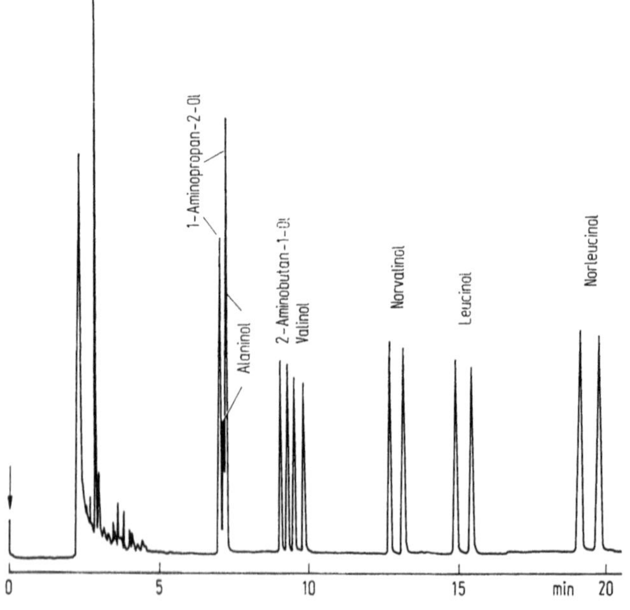

Abb. 8. Enantiomerentrennung N,O-trifluoracetylierter β-Aminoalkohole. 40 m Glaskapillare mit XE-60-L-Val-(R)-α-pea. Säulentemperatur 130 °C; Trägergas 0,8 bar H_2. S-Enantiomere werden zuerst eluiert. Aus [15]

Sympathomimetika eingesetzt worden [20, 86]. Zumindest Ephedrin scheint jedoch als Perfluoracyl-Derivat nicht konfigurationsstabil zu sein. Acylierung von reinem (+)-Ephedrin mit Heptafluorbuttersäureanhydrid führte unter partieller Konfigurationsumkehr in Nachbarschaft zur benzylischen OH-Gruppe zum diastereomeren (—)-Pseudoephedrin [87]. Ein weiterer Nachteil der perfluoracylierten Derivate von β-Aminoalkoholen vom Typ der Sympathomimetika und β-Blocker ist ihre Empfindlichkeit gegenüber Feuchtigkeit und aktiven Zentren im gaschromatographischen System [80].

$$\text{Ar}-\underset{\text{OH}}{\underset{|}{\text{CH}}}-\text{CH}_2-\text{NH}-\text{R} \qquad \text{Ar} = \text{Aryl},\ \text{R} = \text{Alkyl} \tag{SF 20}$$

$$\text{Ar}-\text{O}-\text{CH}_2-\underset{\text{OH}}{\underset{|}{\text{CH}}}-\text{CH}_2-\text{NH}-\text{R} \qquad \text{Ar} = \text{Aryl},\ \text{R} = \text{Alkyl} \tag{SF 21}$$

Eine zuverlässige Methode, α-Aminoalkohole in trennbare, chemisch und konfigurativ stabile Derivate zu überführen, ist die in Schema 3 angegebene Umsetzung mit Phosgen. Die Reaktion wird bei Raumtemperatur unter Zugabe von etwas wäßriger NaOH in Ether oder Dichlormethan mit 20%-iger Phosgen-Lösung in Toluol durchgeführt. Die dabei erhaltenen Oxazolidin-2-one wurden bereits von Vessman und Gyllenhaal [88] für flüssigchromatographische Trennungen verwendet. Wainer et al.

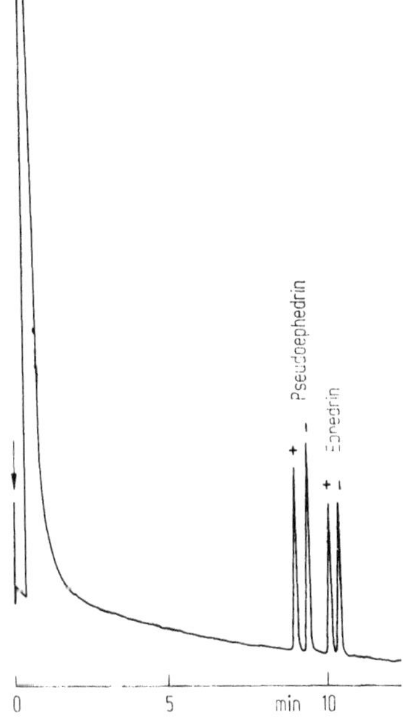

Abb. 9. Enantiomerentrennung von Pseudoephedrin und Ephedrin als Oxazolidin-2-on-Derivate. 18 m Glaskapillare mit XE-60-L-Val-(R)-α-pea. Säulentemperatur 165 °C; Trägergas 0,8 bar H_2. Aus [90]

wiesen mit (+)-Norephedrin nach, daß sowohl die Bildung der Oxazolidinone als auch deren Rückspaltung razemisierungsfrei erfolgt.

Die Enantiomerentrennung gelingt mit dieser Methode nicht nur bei Ephedrin und seinen Analoga (Abb. 9), sondern auch bei β-Rezeptorenblockern [90, 91], die als Herz- und Kreislaufmittel heute große Bedeutung haben (Abb. 10).

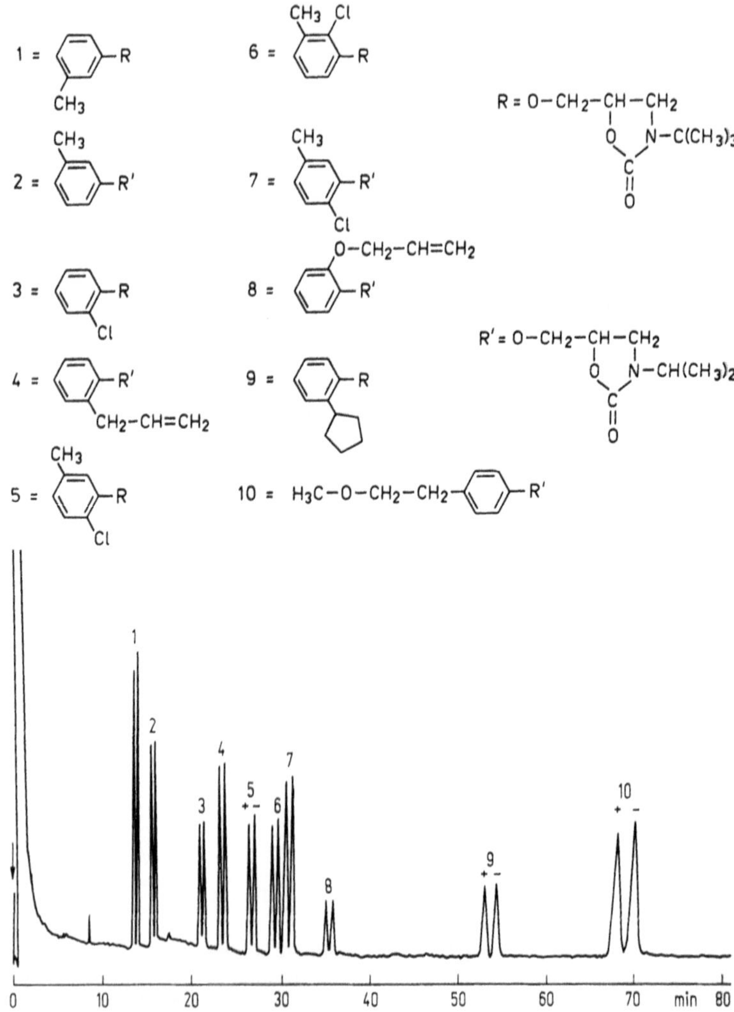

Abb. 10. Enantiomerentrennung von β-Rezeptorblockern als Oxazolidin-2-on-Derivate. Säule wie in Abb. 9. Säulentemperatur 195 °C; Trägergas 0,8 bar H_2. Aus [90]

Adrenalin und ähnliche Wirkstoffe mit phenolischen Hydroxylgruppen lassen sich erst nach Überführung in die Aryl-methylether mit Diazomethan in guten Ausbeuten zu den Oxazolidinonen cyclisieren und an Kapillaren mit XE-60-L-Val-(R)-α-pea trennen [92] (Abb. 11).

Soweit die Elutionsfolge mit reinen Stereoisomeren untersucht werden konnte, werden bei Ephedrin und seinen Analoga die linksdrehenden Enantiomeren länger zurückgehalten. Bei den β-Blockern werden ebenfalls die (S)-(−)-Isomeren später eluiert.

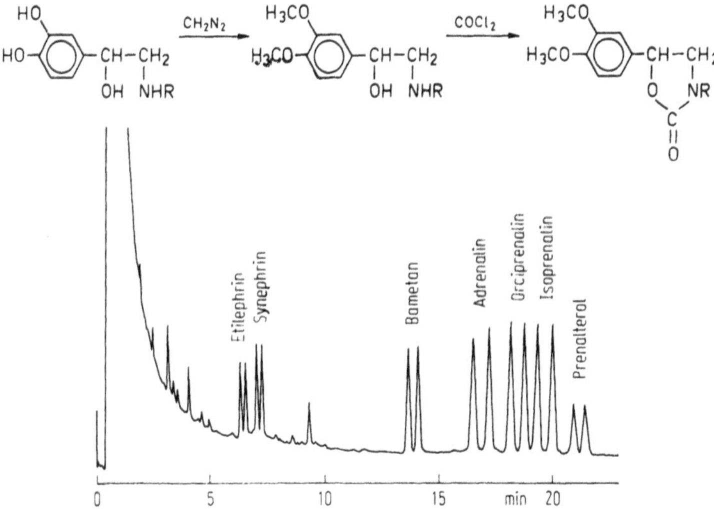

Abb. 11. Enantiomerentrennung von Adrenalin und Analoga nach Methylierung mit Diazomethan und Umsetzung mit Phosgen. 15 m Glaskapillare mit XE-60-L-Val-(R)-α-pea. Säulentemperatur 190 °C; Trägergas 1 bar H_2. Aus [92]

2.6 α- und β-Hydroxysäuren

Über die Trennung der Enantiomeren einer α-Hydroxysäure wurde erstmals von E. Bayer et al. berichtet [20]. An Chirasil-val ließ sich Milchsäure als O-Pentafluorpropionyl/Cyclohexylamid trennen. O-Trifluoracetylierte α-Hydroxysäureester können auch an Phasen vom Typ (*9*) getrennt werden [13–15].

Ein sehr generell anwendbares Verfahren beruht auf der Umsetzung von α-Hydroxysäureestern mit Isopropylisocyanat zu den Urethanderivaten und deren Trennung an XE-60-L-Val-(S)-α-pea [79] oder Chirasil-val [93], wobei die (S)-Enantiomeren gegenüber den (R)-Enantiomeren die längere Retentionszeit haben (Abb. 12).

Der gelegentlich in der Literatur [47, 93] erhobene Einwand der möglichen Razemisierung von Hydroxysäureestern bei der Umsetzung mit

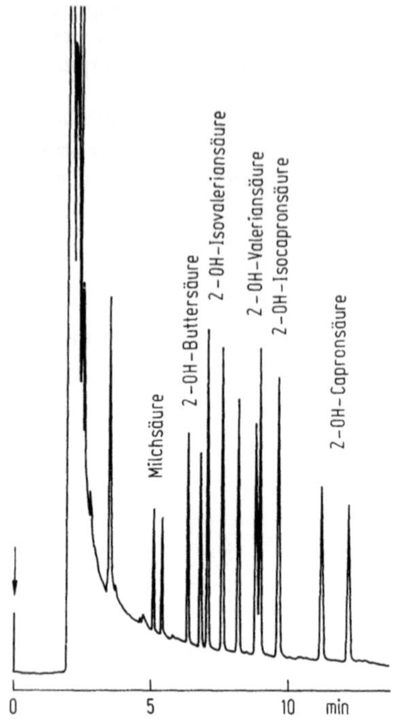

Abb. 12. Enantiomerentrennung einiger α-Hydroxysäuren als Isopropylurethan/Isopropylester. 40 m Glaskapillare mit XE-60-L-Val-(S)-α-pea. Säulentemperatur 160 °C; Trägergas 0,8 bar H_2. Aus [79]

Isocyanaten ist unbegründet. Selbst Mandelsäure mit einem sehr konfigurationslabilen, benzylischen Asymmetriezentrum kann razemisierungsfrei derivatisiert werden, solange basische Bedingungen vermieden werden.

Trennbare N-Isopropyl-carbamoyl/Isopropylamid-Derivate von α- und β-Hydroxysäuren erhält man auch in *einem* Schritt mit Isopropylisocyanat (Schema 2), wobei intermediär die instabilen gemischten Hydroxysäure-Carbamidsäure-Anhydride entstehen, die unter CO_2-Abspaltung zu den Amiden zerfallen.

Eine Anwendung dieser Methode stellt die Zuordnung der Absolutkonfiguration von Milchsäure dar, die durch Ozonspaltung des antitumorwirksamen Pflanzeninhaltsstoffes *Uvaricin* erhalten wurde [94] (Abb. 13). Anstelle von Isopropylisocyanat wurde hier wegen der größeren Flüchtigkeit der Derivate 1,1,1-Trifluorethylisocyanat verwendet.

Optisch aktive α-Hydroxysäuren spielen als Bausteine von Depsipeptiden [95] sowie als natürliche Stoffwechselprodukte eine bedeutende Rolle [96].

Für β-Hydroxysäuren, die als Naturstoffe [97—99], u. a. als Bausteine von Peptidantibiotika in der Natur auftreten [57, 100], gelang nach Derivatbildung mit Isocyanaten erstmals eine Enantiomerentrennung [42, 43] (Abb. 14). Im Gegensatz zu den α-Hydroxysäuren ist die Elutionsfolge bei den β-Hydroxysäuren an XE-60-L-Val-(S)-α-pea S vor R.

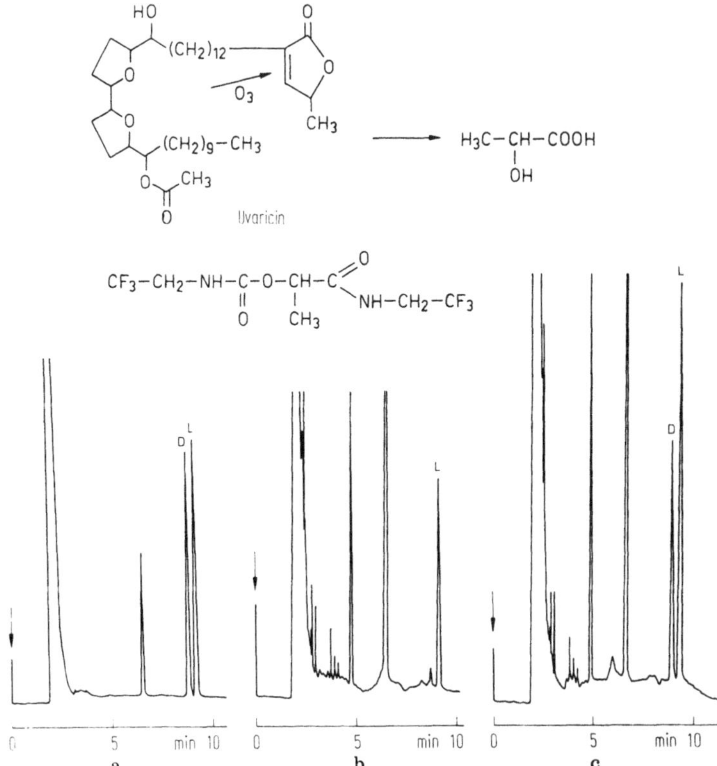

Abb. 13. Struktur von Uvaricin und der durch Ozonspaltung erhaltenen Milchsäure. Gaschromatographische Zuordnung der L-Konfiguration nach Umsetzung mit 2,2,2-Trifluorethylisocyanat. **a** Razemische Milchsäure; **b** Ozonolyseprodukt von Uvaricin; **c** Mischeinspritzung von a und b. 35 m Quarzkapillare mit XE-60-L-Val-(S)-α-pea. Säulentemperatur 160 °C

Gute Trennungen kann man nach Herstellung der Amide auch von Phenoxypropionsäure-Derivaten erhalten, die als Herbizide eingesetzt werden. Es wird vermutet, daß sich die Wirkung der beiden Enantiomeren unterscheidet. Die Trennung des Präparates Dichlorprop als Isopropylamid ist in Abb. 15 dargestellt [101].

Eine weitere Möglichkeit besteht in der Umsetzung von α-Hydroxysäuren mit Phosgen (vgl. Schema 3), wobei sich cyclische 1,3-Dioxolan-2,4-dione bilden, die ebenfalls getrennt werden [44, 45].

Für die Enantiomerentrennung einiger α- und β-Hydroxysäuren kann nach Koppenhoefer et al. [102] auch auf eine Derivatisierung der OH-Gruppe verzichtet werden. Eine symmetrische Peakform ist allerdings nur mit gut desaktivierten Kapillaren zu erhalten.

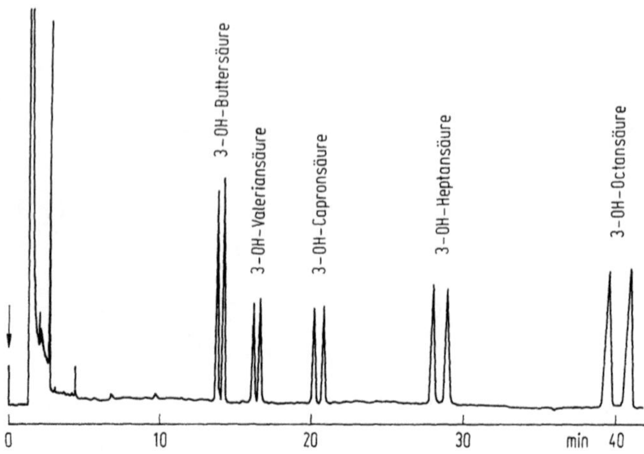

Abb. 14. Enantiomerentrennung von β-Hydroxysäuren als N-t.Butylurethan/t.Butylamide. 25 m Quarzkapillare mit XE-60-L-Val-(S)-α-pea. Säulentemperatur 180 °C; Trägergas 0,6 bar H_2. Aus [43]

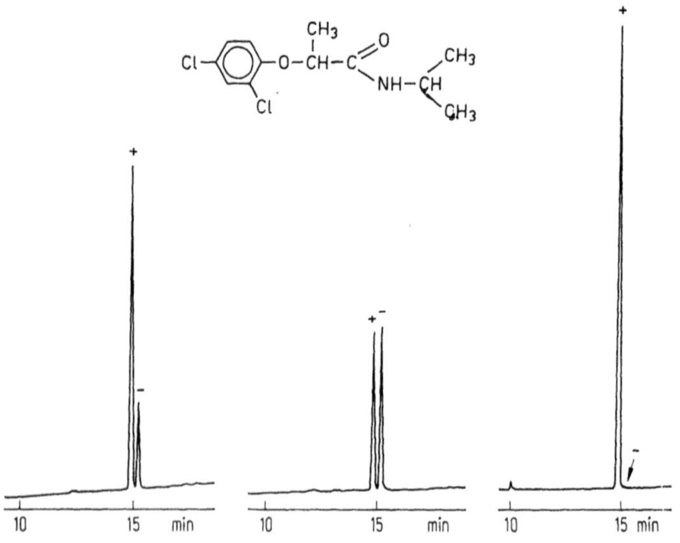

Abb. 15. Enantiomerentrennung und Überprüfung der Enantiomerenreinheit von 2-(2,4-Dichlorphenoxy)propionsäure als Isopropylamid. 15 m Glaskapillare mit XE-60-L-Val-(R)-α-pea. Säulentemperatur 125 °C; Trägergas 0,8 bar H_2

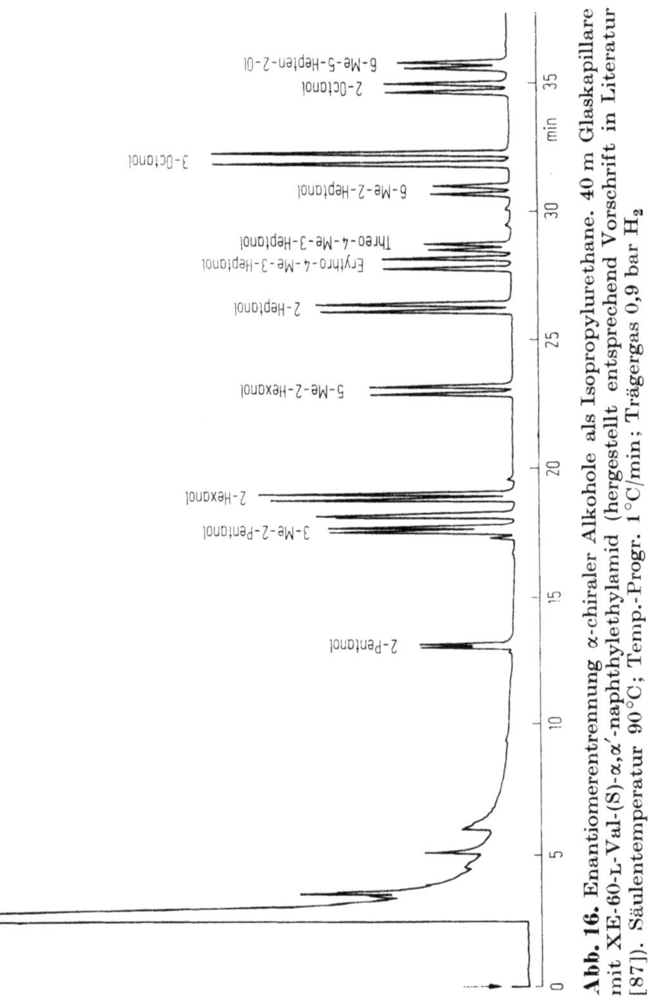

Abb. 16. Enantiomerentrennung α-chiraler Alkohole als Isopropylurethane. 40 m Glaskapillare mit XE-60-L-Val-(S)-α,α'-naphthylethylamid (hergestellt entsprechend Vorschrift in Literatur [87]). Säulentemperatur 90°C; Temp.-Progr. 1 °C/min; Trägergas 0,9 bar H_2

2.7 Alkohole

Versuche, chirale Alkohole an chiralen stationären Phasen zu trennen, waren nur in Einzelfällen erfolgreich. So gelang eine Trennung von 1-Phenylethanol und 1-Phenylpropanol ohne Derivatisierung an O-Benzyloxy-carbonyl-(S)-3-phenylmilchsäure-t.butylamid [103]. Oi et al. berichteten ebenfalls über die Trennung einiger freier Alkohole [18].

Ein allgemein anwendbares Verfahren zur Trennung α-chiraler Alkohole eröffnet sich nach Herstellung der Isopropylurethane [42, 104]. Offensichtlich ist die Trennung einiger Urethanderivate schon früher von Thumm [105] beobachtet worden, ohne das große Potential dieser Methode zu erkennen. Sowohl XE-60-L-Val-(S)-α-pea als auch Chirasil-val sind gut geeignet zur Trennung der Urethane. Bei sekundären Alkoholen ist die Elutionsfolge R vor S (Abb. 16); die Derivatbildungsreaktion verläuft, selbst bei konfigurationslabilen Allylalkoholen, razemisierungsfrei.

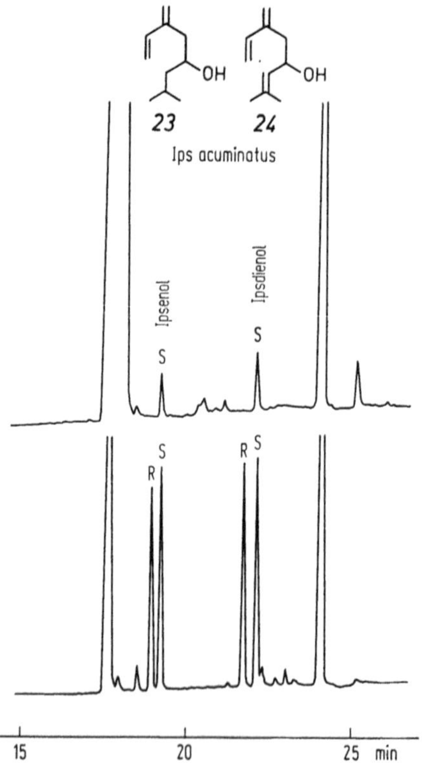

Abb. 17. Enantiomerentrennung von Ipsenol und Ipsdienol als Isopropylurethane und Zuordnung der S-Konfiguration von Ipsenol und Ipsdienol aus dem Borkenkäfer *Ips acuminatus*. 25 m Quarzkapillare mit Chirasil-val. Säulentemperatur 100 °C; Temp.-Progr. 1 °C/min; Trägergas 0,6 bar H_2. Aus [107]

Besonders häufig treten optisch aktive Alkohole als Pheromone im chemischen Kommunikationssystem von Insekten auf, wo sie in vielen Fällen sehr spezifische Wirkungen entfalten [1]. In Tabelle 2 sind einige chirale Alkohole, die als Isopropylurethane getrennt wurden, ihre biologische Wirkung, sowie die zugehörige Literatur aufgeführt.

Tabelle 2.

Chiraler Alkohol (getrennt als Isopropylurethan an XE-60-L-Val-(S)-α-pea)	Biologische Wirkung	Literatur
2-Heptanol	Alarmpheromon bei Ameisen	104
3-Octanol		104
(3S, 4S)-4-Methyl-3-heptanol	Aggregationspheromon bei Ulmenborkenkäfern	104
trans-Verbenol (*22*)	Aggregationspheromone bei Borkenkäfern	104
Ipsenol (*23*)		106
Ipsdienol (*24*)		104, 106
trans-Pinocarveol (*25*)		104
Terpinen-4-ol (*26*)		104
Menthol (8 Stereoisomere) (*27*)	Aromastoffe	42, 104, 108
Borneol		—
Isoborneol		104
Fenchol		—
α-Ionol (4 Stereoisomere)		29
6-Methyl-5-hepten-2-ol (Sulcatol)	Aggregationspheromon des Ambrosiakäfers	—
3-Methyl-2-cyclohexen-1-ol (Seudenol)	Weibchen-spezifisches Pheromon von Borkenkäfern	—

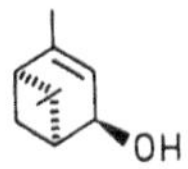

OH

(SF 22)

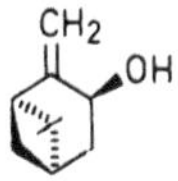

CH_2 OH

(SF 25)

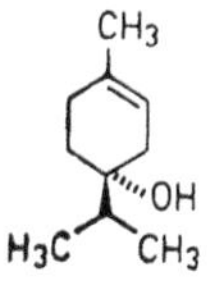

CH_3 OH H_3C CH_3

(SF 26)

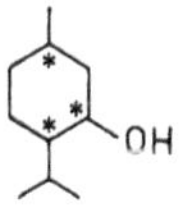

OH

(SF 27)

Auch viele als Aromastoffe auftretende chirale Alkohole können nach Umsetzung mit Isopropylisocyanat getrennt werden. Bei Menthol (*27*) mit drei Asymmetriezentren können acht Stereoisomere auftreten. Obwohl die vier Enantiomerenpaare für sich alle gut getrennt werden, ist die Trennung aller vier Paare in einem Chromatogramm sehr schwierig (Abb. 18) [42]. In einem solchen Fall kann die multidimensionale Kapillar-Gaschromatographie sehr vorteilhaft eingesetzt werden [107]. Angewandt auf das Stereoisomerengemisch von Methanol werden zunächst die vier Diastereomeren an einer nicht-chiralen Kapillare vorgetrennt (16 m OV 1701), dann werden die Komponenten einzeln oder paarweise mittels eines totvolumenfreien, pneumatischen Schaltsystems, das Mikroprozessor-gesteuert ist, auf eine zweite, chirale Säule überführt, wo die Auftrennung der Enantiomeren erfolgt [108] (Abb. 19).

Die Anwendungen zur Bestimmung von Enantiomerenüberschüssen asymmetrischer Synthesen chiraler Alkohole zeigen, daß die Urethanmethode wesentlich zuverlässigere als die durch Drehwertmessungen erhaltenen Resultate ergibt, vor allem, wenn große Enantiomerenüberschüsse vorliegen.

Während α-chirale Alkohole als Urethane meist gut getrennt werden, trifft dies nur in Ausnahmefällen zu, wenn das Asymmetriezentrum nicht direkt der Hydroxylgruppe benachbart ist. Ausnahmen sind dann möglich, wenn weitere funktionelle Gruppen, wie etwa Carbonylgruppen, vorliegen. So ließ sich der bicyclische Alkohol (*28*) als 2,2,2-Trifluorethyl-

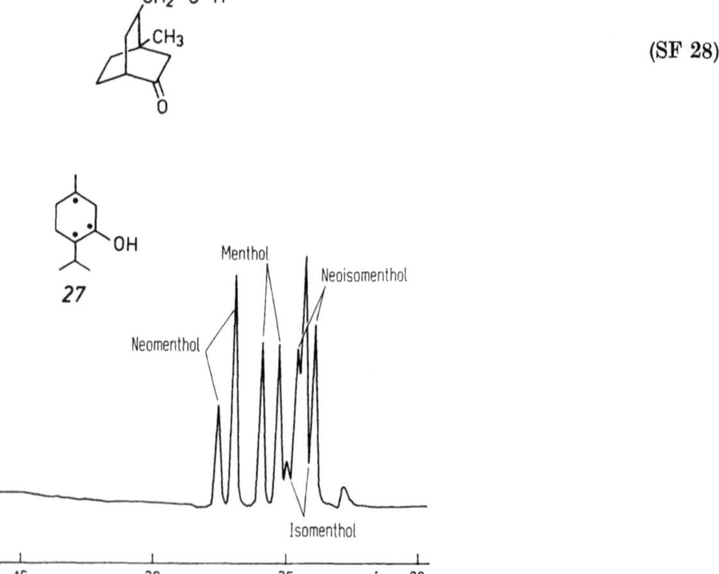

Abb. 18. Enantiomerentrennung der 8 Stereoisomeren von Menthol als Isopropylurethane. 40 m Glaskapillare mit XE-60-L-Val-(S)-α-pea. Säulentemperatur 140 °C; Trägergas 0,7 bar H_2. Aus [42]

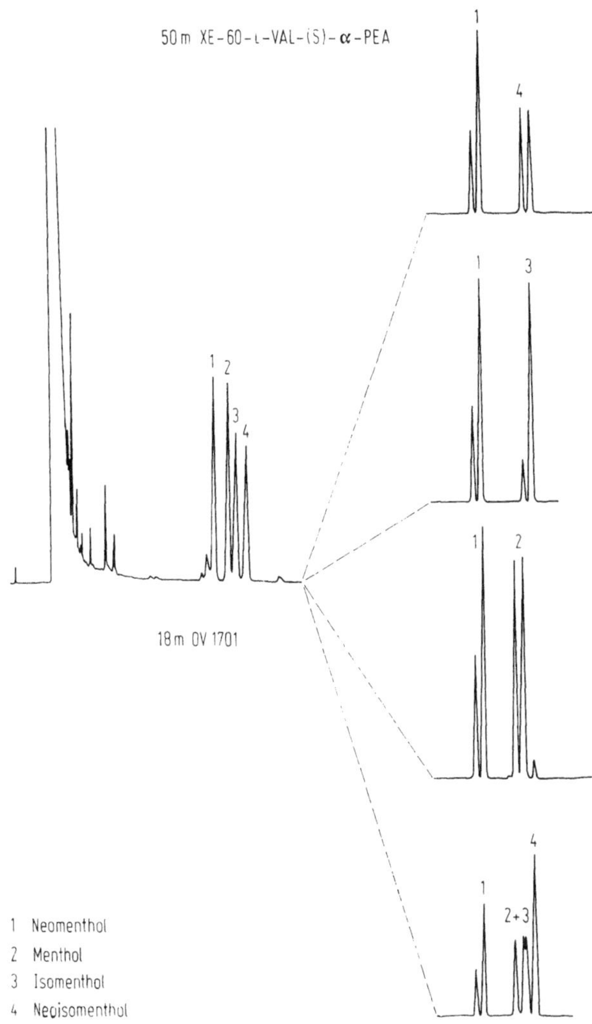

Abb. 19. Multidimensionale gaschromatographische Enantiomerentrennung der 8 Menthol-Isomeren in einem Trennsystem aus einer 16 m Quarzkapillare mit OV 1701 und einer 50 m Quarzkapillare mit XE-60-L-Val-(S)-α-pea. Bedingungen: OV 1701 117 °C; 1,6 bar H_2. XE-60-L-Val-(S)-α-pea 150 °C; 1,35 bar H_2. Proben-„trapping" in der Säule bei −80 °C. Siemens Sichromat 2. Aus [108]

urethan an XE-60-L-Val-(S)-α-pea trennen. Eine Ausnahme stellt auch die Trennung von 1,2-Isopropylidenglycerin dar (Abb. 20) das als Isopropylurethan an XE-60-L-Val-(S)-α-pea getrennt wird und einen wichtigen chiralen Baustein für Naturstoffsynthesen darstellt.

Etwas zahlreicher sind die Fälle, in denen Alkohole underivatisiert getrennt wurden. Terpinen-4-ol (*26*) ist an XE-60-L-Val-(S)-α-pea und an Chirasil-val [47] trennbar. Weitere Beispiele für Chirasil-val sind in Lit. [47] zu finden.

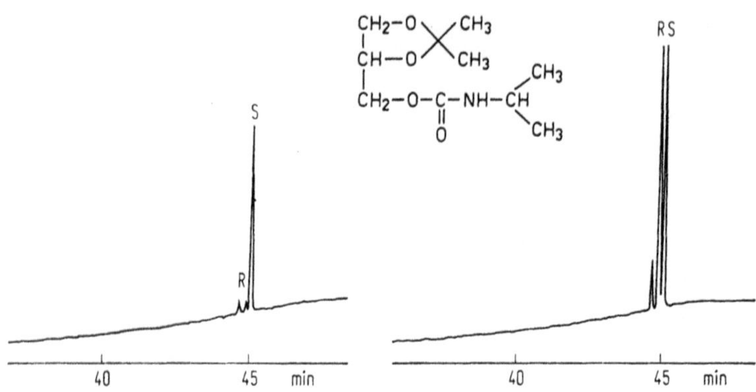

Abb. 20. Enantiomerentrennung und Überprüfung der Enantiomerenreinheit von Isopropyliden-Glycerin als Isopropylurethan. 50 m Quarzkapillare mit XE-60-L-Val-(S)-α-pea. Säulentemperatur 100 °C; Tem.-Progr. 2 °C/min; Trägergas 0,9 bar H_2

2.8 Diole, Polyole

Arylsubstituierte 1,2-Diole lassen sich als Perfluoracylderivate an Chirasil-val [20, 21] oder XE-60-L-Val-(S)-α-pea trennen. Aliphatische 1,2- und 1,3-Diole können mit Phosgen oder Chlorameisensäure-ethylester zu cyclischen Carbonaten umgesetzt und in dieser Form an XE-60-L-Val-(R)-α-pea getrennt werden [44, 45]. Einige 1,2- und 1,3-Diole sind als chirale Bausteine bei Naturstoffsynthesen, sowie als Ausgangsstoffe zur Herstellung chiraler Phosphan-Rhodium-Katalysatoren für die enantioselektive Hydrierung von Bedeutung. Enantioselektive Syntheseverfahren für Diole sind ebenfalls beschrieben worden. Die Trennung von 2,3-Butandiol ist in Abb. 21 dargestellt. Auch alicyclische trans-Diole und DL-Weinsäureester lassen sich als cyclische Carbonate trennen [44, 45].

Bei der Umsetzung aliphatischer und alicyclischer 1,2-Diole mit Isocyanaten bilden sich bevorzugt Mono-urethanderivate, die an Chirasil-val bzw. XE-60-L-Val-(S)-α-pea ebenfalls gut getrennt werden. Die Trennung der als Ne enprodukte auftretenden schwerflüchtigen Bis-urethane ist dagegen nur unvollständig.

1,2-trans-Cyclohexandiol ist auch in freier Form trennbar [47], wobei jedoch infolge der erheblichen Polarität meist Peak-tailing beobachtet wird.

Mit zunehmender Anzahl der Hydroxylgruppen bei den Zuckeralkoholen, die sich von Pentosen und Hexosen ableiten, gelingt auch die Trennung der Pertrifluoracetylderivate [78]. D-Arabit tritt als Stoffwechselprodukt von Pilzen der Gattung *Candida* bei infizierten Leukämie-Patienten auf, während der natürliche im menschlichen Stoffwechsel erzeugte Metabolit L-Konfiguration hat [78]. D-Mannit dient als chiraler Baustein bei „chiral-pool"-Synthesen.

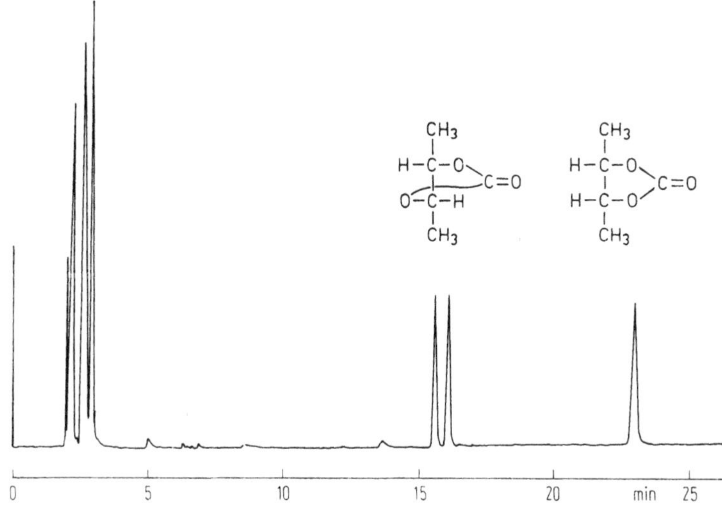

Abb. 21. Trennung von razemischem 2,3-Butandiol und meso-2,3-Butandiol nach Reaktion mit Phosgen. 35 m Quarzkapillare mit XE-60-L-Val-(R)-α-pea. Säulentemperatur 80 °C; Trägergas 0,8 bar H_2

2.9 Kohlenhydrate

Obgleich Kohlenhydrate in der Natur nicht gerade häufig in beiden Konfigurationen auftreten, sind doch gelegentlich Aldohexosen, häufiger Aldopentosen, als D- *und* L-Formen gefunden worden. Die quantitative Bestimmung erfolgte bisher praktisch ausschließlich durch Drehwertbestimmung, was eine mit hohem Aufwand verbundene Reinisolierung voraussetzt.

Die Anwendung der enantioselektiven Gaschromatographie vereinfacht die Konfigurationsbestimmung insofern, daß diese auch von Zuckergemischen durchgeführt werden kann (Abb. 22). Als besonders geeignet erwiesen sich die trifluoracetylierten Methylglycoside oder pertrifluoracetylierte Zucker [15, 109, 110]. Bei der Herstellung der Derivate erhält man von jedem Zucker im Gleichgewicht bis zu vier Isomere, nämlich α- und β-Pyranosid und α und β-Furanosid, die unterschiedlich gut trennbar sind und bei denen sich die Elutionsfolge gelegentlich umkehrt,

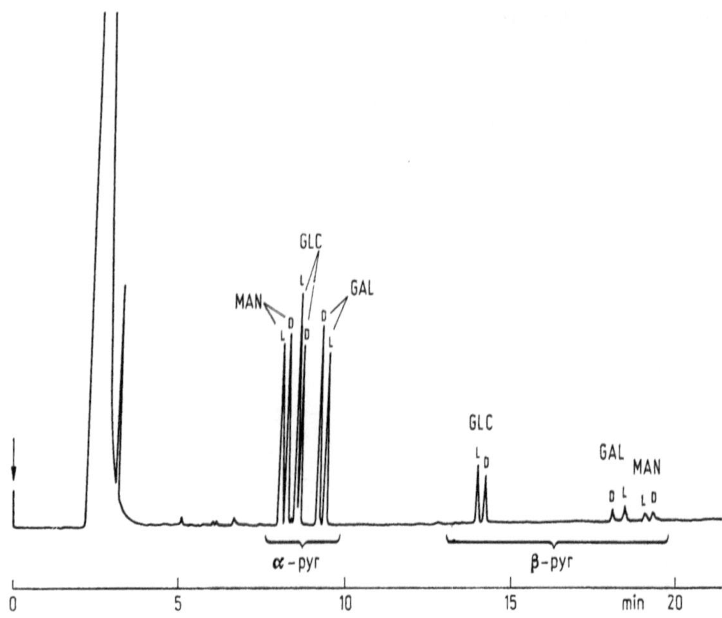

Abb. 22. Trennung der enantiomeren α- und β-Pyranoside von Mannose, Glucose und Galactose nach Herstellung der trifluoracetylierten Methylglycoside. 35 m Quarzkapillare mit XE-60-L-Val-(S)-α-pea. Säulentemperatur 135 °C; Temp.-Progr. 1,5 °C/min; Trägergas 0,8 bar H_2

Als chirale stationäre Phase zur Trennung trifluoracetylierter Pentosen erwies sich das chirale Polysiloxan OV-225-L-Val-(R)-α-pea als besonders geeignet [110].

Besonders nützlich erwies sich die Gaschromatographie bei der quantitativen Bestimmung der Anteile an D- und L-Galactose in den Galactanen von Schnecken [109]. Da neben D- und L- Galactose auch noch andere Zucker im Polysaccharid auftreten, liefern Drehwertmessungen sehr unzuverlässige Ergebnisse. Nach einem systematischen Abbau des Polysaccharids waren auch Aussagen über die Art der Bindung von L-Galactose im Galactan möglich [111].

Die Trennung der Zucker als stickstoff-freie Substrate ist auch aus der Sicht der „chiralen Erkennung" bemerkenswert.

Nach den trifluoracetylierten Zuckern sind auch einige trimethylsilylierte Zuckerderivate sowie Boronsäurederivate zur Enantiomerentrennung an Chirasil-val eingesetzt worden [112, 113].

2.10 Ketone, Ketole, Aldehyde

Ketone lassen sich in freier Form nur in Ausnahmefällen trennen, wie dies an den Beispielen (*16*—*19*) demonstriert wurde. Trennbar sind dagegen die Oxime von α-chiralen Ketonen. Bei der Derivatbildung mit Hydroxyl-

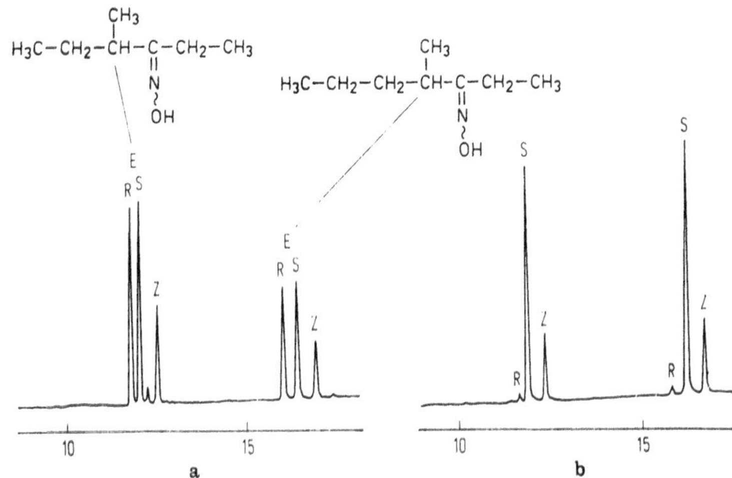

Abb. 23. Enantiomerentrennung α-chiraler Ketone als Oxime. **a** Razemate, **b** Probe, erhalten durch enantioselektive Synthese nach [129]. 35 m Quarzkapillare mit XE-60-L-Val-(R)-α-pea. Säulentemperatur 100°C; Temp.-Progr. 1,5°C/min; Trägergas 0,8 bar H_2. Aus [115]

amin bilden sich gewöhnlich E- und Z-Isomere der Oxime, die aber konfigurationsstabil sind [114, 115]. Getrennt wurden u. a. Fenchon, Campher, Menthon, α-alkylierte Cyclopentanone und Cyclohexanone, sowie die bei Ameisen als Alarmpheromone wirkenden aliphatischen Ketone 4-Methyl-3-hexanon und 4-Methyl-3-heptanon.

Einige optisch aktive Ketone wurden nach den von Enders et al. [116] bzw. Meyers et al. [117] entwickelten Methoden in hoher Enantiomerenreinheit synthetisiert. Mit diesen Produkten konnte gezeigt werden, daß die Oximbildung razemisierungsfrei erfolgt. Bei den aliphatischen Ketonen werden die R-Enantiomeren vor den S-Enantiomeren eluiert (Abb. 23), bei den alicyclischen Ketonen ist die Elutionsfolge umgekehrt.

Wenig untersucht sind bisher Acyloine (α-Hydroxyketone, Ketole), die als Naturstoffe und bei Naturstoffsynthesen Bedeutung haben. In den letzten Jahren sind mehrfach Verfahren zur enantioselektiven Synthese von Acyloinen beschrieben worden. Die Bestimmung der Enantiomerenüberschüsse erfolgte dabei entweder durch NMR mit chiralen Shift-Reagentien [118] oder nach Herstellung diastereomerer Derivate [119].

Wie erste Untersuchungen zeigten [120], sind die Isopropylurethane von Acyloinen und Benzoin mit hohen α-Werten trennbar (Abb. 24). Die Konfigurationsstabilität der Acyloine unter den Bedingungen der Derivatbildung ist jedoch noch nicht untersucht.

Auch über Enantiomerentrennungen von chiralen Aldehyden ist bislang noch nicht berichtet worden. Nach eigenen Untersuchungen können α-chirale Aldehyde, die u. a. als Duftstoffe Verwendung finden [121], nach Oxidation zu den Carbonsäuren und Überführung in die Isopropylamide getrennt werden [87].

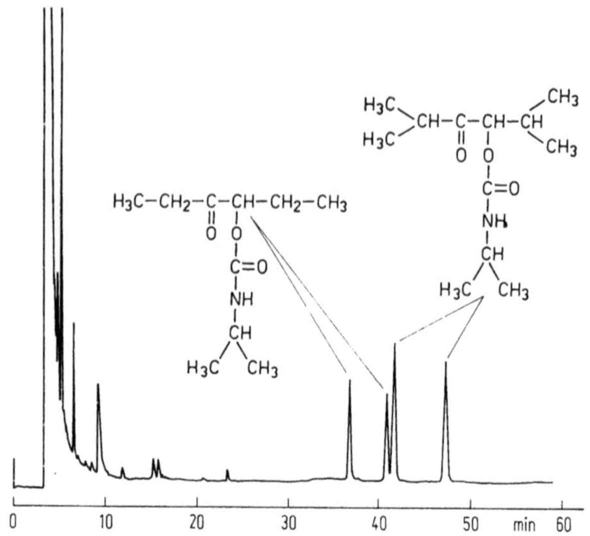

Abb. 24. Enantiomerentrennung von Acyloinen als Isopropylurethane. 50 m Quarzkapillare mit XE-60-L-Val-(R)-α-pea. Säulentemperatur 140 °C; Trägergas 1 bar H_2

2.11 Chirale Bausteine und Hilfsstoffe für enantioselektive Synthesen

Enantioselektive Synthesen haben das Ziel, aus prochiralen Edukten durch optische Induktion chirale Produkte herzustellen. Enantioselektivität kann durch optisch aktive Hilfsstoffe (Katalysatoren, Lösungsmittel, Reagentien) hervorgerufen werden. Häufig macht man auch Gebrauch von natürlichen chiralen Verbindungen, wie Aminosäuren und Zuckern, die preiswert und enantiomerenrein zur Verfügung stehen („chiral-pool"-Konzept).

Chirale Hilfsstoffe, die meist in mehrstufigen Synthesen aus Naturstoffen gewonnen werden, sollten möglichst enantiomerenrein sein.

Besonders vielseitig verwendbar sind die von Enders und Mitarb. entwickelten aus Prolin zugänglichen chiralen Hilfsreagentien (S)- bzw. (R)-1-Amino-2-methoxymethylpyrrolidin (SAMP/RAMP, *29*) [116] und (S)- bzw. (R)-Methoxymethyl-pyrrolidin (SMP/RMP, *30*) [118]. Beide

N–NH_2 (OCH3) (SF 29)

N–H (OCH3) (SF 30)

Reagentien können nach Überführung in die Isopropylcarbamate an XE-60-L-Val-(S)- bzw. (R)-α-pea auf Enantiomerenreinheit überprüft werden [115].

Als chirale Bausteine für Naturstoff-Synthesen finden auch 2,3-Butandiol, Isopropyliden-glycerin, Aminoalkohole, wie Ephedrin, Acyloine und Hydroxysäuren, Verwendung, deren Enantiomerenreinheit ebenfalls gaschromatographisch sichergestellt werden kann (vgl. Tabelle 3 und Abb. 7, 9, 12, 19, 20, 23).

Tabelle 3. Enantiomerentrennung chiraler Hilfsstoffe und Bausteine bei Naturstoffsynthesen, Derivate und zur Trennung geeignete stationäre Phase

Chiraler Hilfsstoff	Derivat	Trennphase
2-Octanol	Isopropylurethan	S[1], C[2]
1-Phenylethanol	Isopropylurethan	S, C
1-Phenylpropanol	Isopropylurethan	S, C
Menthol	Isopropylurethan	S
Pantolacton	Isopropylurethan	S, C
Benzoin	Isopropylurethan	S, C
Isopropyliden-glycerin	Isopropylurethan	S
1-Amino-2-propanol	TFA	R[3]
2-Amino-1-butanol	TFA	R
Valinol	TFA	R
Phenylglycinol	TFA	R
Ephedrin	Oxazolidin-2-on	R
Norephedrin	Oxazolidin-2-on	R
1-Phenylethylamin	TFA	R
1-(1-Naphthyl)ethylamin	TFA	R
2,3-Butandiol	cycl. Carbonat	R
1-Phenyl-1,2-ethandiol	TFA, cycl. Carbonat	R, C
1-Amino-2-(methoxymethyl)-pyrrolidin (SAMP/RAMP)	Isopropylureid	S, C
2-Methoxymethylpyrrolidin (SMP/RMP)	Isopropylureid	R
Weinsäure	Isopropylester/ cycl. Carbonat	S
Mandelsäure } Äpfelsäure }	Isopropylester/ Isopropylurethan	S
3-Hydroxybuttersäure	Isopropylurethan/ Isopropylamid	S
Mannit	TFA	R
Campher	Oxim	S

[1] S = XE-60-L-Val-(S)-α-pea
[2] C = Chirasil-L-val
[3] R = XE-60-L-Val-(R)-α-pea

2.12 Chirale Pharmaka

Wie schon eingangs erwähnt, ist die Wirkung vieler Pharmaka an eine ganz bestimmte Stereochemie gebunden. Nur *eine* Anordnung der Substituenten um ein Asymmetriezentrum gewährleistet eine optimale Wechselwirkung mit dem — ebenfalls chiralen — Rezeptor (vgl. Abb. 1).

Bei Ephedrin, das in mehr als 100 pharmazeutischen Präparaten enthalten ist, bestehen über die unterschiedliche physiologische Wirkung der vier Stereoisomeren keine Zweifel. Ähnliches gilt für andere α-Aminoalkohole, wie Adrenalin und zahlreiche Analoga, die als Antiasthmatika und Bronchospasmolytika große Bedeutung haben. So wirkt das (R)-Enantiomer von Isoprenalin (Aludrin) 500—1500mal stärker auf β-Rezeptoren als das (S)-Enantiomer [122]. Die Enantiomerentrennung von β-Rezeptorenblockern ist bereits in Kapitel 2.5 behandelt worden.

Getrennt wurden weiterhin chirale Barbiturate, z. B. Hexobarbital [85], Hydantoine, z. B. die Antiepileptika Mephenytoin, und Phensuximid (*31*), das Hypnotikum Methyprylon (Abb. 25), das Anticonvulsivum Ethotoin (*32*), das Muskelrelaxans Metaxalon (*33*), das Sedativum Bromural (*34*), das Lokalanästhetikum Prilocain (*35*) (als N-TFA-Derivat), das analgetisch wirkende Ibuprofen (*36*) (als Isopropylamid), das Antiarrhyth-

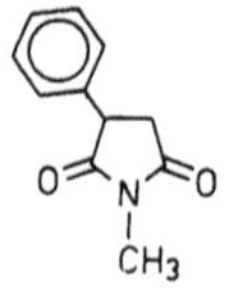

(SF 31)

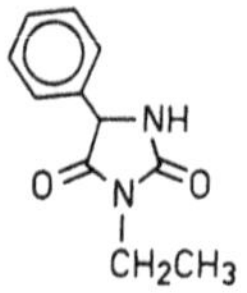

(SF 32)

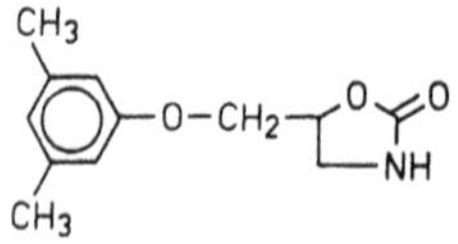

(SF 33)

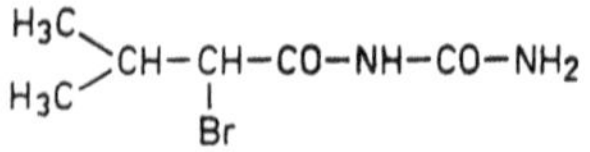

$(H_3C)_2CH-CH(Br)-CO-NH-CO-NH_2$ (SF 34)

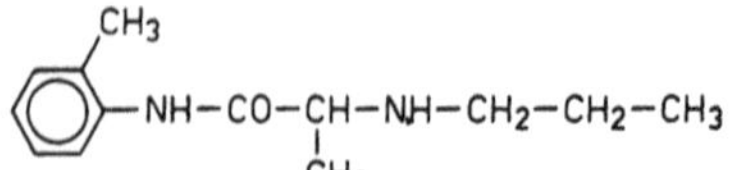

$o\text{-}CH_3C_6H_4-NH-CO-CH(CH_3)-NH-CH_2-CH_2-CH_3$ (SF 35)

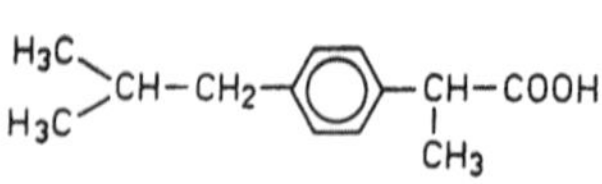

$(H_3C)_2CH-CH_2-C_6H_4-CH(CH_3)-COOH$ (SF 36)

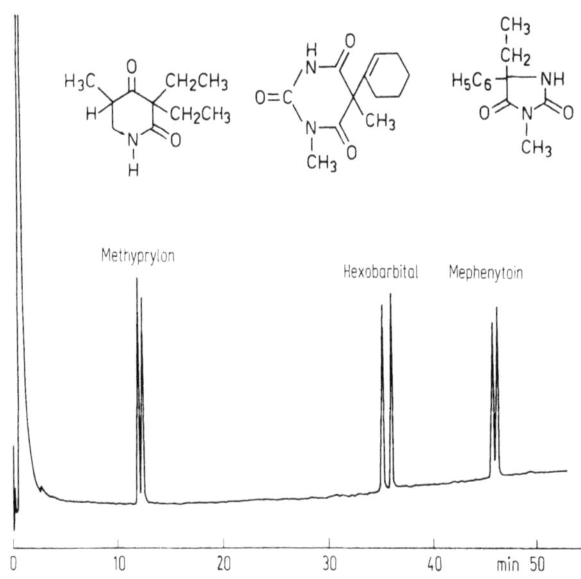

Abb. 25. Enantiomerentrennung einiger chiraler Pharmaka. 15 m Glaskapillare mit XE-60-L-Val-(R)-α-pea. Säulentemperatur 145 °C; Temp.-Progr. 1 °C/min; Trägergas 0,8 bar H_2

mikum Mexiletin (*37*) (als Isopropylcarbamat und der Monoaminooxidasehemmer Tranylcypromin (*38*) (als N-TFA-Derivat). In den meisten Fällen

(SF 37)

(SF 38)

erfolgten die Trennungen an XE-60-L-Val-(R)-α-pea, lediglich *31* wird an XE-60-L-Val-(S)-α-pea besser getrennt. Eine Übersicht über die bislang getrennten Pharmazeutika gibt die Tabelle 4.

Tabelle 4. Enantiomerentrennung chiraler Pharmaka, Wirkung und Art der Derivatbildung (Trennung an Kipillarsäule belegt mit XE-60-L-Val-(R)-α-pea).

Wirkstoff	Wirkung	Derivat
Ephedrin	Sympathomimetikum	Oxazolidin-2-on
Pseudoephedrin	Sympathomimetikum	Oxazolidin-2-on bzw. HFB
Norephedrin	Sympathomimetikum	Oxazolidin-2-on bzw. HFB

Tabelle 4. (Fortsetzung)

Wirkstoff	Wirkung	Derivat
Synephrin	Sympathomimetikum	CH_2N_2/Oxazolidin-2-on bzw. HFB
Etilephrin	Sympathomimetikum	CH_2N_2/Oxazolidin-2-on
Bametan	Sympathomimetikum	CH_2N_2/Oxazolidin-2-on
Norfenefrin	Sympathomimetikum	CH_2N_2/Oxazolidin-2-on
Isoprenalin	Sympathomimetikum	CH_2N_2/Oxazolidin-2-on bzw. HFB
Metadrenalin	Sympathomimetikum	CH_2N_2/Oxazolidin-2-on bzw. HFB
Octopamin	Sympathomimetikum	CH_2N_2/Oxazolidin-2-on bzw. HFB
Phenylephrin	Sympathomimetikum	CH_2N_2/Oxazolidin-2-on
Adrenalin	Sympathomimetikum	CH_2N_2/Oxazolidin-2-on
Orciprenalin	Sympathomimetikum	CH_2N_2/Oxazolidin-2-on
Terbutalin	Sympathomimetikum	CH_2N_2/Oxazolidin-2-on
Salbutamol	Sympathomimetikum	CH_2N_2/Oxazolidin-2-on
Prenalterol	β-Receptor Agonist	CH_2N_2/Oxazolidin-2-on
Toliprolol	β-Blocker	Oxazolidin-2-on bzw. HFB
Isopropylbupranolol	β-Blocker	Oxazolidin-2-on bzw. HFB
Oxprenolol	β-Blocker	Oxazolidin-2-on bzw. HFB
Metoprolol	β-Blocker	Oxazolidin-2-on bzw. HFB
Alprenolol	β-Blocker	Oxazolidin-2-on bzw. HFB
Propranolol	β-Blocker	Oxazolidin-2-on bzw. HFB
Pindolol	β-Blocker	Oxazolidin-2-on
Bupranolol	β-Blocker	Oxazolidin-2-on
Penbutolol	β-Blocker	Oxazolidin-2-on
Bunitrolol	β-Blocker	Oxazolidin-2-on
Phensuximid (*31*)	Antiepileptikum	–
Ethotoin (*32*)	Antikonvulsivum	–
Metaxalon (*33*)	Muskelrelaxans	–
Bromural (*34*)	Sedativum	–
Prilocain (*35*)	Lokalanästhetikum	TFA
Ibuprofen (*36*)	Analgetikum	Isopropylamid
Mexiletin (*37*)	Antiarrythmikum	Isopropylureid
Tranylcypromin (*38*)	Monoaminooxidase-Hemmer	TFA
Mephenytoin	Antiepileptikum	–
Methyprylon	Hypnotikum	–
Hexobarbital	Hypnotikum	–
Panthenol (*39*)	Entzüdungshemmer	TFA
Penicillamin (*40*)	Antiarthritikum	Thiazolidin-2-on

Das in zahlreichen pharmazeutischen Präparaten verwendete D-Panthenol (Dexpanthenol, 2,4-Dihydroxy-N-(3-hydroxypropyl)-3,3-dimethylbutyramid) (*39*) hat vielfältige Wirkungen bei Hauterkrankungen, Gastri-

$$HO-CH_2-C(CH_3)_2-CH(OH)-C(=O)-NH-CH_2-CH_2-CH_2-OH \quad \text{(SF 39)}$$

tis und Entzündungen der Atemwege [122, S. 416]. Die Wirkung von Panthenol ist auf das D-Enantiomer beschränkt. Die Enantiomerenreinheit kann nach Trifluoracetylierung durch Kapillar-Gaschromatographie überprüft werden (Abb. 26) [123]. Die Derivatbildungsreaktion erfolgt durch kurzzeitiges Behandeln mit Trifluoracetanhydrid in Dichlormethan (4:1, v/v; 10 min, 20°C). Neben Panthenol konnten auch Pantoyllacton und Pantothensäure nach entsprechender Derivatbildung getrennt werden [123].

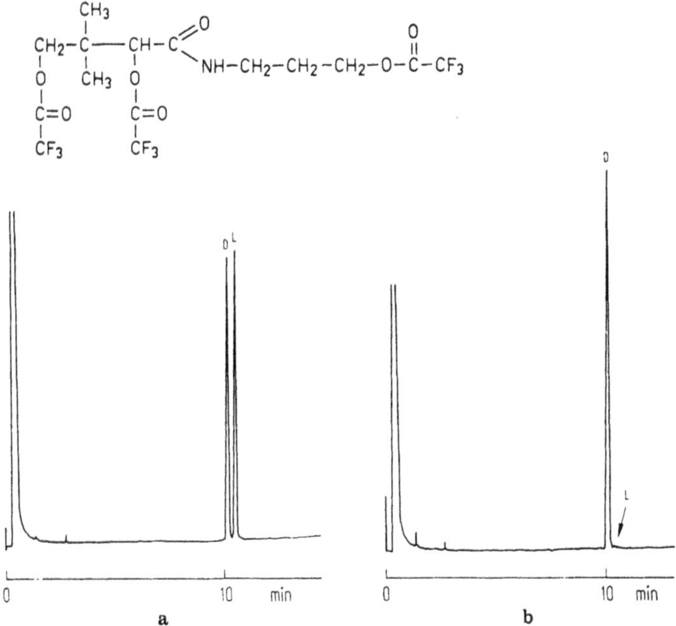

Abb. 26. Trennung von razemischem Panthenol (**a**) und Überprüfung der Enantiomerenreinheit (**b**) nach Trifluoracetylierung. 15 m Quarzkapillare mit XE-60-L-Val-(S)-α-pea. Säulentemperatur 130°C; Temp.-Progr. 1,5°C/min; Trägergas 0,6 bar H_2. Aus [123]

Ein weiterer Wirkstoff, der nur in Form des D-Enantiomers gegen rheumatische Arthritis, Cystinurie, Schwermetallvergiftungen und eine Vielfalt anderer Krankheiten eingesetzt wird, ist das Penicillamin (*40*). Hier ist Enantiomerenreinheit besonders wichtig, da das L-Enantiomer stark toxische Wirkung hat. Eine direkte Bestimmung der Enantiomerenrein-

$$HS-C(CH_3)_2-CH(NH_2)-COOH \qquad \text{(SF 40)}$$

heit ist möglich durch Untersuchung des Thiazolinonderivates von Penicillamin, das sich nach Veresterung durch Reaktion mit Phosgen bildet [45]. Wie Abb. 27 demonstriert, verläuft die Derivatbildung razemisierungsfrei.

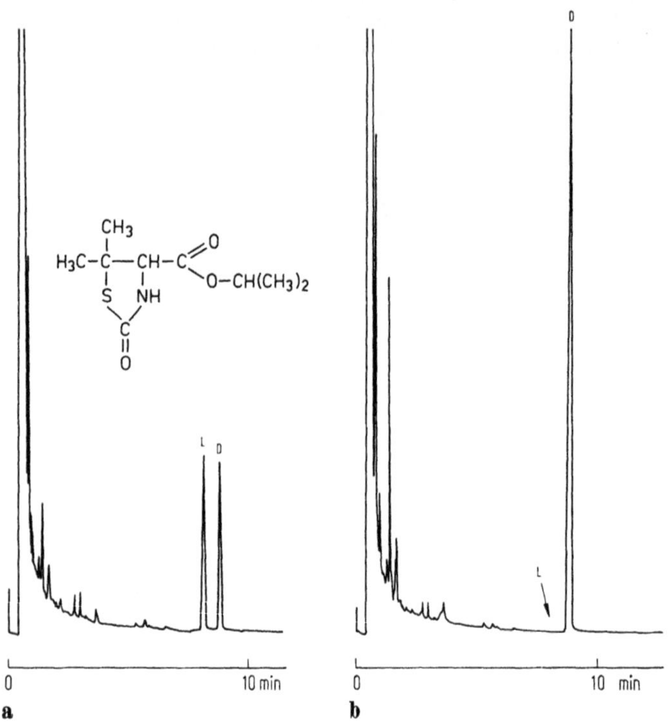

Abb. 27. Enantiomerentrennung (**a**) und Nachweis der Enantiomerenreinheit (**b**) von Penicillamin nach Veresterung mit Isopropanol und Reaktion mit Phosgen. 15 m Glaskapillare mit XE-60-L-Val-(R)-α-pea. Säulentemperatur 170 °C; Trägergas 0,8 bar H_2

3 Komplexierungs-Gaschromatographie

Der Anwendungsbereich dieser in der Arbeitsgruppe von V. Schurig entwickelten Methode deckt weitgehend chirale Stoffklassen ab, die mit den bislang behandelten chiralen Trennphasen keine ausreichend selektiven Wechselwirkungen eingehen und auch keine für die Derivatbildung geeigneten funktionellen Gruppen besitzen (Tabelle 5).

Für einige chirale Olefine [124], cyclische Ether unterschiedlicher Ringgröße [125, 126], Spiroacetale [127], Aziridine [128], Thiirane [129], sowie einige niedermolekulare Alkohole, Ketone [129, 130] und Diole [131] wird eine enantioselektive Wechselwirkung mit chiralen Übergangsmetallkomplexen beobachtet.

Tabelle 5. Durch Komplexierungs-Gaschromatographie trennbare chirale Stoffklassen, Trennphase und zugehörige Literatur

Stoffklasse	Trennphase	Literatur
Olefine	Dicarbonyl-Rh(I)-trifluoracetyl-(1R-)campherat	124
Oxirane	Ni(II)-bis[3-trifluoracetyl-(1R)-campherat]	125, 126
Thiirane	Ni(II)-bis[3-heptafluorbutyryl-(1R)-campherat]	129
Aziridine	Ni(II)-bis[3-heptafluorbutyryl-(1R)-campherat]	128, 129
Cyclische Ether	Ni(II)-bis[3-heptafluorbutyryl-(1R)-campherat]	129
Spiroacetale	Ni(II)-bis-6-heptafluorbutyryl-R-pulegonat	127, 129
Ketone	Ni(II)-bis[3-heptafluorbutyryl-(1R)-campherat]	129, 130
Alkohole	Mn(II)-bis[3-heptafluorbutyryl-(1R)-campherat]	129, 130
Diole (als Acetonide)	Ni(II)-bis[3-heptafluorbutyryl-(1R)-nopinonat]	131

Als Komplexbildner eignen sich chirale β-Diketone, die mit Übergangsmetall-Ionen wie Nickel, Cobalt, Rhodium, Europium oder Mangan Chelatkomplexe bilden. Mit diesen Komplexen, gelöst in einer unpolaren, nichtchiralen Trennflüssigkeit, wie Squalan oder OV-101, werden Kapillarsäulen aus Stahl, Nickel und neuerdings auch aus Glas oder Quarz („fused silica") belegt.

Als besonders geeignet erwiesen sich die Ni(II)-, Co(II)- und Mn(II)-Komplexe von Heptafluorbutyryl-(1R)-Campher (*41*), an denen Trennun-

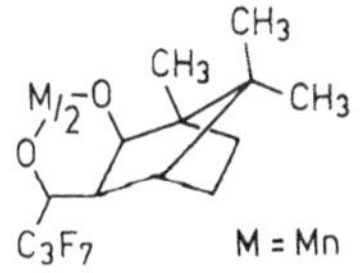

(SF 41)

gen von Oxiranen, Oxetanen, Tetrahydrofuranen, Aziridinen, Thiiranen und Thietanen möglich sind. Beispiele dafür werden durch die Abb. 28 und 29 illustriert.

In der Naturstoffanalytik bewährte sich die Komplexierungs-Gaschromatographie besonders bei der Konfigurationsbestimmung von Pheromonen des Spiroacetaltyps [132–134]. Bei diesen Enantiomerentrennungen erwies sich ein von R-Pulegon abgeleiteter Ni(II)-Komplex als besonders wirksam.

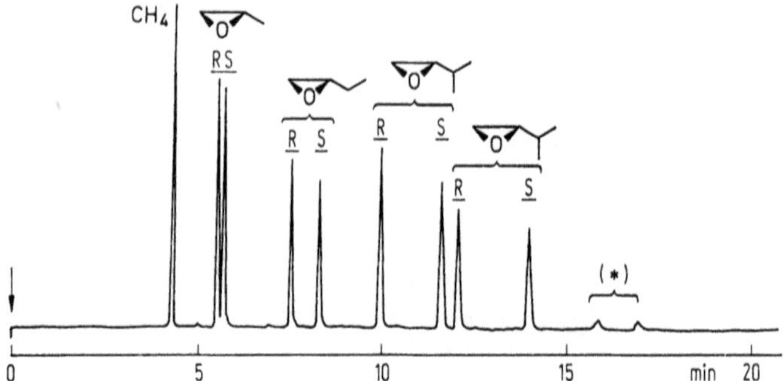

Abb. 28. Enantiomerentrennung von Alkyloxiranen durch Komplexierungs-Gaschromatographie. 42 m Glaskapillare mit Heptafluorbutyryl-(1R)-campherat-Mn(II) in OV 101. Säulentemperatur 40 °C; Trägergas 0,7 bar N_2. Aus [40]

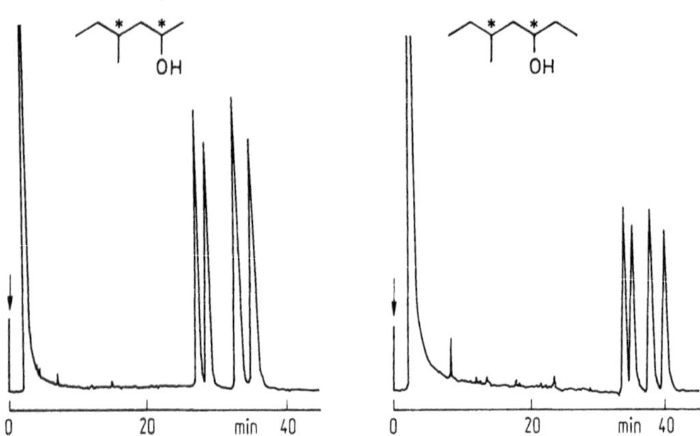

Abb. 29. Enantiomerentrennung chiraler Alkohole durch Komplexierungs-Gaschromatographie an 40 m Glaskapillare mit Mangan(II)-bis-(3-Heptafluorbutyryl-(1R)-campherat (0,1 m in OV 101). Säulentemperatur 55 °C; Trägergas 0,4 bar H_2. Aus [130]

Ein Vorteil der Komplexierungs-Gaschromatographie besteht in der Möglichkeit, leicht flüchtige Stoffe ohne Derivatisierung z. B. durch „Head-space-Analyse“ [135] direkt aus einer komplexen Matrix heraus zu untersuchen. Die Anwendungsgrenze der Methode liegt in der relativ niedrigen Temperaturstabilität der Chelatkomplexe, so daß u. U. bei mäßig hohen Arbeitstemperaturen lange Retentionszeiten in Kauf genommen werden müssen.

4 Enantiomerentrennung über diastereomere Derivate

Alternativ zur direkten Enantiomerentrennung an chiralen Trennphasen kann eine gaschromatographische Konfigurationsermittlung auch mit Hilfe diastereomerer Derivate durchgeführt werden. Zur Trennung der Diastereomeren sind hoch temperaturstabile stationäre Phasen verwendbar. Größere Auswahl besteht auch hinsichtlich der verwendeten chiralen (aber möglichst enantiomerenreinen) Reagentien, da praktisch jede Funktionalität zur Derivatbildung genutzt werden kann.

Schwer zu kontrollieren sind systematische Fehler, die sich aus der unterschiedlichen Reaktionskinetik bei den über diastereomere Übergangszustände verlaufenden Derivatisierungsreaktionen ergeben („kinetische Trennung"). Durch große Überschüsse an Reagenz bei kleinen Probenmengen sollte sich diese Fehlerquelle weitgehend ausschalten lassen. Eine Übersicht über die mit moderner Hochleistungs-Kapillar-Gaschromatographie erzielten Trennungen diastereomerer Derivate sowie die verwendeten chiralen Reagentien gibt Tabelle 6.

Tabelle 6. Enantiomerentrennung mittels diastereomerer Derivate durch Kapillar-Gaschromatographie

Stoffklasse	Reagenz	Literatur
Aminosäuren	(+)-3-Methyl-2-butanol	136
Aminosäuren	L-α-Chlorisovalerylchlorid	137
N-Methylaminosäuren	(+)-3-Methyl-2-butanol	138
α-Hydroxycarbonsäuren	(+)-3-Methyl-2-butanol	139
Amine	L-α-Chlorisovalerylchlorid	137
Amine	N-Trifluoracetyl-L-alanylchlorid	140
Aminoalkohole	L-α-Chlorisovalerylchlorid	137
Aminoalkohole	N-Trifluoracetyl-L-alanylchlorid	140
Alkohole	N-Trifluoracetyl-L-alanylchlorid	140
Alkohole	(R)-(+)-MTPA-Chlorid	141
Lactone	(2R, 3R)-2,3-Butandiol	141, 142
Kohlenhydrate	(−)-2-Butanol	143

Das Spektrum der Anwendungen kann unter Verwendung weiterer Reagentien, wie chiralen Isocyanaten [144], chiralen Hydrazinen [145] und chiralem 2,3-Butandiol [141, 142], noch erheblich erweitert werden.

4.1 Anwendungen

4.1.1 Aminosäuren, N-Methylaminosäuren, α-Hydroxysäuren und α-chirale Carbonsäuren

Welches chirale Reagenz zur Herstellung diastereomerer Derivate verwendet wird, hängt von der Art der funktionellen Gruppe des Reaktionspartners ab. Chirale Carbonsäuren [139], α-Hydroxysäuren [139] und α-Aminosäuren [136] lassen sich durch Veresterung mit einem chiralen Alkohol in entsprechende Diastereomere umwandeln. Besonders gut eignet sich als Reagenz (+)-3-Methyl-2-butanol, das in hoher optischer Reinheit hergestellt werden kann [146]. Weitere funktionelle Gruppen, wie Hydroxygruppen oder Aminogruppen, sollten nach Möglichkeit acyliert (Trifluoracetyl, Pentafluorpropionyl) oder trimethylsilyliert werden.

Die Genauigkeit der quantitativen Bestimmung eines Enantiomerengemisches wird durch die optische Reinheit bzw. Konfigurationsstabilität des verwendeten chiralen Reagenzes bestimmt. Benutzt man (+)-3-Methyl-2-butanol zur Veresterung eines Gemisches von D- und L-Aminosäuren, so bilden sich die Diastereomerenpaare L/(+) und D/(+), die an einer achiralen stationären Phase getrennt werden [136] (Abb. 30).

Enthält der chirale Alkohol jedoch Anteile des (−)-Isomers, so werden zusätzlich die Diastereomerenpaare L/(−) und D/(−) gebildet. Diese Produkte sind ihrerseits enantiomer zu den D/(+)- und L/(+)-Derivaten Sie eluieren zusammen mit ihren Enantiomeren und verfälschen somit das Ergebnis (bei der Bestimmung der Peakfläche). Diesem Fehler kann bei genauer Kenntnis der optischen Reinheit des Reagenzes oder durch Verwendung einer chiralen Trennphase Rechnung getragen werden [137, 147].

Bei mehrfunktionellen Verbindungen, wie Aminosäuren oder Hydroxysäuren, kann anstelle der Carboxylgruppe auch die Amino- bzw. Hydroxylgruppe mit einem optisch aktiven Reagenz zur Reaktion gebracht werden. Meistens werden dazu die Chloride chiraler Carbonsäuren verwendet Als besonders universell erwies sich L-α-Chlorisovalerylchlorid, das in hoher Enantiomerenreinheit aus L-Valin hergestellt werden kann (Schema 4) [148].

$$(H_3C)_2CH{-}CH(NH_2){-}COOH \xrightarrow{HCl/NO_2^-} (H_3C)_2CH{-}CH(Cl){-}COOH \xrightarrow{SOCl_2} (H_3C)_2CH{-}CH(Cl){-}COCl$$

Die Trennung einiger N-(L-α-Chlorisovaleryl)-Aminosäuremethylester zeigt die Abb. 31. Die D-Aminosäuren werden vor den L-Aminosäuren eluiert. Für Hydroxyaminosäuren ist zusätzlich eine Trimethylsilylierung der Hydroxylgruppen durchzuführen [147].

Ein interessanter Aspekt bei den Untersuchungen diastereomerer Derivate ist die Möglichkeit, bei Kenntnis der Elutionsfolge eine Konfigurationszuordnung auch ohne eine razemische Referenzverbindung durchführen zu können. Dieses Problem ist häufig dann relevant, wenn neue, in der Natur bisher nicht aufgefundene Aminosäuren untersucht werden. Für eine Konfigurationszuordnung durch Untersuchung an einer chiralen Trennphase ist stets eine razemische Vergleichssubstanz notwendig, die u. U. synthetisch nur schwer zugänglich ist. Verestert man die Aminosäure, die in der L-Konfiguration vorliegen möge, dagegen mit *razemischem* 3-Methyl-2-butanol, werden im Gaschromatogramm zwei Peaks erhalten: das zuerst eluierte L/(−)-Diastereomer und ein danach eluiertes L/(+)-Diastereomer. Durch Vergleich mit einer zweiten Probe der unbekannten Aminosäure, die mit (+)-3-Methyl-2-butanol verestert wurde, gelingt nun sofort die Konfigurationszuordnung. Liegt L-Konfiguration vor, so wird in einer Mischeinspritzung der *zweite* Peak erhöht, während für ein

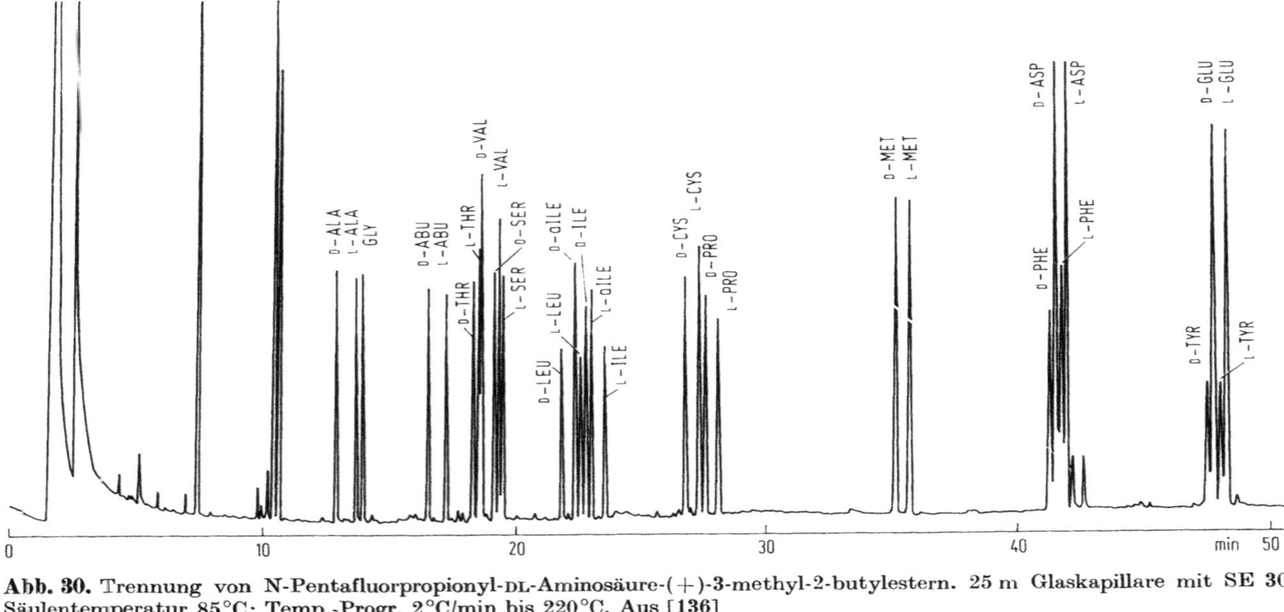

Abb. 30. Trennung von N-Pentafluorpropionyl-DL-Aminosäure-(+)-3-methyl-2-butylestern. 25 m Glaskapillare mit SE 30. Säulentemperatur 85 °C; Temp.-Progr. 2 °C/min bis 220 °C. Aus [136]

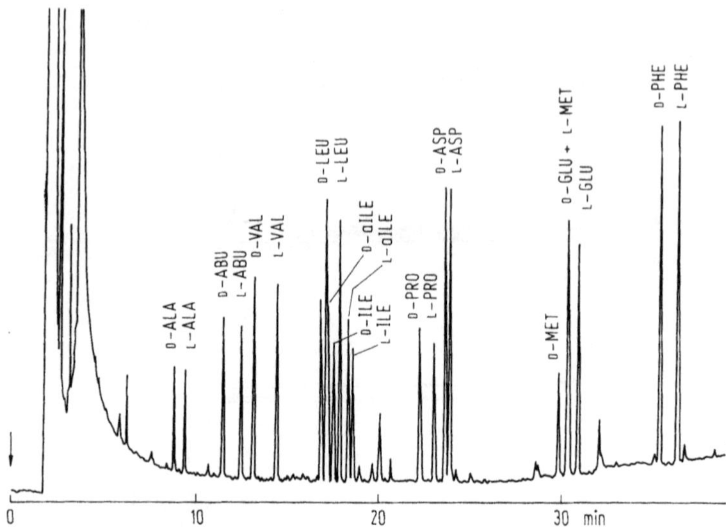

Abb. 31. Trennung von N-(L-α-Chlorisovaleryl)-DL-Aminosäure-methylestern. 25 m Glaskapillare mit SE 30. Säulentemperatur 150 °C; 9 min sotherm; Temp.-Progr. 2 °C/min bis 230 °C; Trägergas 0,7 bar H_2

D-Enantiomer der erste Peak erhöht wird, da nämlich das D/(+)-Diastereomer an gleicher Stelle eluiert wird wie das dazu *enantiomere* L/(−)-Diastereomere.

Eine erfolgreiche Anwendung dieser Methode besteht in der Konfigurationszuordnung von N-Methyl-L-allo-Threonin (*42*), einer bisher in der

```
    CH3
    |
H—N—CH—COOH
     |
     CH—OH
     |
     CH3
```
(SF 42)

Natur noch nicht aufgefundenen Aminosäure aus dem Peptidantibiotikum Herbicolin [57] (Abb. 32).

Die Elutionsfolge der N-perfluoracylierten Aminosäure-(S)-(+)-3-methyl-2-butylester ist in allen bisher untersuchten Fällen D vor L [136] (Abb. 30). Die gleiche Elutionsfolge wird bei den entsprechenden N-Trimethylsilyl-Derivaten beobachtet. Bei silylierten N-Methylaminosäuren und α-Alkylaminosäuren ist dagegen die Elutionsfolge umgekehrt [138].

Auch die Konfiguration von Isovalin (*43*), einem Baustein verschiedener membran-aktiver Peptidantibiotika [54], konnte nach Herstellung der diastereomeren Derivate zugeordnet werden.

```
            CH3
            |
H3C—CH2—C—COOH
            |
            NH2
```
(SF 43)

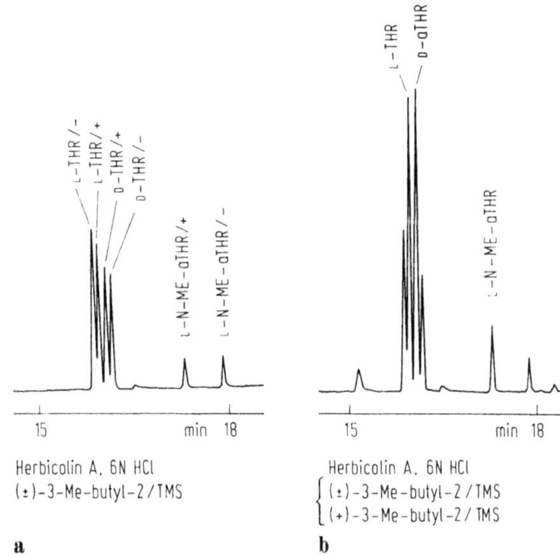

Abb. 32. Ausschnitt aus dem Gaschromatogramm des Totalhydrolysates des Depsipeptid-Antibiotikums Herbicolin A [57] **a** nach Veresterung mit (±)-3-Methyl-2-butanol und Trimethylsilylierung; **b** Mischeinspritzung mit einer Probe, die durch Veresterung mit (+)-3-Methyl-2-butanol erhalten wurde. In b) sind die Peaks von L-Thr, D-aThr und N-Methyl-L-aThr erhöht. 25 m Quarzkapillare mit SE 54 CB. Säulentemperatur 80 °C; Temp.-Progr. 3 °C/min; Trägergas 0,6 bar H_2. Aus [57]

Während sämtliche Proteinaminosäuren nach Veresterung mit (+)-3-Methyl-2-butanol als Pentafluorpropionylderivate an einer 25 m-Kapillare mit SE-30 vollständig getrennt werden können [136] (Abb. 30), lagern sich N-Methylaminosäuren bei der Acylierung mit reaktiven Anhydriden leicht unter Verlust ihrer optischen Aktivität in Alkyliden-oxazolidin-5-one um [70]. Die (+)-3-Methyl-2-butylester von DL-N-Methylaminosäuren lassen sich auch ohne weitere Derivatbildung trennen, ergeben jedoch selbst an gut desaktivierten Kapillaren unsymmetrische Peakform. Dies kann aber durch Co-Injektion einer kleinen Menge eines Silylierungsreagenzes wie N-Methyl-N-trimethylsilyl-trifluoracetamid (MSTFA) vermieden werden [138] (Abb. 33). Man erhält symmetrische Peaks, ohne daß etwa die N-Methylaminogruppe silyliert würde. Offenbar wird die innere Oberfläche der Kapillarsäule durch das Silylierungsreagenz vorübergehend desaktiviert, die Desaktivierung hält jedoch nur für jeweils eine Einspritzung vor und ist nicht bei Injektion des Silylierungsmittels *vor* der Aufgabe des N-Methylaminosäureesters zu erreichen.

Wie bei den Proteinaminosäuren ist die Elutionsfolge hier D vor L. In den meisten Fällen werden auch die N-silylierten Derivate getrennt, wobei jedoch die Elutionsfolge sich umkehrt: die L-N-Methylaminosäurederivate werden nun zuerst eluiert.

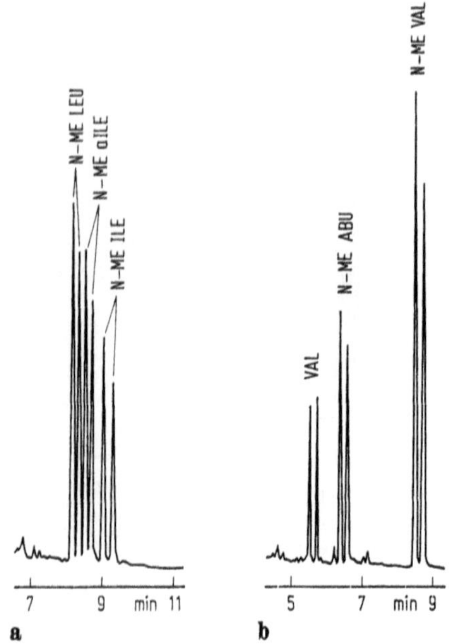

Abb. 33. Trennung von DL-N-Methylaminosäuren als (+)-3-Methyl-2-butylester. 25 m Quarzkapillare mit CpSil-5. Säulentemperatur **a** 90 °C, **b** 100 °C; Trägergas 0,6 bar H_2; Co-Injektion von 0,5 µl MSTFA. Aus [138]

In Analogie zu den α-Aminosäuren werden auch die (+)-3-Methyl-2-butylester von α-Hydroxysäuren, nach Trifluoracetylierung oder Trimethylsilylierung der Hydroxygruppe, gut getrennt [139]. Die Trifluoracetylderivate (Abb. 34) sind etwas leichter flüchtig und werden mit etwas größeren α-Werten getrennt als die Trimethylsilylderivate. In beiden Fällen haben die L-Formen die längere Retentionszeit. Während einige α-Alkylcarbonsäuren als (+)-3-Methyl-2-butylester gut getrennt werden, ist dies bei β-Hydroxysäuren nicht der Fall.

Sehr gute Trennungen von α- und β-Hydroxysäuren werden von Tressl und Engel beschrieben [141]. Von ihnen werden die Ethylester der Hydroxysäuren nach Acylierung mit (R)-2-Methoxy-2-trifluormethylphenylacetylchlorid(R)-MTPA-Cl, (*44*) untersucht. Selbst 4-Hydroxy-

CF_3 — C_6H_5–C(OCH$_3$)–C(=O)Cl (SF 44)

carbonsäuren können mit dieser Methode teilweise getrennt werden. Auf diese Weise konnte die Konfiguration einiger Hydroxysäuren aus tropischen Früchten zugeordnet werden. Die Elutionsfolge der D- und L-Hydroxysäuren hängt von der Position der OH-Gruppe ab und ist uneinheitlich.

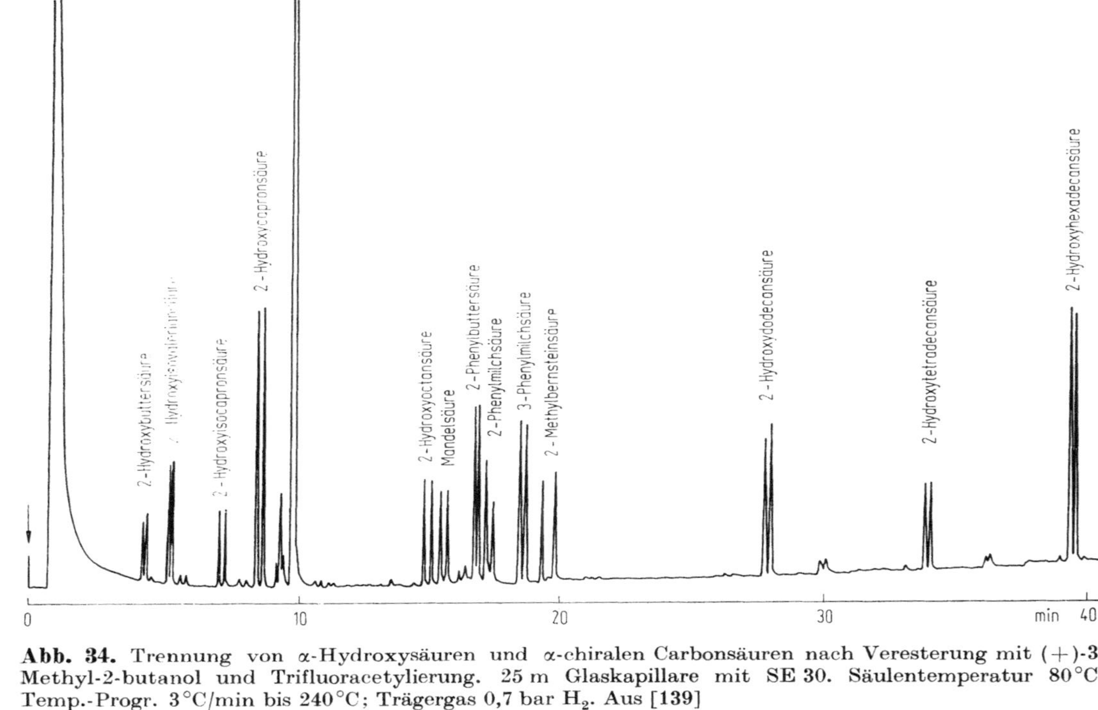

Abb. 34. Trennung von α-Hydroxysäuren und α-chiralen Carbonsäuren nach Veresterung mit (+)-3-Methyl-2-butanol und Trifluoracetylierung. 25 m Glaskapillare mit SE 30. Säulentemperatur 80 °C; Temp.-Progr. 3 °C/min bis 240 °C; Trägergas 0,7 bar H_2. Aus [139]

4.1.2 Herstellung von (+)-3-Methyl-2-butanol [149]

29,3 g (0,25 mol) L-Valin, 51,3 g (0,58 mol) (±)-3-Methyl-2-butanol und 66,3 g (0,35 mol) p-Toluolsulfonsäure-monohydrat werden mit 350 ml Benzol und 150 ml Toluol bei ca. 125 °C 50 Std. unter Rückfluß gekocht (Wasserabscheider). Die Lösung wird abfiltriert und am Rotationsverdampfer zur Trockene eingedampft. Zum Rückstand werden 150 ml trokkener Diethylether gegeben und über Nacht stehen gelassen. Das Reaktionsprodukt wird abfiltriert, mit Diethylether gewaschen und an der Luft getrocknet. Ausbeute: 37,68 g (42%); Fp. 163 °C; $[\alpha]_D^{20} = +16{,}05$ (c = 0,405 g in 100 ml Methanol).

Das Gemisch der diastereomeren Ester wird aus Benzol umkristallisiert. Nach zweimaligem Umkristallisieren erhält man das p-Toluolsulfonsäuresalz von L-Valin-(+)-3-methyl-2-butylester im Diastereomerenverhältnis 98,5:1,5. Das Produktverhältnis wird, nach N-Trifluoracetylierung, durch Gaschromatographie an einer 25 m-Kapillare mit SE-30 (100 °C Säulentemperatur) überprüft; dabei wird das Derivat von L-Valin-(+)-3-methyl-2-butylester nach dem Derivat des L-Valin-(−)-3-methyl-2-butylesters eluiert.

Zur Freisetzung des (+)-3-Methyl-2-butanols werden 23,73 g (64,3 mmol) des Esters mit 5,15 g (128,6 mmol) NaOH in 100 ml H_2O bei Raumtemperatur 3 Tage gerührt, danach mit Diethylether extrahiert, die Lösung über Na_2SO_4 getrocknet, das Lösungsmittel im Vakuum entfernt und der Rückstand im Vakuum destilliert. Ausbeute: 3,81 g (67%); $[\alpha]_D^{20} = +3{,}34$ (Reinsubstanz).

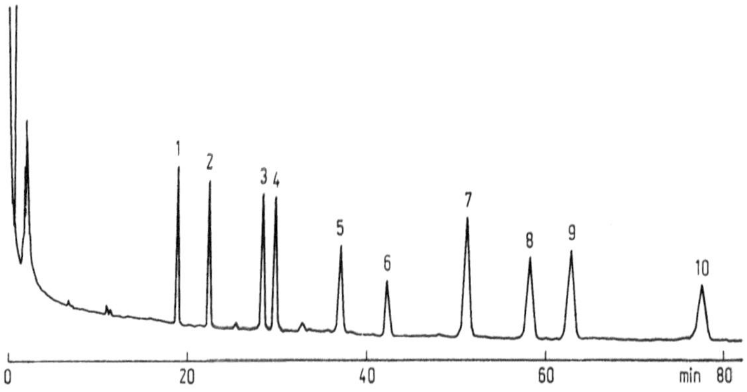

Abb. 35. Trennung von Aminen und Aminoalkoholen als N-(L-α-Chlorisovaleryl)/O-Trimethylsilylderivate. 14 m Glaskapillare mit N-TFA-L-Phenylalanyl-L-Asparaginsäure-bis-cyclohexylester. Säulentemperatur 150 °C; Trägergas 0,4 bar H_2.
1 = (+)-α-Phenylethylamin, 2 = (−)-α-Phenylethylamin, 3/4 = (±)-Amphetamin, 5/6 = (±)-Norephedrin, 7 = (+)-Ephedrin, 8 = (−)-Ephedrin, 9 = (−)-Pseudoephedrin, 10 = (+)-Pseudoephedrin. Aus [137]

4.1.3 Amine, Aminoalkohole

Mit L-α-Chlorisovalerylchlorid werden Amine und Aminoalkohole zu den entsprechenden diastereomeren Amiden umgesetzt. Besonders gute Trennungen können an chiralen stationären Phasen erhalten werden [147]. Neben aliphatischen Aminen werden auch arylsubstituierte Amine wie Amphetamin getrennt (Abb. 35). Aminoalkohole müssen in einem weiteren Reaktionsschritt trimethylsilyliert werden. Besonders große Trennfaktoren erhält man für Ephedrin und Pseudoephedrin.

Amine und Aminoalkohole können auch durch Reaktion mit N-Trifluoracetyl-L-alanylchlorid in trennbare Diastereomere überführt werden [140]. Neben aliphatischen, sekundären Aminen und Aminoalkoholen werden auch Amphetamin, Ephedrin, Pseudoephedrin und einige Sympathomimetika getrennt.

4.1.4 Alkohole

Ähnlich wie Hydroxysäuren können auch chirale Alkohole mit chiralen Säurechloriden zu diastereomeren Estern umgesetzt und getrennt werden. Während N-Trifluoracetyl-L-Alanylchlorid als Acylierungsmittel für Amine und Aminoalkohole gute Dienste leistet, eignet sich zur Veresterung von Alkoholen besser N-Trifluoracetyl-L-Alanin, das unter der Wirkung von Dicyclohexylcarbodiimid in guten Ausbeuten zu den diastereomeren Estern führt [140].

Gute Trennungen werden auch von den (R)-(+)-MTPA-Estern chiraler Alkohole erhalten [141]. Mit diesen Derivaten gelang Tressl et al. die Konfigurationszuordnung enzymatisch aus prochiralen Ketonen erhaltener sekundärer Alkohole und einiger in natürlichen Aromen auftretender optisch aktiver Alkohole. Auch die optische Reinheit von in „chiral pool"-Synthesen hergestellten enantiomeren 1,2-Isopropyliden-Derivaten von Glycerin ist mit diesem Verfahren überprüft worden [150].

4.1.5 Lactone

Für chirale Lactone sind noch keine allgemein anwendbaren Methoden der direkten Enantiomerentrennung bekannt. Ein allgemein anwendbares Verfahren, das auf der Herstellung diastereomerer Derivate beruht, wurde von Saucy et al. [142] vorgeschlagen. Dabei werden β- oder δ-alkyl-substituierte δ-Lactone unter p-Toluolsulfonsäure-Katalyse mit (−)-(2R, 3R)-Butandiol umgesetzt (Schema 5) und mit α-Werten um

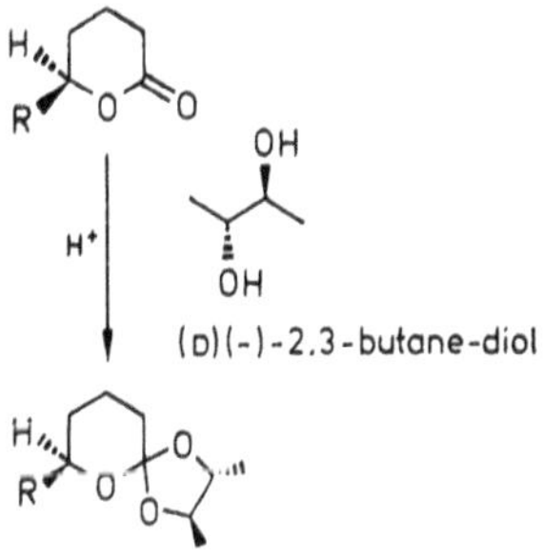

1,07–1,09 getrennt. In Einzelfällen konnte auch die Elutionsfolge bestimmt werden, wobei das Derivat des (S)-Enantiomers des Lactons nach dem des (R)-Enantiomers eluiert wurde. Tressl et al. wandten diese Methode mit Erfolg zur Konfigurationszuordnung natürlicher Lactone an [141].

4.1.6 Herstellung von L-α-Chlorisovalerylchlorid (Schema 4) [151, 152]

23,4 g (0,2 mol) L-Valin werden in 250 ml 6 N HCl gelöst und die Lösung auf 0 °C abgekühlt. Unter kräftigem Rühren werden portionsweise 22 g (0,32 mol) fein gepulvertes $NaNO_2$ zugegeben. Nach 4 Std. Rühren unter Eiskühlung wird dreimal mit je 50 ml Diethylether extrahiert und über $CaCl_2$ getrocknet. Nach Entfernen des Lösungsmittels wird die L-α-Chlorisovaleriansäure destilliert. Ausbeute: 9,4 g (34%); Kp. 108–110 °C (20 Torr).

9,4 g (6,8 mmol) L-α-Chlorisovaleriansäure werden bei 10 °C mit 5,5 ml frisch destilliertem Thionylchlorid versetzt und 15 min bei –10 °C gerührt. Anschließend wird 4 Std. bei 80 °C gerührt und dann destilliert. Ausbeute: 5,2 g (39%) L-α-Chlorisovalerylchlorid; Kp. 35–36 °C (20 Torr).

4.1.7 Kohlenhydrate

Schon 1968, lange bevor Kohlenhydrate an chiralen Phasen direkt getrennt werden konnten, beschrieben Pollock und Jermany [153, 154] ein Verfahren, wobei Aldosen zunächst zu den entsprechenden Aldonsäuren oxidiert und im Anschluß daran mit einem optisch aktiven Alkohol verestert und die Hydroxylgruppen acetyliert werden.

Vliegenthart et al. stellten Glycoside von Zuckern mit (–)-2-Butanol her, die ebenfalls nach Acetylierung teilweise getrennt werden konnten [143, 155]. Ein analoges Verfahren mit (+)-2-Octanol wurde zur Bestimmung der Anteile von D- und L-Galactose in Schnecken-Galactan benutzt [156]. Auch die Acetalisierung von Zuckern mit L-Milchsäure führt zu Diastereomeren, die gaschromatographisch getrennt werden können [157]. Alle Verfahren mit diastereomeren Derivaten haben den Nachteil der Schwerflüchtigkeit. Auch ist eine kinetische Differenzierung bei der Herstellung der Derivate gerade bei Zuckern sehr wahrscheinlich, so daß quantitative Bestimmungen der Enantiomerenanteile sehr ungenau sein dürften.

5 Nachweisgrenze enantiomerer Verunreinigungen; Genauigkeit der quantitativen Bestimmung

Die ständig zunehmende Bedeutung enantioselektiver Syntheseverfahren und die dabei erreichten zunehmend höheren Enantiomerenüberschüsse stellen auch an die Analytik immer größere Anforderungen. Die Frage nach der Nachweisgrenze für enantiomere Verunreinigungen und die Genauigkeit ihrer Bestimmung ist daher besonders aktuell. Dies gilt in gleichem Maße auch für biotechnologische Verfahren der Gewinnung „enantiomerenreiner“ Stoffe aus prochiralen Vorstufen. Selbst für die

Überprüfung der Enantiospezifität von Enzymen wären hochempfindliche und genaue analytische Verfahren wünschenswert.

Von den chromatographischen Trennmethoden dürften die direkten Verfahren unter Verwendung von optisch aktiven Amidphasen bzw. Metallchelat-Komplexen den Methoden mit diastereomeren Derivaten an Genauigkeit überlegen sein.

Die Untersuchung diastereomerer Derivate ist hinsichtlich Genauigkeit, Richtigkeit und Wiederholbarkeit der Ergebnisse durch schwer kontrollierbare systematische Fehler beeinträchtigt (keine 100% reinen Reagentien, „kinetische Trennung").

Wodurch wird nun die *Genauigkeit* einer gaschromatographischen Bestimmung der Enantiomeren-Zusammensetzung bestimmt? Der Detektor, in der Regel ein Flammenionisationsdetektor (FID), hat einen großen linearen Bereich ($\sim 1:10^7$) und zeigt naturgemäß gegenüber Enantiomeren gleiche Spezifität. Dennoch können Fehler dadurch entstehen, daß bei nicht mehr idealer Peakform die Bestimmung des in kleiner Konzentration vorhandenen Enantiomers durch das „tailing" des in hoher Konzentration vorhandenen Enantiomers beeinträchtigt wird. Für diesen Fall ist durch Verwendung einer Trennphase mit umgekehrter Konfiguration eine Verbesserung des Ergebnisses zu erzielen. Bayer et al. haben dies am Beispiel Chirasil-val deutlich gemacht [158]. Auch können zufällig miteluierte Verunreinigungen auf diese Weise eliminiert werden.

Liegt unter optimierten Bedingungen eine Basislinientrennung von zwei Enantiomeren vor, so ist dies noch keine Gewähr für eine genaue Bestimmbarkeit einer sehr kleinen enantiomeren Verunreinigung. Um etwa 1% einer enantiomeren Verunreinigung neben dem Überschuß des zweiten Enantiomers überhaupt im Chromatogramm sichtbar zu machen, muß die Kapillarsäule in der Regel stark überladen werden. Infolge der sehr begrenzten Kapazität einer Dünnfilmkapillare (wegen der Konzentrationsabhängigkeit des Verteilungskoeffizienten einer Substanz in der Gasphase bzw. flüssigen Phase und der damit verbundenen Peaksymmetrie) verschlechtert sich bei Überladung die Peakauflösung. Dieser Effekt fällt um so weniger ins Gewicht, je größer der α-Wert ist. Eine allgemeine Aussage zur Nachweisgrenze ist somit nicht möglich. Im Idealfall sind aber noch 0,1% Enantiomerenverunreinigung feststellbar [22].

Zur Genauigkeit der verschiedenen Methoden der gaschromatographischen Bestimmung der Enantiomeren-Zusammensetzung liegen systematische Untersuchungen von Bonner et al. vor [159]. Für Mischungen von D- und L-Leucin bekannter Zusammensetzung ergab sich ein absoluter Fehler von 0,03–0,7% und eine Standardabweichung von 0,03–0,6% bei wiederholten Messungen. Zwar entsprachen die gaschromatographischen Bedingungen, unter denen diese Untersuchungen durchgeführt wurden, nicht dem heutigen Standard, die Ergebnisse lassen jedoch erkennen, daß gerade im Grenzbereich sehr ähnlicher Enantiomerenanteile bzw. sehr geringer Enantiomeren-Überschüsse noch höhere Genauigkeit und Zuverlässigkeit der Meßergebnisse wünschenswert wären.

Von Schurig et al. [160] wurde bei einer Untersuchung von L-Milchsäure-ethylester ein Gehalt von 1,673 $\pm$ 0,065% D-Enantiomer gefunden (7 Messungen des t.-Butylurethans an Chirasil-val). Dies entspricht einem Enantiomeren-Überschuß von 96,65 $\pm$ 0,13% ee.

Eine ähnliche Untersuchung an (R)-Isopropyloxiran mittels Komplexierungs-Gaschromatographie ergab 1,04 ± 0,02% Enantiomerenverunreinigung, entsprechend einem ee-Wert von 97,92 ± 0,04% (bei 5 Messungen und elektronischer Integration) [161]. Diese Beispiele sind sicherlich dadurch begünstigt, daß hier hohe Trennfaktoren vorlagen. Dennoch besteht kaum Zweifel, daß die gaschromatographische Methode sehr zuverlässige Ergebnisse liefert, vorausgesetzt, es tritt weder während der Probenaufbereitung (Derivatisierung) noch während der Messung Razemisierung ein.

6 Zusammenfassung

Der hohe Stand der Entwicklung der Glas- und Quarzkapillartechnik, die Verfügbarkeit relativ temperaturstabiler und hoch enantioselektiver chiraler Polysiloxane und die Anwendung neuer Derivatbildungsreaktionen haben die Kapillar-Gaschromatographie zu einer wertvollen, vielseitigen und zuverlässigen Methode der stereochemischen Analyse gemacht. Neben der Fähigkeit, im günstigen Fall noch sehr geringe Enantiomerenüberschüsse messen zu können, erlaubt die hohe Empfindlichkeit der enantioselektiven Gaschromatographie die Konfigurationszuordnung von chiralen Komponenten, selbst wenn sie nur in Spuren und in sehr komplexer Mischung vorliegen, wie dies bei vielen Pheromonen, Aromakomponenten und anderen Naturstoffen der Fall ist.

Die Kapillar-Gaschromatographie an chiralen Phasen ermöglicht die Kontrolle der Enantiomerenreinheit chiraler Katalysatoren, Synthesebausteine, Pharmaka und deren Metabolite sowie die Kontrolle enantioselektiver Synthesen hinsichtlich des erreichten Enantiomerenüberschusses und der absoluten Konfiguration des chiralen Produktes.

Durch die rasche Entwicklung von chiralen Trägermaterialien für die Flüssigchromatographie steht eine komplementäre Methode für bevorzugt präparative Anwendungen bereit.

Abgesehen von den praktischen Aspekten für die stereochemische Analytik liefern die enantioselektiven chromatographischen Methoden interessante Erkenntnisse über die Mechanismen des „chiralen Erkennens“ und der intermolekularen Wechselwirkungen.

Literatur

1. Vité, J. P., Francke, W.: CHIUZ 19:11 (1985)
2. Roth, H. J., Kleemann, A.: „Pharmazeutische Chemie I, Arzneistoffsynthese“, G. Thieme, Stuttgart, 1982
3. Schurig, V.: Angew. Chem. 96:733 (1984); Angew. Chem. Int. Ed. Engl. 23:747 (1984)
4. Roerade, J., Enzell, C. R.: J. High Res. Chromatogr. Chromatogr. Commun. 2:123 (1979)
5. Gil-Av, E., Feibush, B., Charles-Sigler, R.: in A. B. Littlewood: Gas Chromatography 1966, Institute of Petroleum, London 1967, p. 227
6. Gil-Av, E., Feibush, B., Charles-Sigler, R.: Tetrahedron Lett. 1966, 1009

7. König, W. A., Parr, W., Lichtenstein, H. A., Bayer, E., Oró, J.: J. Chromatogr. Sci. 8: 183 (1970)
8. König, W. A., Nicholson, G. J.: Anal. Chem. 47:951 (1975)
9. Feibush, B., Gil-Av, E.: J. Gas Chromatogr. 5:257 (1967)
10. Feibush, B., Gil-Av, E., Tamari, T.: J. Chem. Soc. Perkin II, 1972, 1197
11. Feibush, B.: Chem. Commun. 1971, 544
12. Weinstein, S., Feibush, B., Gil-Av, E.: J. Chromatogr. 126:97 (1976)
13. König, W. A., Sievers, S., Schulze, U.: Angew. Chem. 92:935 (1980); Angew. Chem. Int. Ed. Engl. 19:910 (1980)
14. König, W. A., Sievers, S.: J. Chromatogr. 200: 189 (1980)
15. König, W. A., Benecke, I., Sievers, S.: J. Chromatogr. 217:71 (1981)
16. Ôi, N., Doi, T., Kitahara, H., Inda, Y.: J. Chromatogr. 239:493 (1982)
17. Ôi, N., Kitahara, H., Doi, T.: J. Chromatogr. 254:282 (1983)
18. Ôi, N., Doi, T., Kitahara, H., Inda, Y.: J. Chromatogr. 208:404 (1981)
19. Frank, H., Nicholson, G. J., Bayer, E.: J. Chromatogr. Sci. 15:174 (1977)
20. Frank, H., Nicholson, G. J., Bayer, E.: Angew. Chem. 90:396 (1978); Angew. Chem. Int. Ed. Engl. 17:363 (1978)
21. Bayer, E.: Z. Naturforsch. 38b: 1281 (1983)
22. Schurig, V.: Angew. Chem. 96:733 (1984); Angew. Chem. Int. Ed. Engl. 23:747 (1984)
23. Koppenhoefer, B., Bayer, E.: J. Chromatogr. Libr. 32:1 (1985)
24. Saeed, T., Sandra, P., Verzele, M.: J. Chromatogr. 286:611 (1980)
25. Saeed, T., Sandra, P., Verzele, M.: J. High Res. Chromatogr. Chromatogr. Commun. 3:35 (1980)
26. König, W. A., Benecke, I.: J. Chromatogr. 209:91 (1981)
27. König, W. A., Sievers, S., Benecke, I.: in R. E. Kaiser: „Proceed. IVth Intern. Symp. Capillary Chromatogr." Institut für Chromatographie, Bad Dürkheim und A. Hüthig Verlag, Heidelberg, 1981, S. 703
28. König, W. A.: J. High Res. Chromatogr. Chromatogr. Commun. 5:588 (1982)
29. König, W. A.: in P. Schreier: „Analysis of Volatiles", de Gruyter, Berlin, 1984, S. 77
30. Fa. Chrompack International, Middelburg, Niederlande
31. Schomburg, G., Benecke, I., Severin, G.: J. High Res. Chromatogr. Chromatogr. Commun. 8: 391 (1985)
32. Liu, R. H., Ku, W. W.: J. Chromatogr. 271:309 (1983)
33. Bouche, J., Verzele, M.: J. Gas Chromatogr. 6:501 (1968)
34. Benecke, I., Schomburg, G.: J. High Res. Chromatogr. Chromatogr. Commun. 8: 191 (1985)
35. Feibush, B., Gil-Av, E.: Tetrahedron 26: 1361 (1970)
36. Gil-Av, E.: J. Mol. Evol. 6: 131 (1975)
37. Beitler, U., Feibush, B.: J. Chromatogr. 123: 149 (1976)
38. Feibush, B., Balan, A., Altman, B., Gil-Av, E.: J. Chem. Soc., Perkin II, 1979, 1230
39. Stölting, K., König, W. A.: Chromatographia 9:331 (1976)
40. Schurig, V.: in Asymmetric Synthesis, Vol. 1, J. D. Morrison (Ed.), Academic Press, New York, 1983, S. 59
41. Blau, K., King, G. (Ed.): „Handbook of Derivatives for Chromatography", Heyden & Son, London, 1977
42. Benecke, I., König, W. A.: Angew. Chem. 94:709 (1982); Angew. Chem. Int. Ed. Engl. 21:709 (1982)
43. König, W. A., Benecke, I., Lucht, N., Schmidt, E., Schulze, J., Sievers, S.: J. Chromatogr. 279: 555 (1983)
44. König, W. A., Steinbach, E., Ernst, K.: Angew. Chem. 96:516 (1984); Angew. Chem. Int. Ed. Engl. 23:527 (1984)

45. König, W. A., Steinbach, E., Ernst, K.: J. Chromatogr. 301:129 (1984)
46. Gottschlich, R.: Kontakte (Darmstadt) 1981 (1) 14
47. Koppenhoefer, B., Allmendinger, H., Nicholson, G. J.: Angew. Chem. 97:46 (1985); Angew. Chem. Int. Ed. Engl. 24:48 (1985)
48. Anklam, E., König, W. A., Margaretha, P.: Tetrahedron Lett. 24:5851 (1983)
49. König, W. A., Francke, W.: 1985, unveröffentlicht
50. Bayer, E., Gil-Av., König, W. A., Nakaparksin, S., Oró, J., Parr, W.: J. Am. Chem. Soc. 92: 1738 (1970)
51. Frank, H., Woiwode, W., Nicholson, G. J., Bayer, E.: Liebigs Ann. Chem. 1981, 354
52. Nicholson, G. J., Frank, H., Bayer, E.: J. High Res. Chromatogr. Chromatogr. Commun. 2:411 (1979)
53. König, W. A., Loeffler, W., Meyer, W. H., Uhmann, R.: Chem. Ber. 106:816 (1973)
54. Brückner, H., Nicholson, G. J., Jung, G., Kruse, K., König, W. A.: Chromatographia 13:209 (1980)
55. Rinken, M., Lehmann, W. D., König, W. A.: Liebigs Ann. Chem. 1984, 1672
56. Zimmermann, G., Hass, W., Faasch, H., Schmalle, H., König, W. A.: Liebigs Ann. Chem. 1985, 2165
57. Aydin, M., Lucht, N., König, W. A., Lupp, R., Jung, G., Winkelmann, G.: Liebigs Ann. Chem. 1985, 2285
58. Küsters, E., Allgaier, H., Jung, G., Bayer, E.: Chromatographia 18:287 (1984)
59. Bayer, E., Gil-Av, E., König, W. A., Nakaparksin, S., Oró, J., Parr, W.: J. Am. Chem. Soc. 92:1738 (1970)
60. Nakaparksin, S., Gil-Av, E., Oró, J.: Anal. Biochem. 33:374 (1970)
61. Frank, H., Woiwode, W., Nicholson, G. J., Bayer, E.: Liebigs Ann. Chem. 1981, 354
62. König, W. A.: 1985, unveröffentlicht
63. Bada, J. L., Luyendyk, B. P., Maynard, J. B.: Science 169:1079 (1970)
64. Kvenvolden, K., Lawless, J., Pering, K., Peterson, E., Flores, J., Ponnamperuma, C., Kaplan, I. R., Moore, C.: Nature 228:923 (1970)
65. Oró, J., Nakaparksin, S., Lichtenstein, H. A., Gil-Av, E.: Nature 230:107 (1971)
66. Frank, H., Nicholson, G. J., Bayer, E.: J. Chromatogr. 167:187 (1978)
67. Schöllkopf, U., Hartwig, W., Groth, U.: Angew. Chem. 91:922 (1979); Angew. Chem. Int. Ed. Engl. 18:863 (1979)
68. Chang, S. C., Charles, R., Gil-Av, E.: J. Chromatogr. 238:29 (1982)
69. Mischnick-Lübbecke, P., König, W. A.: 1984, unveröffentlicht
70. König, W. A., Hess, U.: Liebigs Ann. Chem. 1977, 1087
71. Chang, S. C., Gil-Av, E., Charles, R.: J. Chromatogr. 289:53 (1984)
72. Koch, E., Nicholson, G. J., Bayer, E.: J. High Res. Chromatogr. Chromatogr. Commun. 7:398 (1984)
73. Hagenmaier, H., Keckeisen, A., Zähner, H., König, W. A.: Liebigs Ann. Chem. 1979, 1494
74. Hettinger, T. P., Craig, L. C.: Biochemistry 9:1224 (1970)
75. Peypoux, F., Guinand, M., Michel, G., Delcambe, L., Das, B. C., Lederer, M.: Biochemistry 17:3992 (1978)
76. Schöllkopf, U., Hoppe, I., Thiele, A.: Liebigs Ann. Chem. 1985, 555
77. Schütze, R., Dissertation, Universität Göttingen (1986)
78. König, W. A., Benecke, I.: J. Chromatogr. 269:19 (1983)
79. König, W. A., Benecke, I., Sievers, S.: J. Chromatogr. 238:427 (1982)
80. Pandey, C. R., Cook, J. C., Kenneth, L., Rinehart, K. L.: J. Am. Chem. Soc. 99:8469 (1977)

81. Jung, G., König, W. A., Leibfritz, D., Ooka, T., Janko, K., Boheim, G.: Biochim. Biophys. Acta 433:164 (1976)
82. Brückner, H., König, W. A., Aydin, M., Jung, G.: Biochim. Biophys. Acta 827:51 (1985)
83. Fujita, T., Takaishi, Y., Shimomoto, T.: J. Chem. Soc., Chem. Commun. 1979, 413
84. Bodo, B., Rebuffat, S., El Hajji, M., Davoust, D.: J. Am. Chem. Soc. 107:6011 (1985)
85. König, W. A., Ernst, K.: J. Chromatogr. 280:1230 (1979)
86. Frank, H., Nicholson, G. J., Bayer, E.: J. Chromatogr. Biomed. Applic. 146:197 (1978)
87. Ernst, K.: Dissertation, Universität Hamburg 1984
88. Ahnoff, M., Ervik, M., Johansson, L.: in R. E. Kaiser (Ed.): „Proceed. IVth Intern. Symp. Capillary Chromatogr.", Institut für Chromatographie, Bad Dürkheim, and A. Hüthig Verlag, Heidelberg, 1981, S. 487
89. Wainer, I. W., Doyle, T. D., Hamidzadeh, Z., Aldridge, M.: J. Chromatogr. 268:107 (1983)
90. König, W. A., Ernst, K., Vessman, J.: J. Chromatogr. 294:423 (1984)
91. Gyllenhaal, O., König, W. A., Vessman, J.: J. Chromatogr. 350:328 (1985)
92. König, W. A., Gyllenhaal, O., Vessman, J.: J. Chromatogr. 356:354 (1986)
93. Frank, H., Gerhardt, J., Nicholson, G. J., Bayer, E.: J. Chromatogr. 270:159 (1983)
94. Jolad, S. D., Hoffman, J. J., Cole, J. R., Barry, C. E., Bates, R. B., Linz, G. S., König, W. A.: J. Nat. Prod. 48:644 (1985)
95. Schröder, E., Lübke, K.: „The Peptides", Vol. II, Academic Press, New York, London, 1966
96. Liebich, H.: J. High Res. Chromatogr. Chromatogr. Commun. 6:640 (1983)
97. Schildknecht, H., Koob, K.: Angew. Chem. 83:110 (1981); Angew. Chem. Int. Ed. Engl. 10:124 (1981)
98. Rietschel, E. T., Gottert, H., Lüderitz, O., Westphal, O.: Europ. J. Biochem. 28:166 (1972)
99. Kamerling, J. P., Gerwig, G. J., Duran, M., Ketting, D., Wadman, S. K.: Clin. Chim. Acta 88:183 (1978)
100. Laatsch, H.: Liebigs Ann. Chem. 1982, 28
101. Die Probe wurde von Herrn Dr. U. Ohnsorge, BASF, Ludwigshafen, zur Verfügung gestellt
102. Koppenhoefer, B., Allmendinger, H., Nicholson, G. J., Bayer, E.: J. Chromatogr. 260:63 (1983)
103. Sievers, S.: Dissertation, Universität Hamburg (1982)
104. König, W. A., Francke, W., Benecke, I.: J. Chromatogr. 239:227 (1982)
105. Thumm, D.: Dissertation, Universität Tübingen (1980)
106. Francke, W., Pan, M.-L., Bartels, J., König, W. A., Vité, J. P., Krawielitzki, S., Kohnle, U.: J. chem. Ecol. 1986, im Druck
107. Schomburg, G., Weeke, F., Oreans, M., Müller, F.: Chromatographia 16:87 (1982)
108. Schomburg, G., Husmann, H., Hübiger, E., König, W. A.: J. High Res. Chromatogr. Chromatogr. Commun. 7:404 (1984)
109. König, W. A., Benecke, I., Bretting, H.: Angew. Chem. 93:688 (1981); Angew. Chem. Int. Ed. Engl. 20:693 (1981)
110. Benecke, I., Schmidt, E., König, W. A.: J. High Res. Chromatogr. Chromatogr. Commun. 4:553 (1981)

111. Bretting, H., Jacobs, G., Benecke, I., König, W. A., Thiem, J.: Carbohydr. Res. 139:225 (1985)
112. Leavitt, A. L., Sherman, W. R.: Carbohydr. Res. 103:267 (1982)
113. Sherman, W. R., Leavitt, A. L., Houchar, M. P., Hallcher, L. M., Phillips, B. E.: J. Neurochem. 36:1947 (1981)
114. König, W. A., Benecke, I., Ernst, K.: J. Chromatogr. 253:267 (1982)
115. König, W. A., Schmidt, E., Krebber, R.: Chromatographia 18:698 (1984)
116. Enders, D., Eichenauer, H.: Angew. Chem. 91:425 (1979); Angew. Chem. Int. Ed. Engl. 18:397 (1979)
117. Meyers, A. I., Williams, D. R., Erickson, G. W., White, S., Druelinger, M.: J. Am. Chem. Soc. 103:3081 (1981)
118. Enders, D., Lotter, H., Maigrot, N., Mazaleyrat, J.-P., Welvart, Z.: Nouv. J. Chim. 8:747 (1984)
119. Braun, M., Hild, W.: Angew. Chem. 96:701 (1984); Angew. Chem. Int. Ed. Engl. 23:723 (1984)
120. König, W. A., Hagen, M.: 1986, unveröffentlicht
121. Hagena, D., Bauer, K.: in „Fragrance and Flavor Substances", R. Croteau (Ed.) D & PS Verlag, Pattensen, 1980, S. 123
122. Schunack, W., Mayer, K., Haake, M.: „Arzneistoffe, Lehrbuch der Pharmazeutischen Chemie", Vieweg & Sohn, Braunschweig/Wiesbaden, 2. Aufl., 1983, S. 102
123. König, W. A., Sturm, U.: J. Chromatogr. 328:357 (1985)
124. Schurig, V.: Angew. Chem. 89:113 (1977); Angew. Chem. Int. Ed. Engl. 16:110 (1977)
125. Schurig, V., Bürkle, W.: Angew. Chem. 90:132 (1978); Angew. Chem. Int. Ed. Engl. 17:132 (1978)
126. Schurig, V., Weber, R.: J. Chromatogr. 217:51 (1981)
127. Weber, R., Hintzer, K., Schurig, V.: Naturwissenschaften 67:453 (1980
128. Bürkle, W., Karfunkel, H., Schurig, V.: J. Chromatogr. 288:1 (1984)
129. Schurig, V., Bürkle, W.: J. Am. Chem. Soc. 104:7573 (1982)
130. Schurig, V., Leyrer, U., Weber, R.: J. High Res. Chromatogr. Chromatogr. Commun. 8:459 (1985)
131. Schurig, V., Wistuba, D.: Tetrah. Lett. 25:5633 (1984)
132. Koppenhoefer, B., Hintzer, K., Weber, R., Schurig, V.: Angew. Chem. 92:473 (1980); Angew. Chem. Int. Ed. Engl. 19:471 (1980)
133. Schurig, V., Weber, R.: Angew. Chem. 95:797 (1983); Angew. Chem. Int. Ed. Engl. 23:772 (1983)
134. Schurig, V., Weber, R.: Naturwissenschaften 69:602 (1982)
135. Kolb, B.: Chromatographia 9:587 (1982)
136. König, W. A., Rahn, W., Eyem, J.: J. Chromatogr. 133:141 (1977)
137. König, W. A., Stölting, K., Kruse, K.: Chromatographia 10:444 (1977)
138. König, W. A., Benecke, I., Schulze, J.: J. Chromatogr. 238:237 (1982)
139. König, W. A., Benecke, I.: J. Chromatogr. 195:292 (1980)
140. Kruse, K., Francke, W., König, W. A.: J. Chromatogr. 170:423 (1979)
141. Tressl, R., Engel, K. H.: in P. Schreier: „Analysis of Volatiles", de Gruyter, Berlin 1984, S. 323
142. Saucy, G., Borer, R., Trullinger, D. P., Jones, J. B., Lok, K. P.: J. Org. Chem. 42:3206 (1977)
143. Gerwig, G. J., Kamerling, J. P., Vliegenthart, J. F. G.: Carbohydr. Res. 77:1 (1979)
144. Pereira, W. E., Bacon, V. A., Patton, W., Halpern, B.: Anal. Letters 3:23 (1970)
145. Pereira, W. E., Salomon, M., Halpern, B.: Austr. J. Chem. 24:1103 (1971)
146. Halpern, B., Westley, J. W.: Austr. J. Chem. 19:1533 (1966)

147. König, W. A.: Chromatographia 9:72 (1976)
148. Halpern, B., Westley, J. W.: Chem. Commun. (1965) 246
149. Benecke, I.: Diplomarbeit, Universität Hamburg, 1980
150. Hirth, G., Walther, W.: Helv. Chim. Acta 68:1863 (1985)
151. Fu, S. C. J., Birnbaum S. M., Greenstein, J. P.: J. Am. Chem. Soc. 76:6054 (1954)
152. Kruse, K.: Dissertation, Universität Hamburg, 1979
153. Pollock, G. E., Jermany, D. A.: J. Gas Chromatogr. 6:412 (1968)
154. Pollock, G. E., Jermany, D. A.: J. Chromatogr. Sci. 8:296 (1970)
155. Gerwig, G. J., Kamerling, J. P., Vliegenthart, J. F. G.: Carbohydr. Res. 62:349 (1978)
156. Leontein, K., Lindberg, B., Lönngren, J.: Carbohydr. Res. 62:359 (1978)
157. Zablocki, W., Behrman, E. J., Barber, G. A.: J. Biochem. Biophys. Meth. 1:253 (1979)
158. Bayer, E., Allmendinger, H., Enderle, G., Koppenhoefer, B.: Fresenius, Z. Anal. Chem. 321:321 (1985)
159. Bonner, W. A., van Dort, M. A., Flores, J. J.: Anal. Chem. 46:2104 (1974)
160. Hintzer, K., Koppenhoefer, B., Schurig, V.: J. Org. Chem. 47:3850 (1982)
161. Koppenhoefer, B., Weber, R., Schurig, V.: Synthesis 1982, 316

Flow Injection Analysis

Dr. J. Möller

Tecator AB
Box 70, S-26301 Höganäs, Schweden

1 Einleitung

Der Begriff „Flow Injection Analysis" (FIA) wurde 1974 von Ruzicka und Hansen [1] geprägt und bezeichnet eine Technik, bei der eine flüssige Probe in einen kontinuierlich fließenden Trägerstrom injiziert und zu einem Detektor transportiert wird. Auf dem Weg zum Detektor vermischt sich die Probenzone mit der umgebenden Trägerlösung, die ein Reagenz enthalten kann, weitere Reagenzien können kontinuierlich zugesetzt werden, und das Reaktionsprodukt wird in der Durchflußzelle eines Detektors gemessen (s. Abb. 1). Auf ihrem Weg zum Detektor verteilt

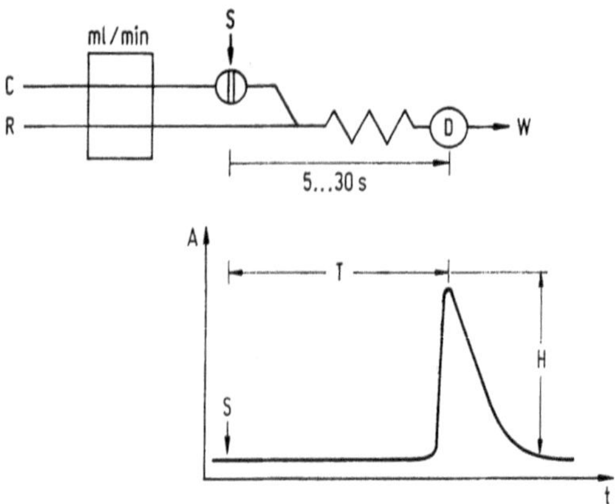

Abb. 1. Einfaches FIA-System (oben). Eine Pumpe (ml/min) fördert mit konstanter Geschwindigkeit den Trägerstrom (C) und das Reagenz (R). Auf ihrem Weg zur Durchflußzelle des Detektors (D) vermischt sich die injizierte Probe (S) mit dem Trägerstrom und dem zugesetzten Reagenz. Typisches FIA-Signal (unten), wie es von einem Laborschreiber aufgezeichnet wird. Nach der Probeninjektion (S) wird zunächst der Reagenzblindwert (Basislinie) aufgezeichnet. Nach der Zeit T wird das analytische Signal in Form der Peakhöhe (H) erhalten und die Probenzone wird aus dem System gespült (Rückkehr zur Basislinie). W — Ablauf, t- Zeitachse, A — Signalachse

sich die injizierte Probenzone. Durch geeignete Wahl des injizierten Probenvolumens, der Fließgeschwindigkeiten, Reaktionsstreckenlänge und des Innendurchmessers der verwendeten Schläuche läßt sich diese Dispersion (Verteilung oder Verdünnung) der Probenzone kontrollieren und den jeweiligen Anforderungen anpassen.

Die Fließinjektionsanalyse unterscheidet sich grundlegend von anderen Durchflußmethoden:
Es werden reproduzierbare, vorübergehende Signale in Form eines Peaks erhalten, obwohl die Probenzonen nicht durch Luftblasen voneinander getrennt werden, die Durchmischung der Probenzone mit der Träger- oder Reagenzlösung nicht homogen ist und die ablaufenden chemischen Reaktionen nicht unbedingt einen Gleichgewichtszustand erreichen müssen.

FIA-Systeme zeichnen sich durch sehr kurze Ansprechzeiten aus. Analytisch auswertbare Signale werden innerhalb von Sekunden erhalten, was u. a. einen hohen Probendurchsatz erlaubt. Die benötigten Probenmengen und der Reagenzverbrauch liegen im Mikroliterbereich. Ein FIA-System ist innerhalb von wenigen Minuten einsatzbereit. Änderungen im System können einfach und schnell vorgenommen werden. Aufgrund der Flexibilität beim Aufbau der Reaktionsstrecke und der Vielzahl der verwendbaren Detektoren hat die FIA Eingang in viele Bereiche der Analytischen Chemie gefunden. Seit der Einführung des ursprünglichen Konzepts durch Ruzicka und Hansen [1, 2] hat sich die FIA sehr schnell weiterentwickelt. Die FIA ist inzwischen nicht nur eine weitere Methode zur Automatisierung naßchemischer Analysen, sondern hat durch konzeptionelle Erweiterungen, wie z. B. die Ausnutzung verschiedener Volumensegmente des Konzentrationsgradienten der Probenzone [3], und technologische Entwicklungen und Verbesserungen, z. B. Miniaturisierung [4], der Analytischen Chemie neue Wege eröffnet. Die FIA ist heute eine etablierte analytische Technik, was durch ca. 1000 Publikationen (Stand: März 1986) eindrucksvoll dokumentiert ist [5, 6].

2 Grundlagen

Das Konzept der FIA beruht auf einer Kombination von:

(i) Reproduzierbarer Einbringung einer Probenzone in einen nichtsegmentierten, kontinuierlich fließenden Trägerstrom.
(ii) Kontrolle der Dispersion der injizierten Probenzone auf ihrem Weg vom Injektionsort zum Detektor.
(iii) Reproduzierbare Einhaltung der Verweilzeit der Probenzone im System und der die Probenzone beeinflussenden Prozesse.

2.1 Kontrolle der Dispersion

Unter Dispersion versteht man die Verbreiterung der Probenzone infolge des hydrodynamischen Massentransports vom Injektions- zum Detektionsort. Der Transport geschieht in engen Schläuchen unter laminaren Strömungsbedingungen. Die Probenzone wird als definierter Sektor in das System eingebracht (s. Abb. 2). Unter strömungslosen Bedingungen wird sich die Probenzone nach einiger Zeit wie in Abb. 2 gezeigt verteilen. Dieser Prozeß ist diffusionskontrolliert. Bei Vorliegen eines Strömungsprofils wird die Probenzone jedoch sofort vom Trägerstrom mitgerissen und in der in Abb. 3 schematisch gezeigten Art im System verteilt. Das

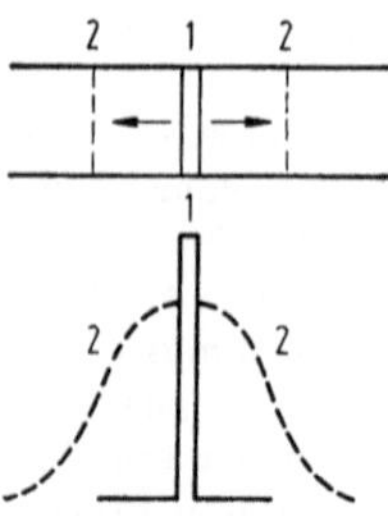

Abb. 2. Oben: injizierte Probenzone zum Zeitpunkt t = 0 (1) und t (2). Unten: den oberen Abläufen entsprechende Signalformen

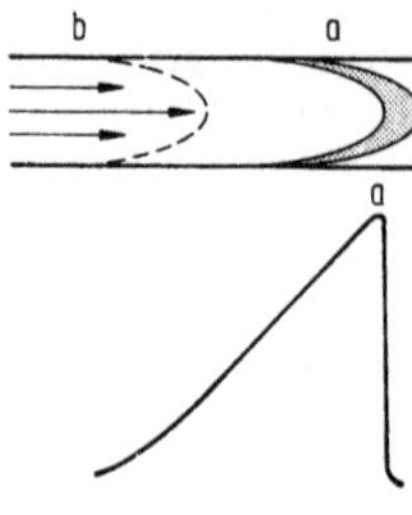

Abb. 3. a dispergierte Probenzone; b Strömungsprofil; a (unten) – Signalform

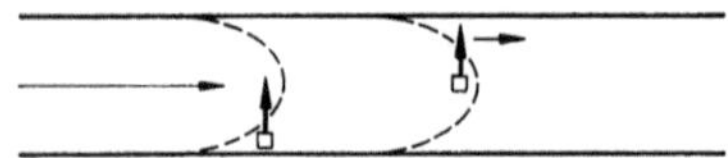

Abb. 4. Zum Zusammenspiel zwischen radialer Diffusion und axialer Konvektion in einem FIA-System.
(Die axiale Diffusion ist unter normalen FIA-Bedingungen vernachlässigbar)

Ergebnis dieses konvektionsbedingten Effektes ist eine axiale Dispersion der Probenzone. In der Realität tritt eine Kombination von axialer Konvektion und radialer Diffusion auf (s. Abb. 4). Infolge radialer Diffusion bewegen sich Moleküle an der Spitze der Probenzone nach außen und somit in Zonen geringerer Strömungsgeschwindigkeit und Moleküle am Ende der Zone diffundieren in Bereiche höherer Strömungsgeschwindigkeit (Abb. 4). Die Ausbreitung der Probenzone ist daher endlich, was am registrierten Signal durch Rückkehr zur Basislinie ersichtlich ist (s. Abb. 1). Die Basislinienbreite des so erzeugten Signales ist nicht nur zur Abschätzung der Dispersion von Interesse, sondern auch zur Berechnung der maximalen Injektionsfrequenz S nach:

$$S = 3600/t_b$$

mit S = Anzahl der maximal möglichen Injektionen pro Stunde und t_b = Basislinienbreite des Signals in Sekunden.

Beiträge zur Theorie des Dispersionsprozesses wurden von Betteridge [7], Vanderslice et al. [8], Reijn et al. [9] und Ruzicka und Hansen [10] gegeben. Der Einfluß der chemischen Reaktion auf die Dispersion wurde von Painton und Mottola [11] diskutiert. Für den Praktiker von größerem Interesse ist der Dispersionskoeffizient D, wie er von Ruzicka und Hansen [10] definiert wurde:

$$D = C_0/C_{Max} = H_0/H_{Max}$$

C_0 – ursprüngliche Konzentration der injizierten Probe.
C_{Max} – Konzentration im Volumenelement der dispergierten Probenzone, das dem Signalmaximum entspricht.

Bei Gültigkeit des Lambert-Beerschen Gesetzes läßt sich D einfach durch Bestimmung von H_0 und H_{Max} berechnen (Abb. 5):

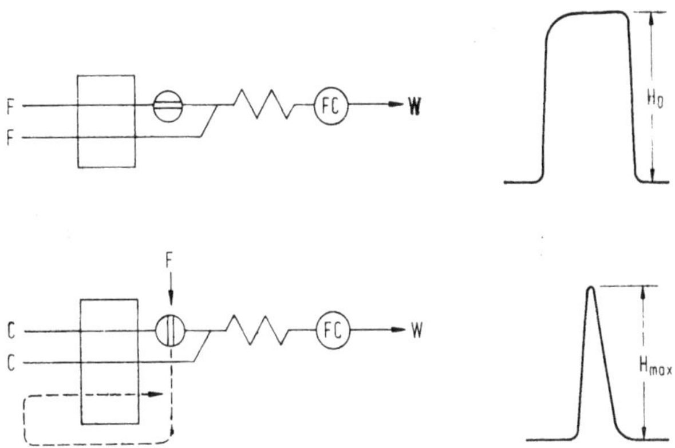

Abb. 5. Zur Bestimmung des Dispersionskoeffizienten D.
Oben: Messung der Extinktion H_0 der unverdünnten Farbstofflösung (F).
Unten: Messung der Extinktion H_{Max} der injizierten Farbstofflösung.
C = Trägerstrom. FC = Durchflußzelle. W = Ablauf

Der Dispersionskoeffizient berücksichtigt nur rein physikalische Dispersionseffekte und D bezeichnet daher die Verdünnung des betrachteten Volumensegmentes der Probenzone im System. Seine Kenntnis ist jedoch wichtig für die Planung bzw. zur Charakterisierung eines FIA-Systems. Die Kenntnis des D-Wertes erlaubt es, die notwendigen Reagenzkonzentrationen zu berechnen und ein System hinsichtlich der Empfindlichkeit zu optimieren.

Wie aus Abb. 6a ersichtlich, hat die Änderung des injizierten Volumens (Länge der injizierten Probenzone) einen wirksamen Einfluß auf den D-Wert. Zu beachten ist das Verhalten zwischen dem injizierten Volumen (Signalhöhe) und dem Probendurchsatz (Basislinienbreite) in einem einfachen FIA-System. Abb. 6b zeigt den Einfluß der Länge L der Transport strecke. Der D-Wert ist proportional der Quadratwurzel der durchlaufenen Strecke. Interessant ist hier auch die Peakform, die Aufschluß über den Einfluß von axialer und radialer Dispersion gibt. Andere Parameter zur Beeinflussung des Dispersionskoeffizienten sind die Fließgeschwindigkeit (hier ist insbesondere die Verdünnung der Probenzone durch zugesetzte

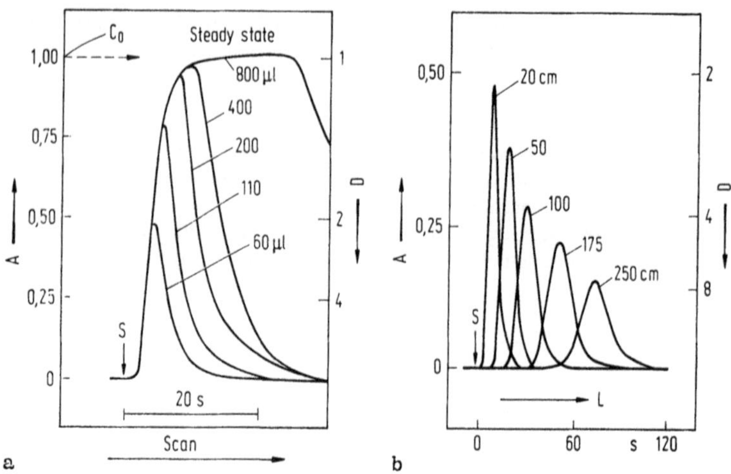

Abb. 6. a Einfluß des injizierten Volumens (60 – 800 µl) auf die Signalform und den Dispersionskoeffizienten D. **b** Einfluß der Reaktionsstreckenlänge (20 – 250 cm) auf die Signalform und D (injiziertes Volumen = 60 µl) (nach [10], Seite 18: Injektion einer Farbstofflösung in ein einfaches FIA-System. Trägerstrom = 1,5 ml/min. I.D. = 0,5 mm.)

Reagenzströme zu beachten), der Innendurchmesser der verwendeten Schläuche, Radius und Ausformung von Reaktionsschlaufen, sowie Anzahl und Form von Turbulenzpunkten (mixing points) im System, Art, Form und Füllung von verwendeten Reaktoren. An dieser Stelle sei auch auf die von Ruzicka und Hansen [10] formulierten Richtlinien, sowie auf Untersuchungen von Silfwerbrand-Lind et al. [12] zur Verwendung verschiedener Mischschlaufen hingewiesen.

Die Kenntnis dieser Einflußgrößen erlaubt es, Systeme definierter Dispersion für bestimmte Anwendungen zu entwerfen. Der Bereich begrenzter Dispersion (D = 1 – 3) ist interessant für Anwendungen, in denen hohe lokale Probenkonzentrationen bzw. praktisch unverdünnte Elemente der Probenzone notwendig sind. Das FIA-System wird dabei hauptsächlich zum Transport der Probenzone zu einem selektiven Detektor (z. B. ionenselektive Elektrode, Zerstäuber einer AAS-Apparatur) verwendet. Sind jedoch eine oder mehrere chemische Reaktionen notwendig, wie bei vielen Farbreaktionen, wird ein System mittlerer Dispersion (D = 3 – 10) gewählt, da auch das Zentrum der Probenzone wirksam mit den zugesetzten Reagenzien vermischt werden muß. Als Beispiel mag hier die Bestimmung von Aluminium in wäßrigen Lösungen dienen. Abb. 7 zeigt das Schema für diese Bestimmung. Der Trägerstrom C wird der Matrix der vorliegenden Proben angepaßt (z. B. 0,1 M HCl für angesäuerte Wasserproben oder 0,2 M KCl/0,1 M HCl für Bodenextrakte). Das Reagenz R1 enthält Hydroxylammoniumchlorid und o-Phenanthrolin zur Maskierung von störenden Eisenionen, R2 das Farbreagenz (Pyrocatecholviolett) und R3 eine Pufferlösung (Hexamethylentetramin/NaOH). Die Flußraten

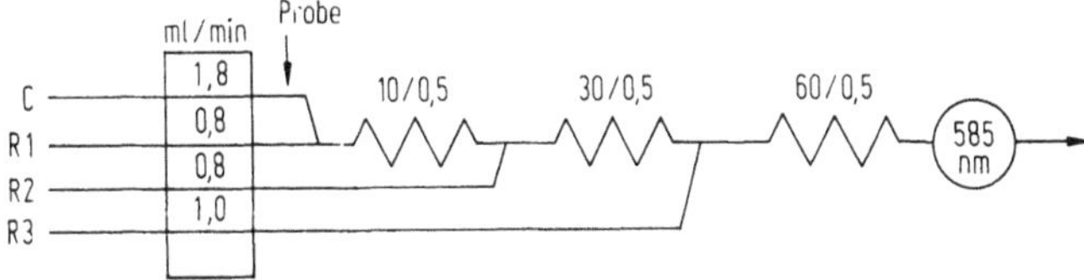

Abb. 7. Beispiel für eine FIA-Methode mittlerer Dispersion. Schema für die Bestimmung von Aluminium (s. Text)

für die einzelnen Linien sind im Pumpensymbol in ml/min angegeben. Länge und Innendurchmesser der verwendeten Reaktionsschlaufen sind in cm und mm angegeben (z. B. 10 cm/0,5 mm). Bei einem injizierten Probenvolumen von 200 µl hat das System einen Dispersionskoeffizienten von D = 3,7 und eine maximale Injektionsfrequenz von 180/h. Die Nachweisgrenze liegt unterhalb von 10 µg Al/l und die Wiederholbarkeit von Mehrfachinjektionen ist besser als 1% RSD (relative Standardabweichung aus n Injektionen) [13].

Tabelle 1 zeigt einige typische Daten für FIA-Systeme mittlerer Dispersion. In der FIA ist es üblich, daß sich jeweils nur eine Probe im System befindet und erst nach völligem Ausspülen einer Probe aus dem System (Rückkehr des Signales zur Basislinie) die nächste Probe injiziert wird. Dadurch wird die Identität der einzelnen Proben bewahrt und ein Überlappen der Probenzonen verhindert. Diese Arbeitsweise wird durch die kurzen Aufenthaltszeiten der Proben im System ermöglicht. Weiterhin sind automatische Blindwertkorrekturen möglich, da die Extinktion der Basislinie dem Reagenzblindwert entspricht.

Will man Verdünnungen im System vornehmen oder das Konzentrationsprofil der Probenzone für analytische Zwecke nutzen (s. Gradiententechniken), wählt man ein System hoher Dispersion ($D \geqq 10$). Dadurch wird ein ausreichender dynamischer Bereich unterschiedlicher Konzentrationen und Durchmischungen in der Probenzone erreicht. Die genannten Beispiele mögen genügen, um zu zeigen, daß die Dispersion in der FIA nicht als ein unerwünschter Effekt auftritt, sondern bewußt für spezielle analytische Zielsetzungen gewählt wird. Die durch den Dispersionskoeffizienten D gegebene Dispersion am Peakmaxmum läßt sich

Tabelle 1. Typische Parameter eines FIA-Systemes mittlerer Dispersion

Parameter	Werte
injiziertes Probenvolumen (µl)	30–200
Flußgeschwindigkeiten (ml/min)	0,5–2,5
Reaktionsstreckenlänge (cm)	10–200
Innendurchmesser der Kappillaren	0,3–0,8 mm
Detektorvolumen (µl)	8–40
Probendurchsatz (h^{-1})	60–360
Verweilzeiten (s)	10–60

formell in Beiträge, die durch den Injektionsvorgang, die beschriebenen Effekte im Fließsystem und den Detektionsvorgang hervorgerufen werden, einteilen:

$$D_{Gesamt} = D_{Injektion} * D_{Fließsystem} * D_{Detektor}$$

Der Beitrag durch den Injektionsvorgang ist schwierig zu bestimmeu und wird im allgemeinen als vernachlässigbar angesehen. Um die beschriebenen Möglichkeiten zur Beeinflussung der Dispersion in einem FIA-System anwenden zu können, sollten daher der Weg zum Detektor kurz und das Volumen der Durchflußzelle klein gehalten werden.

2.2 Einhaltung reproduzierbarer Bedingungen

Da in einem FIA-System weder die physikalischen, noch die chemischen Vorgänge einen Gleichgewichtszustand im Sinne eines quasi-stationären Zustandes erreichen, ist es wichtig, Proben und Standards jeweils in der gleichen, reproduzierbaren Weise zu behandeln. Beispielsweise werden Farbreaktionen üblicherweise nicht bei maximaler, konstanter Farbentwicklung (Punkt 2 in Abb. 8) gemessen, sondern vielmehr zu einem Zeitpunkt, an dem die Farbentwicklung noch fortschreitet (Punkt 1 in Abb. 8). Derartige Messungen erfordern natürlich exakt reproduzierbare Transportzeiten, da sich jede Änderung der Aufenthaltszeit der Probe auf das gemessene Signal auswirkt. Das für die FIA kennzeichnende reproduzierbare „Timing“ wird durch die Abwesenheit von komprimierbaren Luftblasen — wie sie in anderen Durchflußmethoden verwendet werden — ermöglicht.

Weiterhin stören Luftblasen die für laminare Strömungsverhältnisse typischen Dispersionsprofile der Probenzone und machen eine Kontrolle der Dispersion in der beschriebenen Weise unmöglich.

Voraussetzung für die Anpassung einer Methode an die FIA ist, daß während der für die FIA typischen Verweilzeiten (10—60 s) ein meßbares Signal erhalten wird. Viele Farbreaktionen weisen ein in Abb. 8 (A) gezeigtes zeitliches Verhalten auf, so daß unter FIA-Bedingungen Signalausbeuten von 60—90% im Vergleich zum Endzustand erreicht werden können. Da interferierende Spezies oft ein anderes kinetisches Verhalten wie die zu bestimmende Substanz zeigen, kann dieses zu einer Verbesserung der Selektivität des Nachweises unter FIA-Bedingungen führen (kinetische Diskriminierung, s. Abb. 8) [14].

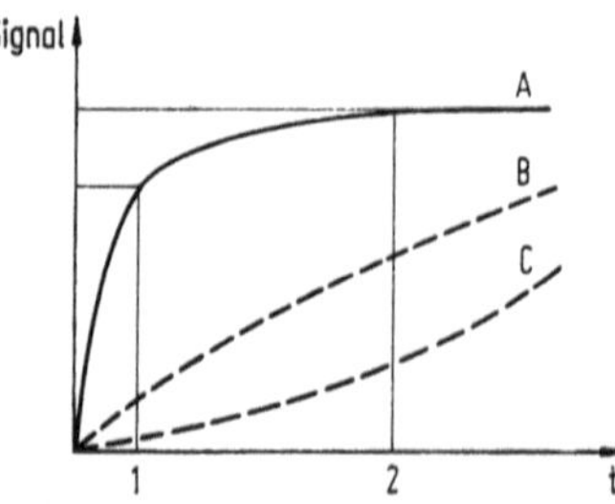

Abb. 8. Zeitliches Verhalten von zu bestimmender Spezies (A) und interferierenden Spezies (B, C). 1 — Typischer Zeitpunkt für Messungen unter FIA-Bedingungen, 2 — Zeitpunkt für Messungen unter manuellen („Steady State“) Bedingungen

3 Instrumentation – Bausteine eines FIA-Systems

3.1 Transportsystem

Die Abb. 9 zeigt schematisch den Aufbau eines FIA-Systemes. Die entlüfteten Träger- und Reagenzlösungen müssen von einem Transportsystem möglichst pulsationsfrei und gleichmäßig durch enge Teflonschläuche (Innendurchmesser 0,35–0,8 mm) gefördert werden. Die Förderung geschieht am einfachsten durch die Anwendung von Gasüberdruck [15] oder durch Wirkung der Schwerkraft [16]. Beide Möglichkeiten liefern einen pulsfreien Förderstrom, haben jedoch den Nachteil, daß sie nur in einfachen FIA-Systemen verwendet werden können. Die reproduzierbare Einstellung von unterschiedlichen Fließgeschwindigkeiten in einem FIA-System mit mehreren Kanälen ist auf diese Weise nicht möglich. Die Schwerkraftförderung liefert darüber hinaus keinen zeitlich konstanten Förderstrom und erlaubt nur relativ niedrige Fließgeschwindigkeiten. In der Fließinjektionsanalyse werden daher überwiegend Schlauchpumpen (Peristaltikpumpen) eingesetzt. Sie erlauben die gleichzeitige Förderung in mehreren Kanälen. Die Einstellung der Fließgeschwindigkeiten in den einzelnen Kanälen geschieht durch Wahl von Pumpenschläuchen mit geeignetem Innendurchmesser. Sie können sowohl für die Druckförderung von Träger- und Reagenzlösungen, als auch für das Absaugen von Lösungen (z. B. zur automatischen Probennahme, Aufteilung einer Probenzone in mehrere FIA-Systeme oder Teilsysteme, Verdünnung durch Absaugen eines Teils der Probenzone) verwendet werden. Sie sind einfach ansteuerbar, so daß spezielle FIA-Techniken möglich werden (s. Kapitel 4).

Ihr Nachteil ist, daß sie nicht völlig pulsationsfrei arbeiten und daß sich die Fließgeschwindigkeiten allmählich mit dem Altern der Pumpenschläuche ändern. Um nahezu pulsationsfreies Arbeiten zu erreichen, sollten nur Pumpenköpfe mit mehreren Laufrollen (> 6) verwendet werden, die bei relativ hohen Umdrehungsgeschwindigkeiten arbeiten (Pulsation hoher Frequenz, doch geringer Amplitude). Aus dem gleichen Grund sollte die Einstellung der Fließgeschwindigkeiten durch Wahl von Pumpenschläuchen mit geeignetem Innendurchmesser und nicht durch Änderung der Umdrehungszahl des Pumpenkopfes erfolgen. Eine vielseitig einsetzbare Pumpe sollte weiterhin einen Gegendruck von 6–8 bar zulassen und trägheitslos arbeiten.

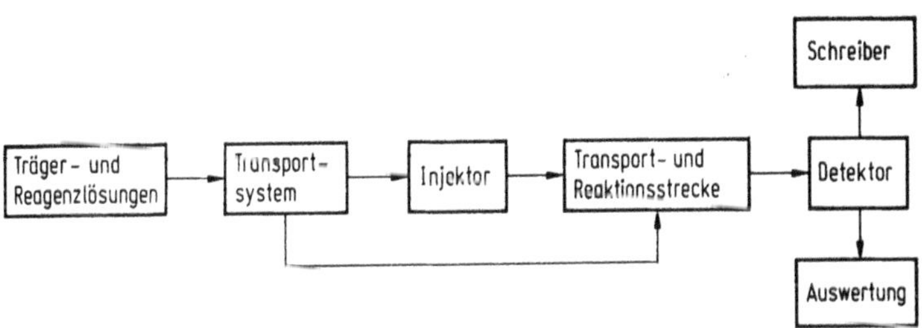

Abb. 9. Bausteine eines FIA-Systems

Ein weiteres Problem ist die Förderung gewisser Lösungsmittel, denen gegenüber die Pumpenschläuche wenig beständig sind. Zwar werden von den Schlauchherstellern Materialien verschiedener Resistenz (Viton, Tygon, Silicon, Solvaflex) angeboten, in einigen Fällen ist jedoch eine Förderung nach dem Verdrängungsprinzip anzuraten. Das verwendete Verdrängungsmittel kann mit Hilfe normaler Schläuche gepumpt werden (Abb. 10). Voraussetzung ist natürlich, daß Verdrängungsmittel und zu fördernde Lösung nicht miteinander mischbar sind. So wurden z. B. agressive Karl-Fischer-Lösung unter Verwendung von Paraffinöl [17], und Chloroform mit Wasser [18] gefördert. Das Separationsgefäß kann dabei gleichzeitig als Pulsdämpfer dienen.

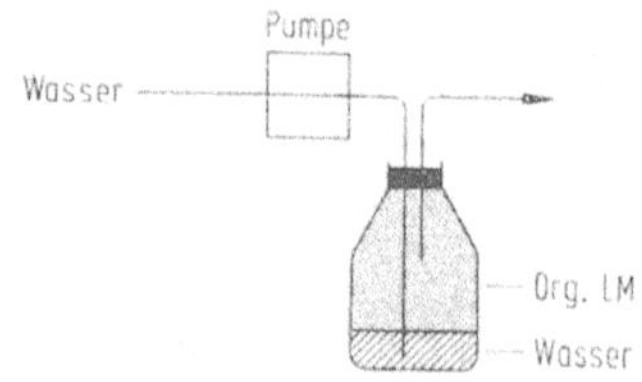

Abb. 10. Vorrichtung zur Förderung nach dem Verdrängungsprinzip

Hochdruckpumpen, wie sie in der HPLC verwendet werden, und Kolbenbüretten haben sich in der FIA aufgrund ihrer Unhandlichkeit und des hohen Preises nicht durchgesetzt.

In der FIA sind Fließgeschwindigkeiten zwischen 0,5 und 2,5 ml/min üblich. Eine Ausnahme stellt die Kombination mit der Flammen-AAS dar, wo Gesamtförderraten von mindestens 4,0 ml/min [20] verwendet werden müssen.

3.2 Injektionssysteme

Das Injektionssystem dient zur Einbringung einer definierten Probenzone in einen Träger- oder Reagenzstrom. Die kontinuierliche Bewegung dieses Stroms sollte dabei nicht gestört werden. Hohe Präzision ist erforderlich, um die durch die Injektion verursachte Dispersion minimal und das Volumen und die Länge der eingebrachten Probenzone reproduzierbar zu halten. Die Injektion geschieht auf der Druckseite (nach) der Pumpe. Daher können Dispersion und Aufenthaltszeit der Probenzone im System kontrolliert und den Anforderungen der verwendeten chemischen Reaktion angepaßt werden.

In ihrer ersten Veröffentlichung zur Fließinjektionsanalyse beschrieben Ruzicka und Hansen [1] eine einfache Injektionstechnik: Die Probe wurde manuell, mit Hilfe einer Injektionsspritze, über ein Septum direkt in den Trägerstrom gegeben. Unterschiedliche Einstichtiefe, unterschiedlicher Einstichwinkel und manuelle Entleerung führen hier allerdings zu einer wenig reproduzierbaren Beeinflussung des hydrodynamischen Verhaltens im System. Später wurden einfache Dreh- und Schiebeventile entwickelt (s. Abb. 11, 12). Diese Ventile sind überwiegend ohne Bypass ausgerüstet,

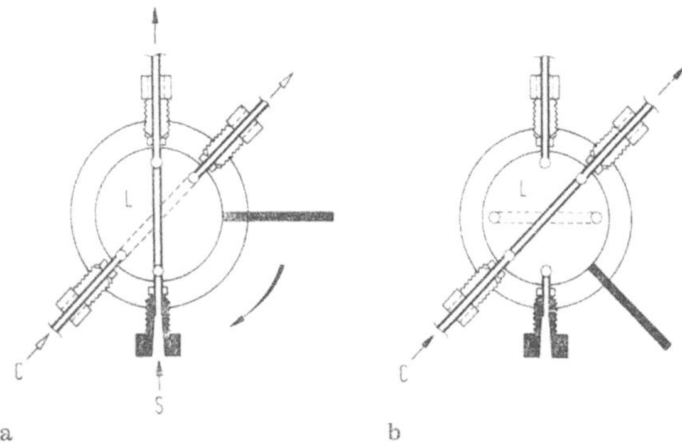

Abb. 11. Einfaches Drehventil [nach 15]. C – Trägerstrom, S – Probe, L – Probenschleife. **a** Ladeposition, **b** Injektionsposition

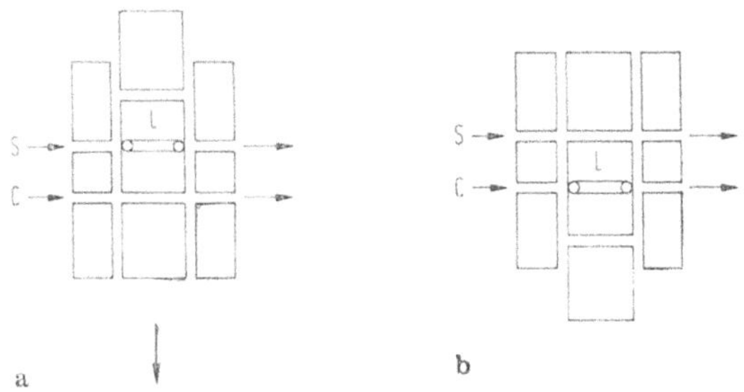

Abb. 12. Schiebeventil [nach 23]. Zeichenerkl. s. Abb. 9

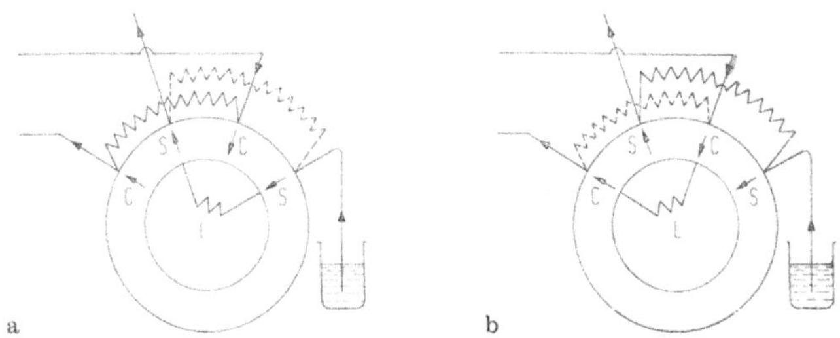

Abb. 13. Automatisch gesteuertes Ventil (Tecator, V-100)

was zu einer kurzzeitigen Unterbrechung des Trägerstroms und damit zu einem Druckpuls, während der Bewegung des Ventils führt. Elektrochemische und photometrische Detektoren können empfindlich auf diese Unterbrechung reagieren (s. Kapitel 6). Eine Weiterentwicklung stellt daher die Einführung eines Injektors mit Bypass dar (Tecator V-100 bzw. V-200, Abb. 13). Wie bei den beiden vorher genannten Ventilen wird hier die Probenlösung über eine Schleife L angesaugt (Füllposition a). Durch Bewegung des zentralen Ventilkörpers wird ein der Schleife L entsprechendes Volumen in den Trägerstrom C eingebracht (Injektionsposition b). Das injizierte Volumen läßt sich einfach durch Einsatz von Probenschleifen entsprechender Länge und Durchmessers variieren. Das Ventil ist auch als symmetrisch aufgebauter Zweikanalinjektor erhältlich, wodurch die gleichzeitige Injektion von 2 Proben oder einer Probe- und einer Reagenzlösung ermöglicht wird (parallele FIA, sequentielle FIA, Gradiententechniken, s. Kapitel 4). Typisch für die FIA sind Injektionsvolumina im Bereich 30–200 µl.

Von Sherwood und Mitarbeitern [21, 22] wurde kürzlich eine ventillose Probeneinbringung beschrieben. Die von ihnen als „controlled dispersion analysis" bezeichnete Technik verwendet eine computergesteuerte Schlauchpumpe und eine Ansaugnadel. Zur Einbringung einer Probe wird die Pumpe gestoppt und die Ansaugnadel von dem Gefäß für die Trägerlösung zur Probe bewegt. Nach Einschalten der Pumpe wird das gewünschte Probenvolumen angesaugt, die Pumpe wieder gestoppt, die Ansaugnadel zurück in die Trägerlösung geführt und die Pumpe wieder aktiviert. Dadurch werden Probenverluste vermieden, die bei den oben genannten Injektionsverfahren durch Spülung der Probenschleife und Ansaugung der Probe entstehen.

3.3 Transport- und Reaktionsstrecke

Als Transport- und Reaktionsstrecke bezeichnet man den zwischen Injektionspunkt und Detektor liegenden Teil eines FIA-Systemes. Im einfachsten Fall ist dies ein kurzes Stück Teflonschlauch (I. D. 0,3–0,8 mm) in dem die Probe zu einem selektiven Detektor (pH- oder ISE-Zelle, AAS-Gerät) transportiert wird. Eine besondere Anwendung wurde von Betteridge et al. zur Bestimmung der Viskosität und von Diffusionskoeffizienten beschrieben [24, 25].

Direktinjektionen von Proben in einen Reagenzstrom werden heute nur noch selten verwendet. Die Ursache hierfür ist, daß vielfach eine unzureichende Reagenzversorgung im Zentrum der Probenzone auftritt, was sich in Form von Doppelpeaks und nicht linearen Eichgeraden in höheren Konzentrationsbereichen äußert (s. auch Abb. 14). Eine bessere Reagenzversorgung und Durchmischung wird durch Injektion in einen Trägerstrom mit anschließendem Reagenzzusatz über eine separate Linie er-

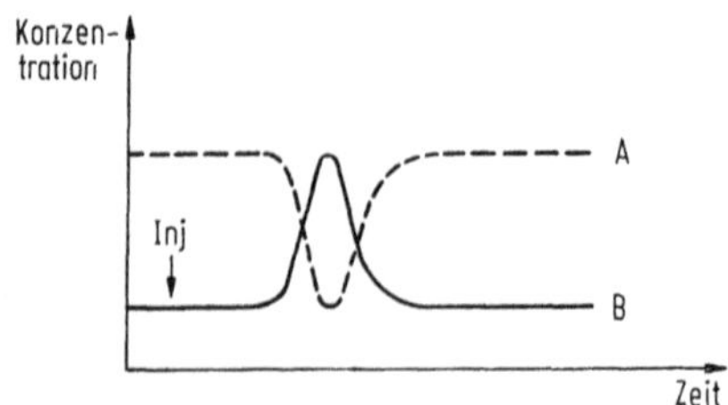

Abb. 14. Proben- (B) und Reagenzkonzentration (A) bei Direktinjektion in einen Reagenzstrom. (—— Probe, --- Reagenz)

reicht. Dieser Aufbau ist für hochempfindliche Nachweise von besonderem Interesse, da hier größere Probenvolumina injiziert werden. Ein anderer Nachteil der Direktinjektion in einen Reagenzstrom ist das Auftreten von negativen und positiven „Störpeaks" vor und nach dem analytischen Signal, aufgrund unterschiedlicher Zusammensetzung von Probe und Reagenz (optische Dichte, Brechungsindexunterschiede). Diese sogenannten Matrixeffekte sind insbesondere bei hochempfindlichen spektrophotometrischen Nachweismethoden störend und können ebenfalls durch Injektion in einen Trägerstrom, dessen Zusammensetzung der Probenmatrix angepaßt wird, wesentlich unterdrückt werden.

Reaktionsstrecken mit mehreren Linien lassen sich beliebig aufbauen. Es werden dabei Schlauchverbindungen und T-Stücke mit Standardverschraubungen der Chromatographie verwendet. Es werden jedoch auch vorgefertigte Reaktionsstrecken kommerziell angeboten. Die Tabelle 2 zeigt eine Zusammenstellung unterschiedlicher Chemifolds (a. d. engl. Chemical Manifold) der Firma Tecator. Die Chemifolds sind auf Plastiktableaus montiert und erlauben die Verwendung beliebiger Reaktionsschleifen. Ziel der Verwendung von Chemifolds ist es, den Aufbau der Reaktionsstrecke übersichtlich zu halten und den Methodenwechsel (durch Austausch kompletter Chemifolds) zu erleichtern. Anwendungsbeispiele für die Verwendung der Chemifolds sind in zwei deutschsprachigen Übersichtsartikeln gegeben [26, 27]. Hier sei nur kurz die Funktion des Chemifolds IV anhand der Bestimmung von Calcium erläutert. Normalerweise wird für diese Bestimmung ein Chemifold des Typs II verwendet [13]. Die Probe wird in einen Trägerstrom injiziert und nacheinander zunächst mit einem Reagenz zur Maskierung von Magnesium (R1) und danach mit dem Farbreagenz o-Kresolphthalein (R2) versetzt. o-Kresolphthalein bildet bei einem optimalen pH-Wert von 10 einen farbigen Komplex mit Calcium, dessen Absorptionsmaxima bei 570 nm liegt. Diese Methode läßt sich für Ca-Gehalte bis 20 mg/l anwenden. Bei höheren Konzentrationen muß die Probe verdünnt werden. Dies kann im FIA System erfolgen (Abb. 15). Ein kleines Probenvolumen (30 µl) wird injiziert und der Hauptteil der Probenzone wird kurz vor dem Zusatz des Reagenzes R1 abgesaugt. Der Reststrom wird in der schon beschriebenen Weise weiterbehandelt. Der Verdünnungsgrad läßt sich durch geeignete Wahl der Fließgeschwindigkeiten variieren. Die in Abb. 15 gezeigte Methode hat einen Meßbereich von 20–200 mg Ca/l. Der Probendurchsatz beträgt 120 pro Sekunde, bei einer Reproduzierbarkeit von 1% (Mehrfachinjektion einer Probe).

Die Aufteilung einer Probenzone in mehrere parallele Reaktionsstrecken (parallele FIA) oder in unterschiedliche Teile einer Reaktionsstrecke, bei

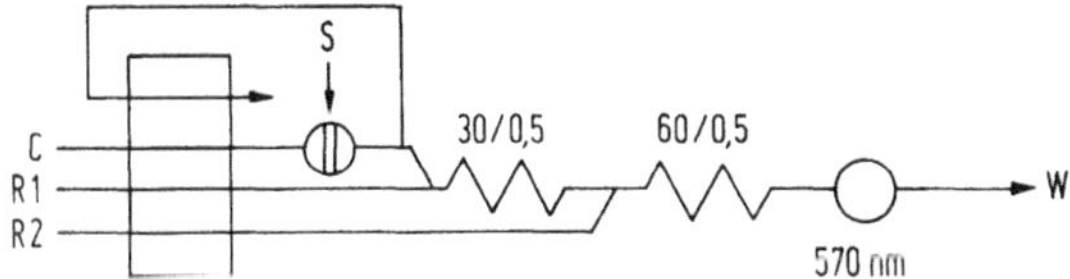

Abb. 15. Zur Bestimmung von Calcium mit Hilfe des Chemifolds IV

Tabelle 2. Vorgefertigte Reaktionsstrecken (Chemifolds) der Firma Tecator und ihre Anwendung

Chemifold Nr.	Funktion	Fließschema
1	Zusatz von einem Reagenz	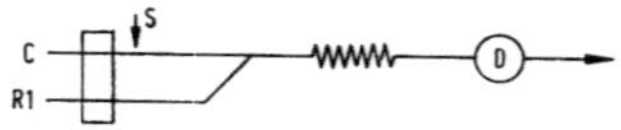
2	Zusatz von zwei Reagenzien oder Mischung von zwei Strömen im System vor ihrem Zusatz	
3	Zusatz von drei Reagenzien oder Mischung von zwei oder drei Reagenzströmen im System	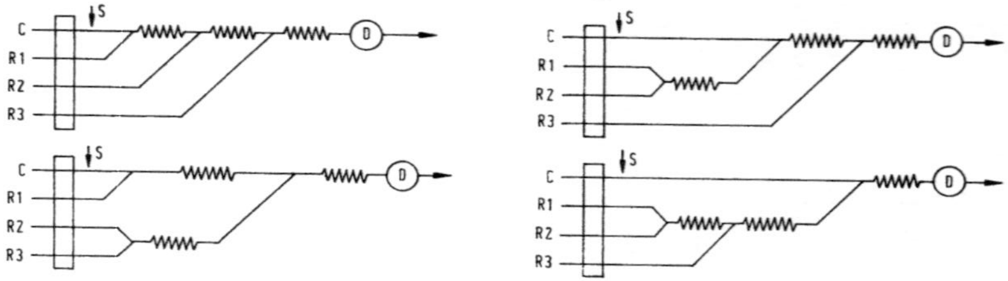
4	Verdünnen einer Probe im System mit anschließendem Zusatz von zwei Reagenzien	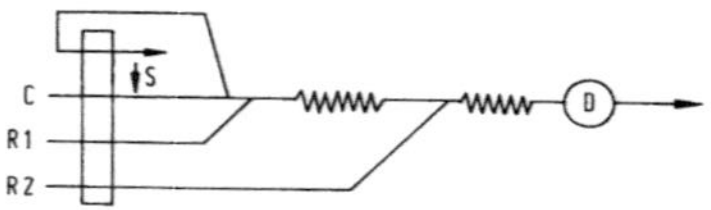
5	Gasdiffusionszelle	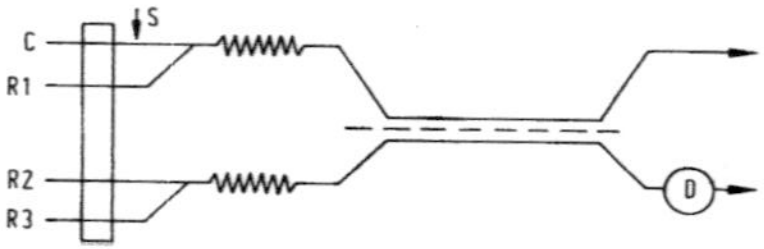

S Probeninjektion
C Trägerstrom
R1, R2, R3 Reagenzströme
D Detektor

Verwendung eines Detektors oder mehrerer in Serie geschalteter Detektoren (serielle FIA), erlaubt auch die Durchführung von Simultanbestimmungen in der FIA. Anstelle der Aufteilung der Probenzone kann auch ein Mehrkanalinjektor verwendet werden. Ein Übersichtsartikel ist vor kurzem erschienen [29].

Der chemische Reaktionsteil in einem FIA-System zeichnet sich nicht nur durch die hohe Flexibilität betreffend der Kombinationsmöglichkeiten zwischen verschiedenen Reagenz-Trägerstromlinien und Vermischungsschlaufen aus, sondern erlaubt auch den Einbau verschiedener spezieller Module wie Trenn- und Ionentauschersäulen, Glasbett- und Enzymreaktoren, Dialysatoren und Gasdiffusionszellen, sowie Extraktionseinheiten, auf die später noch eingegangen wird.

3.4 Detektoren

Die vielseitige Anwendbarkeit der FIA ist nicht nur auf die Flexibilität beim Aufbau der Reaktionsstrecke zurückzuführen, sondern auch auf die verschiedenen Detektoren, die in Zusammenhang mit der FIA verwendet werden können. Die Tabellen 3 und 4 geben einen Überblick über in der FIA angewandte Detektionsarten. Aufgrund der Vielzahl der Publikationen werden jedoch nur typische Literaturbeispiele angegeben. Der interessierte Leser sei hier auf die Tabellenwerke einer neueren Bibliographie [5, 6] verwiesen.

Richtlinien für die Charakterisierung und Ausformung von Durchflußdetektoren wurden von Poppe [31] gegeben. In der FIA werden selektive Detektoren bevorzugt. Refraktometrische und konduktometrische Detektoren haben daher kaum Anwendung gefunden.

Tabelle 3. Elektrochemische Detektoren in der FIA

Detektionsart	Literaturbeispiel	Bemerkung
Amperometrie	51	mit immobilisiertem Enzym modifizierte Elektrode
	52	Übersichtsartikel
Voltammetrie	53	Simultanbestimmung durch schnelles Scanning
Polarographie	54	dreidimensionale Signale durch schnelles Scannen
Invers-Voltammetrie	55	Simultanbest. von Spurenelementen (anod. stripp.)
	30	Squarewave und Differentialpuls-Techniken; Wall-jet Zelle
differentielle Pulsvoltammetrie	56	verbessertes Signal/Untergrund-Verhältnis mit FIA

Tabelle 3. (Fortsetzung)

Detektionsart	Literatur-beispiel	Bemerkung
zyklische Voltammetrie	57	
Tensammetrie	58	Bestimmung von oberflächen-aktiven Substanzen
Konduktometrie	24	Viskositätsbestimmungen
Coulometrie	59	Fe(II), Fe(III)-Best.
Potentiometrie	60	Übersicht ISE
	61	ISE, u. A. Fluorid
	52	Übersicht (enzym. Best.)
	62	ISFETs (ionen-selektive Feldeffekt-Transistoren)
	63	multiple ISE
	64	pH-Wert Messungen
	65	Redoxelektrode
	89	Chloridbestimmung
Potentiometrische Stripping Analyse (PSA)	66	verbesserte Reproduzierbarkeit und Selektivität durch Matrix-austausch

Elektrochemische Detektoren

Voltammetrie und Potentiometrie mit ionen-selektiven Elektroden sind hier die wichtigsten Detektionsverfahren. Bei der Wahl der Durchflußzelle ist zu beachten, daß die beiden genannten Verfahren nicht-integrierende Sensoren darstellen, welche die Konzentration oder Aktivität einer Spezies in unmittelbarer Nähe der Elektrodenoberfläche anzeigen. Das unterscheidet sie von anderen sogenannten integrierenden Detektoren (Konduktometrie, Photometrie), welche eine gemittelte Konzentration in einem Volumensegment (z. B. dem Segment, durch das der Lichtstrahl eines Photometers läuft) anzeigen. Voltammetrische Detektoren für die FIA entsprechen denen, die in der Chromatographie verwendet werden. Meßanordnungen nach dem Wall-jet Prinzip werden bevorzugt [30]. Für Messungen mit ionen-selektiven Elektroden (ISE) werden häufig Zellen vom Kaskadentyp verwendet (s. Abb. 16). Der Trägerstrom mit der

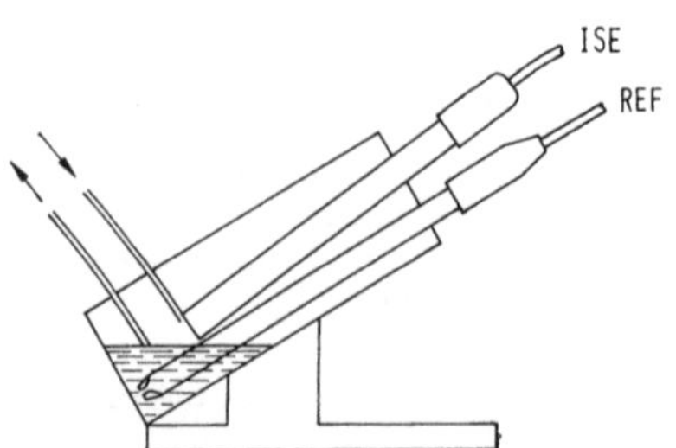

Abb. 16. Elektrochemische Zelle zur Verwendung von ionen-selektiven Elektroden (ISE) in der FIA. REF – Bezugselektrode

Tabelle 4. Optische Detektoren in der FIA

Detektionsart	Literatur-beispiel	Bemerkung
Photometrie (UV + Vis)	5,6	FIA-Bibliographie
	10	FIA-Monographie
	91	Reflexionsmessungen/Faseroptik
Turbidimetrie	67	Sulfat-Best.
Fluorometrie	68	NAD/NADH abh. Reaktionen
	69	Simultanbest. von Cu u. Hg Stopped Flow, katalytisch
Chemilumineszenz	70	Jod/H_2O_2/Hypochlorit Syst.
	71	Glukose, Beispiel für die Methodenoptimierung
Flammenphotometrie	72	Kalium, „Merging Zones"
	73	„Zone sampling"
AAS, Flamme	72	automat. Zusatz von La
	74	Kopplung HPLC/AAS
	75, 76	Hydridbildung im System
	92	Hydriderz., Gasdiffusion
	77, 78	Eichmethoden, Standard-zusatzmethode
	79	Extraktion, 15–20fache Anreicherung
	80	Kaltdampf-Methode für Hg
	81, 82	Anreicherung über Ionen-austauscher im System
AAS, Graphitrohr	88	Extraktion
ICP	83	Standardzusatzmethode
	84	Kopplung HPLC/ICP
	85	Hydridbildung im System
	86	Cr III/Cr VI sequentiell
	87	Anreicherung über Ionen-austauscher im System
Infrarot Spektroskopie	90	Best. v. funktionellen Gruppen

injizierten Probenzone wird hier in Form eines offenen Films tangential über die Oberfläche der ISE in ein Reservoir geleitet, indem sich die Referenzelektrode befindet [32–36]. Anstelle des offenen Films kann auch ein Stück Filterpapier verwendet werden, das Meß- und Bezugselektrode miteinander verbindet [37, 89].

Die Anwendung der FIA für Messungen mit ionen-selektiven Elektroden bietet mehrere Vorteile:

1. Proben befinden sich während einer exakt definierten und reproduzierbaren Zeit in Kontakt mit der Elektrodenoberfläche. Hierdurch werden die bei der direkten Potentiometrie häufig vorkommenden Ablesungen zum „falschen" Zeitpunkt vermieden.

2. Der Kontakt mit der Elektrodenoberfläche ist äußerst effektiv, da der Film ständig erneuert wird (Volumen des Films: ca. 10 µl). Die langsame Einstellung stabiler Meßspannungen selbst bei kräftiger Umrührung, ist ein Problem in der direkten Potentiometrie.
3. Die Meßelektrode wird zwischen den Messungen effektiv durch den Trägerstrom konditioniert.
4. Eine Verdünnung der Probe oder der Zusatz eines Komplexbildners können automatisch in einem FIA-System vorgenommen werden.
5. Da Meßionen häufig schneller ansprechen als Störionen, wird aufgrund der kurzen Aufenthaltszeiten eine bessere Selektivität erhalten (kinetische Diskriminierung) [37].
6. Da ein offenes System verwendet wird, sind Einflüsse durch Druckschwankungen des Pumpensystems minimal. Die Bezugselektrode ist völlig unabhängig von Druckschwankungen.

Analysen werden überwiegend an „intakten“ Probenzonen in FIA Systemen begrenzter Dispersion durchgeführt, das bedeutet Verwendung von Schläuchen mit relativ kleinem Innendurchmesser (0,3—0,5 mm), Injektion relativ großer Probenvolumina und kurzer Abstand zwischen Injetionsort und Elektrodenoberfläche.

Optische Detektoren

Das bei weitem am häufigsten angewandte Detektionsprinzip in der FIA ist die Spektralphotometrie im sichtbaren Bereich. Beliebige Photometer, die mit einer Durchflußzelle ausgerüstet werden können, wurden verwendet. Das Volumen der Küvette sollte nicht größer als 40 µl sein, da bei größeren Volumina die Dispersion in der Durchflußzelle selbst zu groß wird und damit das Auflösungsvermögen und die maximale Injektionsfrequenz gering werden. Es wurden auch spezielle Photometer für die FIA entwickelt, teilweise mit Fiberoptik ausgestattet, die sich dadurch auszeichnen, daß die optische Einheit (Durchflußzelle) in unmittelbarer Nähe der chemischen Reaktionsstrecke einsetzbar ist. Turbidimetrische Detektoren wurden überwiegend für den Nachweis von Sulfat und neuerdings auch in Verbindung mit Immunoassays [38, 39] beschrieben.

Kommerziell erhältliche Fluorometer mit Durchflußzelle haben eine weite Verbreitung, insbesondere für klinisch-chemische Anwendungen der FIA gefunden. Einfache Fluorometer mit Laseranregung wurden in der Literatur beschrieben [40, 41].

Chemilumineszenzmethoden zeichnen sich durch die Einfachheit der verwendeten Detektoren, eine hohe Empfindlichkeit (z. B. sub picogramm Bestimmung von Cu(II) [42]), einen weiten Meßbereich und durch kurze Analysenzeiten aus. Da sie die exakte Einhaltung definierter und reproduzierbarer Bedingungen erfordern, ist es nicht verwunderlich, daß sie eine Art Renaissance in Verbindung mit der FIA erleben. Der Nachteil geringer Selektivität wird durch Anwendung einer spezifischen Reaktion (z. B. enzymatische Erzeugung von H_2O_2) vor der eigentlichen lichterzeugenden Reaktion aufgehoben. Übersichtsartikel wurden von Burguera et al. [43] und Miller [44] veröffentlicht.

In der Verbindung mit der AAS (Atomabsorptionsspektrometrie) und ICP (induktiv gekoppeltes Plasma) wird die FIA nicht nur für den reproduzierbaren Transport von Proben verwendet, sondern bietet eine

Reihe weiterer Vorteile:

- Verwendung geringer Probenvolumina
- hoher Probendurchsatz (bis 300/h)
- Proben mit hohem Salzgehalt (25%) können direkt injiziert werden
- automatische Verdünnungen im System
- Zusatz von Reagenzien (z. B. Lanthan) im System
- Probenaufbereitung und Anreicherung im System (Extraktion, Ionenaustausch)
- Vereinfachte Möglichkeiten zur Kalibrierung
- bessere Reproduzierbarkeit aufgrund geringerer Viskositätseffekte
- verminderte Interferenzen.

Aus der Vielzahl von Übersichtsartikeln seien hier die von Mindel und Karlberg [19], Tyson [45, 46], Browner [47] und Gallego et al. [48] zur AAS und von Greenfield [49] zur ICP ausgewiesen. Tyson et al. [50] veröffentlichten auch einen Beitrag zur Methodenentwicklung in der AAS mit Hilfe der FIA.

3.5 Signalauswertung

Die einfachste Auswertungseinheit ist ein Laborschreiber. Hier geschieht die Auswertung „von Hand", normalerweise durch Messung der Peakhöhen. In Anbetracht der hohen Probendurchsätze in einem FIA-System eine mühsame und zeitraubende Prozedur. Gleichwohl hat der Laborschreiber seine Berechtigung, da sein Protokoll durch die Beurteilung der Peakform und der Grundlinie eine Fehlerdiagnose erlaubt.

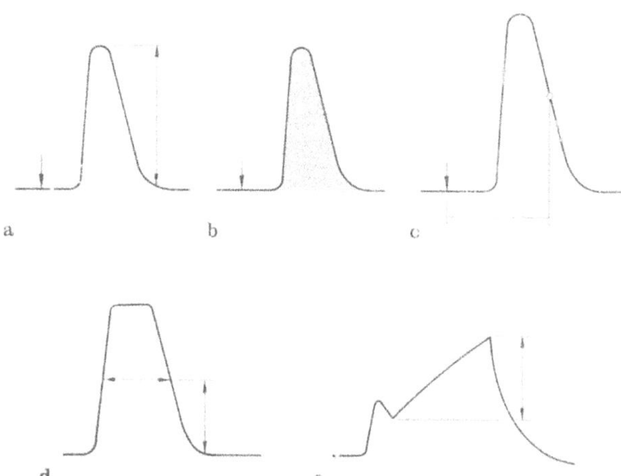

Abb. 17. Signalauswertung in der FIA. **a** Peakhöhenauswertung; **b** Peakflächenauswertung; **c** Auswertung zu einem beliebigen Zeitpunkt nach Injektion der Probe (s. Kap. 4.5); **d** Peakbreitenauswertung; **e** Kinetische Auswertung („Stopped-Flow")

Abb. 17 zeigt eine Zusammenstellung von in der FIA verwendeten Signalauswertungsverfahren. Die Auswertung über die Peakhöhe ist üblich, während die Peakflächenauswertung kaum angewendet wird. Eine Auswertung nach (c) erlaubt die Anwendung von Gradiententechniken. Hier erfolgt die Messung nach einer wählbaren Verzögerungszeit nach der Injektion der Probe. Beliebige Punkte der dispergierten Probenzone werden dadurch einer Messung zugänglich gemacht. Im Extremfall ist diese Methode identisch mit der Peakhöhenauswertung. Die Messung der Peakbreite (d) geschieht bei einem definierten Abstand von der Basislinie. Sie erlaubt große dynamische Meßbereiche. Die theoretischen Grundlagen der Peakbreitenauswertung in der FIA werden u. A. in [10] und [77] abgehandelt.

Die Messung des Reaktionsanstieges während der Standzeit eines Teils der Reaktionszone in der Durchflußzelle eines Detektors („Stopped-Flow" Methoden) kann nach (e) erfolgen.

Die Auswerteverfahren (c), (d) und (e) erfordern die Anwendung von Mikroprozessoren und geeigneter Programme, sowohl für die Signalerfassung selbst als auch für die Steuerung zeitlicher Abläufe (Injektion, An- und Abschalten von Pumpen etc.). Kommerziell erhältliche FIA-Geräte sind vielfach Mikroprozessor gesteuert und enthalten mehrere Signalauswertungsverfahren.

4 FIA-Techniken

4.1 Reaktoren

In der FIA werden Reaktoren für Reaktionen mit Feststoffen eingesetzt. Dieses können Reagenzien sein, die in anderer Form nicht erhältlich sind (metallische Reduktionsmittel, Ionentauschmaterial) oder aufgrund ökonomischer Gründe vorzuziehen sind (z. B. einige immobilisierte Enzyme). Umgekehrt können, bei der Injektion eines Lösungsmittels oder Reagenzes, auch feste Proben in den Reaktor gepackt werden (z. B. Tabletten, Legierungen), um Lösungsstudien (Auflösungskinetik, Korrosionsstudien) zu betreiben [93]. Da in der FIA nur mit geringen Gegendrücken gearbeitet wird, sollte beim Bau bzw. bei der Packung eines Reaktors darauf geachtet werden, daß sein hydrodynamischer Widerstand nicht zu groß wird. Weiterhin sollten die durch den Reaktor erzeugten Änderungen der Dispersion im System den analytischen Anforderungen angepaßt sein. Es werden daher überwiegend kurze Reaktoren (bis 10 cm Länge) mit relativ großem Durchmesser des Packungsmaterials verwendet.

Ein schon klassisches Beispiel für die Verwendung eines Reaktors in der FIA ist die photometrische Bestimmung von Nitrat nach Reduktion in einem mit Kadmiumgranulat gefülltem Reaktor [94, 95, 13]. Je nach Meßbereich und Ausführung des Systems lassen sich 60–180 Proben pro Stunde bestimmen [10]. Die Stabilität der Reduktoren ist erstaunlich gut. Mehrere tausend Injektionen konnten durchgeführt werden, ehe eine allmähliche Abnahme des Reduktionsvermögens festgestellt werden konnte [10]. Diese Abnahme läßt sich durch Vergleichsstandards kontrollieren und beeinflußt nicht die Genauigkeit der Methode. Da bei der FIA in einem geschlossenen System gearbeitet wird, besteht ein weiterer Vorteil darin, daß der Kontakt des Laborpersonals mit gesundheitsschädlichen Chemikalien auf ein Minimum (Herstellung von Reagenzlösungen) begrenzt wird.

Reaktoren können im chemischen Reaktionsteil oder in der Probenansauglinie zur Probenanreicherung oder -aufarbeitung verwendet werden. Ein Beispiel für letzteres ist die Bestimmung von Sulfat mit Barium-Methylthymolblau nach Madsen und Murphy [97]. Hier wird die Störung durch Calcium und andere Metallionen durch einen Kationentauscher in der Ansauglinie der Proben beseitigt. Olsen et al. [98] beschreiben eine elegante Zwei-Pumpen-Methode zur Anreicherung von Schwermetallen aus Seewasserproben auf einer Chelex-100 Kolonne mit anschließender Bestimmung der eluierten Metallionen in einem AAS-Gerät (Abb. 18).

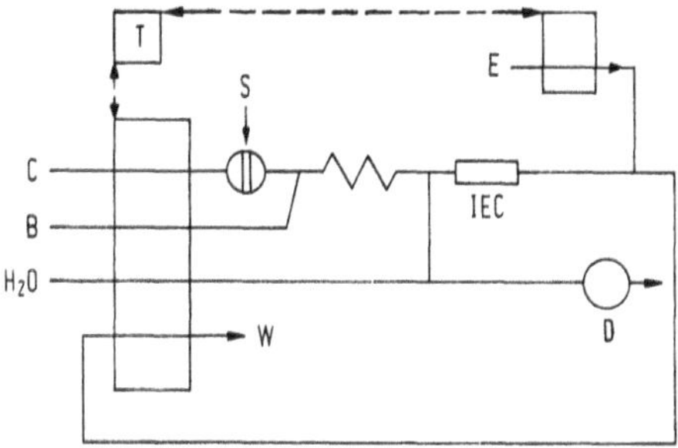

Abb. 18. Ionenaustauscher zur Anreicherung von Schwermetallspuren in einem FIA-System (s. Text)

Relativ große Probenvolumina (S = 2 ml) werden in einen Trägerstrom (C) injiziert und durch einen Pufferstrom (B) neutralisiert, während die Flamme der AAS-Anlage mit Wasser gespeist wird. Alle drei Linien, sowie die Absaugung (W) nach dem Ionentauscher (IEC) liegen auf der linken Pumpe. Bei Aktivierung dieser Pumpe werden die Schwermetallspuren der Probe im Ionentauscher adsorbiert. Die Balancierung der Fließgeschwindigkeiten (C + B = W) sorgt dafür, daß keine Probe in den Detektor D gelangt. Über ein Kontrollgerät (T) wird die linke Probe gestoppt und Säure (E) über die rechte Pumpe im Gegenstrom durch die Kolonne gespült. Da die Linien C, B, H_2O und W jetzt geschlossen sind, wird das eluierte Schwermetall in die Flamme des AAS-Gerätes (D) geleitet. Konzentrationen von 1 ppb Cd und 10 ppb Pb konnten in Seewasserproben nachgewiesen werden.

Mehrere Autoren haben über die Verwendung von Enzymreaktoren, in denen Enzyme auf z. B. kleinen Glasperlen immobilisiert werden, in FIA-Systemen berichtet [98–102]. Abb. 19 zeigt ein Fließschema mit mehreren Reaktoren. Das System wurde für Bestimmung von Galaktose in Serum

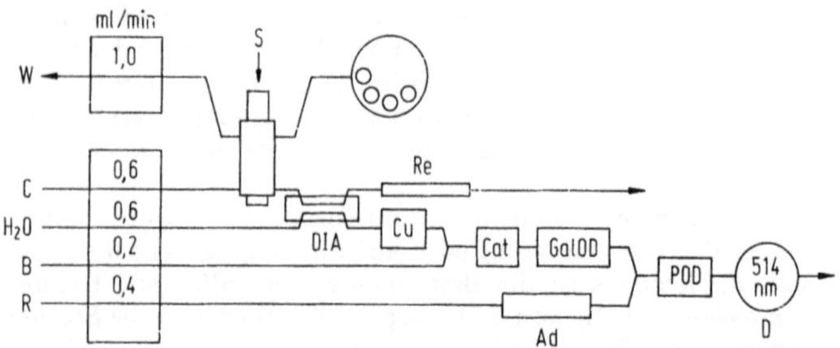

Abb. 19. FIA-System zur Bestimmung von Galaktose [nach 134]. S – Probeninjektion, DIA – Dialyseeinheit, W – Ablauf, C – Trägerstrom, B – Pufferlösung, R – Farbreagenz, D – Detektor, Re – Restriktor (zum Ausgleich des Gegendruckes auf der Akzeptorseite der Dialysezelle), Cu – Bond-Elut-NH_2-Cu Kolonne zur Entfernung von Interferenzen, Cat – Katalase Reaktor zur Entfernung von H_2O_2, GalOD – Galaktose Oxidase Reaktor, POD – Peroxidase Reaktor, Ad – Reaktor mit Aryl aktiviertem porösem Glas zur Adsorption von Verunreinigungen im Reagenz

eingesetzt [134]. Die verwendeten Reaktoren haben ein Volumen von 70–200 µl. Für die Enzymreaktoren wird eine Haltbarkeit von mehreren Monaten angegeben. Ein Überblick zur Anwendung von immobilisierten Enzymen in der FIA wird von Yao gegeben [147]. Wegen der begrenzten kommerziellen Zugänglichkeit von immobilisierten Enzymen bzw. Enzymreaktoren haben diese Methoden bisher noch keinen Eingang in die Routineanalytik gefunden.

Schothorst et al. [103–107] verwenden Reaktoren zur Herstellung von stark reduzierenden und stark oxidierenden Reagenzien in einem FIA-System. Die Erzeugung instabiler, bisher nicht verwendbarer Reagenzien in einem geschlossenen System und die sofortige Reaktion dieser mit interessierenden Spezies ist eine FIA-Anwendung, die auf eindrucksvolle Weise zeigt, wie neue Wege für die analytische Chemie erschlossen werden können. Ein weiteres Beispiel ist die Bestimmung von Cyanid mit Hilfe der AAS, nach Umwandlung in einem Kupfersulfidreaktor [148].

Aufgrund von theoretischen Überlegungen haben Reijn et al. [9] die Verwendung von Glasbettreaktoren (SBSR – Single Bead String Reactor) vorgeschlagen. Diese Reaktoren sind mit einer Kette aneinandergereihter Glasperlen gefüllt, die einen Durchmesser von ca. 60–70% des Innendurchmessers des verwendeten Reaktors haben (s. Abb. 20). Auch bei längeren Aufenthaltszeiten erlaubt ein SBSR eine gute Vermischung der Probenzone mit einem zugesetzten Reagenz, ohne Verbreiterung der Probenzone. Dadurch wird es möglich mehrere Proben, ohne Überlappung der Probenzonen, gleichzeitig in einem FIA-System zu halten, was interessant für den Einsatz der FIA bei langsamen Reaktionen ist.

Die gleichen Autoren haben auch den Einfluß chemischer Reaktionen auf die Dispersion in einem SBSR untersucht [108] und geben Richtlinien für die Optimierung von FIA-Systemen bei Verwendung von Glasbettreaktoren [109].

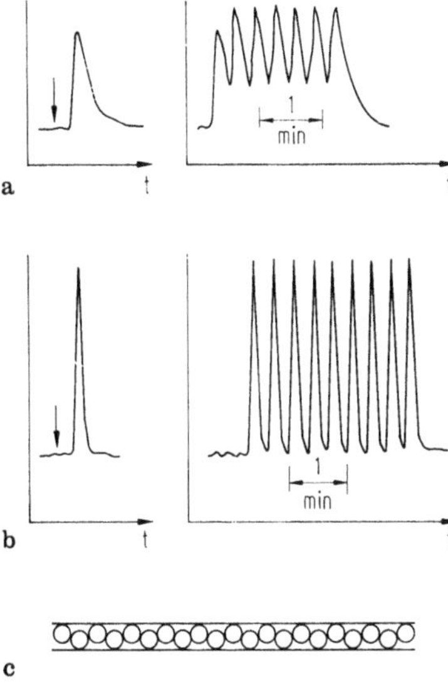

Abb. 20. (**a**) Signale für die Bestimmung von Chlorid unter Verwendung einer Reaktionsschleife (92 cm). Zeitlicher Abstand zwischen den einzelnen Injektionen: 20 s.
(**b**) Signale bei Austausch der Reaktionsschleife gegen einen SBSR (192 cm). Ansonsten unverändertes System.
(**c**) Aufbau eines SBSR (schematisch)

4.2 Gasdiffusion

Bei der Gasdiffusion wird eine leichtflüchtige Substanz durch eine Reaktion in einem FIA-System erzeugt und diffundiert durch eine gasdurchlässige Membran (meist Teflon) in einen Akzeptorstrom. Hier findet eine weitere Reaktion statt und das Reaktionsprodukt wird nachgewiesen.

Das Prinzip läßt sich am einfachsten anhand der Bestimmung des Ammoniumions erläutern (Abb. 21). Die Probe wird in einen Trägerstrom C injiziert, der mit einem Natriumhydroxidstrom vermischt wird. Das in einer kurzen Reaktionsschleife entstehende Ammoniak diffundiert in der Gasdiffusionszelle über eine Teflonmembran in den Akzeptorstrom, der eine Indikatorlösung enthält. Durch das sich einstellende Säure-Base-Gleichgewicht unterliegt der Indikator einer Farbänderung, die photo-

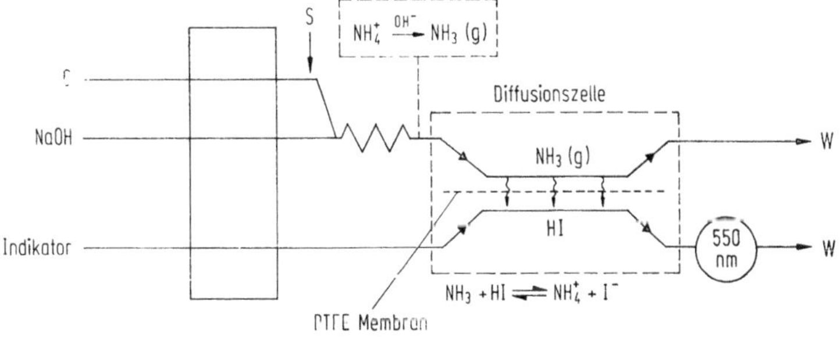

Abb. 21. Bestimmung von Ammonium mit Hilfe der Gasdiffusion

metrisch detektiert wird [13]. Bei sorgfältiger Bereitung der Indikatorlösung (Kohlendioxidfrei, Einstellung des pH-Wertes bis in Nähe des Umschlagpunktes) werden Nachweisgrenzen von 10 µg NH4-N/l erhalten. Bei höheren Ammoniumkonzentrationen sind diese Vorsichtsmaßnahmen nicht notwendig. Durch Zusatz einer pH-Pufferlösung kann die Empfindlichkeit der Methode herabgesetzt werden und der analytischen Aufgabenstellung angepaßt werden. Weitere Faktoren, welche die Empfindlichkeit der Methode bestimmen, sind die Tiefe und Ausformung der Kanäle in der Diffusionszelle, die Porosität und Dicke der verwendeten Membran, die Temperatur des Donorstromes und die Aufenthaltszeit der Probe in der Diffusionseinheit. Die letztere läßt sich durch Variation der Fließgeschwindigkeit auf beiden Seiten der Membran beeinflussen. Bei höheren Druckunterschieden sollten die Ablauflinien hinter der Durchflußzelle des Detektors zusammengeführt werden, um einen Druckausgleich zu erreichen und eine Beschädigung der Membran zu vermeiden.

Die Selektivität der Methode wird durch die Selektivität der Teilschritte (i) Erzeugung einer leichtflüchtigen Spezies, (ii) Gasdiffusionsvorgang und (iii) chemische Reaktion und Detektion im Akzeptorstrom bestimmt.

Da bei Raumtemperatur nur wenige Spezies ausreichend flüchtig sind, ist schon der erste Schritt hoch selektiv. Für die Bestimmung von Ammonium ist hier nur eine Interferenz durch Methylamine bekannt. Eine andere Störung wird durch Schwermetallionen in höheren Konzentrationen hervorgerufen, die unter den gegebenen Bedingungen Hydroxide und Oxidhydrate bilden und dadurch den Gasdiffusionsprozeß hindern können. Diese Störung wird durch einen EDTA-Zusatz im NaOH-Reagenz umgangen. Eigenfärbungen der Probe oder Trübungen stören die Bestimmung nicht, da Probeninjektion und Detektion in getrennten Kanälen erfolgen.

Neben der Bestimmung von Ammonium in Wasser, Boden- und Pflanzenextrakten, Düngemitteln und Blut [13, 111], wurde die Gasdiffusion auch für die Bestimmung von Harnstoff [13], Ozon [113], Chlordioxid [114], freiem und gesamtem Schwefeldioxid in Getränken [13, 116], Kohlendioxid im Blut [117], Gewässern und Getränken [13], Aceton in Milch [119], Cyanid in Prozeßwässern [120], Acetat in wäßrigen Lösungen [121] und für die Hydridbildung von Elementen [92, 123], die als Hydride flüchtig und auf diese Weise atomabsorptionsspektrometrisch bestimmbar sind, angewendet. Probendurchsätze von 90—120 Proben pro Stunde sind üblich. Im Fall der Schwefeldioxidbestimmung in Getränken wird, wegen der Interferenz durch Kohlendioxid, eine selektive chemische Reaktion (mit Formaldehyd und Pararosanalin) [116] verwendet.

Die theoretischen Grundlagen der Gasdiffusion in der FIA, sowie Richtlinien für die Wahl und Einstellung von Indikatorlösungen bei der Gasdiffusion wurden von Van der Linden formuliert [121, 122].

4.3 Dialyse

Die Separation von gelösten Stoffen aufgrund unterschiedlicher Permeationsraten durch Membranen wird als Dialyse bezeichnet. Treibende Kraft hierbei ist der Konzentrationsunterschied auf beiden Seiten der Membran.

Die Dialyse wird schon seit längerem in der Durchflußanalyse zur Abtrennung niedermolekularer von hochmolekularen Bestandteilen (z. B. Proteine von Elektrolyten) eingesetzt. Mathematische Modelle zur Beschreibung der Dialyse in Durchflußsystemen und zum Entwurf von Dialyseeinheiten wurden vor kurzem von Bernhardsson, Martins und Johansson [124] entwickelt. Die gleiche Arbeitsgruppe untersuchte auch den Einfluß von pH, Ionenstärke und verschiedenen Liganden auf die Dialyse von Metallionen [125]. Analytische Dialyseeinheiten sind so ausgeformt, daß ein bestimmter Anteil eines gelösten Stoffes vom Donorstrom, der die Probe mit den ungewünschten Bestandsteilen (Partikel oder Makromoleküle) enthält, in den Akzeptorstrom wandert, in dem die Detektion erfolgt. Dieser Anteil ist für einen weiten Bereich unabhängig von der Konzentration des gelösten Stoffes, was diese Technik, in Zusammenhang mit der guten Reproduzierbarkeit in der FIA, für analytische Anwendungen interessant macht.

Dialysatoren bestehen aus einer Dialysemembran (meist Celluloseacetat), die zwischen zwei Plexiglasblöcken, die Kanäle für den Donor- und Akzeptorstrom enthalten, eingespannt wird. In der FIA wurde die Dialyse teils in der Reaktionsstrecke (a), teils in der Probenansauglinie (b) eingesetzt. Beispiele für (a) sind die Bestimmung von Phosphat und Chlorid im Serum [126], Glucose und Galaktose im Serum [127, 134], Calcium in Milch [128] und für (b) die Verwendung von Dialyseeinheiten zur Probenahme in Fermentern [129, 130]. Der Einbau einer Dialyseeinheit in die Reaktionsstrecke führt zu einer beträchtlichen Erhöhung des Dispersionskoeffizienten, was für Verdünnungszwecke ausgenutzt werden kann [13].

4.4 Extraktion

Die flüssig-flüssig Extraktion spielt eine zentrale Rolle in der angewandten analytischen Chemie, sei es zur Abtrennung eines Analyten von einer komplexen Probenmatrix oder zur Anreicherung einer Spezies. Um eine bessere Selektivität beim Trennungsvorgang zu erreichen, wird dem in Ionenform vorliegenden Analyten häufig ein Gegenion beigefügt. Die zu bestimmende Verbindung wird dann als Ionenpaar von einer flüssigen Phase in die andere extrahiert. In diesem Zusammenhang spielen die Art des Gegenions, seine Konzentration und der pH-Wert eine bedeutende Rolle.

Extraktionen von kleinen Probenvolumina unter FIA-Bedingungen wurden schon 1977 von Karlberg et al. [132] und wenig später auch in einer besser zugänglichen Publikation [133] beschrieben. Sie bestimmten Coffein durch Extraktion der wäßrigen Phase mit Chloroform und anschließender Messung der Extinktion der organischen Phase bei 275 nm.

Seitdem wurden mehrere Detailverbesserungen vorgenommen, die wesentlichen Teile und die Leistungsfähigkeit der heutigen Systeme sind jedoch dieser ersten Einheit vergleichbar.

Abb. 22 zeigt das Schema einer FIA-Extraktionseinheit. Die Probe wird in einen wäßrigen Trägerstrom (C) injiziert und mit einem Reagenz (R) vermischt (MC). Danach wird der wäßrige Strom durch eine organische

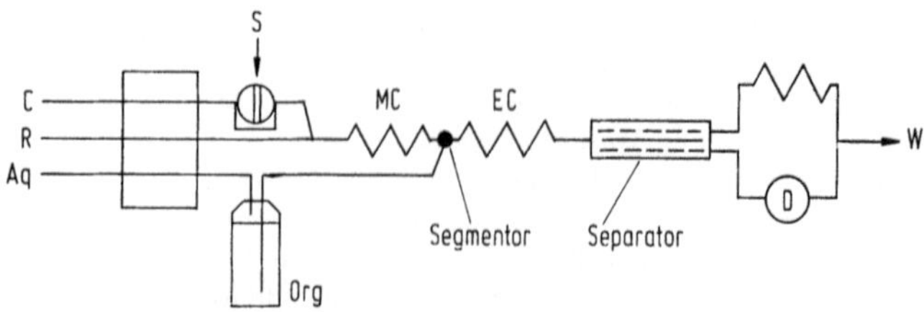

Abb. 22. Schema eines FIA-Extraktionssystemes

Phase segmentiert und der Phasenübergang des Analyten findet in einer Extraktionsschleife (EC) statt. Die Förderung der organischen Phase kann nach dem Verdrängungsprinzip erfolgen (s. Kap. 3.1). Nach der Phasenseparation wird die organische Phase in die Durchflußzelle eines Detektors geleitet und das erhaltene Signal, in Form eines Peaks, wird ausgewertet.

Technisch sind bei der Konstruktion einer Extraktionseinheit drei Problemkreise zu lösen:

1. Segmentierung der beiden nicht mischbaren Phasen,
2. Wahl von passendem Material und geeigneten Dimensionen für die Extraktionsschleife und
3. Separation der beiden Phasen.

Nach der Zahl der Veröffentlichungen zu urteilen, scheint der letztgenannte Punkt technisch am schwierigsten zu verwirklichen zu sein (s. a. Tabelle 5) und erst vor kurzem wurde eine Extraktionseinheit entwickelt, die auch für Routinemessungen tauglich ist [18].

Separatoren lassen sich in drei Gruppen einteilen:

— Separatoren, die nach dem Prinzip unterschiedlicher Dichte arbeiten (Schwerkraftseparatoren).
— Separatoren, die zwei verschiedene Materialien verwenden (T-Separatoren).
— Membranseparatoren.

Schwerkraftseparatoren enthalten eine Kammer, in der die beiden Phasen sich absetzen und trennen können. Die gewünschte Phase wird dann entweder am Kopf oder am Boden der Kammer abgesaugt. Die zweite Gruppe von Separatoren enthält Materialien, die eine unterschiedliche Affinität (aufgrund unterschiedlicher Oberflächenspannungen) zu den verwendeten Phasen haben. Die Verwendung von Glas und PTFE (Teflon) ist üblich. Ein PTFE-Streifen wird vom Eingang zu einem der Ausgänge eines Glas-T-Stückes geführt. Das T-Stück wird dann so gewendet, daß die Phase mit der stärkeren Affinität zum PTFE-Material (die organische Phase) nach unten — falls diese die schwerere Phase ist — oder nach oben abgeleitet wird. Am vielseitigsten anwendbar sind Membranseparatoren, die poröse PTFE-Membranen verwenden. Die Leistungsfähigkeit eines solchen Separators wird durch die Membranfläche und das Totvolumen des Separators bestimmt.

Lösungsmittel	Extraktionsschleife			Separator A – Schwerkraft B – T C – Membran	Detektor	Anwendung	Lit.
	Material	I. D. (mm)	Länge (cm)				
Chloroform	PTFE	0,8	25–600	B Glas/PTFE	UV, 40 µl	Koffein in pharm. Produkten	135
Isoamylalkohol	Poly-ethylen	0,85	265	A Plexiglas	Photom. 80 µl	Mo in Pflanzen	137
Chloroform	PTFE	0,8	200	B Glas/PTFE	UV, 40 µl	Codein in Pharmaka	138
Chloroform	PTFE	1,0	320	B und C Vol. C = 150 µl	Photom. 64 µl	Anionische Tenside	139
Chloroform	PTFE	0,8	200	B Glas/PTFE	Fluorometer	Vit. B1. (Thiamin) Pharmaka	140
Tetrachlor-kohlenstoff	PTFE	0,8	100	B Glas/Papier	Photom. 18 µl	Pb, Cd, Dithizon-Extraktion	141
Chloroform	PTFE	0,3–2,0	500	C (zirkulär) Vol. C = 12,5 µl	Photom. 8 µl	Kation. Tenside	142
Toluol	PTFE	0,5/0,7	180	B Glas/PTFE	Photom. 18 µl	Freie Fettsäuren, Ex. in 2 Stuf.	143
Pentan, DMSO	Glas PTFE Glas	0,7 0,5 0,7	100 75 80	B Glas/PTFE	Fluorometer 10 µl	PAK, Ex. in 3 Stuf.	144
Chloroform	PTFE	0,8	bis 320	C (zirkulär) Vol. C = 60 µl	UV, 10 µl	Procyclidin Pharmaka	145
MIBK	PTFE	0,7–2,0	100–300	C (linear)	AAS	Cu, Zn, Pb, Ni	79
Cyclohexan	PTFE	0,8	200	C (zirkulär)	UV, 10 µl 2 Detektoren	(a) Diphenyldramin, (b) 8-Chlorotheophyl-lin (*)	146

(*) Analyse von Dramamintabletten in der organischen (a) und wäßrigen Phase (b).

Separatoren sollen in der Lage sein, alle Spuren der nicht gewünschten Phase vollständig entfernen zu können. Gleichzeitig soll die isolierte Fraktion nahe 100% der gewünschten Phase enthalten, da ansonsten mit einer verminderten Signalhöhe zu rechnen ist [135]. Weiterhin ist die Konstruktion des Separators von ausschlaggebender Bedeutung für die Peakverbreiterung in diesem Teil der Extraktionseinheit. Neuere Untersuchungen haben gezeigt, daß die Phase mit der höheren Affinität zum verwendeten Material in der Extraktionsschleife einen dünnen Film bildet [136]. Dieser Film beeinflußt die Dispersion der Probenzone und damit die Signalverbreiterung. Die Dicke des Filmes hängt von der Fließgeschwindigkeit, dem verwendeten Schlauchmaterial und der Viskosität und Grenzflächenspannung des Lösungsmittels ab. Je dicker der Film, desto größer ist die Signalverbreiterung. Auf der anderen Seite führt die Filmbildung zu einem effektiveren Phasenübergang.

In einem PTFE Schlauch von 0,7 mm I. D. und bei einer linearen Fließgeschwindigkeit von 5 cm/s beträgt die Filmdicke ca. 0,03 mm für Pentanol. Bei gleichen Bedingungen ist die Filmdicke für Chloroform um etwa den Faktor 8 geringer [136].

Eine Auswahl von Literaturstellen zum Aufbau und der Anwendung von Extraktionseinheiten in der FIA zeigt Tabelle 5.

4.5 Gradiententechniken

Wie in vorherigen Kapiteln schon beschrieben, beruht die FIA — im Gegensatz zu anderen Durchflußtechniken — auf einer Kombination von Probeninjektion, Kontrolle der Dispersion und reproduzierbaren Aufenthaltszeiten im System. Obwohl die Vermischung der Proben-/Reagenzzone

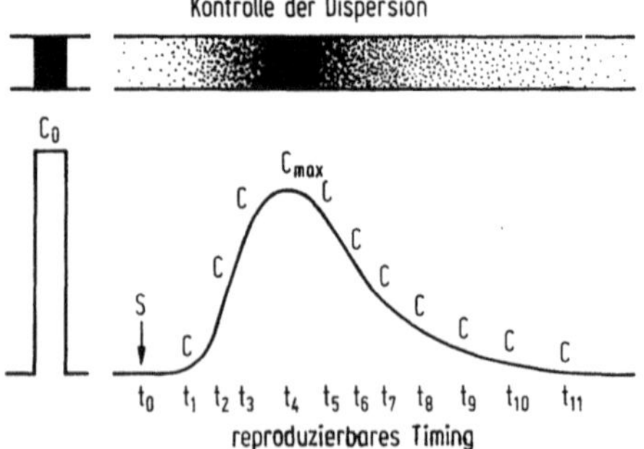

Abb. 23. Schematische Darstellung einer dispergierten Probenzone der ursprünglichen Konzentration C_0, die am Punkt S injiziert wurde, und der entsprechenden Signale. Jeder individuellen Konzentration C entspricht ein bestimmter Wert des Dispersionskoeffizienten $D = C_0/C$, der ein Minimum bei C_{Max} besitzt und nach beiden Seiten von C_{Max} kontinuierlich größere Werte annimmt

unvollständig ist und chemische Reaktionen nicht unbedingt einen Endzustand erreichen, werden reproduzierbare Signale erhalten. Der wichtigste Unterschied der FIA im Vergleich zu anderen Durchflußtechniken beruht auf dem Konzept der kontrollierten Dispersion und der Möglichkeit, die Dispersion den analytischen Anforderungen anzupassen. Während bei anderen Techniken eine Homogenisierung in Form von vollständiger Vermischung von Probe und Reagenz oder durch Integration des erhaltenen Signales angestrebt wird, erlaubt die FIA die Vielzahl der Konzentrationspunkte, aus denen sich ein Signal zusammensetzt, auszunutzen. Jedes FIA Signal repräsentiert ein Kontinuum von Konzentrationen, zwischen $C = 0$ (reiner Trägerstrom oder Reagenzblindwert) und $C = C_{Max}$ (Peakmaximum, s. Abb. 23), das einer unendlichen Anzahl differentieller Volumensegmente mit unterschiedlichen Probe/Reagenzverhältnissen entspricht. Auf der Basis der reproduzierbaren Auswahl interessierender Volumensegmente der dispergierten Probenzone wurde eine Reihe von Methoden entwickelt, die zusammenfassend als Gradiententechniken bezeichnet werden [3].

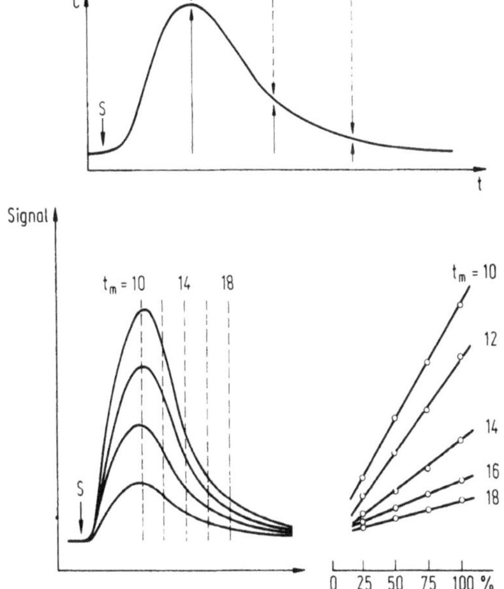

Abb. 21. Gradientenverdünnungen (nach [3]). Jede Verzögerungszeit t_m entspricht einem bestimmten D-Wert für das entsprechende Segment der dispergierten Probenzone. Die untere Bildhälfte zeigt einige Signale, die bei Injektion eines Farbstoffes in ein einfaches FIA-System erhalten wurden, und die Eichkurven für verschiedene t_m. S = Probeninjektion

4.5.1 Gradientenverdünnungen

Bisher erfolgte die Auswertung von FIA Signalen überwiegend über die Peakhöhe, die einem Volumensegment maximaler Probenkonzentration bei gleichzeitig minimalem Reagenz/Probeverhältnis entspricht. Um eine ausreichende Reagenzversorgung auch bei höheren Probenkonzentrationen zu gewährleisten, ohne die Probe dabei manuell verdünnen zu müssen, kann ein anderes Volumensegment zur Erfassung des Meßwertes gewählt werden. Der Meßpunkt wird über eine geeignete Wahl der Verzögerungszeit t_m (gemessen vom Zeitpunkt der Injektion S, s. t_0 bis t_{11} in Abb. 23 und Abb. 24) gewählt. In einem FIA-System, das bei Auswertung über die Peakhöhe nur einen Meßbereich bis 50 mg/kg zuließ, wurden auf diese Weise Chloridgehalte bis 19000 mg/kg (RSD 0,3%) in Meerwasserproben bestimmt (s. [149], S. 34).

4.5.2 Zonenweise Probenahme

Die zonenweise Probenahme (Zone Sampling) kann als eine Art der Gradientenverdünnung betrachtet werden. Anstelle der Messung nach einer bestimmten Verzögerungszeit t_m erfolgt hier jedoch die Injektion eines Segmentes der dispergierten Probenzone in einen weiteren Teil des FIA-Systems (Abb. 25).

Die Probe wird in einen Trägerstrom C1 injiziert, dispergiert in einer Vermischungsschleife (60/0,7) und wird auf die Probenschleife eines zweiten Injektors geleitet. Nach einer Verzögerungszeit t wird ein bestimmtes Segment der dispergierten Probenzone „herausgeschnitten" und in den Trägerstrom C2 injiziert (R = Reagenzstrom, 60/0,5 = Reaktionsschleife, D = Detektor). Die übrige Probenzone kann in den Ablauf (W) oder in ein weiteres FIA-System zur simultanen Bestimmung eines zweiten Parameters geleitet werden.

Der resultierende Verdünnungsfaktor läßt sich über t_m kontrollieren (Tabelle 6).

Die Technik hat praktische Bedeutung erlangt [5, 6]. Zu ihrer Durchführung werden hauptsächlich computergesteuerte Mehrkanal-Injektoren verwendet.

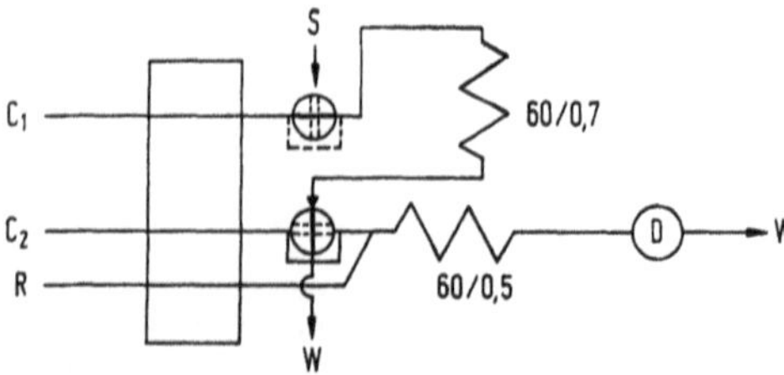

Abb. 25. Fließschema zur zonenweise Probenahme (s. Text)

Tabelle 6. Einfluß der Verzögerungszeit t_m auf den Dispersions-Koeffizienten D. Injektion eines Farbstoffes in ein FIA-System nach Abb. 25. C 1 = 1,9 ml/min; C 2 = 1,8 ml/min; R = 1,8 ml/min; injizierte Volumina jeweils 40 µl. RSD = relative Standardabweichung bei Mehrfachinjektionen

t_m (s)	D	RSD (%)
8	23	1,2
12	78	1,2
15	410	2,1
20	5400	4,6

4.5.3 Gradientenkalibrierungen

Diese Technik ist eine Erweiterung der Gradientenverdünnung und beruht ebenfalls auf der strikten Reproduzierbarkeit des Dispersionsprozesses, auch in Gegenwart einer chemischen Reaktion.

Anstatt eine Eichgerade durch Injektion mehrerer Standardlösungen zu erstellen, wird hier die entsprechende Information zu verschiedenen Verzögerungszeiten direkt aus dem Gradienten entnommen (s. Abb. 26).

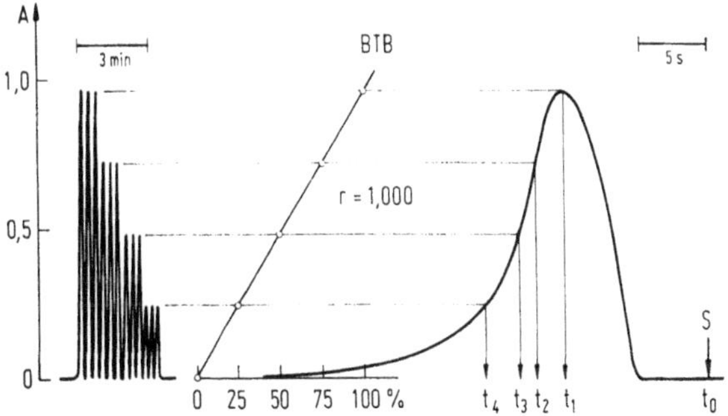

Abb. 26. Gradientenkalibrierungen (nach [150]). Links: Dreifachinjektionen einer Farbstofflösung (Bromthymolblau, 25–100% einer Stammlösung). Rechts: Signal für die Stammlösung (100%). Den Konzentrationen der Eichgerade entsprechen hier die Verzögerungszeiten t_1 bis t_4

Die empirische Beziehung $C = f(t_m)$ muß zunächst durch eine „normale" Kalibrierung erhalten und im Computer abgespeichert werden. Nachfolgende Eichungen lassen sich dann durch Injektion einer einzigen Standardlösung vornehmen. Die Technik wurde u. A. von Tyson [45, 77] zur Eichung in der AAS verwendet.

4.5.4 „Stopped-Flow"-Messungen

Durch Anhalten des Transportstromes, während sich ein Segment der Reaktionszone in der Durchflußzelle des Detektors befindet, kann der Verlauf einer Reaktion verfolgt werden (Abb. 27). Das Zeitintervall zwischen dem Zeitpunkt der Injektion einer Probenzone und dem Anhalten des Transportstromes läßt sich vorgeben, so daß unterschiedliche Segmente der Probenzone in der Durchflußzelle des Detektors untersucht werden können. Diese Technik wird „Stopped Flow" FIA genannt. Sie eignet sich z. B. für die Untersuchung des Einflusses verschiedener Probe/Reagenzverhältnisse auf die Kinetik einer Reaktion (Methodenentwicklung), oder für kinetische Messungen, bei denen die Zunahme (oder Abnahme) der Konzentration einer bestimmten Substanz verfolgt wird. Interferenzen wie Eigenabsorption der Probe oder nicht lineare Reaktionsgeschwindigkeitskurven können erkannt und umgangen werden.

Auch relativ langsam ablaufende Reaktionen lassen sich durch Anhalten der Zone im Reaktionsteil oder im Detektor an die FIA anpassen. Eine Erhöhung der Verweilzeit (und damit der Reaktionsausbeute) durch Anhalten der Reaktionszone ist in vielen Fällen einer Verlängerung der Reaktionsstrecke vorzuziehen, da hierbei die Dispersion zeitunabhängig ist (abgesehen von einem vernachlässigbaren Beitrag durch molekulare Diffusion).

Die Technik erfordert möglichst trägheitslos arbeitende Pumpensysteme, die sich exakt und reproduzierbar steuern lassen.

Ein Nachteil ist der verminderte Probendurchsatz aufgrund der erhöhten Aufenthaltszeit der Proben im System.

Neben den FIA-Titrationen ist die „Stopped-Flow" Methode diejenige Gradiententechnik, welche die größte Verbreitung gefunden hat [5, 6].

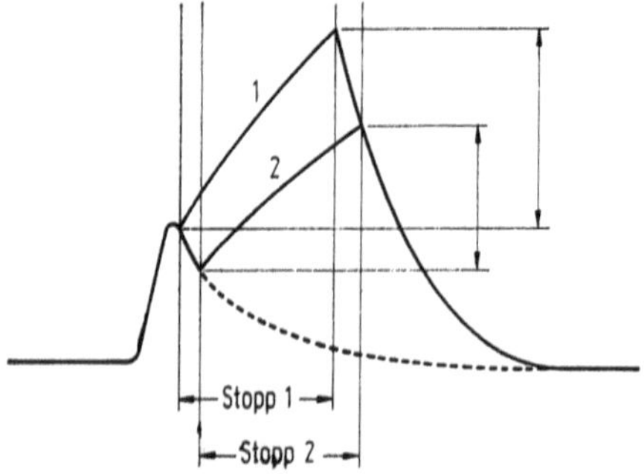

Abb. 27. „Stopped-Flow"-Signale. Die Kurven 1 und 2 ergeben sich bei verschiedenen Verzögerungszeiten t_m bis zum Anhalten der Pumpen. Die gepunktete Linie zeigt den Verlauf bei kontinuierlichem Pumpen

4.5.5 „Gradientenscanning"

Die Erweiterung einer dynamischen Methode (FIA) durch Kombination mit einem dynamischen Detektor erscheint natürlich. Eine physikalische Größe (i) läßt sich kontinuierlich in einem gewissen Bereich (ii), z. B. (i)

Extinktion und (ii) Wellenlänge oder (i) Stromstärke und (ii) Potential, entlang der dispergierten Probenzone bestimmen. Bei ununterbrochen laufendem Trägerstrom müssen diese Bereiche schnell abgefahren werden können (s. Abb. 28), ansonsten können gewählte Sektoren der Zone nacheinander im Detektor gestoppt werden.

Die Technik hat noch keinen Eingang in die Routineanalytik gefunden.

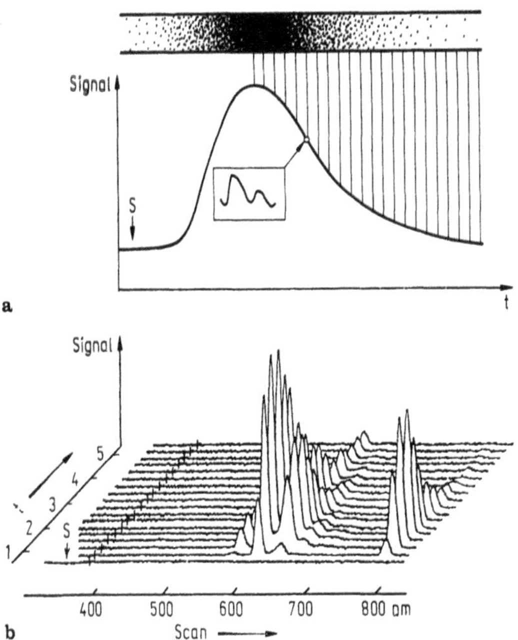

Abb. 28. Gradientenscanning [151]. Individuelle Segmente der dispergierten Probenzone werden sequentiell abgefahren (**a**). (**b**) zeigt eine Serie von nacheinander aufgezeichneten Emissionsspektren, die während der Passage der Probenzone durch den Detektor erhalten wurden. Peaks (v. Links: Ca, Na, Ca, K. Die dispergierte Probenzone wird durch die unterschiedlichen Peakhöhen der Signal-Zeit-Achse deutlich. Scangeschwindigkeit: 5 ms (350 – 800 nm); Aufzeichnung in 300 ms Intervallen

4.5.6 FIA-Titrationen

FIA-Titrationen sind ein weiteres Beispiel für die Anwendung der Gradiententechnik, d. h. der Ausnutzung des Konzentrationsgradienten der dispergierten Probenzone für analytische Zwecke. Wird z. B. eine säurehaltige Probe in einen Trägerstrom einer starken Base injiziert, so lassen sich die Konzentrationsgradienten, die sich an beiden Seiten der Probenzone bilden, mit Titrationskurven vergleichen (Abb. 29, 30). Zunächst besteht ein Baseüberschuß. Danach wird der erste Äquivalenzpunkt erreicht, an dem die Base in diesem Volumenelement durch die Säure neutralisiert wird. In der Mitte der Probenzone (Peakmaximum und dessen nähere Umgebung) liegt ein Säureüberschuß vor. Auf der abfallenden Seite des Signales wird ein zweiter Äquivalenzpunkt passiert, bis der Bereich mit Basenüberschuß erreicht und der Titrationszyklus abgeschlossen ist.

Die beiden Äquivalenzpunkte haben den gleichen D-Wert und ihr Abstand (gemessen als Δt bei konstanter Fließgeschwindigkeit) ist der Konzentration der injizierten Säure und der des umgebenden Basenstromes proportional.

Ursprünglich wurden Mischkammern zur vollständigen Vermischung von Probe und Reagenz bei FIA-Titrationen verwendet [10]. Die dabei erhaltenen Konzentrationsprofile entsprechen einem theoretischen Modell, aus dem sich die Proportionalität zwischen Δt und dem Logarithmus der Konzentration der injizierten Probe ergibt [10]. Ramsing et al. [152] konnten zeigen, daß sich dieses Modell auch auf einfachere FIA-Systeme

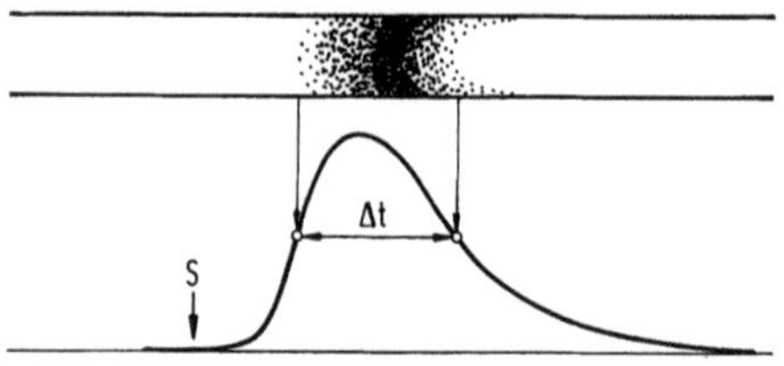

Abb. 29. Zur Auswertung bei FIA-Titrationen (vgl. Text)

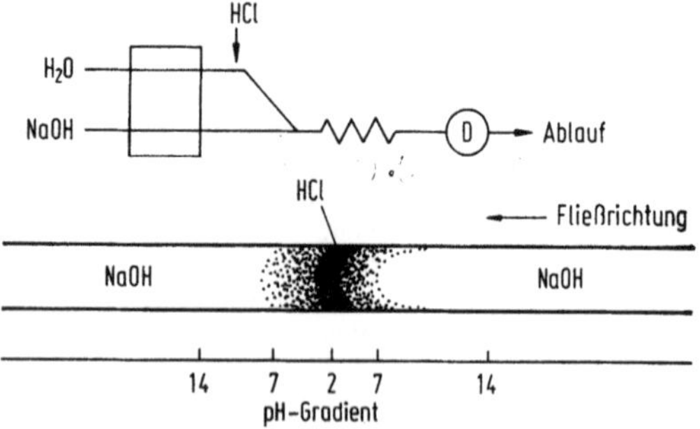

Abb. 30. Einfaches FIA-Schema für die Bestimmung des Säuregehaltes in wäßrigen Proben (oben). Die Probe (30 – 200 µl) wird in einen Trägerstrom injiziert und mit einem NaOH Strom vermischt, dem Bromthymolblau als Indikator zugesetzt wurde. In der Mischungsschlaufe bildet sich entlang der Probenzone ein pH-Gradient, von pH 14 in der reinen Base bis auf ca. pH 2 in der Mitte der Probenzone und wieder zurück auf pH 14 (unten). Der Indikator ändert seine Farbe entsprechend (blau im alkalischen und gelb im sauren Bereich). Die Farbänderung wird mit einem Photometer verfolgt

(ohne Mischkammer) anwenden läßt, und führten damit Hochgeschwindigkeitstitrationen ein.

Beispiele für die Anwendung von FIA-Titrationen finden sich in [5] und [6].

4.5.7 Mischzonentechnik

Bei der Mischzonentechnik (Merging Zones) werden Probe und Reagenz gleichzeitig in zwei getrennte Trägertröme, die sich später auf kontrollierte Weise mischen, injiziert (s. Abb. 31). Die Methode erfordert eine exakte Abstimmung der Transportwege und Fließgeschwindigkeiten in beiden Linien aufeinander. Im Vergleich zur kontinuierlichen Förderung von Reagenzien lassen sich auf diese Weise erhebliche Reagenzeinsparungen erzielen. Diese Einsparungen lassen sich inzwischen auf einfachere Weise durch die Anwendung mehrerer ansteuerbarer Pumpen erzielen (s. Kap. 4.6).

Seit der Entwicklung dieser Methode durch Bergamin et al. [23] (synchrone Überlappung der Zonen; Reagenzeinsparung) und Mindegaard [153] (asynchrone Überlappung; Erweiterung des Meßbereiches) wurden jedoch weitere Anwendungen vorgeschlagen:

- Injektion von Lösungen mit interferierenden Spezies und einer Standardlösung [14]. Diese Methode hat sich insbesondere bei der Methodenentwicklung, zur schnellen und einfachen Überprüfung der Selektivität einer Methode, als brauchbar erwiesen.
- Simultane Injektion einer Probe und einer Standardlösung zur Durchführung der Standardzusatzmethode in einem FIA-System.

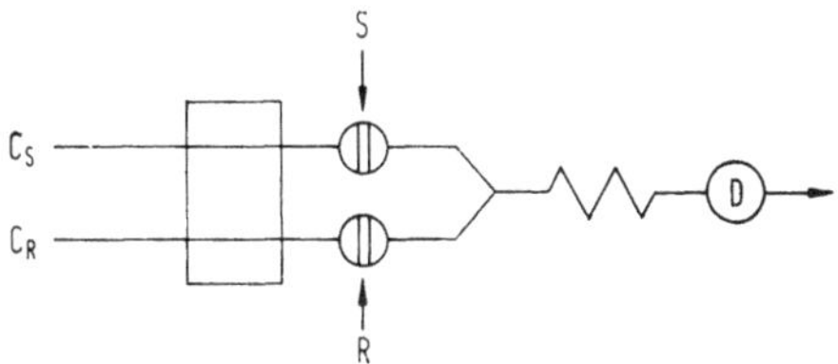

Abb. 31. „Merging Zones". S,R-Proben- und Reagenzinjektion. C_S,C_R-Trägerströme für Reagenz und Probe

Gine et al. berichten über die Anwendung der Standardzusatzmethode zur Bestimmung von Nitrat in Pflanzenextrakten [154]. Durch Kombination der Mischzonentechnik mit der zonenweise Entnahme der zugesetzten Standardlösung (s. Kap. 4.5.2) genügte eine einzige Standardlösung, um zwölf Standardzusätze pro Probe durchzuführen. In neuerer Zeit wurden auch Techniken entwickelt bei denen zwei oder mehrere Zonen in einen Trägerstrom injiziert werden und sich auf ihrem Weg zum Detektor unterschiedlich stark überlappen. Eine genaue Beschreibung dieser Methoden und ihrer Anwendung zur Bestimmung von Selektivitätskoeffizienten [14] und für Standardzusätze [151] findet sich in der Originalliteratur.

4.6 Verwendung mehrerer Pumpen

Die Verwendung zweier unabhängig voneinander steuerbarer Pumpsysteme erlaubt Arbeitstechniken, die als intermittierendes Pumpen bezeichnet werden [10, 26, 27]. Ein Beispiel für diesen wechselweisen Betrieb der Pumpen wurde schon gegeben: Die Anreicherung und Elution von Metallspuren in einer Ionentauschersäule (s. Kap. 4.1). Weitere Beispiele sind:

1. Eine Pumpe wird zum Ausspülen der Probenzonen aus dem System verwendet. Dazu wird, nach Erreichen des Peakmaximums (analytische Information), eine Waschlösung mit hoher Fließgeschwindigkeit für wenige Sekunden durch das System gespült. Ohne Empfindlichkeitsverlust wird dadurch die Aufenthaltszeit einer Probe im System reduziert und der Probendurchsatz kann erhöht werden (s. Abb. 32). Bei den für die FIA typischen Probendurchsätzen ist dieser Zeitgewinn vielfach weniger interessant. Eine für die Praxis interessante Anwendung hat die Technik für die turbidimetrische Bestimmung von Sulfat gefunden [116]. Der wäßrige Trägerstrom und ein Bariumchloridreagenz werden auf der Pumpe P1 gefördert. Nach Erhalten des analytischen Signales wird diese Pumpe angehalten und das System durch eine alkalische EDTA-Lösung über die Pumpe P2 gespült. Eine Verstopfung der Leitungen durch Ausfällungen von Bariumsulfat wird dadurch verhindert.
2. Gepulster Reagenzzusatz: Der Transport der Probenzone geschieht über die Pumpe 1 (Abb. 33) mit Hilfe einer billigen Trägerlösung (Deionat, Pufferlösungen). Der Zusatz von Reagenzien geschieht über die zweite Pumpe und zwar nur während des Zeitraumes, in dem die

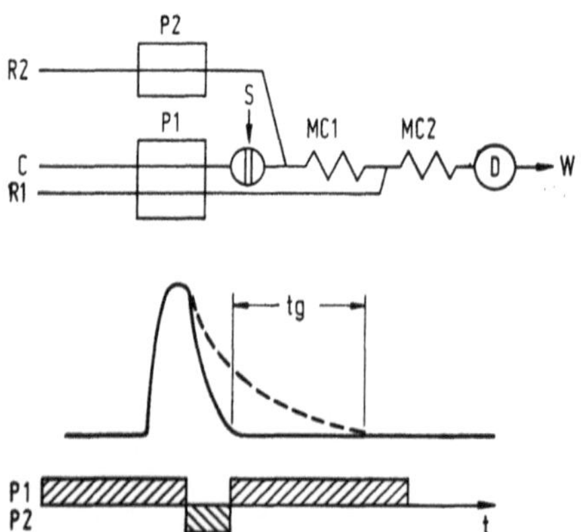

Abb. 32. Intermittierendes Pumpen. C – Trägerstrom, R1 – Reagenzlösung, R2 – Waschlösung, S – Probeninjektion, D – Detektor. MC1 u. MC2 – Vermischungs- und Reaktionsschleifen.
Gestrichelt: Signal bei kontinuierlichem Betrieb von P1. tg – Zeitgewinn.
Unten: Schema für die Zeitsteuerung der Pumpen. (schraffiert = Pumpe eingeschaltet)

Probenzone den Vermischungspunkt passiert. Wegen der Einsparung von Reagenzkosten hat die Technik Bedeutung bei enzymatischen Analysenmethoden gefunden. Als Beispiel mag hier die Bestimmung von Laktat im Blut dienen [155]. Grundlage der Bestimmung ist die katalytische Oxidation von L-Laktat durch das Enzym Laktatdehydrogenase (LDH) in Gegenwart von NAD^+. Das entstehende NADH wird fluorimetrisch bestimmt. Die instabile Reagenzmischung aus NAD^+ und LDH wird im System erzeugt und intermittierend der Probenzone zugesetzt. Wegen des hohen Preises des Enzymes lassen sich, im Vergleich zu einer kontinuierlichen Förderung des Reagenzes, erhebliche Kosten einsparen. Interessant ist auch der Kostenvergleich mit der manuellen Methode (Tab. 7).

3. Die Einführung eines definierten Probenvolumens ohne Verwendung eines Injektionsventils (hydrodynamische Injektion) [3] erfordert zwei unabhängig voneinander arbeitende Pumpensysteme, die von einem Mikroprozessor oder Timer gesteuert werden (Abb. 34). Durch Ab-

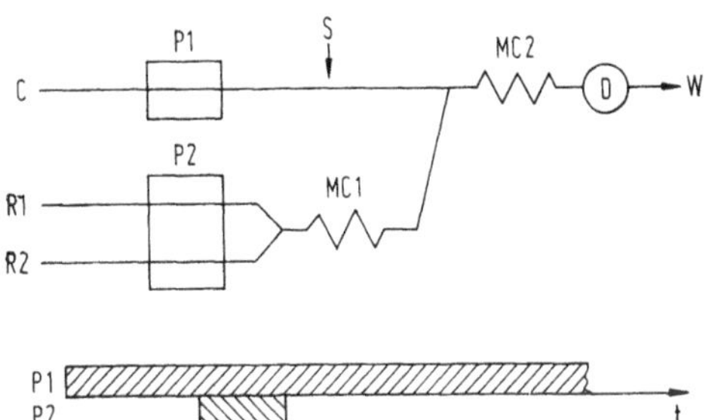

Abb. 33. Gepulster Reagenzzusatz. FIA-Schema für die Bestimmung von Laktat. C – Glycin/Hydrazin Puffer (1,2 ml/min), R 1 – NAD+/Puffer (0,6 ml/min), R 2 – LDH/Puffer (0,6 ml/min) S – Probeninjektion (30 µl), MC 1 – Schleife (10 cm/0,5 mm I.D.), MC 2 – Schleife (60/0,5), D – Fluorimeter mit 18 µl Durchflußzelle, Anregung: 365 nm, Emission: 440 nm, W – Ablauf

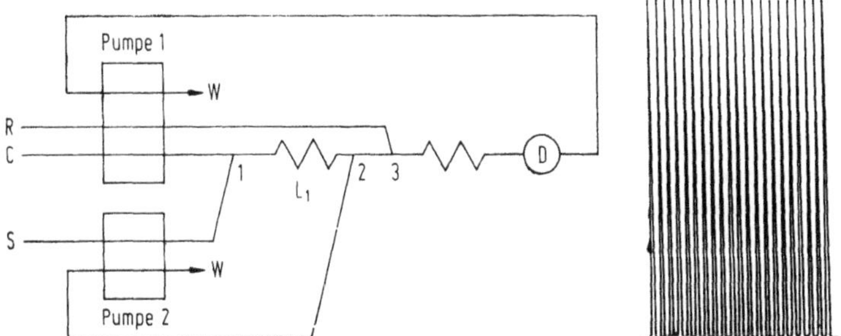

Abb. 34. Ventillose „Injektion" mit Hilfe von zwei ansteuerbaren Pumpen (s. Text). Links: Schema; rechts: Signale bei Mehrfachinjektion einer Farbstofflösung

schalten der Pumpe 1 werden alle über diese Pumpen laufenden Linien gesperrt. Bei Einschaltung der Pumpe 2 wird die Probenlinie geöffnet. Probe wird angesaugt und bei Punkt 1 in das System eingebracht. Gleichzeitig wird am Punkt 2 in der Schleife L1 befindliche Trägerlösung abgesaugt. Das eingebrachte Volumen läßt sich über die Länge (Volumen) der Schleife L1 oder über die Aktivierungszeit der Pumpe 2 regulieren. Bei Abschalten der zweiten Pumpe wird die Probenlinie (S) wieder geschlossen. Über die Pumpe 1 kann jetzt der Trägerstrom C die Probenzone zum Detektor führen. An Punkt 3 wird ein Reagenzstrom zugesetzt. Wichtig ist die Absaugung an Punkt 2 und nach der Durchflußzelle. Nur so ist ein einfacher und schneller Wechsel von Probe zu Probe möglich, lassen sich auch kleine Probenvolumina definierbar einbringen und wird die Kontamination von Probe zu Probe minimal gehalten.

Die Reproduzierbarkeit ist der von Ventilinjektionen vergleichbar. Die Technik hat potentielle Anwendungsmöglichkeiten bei kontinuierlichen Überwachungsaufgaben.

Tabelle 7. Laktatbestimmung im Blut. Vergleich FIA/manuelle Methode (Verwendung eines kommerziell erhältlichen Reagenzsatzes). Preisangaben bezogen auf schwedische Verhältnisse, 1983

	Manuell	FIA
Reagenzkosten per Probe	0,95 DM	0,07 DM
Probendurchsatz	20–50/Tag	80–110/h

5 Anwendungen

Der einfache Aufbau, die enorme Flexibilität, die Vielzahl der anwendbaren Techniken, die kurzen Ansprechzeiten, die hohe Reproduzierbarkeit, die erhöhte Arbeitsproduktivität, das Arbeiten in einem geschlossenen System und der geringe Reagenz- und Probenverbrauch haben zu einer weiten Verbreitung der FIA – insbesondere in der Wasser- und Bodenanalytik und verschiedenen Bereichen der industriellen Analytik – geführt. Die routinemäßige Anwendung in der kinischen Chemie und der „on-line" Prozeßkontrolle verläuft dagegen noch zögernd.

Es sei darauf hingewiesen, daß die FIA überwiegend nicht als eine Form der „Hochgeschwindigkeitsanalytik", die einen Probenanfall von einigen hundert bis einigen tausend pro Tag erfordert, sondern gerade auch bei gerin gem Probenanfall (etwa 10 Proben/Tag) oder bei schubweisem Probenanfall eingesetzt wird. Der schnelle Methodenwechsel bei der Analyse auf mehrere Komponenten und die schnelle Ergebnisausgabe spielen hier eine entscheidende Rolle.

Die Bedeutung der FIA für die Forschung (z. B. Methodenentwicklung) und für die Ausbildung in analytischer Chemie sei ebenfalls unterstrichen.

Die anwendungsorientierten Beiträge in der Literatur verteilen sich etwa wie folgt (ca. 700 ausgewertete Veröffentlichungen):

Lebensmittel	6%
Agrochemie/Umwelt	45%
Industrie	13%
Klinische Chemie	23%
Pharmazeutische Chemie	7%
Biochemie/Biotechnik	6%

Ein Überblick über die Anwendung der FIA in diesen Bereichen wird in den folgenden Tabellen gegeben.

Bei mehr als 1000 Veröffentlichungen zur FIA und mehr als 200 verschiedenen Spezies, die mit der FIA bestimmt wurden (z. B. allein mehr als 50 Publikationen zur Bestimmung von Kupfer), können diese Tabellen nicht vollständig sein. Es wurde vielmehr versucht für den Routineanwender interessante, für die betreffende Spezies und Matrix typische Methoden oder in einigen Fällen auch anwendungstechnisch interessante Varianten zusammenzustellen. In der Literatur erkennbare Trends, wie z. B. die vermehrte Anwendung von katalytischen Reaktionen oder von Enzymreaktoren, kommen daher in diesen Tabellen nicht zum Ausdruck. Der interessierte Leser sei auf die Tabellenwerke der FIA-Bibliographie [5, 6] verwiesen.

Eine deutschsprachige Übersicht, die die Literatur des Jahres 1982 umfaßt, wurde von Müller veröffentlicht [28].

5.1 Umweltanalytik

In der Umweltanalytik wird die FIA fast ausschließlich bei der Untersuchung von wäßrigen Proben eingesetzt. Ein Übersichtsartikel wurde von Lazaro et al. [96] veröffentlicht. Über den Einsatz der FIA bei der Analyse von Mikronährstoffen im Meerwasser berichten K. S. Johnson et al. [110]. Ein Einblick in die Möglichkeiten der FIA bei der Überwachung der Gewässergüte wird von Casey und Smith gegeben [172]. Mehrere Erfahrungsberichte über den Einsatz der FIA in der Wasseranalytik wurden veröffentlicht [36, 112, 115, 118]. Die Tabelle 8 gibt einen Überblick.

5.2 Lebensmittelanalytik

In der Lebensmittelanalytik bietet die FIA Vorteile insbesondere bei der Automatisierung enzymatischer Methoden (s. Tab. 9). Potentielle Vorteile im Zusammenhang mit chromatographischen Techniken (Derivatisierung, chemische Reaktionsdetektoren) wurden bisher noch nicht in größerem Umfang in die Praxis umgesetzt.

Für die Bestimmung ionischer Bestandteile lassen sich auch die in Tabelle 8 aufgeführten Parameter einfach an die Bedürfnisse der Lebensmittelanalytik anpassen.

Tabelle 8. Beispiele für die Anwendung der FIA in der Umweltanalytik

Spezies	Matrix	Meßbereich	RSD[a]	Proben/h	Methode/ Reaktion	Detektor[c]	Anmerkung	Literatur
Alkalinität (m-Wert, Säureverbrauch)	Wasser	10–200 mg/L	2–5%	120–180	Methyl-Orange	P		112, 13
		0–10 mM (als HCO_3^-)	ca. 1%	ca. 120	Bromkresolgrün	P		
Aluminium	Wasser	50–500 µg/L	1%	120	Pyrocatecol-violett	P	Proben mit Säure konserviert, Vergleich mit der Chromazurol S-Methode	19
Amine	Meerwasser	0–10^{-6} M 0–10^{-5} M	< 2%	120–150	o-Phthalaldehyd	F		173
Ammoniak	Luft	7–500 ppm	3,2%	3–8	Gasempfindlicher Halbleiter			202
Ammonium	Natürliche Gewässer	5–1 000 µg/L		90	Indophenolblau	P	„Zone-trapping"	174
	Regenwasser	< 200 µg/L	< 2%	40	Nesslers-Reagenz	P	Anreicherung über Ionentausch	175
	Wasser	18–1 800 µg/L	< 3%	100	Gasdiffusion	P		176, 13
CSB	Wasser/ Abwasser	0–200 mg/L	0,6%	20	$KMnO_4$-Oxidation	P		177
		5–160 mg/L	0,4%	15	$K_2Cr_2O_7$-Oxidation	P	Zulässiger Chloridgehalt: 100 mg/L	178
Blei, Cadmium	Meerwasser	1–100 µg/L		30–60	Keine chemische Reaktion	AAS (Flamme)	Direktinjektion von salinen Proben. Anreicherung über Ionentauscherkolonne	97
Calcium	Wasser	0–200 mg/L	1%	120	o-Kresolphthalein	P		27,13
Karbonate/ Kohlensäure	Wasser	20–1 000 mg/L	0,5–1%	120	Gasdiffusion	P	Erzeugung von CO_2 durch Ansäuerung der Probenzone	13

Chlorid	Luft	1 – 10 mg/L	2,4%		Fe(II)/Hg-TPTZ	P	Absorption in NaOH-Lösung	179
	Brackwasser	0 – 1400 mg/L	< 1,5%	300	Fe(III)/$Hg(SCN)_2$	P	Injektion direkt i. d. Reagenzstrom, Aufteilung der Probenzone zur Erweiterung des Meßbereiches	180, 13
	Flußwasser	0,5 – 1,7 mg/L		100		Pot.		
	Leitungs- u. Abwasser	10^{-4} bis 5×10^{3} M	5 – 10%	60 – 120		Pot.	Injektionsspritze; Ionen-selektive Elektrode mit Filterpapierstreifen	89
Chlor	Schwimmbad u. Leitungswasser	0,3 – 20 ppm		250	DPD-Reagenz	P	Direktinjektion i.d. Reagenz	181
Chlorat	Wasser	10^{6} – 10^{-4} M	0,4 – 7%	60 – 120	Jodometrisch	P	„Stopped-Flow"	182
Chlordioxid	Wasser	0,25 – 142 mg/L		60	Gasdiffusion	P	Hoch selektiv	114
Arsenat	Natürliche Gewässer	8×10^{-6} bis 2×10^{-4} M	0,2%	36	Molybdänblau	P	Sequentiell mit Arsenat und Phosphat	183
Arsenit	Natürliche Gewässer	8×10^{-6} bis $2,5 \times 10^{-4}$ M	0,95%	36	Molybdänblau, nach Ox. mit IO_3^-	P	Sequentiell mit Arsenat und Phosphat	183
Bor/Borat	Wasser	0,1 – 2,0 mg/L	1%	55	Azomethin-H	P		13
Bromid	Meerwasser	1 – 10 mg/L	< 1%	120	Phenolrot	P	Selektiv gegenüber Chlorid, Hydrogenkarbonat und Ammonium	184
Chrom	Natürliche Gewässer, Abwasser	0,1 – 1,25 mg/L (Cr VI)	0,4%	30 – 100	Diphenylcarbazid (Cr III: Ce IV Oxid)	P	Simultane und sequentiell Best. von Cr VI und Cr III	185
		0,5 – 5,0 mg/L (Cr III)	0,5%					
Kobalt	Trinkwasser	0,6 – 60 pg/L	1,5%	120	Katalytische Wirkung von Co(II)	CL		186
Kupfer	Abwasser	0,3 – 4,0 mg/L	0,5%	44	Cuprizon	P	rFIA[b]; auch Simultanbestimmung von Eisen und Aluminium	187

Tabelle 8. (Fortsetzung)

Spezies	Matrix	Meßbereich	RSD[a]	Proben/h	Methode/ Reaktion	Detektor[c]	Anmerkung	Literatur
Kupfer	Meerwasser	0,2 µg/L —	2,2%	60	Anreicherung an Chelex-100 im System	AAS (Flamme)	Auch Pb, Zn u. Cd Vergleich mit Graphitrohr	81
Cyanid	Abwasser	0,1—1,0 mg/L	0,8%	20—28	Chloramin T/ Pyridin-Barbitursäure	P	Auch rFIA[b]	188
	Wasser	1—50 ppm	2%	40—50	Indirekt, nach Umwandlung in CuS Reaktor	AAS		148
Fluorid	Trinkwasser	0,03—1,2 mg/L	1,1%	24	La(III) Alizarin Komplex	P		189
		0—2 mg/L	2—6%	120	Ionenselektive Elektrode	Pot.	Direktinjektion in TISAB-Puffer	36
Härte (Gesamt-)	Trink- u. Oberflächenwasser	0—102 mg/L (als $CaCO_3$)	0,9—2,4%	80	Mg-EDTA Hydroxynaphtholblau	P		190, 13
Wasserstoffperoxid	Regenwasser	$1{,}5 \times 10^{-7}$ bis 4×10^{-5} M	3,3—5,6%	80	Farbreagenz als Wasserstoffdonator	P	Keine Interferenz von Metallionen	191
Eisen	Trink- u. Oberflächenwasser	20—1000 µg/L	1%	90—120	TPTZ	P		36,13
	dto.	0,1—30 mg/L	1%	180	1,10-Phenanthrolin	P		192,13
Kalium	Trinkwasser	1—80 mg/L	3,2%		Gradienten „Scanning“	FP	Simultanbestimmung von K, Li, Na, Ca; Standardzusatzmethode	151
Magnesium	Trinkwasser	0,2—2,4 mg/L		80	Komplexbildung	P		193

Mangan	Wasser	0,2 bis 1300 ng/L	ca. 1%	45	Katalytische Oxidation eines Farbreagenzes	P		194
	Oberflächenwasser	0,1 – 2,0 mg/L	1%	135	Formaldoxim	P	Maskierung von Fe mit KCN	195
Quecksilber	Wasser	0 – 20 ppb	1%		Kaltdampf-Methode	AAS		196
Molybdän	Oberflächenwasser	1 – 1000 μg/L	0,8%	90	Redox-Reaktion/Katalyse	P		197
Nitrat	Abwasser	10^{-6} – 10^{-2} M	1 – 2%	90	Ionensensitive Elektrode	Pot.	Injektionsspritze	33
	Oberflächenwasser	0,1 – 5 mg/L	0,5 – 1,5%	90	Bildung eines Azorfarbstoffes nach Reduktion an Cd-Kolonne	P	Simultanbestimmung von Nitrit; „Mischzonentechnik“	95, 13
Nitrit	Versch. Wässer	1 – 100 μg/L	1%	90	In Anlehnung an DIN 38405	P		13
Ozon	Trink- u. Abwasser	0,2 – 4,0 ppm 0,03 – 0,40 ppm	1%	65 – 120	Indigoblau	P	Gasdiffusion	113
pH-Wert	Wasser	4 – 10	0,004 pH Einheiten bei pH 7,2	120	Indikatorpapier	RS	Faseroptik	91
Phosphat	Meerwasser	0,08 μM		30 – 60	Molybdänblau	P	rFIA	110
	Wasser	10 – 500 μg/L	0,7%	90	Molybdänblau	P		13
Silikat	Meerwasser	5 – 50 μM	0,5 – 1%	100	Molybdänblau	P		118
Sulfid	Abwasser	0,5 – 45 mg/L	1%	210	Farbreaktion	P		198
Sulfat	Regenwasser	0,1 – 6 mg/L	4%	20	Entfärbung von Ba-Methylthymolblau	P	Kationenabtrennung durch Ionentausch	97, 13
	Oberflächen- u. Grundwasser	5 – 200 mg/L	0,3%	60	$BaSO_4$	T		199, 13

Tabelle 8. (Fortsetzung)

Spezies	Matrix	Meßbereich	RSD[a]	Proben/h	Methode/ Reaktion	Detektor[c]	Anmerkung	Literatur
Sulfit	Wasser	0,1 – 10 mg/L	< 2%	12	Ionenselektive Elektrode	Pot.		200
Schwefeldioxid	Luft/Wasser	ca. 0,1 bis 2,5 mM	1 – 3%	100	Pyridinbromid-Perbromid	P		201
Tenside, anionisch		0 – 1,25 mM	1,5%		Ionenpaar-Extraktion	P		139
kationisch	Wasser	0,1 – 3,0 mM	1,5%	80	Ionenpaar-Extraktion	P		142
Uran	Wasser	0,5 – 20 mg/L	1,9%	40	Farbreaktion in Gegenwart von Fluorid	P		204
Zink	Meerwasser	1 – 100 ppb		30 – 60		AAS (Flamme)	Anreicherung über Ionentauscher-Kolonne	97
Sauerstoff, gelöst	Wasser	2 μM – 0,3 mM		60	Enzymatisch	P	Enzymreaktor	205

[a] Überwiegend wird hier die relative Standardabweichung bei Mehrfachinjektion von Proben angegeben.
[b] rFIA (reversed FIA) – Reagenzinjektion in einen Probenstrcm.
[c] P = Photometrie/Spektralphotometrie, F = Fluorometrie, Pot. = Potentiometrie, CL = Chemilumineszenz, FP = Flammenphotometer, RS = Reflektierende Spektralphotometrie, T = Turbidimetrie

5.3 Agrochemie

Der Bereich Agrochemie umfaßt hier Anwendungen der FIA für die Untersuchung von Bodenproben, Dünge- und Futtermitteln, sowie Pflanzenmaterial. In diesem Bereich hat die FIA schon sehr frühzeitig eine breite Anwendung gefunden. Die Vorteile der FIA sind hier — wie auch in der Umweltanalytik — offenbar: Klassische naßchemische Methoden lassen sich einfach mit Hilfe der FIA automatisieren. Die Selektivität dieser Methoden bleibt erhalten oder wird verbessert. Hohe Probendurchsätze sind möglich. Die sequentielle Untersuchung auf mehrere Parameter bereitet kein Problem.

Wesentliche Beiträge zur Methodenentwicklung in diesem Bereich wurden von der brasilianischen Gruppe um Bergamin, Krug, Zagatto und anderen, Jörgensen in Dänemark und Fang et al. in China gemacht; siehe hierzu auch die Zusammenstellung von Beispielen in Tabelle 10.

5.4 Industrielle Analytik

In diesen Bereich fallen überwiegend Anwendungen, die von den anderen Tabellen nicht abgedeckt werden, z. B. Untersuchung von Stählen und Legierungen und Analyse von geologischem Material.

Die Anwendung der FIA geschieht überwiegend im Labor, jedoch auch im Feld und bei der Prozeßkontrolle („off-line"). Zur Prozeßkontrolle s. a. Kap. 5.6.

Bemerkenswert ist die Verbreitung von atomspektrometrischen Detektoren (FIA-AAS, FIA-ICP). Unter den Vorteilen werden hier häufig verbesserte Reproduzierbarkeit und Möglichkeit zur Direktinjektion von hochkonzentrierten, stark salzhaltigen Proben genannt.

Interessant ist auch die Kombination der FIA mit chromatographischen Techniken [131]. Tabelle 11 zeigt eine Zusammenstellung von Beispielen.

5.5 Biotechnik

In den letzten Jahren hat die FIA vermehrt Anwendung bei der Überwachung biotechnologischer Prozesse gefunden, so daß eine gesonderte Tabelle gerechtfertigt erscheint (Tab. 12).

Bei der Kontrolle und Optimierung von Fermentationsprozessen richtet sich das Interesse speziell auf die Bestimmung von Enzymaktivitäten. Andere Parameter wie Phosphat, Ammonium, Nitrat, Kohlendioxid usw. werden schon seit längerem routinemäßig bestimmt [156].

Aufgrund der kurzen Ansprechzeiten der FIA werden notwendige Informationen über die Substrat-, Ionen- und Produktkonzentration relativ schnell erhalten. Seit der Entwicklung einer Dialyseeinheit zur Probenahme in Fermentern durch Kroner und Kula [120] wird die FIA auch zur „on-line" Bestimmung von chemischen Prozeßvariablen eingesetzt (s. Tab. 12).

Tabelle 9. Beispiele für die Anwendung der FIA in der Lebensmittelanalytik

Spezies	Matrix	Meßbereich	RSD[a]	Proben/h	Methode/ Reaktion	Detektor[b]	Anmerkung	Literatur
Alkohol	Getränke	0–0,4%		120	Enz. Oxidation Messung v. NADH	P	Probenvorbehandlung: Verdünnung	207
Antimon, Arsen, Wismut	Reis-, Weizenmehl	0,5–20 µg/L 0,5–20 µg/L 0,5–20 µg/L	0,5% 0,7% 0,5%	100 100 120	Hydriderzeugung	AAS	Proben werden mit HNO_3/ H_2SO_4/HCl extrahiert und mit H_2O verdünnt	28
BHA (butyl. Hydroxyanisol)	Getränke	1–4 µM	4,9%		Anreicherung an Kohlepasteelektrode	V		210
Bromat	Mehl	5–30 mg/Kg	1%	110	Nach AACC 48-42	P	Probenextrakt nach AACC 48-42	209
Calcium	Milch	250 bis 1 500 mg/L	< 1%	180	o-Kresolphthalein	P	Dialyse	128
Cholesterol	Butter	0–80 mg/dl	1–3%	80	Enzymreaktor mit immobilisierter Cholesteroloxidase	A	Cholesterol-Extraktion nach (293)	267
Freie Fettsäuren	Pflanz-Öle	0,01–5%		20	Cu(II) (FFS) (OAC)-Komplex	P	Mehrfachextraktion	143
L-Glutamat, D- u. L-Laktat, Äthanol	Rindfleischwürfel Butter Bier	0,1–10 mM (bei Substratinjektion) 0,01–1 mM (bei NAD-Injektion)	 1,2%	50–100	Reaktor mit immobilisierten Dehydrogenasen	E	Elektrokatalytische Oxidation von NADH an modifizierter Elektrode; Proben: wäßrige Extrakte	212
Glycin	Getränke	0–8 µg/ml		180	o-Phthaldehyd	F	Probenvorbehandlung durch Verdünnung	213
Hydroxyprolin	Fleisch	0,075–0,75%	1%	40	Nach § 35 LMBG	P		13

Karbonat/ Kohlensäure	Getränke	1 – 9 g/L (als CO_2)	1 – 2%	120	Gasdiffusion n. Ansäuerung	P	Probenvorbehandlung: Zusatz von Äthanolamin	13
Ketonkörper	Milch	0,1 – 5 mM		100	Gasdiffusion v. Aceton Decarboxylierung	P		119
Kupfer	Bananen, Birnen, Reis	0,2 – 300 ng/ml	1,4%	72	Katalytische Wirkung von Kupfer	F	Probenaufschluß mit $H_2SO_4/HNO_3/H_2O_2$ FIA: Stopped-Flow	211
Mangan	Kaffee, Reis	0,2 bis 1300 μg/L	1,0 – 1,3%	45	Katalytische Oxid. v. Succinimid Dioxim	P	Proben verascht und mit $HNO_3/HClO_4$ aufgeschlossen	194
Organische Säuren	Zitronensaft	0 – 1,5%	0,5%			L		214
Pyruvat	Milch	1 – 12 mg/L			Enzymatisch	F	Intermittierender Reagenzzusatz	13
Selen, Tellur	Reis-, Weizenmehl	0,5 – 20 μg/L	0,8%	120	Hydriderzeugung	AAS	s. Arsen/Antimon	208
Stickstoff, Rohprotein	Lebensmittel	1 – 10%	1%	90	Gasdiffusion	P	Probenaufschluß nach Kjeldahl	13
Sucrose, Glucose	Getränke, Müsli, Gebäck	5 μM – 1 mM	< 1 – 3%	30	Immobilisierter Enzymreaktor	C	Spezielle Durchflußzelle; Probenlösungen: wäßrige Extrakte/	292
Sulfit	Getränke	0 – 30 mg/L	1%	90	Gasdiffusion, West-Gaeke Reaktion	P		116
Säuregehalt	Bier	pH 1 – 3,2	0,7%		NaOH/Phenolphthalein	P	FIA-Titration	206

[a] Überwiegend wird hier die relative Standardabweichung von Mehrfachinjektionen angegeben.
[b] P = Photometrie, V = Voltammetrie, A = Amperometrie, E = Elektrochemisch, F = Fluorometrie, L = Leitfähigkeitsmessung, C = Chemilumineszenz, AAS = Atomabsorptions-Spektrometrie

Tabelle 10. Beispiele für die Anwendung der FIA im Bereich der Agrochemie

Spezies	Matrix	Meßbereich[a]	RSD[b]	Proben/h	Methode/ Reaktion	Detektor[c]	Anmerkung/ Probenvorbereitung	Literatur
Aluminium	Bodenproben	0,1–2,0 mg/L	1%	120	Pyrocatecholviolett	P	KCl-Extrakt	19
Ammonium	Düngemittel	1–20% N	< 1%	80	Gasdiffusion	P	Extraktion mit HCl, Filtration	13
Ammonium	Bodenproben	0,2–1,4 mg/l	1–2%	60	Gasdiffusion	P	KCl-Extrakt	13
Antimon, Arsen, Selen, Tellur und Wismuth	Pflanzenmaterial	0,5–20 µg/ml	< 2,5%	120	Hydriderzeugung	AAS	$HNO_3/H_2SO_4/HCl$-Aufschluß	208
Bor	Pflanzenmaterial	0,1–6,0 ppm	< 1%	60	Azomethin-H	P	Veraschung	215, 13
Calcium	Futtermittel	0,5–5,0%		300	o-Kresolphthalein	P	Veraschung	216,13
	Bodenproben und Pflanzen	0–100 ppm	1%	180	Farbreaktion	P	KCl-Extrakt; $HNO_3/HClO_4$-Aufschluß; „Merging-zones"	217
Chrom (VI)	Bodenproben	0,1–20 mg/L	1,3%	> 70	Diphenylcarbazid	P		218
Eisen	Pflanzenmaterial	0,1–30 ppm	< 1%	180	1,10-Phenanthrolin	P	$HNO_3/HClO_4$-Aufschluß	192
Kalium	Düngemittel	4×10^{-5} bis 1×10^{-2} M		115	Ionenselektive Elektrode	Pot.		34
	Bodenproben		0,8%	80–90	dto	Pot.	Acetat/Karbonat-Extrakt	32
Kobalt	Pflanzen und Bodenproben	0,6 ng/L-	1,5%	120	Gallus-Säure/H_2O_2	CL	HNO_3/H_2SO_4-Aufschluß	186
Kupfer	Pflanzenmaterial	0,06–6,0 µg/L	3,1%	120	Katalyse	CL	HNO_3/H_2SO_4-Aufschluß	219

Lithium, Natrium, Kalium, Calcium	Bodenproben		2,5 – 4,6%			FP	Ammoniumacetat-extrakt; Simultanbe-stimmung; „Gradienten-scanning"; Standard-zusatz-Methode	151
Mangan	Pflanzen-material	0,1 – 2,0 ppm	< 1%	120	Formaldoxim	P	HNO_3/$HClO_4$-Aufschluß	195
Molybdän	Pflanzen-material	0,05 ppm –		30	Farbreaktion, Extraktion	P	Veraschung	137
Nitrat	Düngemittel	2 – 14%	1%	65	Cd-Reduktion, Azofarbstoff	P	HCl-Aufschluß oder wäßriger Extrakt	13
	Pflanzen-material	0 – 15 mg/L		100	dto	P	Wäßriger Extrakt	154
	Boden-proben	0,2 – 1,4 mg/L	< 1%	40	dto	P	KCl-Extrakt	13
pH-Wert	Boden-proben	4,0 – 11,0				Pot.	$CaCl_2$-Extrakt	64
Phosphor	Futtermittel	0,05 – 1,5%	0,5%		Vanadomolybdat	P	Kjeldahl-Aufschluß	13
	Düngemittel	5 – 20%	1%	155	dto	P	HCl-Aufschluß	13
	Boden-proben	0,02 – 1 g/kg		80 – 100	dto	P	$NaHCO_3$-Extrakt	13
Silikat	Boden-proben	30 μg/L-	2%	35	Molybdänblau	P	NaOH-Extrakt, Dithionit-EDTA und HF-Extrakt	221
Stickstoff, gesamt	Futtermittel	1 – 10%	< 1%		Gasdiffusion	P	Kjeldahl-Aufschluß	13
Sulfat	Pflanzen-material	20 – 70 ppm		180	$BaSO_4$	T	HNO_3/$HCöO_4$ Aufschluß	222

[a] Volumenbezogene Bereiche beziehen sich auf die vorliegende Meßlösung.
[b] Überwiegend wird hier die relative Standardabweichung von Mehrfachinjektionen angegeben.
[c] P = Photometer-/Spektralphotometer, CL = Chemilumineszenz-Detektor, FP = Flammenphotometer, AAS = Atomabsorptions-Spektrometer, Pot. = Potentiometrischer Detektor, T = Turbidimetrischer Detektor.

Tabelle 11. Beispiele für die Anwendung der FIA in der industriellen Analytik

Spezies	Matrix	Meßbereich[a]	RSD[b]	Proben/h	Methode/ Reaktion	Detektor[c]	Anmerkung/ Probenvorbereitung	Literatur
Aluminium	Kupferlegierungen	1,4–10,2%	0,2–0,3%	50	Xylenolorange	P	Lösung in Königswasser	223
	Silikatmineral		0,3–0,7%	50	dto	P	Lithium/Borat-Schmelze	224
Antimon, Arsen, Wismuth, Tellur, Selen	Flugasche, Stahllegierungen	> 0,04 ng	0,5%	100	Hydriderzeugung	AAS	HNO_3/H_2SO_4/HCl-Aufschluß	208
Beryllium	Kupferlegierungen	0–3,9%	1%	60	Xylenolorange	P	Lösung in HNO_3	207
Blei,	Stahl	0–10 ppm (Pb)		120		AAS	Lösung in Königswasser, Direktinjektion der konz. Lösungen	237
Silber		0–1 ppm (Ag)	2,9%					
Calcium	Portland Zement	2–80 ppm	< 2%			ICP	Lösung in HCl	225
Chlorid	Bitumen, Äthanol	0,1–6,0 ppm	< 1%	120	Fe(III)/$Hg(SCN)_2$	P		226
Chrom	Stahl	0–15 mg/L				AAS	Lösung in HCl; Eichmethoden	227
		1–50 ppm (gesamt)	< 0,4%	120		AAS	Korrosionsstudien;	228
		0,1–20 ppm (Chrom VI)	< 0,4%	120	Diphenylcarbazid	P	Simultanbestimmung von Cr VI und Gesamt Cr mit 2 Detektoren in Serie	

Cyanid	Abwasser	a) 0,1 bis 1,0 mg/L b) 0,3 bis 5,0 mg/L	< 0,8%	20–28	Chloramin T/ Pyridin/ Barbitursäure	P	a) normale FIA b) rFIA[d]	188
	Mineral-extrakte	10–1000 ppm	1%	120	Ionenselektive Elektrode	Pot.		188
Eisen	Gips	0,1–5%	< 1%	120	1,10-Phenan-throlin	P	Lösung in HCl	229
	Prozeß-lösungen	a) 0,5 bis 180 ppm (Fe III) b) 0,5 bis 120 ppm (Fe II)	< 1%		a) Thiocyanat b) 1,10-Phenan-throlin	P	Parallele FIA; Simultanbestimmung	209
	Silikat-gestein	0,9–60 mg/L	0,1–0,9%	280	Messung des Chlorokomplexes	P	Lithiumborat-Schmelze	224
Hydrazin	Boilerwasser	0,02–0,1 mg/L	< 1%	350	Dimethylamino-benzaldehyd	P		231
Jod-Zahl	Fettsäuren	a) 40–138 b) 6–194	< 1%			a) P b) Pot.		232
Kupfer	Legierungen	0,8–2,4 mg/L	0,2–0,7%	280	Cu(II)-Aqua-Komplex	P	Lösung in H_3PO_4/HNO_3 auch Nickel und Zink	233
		0–100 ppm	4,7%			ICP	Lösung in Königswasser	83
Molybdän	Stahl	0,1–4% (in Lösung)	< 2%	270	Thiocyanat	P	Lösung in Königswasser	234
Nickel	Legierungen	0–100 ppm	2,5%			ICP	Lösung in Königswasser	83
Phosphor	Silikat-gestein	0–0,5%	0,1–1,5%	20	Molybdänblau, Ascorbinsäure-reduktion	P	Lithiumborat-Schmelze	235
	Stahl	0–50 mg/L	1,6%		Anreicherung über Ionentauscher	ICP KM_nO_4	Lösung in HNO_3; Oxidation mit	236
Poly-phosphate	Rauch				Molybdänblau	P	Nach IEC[e] Separation und Hydrolyse im System	131

Tabelle 11. (Fortsetzung)

Spezies	Matrix	Meßbereich[a]	RSD[b]	Proben/h	Methode/ Reaktion	Detektor[c]	Anmerkung/ Probenvorbereitung	Literatur
Silikat	Silikatgestein	20–80%	0,5%	70	Molybdatreagenz	P	Lithiumborat-Schmelze	238
Sulfat	Lauge	0,05–0,5 g/L	2%	20	Katalyt Wirkung a. d. Bildung d. Zr-MTB[f]-Komplexes	P		239
Titan	Silikatgestein	0,2–2,2%	0,1–0,8%	60	Farbreaktion	P	Lithiumborat-Schmelze	240
Uran	Lake	0,5–20 mg/L	9,19%	40	Farbreaktion	P		204
Wasser	Org. Lösungsmittel	0,001–0,100%		250	Karl Fischer Titration	P		241
	Benzin/ Alkohol-Gemische	0–1500 ppm		60	dto	Pot.		242
Zink	Legierungen	30–40%	0,5–0,8%	90	Xylenol-Orange	P	Lösung in H_3PO_4/HNO_3	233

[a] Volumenbezogene Bereiche beziehen sich auf die vorliegende Meßlösung.
[b] Überwiegend wird hier die relative Standardabweichung von Mehrfachinjektionen angegeben.
[c] P = Photometer-/Spektralphotometer, CL = Chemilumineszens-Detektor, FP = Flammenphotometer, AAS = Atomabsorptions-Spektrometer, Pot. = Potentiometrischer Detektor, T = Turbidimetrischer Detektor, ICP = induktivgekoppelte Plasma Emissions Spektrometrie
[d] rFIA = reversed FIA. Reagenzinjektion in einen Probenstrcm.
[e] IEC = Ion Exchange Chromatography.
[f] MTB = Methylthymolblau

Tabelle 12. Beispiele für die Anwendung der FIA in der Biotechnologie

Spezies	Matrix	Meßbereich[a]	RSD[b]	Proben/h	Methode/ Reaktion	Detektor[c]	Anmerkung/ Probenvorbereitung	Literatur
Amylase	Fermentationsproben	0,01 – 0,1 U/ml		80	Jod/Stärke-Komplex	P		243
Cephalosporine	Fermentationsproben	10 – 800 μg/ml	0,7%	30	Immobilisierter Enzymreaktor	P (UV)		244
Formatdehydrogenase und	Fermentationsproben	0 – 10 U/ml	< 1,8%	90	Enzymkatalys. Best. von NADH	P	„On-line"-Prozeßkontrolle	159
L-Leucindehydrogenase		0 – 12 U/ml	< 0,8%					
Wasserstoffperoxid	Aerobe Zellsysteme	10^{-4} – 10^{-1} M			a) Immobilisierte Peroxidase	P		245
					b) Glassy-Carbon-Durchflußelektrode	A		
Penicilline		0,05 – 0,5 M		150	Immobilisierte Enzyme	Pot.		246
Penicillin V	Fermentationsproben	100 – 1000 U/ml		90	Enzymatische Hydrolyse; Molybdänblau	P		247
Protein	Fermen-	a) 0,1 bis 40 mg/ml	0,75%	60	a) Nach Biuret	P	Dialyseeinheit zur Probe-	158
	tation	b) 1 μg/ml bis 0,8 mg/ml	< 5%	40	b) Nach Bradford		nahme; Prozeßkontrolle	

[a] Volumenbezogenen Bereiche beziehen sich auf vorliegende Meßlösung.
[b] Überwiegend wird hier die relative Standardabweichung von Mehrfachinjektionen angegeben.
[c] P = Photometrie-/Spektralphotometrie, Pot. = Potentiometrie, A = Amperometrie

5.6 Prozeßkontrolle

Für die Überwachung und Kontrolle von chemischen Prozessen reicht die Information über physikalische Prozeßparameter, wie sie gängige Monitore liefern, nicht aus. Es besteht ein wachsender Bedarf chemische Parameter selektiv bestimmen zu können.

Kontinuierliche Monitore haben oft den Nachteil einer relativ langen Ansprechzeit, d. h. der Zeit zwischen der Einbringung einer Probe und der Ausgabe eines analytischen Signales (5 bis 20 Minuten). Weiterhin muß der „analytische Wert" eines kontinuierlichen Signales in regelmäßigen Zeitabständen durch Einbringung von Blindproben und Standards überprüft werden. Eine Änderung des kontinuierlichen Signales ist nicht unbedingt auf eine Änderung der Konzentration des zu untersuchenden Parameters zurückzuführen, sondern kann auch durch eine Drift des Monitors (Instabilität des Gerätes, Abfall der Empfindlichkeit des chemischen Sensors) hervorgerufen werden. Die Korrektur einer eventuellen Basisliniendrift und die Kalibrierung mit Hilfe von Standards sind schwierig und nur unter relativ großem Zeitaufwand durchführbar.

Die FIA bietet eine Reihe von Vorteilen, die für die Prozeßkontrolle von Bedeutung sind. Aufgrund kurzer Ansprechzeiten (typisch 30 s)

- wird eine hohe Signalfrequenz möglich, d. h. es werden „quasi-kontinuierliche" Signale erhalten.
- lassen sich auch momentane Konzentrationsänderungen der zu untersuchenden Spezies detektieren.
- ist eine schnelle Eichung durch Injektion von Standardlösungen auf einfache Weise möglich.

Es werden diskontinuierliche Signale in Form eines Peaks erhalten. Das bedeutet:

- automatische Blindwertkorrektur bzw. Korrektur einer eventuellen Drift durch die Rückkehr zur Basislinie zwischen den einzelnen Probeninjektionen.
- Kurze Kontaktzeiten des Sensors mit der dispergierten Probenzone.

Der Sensor kann überwiegend in einer regenerierenden Umgebung (Trägerstrom) gehalten werden, was zu einer verlängerten Haltbarkeit führt.

Die Flexibilität beim Aufbau der chemischen Reaktionsstrecke und die Vielzahl der verwendbaren Detektionsarten sind weitere Vorteile. Es müssen jedoch Bausteine (Pumpen, Ventile etc.), die den Anforderungen der Prozeßkontrolle entsprechen, gewählt werden. Auch Probleme der Probenkonditionierung (Verdünnung, Filtration, Extraktion, Dialyse, Gasdiffusion etc.) müssen gelöst werden.

Kurze Übersichten zur Prozeßkontrolle wurden von Gisin [157] und Möller [155] gegeben. Die Autoren geben auch Beispiele zur Bestimmung von Anionen und der Überwachung einer Diazotierungsreaktion [157], sowie zur Bestimmung von Ammonium im Prozeßwasser einer Düngemittelfabrik [155]. Recktenwald et al. berichten über den Einsatz der FIA zur Kontrolle von Fermentationsprozessen [158, 159] (Tab. 12).

5.7 Pharmabereich

Die Untersuchung von aktiven Inhaltsstoffen in verschiedenen Chargen von Tabletten, Kapseln usw. ist eine wichtige Aufgabe in der pharmazeutischen Industrie. Hierbei muß nicht nur der mittlere Gehalt einer Charge sondern auch die Einheitlichkeit des Gehaltes in individuellen Proben überprüft werden.

Ein hoher Probenanfall relativ uniformer Proben legt die Automatisierung derartiger Untersuchungen nahe. Die geringe Probenmenge bei der Analyse von Inhaltsstoffen in individuellen Tabletten, Kapseln usw. erfordert empfindliche Nachweismethoden und analytische Techniken, die mit geringen Probenmengen auskommen. Diesen Anforderungen kommt die FIA in idealer Weise entgegen: Geringe injizierte Probenvolumina in Verbindung mit hochempfindlichen Detektoren (z. B. elektrochemische Detektoren, Chemilumineszenz). Die kurzen Ansprechzeiten (Ergebnisse innerhalb kürzester Zeit) und die Möglichkeiten verschiedener FIA-Techniken (z. B. Extraktion) kommen als weitere Vorteile hinzu.

Ein Beispiel [160]: Die USP-Methode [161] für die Bestimmung von Codein beinhaltet eine Reihe von arbeitsaufwendigen Schritten wie Extraktion unter zeitweisem Schütteln über 2 Std., Filtrierung, Eindampfen zur Trockne usw. Bei der vergleichbaren FIA-Methode werden 40—100 μl der Probenlösung in einen Trägerstrom injiziert, der mit Pikratreagenz vermischt wird. Nach Segmentierung mit Chloroform geschieht die Extraktion des Codein-Pikrat-Ionenpaares in einer Extraktionsschleife. Die photometrische Detektion erfolgt, nach Separation der Phasen (s. a. Kap. 4.4), in der organischen Phase.

Automatische Extraktionen von μl Volumina innerhalb von 60 s, ein geringer Verbrauch an organischen Lösungsmitteln und ein geschlossenes System sind Vorteile, die die FIA dem Anwender hier eröffnet.

Weitere Beispiele sind in der Tabelle 13 zusammengestellt. Übersichtsartikel wurden von Landis [169] und Rios et al. [160] veröffentlicht. Von Koupparis [93] wurde die FIA für Auflösungsstudien von Tabletten eingesetzt.

5.8 Klinische Chemie

B. Rocks und C. Riley kamen in einem Übersichtsartikel aus dem Jahre 1982 [163] zu dem Schluß, daß die FIA — aufgrund ihrer Geschwindigkeit, Wirtschaftlichkeit und Einfachheit — gassegmentierte Analysenmethoden in vielen Bereichen ersetzen wird. Seitdem erschienen zwar eine Vielzahl von Publikationen zur Anwendung der FIA im Bereich der Klinischen Chemie (s. Beispiele in Tabelle 14), die routinemäßige Anwendung verläuft doch zögernd.

Kürzere Übersichten wurden von Poisker und Matschiner [164] sowie Weiker (zur Sportmedizin) [165] gegeben.

Tabelle 13. Beispiele für pharmazeutisch interessante Anwendungen der FIA

Spezies	Matrix	Meßbereich[a]	RSD[b]	Proben/h	Methode/ Reaktion	Detektor[c]	Anmerkung/ Probenvorbereitung	Literatur
Askorbinsäure	Tabletten	0,5–10 mM	1,2%	45–60	Redox	Pot.	Platinelektrode	248
B-Lactame (Penicilline, Cephalosperine)		0,1–10 mg/ml	0,8%	40–45	Immobilisierte Enzyme	E	Enzymthermistor als Detektor	249
Bromid	Drogen	1–10 mg/L	< 1%	120	Phenolrot	P		184
Coffein	Tabletten	$2-8\times10^{-4}$ M	0,5%	75	Ionenpaar-Extraktion	P		133
Codein	Tabletten	$2-5\times10^{-4}$ M	1%	60	Ionenpaar-Extraktion	P		138
Corticosteroide		ppm-Bereich	0,5%	100	Reduktion v. Tetrazol	P		251
Dopamin	Drogen	8×10^{-7} bis 3×10^{-5} M	< 0,5%			V	In Gegenwart von Askorbinsäure; Stopped-Flow	252
Dramamin	Drogen	$0,2-2\times10^{-3}$M	1%		Extraktion	P		146
Enalapril		1,5–60 mg/L	1,0–3,4%	80	Ionenpaar-Extraktion	P		203
Epinephrine, L-Dopa	Tabletten	bis 0,5 ppm	0,5%	24		A/C		220
Isoniazid	Tabletten	0–60 μg	< 0,7%		Oxidation an Glassy Carbon Elektrode	A		250
Isoprenalin		ppm-Bereich		45–120	Hexacyanoferrat (III)	P	Methodenoptimierung (Simplex)	166
Isosorbiddinitrat		0,05–1 mM	< 1–2%	100		Pol.	Keine Entlüftung notwendig; Vergleich verschiedener Pumpen	253

Meptazinol	Biologische Flüssigkeiten	0,01–10 ppm	7,2%	80		V		254
Phenothiazine, N-substituiert	Tabletten	> 5 µg/L	< 1,2%	200	Kohlenfaser-„Array"-Elektrode	A, V	Best. v. Prom- u. Phenazinen	255
Penicilline V	Fermentationsproben	100 bis 1000 U/ml	< 1%	90	Enzym. Hydrolyse	P		247
Penicilline G, V	Tabletten, Injektionslös., Fermenterlös.	0,05–0,5 mM	1%	150	Enzymreaktor	Pot.		246
Penicilloinsäure	Antibiotika	0,02 bis 1×10^{-4} M	0,2%			V	Hg-Tropfenelektrode	256
Procyclidin	Tabletten	1–90 ppm	0,7%	120	Ionenpaar-Extraktion	P		145
Steroidsulfate		a) 0,5–30 pmol b) 25–600 pmol	a) 3–4,5% b) 0,9–1,9%		Ionenpaar-Extraktion	a) Ch b) F		257
Sulfonylhalogenamine		1–60 ppm		280	Jodometrisch	P	Versch. Chlor- und Bromamine	258
Terbutalinsulfat	Tabletten	12–150 ppm	0,6%		Aminoantipyrin/Hexacyanoferrat (III)	P	Peakflächenauswertung; Automatisierung	259
Thiamin	Drogen	0,3–0,6 ppm	1%	30–70	Thiochrom-Methode-Extraktion	F		140
		1–10 ng	1,2%		Elektrochemische Derivatisierung	UV oder F		260
Wasser	Versch. Lösungsm.	0,001–5%	0,5–1,5%	120	Karl Fischer-Titration	P/Pot.		65

[a] In den meisten Fällen wird hier die relative Standardabweichung von Mehrfachinjektionen angegeben.
[b] Detektionsart: A = Amperometrie; C = Coulometrie; Ch = Chemilumineszenz; E = Enthalpimetrie; F = Fluorometrie, P = Photometrie/Spektralphotometrie; Pot. = Potentiometrie; Pol. = Polarographie; V = Voltametrie.

Tabelle 14. Beispiele für klinisch-chemisch relevante Spezies, die mit Hilfe der FIA bestimmt wurden

Spezies	Matrix	Meßbereich[a]	RSD	Proben/h	Methode/ Reaktion	Detektor[b]	Anmerkung/ Probenvorbereitung	Literatur
Acetoacetat	Serum	0,025 – 0,1 mM	2,8%	60 – 120	Enzymatisch ($NAD^+/NADH$)	F	Fällung mit $HCLO_3$; Direktinjektion d. Supernat.	68
L-Laktat,		2 – 20 mM	3,3%					
L-Alanin,		0,2 – 2,0 mM	4,5%					
Pyruvat,		0,02 – 0,4 mM	5,9%					
β Hydroxybutyrat		0,2 – 2,0 mM	8,4%					
Albumin	Plasma	16 – 80 g/L	0,8 – 2,7%	180	Bromkresolviolett	P		261
Ammoniak	Blut, Plasma	15 – 100 µM	1,3 S	60	Gasdiffusion	P	Zusatz von Heparin, Zentrifugierung	111
Askorbinsäure	Hirngewebe	0 – 0,5 µM	1 – 3%		IMER[c]	El		262
Äthanol	Blut	0 – 32 mg/L	0,5 – 2,4%	70 – 80	Enzymatisch	P	Verdünnung mit Phosphatpuffer	263
Blei	Blut	0 – 50 µg/L			Inversvoltammetrie	V		264
Calcium	Serum	1 – 25 mg/L		120	o-Kresolphthalein	P	Verdünnung	35
		50 – 150 mM	< 2%	ca. 120		AAS	EDTA Zusatz im System; auch Mg	265
Chlorid	Serum	0 – 150 mVal/L	1,5%	125	Hg-thiocyanat	P	Dialyse	126
Cholesterin	Serum	0,4 – 40 mg/dl	1 – 4%	60	enzym. Oxidation,	Ch	Hydrolyse, Deprotein.,	266
		> 0,2 µg	1 – 3%		IMER	A	Zentrifug.	267
Cholinesterase	Serum	$2{,}5 \times 10^{-4}$ – 0,1 IU	< 2%	40		A	Cholin sensitive Elektrode	268
Cyanid	Serum	10^{-6} – 10^{-3} M	5%		Ionenselektive Elektrode	Pot.		269
Digoxin	Plasma	0,05 – 5,0 ng/ml		150	Immunoassay	El		270
Doxorubicin	Urin	10^{-9} – 10^{-6} M	8,7%		Kohlenpaste-Elektrode	V	Keine Probenvorbereitung	271

Eisen	Cerebrospin. Flüss.	0,1 – 0,5 mg/L	2,9%	120		AAS	Auch Na, K, Ca, Mg, Cu, Zn	272
	Serum	0 – 90 μM		180		AAS		273
α-Fetoprotein	Serum	2,5 – 50 ng/ml			Immunoassay	CL		274
Glukose	Plasma	0 – 25 mM	0,6 – 2,3%		Peroxidase/ Farbreaktion	P	IMER[c]; „In-line“ Dialyse	275
	Urin	0,05 – 10,0 g/L	< 2%	100	IMER	A		276
Harnstoff	Serum	4 – 20 mM	0,52%	60	Urease, p-Elektrode	Pot.	Stopped Flow	277
Harnsäure	Serum	0 – 100 mg/L 100 – 1 000 mg/L	2 – 4%	100	Immobilisierte Uricase	A		278
IgG	Serum	0 – 2 800 mg/L	2,0 – 6,8%	40	Anti-IgG	T	Kinetisch;	279
		1,4 – 25 mg/ml	9,8%	60	Homogener EIA[d]	F	Stopped Flow	280
Insulin	Serum				EIA	CL		274
Kalium							Siehe Multielement, Eisen	
Kohlendioxid	Plasma	0 – 50 mM	1,8 – 2,5%		Gasdiffusion	P		117
Kreatinin	Urin, Serum	0 – 20 mg/L	< 2,9%	120	Jaffe-Reaktion	P		281
	Blut, Plasma, Urin	0,2 – 30 μM		15	IMER	Pot.	Ammoniakempfindlicher Halbleiter	282
Kupfer	Serum	5 – 60 μM	2%	450		AAS		283
		> 6 ng/ml	2,3%	80	Katalytisch	F		284
LDH	Serum	< 213 IU	4,8%	30	Pyruvat/NADH	P	Stopped Flow; auch α_2-Makroglobulin	285
Lithium	Blut, Urin		1 – 2%	120		AAS	Auch Mg, Ca, Cu und Zn	21
Magnesium							Siehe Eisen, Lithium, Calcium, Multielement	
Multielement-Analyse	Serum		< 2,8%			ICP	Li, Na, K, Mg, Ca, Fe, Cu, Zn	286
Natrium							Siehe Eisen, Multielement	
pH-Wert	Serum			100		Pot.	Simultanbest. mit Ca	35
Phosphat	Serum		0,9%	130	Molybdänblau	P	Dialyse, Verdünnung	126
Phospholipide	Serum	20 – 350 mg/L	< 1,5%	60	Lecithinsensitive Elektrode	A		287
Protein	Serum	10 – 40 μg/ml	3%	90	Nach Lowry	P		288

Tabelle 14. (Fortsetzung)

Spezies	Matrix	Meßbereich[a]	RSD	Proben/h	Methode/ Reaktion	Detektor[b]	Anmerkung/ Probenvorbereitung	Literatur
Pyridoxal/ Pyridoxal-phosphat	Serum	$10^{-8}-10^{-3}$ M	1%	30	Oxidation in Gegenwart von Cyanid	F		289
Sulfat	Urin	2–16 mM	< 2,1%	120	$BaSO_4$	T		290
Theophyllin, Trigylceride	Plasma	2,5–40 mg/L			EMIT-kit	P	Auch Albumin; kinetisch, Stopped Flow; „Merging Zones"	291
Zink							Siehe Multielement, Lithium und Eisen	

[a] In den meisten Fällen wird die relative Standardabweichung für Mehrfachinjektionen angegeben.
[b] Detektionsarten: F = Fluorometrie; P = Photometrie/Spektralphotometrie; El = Elektrochemische Detektion; V = Voltammetrie; AAS = Atom Absorption Spektrometrie; Ch = Chemilumineszenz; A = Amperometrie; Pot. = Potentiometrie; T = Turbidimetrie; ICP = Induktiv gekoppelte Plasma-Emissions-Spektrometrie.
[c] IMER = Immbolisierter Enzymreaktor.
[d] EIA = Enzym-Immuno-Assay.

6 Anpassung, Entwicklung und Optimierung von Methoden

6.1 Allgemeine Hinweise

Ausgangspunkte für die Entwicklung oder Anpassung einer Methode sind die zu bestimmende Spezies, die vorliegende Probenmatrix und der gewünschte Meßbereich, sowie Informationen über die verwendbaren analytischen Methoden (Standardmethoden, Durchflußmethoden und andere), deren Reaktionsmechanismus und Empfindlichkeit, die zu erwartenden Interferenzen und die Probenvorbereitung.

Die Wahl der anzuwendenden Methode wird durch verschiedene Faktoren beeinflußt, wie z. B. Möglichkeit die betreffende Methode an die FIA anzupassen, Meßbereich/Empfindlichkeit, Störung durch erwartete Interferenzen, notwendige oder vorhandene Detektoren, Preis, Verfügbarkeit und Toxizität der verwendeten Reagenzien, und die Notwendigkeit einer amtlichen Anerkennung der gewählten Methode. Stark vereinfachend kann man FIA-Methoden, die routinemäßig angewendet werden, in zwei Gruppen einteilen:

1. Existierende manuelle Methoden, die direkt auf FIA-Verhältnisse übertragen wurden, und
2. Neue Methoden, die erst durch das Konzept der FIA ermöglicht wurden.

Ein Beispiel für 1. ist die Bestimmung von Nitrit mit Hilfe von Sulfanilamid und einem Naphthylamin (Abb. 35), die sehr einfach an die FIA angepaßt werden kann. Die manuelle Methodenvorschrift gibt in den meisten Fällen schon einen Hinweis darauf, ob die Methode an die FIA angepaßt werden kann oder nicht. Instruktionen wie „inkubiere die Lösung für 4 h bei 90 °C“ lassen diese Methode als ungeeignet für die FIA erscheinen. Dagegen sind Vorschriften wie „mische und warte 15 min bis zur vollständigen Farbentwicklung“ üblicher und derartige Methoden sollten auf einem FIA-System versucht werden. Existierende Methoden für diskrete Analysenautomaten und Durchflußsysteme mit Luftsegmentierung lassen sich in den meisten Fällen problemlos auf die FIA übertragen, auch wenn in einigen Fällen Kompromisse betreffend der Nachweisgrenze gemacht werden müssen.

Ein Beispiel für 2. wäre die Bestimmung von Ammonium mit Hilfe der Gasdiffusion oder die Anwendung der Gradiententechniken für analytische Zwecke (s. Kap. 4).

Der Entwurf eines FIA-Schemas für die gewählte Methode und die Wahl der geeigneten Reagenzkonzentrationen wird Aspekte wie die Dispersion im System, Meßbereich, Nachweisgrenze, Probendurchsatz, zu erwartende Matrixeffekte usw. berücksichtigen.

Ein erster Test des Entwurfes gibt Aufschluß über den Dispersionskoeffizienten im System und darüber, ob überhaupt ein auswertbares Signal erhalten wird. Stopped Flow Messungen in unterschiedlichen Volumensegmenten der Probenzone geben Hinweise auf die Kinetik der verwendeten Reaktion(en), d. h. insbesondere auf den zeitlichen Verlauf der Reaktion und auf den Einfluß des Reagenzüberschüsses. Unnötige Variationen von Flußraten der Träger- und Reagenzströme, sowie von Reak-

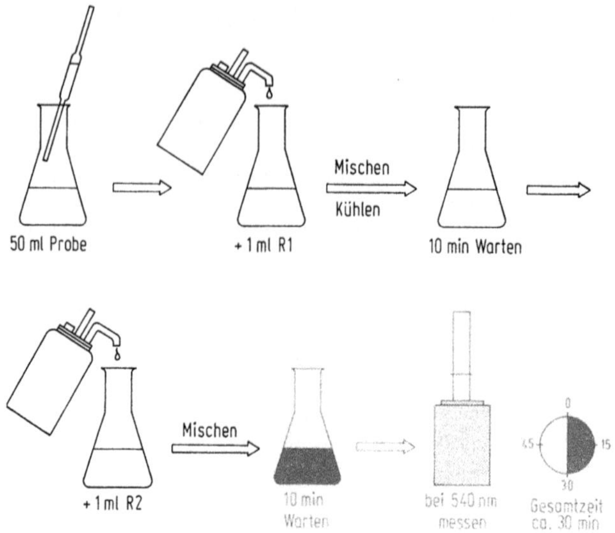

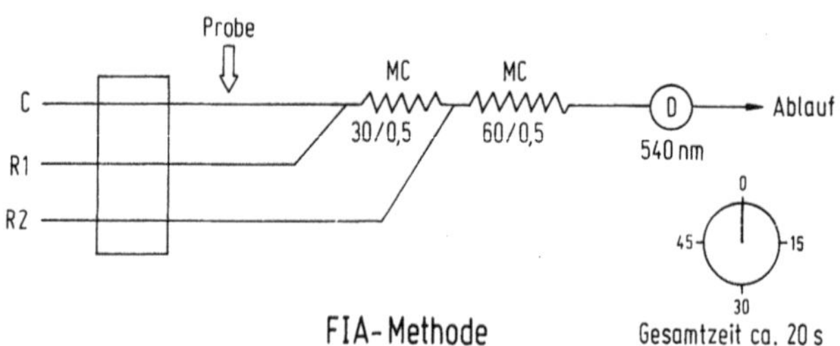

Abb. 35. Beispiel für die Anpassung einer manuellen Methode (Bestimmung von Nitrit) an die FIA

tionsstreckenlänge können vermieden werden. Eine Aufnahme des Absorptionsspektrums ist empfehlenswert, da Absorptionscharakteristika unter dynamischen FIA-Bedingungen von denen unter den Bedingungen der manuellen Methode abweichen können. Ähnliches gilt für den Einfluß des pH-Wertes und der Temperatur auf die Nachweisreaktion, bzw. auf Teilschritte der Reaktion. Der Einfluß der Temperatur sollte im Bereich von 20–35°C kontrolliert werden, da Temperaturschwankungen einen erheblichen Einfluß auf die Reproduzierbarkeit von FIA-Methoden haben können. Vielfach läßt sich auch die Empfindlichkeit der verwendeten Nachweisreaktion durch Arbeiten bei erhöhter Temperatur verbessern. Aufmerksamkeit verdienen auch Matrixeffekte (negative und positive Peaks kurz vor und nach dem eigentlichen Signal). Matrixeffekte (von manchen Autoren auch als Brechungsindexeffekte bezeichnet) treten bei unterschiedlicher Zusammensetzung von Trägerstrom und Probe auf und können durch Anpassung der Trägerstromlösung an die Probenlösung reduziert werden. Sie können ebenfalls bei Verwendung von konzentrierten oder stark gefärbten Reagenzien auftreten. Diese letztgenannten Effekte sind mit dem Injektionsvorgang verknüpft und lassen sich durch Injektionsventile mit einem Bypass unterdrücken.

Zur Optimierung eines FIA-Systems bezüglich Empfindlichkeit, Nachweisgrenze, Meßbereich, Linearität, Probendurchsatz, Reproduzierbarkeit, Unterdrückung von Matrixeffekten usw. stehen die folgenden Variablen zur Verfügung:

- Injiziertes Probenvolumen
- Fließgeschwindigkeit und Zusammensetzung von Träger- und Reagenzlösungen
- Länge und Innendurchmesser der verwendeten Schläuche
- Art der Bypass- und/oder Trägerlinienkonstruktion
- Instrumentelle Einstellungen

In der Literatur beschriebene Beispiele zur Optimierung von FIA-Methoden [166–171] verwenden häufig computerunterstützte Simplexmethoden.

Die Untersuchung des Einflusses von interferierenden Substanzen, die in der vorliegenden Probenmatrix erwartet werden können, ist Bestandteil jeder Methodenentwicklung. Die FIA erlaubt diese Untersuchungen auf eine einfache, schnelle und elegante Weise (s. Gradiententechniken). Die Kinetik von interferierenden Reaktionen unterscheidet sich unter FIA-Bedingungen oft vorteilhaft von der Kinetik der Bestimmungsreaktion, was zu einer erhöhten Selektivität führt (14) (kinetische Diskriminierung).

Die bisher genannten Schritte bei der Entwicklung einer Methode lassen sich mit Hilfe der FIA innerhalb von Stunden oder wenigen Tagen durchführen. Die abschließende Absicherung der Methode – Wiederfindungsraten, Reproduzierbarkeits- und Stabilitätstests, Untersuchung von Standardmaterial, Vergleich mit anderen analytischen Methoden, Ringtests usw. – ist der Zeit und Kosten bestimmende Schritt.

Die kurzen Ansprechzeiten, einfach und schnell vorzunehmende Änderungen im System, die hohe Flexibilität und die Möglichkeiten der Gradiententechnik machen die FIA zu einem wertvollen Werkzeug für die Methodenentwicklung.

6.2 Beispiel für die Entwicklung einer FIA-Methode

1. Es soll eine FIA-Methode für die Bestimmung von Gesamt-Eisen in Grund-, Oberflächen- und Trinkwasser entwickelt werden. Gewünschter Meßbereich ca. 0,05–1 mg Fe/l.

2. Drei photometrische Methoden, unter Verwendung der folgenden Farbreagenzien, werden näher in Betracht gezogen:

(A) o-Phenanthrolin
(B) TPTZ (2,4,6-Tri-2-Pyridil-1,3,5-Triazin)
(C) Ferrozin (3-(2-Pyridil)-5,6-bis(4-Phenylsulfonsäure)-1,2,4-Triazin)

Standardmethoden in mehreren Ländern verwenden die Reagenzien (A) oder (B). Beide wurden auch schon in Zusammenhang mit segmentierten Durchflußmethoden und der FIA verwendet.

Ferrozin ist ein relativ neues Reagenz auf Eisen. Es ist kommerziell erhältlich (Ferrospektral, Merck Kat.Nr. 11613, MG = 514,36 g/mol).

Ein Vergleich der molaren Extinktionskoeffizienten (A = 11100, B = 22600,C = 27900) zeigt, daß Ferrozin für den empfindlichen Nachweis von Eisen eingesetzt werden kann. Die Struktur dieses Metallindikators (Abb. 36) läßt auf eine gute Wasserlöslichkeit, sowohl des Indikators, als auch seines Metallkomplexes, schließen. Die Ferroingruppe $-N{=}C{-}C{=}N-$ bildet einen zweizähnigen Liganden mit Eisen(II). Da Eisen(II) 6 Elektronen zur Auffüllung seiner 3d-Orbitale benötigt, ist es wahrscheinlich, daß drei Ferrozinmoleküle mit ihren Ferroingruppen in cis-Konfiguration einen oktaederförmigen Komplex mit Eisen(II) bilden. Das Absorptionsmaximum der gefärbten Komplexverbindung liegt bei 562 nm.

Zu niedrige pH-Werte interferieren durch Desaktivierung der freien Stickstoffelektronenpaare in den Ferroingruppen. Die Verwendung von z. B. einem Acetatpuffersystem ist daher notwendig.

Andere Ionen der Eisengruppe können interferieren. Ihre Gegenwart in der gewählten Matrix ist jedoch nicht sehr wahrscheinlich.

Da Ferrozin nur mit Eiseu(II) reagiert, müssen für die Gesamteisenbestimmung Eisen(III) Ionen in der Probe reduziert werden. Das am häufigsten verwendete Reduktionsmittel ist Hydroxylammoniumchlorid:

$$2\,HONH_3Cl + 2\,Fe^{3+} \rightleftharpoons N_2 + 2\,Fe^{2+} + 2\,H_2O + 2\,HCl + 2\,H^+.$$

Andere Reagenzien, wie Ascorbinsäure, werden jedoch auch verwendet.

Bestimmte Eisen(III)-Komplexe, wie Komplexe mit kommerziellen Polyphosphaten, interferieren mit dem Reduktionsschritt und müssen daher vorher zerstört werden. In den meisten Fällen ist eine Probenkonservierung mit Salzsäure ausreichend. In anderen Fällen muß mit einer Mineralsäure gekocht werden oder ein Aufschluß mit Kaliumperoxodisulfat vorgenommen werden.

3. Eine Methode mit Ferrozin als Reagenz wird für die Entwicklung des FIA-Verfahrens zur Bestimmung von Eisen gewählt. Das Reagenz ist kommerziell erhältlich, sein Komplex mit Eisen verspricht eine gute Löslichkeit in Wasser und zeigt eine hohe molare Extinktion.

4. Um einen Kompromiß zwischen Probendurchsatz, gewünschter Nachweisgrenze, Reproduzierbarkeit und erwarteten Matrixeffekten zu machen, wird folgendes FIA-Schema entworfen (Abb. 37):

Der Dispersionskoeffizient in diesem System läßt sich auf D = 1,3 abschätzen. Eine niedrigere Dispersion läßt sich vorwiegend durch Er-

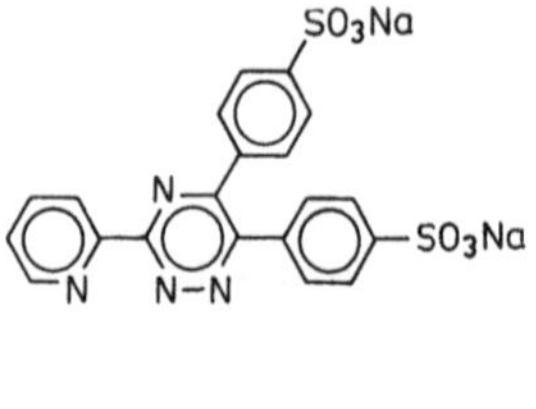

Abb. 36. Strukturformel von Ferrozin

höhung der Flußrate des Trägerstroms erreichen, wodurch gleichzeitig der Probendurchsatz erhöht wird. Jedoch müssen dann die Risiken eines höheren Druckaufbaus im System, einer unzureichenden Reagenzversorgung und Durchmischung, sowie eine schlechtere Reproduzierbarkeit und Matrixeffekte in Kauf genommen werden. Da die gewählte Reaktion sehr schnell abläuft, hat die Verringerung der Verweilzeit kaum einen Einfluß auf das Signal. Eine Verbesserung der Empfindlichkeit aufgrund geringerer Verdünnung ist vielmehr zu erwarten. Ein anderer Weg, den Dispersionskoeffizienten zu senken, wäre, die Flußraten der Reagenzströme zu reduzieren, was zu unzureichender Reagenzversorgung führen kann oder die Verwendung von höher konzentrierten Reagenzien verursacht (höhere Viskosität, schlechtere Vermischung, schlechtere Reproduzierbarkeit, verstärkte Matrixeffekte). Beide Maßnahmen können natürlich auch gleichzeitig vorgenommen werden, unter Berücksichtigung der genannten Risiken.

Eine weitere Erhöhung des injizierten Volumens wird voraussichtlich einen Beitrag zur Verbesserung der Empfindlichkeit geben, der Probendurchsatz wird jedoch stark reduziert.

Mit dem oben entworfenen System kann ein Probendurchsatz von 60—90 Proben/h erwartet werden.

Umgekehrt führen ein geringeres injiziertes Volumen, reduzierte Fließgeschwindigkeiten für den Trägerstrom und erhöhte für die Reagenzlinien zu einer Erhöhung der Dispersion im System und können als Maßnahmen zur Erweiterung des Meßbereiches in Richtung auf höhere Konzentrationen diskutiert werden.

Berechnung der notwendigen Reagenzkonzentrationen:

Für die obere Grenze des gewünschten Meßbereiches enthält das injizierte Probenvolumen maximal 0,2 μg Fe (3,6 nmol Fe). Die Probenzone wird ca. 6 s benötigen, um den ersten Reagenzzusatzpunkt zu passieren. Bei 5fachem Reagenzüberschuß muß die Reagenzlinie während dieser Zeit 54 nmol (27,8 μg) Ferrozin liefern, was bei einer Förderrate von 0,3 ml/min einer Reagenzkonzentration von 927 mg Ferrozin/l entspricht.

Auf ähnliche Weise lassen sich die Konzentrationen der anderen Lösungen abschätzen. Für einen ersten Test des Entwurfes werden daher folgende Lösungen verwendet:

R 1 = 0,927 g Ferrozin und 35 g Hydroxylammoniumchlorid/l
R 2 = 10%ige Natriumacetatlösung

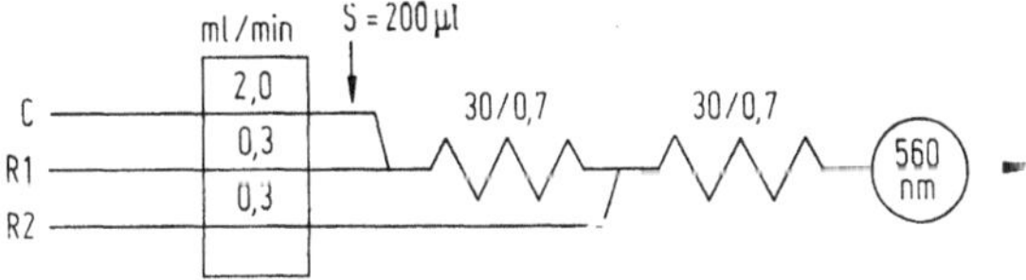

Abb. 37. Entwurf eines FIA-Schemas für die Bestimmung von Eisen. C — Trägerstrom (2,0 ml/min), R 1 — Reagenzmischung 1 (Ferrozin + Reduktionsmittel; 0,3 ml/min), R 2 — Pufferlösung (0,3 ml/min)

Standard- und Trägerlösungen werden mit 2 ml 5 M HCl/100 ml angesäuert.
Alternativ könnte empirisch verfahren werden, d. h. Reagenzien einer manuellen Arbeitsvorschrift werden z. B. schrittweise verdünnt.

5. Ein erster Test des Entwurfes ergibt einen gemessenen Wert von 1,11 für den Dispersionskoeffizienten, eine relativ große Abweichung von dem abgeschätzten Wert von D = 1,3. Diese Abweichung läßt sich durch die Alterung von Pumpenschläuchen und durch den Aufbau eines Gegendrukkes im System erklären. Grundlage der Abschätzung waren nominelle Flußraten, wie sie für neue Pumpschläuche ohne Belastung bestimmt werden. In jedem System baut sich jedoch ein Gegendruck auf, der zu Abweichungen von den nominellen Flußraten führen kann.

Die Signale für Standardlösungen zeigen einen Matrixeffekt, der bei automatischer Signalauswertung zu Schwierigkeiten führen kann (Abb. 38).

Verschiedene Stopped Flow Messungen zeigen, daß die Reaktionsgeschwindigkeit und der gewählte Reagenzüberschuß ausreichend sind. Der pH-Wert im Ablauf liegt bei 4,5 (ausreichende Pufferkapazität).

Die Reduktionseffizienz wurde durch Vergleich von Signalen für 0,5 mg/l Fe(II) und Fe(III) kontrolliert und liegt bei 98%.
Das Absorptionsspektrum zeigt ein Extinktionsmaximum bei 560 nm (Abb. 39).

Der Einfluß des pH-Wertes auf die Reaktion wurde durch Änderung der Zusammensetzung von R 2 (HCl/NaAc bzw. NaOH/NaAc) untersucht (s. Abb. 40).

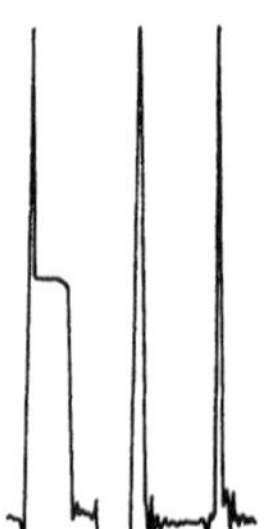

Abb. 38. Stopped-Flow-Messung und Signale, die mit dem entworfenen System in einem ersten Test erhalten wurden (200 μg/l Fe)

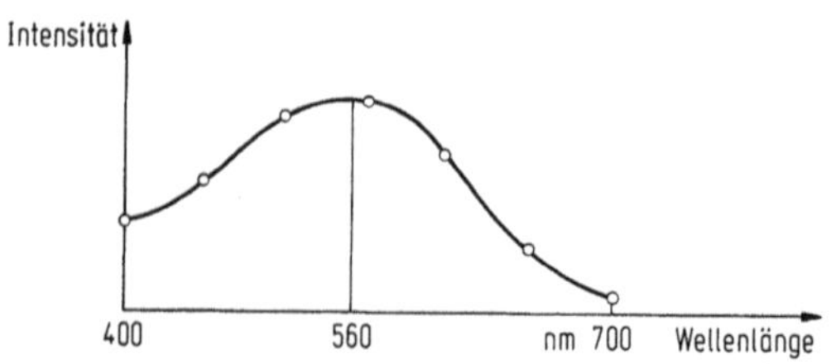

Abb. 39. Absorptionsspektrum des Ferrozin/Fe(II)-Komplexes. $\lambda_{Max} = 560$nm

6. Der Einfluß der Temperatur auf die Reaktion läßt sich mit Hilfe von Stopped Flow Messungen untersuchen. Hierbei erhält man gleichzeitig Informationen über den Einfluß der Temperatur auf die Signalhöhe und die Reaktionsausbeute (s. Abb. 41 und Abb. 42). Wegen der unterschiedlichen Viskosität bei niedrigen und hohen Temperaturen, sind die erhaltenen Signale nicht direkt vergleichbar. Bei gleichen instrumentellen Einstellungen werden unterschiedliche Segmente der Probenzone im Detektor angehalten. Dennoch lassen sich folgende Konsequenzen ziehen:

Die Reaktion ist schnell. Nach 20 s werden bei Raumtemperatur Reaktionsausbeuten von über 90% erhalten. Bei erhöhten Temperaturen verläuft die Reaktion praktisch vollständig. Matrixeffekte treten verstärkt bei hoher Viskosität und schlechter Durchmischung der verwendeten Lösungen auf und werden vernachlässigbar bei höheren Temperaturen.

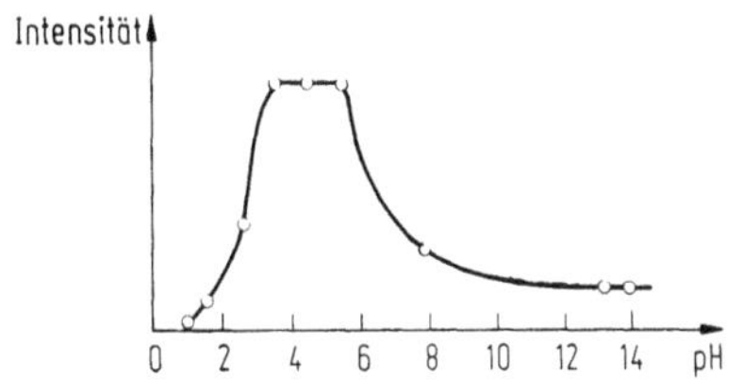

Abb. 40. Einfluß des pH-Wertes auf die Extinktion bei 560 nm

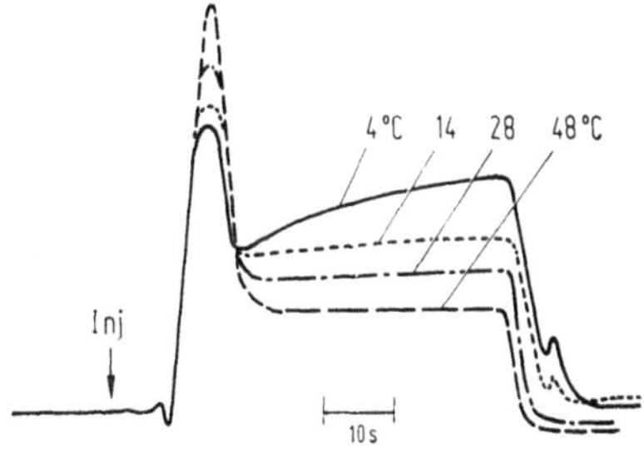

Abb. 41. Stopped-Flow-Messungen zur Untersuchung der Temperaturabhängigkeit

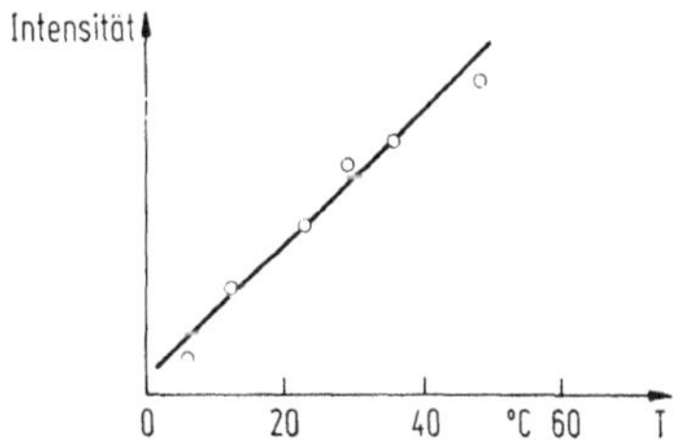

Abb. 42. Temperaturabhängigkeit der Extinktion bei 560 nm

7. Das entworfene FIA-System ergibt auf Anhieb einen linearen Bereich von 0,025–0,9 mg Fe(III)/l (s. Abb. 43). Das Schreiberprotokoll zeigt jedoch erhebliche Matrixeffekte, die die automatische Auswertung in dem verwendeten Gerät (FIAstar 5020 von Tecator) stören. Die negativen Vorpeaks werden von dem Gerät schon als Signal erkannt. Matrixeffekte sind häufig ein Problem in hochempfindlichen FIA-Systemen, die durch einen niedrigen Dispersionskoeffizienten und die Verwendung von relativ hoch konzentrierten Reagenzien gekennzeichnet sind. Durch die Unterbrechung des Trägerstromes während der Drehungen des Injektionsventiles werden für wenige ms erhöhte Reagenzmengen in das System gepumpt. Photometrische Detektoren reagieren sehr empfindlich auf diese Änderungen der optischen Dichte (z. B. Brechungsindex). Eine Möglichkeit diesen Effekt zu reduzieren wäre, Reagenzien geringerer Konzentration bei erhöhten Fließgeschwindigkeiten zu verwenden. Diese Lösung führt jedoch zu einer Erhöhung der Dispersion und kann für hochempfindliche Bestimmungen nicht empfohlen werden. In diesem Fall ist die Anwendung von Bypasskonstruktionen oder zwei Trägerlinien zu empfehlen:

a) Bypass

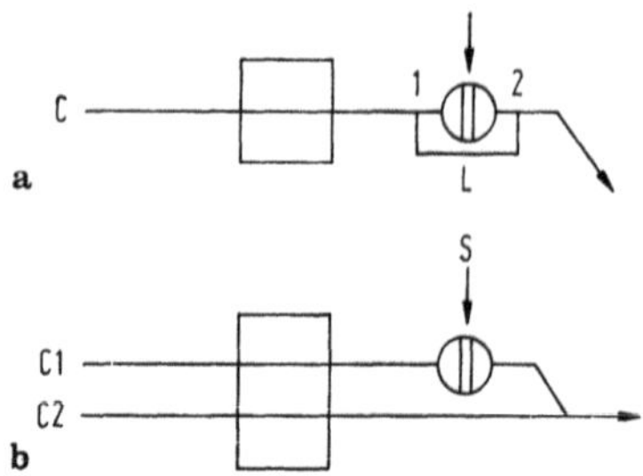

Falls kein Ventil mit Bypass zur Verfügung steht, läßt sich mit Hilfe von zwei T-Verbindungen (1,2) und einer Schleife (L) ein Bypass konstruieren.

b) zwei Trägerlinien
Die Probe wird in den ersten Träger injiziert und später mit dem zweiten Träger vermischt. Der Fluß des zweiten Trägers wird nicht durch die Ventilbewegungen gestört. Als Trägerlösung kann hier auch eine verdünnte Reagenzlösung verwendet werden.

Beide Konstruktionen sind grundsätzlich äquivalent und führen zu einer Erhöhung der Dispersion im System. Durch geeignete Auslegung (Fließraten, Innendurchmesser und Länge der Bypasslinie) lassen sie sich in hochempfindlichen Systemen zur Verminderung von Matrixeffekten und in Systemen mit hoher Dispersion zur Verdünnung von Proben anwenden.

Im Fall der Eisenbestimmung wurde eine Lösung mit zwei Trägerströmen gewählt (Abb. 44). Die Dispersion ist hier größer als im ursprünglich entworfenen System (D = 1,5 im Vgl. zu D = 1,1) und die Signalhöhen sind entsprechend geringer. Die Matrixeffekte sind jedoch stark reduziert und eine automatische Auswertung ist möglich.
Die Eichkurve ist linear im Bereich 0,025 bis 0,8 mg Fe/l. Auch eine Trinkwasserprobe der Konzentration 5,6 μg/l konnte analysiert werden.

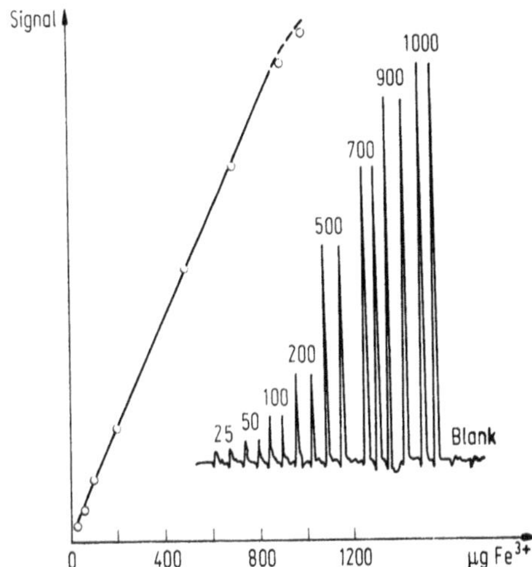

Abb. 43. Eichgerade und Schreiberprotokoll für die Bestimmung von Eisen (vgl. Text)

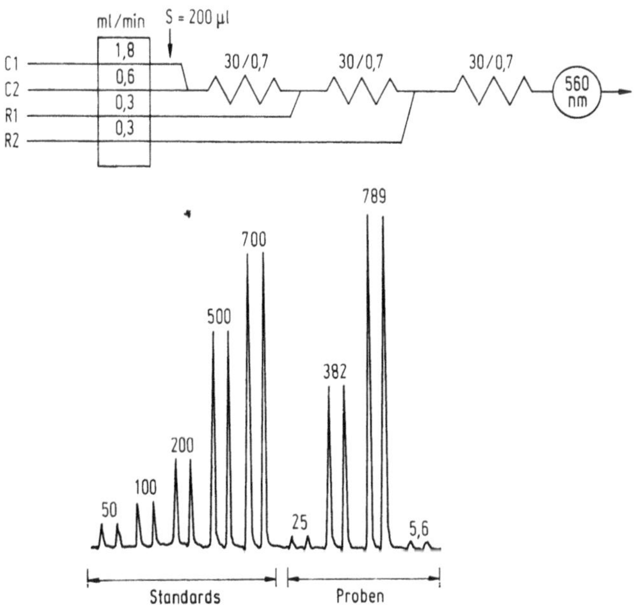

Abb. 44. Zur Unterdrückung von Matrixeffekten modifizierte Methode für die Bestimmung von Eisen (vgl. Text)

Der Probendurchsatz beträgt 80/h. Aufgrund der leicht erhöhten Dispersion konnten die Reagenzkonzentrationen reduziert werden:

C1 – 0,1 M HCl
C2 – Aqua dest.
R1 – Mischreagenz (0,75 g Ferrozin + 35 g Hydroxylammoniumchlorid/l)
R2 – 8%ige Natriumacetatlösung

Da die Reaktion sehr schnell abläuft, wurden keine weiteren Untersuchungen bezüglich des Einflusses der Reaktionsstreckenlänge vorgenommen. 30 cm lange Standardschlaufen mit einem Innendurchmesser von 0,7 mm wurden verwendet.

8. Einfluß des injizierten Volumens: Auf Kosten des Probendurchsatzes kann die Empfindlichkeit der Methode verbessert werden (Abb. 45). Ein injiziertes Volumen von 200 µl wurde als akzeptabler Kompromiß angesehen.

9. Interferenzen. Der Einfluß von Chlorid, Sulfat, Phosphat, Natrium, Calcium und Mangan wurde untersucht. Für die in Gewässern üblichen Konzentrationen dieser Ionen konnte kein Einfluß auf das Eisensignal festgestellt werden. Andere interferierende Substanzen, wie Huminstoffe und Polyphosphate, wurden hier nicht untersucht, deren Einfluß muß jedoch berücksichtigt werden.

10. Eine Absicherung der entwickelten Methode – als wichtiger Bestandteil einer jeden Methodenentwicklung – geht über die Zielsetzung dieses Beispiels hinaus und wird daher nicht weiter abgehandelt.

Das hier genannte Beispiel erfordert etwa einen Zeitbedarf von 1–3 Tagen.

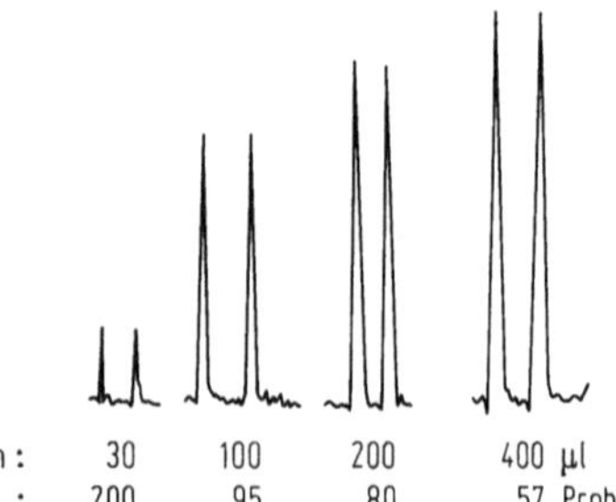

Abb. 45. Einfluß des injizierten Volumens auf die Signalhöhe und den Probendurchsatz

Literatur

1. Ruzicka, J.; Hansen, E. H.: Anal. Chim. Acta 78:145 (1975)
2. Ruzicka, J.; Hansen, E. H.: Dan. Pat. Appl. No. 4846/1974
3. Ruzicka, J.; Hansen, E. H.: Anal. Chim. Acta 145:1 (1983)

4. Ruzicka, J.: Anal. Chem. 55:1040 A (1983)
5. FIAstar Bibliography, 1985, Tecator AB, Box 70, S-26301 Höganäs, Schweden.
6. FIAstar Bibliography, Supplement 1986, Tecator AB, Box 70, S-26301 Höganäs, Schweden.
7. Betteridge, D.: Anal. Chem. 50:832 A (1978)
8. Vanderslice, J. T.; Stewart, K. K.; Rosenfeld, A. G.; Higgs, D. J.: Talanta 28:11 (1981)
9. Reijn, J. M.; Van der Linden, W. E.; Poppe, H.: Anal. Chim. Acta 123:229 (1981)
10. Ruzicka, J.; Hansen, H. E.: Flow Injection Analysis, J. Wiley & Sons, New York, 1981, ISBN 0-471-08192-2.
11. Painton, C. C.; Mottola, H. A.: Anal. Chim. Acta 158:67 (1984)
12. Silfwerbrand-Lind, C.; Nord, L.; Danielsson, L. G.: ibid 160:11 (1984)
13. Tecator Application Note List. Tecator GmbH, Rodgau
14. Hansen, E. H.; Ruzicka, J.; Krug, F. J.; Zagatto, E. A. G.: Anal. Chim. Acta 148:111 (1983)
15. Ruzicka, J.; Hansen, E. H.; Ramsing, A.: Anal. Chim. Acta 134:55 (1982)
16. Betteridge, D.: Fresenius Z. Anal. Chem. 312:44 (1982)
17. Müller, H.; Wallaschek, G.: Z. Chem. 24:75 (1984)
18. Karlberg, B.: FIA. NEWSlett. 2:1 (1985)
19. Möller, J.: ibid 2:2 (1985)
20. Mindel, B.; Karlberg, B.: Lab. Pract. 30:719 (1981)
21. Sherwood, R. A.; Rocks, B. F.; Riley, C.: Analyst 110:493 (1985)
22. Riley, C.; Aslett, L. H.; Rocks, B. F.; Sherwood, R. A.; Watson, J. D.; Morgan, J.: Clin. Chem. 29:332 (1983)
23. Bergamin, H.; Zagatto. E. A. G.; Krug, F. J.; Reis, B. F.: Anal. Chim. Acta 101:17 (1978)
24. Betteridge, D. et al.: Analyst 108:1 (1983)
25. Betteridge, D. et al.: ibid 108:17 (1983)
26. Möller, J.: Labor Praxis 6(4):278 (1982)
27. Möller, J.: ibid 7(3):162 (1983)
28. Müller, H.: Müller, V.: Z. Chem. 24:81 (1984)
29. Luque de Castro, M. D.; Valcarcel, M.: Analyst 109:413 (1984)
30. Wechter, C.; Sleszynski, N.; O Dea, J. J.; Oysteryoung, J.: Anal. Chim. Acta 175:45 (1985)
31. Poppe, H.: Anal. Chim. Acta 114:59 (1980)
32. Ruzicka, J.; Hansen, E. H.; Zagatto, E. A. G.: ibid 88:1 (1977)
33. Hansen, E. H.; Ghose, A. K.; Ruzicka, J.: Analyst 102:705 (1977)
34. Hansen, E. H.; Krug, F. J.; Ghose, A. K.; Ruzicka, J.: ibid 102:714 (1977)
35. Hansen, E. H.; Ruzicka, J.; Ghose, A. K.: Anal. Chim. Acta 100:151 (1978)
36. Greatorex, T.; Smith, P. B.: J. Inst. Water Eng. Scient. 39:81 (1985)
37. Camann, K.: Fresenius Z. Anal. Chem. 320:429 (1985)
38. Worsfold, P. J.; Hughes, A.: Analyst 109:339 (1984)
39. Worsfold, P. J.: Anal. Proc. 20:486 (1983)
40. Kelly, T. A.; Christian, G. D.: Anal. Chem. 53:2110 (1981)
41. Harris, J. M.; ibid 54:2337 (1982)
42. Yamada, M.; Suzuki, S.: Anal. Lett. 17:251 (1984)
43. Burguera, J. L.; Burguera, M.; Townshend, A.: Rev. Roum. Chim. 27:879 (1982)
44. Miller, J. N.: Anal. Proc. 18:264 (1981)
45. Tyson, J. F.: Analyst 110:419 (1985)
46. Tyson, J. F.: Trends in Anal. Chem. 4(5):124 (1985)

47. Browner, R. F.: ibid 2:121 (1983)
48. Gallego, M.; Luque de Castro, M. D.; Valcarcel, M.: Atomic Spectr. 6(1):16 (1985)
49. Greenfield, S.: Ind. Res. Dev. 23:140 (1981)
50. Tyson, J. F.; Adeeyinwo, C. E.; Appleton, J. M. H.; Bysouth, S. R.; Idris, A. B.; Sarkissian, L. L.: Analyst 110:487 (1985)
51. Wieck, H. J.; Heider, G. H.; Yacynych, A. M.: Anal. Chim. Acta 158:137 (1984)
52. Mottola, H. A.; Wolff, C. M.; Iob, A.; Gnanasekaran, R.: Anal. Chem. Symp. Ser. 18:49 (1984)
53. Wang, J.; Dewald, H. D.: Anal. Chim. Acta 153:325 (1983)
54. Janata, J.; Ruzicka, J.: ibid 139:105 (1982)
55. Wang, J.; Dewald, H. D.; Greene, B.: ibid 146:45 (1983)
56. Alexander, P. W.; Akapongkul, U.: ibid 166:119 (1984)
57. Thoegersen, N.; Janata, J.; Ruzicka, J.: Anal. Chem. 55:1986 (1983)
58. Bos, M.; van Willigen, J. H. H. G.; van der Linden, W. E.: Anal. Chim. Acta 156:71 (1984)
59. Kikui, F.; Hayakawa, T.: Sumitomo Tokushu Kinzoku Giho 7:33 (1984)
60. Pungor, E.; Toth, K.; Hrabczy-Pall, A.: Trends in Anal. Chem. 3(1):28 (1984)
61. Slanina, J.; Lingerak, W. A.; Bakker, F.: Anal. Chim. Acta 117:91 (1980)
62. Ramsing, A.; Janata, J.; Ruzicka, J.; Levy, M.: ibid 188:45 (1980)
63. Virtanen, R.: Anal. Chem. Symp. Ser. 8:375 (1981)
64. Hongbo, C.; Hansen, E. H.; Ruzicka, J.: Anal. Chim. Acta 169:209 (1985)
65. Kagevall, I.; Aström, O.; Cedergren, A.: ibid 114:199 (1980)
66. Hu, A.; Dessy, R. E.; Graneli, A.: Anal. Chem. 55:320 (1983)
67. Krug, F.; Zagatto, E. A. G.; Reis, B. F.; Bahia, F. O.; Jacinto, A. O.; Jörgensen, S. S.: Anal. Chim. Acta 145:179 (1983)
68. Weiker, H.; Haegele, H.; Kornes, B.; Werner, A.: Int. J. Sports Med. 5:47 (1984).
69. Lazaro, F.; Luque de Castro, M. D.; Valcarcel, M.: Fresenius Z. Anal. Chem. 320:128 (1985)
70. Burguera, J. L.; Burguera, M.: An. Quim., Ser. B 78:307 (1982)
71. Malavolti, N. L.; Pilosof, D.; Nieman, T. A.: Anal. Chem. 56:2191 (1984)
72. Zagatto, E. A. G.; Krug, F. J.; Bergamin, H.; Jörgensen, S. S.; Reis, B. F.: Anal. Chim. Acta 104:279 (1979)
73. Reis, B. F.; Jacinto, A. O.; Mortatti, J.; Krug, F. J.; Zagatto, E. A. G.; Bergamin, H.; Pessenda, L. C. R.: ibid 123:221 (1981)
74. Renoe, B. W.; Shideler, C. E.; Savorz, J.: Clin. Chem. 27:1546 (1981)
75. Aström, O.: Anal. Chem. 54:190 (1982)
76. Narasaki, H.; Ikeda, M.: ibid 56:2059 (1984)
77. Tyson, J. F.: Analyst 109:319 (1984)
78. Tyson, J. F.; Idris, A. B.: ibid 109:23 (1984)
79. Nord, L.; Karlberg, B.: Anal. Chim. Acta 145:151 (1983)
80. De Andrade, J. C.; Pasquini, C.; Baccan, N.; van Loon, J. C.: Spectrochim. Acta 38B:1329 (1983)
81. Fang, Z.; Ruzicka, J.; Hansen, E. H.: Anal. Chim. Acta 164:23 (1984)
82. Fang, Z.; Xu, S.; Zhang, S.: ibid 164:41 (1984)
83. Zagatto, E. A. G.; Jacinto, A. O.; Krug, F. J.; Reis, B. F.; Bruns, R. E.; Araujo, M. C. U.: ibid 145:169 (1983)
84. Lawrence, K. E.; Rice, G. W.; Fassel, V. A.: Anal. Chem. 56:289 (1984)
85. Liversage, R. R.; van Loon, J. C.; De Andrade, J. C.: Anal. Chim. Acta 161:275 (1984)

86. Cox, A. G.; Cook, I. G.; McLeod, C. W.: Analyst 110:331 (1985)
87. Hartenstein, S. D.; Ruzicka, J.; Christian, G. D.: Anal. Chem. 57:21 (1985)
88. Bäckström, K.; Danielsson, L. G.; Nord, L.: Analyst 109:323 (1984)
89. Ilcheva, L.; Camman, K.: Fresenius Z. Anal. Chem. 322:323 (1985)
90. Curran, D. J.; Collier, W. G.: Anal. Chim. Acta 177:259 (1985)
91. Ruzicka, J.; Hansen, E. H.: ibid 173:3 (1985)
92. Pacey, G. E.; Stracka, M. R.; Gord, J. R.: Anal. Chem. 58:502 (1986)
93. Koupparis, M.; Macheras, P.; Reppas, C.: Biopharm. Pharmacokinet., Euro. Congr., 2nd, Vol 1:318 (1984)
94. Andersson, L.: Anal. Chim. Acta 110:123 (1979)
95. Gine, M. F.: Bergamin, H.; Zagatto, E. A. G.; Reis, B. F.: ibid 114:191 (1980)
96. Lazaro Boza, F.; Luque de Castro, M. D.; Valcarcel, M.: Analusis 13(4):147 (1985)
97. Madsen, B. C.; Murphy, J. R.: Anal. Chem. 53:1924 (1981)
98. Olsen, S.; Pessenda, L. C. R.; Ruzicka, J.; Hansen, E. H.: Analyst 108:905 (1983)
99. Johansson, G.; Ögren, L.; Olsson, B.: Anal. Chim. Acta 145:71 (1983)
100. Olsson, B.; Ögren, L.: ibid 145:87 (1983)
101. Yao, T.; Kobayashi, Y.: Bunseki Kagaku 32:253 (1983)
102. Masoom, M.; Townshend, A.: Anal. Chim. Acta 166:111 (1984)
103. Schothorst, R. C.; den Boef, G.: ibid 153:133 (1983)
104. Schothorst, R. C.; Reijn, J. M.; Poppe, H.; den Boef, G.: ibid 145:197 (1983)
105. Schothorst, R. C.; van Veen, J. J. F.; den Boef, G.: ibid 161:27 (1984)
106. Schothorst, R. C.; van Son, M.; den Boef, G.: ibid 162:1 (1984)
107. Schothorst, R. C.; den Boef, G.: ibid 169:99 (1985)
108. Reijn, J. M.; Poppe, H.; Van der Linden, W. E.: Anal. Chem. 56:943 (1984)
109. Reijn, J. M.; Poppe, H.; Van der Linden, W. E.: Anal. Chim. Acta 145:59 (1983)
110. Johnson, K. S.; Petty, R. L.; Thomson, J.: Adv. Chem. Ser. 209:7 (1985)
111. Svensson, G.; Anfält, T.: Clin. Chem. Acta 119:7 (1982)
112. Hemmings, P.; Shaw, A.: In Focus 8(1):7 (1985)
113. Straka, M. R.; Gordon, G.; Pacey, G. E.: Anal. Chem. 57:1799 (1985)
114. Hollowall, D. A.; Pacey, G. E.; Gordon, G.: ibid 57:2851 (1985).
115. Hansson, R.; Dahlbäck, J.: FIA. NEWSlett. 1:1 (1985)
116. Möller, J.; Winter, B.: Fresenius Z. Anal. Chem. 320:451 (1985)
117. Baadenhujsen, H.; Seuren-Jacobs, H. E. H.: Clin. Chem. 25:55 (1979)
118. Michel, J.: FIA. NEWSlett. 3:1 (1986)
119. Marstorp, P.; Anfält, T.; Andersson, L.: Anal. Chim. Acta 149:281 (1983)
120. Schick, K. G.: Vortrag Nr. 276, Pittsburgh Conference 1982
121. Van der Linden, W. E.: Anal. Chim. Acta 151:359 (1983)
122. Van der Linden, W. E.: ibid 155:273 (1983)
124. Bernhardsson, B.; Martins, E.; Johansson, G.: Anal. Chim. Acta 167:111 (1985)
125. Martins, E.; Bengtsson, M.; Johansson, G.: ibid 169:31 (1985)
126. Ruzicka, J.; Hansen, E. H.: ibid 87:353 (1976)
127. Hansen, E. H.; Ruzicka, J.; Rietz, B.: ibid 89:241 (1977)
128. Basson, W. D.; Van Staden, J. F.: Analyst 104:419 (1979)
129. Kroner, K. H.; Kula, M. R.: Anal. Chim. Acta 163:3 (1984)
130. Mandenius, C. F.; Danielsson, B.; Matiasson, B.: ibid 163:135 (1984)
131. Brazell, R. S.; Holmberg, R. W.; Moneyhun, J. H.: J. Chromatogr. 290:163 (1984)

132. Swedish Patent No. 7711016-1 (1977).
133. Karlberg, B.; Thelander, S.: Anal. Chim. Acta 98:1 (1978)
134. Olsson, B.; Lundbäck, H.; Johansson, G.: ibid 167:123 (1985)
135. Nord, L.; Karlberg, B.: ibid 118:285 (1980)
136. Nord, L.; Karlberg, B.: ibid 164:233 (1984)
137. Bergamin, H.; Medeiros, J. X.; Reis, B. F.; Zagatto, E. A. G.: ibid 101:9 (1978)
138. Karlberg, B.; Johansson, P. A.; Thelander, S.: ibid 104:21 (1979)
139. Kawase, J.; Nakae, A.; Yamanaka, M.: Anal. Chem. 51:1640 (1979)
140. Karlberg, B.; Thelander, S.: Anal. Chim. Acta 114:129 (1980)
141. Klinghoffer, O.; Ruzicka, J.; Hansen, E. H.: Talanta 27:169 (1980)
142. Kawase, J.: Anal. Chem. 52:2124 (1980)
143. Ekström, L. G.: JAOAC 58:935 (1981)
144. Shelly, D. C.; Rossi, T. M.; Warner, I. M.: Anal. Chem. 54:1693 (1982)
145. Fossey, L.; Cantwell, L. L.: ibid 54:1693 (1982)
146. Fossey, L.; Cantwell, L. L.: ibid 55:1882 (1983)
147. Yao, T.: J. Flow Inj. Anal. 2:115 (1985)
148. Haj-Hussein, A. T.; Christian, G. D.; Ruzicka, J.: Anal. Chem. 58:38 (1986)
149. Hansen, E. H.: Flow Injection Analysis, Chemistry Department A, Technical University of Denmark, 1986, ISBN 87-502-0636-2
150. Olsen, S.; Ruzicka, J.; Hansen, E. H.: Anal. Chim. Acta 136:101 (1982)
151. Fang, Z.; Harris, J. M.; Ruzicka, J.; Hansen, E. H.: Anal. Chem. 57:1457 (1985)
152. Ramsing, A.; Ruzicka, J.; Hansen, E. H.: Anal. Chim. Acta 129:1 (1981)
153. Mindegaard, J.: ibid 104:185 (1979)
154. Gine, M. F.; Reis, B. F.; Zagatto, E. A. G.; Krug, F. J.; Jacintho, A. O.: ibid 155:131 (1983)
155. Möller, J.: 3. Kolloquium Analytische Chemie, September 1984, Duisburg, FRG.
156. In Focus 6(2):16 (1983)
157. Gisin, M.: Abstract Book; Symposium on Flow Injection Analysis, Örenäs, Schweden, Juni 1985. (Erhältlich von Tectator)
158. Recktenwald, A.; Kroner, K. H.; Kula, M. R.: Enzyme Microb. Technol. 7:146 (1985)
159. Recktenwald, A.; Kroner, K. H.; Kula, M. R.: ibid 7:607 (1985)
160. Rios, A.; Luque de Castro, M. D.; Valcarcel, M.: J. Pharm. Biomed. Anal. 3:105 (1985)
161. United States Pharmacopeia XIX, Rockville, MD, USA (1983)
162. Landis, J. B.: Drugs Pharm. Sci. 11:217 (1984)
163. Rocks, B. F.; Riley, C.: Clin. Chem. 28:409 (1982)
164. Peisker, K.; Matschiner, H.: Z. Klin. Med. 40:1455 (1985)
165. Weiker, H.: Labor Praxis 8:300 (1984)
166. Betteridge, D.; Sly, T. J.; Wade, A. P.; Tillman, J. E. W.: Anal. Chem. 55:1292 (1983)
167. Janse, T. A. H. M.; van der Viel, P. F. A.; Kateman, G.: Anal. Chim. Acta 155:89 (1983)
168. Fernandez, A.; Luque de Castro, M. D.; Valcarcel, M.: Anal. Chem. 56:1146 (1984)
169. Betteridge, D.; Taylor, A. F.; Wade, A. P.: Anal. Proc. 21:373 (1984)
170. Betteridge, D.; Taylor, A. F.; Wade, A. P.: Anal. Proc. 20:264 (1983)
171. Thijssen, P. C.; Kateman, G.; Smit, H. C.: TRAC 4; 70 (1985)
172. Casey, H.; Smith, S.: TRAC 4; 256 (1985)
173. Petty, R. L.; Michel, W. C.; Snow, J. P.; Johnson, K. S.: Anal. Chim. Acta 142:299 (1982)

174. Krug, F. J.; Reis, B. F.; Gine, M. F.; Zagatto, E. A. G.; Ferreira, J. R.; Jacintho, A. O.: Anal. Chim. Acta 151:39 (1983)
175. Bergamin Filho, H.; Reis, B. F.; Jacintho, A. O.; Zagatto, E. A. G.: Anal. Chim. Acta 117:81 (1980)
176. Van Son, M.; Schothorst, R. C.; Den Boef, G.: Anal. Chim. Acta 153:271 (1983)
177. Korenaga, T.; Ikatsu, H.: Analyst 106:653 (1981)
178. Korenaga, T.; Ikatsu, H.: Anal. Chim. Acta 141:301 (1982)
179. Roessner, B.; Schwedt, G.: Fresenius', Z.: Anal. Chem. 315:197 (1983)
180. Ruzicka, J.; Stewart, J. W. B.; Zagatto, E. A. G.: Anal. Chim. Acta 81:387 (1976)
181. Leggett, D. J.; Chen, N. H.; Mahadevappa, D. S.: Fresenius' Z. Anal. Chem. 315:47 (1983)
182. Miller, K. G.; Pacey, G. E.; Gordon, G.: Anal. Chem. 57:734 (1985)
183. Linares, P.; Luque de Castro, M. D.; Valcarcel, M.: Anal. Chem. 58:120 (1986)
184. Anagnostopolou, P. I.; Koupparis, M. A.: Anal. Chem. 58:322 (1986)
185. Ruz, J.; Rios, A.; Luque de Castro, M. D.; Valcarcel, M.: Fresenius' Z. Anal. Chem. 322:499 (1985)
186. Yamada, M.; Komatsu, T.; Nakahara, S.; Suzuki, S.: Anal. Chim. Acta 155:259 (1983)
187. Rios, A.; Luque de Castro, M. D.; Valcarcel, M.: Analyst 110:277 (1985).
188. Rios, A.; Luque de Castro, M. D.; Valcarcel, M.: Talanta 31:673 (1984)
189. Wada, H.; Mori, H.; Nakagawa, G.: Anal. Chim. Acta 172:297 (1985)
190. Yamane, T.; Kamijo, M.: Bunseki Kagaku 33:110 (1984)
191. Madsen, B. C.; Kromis, M. S.: Anal. Chem. 56:2849 (1984)
192. Mortatti, J.; Krug, F. J.; Pessenda, L. C. R.; Zagatto, E. A. G.; Jörgensen, S. S.: Analyst 107:659 (1982)
193. Wada, H.; Yuchi, A.; Nakagawa, G.: Anal. Chim. Acta 149:291 (1983)
194. Maspoch, S.; Blanco, M.; Cerda, V.: Analyst 111:69 (1986)
195. Gine, M. F.; Zagatto, E. A. G.; Bergamin Filho, H.: Analyst 104:371 (1979)
196. Morita, H.; Kimoto, T.; Shimomura, S.: Anal. Lett. 16:1187 (1983)
197. Fang, Z.; Xu, S.: Anal. Chim. Acta 145:143 (1983)
198. Leggett, D. J.; Chen, N. H.; Mahadevappa, D. S.: Anal. Chim. Acta 128:163 (1981)
199. Van Staden, J. F.: Fresenius' Z. Anal. Chem. 310:239 (1982)
200. Marshall, G. B.; Midgley, D.: Analyst 108:701 (7983)
201. Williams, T. R.; McElvany, S. W.; Ighodalo, E. C.: Anal. Chim. Acta 123:351 (1981)
202. Winquist, F.; Spetz, A.; Lundström, I.: Anal. Chim. Acta 164:127 (1984)
203. Kato, T.: Anal. Chim. Acta 175:339 (1985)
204. Jones, E. A.: Anal. Chim. Acta 169:109 (1985)
205. Olsson, B.; Ogren, L.; Johansson, G.: Anal. Chim. Acta 145:101 (1983)
206. Williams, J. G.; Holmes, M.; Porter, D. G.: J. Autom. Chem. 4:176 (1982)
207. Mochizuki, T.; Kuroda, R.: Fresenius' Z. Anal. Chem. 309:363 (1981)
208. Yamamoto, M.; Yasuda, M.; Yamamoto, Y.: Anal. Chem. 57:1382 (1985)
209. Osborne, B. G.; Barrett, G. M.: FMBRA Bulletin 5:210 (1985)
210. Wang, J.; Freiha, B. A.: Anal. Chim. Acta 154:87 (1983)
211. Lazaro, F.; Luque de Castro, M. D.; Valcarcel, M.: Anal. Chim. Acta 165:177 (1984)
212. Schelter-Graf, A.; Schmidt, H. L.; Huck, H.: Anal. Chim. Acta 163:299 (1984)

213. Braithwaite, J. I.; Miller, J. N.: Anal. Chim. Acta 106:395 (1979)
214. Matsumoto, K.; Ishida, K.; Nomura, T.; Osajima, Y.: Agric. Biol. Chem. 48:2211 (1984)
215. Krug, F. J.; Mortatti, J.; Pessenda, L. C. R.; Zagatto, E. A. G.; Bergamin Filho, H.: Anal. Chim. Acta 125:29 (1981)
216. Basson, W. D.; Van Staden, J. F.: Analyst 103:296 (1978)
217. Jacintho, A. O.; Zagatto, E. A. G.; Reis, B. F.; Pessenda, L. C. R.; Krug, F. J.: Anal. Chim. Acta 130:361 (1981)
218. Jörgensen, S. S.; Regitano, M. A. B.: Analyst 105:292 (1980)
219. Yamada, M.; Kanai, H.; Suzuki, S.: Bull. Chem. Soc. Jap. 58:1137 (1985)
220. Stroh, A. N.; Curran, D. J.: Anal. Chem. 51:1045 (1979)
221. Borggaard, O. K.; Jörgensen, S. S.: Analyst 110:177 (1985)
222. Krug, F. J.; Bergamin Filho, H.; Zagatto, E. A. G.; Jörgensen, S. S.: Analyst 102:503 (1977)
223. Mochizuki, T.; Kuroda, R.: Fresenius' Z. Anal. Chem. 311:11 (1982)
224. Mochizuki, T.; Toda, Y.; Kuroda, R.: Talanta 29:659 (1982)
225. Greenfield, S.: Spectrochim. Acta 38B:93 (1983)
226. Krug, F. J.; Pessenda, L. C. R.; Zagatto, E. A. G.; Jacintho, A. O.; Reis, B. F.: Anal. Chim. Acta 130:409 (1981)
227. Tyson, J. F.; Appleton, J. M. H.; Idris, A. B.: Anal. Chim. Acta 145:159 (1983).
228. Lynch, T. P.; Kernoghan, N. J.; Wilson, J. N.: Analyst 109:839 (1984)
229. Lynch, T. P.: Analyst 109:421 (1984)
230. Lynch, T. P.; Kernoghan, N. J.; Wilson, J. N.: Analyst 109:843 (1984)
231. Basson, W. D.; Van Staden, J. F.: Analyst 103:998 (1978)
232. Lee, C.-C.; Pollard, B. D.: Anal. Chim. Acta 158:157 (1984)
233. Kuroda, R.; Mochizuki, T.: Talanta 28:389 (1981)
234. Krug, F. J.; Bahia, F. O.; Zagatto, E. A. G.: Anal. Chim. Acta 161:245 (1984)
235. Kuroda, R.; Ida, I.; Oguma, K.: Mikrochim. Acta 1:377 (1984)
236. McLeod, C. W.; Cook, I. G.; Worsfold, P. J.; Davies, J. E.; Queay, J.: Spectrochim. Acta 40B:57 (1985)
237. Zhou, N.; Frech, W.; Lundberg, E.: Anal. Chim. Acta 153:23 (1983)
238. Kuroda, R.; Ida, I.; Kimura, H.: Talanta 32:353 (1985)
239. Jones, E. A.: Anal. Chim. Acta 156:313 (1984)
240. Mochizuki, T.; Kuroda, R.: Analyst 107:1255 (1982)
241. Nordin-Andersson, I.; Cedergren, A.: Anal. Chem. 57:2571 (1985)
242. Escott, R. A. E.; Taylor, A. F.: Analyst 110:847 (1985)
243. Hansen, P. W.: Anal. Chim. Acta 158:375 (1984)
244. Decristoforo, G.; Knauseder, F.: Anal. Chim. Acta 163:73 (1984)
245. Lundbäck, H.; Johansson, G.; Holst, O.: Anal. Chim. Acta 155:47 (1983)
246. Gnanasekaran, R.; Mottola, H. A.: Anal. Chem. 57:1005 (1985)
247. Schneider, I.: Anal. Chim. Acta 166:293 (1984)
248. Karlberg, B.; Thelander, S.: Analyst 103:1154 (1978)
249. Decristoforo, G.; Danielsson, B.: Anal. Chem. 56:263 (1984)
250. Shah, M. H.; Stewart, J. T.: Anal. Lett. 16:913 (1983)
251. Landis, J. B.: Anal. Chim. Acta 114:155 (1980)
252. Tougas, T. P.; Curran, D. J.: Anal. Chim. Acta 161:325 (1984)
253. Persson, B.; Rosen, L.: Anal. Chim. Acta 123:115 (1981)
254. Chan, H. K.; Fogg, A. G.; Anal. Chim. Acta 111:281 (1979)
255. Belal, F.; Andersson, J. L.: Analyst 110:1493 (1985)
256. Forsman, U.; Karlsson, A.: Anal. Chim. Acta 139:133 (1982)
257. Maeda, M.; Tsuji, A.: Analyst 110:665 (1985)
258. Leggett, D. J.; Chen, N. H.; Mahadevappa, D. S.: Fresenius' Z. Anal. Chem. 31:687 (1982)

259. Strandberg, M.; Thelander, S.: Anal. Chim. Acta 145:219 (1983)
260. Kusube, K.; Abe, K.; Hiroshima, O.; Ishiguro, Y.: Chem. Pharm. Bull. 31:3589 (1983)
261. Rocks, B. F.; Wartael, S. M.; Sherwood, R. A.; Riley, C.: Analyst 110:669 (1985)
262. Bradberry, C. W.; Adams, R. N.: Anal. Chem. 55:2439 (1983)
263. Worsfold, P. J.; Ruzicka, J.; Hansen, E. H.: Analyst 106:1309 (1981)
264. Wise, J. A.; Heinemann, W. R.; Kissinger, P. T.: Anal. Chim. Acta 172:1 (1985)
265. Burguera, J. L.; Burguera, M.; Gallignani, M.; Alarcon, O. M.: Clin. Chem. 29:568 (1983)
266. Malavolti, N. L.; Pilosof, D.; Nieman, T. A.: Anal. Chim. Acta 170:199 (1985)
267. Masoom, M.; Townsend, A.: Anal. Chim. Acta 174:293 (1985)
268. Yao, T.: Anal. Chim. Acta 153:169 (1983)
269. Mueller, H.: Anal. Chem. Symp. Ser. 8:279 (1981)
270. Wehmeyer, K. R.; Halsall, H. B.; Heinemann, W. R.; Volle, C. P.; Chen, I.-W.: Anal. Chem. 58:135 (1986)
271. Chaney, E. N.; Baldwin, R. P.: Anal. Chim. Acta 176:105 (1985)
272. Burguera, J. L.; Burguera, M.; Alarcon, O. M.: J. Anal. At. Spectrom. 1:79 (1986)
273. Rocks, B. F.; Sherwood, R. A.; Turner, Z. J.; Riley, C.: Ann. Clin. Biochem. 20:72 (1983)
274. Maeda, M.; Tsuji, A.: Anal. Chim. Acta 167:241 (1985)
275. Worsfold, P. J.; Farrelly, J.; Matharu, M. S.: Anal. Chim. Acta 164:103 (1984)
276. Yao, T.: Sato, M.; Kobayashi, Y.; Wasa, T.: Anal. Chim. Acta 165:291 (1984)
277. Ruzicka, J.; Hansen, E. H.; Ghose, A. K.; Mottola, H. A.: Anal. Chem. 51:199 (1979)
278. Iob, A.; Mottola, H. A.: Anal. Chem. 52:2332 (1980)
279. Worsfold, P. J.; Hughes, A.; Mowthorpe, D. J.: Analyst 110:1303 (1985)
280. Kelly, T. A.; Christian, G. D.: Talanta 29:1109 (1982)
281. Van Staden, J. F.; Fresenius' Z. Anal. Chem. 315:141 (1983)
282. Winquist, F.; Lundström, I.; Danielsson, B.: Anal. Chem. 58:145 (1986)
283. Rocks, B. F.; Sherwood, R. A.; Bayford, L. M.; Riley, C.: Ann. Clin. Biochem. 19:338 (1982)
284. Valcarcel, M.; Luque de Castro, M. D.; Lazaro, F.: Anal. Proc. 20:313 (1983)
285. Riley, C.; Rocks, B. F.; Sherwood, R. A.; Aslett, L. H.; Oldsfield, P. R.: J. Autom. Chem. 5:32 (1983)
286. Worsfold, P. J.; Cox, A. G.; McLeod, C. W.: Analyst 109:327 (1984)
287. Yao, T.; Kobayashi, Y.; Sato, M.: Anal. Chim. Acta 153:337 (1983)
288. Salerno, R. A.; Odell, C.; Cyanovich, N.; Bubnis, B. P.; Morges, W.; Gray, A.: Anal. Biochem. 151:309 (1985)
289. Linares, P.; Luque de Castro, M. D.; Valcarcel, M.: Anal. Chem. 57:2101 (1985)
290. Van Staden, J. F.; Basson, W. D.: Lab. Pract. 29:1279 (1980)
291. Rocks, B. F.; Sherwood, R. A.; Riley, C.: Analyst 109:847 (1984)
292. Koerner, C. A.; Nieman, T. A.: Anal. Chem. 58:116 (1986)
293. Methods of Enzymatik Analysis, Böhringer, Mannheim, 1984

Ionen-Chromatographie anorganischer Anionen und Kationen

Prof. Dr. Georg Schwedt

Institut für Lebensmittelchemie der Universität Stuttgart,
Pfaffenwaldring 55, D-7000 Stuttgart 80

1 Einleitung/Historisches

Die Ionen-Chromatographie (IC) umfaßt leistungsfähige flüssigkeitschromatographische Analysensysteme zur Trennung und quantitativen Analyse von anorganischen und organischen Anionen sowie Kationen. Trennsysteme auf der Grundlage von Ionenaustausch, Ionenausschluß und Ionenpaar Verteilung sind in der Ionen-Chromatographie mit verschiedenartigen Detektionssystemen nach elektro- oder spektrometrischen Meßprinzipien direkt miteinander verbunden.

Nach dieser Definition stellt bereits die Arbeit von Huber u. van Urk-Schoen [1] zur Trennung von Alkali-Ionen (der radioaktiven Isotope) mit Hilfe der Ionenaustausch-Chromatographie und kontinuierlichen

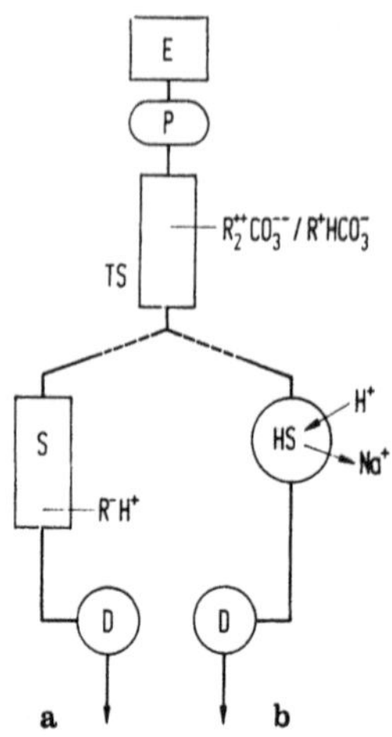

Abb. 1. Prinzipieller Aufbau eines Ionen-Chromatographen mit Suppressionstechnik. **a** mit Suppressor-Säule (S), historisch – s. in [2], R^+H^-: stark saurer Kationenaustauscher. **b** mit Hohlfasermembransuppressor, s. in [6]; (HS). E: Eluent (Vorratsgefäß), P: Probenaufgabesystem, TS: Trennsäule für Anionen (Eluent: Na_2CO_3/$NaHCO_3$-Lösung), D: Durchfluß-Konduktometer. (Nach [64])

radiometrischen Detektion aus dem Jahre 1972 ein ionen-chromatographisches Verfahren dar. Der Begriff „Ionen-Chromatographie" wurde aber erst 1975 durch die Arbeit von Small/Stevens/Bauman [2] eingeführt: Ihre neue Technik bestand darin, daß sie eine Ionenaustauscher-Trennsäule mit einer zweiten Ionenaustauscher-Säule als sogenanntem Suppressor, der den Elektrolyten aus dem Eluenten entfernt, und mit einem Durchfluß-Konduktometer zu einer Analyseneinheit verbanden (Abb. 1). Heute werden anstelle der durch die Austauschkapazität begrenzt anwendbaren Suppressor-Austauschersäule, die nach einiger Zeit regeneriert werden muß, Hohlfaser-Membransuppressoren (Abb. 1) verwendet. Für die Anionen-Chromatographie werden hier bei Gemischen aus Hydrogencarbonat-/Carbonat-Salzen als Eluent an einer semipermeablen Membran im Gegenstromprinzip die Natrium- gegen Wasserstoff-Ionen ausgetauscht (aus verdünnter Schwefelsäure).

Durch die Entwicklung von Austauscherharzen mit niedriger Austauschkapazität (0,007 bis 0,07 mmol/g) und die Verwendung von Eluenten mit geringer Grundleitfähigkeit wie die der Salze von Phthal- oder Benzoesäure für Anionen-Trennungen, lassen sich seit 1979 auch Ionen-Trennungen ohne Suppressor konduktometrisch detektieren [3]. Damit hat sich in der weiteren Entwicklung die IC unter Erweiterung der Trennsysteme bis zur Ionenpaar-Reversed-phase-HPLC und auch der Detektionsmöglichkeiten von der Leitfähigkeits- über die UV- bis zur elektrochemischen Detektion und zum Einsatz chemischer Reaktionsdetektoren von der apparativen Seiten zu einem speziellen Teil der modernen Flüssigkeits-Chromatographie (HPLC) entwickelt [4–8]. Vor allem in der Anionen-Analytik wurden durch die IC wesentliche Fortschritte erzielt, da Anionen bisher in Einzelverfahren überwiegend gravimetrisch oder photometrisch bestimmt werden mußten. Die Tab. 1 gibt einen Überblick über die bisher ionen-chromatographisch analysierten anorganischen Anionen und Kationen.

Tabelle 1. Übersicht über die ionen-chromatographisch analysierten Anionen und Kationen

Anionen von Hauptgruppenelementen (einschließlich Oxoanionen):
- HCO_3^-/CO_3^{2-}; SiO_3^{2-}; BO_3^{3-}
- N_3^-, NO_2^-, NO_3^-; HPO_4^{2-}/PO_4^{3-}, $P_2O_7^{4-}$; AsO_3^{3-}, AsO_4^{3-}
- HS^-/S^{2-}, SO_3^{2-}, SO_4^{2-}, $S_2O_8^{2-}$, $S_2O_3^{2-}$, $S_2O_6^{2-}$, $S_3O_6^{2-}$, $S_4O_6^{2-}$, $S_5O_6^{2-}$; SeO_2^{3-}, SeO_4^{2-}
- F^-, Cl^-, Br^-, I^-; ClO^-, ClO_2^-, ClO_3^-, ClO_4^-; BrO_3^-; IO_3^-, IO_4^-

Anionen von Nebengruppenelementen:
- $CrO_4^{2-}/Cr_2O_7^{2-}$; MoO_4^{2-}; HWO_4^-
- MnO_4^-

Zusammengesetzte Anionen (ohne Oxoanionen):
- BF_4^-
- CN^-, SCN^-, OCN^-, $Fe(CN)_6^{3-}$, $Fe(CN)_6^{4-}$, $SeCN^-$

Kationen von Hauptgruppenelementen:
- Li^+, Na^+, K^+, Rb^+, Cs^+, (NH_4^+)
- Mg^{2+}, Ca^{2+}, Sr^{2+}, Ba^{2+}
- Al^{3+}
- Pb^{2+}

Kationen von Nebengruppenelementen:
- Mn^{2+}
- Fe^{2+}/Fe^{3+}
- Co^{2+} – Ni^{2+} – Cu^{2+} – Zn^{2+}, Cd^{2+}, Hg^{2+} –
- Kationen der Lanthaniden (Lu, Yb, Tm, Er, Ho, Dy, Tb, Gn, Eu, Sm, Nd, Pr, Ce, La)

2 Trennmethoden (Tab. 2)

2.1 Ionenaustausch mit Suppressor

Die für die Suppressor-Technik entwickelten Ionenaustauscher bestehen aus Polystyrol-Harzen (Kopolymerisaten) mit Durchmessern von 10 bis 25 µm. Die Oberfläche dieser Harze wurde sulfoniert, um daran ein aminiertes, total poröses Latex-Teilchen (mit 0,1 µm Durchmesser) mit der austauschaktiven Gruppe aufgrund elektrostatischer und van-der-Waals-Wechselwirkungen anlagern zu können – s. auch in [6]. Diese Art von Ionenaustauscher wird auch als Oberflächen-Ionenaustauscherharz bezeichnet. Solche Säulenfüllungen sind im pH-Bereich von 0 bis 14 stabil. Beispiele für Trennsysteme sind in Tab. 2/1.1 zusammengestellt. Sie werden überwiegend in Kombination mit einem Suppressor verwendet. Wird für die Anionenanalytik ein Latex-Agglomerat mit quaternären Ammoniumgruppen eingesetzt, das von einem Eluenten mit Carbonat- und Hydrogencarbonat-Ionen durchströmt wird, so erfolgt die Trennung von anderen Anionen an der Carbonatform des Austauschers. Die Elutionsstärke des Elutionsgemisches wird durch das Verhältnis der beiden Anionen (und den daraus resultierenden pH-Wert) bestimmt. Im Suppres-

Tabelle 2. Trennmethoden und -systeme

1 Ionenaustausch-Systeme

1.1 Latex-Agglomerate: Suppressor-Systeme mit Leitfähigkeits-Detektion – s. auch in [6]

a) Anionenaustauscher mit $-NR_3^+$-Gruppen –
Eluenten: $Na_2CO_3/NaHCO_3$ – NaOH oder KOH – Na_2CO_3/NaH_2BO_3 – Tetrapropylammoniumhydroxid/Na_2CO_3, Na_2CO_3/Tetrabutylammoniumhydroxid/p-Cyanophenol

b) Kationenaustauscher mit $-SO_3^-$-Gruppen –
Eluenten: HNO_3 oder HCl (0,005 mol/l) für Alkali-Ionen, m-Phenylendiamindihydrochlorid/HCl für Erdalkali-Ionen –

c) total sulfonierter Kationenaustauscher mit hoher Kapazität (Ionenausschluß-Chromatographie) für organische Säureionen und sauerstoffhaltige anorganische Anionen wie Borat, Sulfat und Carbonat –
Eluent: Perfluorheptansäure – HCl (0,001 mol/l) – s. in [6]

1.2 Polymeraustauscher

a) modifizierte XAD-Harze (makroretikulare vernetzte Polystyrol-Harze) – nach Chlormethylierung aminiert, für Anionen [9]
Eluenten: Benzoat-, Biphthalat-, Sulfobenzoat-Lösungen
– sulfoniert, für Kationen [9]
Eluenten: 10^{-3} mol/l HNO_3, 10^{-3} mol/l Ethylendiaminsalze (-tartrat) pH 4,5

b) Aminex-Anionenaustauscher, Eluent: 0,2 mol/l $NaNO_3$ [27]
Aminex-Kationenaustauscher, Eluent: 0,2 mol/l Weinsäure (s. auch Tab. 5)

c) TSK-Gel 620/620 A (Toyo Soda, Tokyo)
Eluent für Anionen: Gluconsäure im Boratpuffer/Acetonitril oder 2 mmol/l KOH

d) PRP X-100: sphärisches Trennmaterial auf der Basis von vernetztem Co-Poly(styroldivinylbenzol)
Eluenten: Phthalsäure, Benzoesäure, p-Hydrocybenzoesäure bzw. Kaliumhydroxid

1.3 Austauscher auf Kieselgelbasis

1.3.1 PLB-Teilchen (niedrige Austauschkapazität: 0,1–0,3 mmol/g) (porous layer beds – mikropellicular)
Hersteller: WESCAN, VYDAC, TSK-Gel IEX (Toyo Soda, Tokyo) (Handelsnamen)
Eluenten: 1 mmol/l Weinsäure pH 3,2, Hydrogenphthalat-, Salicylat-, Benzoat-, Succinat-, Adipat-Lösungen –
s. auch in [20] – für Anionen
für Kationen: Ethylendiaminsalze, 10 mmol/l HNO_3

1.3.2 HPLC-Trennmaterialien (5–10 µm Teilchendurchmesser) – chemisch modifizierte Kieselgele, Kapazität etwa 1 mmol/g
Handelsnamen: NUCLEOSIL, PARTISIL u. a.
Eluenten wie unter 1.3.1, jedoch mit höheren Konzentrationen (z. B. 50 mmol/l), für Kationen: Weinsäure/Tartrat
Aminophase für Anionen-Trennungen: Phosphatpuffer als Eluenten [11]

Tabelle 2. (Fortsetzung)

2 Ionenpaar-Reversed-Phase-Systeme („ion interaction methods")

2.1 RP-Materialien auf Kieselgelbasis
RP-8, RP-18-Materialien
Eluenten: a) für Anionen: Cetyltrimethyl-, Tetrabutyl-, Tricapryl-, Benzyltrimethyl-, α-Naphthylmethyltripropyl-, α-Naphthylmethyltributylammoniumsalze, n-Octylamin/Phosphatpuffer – s. auch in [8]
b) für Kationen: Octansulfonat, α-Hydroxiisobuttersäure

Nitrilo-Phase: mit organischen Modifiern wie Acetonitril, Methanol

2.2 Polymer-RP-Material [21, 22]
PRP-1 (Hamilton) – Polystyroldivinylbenzol-Copolymer, sphärisch (s. auch 1.2d)
Eluenten: Tripropylaminfluorid in Acetonitril/Wasser, verschiedene organische Ammoniumsalze in Methanol/Wasser

3 Simultan-Trennsysteme (für Anionen + Kationen)

a) Kombination von stark saurem Kationen- und stark basischem Anionenaustauscher (PARTISIL-Materialien, Kieselgelbasis) und 5 mmol/l $Cu(NO_3)_2$-Lösung als Eluent – ohne Suppressor [15]
b) Kombination von Anionen- und Kationen-Trennsäule mit Suppressor
Eluent: 1,6 mmol/l Li_2CO_3/2,6 mmol/l Li-Acetat pH 10,35 [17]
c) Anionen-Trennsäule mit Suppressor
Eluent: $NaHCO_3/Na_2CO_3$, Metallionen als EDTA-Komplexe [18]
d) Kieselgel-Anionenaustauscher (TSK-Gel IC-Anion-SW) mit 1 mmol/l EDTA als Eluent [18]

sor-System gelangt der Natriumhydrogencarbonat/-carbonat-Eluent über eine semipermeable Membran mit verdünnter Schwefelsäure im Gegenstromprinzip in Kontakt (Abb. 1), wobei die Natrium-Ionen gegen Wasserstoff-Ionen ausgetauscht werden und sich somit in Wasser kaum dissoziierte Kohlensäure, d. h. physikalisch in Wasser gelöstes Kohlendioxid bildet. Die elektrische Leitfähigkeit des Eluenten ist nach dieser Austausch- und Neutralisationsreaktion so gering, daß die nun als Säuren vorliegenden Anionen konduktometrisch empfindlich gemessen werden können. Bei der Trennung der Kationen mittels verdünnter Säuren an einem Austauscher mit Sulfonsäure-Gruppen werden die Anionen gegen Hydroxyl-Ionen (aus verdünnter Kalilauge oder auch Tetrabutylammoniumhydroxid-Lösung) ausgetauscht, und es entsteht Wasser.

Außer dieser Art von Suppressor-Technik mit Polyethylen-Ionenaustauschermembranen in Form von Hohlfasern [6a] werden auch weiterhin die ursprünglichen Unterdrücker(Austauscher)-Säulen, die sich leicht regenerieren lassen, im Anschluß an die Ionen-Trennungen eingesetzt. Beide Verfahren haben die Aufgabe, die Leitfähigkeits-Messung von der Grundleitfähigkeit des zur Trennung erforderlichen Eluenten (wiederum abhängig von der Art des Ionenaustauschers, der stationären Phase) unabhängig zu machen. Da in der Meßzelle des Detektors die *Änderung* der Leitfähigkeit gemessen wird, treten auch bei hohen Ionenleitfähigkeiten nur geringe Leitfähigkeits-Änderungen auf. Es ist daher die Aufgabe einer Suppressor-Technik, die Grundleitfähigkeit des Eluentenstromes möglichst gering zu halten, so daß die Leitfähigkeits-Änderung mit optimaler Verstärkung gemessen werden kann. Dieses Ziel kann auch durch eine suppressorfreie elektronische Kompensation erreicht werden. Die heute kommerziell erhältlichen Leitfähigkeits-Detektoren weisen beispielsweise einen Meßbereich von 1 bis 10000 µS auf, wobei eine elektronische Signalunterdrückung der Grundleitfähigkeit im Eluenten bis zu 6000 µS möglich ist.

2.2 Ionenaustausch ohne Suppressor (s. Abb. 2 u. 3)

2.2.1 Ionenaustauscher mit niedriger Kapazität

1979 wurden erstmals Anionenaustauscher mit sehr niedriger Austauschkapazität (chemisch modifizierte XAD-Harze, Polystyrolmatrix, mit 0,007 bis 0,07 mmol/g und Eluenten geringer Leitfähigkeit (organische Säuren) von Gjerde u. Fritz sowie Mitarbeitern [3, 5] ohne einen Suppressor mit der konduktometrischen Detektion verbunden. Heute werden kommerziell vor allem von zwei Herstellern solche Polymeraustauscher angeboten

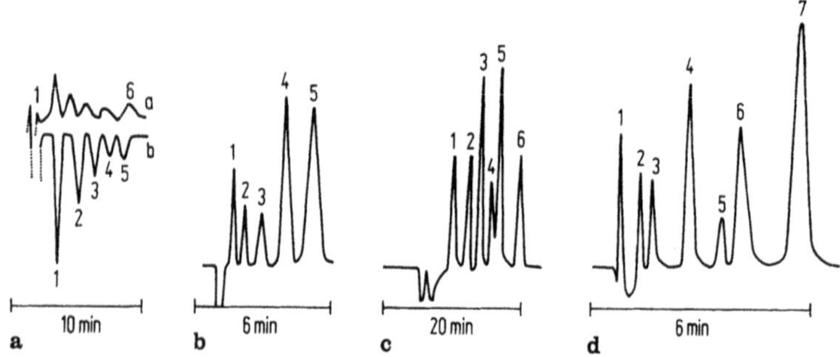

Abb. 2. Anionen-Chromatographie an Ionenaustauschern — aus (65).
a poröses Polymer TSK-Gel 620 SA (9 ± 1 µm-Teilchengröße), Kapazität 0,1–0,3 mmol/g. Eluenten: a) 1 mmol/l KH-phthalat pH 6,0, b) 2 mmol/l KOH, Leitfähigkeits-Detektion ohne Suppressor. [23], Tab. 5/2.b (1: F^-, 2: Cl^-, 3: NO_2^-, 4: Br^-, 5: NO_3^-, 6: SO_4^{2-}).
b ZIPAX-SAX (PLB-Teilchen, Eluent: 1,4 mmol/l Na-adipat pH 7, Leitfähigkeits-Detektion ohne Suppressor; s. [21] in [64] (1: Cl^-, 2: NO_2^-, 3: Br^-, 4: NO_3^-, 5: SO_4^{2-}).
c HPLC-Austauscher Nucleosil 10 SB, Eluent: 50 mmol/l KH-phthalat pH 3,9, RI-Detektion. Nach [34] (1: $H_2PO_4^-$, 2: Cl^-, 3: NO_2^-, 4: B^-, 5: NO_3^-, 6: SO_4^{2-}).
d Ionenaustauscher-Agglomerat aus Dowex 50 W-X 35 (15 µm-Teilchen) und 535 Å Typ 2 × 5 Latex. (Nach [22] in [65])
Eluent: 2,4 mmol/l Na_2CO_3/3 mmol/l $NaHCO_3$, Leitfähigkeits-Detektion mit Suppressor (1: F^-, 2: Cl^-, 3: NO_2^-, 4: PO_4^{3-}, 5: Br^-, 6: NO_3^-, 7: SO_4^{2-})

(Tab. 2/1.2), an deren poröser Matrix bessere Trennleistungen als an den chemisch modifizierten XAD-Harzen erzielt werden.

1984 wurde von Lee [9] ein absolut sphärisches Trägermaterial auf der Basis von vernetztem Co-Poly(styroldivinylbenzol) mit quaternären Ammoniumgruppen als stark basischer Ionenaustauscher beschrieben, das im pH-Bereich von 1 bis 13 und auch mit mobilen Phasen, die organische Lösungsmittel enthalten, eingesetzt werden kann. Solche Anionenaustauscher sind vor allem zur Trennung von Anionen schwach dissoziierter Säuren, die hohe pH-Werte im Eluenten erfordern, geeignet (s. Abb. 3).

Auf Kieselgelbasis sind ebenfalls leistungsfähige Ionenaustauscher mit niedriger Kapazität (0,1 bis 0,3 mmol/g) erhältlich, für welche die gleichen organischen Säuren bzw. Salze als Eluenten verwendet werden können (Tab. 2/1.3.1). Als PLB(porous layer bed)-Teilchen bestehen sie aus einem Kieselgelkern und einer Methacrylatschicht, an der sich die austauschaktiven Gruppen befinden [10]. Wegen der Kieselgelmatrix sind sie nur im pH-Bereich von etwa 2 bis 6,5 einsetzbar.

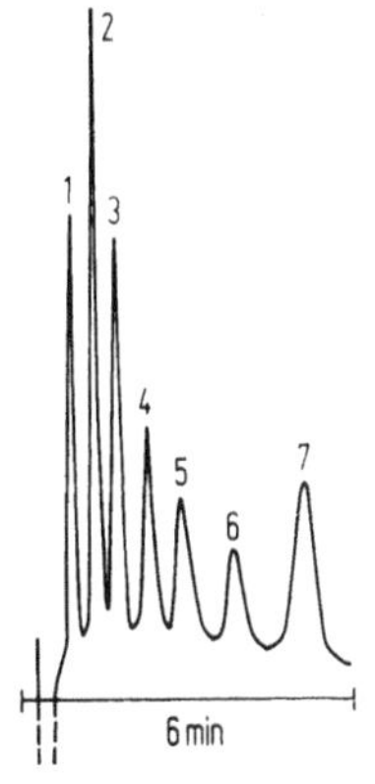

Abb. 3. Anionen-Chromatographie am Ionenaustauscher PRP X-100 (s. Tab. 5/2.c) Eluent: 4 mmol/l p-Hydroxybenzoesäure pH 8,6. (1: F^-, 2: Cl^-, 3: NO_2^-, 4: Br^-, 5: NO_3^-, 6: HPO_4^{2-}, 7: SO_4^{2-}) (Nach [9])

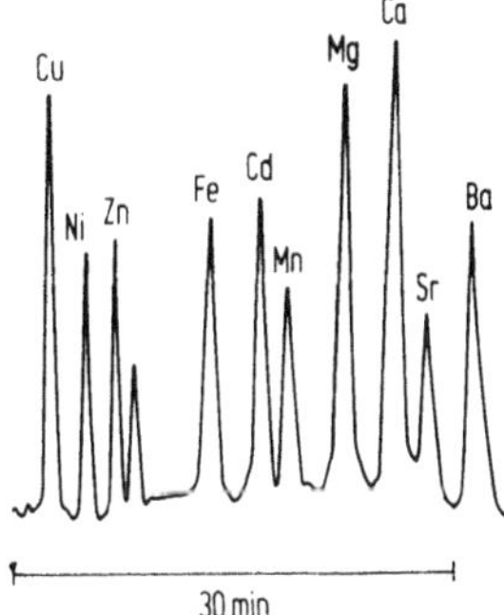

Abb. 4. Kationen-Chromatographie. (Nach [52]) Kationenaustauscher Nucleosil SA-10, Eluent: 0,5 mmol/l Oxalat/2 mmol/l Ethylendiamin pH 3,5, post-chromatographische Derivatisierung mit PAR/Zn/EDTA (Photometrie 490 nm)

2.2.2 HPLC-Austauscher mit hoher Kapazität (Tab. 2/1.3.1)

Für Trennungen an HPLC-Austauschermaterialien, ebenfalls auf Kieselgelbasis, mit chemisch gebundenen Austauschergruppen sind höhere Konzentrationen an organischen Säuren für die Anionen- und auch für die Kationenanalyse (Abb. 4) erforderlich [10]. Ein weiteres chemisch modifiziertes Kieselgel mit Propylaminogruppen, eine sogenannte Aminophase, ist als schwach basischer Anionenaustauscher ebenfalls in der Ionen-Chromatographie einsetzbar [11].

2.3 Ionenpaar-Reversed-phase-HPLC (Tab. 2/2.) (s. Abb. 5)

Neben den Ionenaustauschern auf Polymer- oder Kieselgelbasis haben in den letzten Jahren Ionenpaar-Reversed-phase-Systeme an Bedeutung gewonnen [12]. Sie bestehen aus Reversed-phase-Materialien, entweder auf Polymer- oder auf Kieselgelbasis, und sie enthalten organische Kationen bzw. Anionen (Alkyl-, Aryl-, Alkylarylammonium- bzw. Alkylsulfonat-Ionen) in der mobilen Phase. In diesen Systemen besteht ein dynamisches Gleichgewicht zwischen dem Ionenpaar-Reagens in der mobilen Phase und der hydrophoben stationären Phase. Die organischen Reagentien (s. auch Tab. 2/2.) können nicht nur mit den zu trennenden

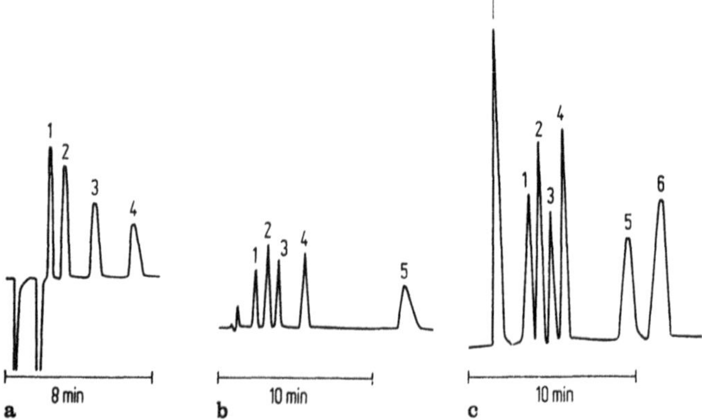

Abb. 5. Anionen-Chromatographie mittels Ionenpaar-Systemen; aus [65]
a RP-18-Trennphase Supelco LC 18 DB, mobile Phase: 0,25 mmol/l Hexansulfonat, 4 mmol/l α-Naphthylmethyltributylammonium$^+$, 10 mmol/l Essigsäure/Natriumacetat pH 4,75, UV-316 nm-Detektion. (Nach [23] in [65]) (1: Cl^-, 2: NO_2^-, 3: Br^-, 4: NO_3^-)
b Styrol-Divinyl-Polymer, mobile Phase: 1 mmol/l Trioctylammoniumhydroxid in 1:1 Acetonitril:Wasser, UV-Detektion (215 nm). (Nach [49]) (1: IO_3^-, 2: NO_2^-, 3: NO_3^-, 4: I^-, 5: $S_2O_3^{2-}$)
c LiChrosorb RP-18, mobile Phase: 0,5 mmol/l Tetrabutylammoniumsalicylat pH 3,5. Leitfähigkeits-Detektion. (Nach [10]) (1: $H_2PO_4^-$, 2: Cl^-, 3: Br^-, 4: NO_3^-, 5: I^-, 6: SO_4^{2-})

anorganischen Ionen Ionenpaare in der mobilen Phase bilden; sie sind auch in der Lage, die Oberfläche der RP-Phase mit einer dünnen ionenaustauschfähigen Schicht zu belegen. Diese Methode wird in der englischsprachigen Literatur auch als „dynamic ion-exchange chromatography" bezeichnet.

Die zur Zeit diskutierten Hypothesen zu den Trennmechanismen gehen von der Ionenpaarbildung, dem Ionenaustausch oder einer Ionen-Wechselwirkung zwischen mobiler und stationärer Phase in Form einer elektrisch geladenen Doppelschicht mit den organischen Ionen als innerer Schicht aus [12–14]. Wenn organische Lösungsmittel wie Methanol oder Acetonitril (als sogenannte „Modifier" zur Beschleunigung der Elution) Verwendung finden, wird vor allem die letztere Theorie als „ion interaction method" in Betracht gezogen. Je höher die Hydrophobizität des Ionenpaar-Reagenses ist, um so stärker werden die Ionen retardiert; mit Hilfe des organischen Modifiers lassen sich dann die Retentionszeiten ohne eine wesentliche Verringerung der Auflösung verkürzen. Im Unterschied zur Ionen-Chromatographie an Ionenaustauschern sind bei diesen Trennsystemen längere Zeiten zur Einstellung der Gleichgewichte zwischen mobiler und stationärer Phase erforderlich, bevor ein stabiles Trennsystem erreicht wird.

2.4 Multi- und Simultan-Analysen

Mit den beschriebenen Trennsystemen lassen sich zur Zeit etwa 10 bis 12 Anionen bzw. Kationen bei isokratischer Elution trennen, wobei Trennzeiten von 10 bis 30 Minuten erforderlich sind. Durch die Verbindung von Kationen- und Anionenaustauschern (auf Kieselgelbasis) nach Small u. Miller [15] ist auch eine Simultanbestimmung von Anionen und Kationen möglich, wobei eine 5×10^{-3} mol/l Kupfersulfat-Lösung als Eluent eingesetzt wird. Außerdem werden auch Suppressor-Systeme mit Kupferphthalat als Eluent beschrieben [16] bzw. mit einer Anionen-Trennsäule, in der Metallionen als EDTA-Komplexe von den Anionen getrennt werden (mit und ohne Suppressor) [17, 18] (Abb. 6). Sowohl die Untersuchungen

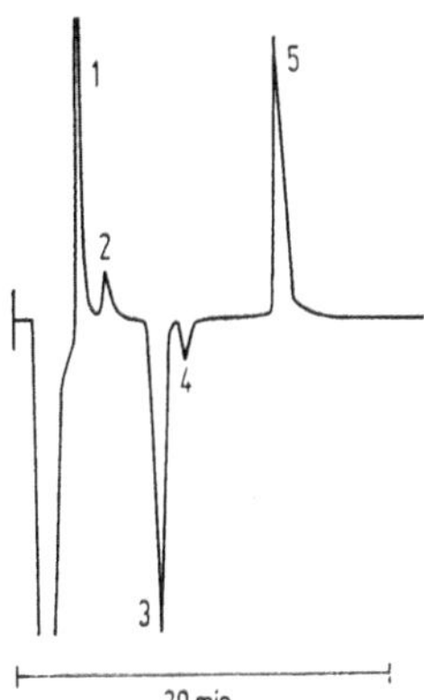

Abb. 6. Simultan-Analyse von Anionen und Kationen. (Nach [18]) Poröser Anionenaustauscher TSK-Gel IC-Anion-SW (Kieselgelbasis) (5 ± 1 µm-Teilchengröße), 0,1 mmol/g Kapazität), Eluent: 1 mmol/l Ethylendiamintetraessigsäure pH 6,0. Oberflächenwasser: 1: Cl^-, 2: NO_3^-, 3: Ca^{2+}, 4: Mg^{2+}, 5: SO_4^{2-}

zur Selektivität von Trennsystemen wie auch die Multi- und auch die Simultan-Ionen-Analyse lassen weitere Fortschritte in der Ionen-Chromatographie erwarten.

3 Detektionsmethoden (Tab. 3)

3.1 Elektrometrische Methoden (s. auch 2.1)

Zu Beginn der Ionen-Chromatographie wurde zunächst ausschließlich die Differenz-Messung der Leitfähigkeit wäßriger Eluenten (zwischen Eluent und eluierten Ionen) in einem Durchflußdetektor nach dem Passieren eines Suppressors verwendet. Mit der Entwicklung von Ionenaustauschern geringer Austauschkapazität in Kombination mit Eluenten niedriger Grundleitfähigkeit sowie der Entwicklung der Ionenpaar-Reversed-phase-Chromatographie für Anionen und Kationen werden leistungsfähige Leitfähigkeits-Detektoren auch in der Ionen-Chromatographie ohne Suppressortechnik eingesetzt [3, 23, 24].

Tabelle 3. Detektionsmethoden

1 Leitfähigkeits-Detektion (Differenz-Messungen)
- a) für Suppressor-Systeme
- b) für „non-suppressed"-Systeme mit Eluenten geringer Grundleitfähigkeit (s. Tab. 5)

2 RI-Detektion (Differenz-Brechungsindex-Messungen)
für Trennsysteme mit organischen (aromatischen) Säuren in der mobilen Phase

3 UV/VIS-Detektion
- a) direkte UV-Detektion (UV-195 bis 210 nm)
  für Trennsysteme mit Phosphat-, Carbonat- oder auch Trialkylammoniumphosphat-Lösungen als Eluenten
- b) indirekte UV-Detektion
  bei organischen UV-absorbierenden Eluenten wie Phthalat (265 oder 254 nm) oder Sulfobenzoat (224 nm)

4 Elektrochemische Detektionsmethoden
4.1 Amperometrische Detektion für leicht oxidierbare Anionen
4.2 Potentiometrie für Halogenid-Ionen.
4.3 Coulometrie für Halogenid-Ionen

5 Atomspektrometrische Detektion für Kationen als elementselektive Detektion (AAS, OES-ICP)

6 Post-chromatographische Reaktionsdetektoren (Photometrie, Fluorimetrie)
6.1 Photometrie z. B. nach Umsetzung von Anionen mit Fe(III)-Ionen (Messung der Eisen-Komplexionen)
6.2 Fluorimetrie z. B. Oxidation mit Cer(IV)-Ionen (Messung von Cer(III)-Ionen)

Zur selektiven Detektion spezieller Ionen finden in Einzelfällen auch amperometrische, coulometrische und potentiometrische Detektoren Verwendung. Die amperometrische (elektrochemische) Detektion ist vor allem für Nitrit, Thiosulfat, Sulfid, Thiocyanat, Cyanid, Bromid und Iodid geeignet [25, 26]. Die Coulometrie mit konstantem Potential an der Arbeitselektrode wird für die Halogenid-Ionen sowie für Cyanid eingesetzt [27]. Für diese Anionen wird auch ein potentiometrischer Detektor mit einer Silberelektrode beschrieben [28]. Sowohl für Kationen als auch für Anionen wird neuerdings eine potentiometrische Detektion mit einer metallischen Kupferelektrode beschrieben [29, 30]. In der direkten Detektion beruht die Messung auf einer Komplexierung von Kupfer-Ionen an der Elektrodenoberfläche durch die eluierten Anionen wie Halogenid-, Bromat- und Iodat-Ionen. Bei der indirekten Methode steigt das Potential an der Elektrode, wenn die Konzentration an Liganden (im Eluenten) wie Oxalat, Citrat durch die Elution eines Metallions (infolge Komplexbildung) verringert wird [30].

Tabelle 4. Nachweisgrenzen (Beispiele) in der Ionen-Chromatographie (bezogen auf das 2fache Detektorrauschen)

1. Suppressor-System (TSK-Gel 620 SA, Eluent: 2 mmol/l NaOH) [23] mit *Leitfähigkeits-Detektion* – in µg/l

Fluorid	1,5
Chlorid	2,5
Bromid	15
Nitrit	15
Nitrat	15

2. Suppressor-System (Eluent: $NaHCO_3/Na_2CO_3$ oder HCl) mit *direkter UV-Detektion* (optimale Absorption je nach Ion zwischen 192 und 200 nm) – s. in [31] – in mg/l

Arsenit	1,2	Azid	0,3
Arsenat	1,5	Nitrat	0,1
Bromid	0,1	Nitrit	0,1
Bromat	0,16	Sulfid	0,4
Chlorid	2	Thiocyanat	0,2
Chlorat	4	Selenit	0,5
Iodid	0,15	Selenat	15
Iodat	0,08		

3. *Indirekte UV-Detektion/Leitfähigkeits-Detektion* nach [33] (VYDAC-Ionenaustauscher, Eluent: NaH-Phthalat pH 4,6) – in mg/l

	indirekte UV-Detektion 308 nm	Leitfähigkeits-Detektion („non-suppressed“)
Chlorid	0,1	1,0
Bromid	0,2	1,0
Nitrit	0,3	3,0
Nitrat	0,3	3,0
Sulfat	0,3	3,0
Phosphat	0,3	4,0

3.2 Direkte UV-Absorptions-Spektrometrie

Im Absorptionsbereich von 195 bis 220 nm lassen sich eine Reihe von Anionen detektieren — vorausgesetzt, daß ein Eluent mit geringer UV-Absorption zur Trennung eingesetzt werden kann (Phosphat-, Carbonat-Puffer) [11, 31] — s. auch Tab. 4. Für selektive und empfindliche Nitrat- und Nitrit-Analysen ist die direkte UV-Detektion bei 210 nm besonders gut geeignet. Sie wird vorwiegend in der Wasseranalytik eingesetzt, wobei Nachweisgrenzen bis in den unteren ppb-Bereich (je nach Güte des UV-Detektors) erreicht werden.

3.3 Indirekte Detektionsmethoden

Werden UV-absorbierende organische (aromatische) Säuren als Eluenten eingesetzt, so läßt sich die Abnahme der UV-Absorption bei der Elution nicht absorbierender anorganischer Anionen zur indirekten UV-Detektion heranziehen [15, 32, 33]. Die Differenz-Brechungsindex-Detektion in den gleichen Trennsystemen stellt ebenfalls eine indirekte Detektion dar [34]. Bei Anwesenheit von fluoreszierenden Ionen im Eluenten (Farbstoffionen) kann auch die indirekte fluorimetrische Messung (der Fluoreszenzabnahme) herangezogen werden, wobei beispielsweise für Chlorid eine Nachweisgrenze von 6,7 ng in der Säule erreicht wird [35].

3.4 Atomspektrometrische Detektion

Zur elementselektiven Detektion werden ionen-chromatographische Trennsysteme mit verschiedenen Geräten der Atomspektrometrie gekoppelt: Für die Analyse von Selenit/Selenat [36], Arsenit/Arsenat/organischen Arsenspezies mit einem AAS-Gerät [37], von Chrom(VI)- und Chrom(III)-Spezies mit einem Plasma-Emissions-Spektrometer (der „direct current plasma emission spectrometry“) [38]. Die Plasma-Emissions-Spektrometrie wird ebenso zur Detektion von ionen-chromatographisch getrennten Arsen- und Selenspezies verwendet [39]. Auch die Anwendung der Flammen-Photometrie als Detektionsmethode wird beschrieben [40].

3.5 Post-chromatographische Umsetzungen

Photometrische Reagentien wie PAR oder PAR-ZnEDTA für Metallionen [41] und selektive Reagentien wie Chromazurol S für Eisen und Aluminium [42] werden zunehmend in der Kationenanalyse eingesetzt. In der Anionen-Chromatographie wird für Phosphate die Molybdänblau-Reaktion verbreitet genutzt [43], wobei sowohl luftsegmentierte als auch offene (unsegmentierte) Reaktionsrohre anwendbar sind [44]. Weiterhin wird die Umsetzung von Eisen(III)-Ionen mit einer Reihe von Anionen zu photometrisch detektierbaren Eisenkomplexen beschrieben [45]. Fluoreszenzmessungen lassen sich nach der Oxidation von Anionen (z. B. von Thiosulfat und anderen schwefelhaltigen Anionen) in stark schwefelsaurer

Lösung mit Cer(IV)-Ionen durchführen, wobei die Fluoreszenz der Cer(III)-Ionen gemessen wird [46]. In der Anionen-Chromatographie hat diese Methodik jedoch insgesamt kaum eine Bedeutung, wogegen Kationen-Analysen überwiegend mit post-chromatographischen Derivatisierungen in Reaktionsdetektoren durchgeführt werden.

Weitere Literaturhinweise zur Anwendung spezieller Detektoren in der Ionen-Chromatographie sind in der zitierten Literaturdokumentation (7) – Kapitel 3: Spezielle Detektoren – sowie in der Übersichtsarbeit von Haddad u. Heckenberg (8) zu finden.

4 Analysensysteme (Tab. 5 u. 6)

Durch die Auswahl des Trennsystems wird in vielen Fällen auch die Art des optimalen Detektionssystems festgelegt. Die Eigenschaften des Eluenten (Grundleitfähigkeit, UV-Absorption bzw. -Durchlässigkeit, elektrochemische Aktivität) bestimmen die Auswahl des Detektionssystems ebenso wie auch die Eigenschaften der zu bestimmenden Ionen. In den folgenden Tabellen 5 und 6 werden die wichtigsten Analysensysteme an Beispielen vorgestellt. Sie stellen den Zusammenhang zwischen den bereits beschriebenen Trennsystemen und den Detektionsmethoden her.

Tabelle 5. Analysensysteme für Anionen
(S: Säulenmaterial, E: Eluent, D: Detektion)

1. Ionenaustauschsysteme mit Suppressor – nach [6]
   a) F^-, BrO_3^-, Cl^-, NO_2^-, HPO_4^{2-}, Br^-, NO_3^-, SO_4^{2-} (in 6 min)
      S: = *PIC-AS 3/Dionex*, 25 µm-Partikelgröße, Vernetzungsgrad 2%
      E: 2,8 mmol/l $NaHCO_3$/2,2 mmol/l Na_2CO_3 (2 ml/min)
      D: *Leitfähigkeit* mit Suppressionstechnik (Membran)
   b) Borat, Carbonat – nach [6] – (in 14 min)
      S: *HPICE-AS1/Dionex* (Ionenausschluß-Säule)
      E: 1 mmol/l Octansulfonsäure
      D: *Leitfähigkeit* mit Suppressionstechnik (Regenerens: 10 mmol/l Ammoniak-Lösung)
2. Polymeraustauscher ohne Suppressor (Abb. 2 u. 3)
   a) Cl^-, I^-, SCN^-, SO_4^{2-} (unvollständige Trennung in 10 min) [3]
      S: *XAD-1-Harz* mit $-CH_2N(CH_3)_3^+$-Gruppen, 44–57 µm, Kapazität 7 µmol/g
      E: 0,1 mmol/l Kaliumphthalat pH 7,1
      D: *Leitfähigkeit*
   b) F^-, Cl^-, NO_2^-, Br^-, NO_3^- (in 10 min) [23]
      S: *TSK-Gel IC-620 SA* (Toyo Soda, Tokyo)
      E: 2 mmol/l KOH (1 ml/min)
      D: *Leitfähigkeit*
   c) F^-, Cl^-, NO_2^-, Br^-, NO_3^-, HPO_4^{2-}, SO_4^{2-} (in 6 min) [9]
      S: *PRP-X 100* (150 × 4,1 mm) (Abb. 3)
      E: 4 mmol/l p-Hydroxybenzoesäure pH 8,6 (3 ml/min)
      D: *Leitfähigkeit*

Tabelle 5 (Fortsetzung)

3. Austauscher auf Kieselgelbasis

a) $H_2PO_4^-$, Cl^-, NO_2^-, Br^-, NO_3^-, SO_4^{2-} (in 20 min) [32]
S: *VYDAC Anion 3021 C46* (250 × 4,6 mm)
E: 4 mmol/l Phthalat pH 4,0
D: RI-, Leitfähigkeits- und indirekte UV-Detektion

b) $H_2PO_4^-$, Cl^-, NO_2^-, Br^-, NO_3^-, HCO_3^-, SO_4^{2-}, I^- (in 5 min) [47]
S: *WESCAN-Anion* HS (250 × 4,6 mm)
E: 4 mmol/l KH-Phthalat pH 3,9
D: *Leitfähigkeit*

c) IO_3^-, NO_2^-, BrO_3^-, Cl^-, ClO_3^-, Br^-, NO_3^- (in 20 min) [48]
S: TSK-Gel IEX-520 (Kieselgelbasis, Toyo Soda), 6 µm-Partikel, Kapazität 0,3 mmol/lg
E: 1 mmol/l Weinsäure pH 3,2 (1,5 ml/min, 30 °C)
D: *Leitfähigkeit*

d) HCO_3^-, $H_2PO_4^-$, Cl^-, NO_2^-, Br^-, NO_3^-, SO_4^{2-}, I^- (in 25 min) [10]
S: *NUCLEOSIL-HPLC-Austauscher 5-SB* (Macherey-Nagel)
E: 25 mmol/l Na-Salicylat pH 6,1 (0,8 ml/min)
D: *RI-Detektion*

4. Ionenpaar-RP-Systeme (Abb. 5)

a) IO_3^-, $S_2O_3^{2-}$, NO_2^-, NO_3^-, I^- (in 6 min) [49]
S: *C_{18}(RP)-Trennmaterialien* (*Kieselgelbasis*)
E: 1 mmol/l Tridocylmethylammoniumiodid zur Äquilibrierung, 75% Methanol/25% H_2O
D: *direkte UV-Detektion* (215 nm)

b) IO_3^-, Br^-, NO_2^-, NO_3^-, I^- (in 10 min) [50]
S: *verschiedene RP-8-, RP-18-Materialien*
E: 0,01 mol/l Octylamin pH 6,2 (mit Phosphorsäure)
D: *direkte UV-Detektion* (205 nm)

c) F^-, Cl^-, NO_2^-, Br^-, NO_3^-, SO_4^{2-} (in 8 min) [24]
S: *PRP-1-Polymer* (150 × 4,1 mm)
E: 0,75 mmol/l Tetrabutylammoniumsalicylat in Acetonitril/Wasser (7:93)
D: *Leitfähigkeit*

d) IO_3^-, BrO_3^-, NO_2^-, Br^-, NO_3^-, I^- (in 16 min) [51]
S: *Nitrilophase* (Polygosil-60-D-10 CN; 250 × 4,6 mm)
E: 0,1 mol/l Na_2HPO_4 – 0,1 mol/l KH_2PO_4 mit 0,1 mol/l Hexadecyltrimethylammoniumchlorid (75 Vol. Teile) + 25 Vol. Teile Acetonitril (1,5 ml/min)
D: *direkte UV-Detektion* (205 nm)

4.1 Anionen-Analysen (Tab. 5)

In der Anionen-Chromatographie haben sich die Systeme mit Supressionstechnik und Leitfähigkeits-Detektion und auch die Analysensysteme aus Polymeraustauschern geringer Kapazität mit Leitfähigkeits- sowie aus Austauschern auf Kieselgelbasis mit Leitfähigkeits-, RI- oder indirekter UV-Detektion bewährt [7, 10]. Sie sind nahezu universell einsetzbar und finden vor allem in der Wasseranalytik verbreitet Anwendung.

Für spezielle Anionen ist auch die bereits beschriebene direkte UV-Detektion geeignet. Bei den Ionenpaar-Systemen (2.3), die bisher wegen der oft langen Äquilibrierungszeiten wesentlich seltener eingesetzt werden, ist neben der Leitfähigkeits- auch die indirekte UV-Detektion von Interesse (s. Tab. 5).

Tabelle 6. *Analysensysteme für Kationen*
(S: Säulenmaterial, E: Eluent, D: Detektion)

1. *Ionenaustauschsysteme mit Suppressor*

a) Alkali-Ionen: Li^+, Na^+, NH_4^+, K^+, Rb^+, Cs^+ (in 18 min) – nach [6]
S: *HPIC-CS1/Dionex* (20 µm-Partikelgröße)
E: 5 mmol/l HCl (2,3 ml/min)
D: *Leitfähigkeit mit Suppressionstechnik* (Regenerens: 0,04 mol/l KOH)

b) Erdalkali-Ionen: Mg^{2+}, Ca^{2+}, Sr^{2+}, Ba^{2+} (in 12 min) – nach [6]
S: *HPIC-CS1/Dionex*
E: 2 mmol/l m-Phenylendiamindihydrochlorid/2 mmol/l HCl (2,3 ml/min)
D: *Leitfähigkeit mit Suppressionstechnik* (Regenerens: Tetramethylenammoniumhydroxid für Analysen im ppb-Bereich)

2. *Polymeraustauscher ohne Suppressor*

Cu^{2+}, Zn^{2+}, Ni^{2+}, Co^{2+}, Cd^{2+} (in 30 min) [27]
S: *Aminex A-4-Kationenaustauscher*, 20 ± 4 µm-Partikel, 8% vernetzt, (200 × 4 mm)
E: 0,18 mol/l Na-Tartrat/0,04 mol/l Weinsäure/0,04 mol/l NaCl
D: post-chromatographische Derivatisierung mit Cu-Diethylentetraminpentaessigsäure im Alkalischen/*Coulometrie*

3. *Austauscher auf Kieselgelbasis*

a) Li^+, Na^+, NH_4^+, K^+ (in 3 min, unvollständig getrennt) [32]
S: *WESCAN 269-004-Kationenaustauscher*
E: 2,75 mmol/l Anilin pH 4,65
D: *RI-Detektion*

b) Fe^{3+}, Cu^{2+}, Pb^{2+}, Zn^{2+}, Ni^{2+}, Co^{2+}, Cd^{2+}, Fe^{2+}, Ca^{2+}, Mn^{2+}, Mg^{2+}, Sr^{2+}, Ba^{2+} (in 42 min) [41]
S: *NUCLEOSIL SA-10-Kationenaustauscher* (250 × 4,6 mm)
E: 0,14 mol/l Tartrat pH 2,76 (1,5 ml/min)
D: post-chromatographische Umsetzung mit PAR-ZnEDTA, *Photometrie* im Durchflußdetektor bei 490 nm

c) Cu^{2+}, Ni^{2+}, Zn^{2+}, Co^{2+}, Fe^{2+}, Cd^{2+}, Mn^{2+}, Ca^{2+}, Sr^{2+}, Ba^{2+} (in 35 min) [52] – Abb. 4
S: *NUCLEOSIL SA-10* (250 × 4 mm)
E: 0,5 mmol/l Oxalat/2 mmol/l Ethylendiamin pH 3,5 (2 ml/min)
D: wie unter b)

4. *Ionenpaar-RP-System*

Cu^{2+}, Pb^{2+}, Zn^{2+}, Ni^{2+}, Co^{2+}, Mn^{2+} (in 10 min) [49]
S: *C_{18}-Säule* (Kieselgelmatrix), 5 µm-Partikel
S: *S_{18}-S*
E: 0,01 ml/l 1-Hexansulfonat/0,045 mol/l Tartrat (1,5 ml/min)
D: post-chromatographische Umsetzung mit PAR, *Photometrie* 530–540 nm

4.2 Kationen-Analysen (Tab. 6)

In der Analytik der Alkali- und der Erdalkali-Ionen hat sich vor allem die Ionen-Chromatographie mit Suppressionstechnik und Leitfähigkeits-Detektion durchgesetzt. Erdalkali-Ionen lassen sich nach Trennung an einem stark sauren Kationenaustauscher auf Kieselgelbasis auch nach post-chromatographischer Derivatisierung analysieren. Im gleichen Analysensystem sind weitere 9 Kationen detektierbar [41]. Diese Systeme bieten die Möglichkeit einer Multi-Element- und auch empfindlichen Spurenanalytik. Spezielle Analysensysteme mit coulometrischer oder potentiometrischer Detektion haben nur eine geringe Bedeutung. Auch die Ionenpaar-Systeme mit post-chromatographischer Derivatisierung haben bisher keine Vorteile gegenüber den Ionenaustausch-Systemen gezeigt.

5 Anwendungsgebiete

Der Schwerpunkt der Anwendung ionen-chromatographischer Verfahren liegt in der Analyse von Anionen in Wässern, wo meist keine Probenvorbereitung — außer einer Membranfiltration — erforderlich ist. Über Anreicherungsschritte, oft direkt auf der Trennsäule, lassen sich Nachweisgrenzen bis in den untersten ppb-Bereich erzielen. Weitere Anwendungsgebiete sind in Tab. 7 aufgeführt. Insgesamt ist die Ionen-Chromatographie zur Zeit vor allem eine Methodik der Anionen-Analyse. Sie erstreckt sich von den Wässern der verschiedensten Art über Luftproben, biologisches Material einschließlich Lebensmitteln bis hin zu geologischen Proben und auch in den Bereich der Elementaranalyse. Bei allen diesen Anwendungsgebieten sind jedoch wesentliche Vorarbeiten vor einer ionenchromatographischen Analyse zum Probenaufschluß bzw. -Cleanup durchzuführen. Nachdem zahlreiche leistungsfähige Trenn- und Detektionssysteme zur Ionen-Chromatographie (auch aus den Bausteinen der all-

Tabelle 7. Anwendungsbereiche der Ionen-Chromatographie

1. *Wässer* aller Art — am verbreitesten, meist ohne Probenvorbereitung (Anionen sowie Alkali- und Erdalkali-Ionen) [10, 57]
2. *Geologisches Material* (Gesteine, Böden, Kohle, Öle) — s. auch in [7] (Cl^-, F^-, SO_4^{2-}, NO_3^-, Alkali- und Erdalkali-Ionen)
3. *Luftanalytik*: Aerosole, Stäube, Gase (NO_x, SO_2, HCl, F) [58, 59]
4. *Technische Analysen*: Kohle (s. auch unter 2.), Chemikalien (auf Reinheit), photographische Lösungen, Galvanikbäder, Korrosionsuntersuchungen (Anionen, anionische Komplexe) [56]
5. *Elementaranalyse* (Cl, Br, P, S) — nach Aufschluß (Verbrennung) in einem Schöniger-Kolben [60]
6. *Biologisches Material*: Urin, Serum (Elektrolyte) [61]
7. *Lebensmittel*: Anionen in Fleischprodukten; Fruchtsäfte, Wein (Kationen) [62], Anionen in Mineralwässern [63]

gemeinen HPLC-Analytik) zur Verfügung stehen, sind in Zukunft in diesem Bereich der Probenvorbereitung noch wesentliche Entwicklungsarbeiten durchzuführen. In der Kationen-Analytik kann die Ionen-Chromatographie spezielle Aufgaben abdecken – wie die schnelle (und preisgünstige) Durchführung einer Übersichtsanalyse oder auch die selektive und sehr empfindliche Bestimmung spezieller Elemente, die mit atomspektrometrischen oder elektrochemischen Methoden nur unbefriedigend zu analysieren sind. Hier kommt der Ionen-Chromatographie auch eine besondere Rolle in der Abtrennung störender Matrixbestandteile zu. Einige neuere Arbeiten berichten über die Anwendungsmöglichkeiten der Ionen-Chromatographie in der Lebensmitteluntersuchung [53, 54], in der Umweltanalytik [55] und auch in der Galvanotechnik [56].

Literatur

1. Huber, J. F. K.; van Urk-Schoen, A. M.: Anal. Chim. Acta 58:395 (1972)
2. Small, H., Stevens, T. S., Bauman, W. C.: Anal. Chem. 47:1801 (1975)
3. Gjerde, D. T., Fritz, J. S., Schmuckler, G.: J. Chromatogr. 186:509 (1979)
4. Smith, F. C., Chang, R. C.: CRC Crit. Rev. Anal. Chem. 9:197 (1980)
5. Fritz, J. S., Gjerde, D. T., Pohlandt, C.: Ion Chromatography, Heidelberg, Basel, New York, Hüthig 1982
6. Weiß, J.: Handbuch der Ionenchromatographie, Weiterstadt, Dionex 1985

6a. Stevens, T. S., Davis, J. C., Small, H.: Anal. Chem. 53:1488 (1981)

7. Schwedt, G.: Ionen-Chromatographie, Literaturdokumentation zur Chemischen Analytik, Band 4 (Reihe „Informationstransfer der Labor-Praxis") Würzburg, Vogel-Verlag 1987
8. Haddad, P. R., Heckenberg, A. L.: J. Chromatogr. 300:357 (1984)
9. Lee, D. P.: J. Chromatogr. Sci. 22:327 (1984)
10. Rössner, B., Schwedt, G.: Fresenius Z. Anal. Chem. 320:566 (1985)
11. Cortes, H. J.: J. Chromatogr. 234:517 (1982)
12. Horvath, C., Melander, W., Molnar, I., Molnar, P.: Anal. Chem. 49:2295 (1977)
13. Hoffman, N. E., Liao, J. C.: Anal. Chem. 49:2231 (1977)
14. Iskandari, Z., Pietrzyk, D. J.: Anal. Chem. 54:1065 (1982)
15. Small, H., Miller, T. E.: Anal. Chem. 54:462 (1982)
16. Jones, V. K., Tarter, J. G.: Int. Laborat. 15(7):36 (1985)
17. Tanaka, T.: Fresenius Z. Anal. Chem. 320:125 (1985)
18. Yamamoto, M., Yamamoto, H., Yamamoto, Y., Matsushita, S., Baba, N., Ikushige, T.: Anal. Chem. 56:832 (1984)
19. Fritz, J. S., DuVal, D. L., Barron, R. E.: Anal. Chem. 56:1177 (1984)
20. Schmuckler, G.: J. Chromatogr. 313:47 (1984)
21. Lee, D. P.: J. Chromatogr. Sci. 20:203 (1982)
22. Cassidy, R. M., Elchuk, S.: J. Chromatogr. Sci. 21:454 (1983)
23. Okada, T., Kuwamoto, T.: Anal. Chem. 55:1001 (1983)
24. Cassidy, R. M., Elchuk, S.: J. Chromatogr. 262:311 (1983)
25. Rocklin, R. D., Johnson, E. L.: Anal. Chem. 55:4 (1983)
26. Wheals, B. B.: J. Chromatogr. 262:61 (1983)
27. Girard, J. E.: Anal. Chem. 51:836 (1979)
28. Hershcovitz, H., Yarnitzky, C., Schmuckler, G.: J. Chromatogr. 252:113 (1982)

29. Alexander, P. W., Haddad, P. R., Trojanowicz, M.: Chromatographia 20:179 (1985)
30. Haddad, P. R., Alexander, P. W., Trojanowicz, M.: J. Chromatogr. 324:319 (1985)
31. Williams, R. J.: Anal. Chem. 55:851 (1983)
32. Haddad, P. R., Heckenberg, A. L.: J. Chromatogr. 252:177 (1982)
33. Cochrane, R. A., Hillman, D. E.: J. Chromatogr. 241:392 (1982)
34. Buythenuys, F. A.: J. Chromatogr. 218:57 (1981)
35. Mho, S. I., Yeung, E. S.: Anal. Chem. 57:2253 (1985)
36. Chakrabarti, D., Hillman, D. C. J., Irgolie, K. J., Zingaro, R. A.: J. Chromatogr. 249:81 (1982)
37. Ricci, G. R., Shepard, L. S., Colovis, G., Hester, N. E.: Anal. Chem. 53:610 (1981)
38. Krull, I. S., Panaro, K. W., Gershman, L. L.: J. Chromatogr. Sci. 21:460 (1983)
39. McCarthy, J. P., Caruso, J. A., Fricke, F. L.: J. Chromatogr. Sci. 21:389 (1983)
40. Downey, S. W., Hieftje, G. M.: Anal. Chim. Acta 153:1 (1983)
41. Yan, D., Schwedt, G.: Fresenius Z. Anal. Chem. 320:325 (1985)
42. Yan, D., Schwedt, G.: Fresenius Z. Anal. Chem. 320:252 (1985)
43. Hirai, Y., Yoza, N., Ohashi, S.: J Chromatogr. 206:501 (1981)
44. Hirai, Y., Yoza, N., Ohashi, S.: Anal. Chim. Acta 115:269 (1980)
45. Imanari, T., Tanabe, S., Toida, T., Kawanishi, T.: J. Chromatogr. 250:55 (1982)
46. Wolkoff, A. W., Larose, R. H.: Anal. Chem. 47:1003 (1975)
47. Jupille, T., Burge, D., Togami, D.: Chromatographia 16:312 (1982)
48. Matsushita, S., Toda, Y., Baba, N., Hosako, K.: J. Chromatogr. 259:459 (1983)
49. Cassidy, R. M., Elchuk, S.: Anal. Chem. 54:1558 (1982)
50. Skelly, N. E.: Anal. Chem. 54:712 (1982)
51. De Kleijn, J. P.: Analyst (London) 107:223 (1982)
52. Yan, D., Schwedt, G.: Anal. Chim. Acta 178:347 (1985)
53. Cox, D., Harrison, G., Jandik, P., Jones, W.: Food Technol. (Chicago) 39:41 (1985)
54. Luckas, B.: Fresenius Z. Anal. Chem. 320:519 (1985)
55. Colenutt, B. A., Trechard, P. J.: Environ. Pollut., Ser. B, 10:77 (1985)
56. Ott, D.: Galvanotechnik 76:1434 (1985)
57. Coggan, C. E.: Anal. Proc. 19:567 (1982)
58. Crowther, J., McBride, J.: Analyst 106:702 (1981)
59. Baltensperger, U., Hertz, J.: J. Chromatogr. 324:153 (1985)
60. Colarmotolo, J. F., Eddy, R. S.: Anal. Chem. 49:884 (1977)
61. DeJong, P., Burggraf, M.: Clin. Chim. Acta 132:63 (1983)
62. Yan, D., Stumpp, E., Schwedt, G.: Fresenius Z. Anal. Chem. 322:474 (1985)
63. Schweizer, A., Schwedt, G.: Fresenius Z. Anal. Chem. 320:480 (1985)
64. Schwedt, G.: GIT Fachz. Laboratorium 29:697 (1985)
65. Schwedt, G.: Fresenius Z. Anal. Chem. 320:423 (1985)

Gelelektrophorese

Dr. Reiner Westermeier

Pharmacia LKB GmbH, D-7800 Freiburg 1

1 Einleitung

Bei der Elektrophorese werden Substanzgemische aufgrund der unterschiedlichen Wanderungsgeschwindigkeiten der Einzelsubstanzen im elektrischen Feld aufgetrennt, ohne daß das stabilisierende Medium (das Gel) chemische oder adsorptive Wechselwirkungen mit den Proben eingeht. Die invididuelle Wanderungsgeschwindigkeit ist proportional zur *relativen elektrophoretischen Mobilität* (Beweglichkeit) eines Moleküls (Rm). Die relative elektrophoretische Mobilität ist ein physicochemisches Charakteristikum eines Moleküls und ist bezogen auf die Mobilität einer Standardsubstanz: meist ein Farbstoff wie z. B. Bromphenolblau, Xylencyanol oder Bromkresolgrün. Die elektrophoretische Mobilität eines Moleküls ist in erster Linie von dessen Ladungszustand abhängig. Der Ladungszustand ist wiederum abhängig vom pH-Wert der Substanz, dem Umgebungs-pH-Wert (Puffer), der Art und Konzentration der Puffer-Ionen und der Temperatur. Wenn Molekül- und Gelporen-Durchmesser die gleiche Größenordnung haben, werden bei der Wanderung zusätzlich die unterschiedlich großen Moleküle verschieden starken Reibungseinflüssen ausgesetzt, so daß kleinere Moleküle schneller wandern als große. In diesem Fall ist die Wanderungsgeschwindigkeit eines Moleküls sowohl von seinem Ladungszustand als auch von seinem Durchmesser bzw. seiner Form (z. B. Tertiärstruktur bei Proteinen) abhängig. Bei Verwendung von im Vergleich zur Probenmolekülgröße großporigen Gelen wird die elektrophoretische Mobilität fast ausschließlich durch den Ladungszustand bestimmt.

Die verschiedenen Gelelektrophorese-Methoden kann man deshalb — abhängig von der Proben-Molekülgröße und der Art der verwendeten Gelmatrix — in solche mit *restriktiven* und mit *nichtrestriktiven* Medien einteilen. Restriktive Gelsysteme wirken der Diffusion entgegen: die Zonen werden dadurch schärfer getrennt und höher aufgelöst als bei nichtrestriktiven Gelen, dadurch erhöht sich auch die Nachweisempfindlichkeit.

Gelelektrophoresen werden hauptsächlich für analytische Zwecke eingesetzt; es gibt jedoch auch eine Anzahl präparativer Techniken im Mikro- bis Gramm-Maßstab.

Die Detektion der getrennten Zonen erfolgt entweder unmittelbar im Gel durch Anfärbung, Ansprühen mit spezifischen Reagenzien, durch Enzym-Substrat-Kopplungsreaktionen, Immunpräzipitation, Autoradiographie, Fluorographie, oder mittelbar durch Immunoprint- oder Blotting-Techniken auf immobilisierende Membranen (Diffusions-, Kapillar- oder Elektroblotting) mit anschließender Färbung oder spezifischer Ligandenbindung.

Wie eingangs bereits angedeutet, gibt es eine große Anzahl verschiedener Gelelektrophoresemethoden und Modifikationen der Methoden. Diese Vielzahl möglicher Techniken kommt nicht zuletzt von der breiten Vielfalt der Anwendungsgebiete. In diesem Kapitel werden die wichtigsten Anwendungen und Techniken der Gelelektrophorese sowie die gängigsten Detektionsmethoden beschrieben.

2 Apparatives

2.1 Trenngeräte

Die apparative Ausrüstung besteht prinzipiell aus drei Geräten:

a) Stromversorger
b) Kühl-Thermostat
c) Trennkammer mit zugehörigem Gelgießsystem.

Zu a) Die Auswahl des geeigneten Stromversorgers richtet sich nach den Stromstärke-, Spannungs- und Leistungsanforderungen der jeweiligen Elektrophorese-Trenntechnik. Da in den meisten Elektrophorese-Labors ebenfalls die Methode der ,,isoelektrischen Fokussierung" (siehe gesondertes Kapitel ,,isoelektrische Fokussierung") mit der gleichen Ausrüstung durchgeführt wird, verwendet man sehr häufig Stromversorger, die über 1000 Volt Spannung liefern.

Zu b) Viele ,,Home-made"-Trennsysteme werden ohne Kühlung bzw. Heizung verwendet. Es hat sich jedoch gezeigt, daß mit gekühlten bzw. thermostatisierten Apparaturen bessere und reproduzierbarere Trennergebnisse erzielt werden. Teilweise werden Trennkammern auch mit Leitungswassser gekühlt bzw. temperiert; Druck- und Temperaturschwankungen im Wasserleitungssystem führen aber zu Überaschungseffekten bei der Auswertung von Trennungen. Bei den meisten Elektrophoresemethoden muß die dabei entstehende Joulesche Wärme möglichst gleichmäßig abgeführt werden. Es gibt aber Trennprobleme, bei denen bestimmten Proteinen oder Enzymen ihre natürliche Umgebungstemperatur angeboten werden muß, um ihre biologische Aktivität nicht zu zerstören. Und es gibt Methoden (z. B. DNA- und RNA-Trennungen), die nur bei hohen Temperaturen (70 °C) optimal funktionieren, weil sich die Moleküle nur unter denaturierenden Bedingungen richtig fraktionieren lassen.

Zu c) Das Herzstück der Elektrophoreseausrüstung ist die Trennkammer. Hier ist wegen der Vielzahl unterschiedlicher Methoden und Modifikationen eine genauere Differenzierung angebracht:

2.1.1 Rundgel-Apparaturen

Die Elektrophorese erfolgt in vertikalen zylindrischen Gelstäben, die in Glasröhrchen eingegossen bzw. einpolymerisiert sind (s. Abb. 1). Die Proben werden auf die Geloberfläche in die Glasröhrchen mit einer Spritze aufgegeben. Die Stromzufuhr erfolgt über Platin-Elektroden, die in die Pufferlösungen eintauchen.

2.1.2 Präparative Rundgel- und Hohlzylindergel-Apparaturen

Eine präparative Rundgelapparatur besteht meist aus nur einem Glasrohr, an dessen unterem Ende die ankommenden Fraktionen von einem kontinuierlichen Pufferstrom in einen Fraktionensammler abtransportiert werden (s. Abb. 2).

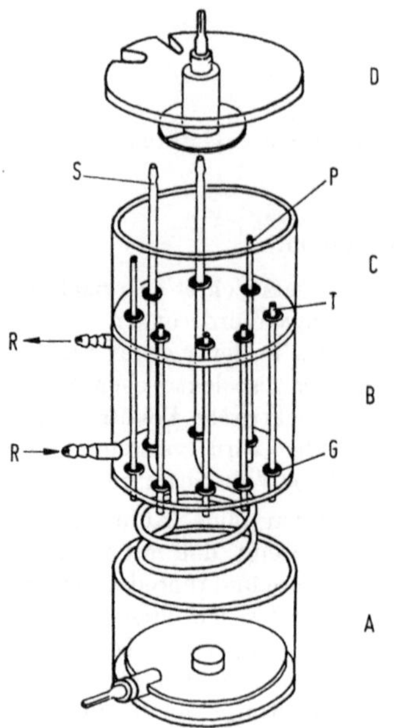

Abb. 1. Beispiele für eine Rundgelelektrophorese-Apparatur (nach Righetti und Drysdale, Lit. 78). A und C: Anoden- und Kathoden-Kammer; B: gekühlte Röhrchen-Kammer; D: Deckel mit kathodischer Elektrode; R: Aus- und Einlaß für Kühlflüssigkeit; S: Glaskühlschlange; T: Glasröhrchen mit Gelen; G: Gummidichtungen

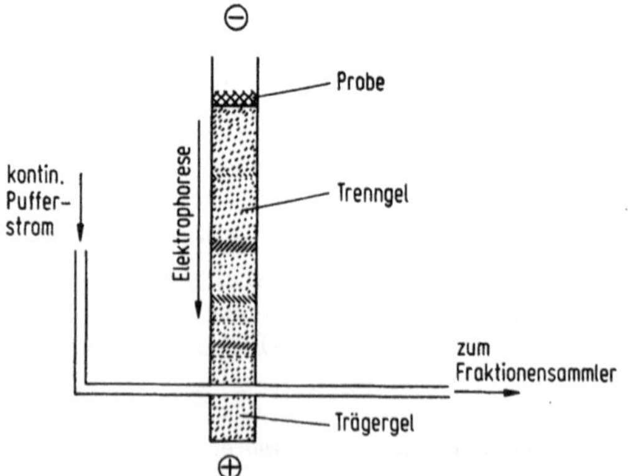

Abb. 2. Schema einer präparativen Gelelektrophorese-Apparatur: Ein kontinuierlicher Pufferstrom wird am Ende des Trenngels vorbeigeführt und transportiert die nacheinander ankommenden Fraktionen zu einem Fraktionensammler

Eine Methode zur kontinuierlichen präparativen Trägerelektrophorese in einem rotierenden Hohlzylinder aus Polyacrylamidgel wurde von Lammel [1] entwickelt. Auf den um eine senkrechte Achse rotierenden Gel-Hohlzylinder wird mit einem statischen Probenarm die Probe von oben aufgegeben. Die Elektrodenpuffer befinden sich am oberen und unteren Ende des Hohlzylinders. Die Probenkomponenten wandern mit den ihren Mobilitäten entsprechenden unterschiedlichen Geschwindigkeiten senkrecht in das Gel und werden gleichzeitig durch die Rotation des Trägers seitlich versetzt. Die Spuren der verschiedenen Fraktionen beschreiben Helices mit verschiedenen Steigungen. Nach Durchlaufen des Geles kommen die einzelnen Fraktionen an unterschiedlichen aber konstanten Stellen des statischen Apparateteils an, werden in einer Anzahl von Auffangbehältern gesammelt und können von dort entnommen werden. Bei dieser präparativen kontinuierlichen Trägerelektrophorese wird die bei der trägerfreien Elektrophorese auftretende Wärme-Konvektion vermieden, und durch den Molekularsiebeffekt erreicht man eine schärfere Auftrennung.

Diese Apparatur ist im Gegensatz zu allen anderen Elektrophorese-Geräten nicht im Handel erhältlich.

2.1.3 Vertikale Flachgel-Apparaturen

Die weitaus meisten Gelelektrophorese-Methoden in restriktiven Medien werden zum gegenwärtigen Zeitpunkt in vertikalen Flachgel-Apparaturen durchgeführt. Hier gibt es viele unterschiedliche Konstruktionsformen. Ein Ausführungsbeispiel eines kühlbaren Vertikal-Systems, das sowohl für Flachgele als auch Rundgele verwendet werden kann, ist in Abb. 3 dargestellt.

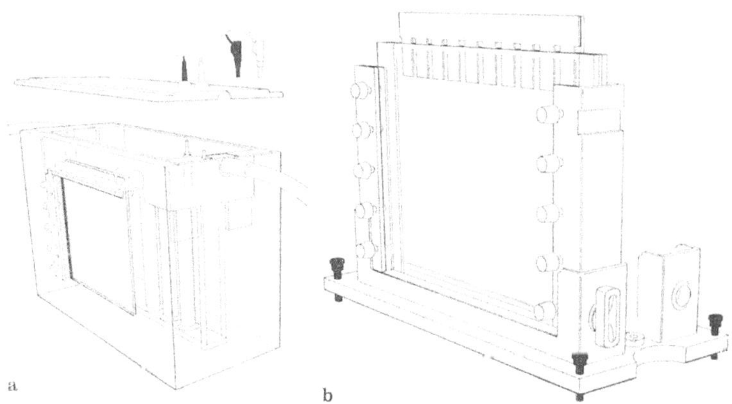

Abb. 3. Vertikal-Elektrophoresekammer. **a** Trennkammer mit Kühleinsatz, **b** Gelgießstand mit „Kamm" zur Erzeugung von Probe-„Slots". (Werkszeichnung LKB Produkter, Bromma, Schweden)

Solche Apparaturen werden hauptsächlich zur Auftrennung von Proteinen und Enzymen verwendet. Die Proben werden mit einer Spritze in einpolymerisierte Probenschlitze gegeben, die mittels eines Kammes hergestellt wurden. Zur Abführung der Jouleschen Wärme wird der untere Puffer durch einen Kühleinsatz gekühlt. Manche dieser Kammern können mit Hilfe eines geeigneten Röhrchenträgereinsatzes auch für Rundgelelektrophoresen verwendet werden.

Da für die Auftrennung von DNA-Fragmenten bei der DNA-Sequenzierung lange Trennstrecken verwendet werden, verwendet man hierzu Spezialkammern: Ein Beispiel ist in Abb. 4 dargestellt.

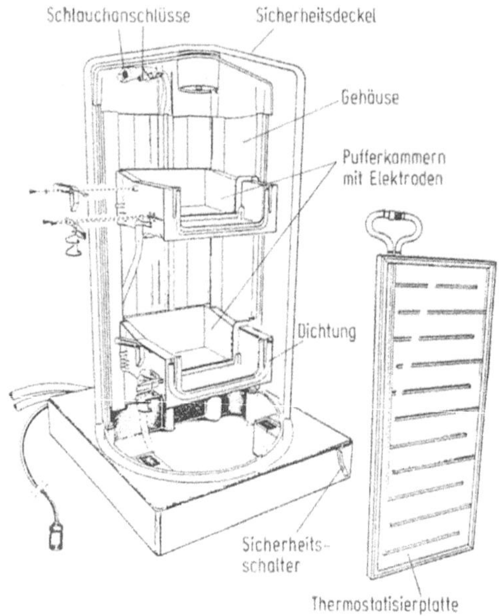

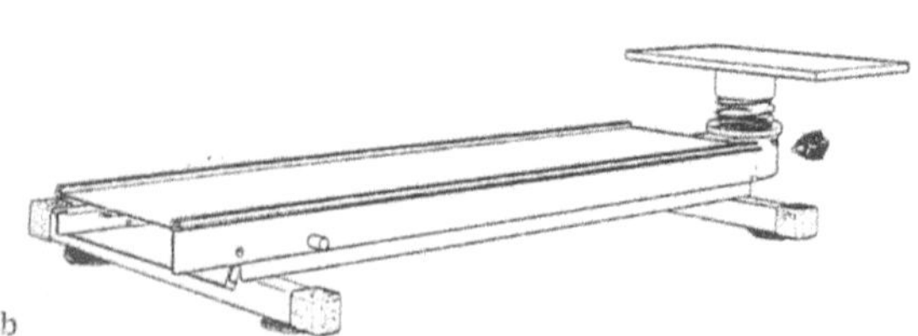

Abb. 4. DNA-Sequenzierkammer. **a** Trennkammer mit thermostatisierter Heizplatte. **b** Horizontale Gelgießvorrichtung für die Schiebetechnik zur Erzeugung großflächiger ultradünner Gele. (Werkszeichnung LKB Produkter, Bromma, Schweden)

Die Trennung erfolgt üblicherweise in ultradünnen Gelen (0,1 – 0,4 mm) bei hohen Temperaturen (bis 70°C). Zur optimalen und konstanten Temperierung haben diese ultradünnen Gele während der Trennung direkten Kontakt zu einer thermostatisierten Heizplatte. Die ultradünnen großflächigen Gele werden in einer horizontalen Schiebetechnik-Vorrichtung hergestellt.

2.1.4 Horizontal-Apparaturen

Elektrophoresen in nichtrestriktiven Gelmedien werden beinahe ausschließlich in Horizontalsystemen durchgeführt:

Für den klinischen Routinebetrieb gibt es z. B. für die Serumelektrophorese in Agarosegelen eine Anzahl verschiedener Geräte mit ähnlichen Konstruktionsmerkmalen. In die ungekühlten Kammern werden fertige Agarosegele auf Folien oder Objektträgern eingespannt und über Elektrodenbrücken (meist aus Papier) mit den seitlich angeordneten Elektrodenpuffer-Tanks verbunden.

Zur analytischen und präparativen Auftrennung von DNA-Bruchstücken und RNA-Testriktionsfragmenten werden meistens „Submarine"-Kammern verwendet (s. Abb. 5).

Bei diesen Horizontalkammern liegt das Agarose-Trenngel unter einer dünnen Pufferschicht zwischen den seitlich angeordneten Puffertanks.

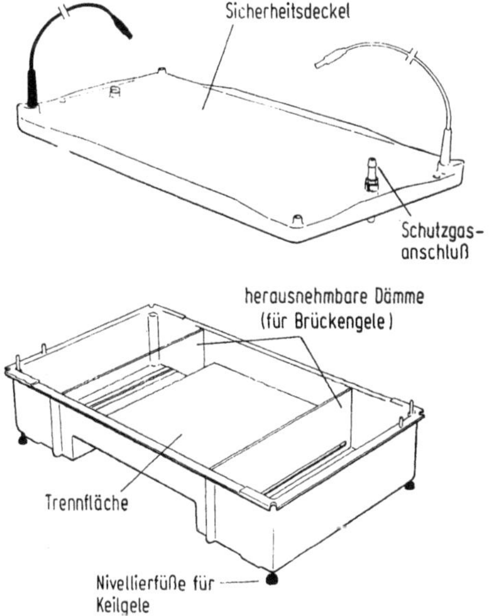

Abb. 5. „Submarine"-Kammer für DNA-Bruchstücke und RNA-Restriktionsfragmente. (Werkszeichnung LKB Produkter, Bromma, Schweden)

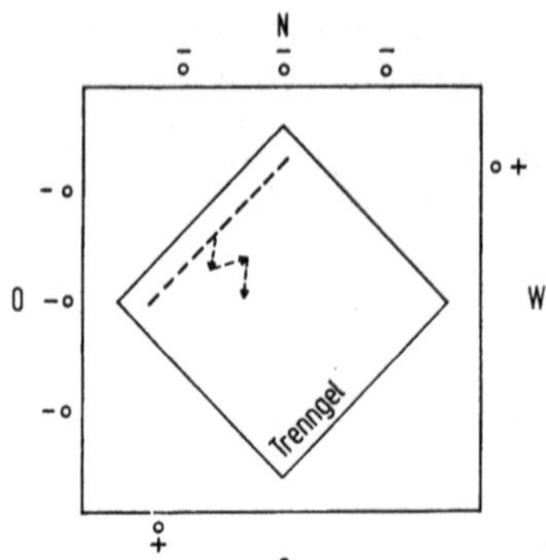

Abb. 6. Kammer für die DNA-Elektrophorese im gepulsten Feldstärke-Gradienten-Gel (PFG). (Schemazeichnung) Da die resultierende Bewegungsrichtung der DNA-Moleküle diagonal ist, wird das Trenngel im 45 Grad-Winkel zu den Elektrodenarrays angeordnet

Auch diese Kammern sind im allgemeinen nicht kühlbar; es gibt jedoch Mini-Versionen, die einen Kühlmantel besitzen. Manche „Submarine"-Kammern können für die Brückengeltechnik mit extra großporigen, beinahe schon flüssigen Gelmedien und für die Keilgeltechnik umgerüstet werden.

Seit kurzer Zeit sind Horizontalkammern erhältlich, in welchen man ganze intakte DNA-Moleküle im gepulsten elektrischen Feld auftrennen kann (s. Abb. 6). Zur Elektrophorese im gepulsten Feldstärkegradientengel (PFG) wird ein spezieller Stromversorger eingesetzt, der alternierend die an den Wänden der Kammer angeordneten Elektrodenarrays ansteuert.

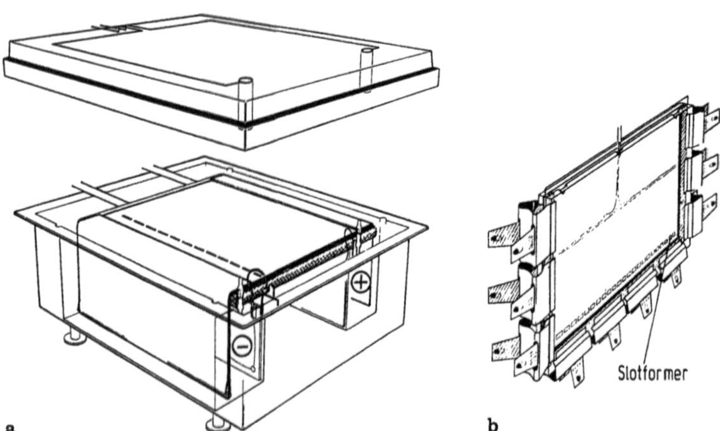

Abb. 7. Horizontal-Elektrophorese-Kammer. (**a**) Trennkammer mit Kühlplatte, Papierelektrodenbrücken und Gel, (**b**) Gelgießkassette für ultradünne Gele zur Horizontal-Elektrophorese. (Werkszeichnung LKB Produkter, Bromma, Schweden)

Die sich abwechselnden elektrischen Felder, die homogen oder inhomogen sein können, liegen im rechten Winkel zueinander [2].

Sehr vielseitig einsetzbar sind Horizontalkammern mit Kühl-Thermostatisierblock (s. Abb. 7).

Sie sind ausgerüstet für die präparative, die Dünnschicht- und Ultradünnschicht-Isoelektrische-Fokussierung (IEF), für sämtliche Variationen der Immun- und Affinitäts-Elektrophoresen und alle Elektrophoresen in nichtrestriktiven Gelen. Bei Verwendung (dünner und ultradünner Gelschichten und geringfügigen Modifikationen der konventionellen vertikalen Polyacrylamidgel Elektrophoresen (PAGE), können in diesen Horizontalapparaturen auch PAGE, Disk-PAGE, Gradienten-PAGE, SDS-PAGE, Nukleinsäure-PAGE und Zweidimensional-Elektrophoresen durchgeführt werden. Auf die Besonderheiten und Vorteile der Horizontaltechniken wird im Methodenteil noch intensiv eingegangen. Wichtige Konstruktionsmerkmale bei diesen Kammern sind: stabile, elektrisch und chemisch inerte Kühl-Thermostatisierplatte mit gutem Wärmeübergang, genügend große Puffertanks mit Diffusionssperren (Unterteilung der Tanks, um zu verhindern, daß die an den Platinelektroden entstehenden Elektrolyseprodukte in das Gel bzw. die Elektrodenbrücken diffundieren können). Die Konstruktionsmerkmale für die IEF werden im Kapitel „Isoelektrische Fokussierung" beschrieben.

2.1.5 Sicherheits-Hinweise

Bei den meisten Gelelektrophorese-Techniken müssen hohe Spannungen (> 200 V) angelegt werden, um die für die Trennung notwendigen Feldstärken zu erreichen. Um die Sicherheit im Labor nicht zu gefährden, sollen Elektrophoresen nur in abgeschlossenen Kammern durchgeführt werden. Bei offenen Trennsystemen ist die Gefahr von Stromschlägen bei Berührung der Apparatur gegeben. Außerdem sollen sich die Stromversorger bei Kurzschlüssen sofort selbständig ausschalten. Die Stromanschlüsse der Trennkammern müssen so plaziert sein, daß bei versehentlichem Öffnen der Kammern automatisch der Stromkreis unterbrochen ist. Elektrophoresesysteme sollen so aufgestellt werden, daß der Stromversorger höher oder zumindest auf der gleichen Höhe wie die Trennkammer steht, um zu vermeiden, daß eventuell auslaufender Puffer in den Stromversorger gelangt.

2.2 Elektroblotting-Geräte

2.2.1 Tank-Blotter

Bei diesen Pufferkammern sind an den breiten Seitenflächen Elektrodendrahte zick-zack-förmig befestigt, so daß sich in der Kammer ein möglichst gleichmäßiges Feld zum Transfer von Proteinen aus dem Gel auf eine Membran ergibt (s. Abb. 8).

Die im Transfer-Puffer entstehende Joulesche Wärme kann in den meisten Kammern über einen Kühleinsatz abgeführt werden. Der Transfer selbst findet in den herausnehmbaren Gitterkassetten statt.

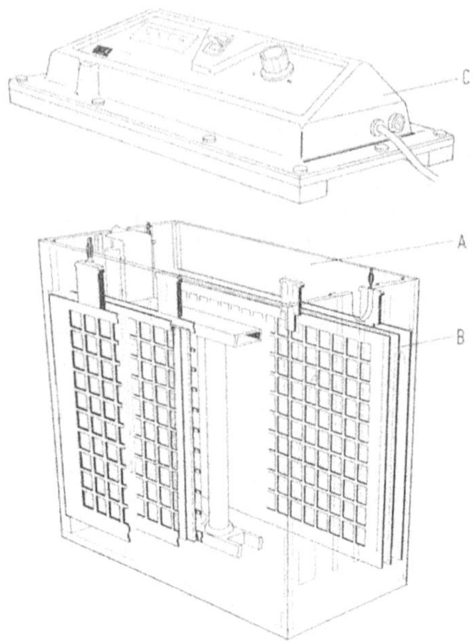

Abb. 8. Elektroblotting-Kammer. A Pufferkammer mit Elektroden und Kühleinsatz, B Gitterkassette für das Blotting-Sandwich, C Stromversorger in Deckel eingebaut. (Werkszeichnung LKB Produkter, Bromma, Schweden)

2.2.2 Graphitplatten-Blotter

Für Transfers, bei denen es nicht auf den quantitativen Übertrag aller Fraktionen ankommt, kann auch ein Graphitplatten-Blotter verwendet werden. Dabei wird der Blotting-Sandwich zwischen zwei horizontal angeordnete Graphitplatten eingelegt. Die Elektrodenplatten gewährleisten ein sehr gleichmäßiges elektrisches Feld. Diese Apparaturen sind jedoch im allgemeinen nicht kühlbar.

Bei Elektroblotting-Geräten werden nur geringe Spannungen, aber hohe Stromstärken (ca. 400 mA) benötigt, so daß einfache Gleichstromversorger im großen und ganzen ausreichend sind.

2.3 Geltrockner

Wenn die bei Gelelektrophoresen meist verwendeten dicken Polyacrylamidgel-Platten zur Aufbewahrung oder Autoradiographie getrocknet werden sollen, gibt es meist Probleme, da sie bei Wasserentzug zersplittern. Dies kann vermieden werden, wenn bei der Trocknung zugleich hohe Temperatur und Vakuum angewendet werden. Hierzu gibt es eigene Geltrockner, die für eine konstante Temperatur von ca. 80 °C sorgen und an eine Wasserstrahlpumpe o. ä. angeschlossen werden.

2.4 Densitometer

Zur Auswertung der Trennergebnisse von Gelelektrophoresen gibt es eine Anzahl von Densitometern verschiedener Bauarten. Sie funktionieren alle nach dem gleichen Prinzip: Ein Lichtstrahl tastet das durch die elektrophoretische Fraktionierung gewonnene Bandenmuster (Pherogramm) ab. Entweder wird das transmittierte Restlicht oder die Reflektion des Lichtstrahls gemessen. Das über einen Drucker oder Schreiber aufgezeichnete Densitogramm (Peakmuster) wird meist zur Quantifizierung der getrennten Einzelfraktionen herangezogen (s. Abb. 9). In manchen Fällen dient das Densitogramm nur zur qualitativen Beurteilung des Trennergebnisses und zur vereinfachten Dokumentation im Versuchsprotokoll oder auf einer Diskette. An ein Densitometer werden unterschiedliche Anforderungen gestellt, je nach Trennmethode und Anwendungsbereich.

Bei Gelelektrophoresen in nichtrestriktiven Medien (z. B. Agarose-Elektrophoresen) sind die Pherogramme relativ unscharf und diffus; deshalb braucht das Densitometer kein hohes Auflösungsvermögen und keine besonders starke Lichtquelle zu haben. Jedoch, bei hochauflösenden Techniken, bei denen man scharfe, konzentrierte Banden erhält, soll der Lichtstrahl die Banden noch durchdringen, die hohe Auflösung soll im Densitogramme erhalten bleiben. Bei vielen Trennungen müssen auch schwach erkennbare Zonen eindeutig gegenüber dem Hintergrund erkannt werden. Bei hohem Probendurchsatz soll das Densitometer automatisch viele Pherogramm nacheinander auswerten können und dazu noch die Peaks integrieren. Aufgrund dieser Vielzahl unterschiedlicher Ansprüche und Anspruchs-Kombinationen an ein solches Gerät existiert ein weites Spektrum verschiedener Geräte in unterschiedlichen Preisklassen im Handel.

Es gibt Densitometer mit verschiedenen Lichtquellen: mit weißem Licht, einstellbaren Wellenlängen, der Laser. Die höchste Auflösung und den intensivsten Lichtstrahl erzielt man mit dem Laser, der allerdings nur Licht *einer* Wellenlänge emittiert.

Unterschiedlich sind auch die Detektoren: UV, sichtbares Licht, Fluoreszenzdetektoren. Weitere Unterschiede gibt es bei der mechanischen Konstruktion: bewegliche Lichtquelle und Detektor, beweglicher Pherogrammtisch, oder Dioden-Array-System.

Die verschiedenen Densitometer unterscheiden sich auch darin, welche Pherogrammgröße sie aufnehmen können. Zum Beispiel sind Geräte für die klinische Routine in der Größe auf die üblichen kurzen Trennstrecken zugeschnitten.

Die Programmiermöglichkeiten der Meßparameter sind bei den verschiedenen Densitometern den jeweiligen Anforderungen angepaßt; hier spielt natürlich auch der Preis eine Rolle.

In manche Densitometer ist der Peak-Integrator bereits eingebaut, an manche kann ein Integrator oder Schreiber bzw. ein Personal-Computer angeschlossen werden. Manche Densitometer mit eingebautem Integrator können zusätzlich an ein Computer-System angeschlossen werden, manche nicht. Für bestimmte Personal-Computer gibt es im Handel Software für spezielle Densitometer, um exaktere Hintergrund-Subtraktionen, Densitogramm-Spreizungen, Angleichungen der Peaks an Gaußkurven zur

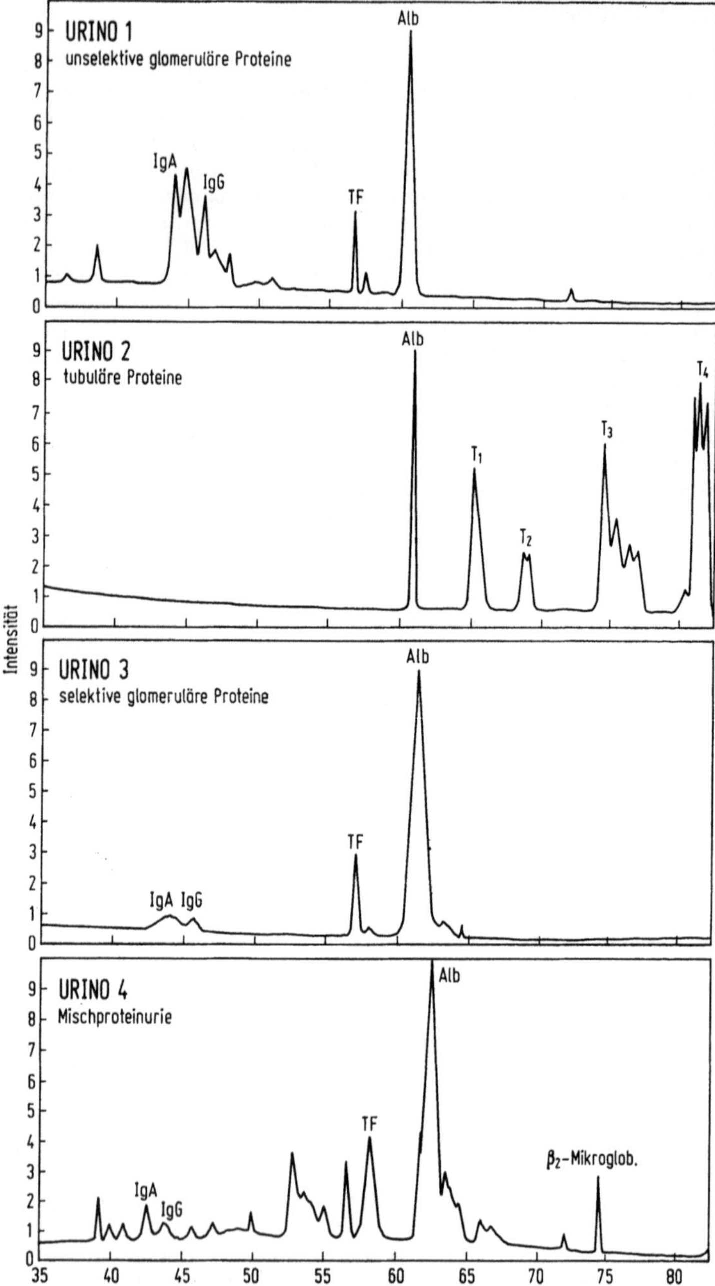
URINO 1
unselektive glomeruläre Proteine
Alb
IgA
IgG
TF
URINO 2
tubuläre Proteine
Alb
T_1
T_2
T_3
T_4
Intensität
URINO 3
selektive glomeruläre Proteine
Alb
TF
IgA IgG
URINO 4
Mischproteinurie
Alb
TF
IgA
IgG
β_2-Mikroglob.
0 1 2 3 4 5 6 7 8 9
35 40 45 50 55 60 65 70 75 80

genaueren Peakflächenberechnung und Densitogramm-Vergleiche durchführen zu können. Die anspruchsvollsten Programme können auch Zweidimensional(2D)-Elektrophoresen auswerten. Bei 2D-Pherogramm-Auswertungen werden anstelle von Densitometern auch Videokameras eingesetzt.

3 Methoden der Gelelektrophorese

3.1 Allgemeines

Wie eingangs erwähnt, werden durch die Gelelektrophorese Substanzgemische aufgrund der unterschiedlichen Wanderungsgeschwindigkeiten der Einzelfraktionen aufgetrennt. Die Dauer der Elektrophorese ist abhängig von der Art der Proben, der Art und Ionenstärke des Puffers, der Art des Gels, der Trenndistanz (Gellänge) und der Höhe der angelegten elektrischen Leistung. Um den Verlauf der Trennung beobachten zu können und den Endpunkt der Trennung zu erkennen, läßt man Farbstoffe mit hohen elektrophoretischen Mobilitäten mit der Probe mitlaufen. Bei Proteintrennung in Richtung Anode verwendet man meist Bromphenolblau, in Richtung Kathode Bromkresolgrün, für Nukleinsäuretrennungen (Richtung Anode) Xylencyanol.

3.1.1 Die Probe

Ein wichtiges Kriterium zur Auswahl der geeigneten Gelelektrophorese-Methode ist die Art der Probesubstanzen, die getrennt werden sollen. Die Probesubstanzen müssen zur Elektrophorese in gelöster Form vorliegen. In den Probenlösungen dürfen keine festen Partikel oder Fetttröpfchen suspendiert sein, weil sie die Gelporen verstopfen. Meist werden die Probenlösungen vor der Elektrophorese zentrifugiert. Problemlos sind Elektrophoresen von Substanzen, die ausschließlich negativ oder positiv geladen sind. Beispiele solcher Anionen oder Kationen sind: Nukleinsäuren, Phenole, organische Säuren oder Basen. Amphotere Moleküle wie Aminosäuren, Peptide, Proteine und Enzyme haben je nach dem pH-Wert des Puffers positive oder negative Nettoladung, weil sie sowohl saure als auch basische Gruppen besitzen. Makromoleküle, wie Proteine und Enzyme, sind teilweise gegenüber bestimmten pH-Werten oder Puffersubstanzen empfindlich, es können Konfigurationsänderungen, Denaturierungen, Komplexbildungen und zwischenmolekulare Wechselwirkungen auftreten. Dabei spielen auch die Substanzkonzentrationen in der Lösung eine Rolle. Besonders beim Eintritt der Probensubstanzen in die Gelmatrix können leicht Überladungseffekte auftreten, wenn die Probenkonzentration beim

Abb. 9. Densitogramme von Gelelektrophoresen. Auftrennung von unkonzentrierten pathologischen Urinen mit der horizontalen Ultradünnschicht SDS-Porengradienten-Polyacrylamidgel-Elektrophorese mit anschließender Silberfärbung. Densitometrische Auswertung mit hochauflösendem Laserdensitometer. (nach Görg et al., Lit. 80)

Übergang von der Lösung in das stärker restriktive Gel über einen kritischen Wert steigt. Bei manchen Elektrophoresen werden deshalb die Probensubstanzen in ein „Probengel" [32, 33] gemischt. Bei der Natriumdodecylsulfat(SDS)-Elektrophorese [41] muß die Probe vorher denaturiert, d. h. die Probenmoleküle müssen in die Form von Molekül-SDS-Mizellen gebracht werden. Die Methode der selektiven Extraktion von Proben bzw. die Extraktion von schwerlöslichen Substanzen bestimmt sehr häufig die Art des verwendeten Elektrophorese-Puffers. Die Art des Geles hängt von der Größe der Probenmoleküle ab.

3.1.2 Der Puffer

Die elektrophoretische Trennung von Substanzgemischen erfolgt in der Gelmatrix bei einem genau eingestellten pH-Wert und bei konstanter Ionenstärke des Puffers. Die Ionenstärke des Puffers muß so hoch gewählt werden, daß der pH-Wert der Probesubstanzen keinen Einfluß auf das System nehmen kann. Andererseits darf sie nicht zu hoch sein, damit im Gel während der Elektrophorese nicht zu viel Joulesche Wärme entsteht. Für die Aufrechterhaltung konstanter pH- und Pufferbedingungen, müssen die Volumina der Elektrodenpuffer genügend groß sein. Die Pufferionen werden ja während der Elektrophorese ebenfalls — wie die Probeionen — durch das Gel transportiert (negativ geladene zur Anode und positiv geladene zur Kathode). Der pH-Wert wird so eingestellt, daß möglichst alle vorhandenen Probesubstanz-Moleküle entweder negativ (anionisch) oder positiv (kationisch) geladen sind, damit sie im elektrischen Feld möglichst in die gleiche Richtung wandern. Daher werden meist sehr basische (anionische Elektrophoresen) oder sehr saure (kationische Elektrophoresen) Puffersysteme verwendet. Eine Zusammenstellung der gängigsten Pufferrezepturen ist im Buch „Disk-Elektrophorese" von R. H. Maurer zu finden [3].

3.1.3 Das Gel

Die Gelmatrix soll möglichst kontrolliert einstellbare und gleichmäßige Porengrößen haben, chemisch inert sein und keine Elektroendosmose besitzen.

Der *Elektroendosmose-Effekt* tritt auf, wenn die Gelmatrix selbst Ladungen trägt. Im elektrischen Feld werden diese Ladungen von der Elektrode mit entgegengesetztem Zeichen angezogen: z. B. wird eine negativ geladene Matrix von der Anode angezogen. Da sich das Gel selbst nicht bewegen kann, erfolgt eine Gegenreaktion: ein Wassertransport in die Gegenrichtung. Dieser kontinuierliche Wasserstrom läuft den wandernden Probeionen entgegen und verursacht unscharfe und verwischte Zonen. Am häufigsten verwendet werden Stärke-, Agarose- und Polyacrylamid-Gele.

Stärkegele wurden 1955 von Smithies [4] eingeführt. Hydrolysierte Kartoffelstärke wird aufgekocht, gelöst und in dicker Schicht ausgegossen (5—10 mm). Die Porengröße wird durch den Stärkegehalt der Lösung eingestellt.

Agarosegele werden insbesondere dann verwendet, wenn große Poren zur Auftrennung bei Molekülgrößen über 10 nm Durchmesser gebraucht werden. Agarosen, die aus Agar-Agar durch Entfernen des Agaropektins hergestellt werden, gibt es, je nach speziellen Anforderungen in verschiedenen Elektroendosmose- und Reinheitsstufen. Agarose wird durch Aufkochen in Wasser gelöst und geliert beim Abkühlen. Agarosegele werden sowohl in dicken als auch sehr dünnen Schichten hergestellt. Die Porengröße ist abhängig von der Agarosekonzentration. Die größten verwendeten Porengrößen von Agarosegelen (800 nm bei 0,075%iger Agarose) wurden von Serwer beschrieben [5].

Polyacrylamidgele sind chemisch und mechanisch besonders stabil. Sie wurden erstmals 1959 von Raymond und Weintraub [6] für die Elektrophorese eingesetzt. Durch eine chemische Polymerisation von Acrylamidmonomeren mit einem Vernetzer — meist Methylenbisacrylamid (Bis) — erhält man ein klares durchsichtiges Gel mit extrem geringer Elektroendosmose. Die Porengröße läßt sich exakt einstellen durch die Totalacrylamid-Konzentration T und den Vernetzungsgrad C („Crosslinking").

$$T = \frac{(a + b) \cdot 100}{V} \%, \quad C = \frac{b \cdot 100}{a + b} \%$$

Dabei ist a = g Acrylamid
b = g Methylenbisacrylamid
V = Volumen

Die Totalacrylamid-Konzentration wird entweder auf das Gelvolumen oder das Volumen der Stammlösung bezogen, während der Vernetzungsgrad unabhängig vom Volumen ist. In Abb. 10 ist das Strukturmodell von Polyacrylamidgelen nach Righetti [7] dargestellt.

Der Einfluß der Totalacrylamidkonzentration und des Vernetzungsgrades auf die Gelstruktur wurde von Rüchel et al. (8) mit dem Elektronenmikroskop untersucht: Bei konstantem C = 5% und progressiv steigendem T = 2,5% bis T = 40% wird die Porengröße progressiv und monoton kleiner. Bei konstantem T = 10% und progressiv steigendem C = 0,2% bis C = 20% folgt die Porengröße einer parabolischen Funk-

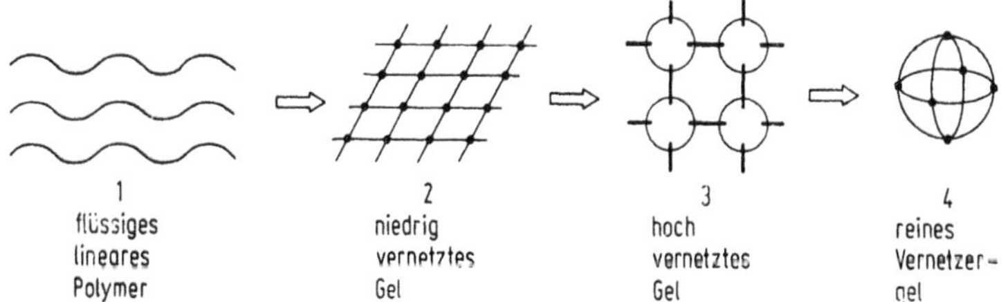

Abb. 10. Modell der Struktur des Polyacrylamidgels in Abhängigkeit von der Vernetzung: Struktur 1 ist kein Gel, sondern eine hochviskose Flüssigkeit. Von Struktur 1 bis 4 werden die Gelfasern dicker und kürzer, die Konsistenz wird immer körniger und hydrophober (nach Righetti, Lit. 7)

tion: bei hohen und niedrigen C-Werten erhält man große Poren, das Minimum liegt bei C = 5%.

Schumacher [9] trennt mit Trägerfolien-gestützten Polyacrylamidgelen von T = 2%, C = 9% Nukleinsäuren bis zu Molekülgrößen von 5000000 Dalton auf.

Außer Methylenbisacrylamid gibt es noch eine Reihe von alternativen Vernetzern, die von Righetti aufgelistet und verglichen wurden (10). Erwähnt sei an dieser Stelle das N,N′-Bisacrylylcystamin (BAC), das eine Disulfid-Brücke enthält, die mit Thiolen aufgespalten werden kann. Auf diese Weise ist es möglich, nach der Elektrophorese die Gelmatrix zur Weiterverarbeitung der getrennten Fraktionen wieder zu verflüssigen. Zur Katalysierung der Polymerisation der Monomere verwendet man als Radikalproduzent meist Ammoniumpersulfat in Gegenwart von tertiären Aminogruppen (N,N,N′N′-Tetramethylethylendiamin = TEMED). Die Polymerisation muß unter Luftabschluß erfolgen, da Sauerstoff ein Radikalfänger ist. Die Monomere sind stark toxisch, deshalb soll man beim Einwiegen und beim Umgang mit den Monomerlösungen Hautkontakte, Einatmen des Pulvers und Pipettieren mit dem Mund vermeiden. Außerdem soll man auf vollständige Auspolymerisation der Gele achten. Die Polymerisationskinetik ist u. a. temperaturabhängig: zur Vermeidung von unvollständiger Polymerisation soll diese nicht bei Temperaturen unter 20 °C erfolgen. Auch sei an dieser Stelle vor dem häufig eingesetzten Katalysator Riboflavin (Photopolymerisation) gewarnt, da hiermit nur eine Polymerisationseffektivität von 60% erreicht wird [11].

3.1.4 Die Trenndistanz

Je länger die Trenndistanz, um so weiter sind die einzelnen Zonen voneinander getrennt. Bei längeren Trenndistanzen sind aber die Trennzeiten länger, so daß der Diffusionseffekt zunimmt. Dadurch werden die Banden unschärfer, so daß ein Teil des Auflösungsvermögens wieder verloren geht. Weil die Diffusion bei nichtrestriktiven Gelen besonders stark ist, verwendet man für diese Methoden relativ kurze Gele (< 10 cm). Bei restriktiven Gelmedien haben sich vor allem in Vertikalsystemen Standard-Trenndistanzen von ca. 15 cm etabliert. Für spezielle Anwendungen (z. B. bei der DNA-Sequenzierung) werden erheblich längere Distanzen (30 bis

Tabelle 1. Übersicht über die häufigsten Trennprobleme und die zugehörigen

Trennproblem	Methode	apparat. System
Seren (klinische Routine)	Agarose-Elpho (bzw. Celluloseacetatfolien)	horizontal
Spezifischer Nachweis von Proteinen oder Glykoanteilen	Immun- oder Affinitäts-Elpho	horizontal

60 cm) benötigt. In der Proteinelektrophorese wird das Auflösungsvermögen je nach Trennproblem durch Variieren der Gelporendurchmesser (Acrylamidkonzentration und Vernetzungsgrad, Agarosekonzentration) optimiert. Für Routineuntersuchungen werden häufig Mikromethoden [12] eingesetzt. Bei einigen Systemen ist die Größe der Gele denen von Diapositiven angepaßt worden. Die Banden sind bei diesen Trenndistanzen sehr scharf. Die Muster können einfach durch Projektion an die Wand ausgewertet werden.

In Tabelle 1 sind die häufigsten Anwendungen der verschiedenen Gelelektrophoresemethoden zusammengefaßt. Die angegebenen Trennzeiten sollen nur als grober Hinweis aufgefaßt werden. Sie hängen stark vom speziellen Trennproblem und von diversen Modifikationen der Elektrophoresetechniken ab.

3.2 Elektrophoresen in nichtrestriktiven Gelen

Wie in der Einleitung erwähnt, wird bei diesen Trennungen der Reibungswiderstand der Gelmatrix vernachlässigbar gering gehalten, so daß die elektrophoretische Mobilität nur von den Nettoladungen der Probenmoleküle im verwendeten Puffermilieu abhängig ist. Die Auswahl des geeigneten Gelmediums wird von den Molekülgrößen der Probensubstanzen bestimmt. Bei großmolekularen Proben wie Proteinen und Enzymen verwendet man Agarosegele, bei kleinmolekularen, wie Peptiden oder Polyphenolen kommen Polyacrylamidgele zur Verwendung. Elektrophoresen in nichtrestriktiven Gelen werden fast ausschließlich in Horizontalkammern durchgeführt.

3.2.1 Agarosegel-Elektrophoresen

3.2.1.1 Zonenelektrophorese

Agarosegele mit Konzentrationen von 0,7–1% werden sehr häufig in klinischen Routinelabors zur Auftrennung von Serumproteinen eingesetzt. Die Trennzeiten sind äußerst gering: ca. 30 min. Das Auflösungsvermögen ist höher als bei Verwendung von Celluloseacetatfolien, da die Diffusion stärker eingeschränkt ist. Nach Fixierung der getrennten Frak-

Methoden der Gelelektrophorese

Stromversorgung (Maximalwerte)	Trennzeit	Nachweis	Auswertung
500 V, 50 mA	30 min	Färbung	autom. Densitometrie
500 V, 30 mA	30 min → über Nacht	Färbung	visuell, Vermessung von Präzipitat-Peaks

Tabelle 1. (Fortsetzung)

Trennproblem	Methode	apparat. System
roteine, Enzyme, genetische Untersuchungen, Peptide	Polyacrylamidgel-Elpho (PAGE), Disk-Elpho, Ultradünnschicht-Elpho	vertikal oder horizontal
Niedermolekulare Substanzen	Ultradünnschicht-Elpho	horizontal
Ladungseigenschaften von Proteinen, Enzymen, genetische Differenzierungen	Agarose-Elpho PAGE mit Ferguson Plot, (bzw. Isoelektrische Fokussierung)	vertikal oder horizontal
Molekülgrößen (Stokes' Radius)	Poren-Gradienten-PAGE	vertikal oder horizontal
Molekulargewicht von Polypeptiden	SDS-PAGE Disk- oder Porengrad.∼)	vertikal oder horizontal
Schwerlösliche und denaturierte Proteine	SDS-PAGE (Disk- oder Porengrad.∼)	vertikal oder horizontal
Reinheitsüberprüfung von Präparaten, Isolaten	SDS-PAGE (Disk- oder Porengrad.∼)	vertikal oder horizontal
Tests auf spezifische Antigene oder Antikörper in komplexen Proteingemischen (z. B. Serum) u. v. a.	SDS-PAGE (Disk- oder Porengrad.∼) (mit anschl. Elektroblotting)	meist vertikal
Hochkomplexe Proteingemische, Nachweis und Untersuchungen von Proteingemischen, Proteincharakterisierungen, Proteindifferenzierungen, u. v. a.	Zweidimensional Elektrophoresen	vertikal oder horizontal
RNA, DNA-Restriktionsfragmente	Submarine-, Keilgel-, Brückengel-, Agaroseelektrophorese Ultradünnschicht PAGE	horizontal horizontal
DNA-Sequenzierung	Makro-Ultradünnschicht-PAGE	vertikal
DNA-Trennung, Isolierung	„PFG" = Agaroseelektrophorese im gepulsten elektrischen Feldgradienten	horizontal

Stromversorgung (Maximalwerte)	Trennzeit	Nachweis	Auswertung
500 V, 50 mA 1000 V, 50 mA	4 h 2 h	Färbung Zymogramme Besprühen	visuell, Densitometrie
1000 V, 30 mA	10 min	Trocknen und Besprühen	visuell, Densitometrie
500 V, 50 mA 1000 V, 50 mA → 5000 V (IEF) 20 mA	30 min 30 min → 3 h	Färbung Zymogramme	visuell, Densitometrie
	über Nacht	Färbung Zymogramme	visuell, Densitometrie
500 V, 50 mA 1000 V, 50 mA 500 V, 50 mA 1000 V, 50 mA 500 V, 50 mA 1000 V, 50 mA 500 V, 50 mA	4 h 2 h	Färbung Zymogramme Färbung Zymogramme Färbung Zymogramme spezifische Liganden-detektion	visuell, Densitometrie visuell, Densitometrie visuell, Densitometrie visuell, Densitometrie
500 V, 50 mA 1000 V, 50 mA → 5000 V 20 mA (isoelektr. Fokussierung)	3 h → 2 Tage	Färbung, Autoradio-graphie, Fluorographie, Elektroblotting	visuell, Densitometrie, Videokamera,
500 V, 50 mA	15 min → 6 h	Ethidium-bromid-anfärbung Silberfärbung	visuell im UV-Licht, präparative Anwendungen visuell
5000 V, 30 mA	ca. 2 h	Autoradio-graphie	visuell, Sequenzier-Lesegeräte
500 V, 150 mA	10–50 h	Ethidium-bromidfärbung, Blotting	visuell im UV-Licht, Hybridisierung

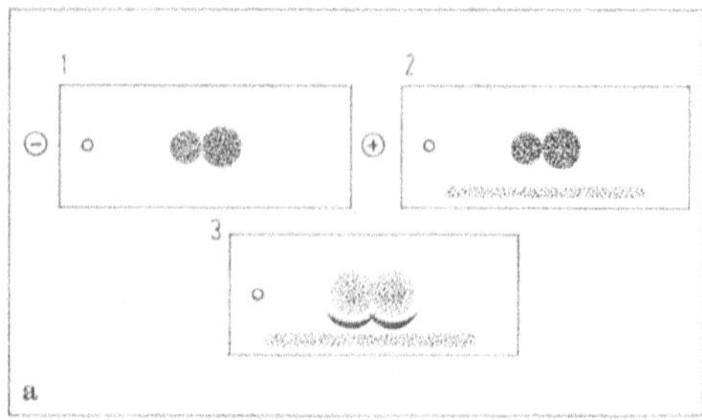

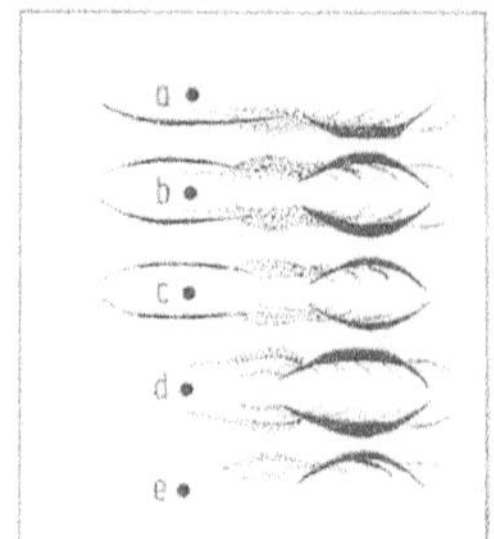

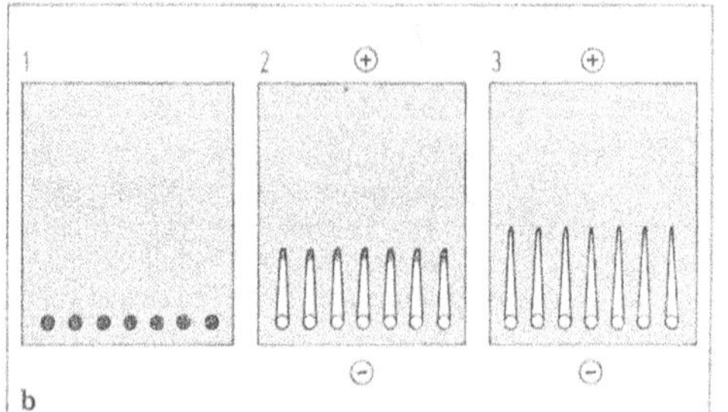

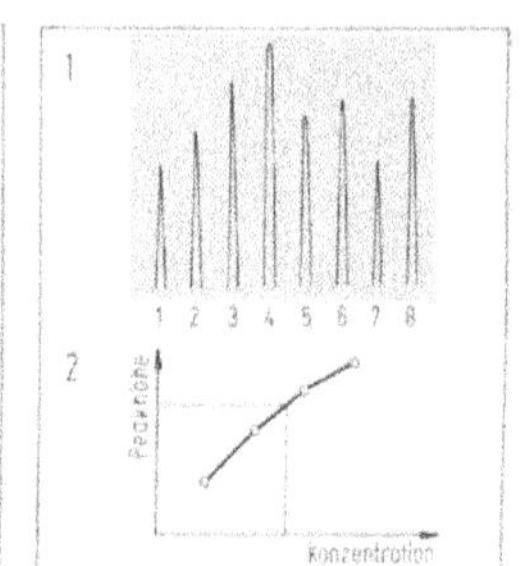

Abb. 11. Die wichtigsten Immunelektrophorese-Techniken (nach Lit. 81)
a Immunelektrophorese nach Grabar und Williams (qualitativ). 1 Agaroseelektrophorese der Probe; 2 Einpipettieren der Antikörperlösung in seitliche Gelrinne; 3 Immunodiffusion der Antigenzonen (radial) gegen Antikörper (linear) Ausbildung sehr scharfer Präzipitatbögen ermöglichen Nachweis von Antigenspuren.
b Raketen („Rocket")-Immunelektrophorese nach Laurell (quantitativ). 1 Pipettieren der Proben in Gellöcher; 2 Elektrophorese der Antigene in antikörperhaltiges Gel; 3 Ausbildung von raketenförmigen Präzipitatlinien am Äquivalenzpunkt.
Die Längen der Raketen sind abhängig von den Antigenkonzentrationen

tionen mit z. B. Trichloressigsäure und Sulphosalicylsäure werden die Gele getrocknet und mit proteinspezifischen Farbstoffen, wie z. B. Amidoschwarz oder Coomassie Brilliant Blau nachgewiesen.

Agarosegele sind besonders geeignet zum spezifischen Proteinnachweis durch Immunfixation. Im Anschluß an die Elektrophorese läßt man spezifische Antikörper in das Gel diffundieren. Die Immunkomplexe, welche mit den jeweiligen Antigenen gebildet werden, bilden unlösliche Präzipitate, die nicht präzipitierten Proteine werden ausgewaschen. Bei der Anfärbung werden somit nur die spezifischen Fraktionen erfaßt.

3.2.1.2 Immunelektrophoresen

Agarosegele sind das ideale Medium für die verschiedenen Methoden der *Immunelektrophorese.* Die am häufigsten angewandten Techniken sind in Abbildung 11 zusammengestellt. Bei Immunelektrophoresen bilden sich

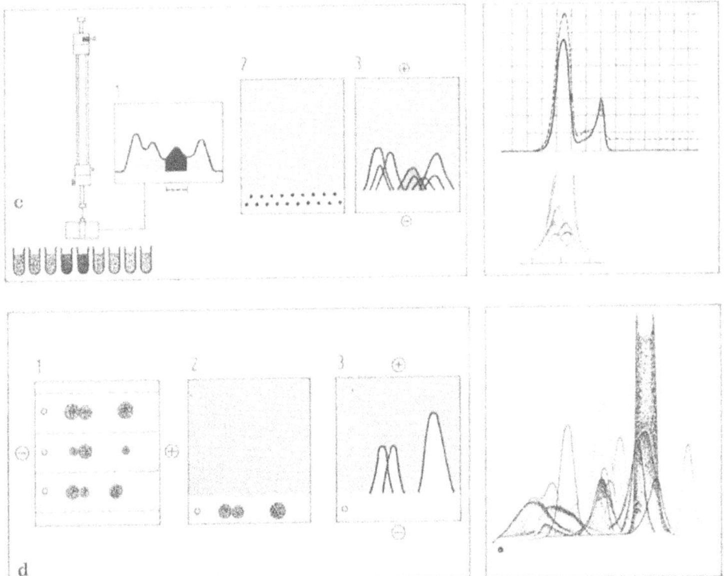

Abb. 11 c u. d.
c „Fused-Rocket"-Immunelektrophorese. 1 Präparatives Trennverfahren. 2 Gewonnene Fraktionen werden in zickzackförmige angeordnete Gellöcher einpipettiert und diffundieren für eine bestimmte Zeit gegeneinander; 3 Elektrophorese der Antigene in antikörperhaltiges Gel; 4 Immunologisch identische Proteine benachbarter Fraktionen erzeugen kontinuierliche Präzipitatlinien.
d Kreuzimmunelektrophorese nach Clarke und Freeman. 1 Agaroseelektrophorese oder isoelektrische Fokussierung; 2 An Einzel-Gelstreifen wird antikörperhaltiges Gel gegossen; 3 Elektrophorese der Antigene in Antikörpergel.
Die Innenflächen der Präzipitatlinien sind proportional zur jeweiligen Antigenkonzentration

am Äquivalenzpunkt zwischen Antigen und entsprechender Antikörper scharf Präzipitationslinien, so daß die Nachweisempfindlichkeit sehr hoch ist. Im Vergleich zu Immundiffusionstechniken ist die Immunelektrophorese erheblich schneller; und sie kann auch für quantitative Bestimmungen angewendet werden.

3.2.1.3 Affinitätselektrophoresen

In der letzten Zeit wurden mehrere der Immunelektrophorese verwandte Methoden zur Untersuchung von Wechselwirkungen zwischen verschiedenen Makromolekülen beschrieben: z. B. für Lektin-Glykoprotein-; Enzym-Substrat-; Enzym-Inhibitor-Interaktionen. Der Überbegriff für diese Methoden, einschließlich der Immunelektrophoresen ist die *Affini-*

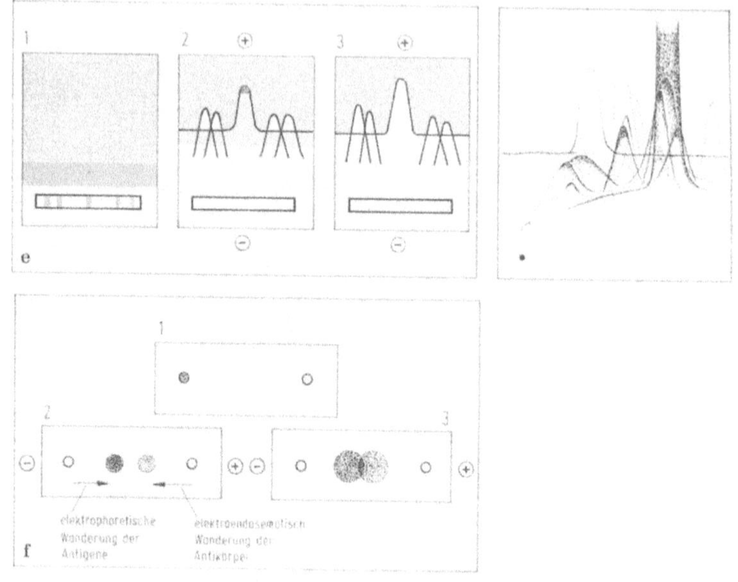

Abb. 11 e u. f.
e Intermediärgel-Kreuzimmunelektrophorese. 1 An Einzelgelstreifen (Agaroseelektrophorese oder isoelektrische Fokussierung) wird Zwischengel mit monospezifischem Antikörpern und daran wiederum ein Gel mit polyspezifischen Antikörpern gegossen; 2 Bei der Elektrophorese beginnen die Präzipitatlinien des gesuchten Antigens bereits bei der Unterkante des Intermediärgels mit dem spezifischen Antikörper; 3 Die übrigen Präzipitatlinien beginnen erst an der Unterkante des polyspezifischen Antikörpergels. Mit dieser Technik können einzelne Proteine identifiziert werden.
f Gegenstromelektrophorese. 1 Antigen- und Antikörperhaltige Proben werden in Löcher eines Agarosegels mit hoher Elektroendosmose einpipettiert. Bei einem Gelpuffer mit pH 8,6 haben Antikörper sehr niedrige elektrophoretische Mobilität, die Antigene jedoch hohe; 2 Im elektrischen Feld wandern die Antigene elektrophoretisch, die Antikörper elektroendosmotisch aufeinander zu; 3 Am Äquivalenzpunkt bildet sich das Präzipitat

tätselektrophorese [13]. Dabei werden alle aus der Immunelektrophorese bekannten Techniken angewandt. Diese Methoden werden in Zukunft eine wichtige Rolle spielen, unter anderem auch in der klinischen Diagnostik. Zum Beispiel werden zur Zeit mit der Linien-Affinitätselektrophorese spezifisch bindende Lektine aus weltweit gesammelten Pflanzensamen untersucht. Damit können Kohlehydratveränderungen an Glykoproteinen während verschiedener biologischer Prozesse kontrolliert werden [13].

3.2.2 *Polyacrylamidgel-Elektrophorese (PAGE) von niedermolekularen Substanzen*

Auch diese Technik ist relativ neu. Da sich niedermolekulare Fraktionen in einer großporigen Matrix chemisch nicht fixieren lassen, werden hierzu auf Folie polymerisierte ultradünne Polyacrylamidgele im Horizontalsystem [14, 15] verwendet, die sofort nach der Elektrophorese bei 100 °C getrocknet und anschließend mit spezifischen Reagenzien besprüht werden. Bei Oligopeptiden und Polyphenolen (MG < 1000) war die Elektrophorese in den 0,2 mm dünnen Polyacrylamidgelen $T = 15\%$, $C = 2{,}5\%$ innerhalb von 10 min beendet, und die Gele innerhalb von weiteren 5 min getrocknet. Da die Zonen in dieser Zeit kaum diffundiert sind, konnten dabei scharfe Banden und hohe Auflösungen erzielt werden (Westermeier, R. und Görg, A.: unveröffentlichte Ergebnisse).

3.3 Elektrophoresen in restriktiven Gelen

Als Smithies die engporigen Stärkegele zur Einschränkung der Bandendiffusion während der Elektrophorese einführte, benützte er das Horizontalsystem [4]. Er beobachtete jedoch einige problematische Effekte: Da die von ihm verwendeten 5–10 mm dicken Gele nur von der Unterseite her gekühlt wurden, war der Abtransport der Jouleschen Wärme aus dem Gel ungleichmäßig. Dadurch ergaben sich unscharfe Banden. Außerdem trat der Effekt der Elektrodekantation auf: Die Probenmoleküle in den senkrechten Probeschlitzen haben geringere Leitfähigkeit als der Gelpuffer, so daß der Hauptstromfluß an den Probenschlitzen innerhalb der Gelschicht von oben nach unten führt. Dabei wird ein Großteil der Probenmoleküle nach unten transportiert — es erfolgt eine plötzliche Überkonzentrierung der Probesubstanzen. Dabei bilden sich Molekülkomplexe, welche die Poren verstopften, die Probesubstanzen verteilen sich innerhalb der Gelschicht ungleichmäßig, was zu Überladungseffekten führt. Smithies hat diese Probleme gelöst, indem er die Gele vertikal anordnete [16]. Von diesem Zeitpunkt an wurden alle Elektrophoresen in restriktiven Gelen entweder in vertikalen Rund- oder vertikalen Flachgelen durchgeführt.

Als restriktive Gelmedien werden Stärke-, Agarose- und Polyacrylamidgele verwendet. Stärkegele werden noch zur Auftrennung von Serumproteinen verwendet. Wegen der Elektroendosmose-verursachenden Carboxylgruppen und der unpraktischen Handhabung dieser Gele werden sie immer mehr von Polyacrylamidgelen abgelöst.

3.3.1 *Der Ferguson-Plot*

Bei restriktiven Gelen ist die elektrophoretische Mobilität sowohl von der Anzahl der Nettoladungen der einzelnen Molekülfraktionen bei dem verwendeten Puffersystem als auch vom Molekular-Radius abhängig, da die Matrix als Molekularsieb wirkt. Neben den Anwendungen der restriktiven Gelelektrophorese zur Reinheitskontrolle von Proteinproben oder zur Differenzierung von Proben durch charakteristische Bandenmuster kann sie auch zu physiko-chemischen Untersuchungen von Proteinen und

Enzymen benützt werden. Das Grundprinzip wurde von Ferguson eingeführt [17]: wenn Proteinproben unter ansonsten identischen Bedingungen (Puffer, Zeit, Temperatur), jedoch in einer Serie von Gelen unterschiedlicher Konzentrationen (% T bei PAGE, % Agarose) aufgetrennt werden, ergeben sich in den verschiedenen Gelen unterschiedliche Laufstrecken (R_m = relative Mobilität). Trägt man den Logarithmus von R_m über den Gelkonzentrationen T auf, so ergibt sich eine Gerade (Ferguson Plot). Wie Abbildung 12 zeigt, sind die Ergebnisse sehr informativ. Die Steigung der Geraden ist ein Maß für die Molekülgröße und ist definiert als der Retardationskoeffizient (K_R).

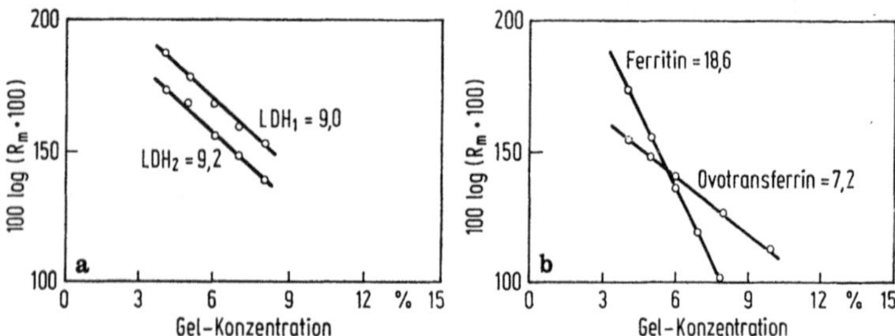

Abb. 12. Ferguson Plots im Falle von (**a**) Lactatdehydrogenase-Isoenzymen (Ladungsisomere), und (**b**) Ferritin und Ovotransferrin unterschiedlich sowohl in Ladung als auch Molekülgröße (Nach Hedrick und Smith [18])

Der Schnittpunkt mit der y-Achse ($Y_0 = R_m$, wenn $T = 0$) ist ein Maß für die Nettoladung, da hier theoretisch die Bedingungen der freien Mobilität herrschen. Bei globulären Proteinen gibt es eine lineare Beziehung zwischen K_R und dem Molekülradius R, somit kann die Molekülgröße aus der Steigung der Geraden berechnet werden. Wenn die freie Mobilität (m_0) aus Y_0 und der Molekülradius (R) aus K_R bekannt sind, kann man die Nettoladung des Moleküls berechnen [19]. Außerdem lassen sich bei Proteingemischen aufgrund der Steigungen der Proteingeraden Aussagen darüber machen, ob die Moleküle der unterschiedlichen Fraktionen gleiche Größe, aber unterschiedliche Ladungen bzw. ähnliche Ladungseigenschaften, aber unterschiedliche Größe haben, oder ob sie sich in beiden unterscheiden (Abb. 11). Parallele Geraden weisen auf identische Größe, aber Ladungsheterogenität hin. Kreuzen sich die Geraden, unterscheiden sie sich in beiden.

Schneiden sich mehrere Geraden in einem Punkt (der sich im Bereich $< 2\%$ T befindet), handelt es sich offensichtlich um verschiedene Polymere eines Proteins, d. h. bei gleicher Nettoladung unterscheiden sich die Fraktionen nur durch die Molekülgrößen.

3.3.2 *Agarosegel-Elektrophoresen*

3.3.2.1 *Proteine*

Restriktive Agarosegel-Elektrophoresen von Proteinen werden relativ selten durchgeführt, da hochkonzentrierte Agarosegele (> 1%) trüb sind und die Elektroendosmose zu hoch ist. Bei der Auftrennung von sehr großmolekularen Proteinen oder Proteinaggregaten werden niederkonzentrierte Agarosegele verwendet, hier kann man von restriktiver Elektrophorese sprechen.

3.3.2.2 *Nukleinsäuren*

Agarose Elektrophorese ist die Standardmethode für die Trennung, Identifizierung und Reinigung von DNA- und RNA-Fragmenten [20, 21]. Mit Hilfe des Ferguson-Plots werden Molekulargewichtsbestimmungen durch-

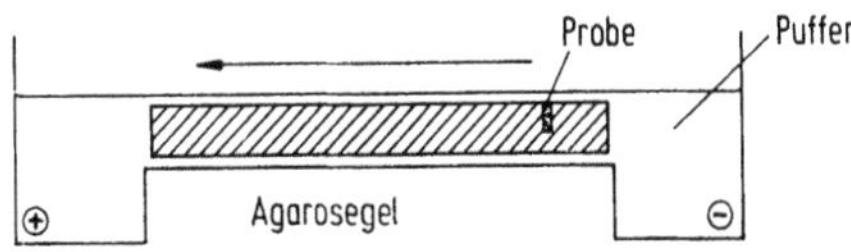

Abb. 13. Prinzip der „Submarine"-Agarose-Elektrophorese

geführt. Für diese Nukleinsäure-Trennungen werden einfache horizontale „*Submarine*"-Kammern verwendet. Das Agarosegel ist während der Trennung von einer dünnen (ca. 1 mm) Pufferschicht bedeckt. Die mit Glycerin oder Saccharose beschwerten Proben werden mit einer Spritze in die beim Gelgießen vorgeformten Probeslots so einpipettiert, daß der Puffer unterschichtet wird (s. Abb. 13). Die Gele werden mit Ethidiumbromid gefärbt. Die Banden sind dann bei Betrachtung unter UV-Licht sichtbar.

Zur Trennung von großen DNA-Fragmenten werden *Brückengele* verwendet [22]: zwischen zwei, relativ hoch konzentrierte Agaroseblöcke wird ein sehr niedrig konzentriertes Agarosegel gegossen, in dem die Makromoleküle aufgetrennt werden können (s. Abb. 14). Durch die Agaroseblöcke wird das Wegfließen des weichen Trenngels verhindert.

Einen breiten Molekulargewichtsbereich von DNA-Fragmenten kann man mit Keilgelen auftrennen [23] (s. Abb. 15). In einem keilförmigen Gel entsteht ein Leitfähigkeitsgradient, woraus sich ein Feldstärkegradient ergibt. Dadurch, daß die Feldstärke in Richtung Anode abnimmt, wird die Wanderungsgeschwindigkeit der kleineren Oligonukleotide kontinuierlich herabgesetzt: das Bandenmuster wird gleichmäßiger.

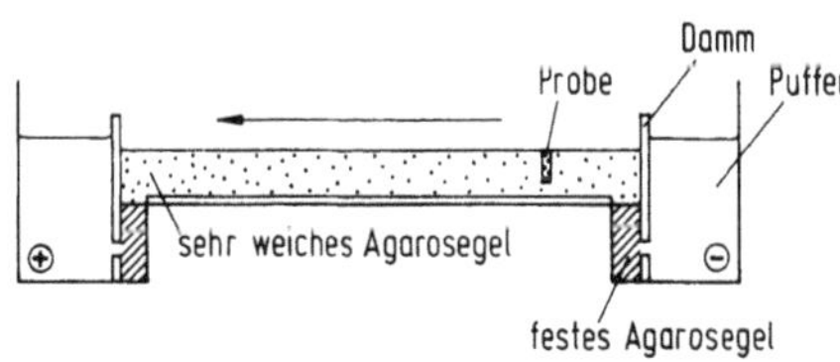

Abb. 14. Prinzip der Brückengel-Elektrophorese

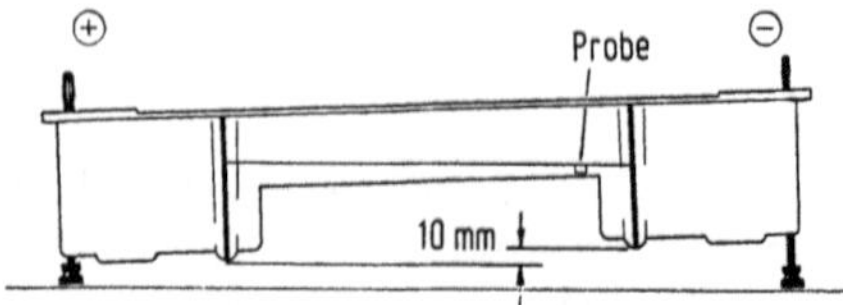

Abb. 15. Prinzip der Feldstärkegradienten-Elektrophorese (Keilgel-Technik) Werkzeichnung LKB Produkter, Bromma, Schweden

Eine neue Technik ist die *Elektrophorese im gepulsten Feldstärkegradienten-Gel* (*PFG*) nach Schwartz und Cantor [2]. Riesenmoleküle bis zu 2000 Kilobasen können aufgetrennt werden, wobei das Auflösungsvermögen besser ist als bei konventionellen Elektrophoresen mit logarithmischen Molekulargewichtsauftrennungen. An das 1,5%ige Agarosegel werden alternierend gepulste elektrische Felder senkrecht zueinander angelegt, wobei mindestens eines davon inhomogen ist. Die Pulsierungsdauer reicht von 1 bis 90 Sekunden, abhängig von den Längen der zu trennenden DNA-Moleküle. Mit der PFG wurden erstmals ganze, intakte chromosomale DNAs von Saccharomyces cerevisiae fraktioniert. Das Prinzip der PFG beruht darin, daß DNA Moleküle durch Änderung des elektrischen Feldes ihre Orientierung ändern und ihre Helixstruktur gestreckt bzw. gestaucht wird. Die „viskoelastische Relaxationszeit" ist sehr exakt abhängig vom Molekulargewicht. Somit ist die elektrophoretische Mobilität ebenfalls abhängig von der Pulsationszeit bzw. von der jeweiligen Dauer des elektrischen Feldes. Die apparative Anordnung dazu ist in Abb. 6 dargestellt. Homogene elektrische Felder erhält man, wenn alle Elektrodenarrays zweier gegenüberliegender Seiten eingeschaltet sind; unhomogene, wenn nur bestimmte angesteuert werden. Die Elektrophoreserichtung ist diagonal.

Alle diese Nukleinsäure-Elektrophorese-Techniken werden sowohl für analytische als auch präparative Trennungen eingesetzt.

3.3.3 *Polyacrylamidgel-Elektrophoresen*

Wie bereits erwähnt, werden für Polyacrylamidgel-Elektrophoresen (PAGE) meist vertikale Rund- oder Flachgele verwendet. Setzt man jedoch sehr dünne Flachgele als Trennmedium ein, kann man die verschiedenen PAGE-Techniken auch in Horizontalsystemen durchführen [14, 15]. Im folgenden werden die klassischen PAGE-Methoden am Beispiel des Vertikalsystems beschrieben. Im Anschluß daran wird auf die horizontale Ultradünnschicht-Elektrophoresen gesondert eingegangen.

3.3.3.1 *Allgemeines*

a) Gelherstellung

Die Gele für die Vertikal-PAGE werden in ebenfalls vertikalen Gießständen polymerisiert: Rundgele in Glasröhrchen; Flachgele in Küvetten, die durch zwei Glasplatten und seitlich angeordneten Abstandshalter („Spacer") gebildet werden. Zur Elektrophorese werden die Gelzusamen mit den Glasröhrchen bzw. den Glasküvetten in die Pufferkammern eingesetzt. Die Glasröhrchen bzw. die Küvetten sind oben und unten offen, so daß die Gele unmittelbaren Kontakt mit den Elektrodenpuffern bekommen. Meist werden Röhrchen und Küvetten *von oben* befüllt, so daß sie zum Gießen der Gele unten abgedichtet werden müssen. Röhrchen werden entweder unten mit einem Stopfen oder mit Gummikappen verschlossen, oder sie werden in eine weiche Dichtmasse gesteckt (z. B. Plastilin). Die Flachgel-Küvetten werden – bei modernen Systemen – mittels einer geeigneten Vorrichtung (meist Exzenter-Nocken-Gießstände) auf eine Gummiplatte gedrückt (s. Abb. 3B). Eine andere Möglichkeit ist die Abdichtung der Glasküvetten mit heißer Agaroselösung, die beim Kontakt mit den kalten Glasplatten schnell erstarrt. Da diese Methode mühsam, zeitraubend und unsicher ist (sehr häufig ergeben sich Lecke, durch welche Polymerisationslösung ausfließt), befindet sie sich immer mehr auf dem Rückzug.

Wenn eine große Anzahl von Gelen auf einmal hergestellt werden, ist es besser, die Röhrchen oder Küvetten *von unten* zu befüllen. Zur simultanen Befüllung von Röhrchen gibt es verschiedene Systeme [24, 25], auf die hier nicht näher eingegangen wird. Die Herstellung multipler Gelplatten ist ausführlich von Anderson und Anderson beschrieben worden [26]: Die oben und unten offenen Glasküvetten werden in einen rechteckigen Behälter aus Acrylglas eingeschoben, so daß dieser vollständig damit ausgefüllt ist. Bei der ursprünglichen Technik wird der Behälter an einer vertikal stehenden Drehscheibe befestigt und zu Beginn der Befüllung mit Polymerisationslösung um 45° gedreht, so daß eine Kante nach unten zeigt. Entlang dieser Unterkante sind nebeneinander Schläuche angebracht, durch welche die Gellösung gepumpt wird bzw. aufgrund der Gravitation aus einem höher positionierten Behälter einfließt. Dadurch wird die Flüssigkeit gleichmäßig auf alle Gelkassetten verteilt. Wenn die Kassetten etwa 2/3 befüllt sind, wird die Gelkassette langsam waagerecht gestellt. Neuerdings ist die Methode modifiziert worden: Auf die Drehscheibe wurde verzichtet. Der Behälter steht von Anfang an gerade. Die Innenseite des Behälters ist an der Einfüllkante so geformt, daß sich die Gellösung beim Einfließen gleichmäßig verteilt.

Für die Aufgabe der Proben werden an der Oberseite der Gele Probenwannen miteinpolymerisiert („Probeslots", „Sample wells"). Dies erreicht man durch Einstecken eines scharfkantigen Kamms zwischen die Glasplatten (s. Abb. 3B). Solche Kämme gibt es mit unterschiedlich vielen Zacken, je nachdem, ob man eine große Anzahl von Proben oder ob man größere Probenmengen auftrennen muß, um z. B. genügend große Fraktionen zur Weiterverarbeitung zur Verfügung zu haben.

Da der Luftsauerstoff die Polymerisation an der Gellösungsoberfläche verhindert, wird die Gellösung mit Butanol oder, besser, mit Gelpuffer (gleicher Konzentration wie im Gel) überschichtet. Gellösungen mit niedriger Acrylamidkonzentration ($< 10\%$ T) werden mit Saccharose, Sorbit oder Glycerin beschwert um ein Vermischen mit der Überschichtungslösung zu verhindern.

Kurz vor der Verwendung der Gele wird die Überschichtungslösung vollständig abgesaugt.

b) Probenauftrag

Die Probenlösungen werden mit 10% Saccharose, Sorbit oder Glycerin beschwert, damit sie sich nicht mit Elektrodenpuffer mischen. Die Rund-

gel-Röhrchen oder die Probeslots der Flachgelküvetten werden mit Elektrodenpuffer gefüllt. Mit einer Pasteurpipette oder einer Spritze werden die Probenlösungen vorsichtig auf die Geloberfläche aufgegeben, so daß der Elektrodenpuffer unterschichtet wird.
Die Probenauftragung bei Rundgelen erfolgt in der Trennkammer, bei Flachgelen vor dem Einsetzen der Küvetten in die Apparatur, weil dies bequemer ist.

3.3.3.2 Einfache Polyacrylamidgel-Elektrophorese

a) Proteintrennungen

Die Flachgeltechnik hat einige Vorteile gegenüber der Rundgeltechnik:

- Das Gelgießen ist einfacher und schneller, Luftblasen im Gel werden leichter vermieden.
- Man braucht für eine größere Probenanzahl nur ein Gel zu gießen. Die Probenanzahl in Flachgelsystemen ist höher.
- Die verschiedenen Proben werden in einem Gel unter identischen Bedingungen (gleiche Gellänge, Gelstruktur bzw. aufgetrennt; dadurch können die Bandenmuster besser und einfacher verglichen werden.
- Die Handhabung von Flachgelen ist erheblich einfacher als die von Rundgelen: Entfernung aus der Kassette, Fixieren, Anfärben, Aufbewahrung.
- Mit Flachgelen kann man die Blottingmethoden durchführen.
- Flachgele kann man in dünnen Schichten herstellen, sehr dünne Rundgele sind problematisch.
- Die Densitometrie von Flachgelen ist erheblich einfacher.
- Flachgele sind auch getrocknet auswertbar.
- Flachgele eignen sich besser für die Autoradiographie und Fluorographie.

Es gibt jedoch einige Aufgabenstellungen, bei welchen heute noch Rundgelelektrophoresen bevorzugt werden:

- Bei präparativen Trennungen werden Rundgele in einzelne Scheiben aufgeschnitten, die dann eluiert werden.
- Nach der Auftrennung von radioaktiv markierten Proteinen werden einzelne Gelscheiben im Scanner ausgezählt.
- Rundgele werden der Länge nach halbiert oder geviertelt und verschiedenen Nachweistechniken unterworfen.
- Zur Auftrennung sehr großer Makromoleküle müssen sehr großporige Gele verwendet werden. Bei diesen „Soft-Gels" rutschen die großen Flachgele häufig während der Trennung aus der Kassette bzw reißen leicht bei der Anfärbung.
  Die leichteren Rundgele verhalten sich hierbei problemloser.
- Bei der Auftrennung von Proben mit sehr unterschiedlichen Salzgehalten kann es bei Flachgelen verzogene Banden geben. Häufig verzichtet man auf Entsalzen der Proben, weil dabei Proteine verloren gehen können bzw. weil das Entsalzen zu aufwendig ist. Bei der Rundgeltechnik können sich die verschiedenen Proben nicht gegenseitig beeinflussen.

- Die Rundgeltechnik ist die Standardmethode für die 1. Dimension der Zweidimensionalelektrophorese.

Rundgele werden meist mit 3–5 mm Durchmessern verwendet. Die Standard-Dicke von Flachgelen ist 1,5 mm. Bei dickeren Gelen ist die Beladungskapazität höher: dies ist von Vorteil für präparative Anwendungen und beim Nachweis von Substanz-Spuren in einer ansonsten hochkonzentrierten Proteinlösung. Da dicke Gele sehr schwierig zu kühlen sind, muß man die Elektrophorese bei entsprechend niedriger Leistung durchführen. Bei den daraus resultierenden langen Trennzeiten ist allerdings der Diffusionseffekt stärker, so daß die Banden relativ unscharf sind. Die Färbeprozeduren sind bei dicken Gelen langwierig, die Nachweisempfindlichkeit geringer als bei dünnen Gelen.
Bei der analytischen Elektrophorese geht die Tendenz immer mehr zu dünneren Gelen. 0,7 mm dünne Gele sind bei der Vertikaltechnik noch ohne Probleme zu handhaben. In der letzten Zeit sind empfindlichere Färbemethoden entwickelt worden (z. B. die Silberfärbung), so daß auch zur Untersuchung von Proteinspuren in konzentrierten Lösungen sehr geringe Probemengen eingesetzt werden können, um diese Faktionen zu detektieren. Außerdem ist die Effektivität der sehr empfindlichen Färbemethoden bei dünneren Gelen höher. Für die Verwendung dünnerer Gele spricht also:

- Schnellere Auftrennung
- Schärfere Banden
- Schnellere Färbung
- Höhere Färbe-Effektivität, und damit höhere Nachweisempfindlichkeit.

Bei Vertikalsystemen sind aus Gründen der Apparatekonstruktion jeweils die Gellängen festgelegt. Die meisten Kammern sind für eine Standard-Trenndistanz von ca. 15 cm gebaut. Das Auflösungsvermögen wird über die Gelstruktur (Acrylamidkonzentration, Vernetzungsgrad) optimiert.

b) DNA-Sequenzierung

Heute werden beinahe ausschließlich die DNA-Sequenzierungsmethoden angewandt, die auf der Basis der Methoden nach Sanger [27] oder Maxam and Gilbert [28] beruhen. Der letzte Schritt der Sequenzierung ist jeweils eine Elektrophorese im Polyacrylamidgel unter denaturierenden Bedingungen (Harnstoff, hohe Temperatur). Da die Basen der Einzelstrang-DNAs im verwendeten Puffersystem beinahe identische Ladungseigenschaften haben, werden sie dabei rein nach ihrer Molekülgröße aufgetrennt. Um möglichst große DNA-Fragmente in der Größenordnung von 500 Basen, auf einmal sequenzieren zu können, werden lange Trenndistanzen (50–60 cm) und möglichst dünne Gele ($< 0,4$ mm) gebraucht.

Für die exakte und reproduzierbare Herstellung solcher Spezialgele ohne Luftblaseneinschluß sind die für die Protein-PAGE beschriebenen Gießmethoden nicht ohne weiteres anwendbar. Hierfür hat sich eine horizontale Gießmethode, die Schiebetechnik nach Ansorge [29] durchgesetzt: Auf einem horizontalen, in der Neigung verstellbaren Gießtisch (siehe Abb. 4B) wird eine Glasplatte (bzw. eine Thermostatisierplatte aus Glas) und die seitlichen Abstandhalter („Spacer“, Teflonstreifen 0,1; 0,2 bzw. 0,4 mm dick) mit Klammern befestigt. Während aus einem Gefäß oder einer großvolumigen Spritze die Polymerisationslösung aufgetragen wird, schiebt man langsam mit der anderen Hand eine zweite, gleich lange, geringfügig schmälere Glasplatte (Kanten der Befestigungsklammern!) auf den Spacern über die befestigte Grundplatte, bis beide deckungsgleich übereinander liegen. Dann wird die zweite Glasplatte mit dazu geklammert und das Gel polymerisiert. Auf diese Weise können ultradünne und großflächige Gelschichten schnell und einfach hergesetllt werden. Die obere Glasplatte wird vor dem Gelgießen mit Bindsilan behandelt, damit das Gel nach der Trennung und während der Autoradiographie daran hängen bleibt. Bevor das nächste Gel gegossen wird, entfernt man die Gelschicht mit einem stark alkalischen Reinigungsmittel (meist Deconex). Die untere Glasplatte bzw. die Thermostatisierplatte wird mit Repelsilan oder Flüssigsilikon vorbehandelt, damit sie sich leicht vom Gel ablösen läßt.

Zur fehlerfreien Ablesung der Bandenmuster müssen bei der Sequenzierung die Basen meist unter absolut denaturierenden Bedingungen aufgetrennt werden, d. h. bei Temperaturen über 65° bis zu 75 °C. Andernfalls kann der Kompressionseffekt auftreten, d. h. durch Formierung von Wasserstoffbrücken zwischen sich zurückfaltenden Teilen der Einzelstrang-DNA-Fragmente sind die Moleküle unvollständig gestreckt. Ursprünglich wurde die hohe Temperatur im Gel durch die während der Elektrophorese entstehenden Jouleschen Wärme erzeugt. Dies führt jedoch zu ungleichmäßiger Temperaturverteilung innerhalb der Gelfläche. Daraus resultiert der „Smiling“-Effekt, d. h. zu den Rändern hin verzogene Bandenmuster. Durch Anbringen von Aluminiumoxidplatten an die Rückseite der Glasplatte kann die Temperaturverteilung verbessert werden. Bei Temperaturen über 65 °C jedoch kann mit dieser Maßnahme der „Smiling“-Effekt nicht mehr vermieden werden. Außerdem zerspringen sehr häufig die Glasplatten bei Beginn der Elektrophorese, bedingt durch den zu schnellen Temperaturanstieg. Es hat sich deshalb bewährt, die hohe Temperatur unabhängig vom elektrischen Feld zu erzeugen: durch Thermostatisierplatten, die an einen externen Wasserzirkulations-Thermostaten angeschlossen sind. Damit kann man Gel und Glasplatten während der Vorelektrophorese langsam auf die entsprechende Optimal-Temperatur bringen und auch während der Probenaufgabe auf dieser Temperatur halten.

Die Proben werden mit speziellen Mikrokapillaren (erhältlich bis zu 0,1 mm Außendurchmesser) in die ebenfalls durch Kämme bei der Polymerisation erzeugten „Slots“ pipettiert. Zur genauen Ablesung der Bandenmuster sollen die Basen der zueinandergehörenden Trennspuren möglichst nahe nebeneinander liegen. Dafür sind „Haifischzahn“-Kämme entwickelt worden, welche dreieckförmige „Slots“ formen. Die Ecken dieser Dreieck-„Slots“ liegen sehr nahe zusammen; die Banden laufen an beiden Enden spitz zu, so daß sich die Ablesegenauigkeit erhöht.

Bei homogenen langen DNA-Sequenziergelen sind die leichteren Basen weiter voneinander getrennt als die schweren. Wenn man die Wanderungsgeschwindigkeit der leichteren Basen verlangsamt, erhält man eine Stauchung des Bandenmusters in diesem Bereich, so daß man in einem Gel eine höhere Basenzahl auftrennen kann und gleichzeitig eine erhöhte Auflösung für die schweren erhält.

Dies kann man mit unterschiedlichen Methoden erreichen. Ursprünglich hat man im unteren Drittel des Geles einen Puffer mit erhöhter Ionenstärke einpolymerisiert. Dadurch erhält man in diesem Bereich eine niedrigere Feldstärke, was eine Verlangsamung der leichteren Basen bewirkt [30]. Nachteile dieser Methode sind, daß man mehrere verschiedene Polymerisationslösungen herstellen muß, und daß in den Übergängen zwischen den verschiedenen Pufferbereichen Zonen mit stark komprimierten – und deshalb unsicher ablesbaren – Bandenmustern entstehen.

Die elegantere und für die Ablesung sicherere Methode ist die Verwendung von Gelen, die im unteren Drittel keilförmig verdickt sind. Solche Keil-Gele können mit der Schiebetechnik leicht hergestellt werden, indem man an den entsprechenden Stellen zusätzliche „Spacer"-Stückchen auf die Teflonstreifen legt [31]. Die obere Glasplatte ist aufgrund ihrer Länge so flexibel, daß sie sich beim Festklammern im gewünschten Bereich aufbiegt. Im dickeren Gel ist die Feldstärke niedriger, so daß die Muster der leichteren Basen ebenfalls gestaucht werden. Dieser Effekt ist am wirksamsten, wenn das Gel nur im unteren Drittel keilförmig ist. Mit dieser Technik konnten in einem 53 cm langen Gel ca. 300 Basen pro Probespur aufgetrennt werden, im Gegensatz zu ca. 200 in einem gleichmäßig dicken Gel gleicher Länge.

Für die Sequenzierung sehr langer DNA-Fragmente werden die gleichen Reaktionslösungen in genauen zeitlichen Abständen nacheinander aufgetragen, so daß man für die gleichen Proben unterschiedlich lange Trennzeiten erhält. Bei den Trennspuren mit langer Elektrophoresedauer haben die leichteren Basen das Gel bereits verlassen, während bei den Spuren mit kurzer Elektrophorese die schweren Basen sich noch nicht aufgetrennt haben. Die Zeiten müssen so gewählt werden, daß sich die Anfangs- und Endbereiche der Bandenmuster jeweils überlappen. Anstelle der zeitlich versetzten Beladung können die gleichen Probelösungen auch auf Gele mit unterschiedlichen Acrylamidkonzentrationen (z. B. 16%, 6%, 4% T) aufgegeben und bei gleicher Elektrophoresedauer getrennt werden, um einen ähnlichen Effekt zu erreichen.

Zum Grundlagenstudium der DNA-Sequenziertechniken und ihrer Anwendungen seien Lit. 20 und 21 empfohlen.

3.3.3.3 Disk-Elektrophorese

Bei der PAGE von Proteinen hängt das Auflösungsvermögen, die Bandenschärfe und damit die Nachweisempfindlichkeit nicht zuletzt davon ab, wie eng die Probensubstanzen beim Beginn der Elektrophorese konzentriert sind. Eine Erhöhung der Gelkonzentration würde zwar eine Konzentrierung der Probe beim Eintritt der Probe aus der flüssigen Phase in das engporige Gel bewirken, jedoch würden große Moleküle nicht in das Gel einwandern können. Eine Überkonzentrierung des Proteingemisches würde die Bildung makromolekularer Protein-Protein-Komplexe und Proteinpräzipitationen verursachen.

Ornstein [32] und Davis [33] haben zur Lösung des Problems ein diskontinuierliches Puffer- und Gelsystem eingeführt. Die Diskontinuität bezieht sich dabei auf vier verschiedene Parameter:

a) Gelstruktur
b) pH-Wert des Puffers
c) Ionenstärke des Puffers
d) Art der Ionen im Puffer (Leit- und Folge-Ionen).

Das Funktionsprinzip der klassischen Disk-Elektrophorese ist in Abb. 16 dargestellt.

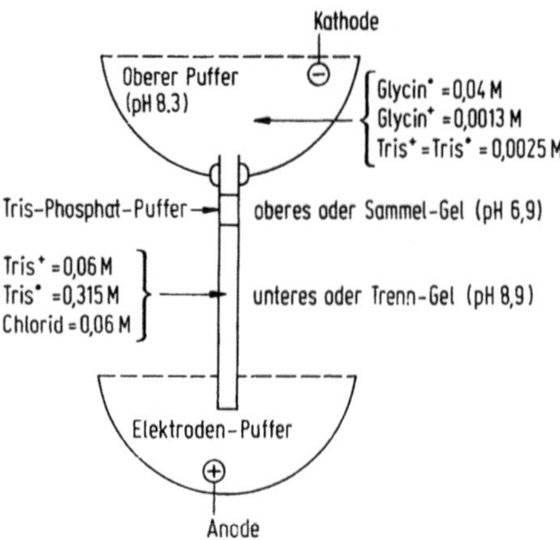

Abb. 16. Prinzip der Disk-Elektrophorese (nach Brewer, Lit. 79). Anstelle des Tris-Phosphat-Puffers pH 6,9 wird meist Tris-Chlorid-Puffer pH 6,7 verwendet

Die Gelmatrix ist in drei Bereiche eingeteilt: das eigentliche Trenngel, das Sammelgel („Spacer"- oder „Stacking"-Gel) und das Probengel. Die Hauptdiskontinuität besteht zwischen Trenn- und Sammelgel: Das Trenngel ist engporig (meist > 10% T), während Sammel- und Probengel großporig (< 4% T) mit minimalem Siebeffekt sind. Während das Trenngel auf einen pH-Wert von 8,9 gepuffert ist, sind die beiden anderen auf einen pH-Wert von 6,7 eingestellt. Der Puffer in den Gelbereichen mit pH 6,7 hat niedrigere Leitfähigkeit als der Trenngel- und Elektrodenpuffer, so daß sich in diesem Teil der Gelmatrix beim Stromfluß ein Spannungsgradient aufbaut, der deutlich größer ist als in den anderen Bereichen. Die vierte Diskontinuität liegt zwischen Probengel und Elektrodenpuffer: der Elektrodenpuffer wird ausschließlich mit Folgeionen (Glycin) auf einen pH-Wert von 8,4 gepuffert, während Proben-, Sammel- und Trenngel ausschließlich Leitionen (Cl^-) mit hoher Mobilität enthalten. Als gemeinsames Gegenion ist im gesamten System eine alkalische Puffersubstanz (TRIS: Tris(hydroxymethyl)aminomethan) in bestimmten Konzentrationen vorhanden. In einem solchen diskontinuierlichen Ionensystem gilt die Regulations-Funktion von Kohlrausch [34]:

$$\frac{C_L}{C_T} = \frac{m_L}{m_L + m_R} \cdot \frac{m_T + m_R}{m_T}$$

Dabei sind C = Konzentration, m = Mobilität, L = Leition, T = Folgeion (terminierendes Ion) und R = Gegenion.

Das bedeutet, daß im elektrischen Feld zwischen den Konzentrationen der Leit- und Folgeionen und ihren elektrophoretischen Mobilitäten eine proportionale Beziehung besteht. Die Ionen sind so ausgewählt worden, daß die Proteine Mobilitäten zwischen denen der Leit- und Folge-Ionen haben:

$$m_L > m_{\text{Proteine}} > m_T$$

(Das Folgeion Glycin T hat bei pH 6,7 extrem niedrige Nettoladung).

Die Proteine werden in das Probengel mit eingegossen. Wenn der Spannungsgradient anliegt, wandern die verschiedenen Ionen mit gleicher Geschwindigkeit in Richtung Anode, wobei die Grenzschichten zwischen den verschiedenen Ionentypen bestehen bleiben. Mehr noch, die verschiedenen Protein-Ionen ordnen sich während der Wanderung in scharfe Zonen mit abnehmenden Mobilitäten: die Ionen mit der höchsten Mobilität folgen unmittelbar dem Leition, diejenigen mit der niedrigsten Mobilität werden vor den Folgeionen hergeschoben. Dieses Phänomen wird Isotachophorese (Gleichgeschwindigkeitsbewegung) genannt. Da die Ionenkonzentrationen nach Kohlrausch unmittelbar von der Konzentration des jeweilig vorauswandernden Ions abhängen, bilden sich aus dem Proteingemisch scharfe, voneinander abgegrenzte Einzelzonen heraus; sie folgen einander direkt (ein „Zwischenion" gibt es nicht).

Weil die Gelmatrix großporig ist, sind die Mobilitäten ausschließlich von den Ladungen abhängig und nicht von den Molekülgrößen. Im Verlauf dieser Isotachophorese wird die Zone mit pH 6,7 immer kürzer, wobei die Cl-Ionen, welche die Trenngel-Kante erreichen, schnell in Richtung Anode abtransportiert werden (das Trenngel hat ja einen höheren pH-Wert und höhere Leitfähigkeit). Im Moment des Verschwindens der pH 6,7-Zone passieren mehrere Dinge gleichzeitig. Die großmolekularen Proteine erfahren an der Grenzschicht zum engporigen Trenngel plötzlich einen hohen Reibungswiderstand. Ihre Mobilität ist nun sowohl von den Ladungen als auch der Molekülgröße abhängig. Dabei arrangiert sich die Folge der Proteinionen neu. Wenn die Glycinionen in das Trenngel einwandern, erhalten diese bei dem nun höheren pH-Wert eine deutlich höhere Mobilität als die Proteinionen und überholen diese, nun direkt den Cl-Ionen folgend. Weil das Glycin eine Aminogruppe besitzt, steigt der pH-Wert im Trenngel plötzlich von 8,9 auf 9,5. Durch diesen pH-Sprung wird die Mobilität der Proteine nochmals gesteigert. Man erreicht relativ kurze Trennzeiten, die Diffusionseffekte sind herabgesetzt.

Mit der Diskelektrophorese werden sehr hohe Auflösung und Bandenschärfe erzielt. Um optimale Trennergebnisse zu erhalten, ist genaues Einhalten der Rezepturen [3] und die Verwendung reiner Puffersubstanzen notwendig.

Bei der Originalmethode nach Ornstein und Davis ist die Probe in ein Probengel einpolymerisiert (PAG) bzw. eingegossen (Agarose) worden.

Es hat sich für mehrere Proteine und Enzyme herausgestellt, daß dabei Proteine immobilisiert werden oder die biologische Aktivität von Enzymen verloren gehen. In den meisten Fällen wird daher auf das Probengel verzichtet.

Dann wird die Proteinlösung auf das Sammelgel pipettiert. Wichtig ist, daß das Sammelgel erst unmittelbar vor der Elektrophorese auf das Trenngel gegossen wird, weil bei längerem Stehenlassen des Gesamt-Geles die Ionen ineinander diffundieren und damit ein Teil des Effektes verloren geht. Das Sammelgel kann auch aus Agarose hergestellt werden.

3.3.3.4 Gradientengel-Elektrophorese

Die oben beschriebenen Proteinelektrophoresen in restriktiven Medien trennen die Einzelfraktionen auf der Basis sowohl ihrer Ladungsunterschiede als auch ihrer unterschiedlichen Molekülradien. Um bei der Elektrophorese eine Aussage über charakteristische physicochemische Parameter eines oder mehrerer Proteine zu erhalten, kann man den Ferguson-Plot [17] (siehe oben) durchführen. Diese Methode ist jedoch sehr material-, arbeits- und zeitaufwendig. Die Ladungseigenschaften amphoterer Substanzen kann man auf einfache und schnelle Weise mit den Methoden der isoelektrischen Fokussierung und der Titrationskurvenanalyse bestimmen (siehe hierzu Kapitel über IEF). Für die Ermittlung der Molekülgrößen können Poren-Gradientengele eingesetzt werden [35, 36]. Diese Porengradienten erreicht man durch eine kontinuierliche Veränderung der Acrylamidkonzentration in der Gelmatrix, wobei sie einen linearen oder exponentiellen (meist konkaven) Verlauf haben können. Wenn im engporigen Bereich die Acrylamidkonzentration und der Vernetzungsgrad hoch genug gewählt sind, gelangen die Proteinmoleküle mit der Zeit an einen Punkt, wo sie aufgrund ihrer Größe im stets engmaschiger werdenden Gelnetzwerk stecken bleiben.

Weil die Wanderungsgeschwindigkeiten der einzelnen Proteinmoleküle auch von deren Ladungen abhängen, muß die Elektrophorese so lange dauern, bis auch das Molekül mit der niedrigsten Nettoladung an seinem Endpunkt angekommen ist. Dann ergeben sich extrem scharfe Banden, hohe Auflösung und Nachweisempfindlichkeit. Weil dies eine Endpunktmethode ist, spielen die übrigen Elektrophoresebedingungen keine große Rolle. Die Verwendung eines Sammelgels ist meist unnötig.

Mit dieser Methode wird der hydrodynamische Durchmesser (bzw. Stokes' Radius) der nativen Proteinmoleküle gemessen. Die Bestimmung der Molekulargewichte auf dieser Art ist problematisch, weil die Tertiärstrukturen verschiedener Proteine globuläre oder bizarre Formen besitzen können, so daß ein relativ niedermolekulares Protein mit bizarrer Tertiärstruktur eher im Gelsieb stecken bleibt als ein höhermolekulares mit globulärer Form. Sehr ausführlich mit der Gradienten-Gel-Elektrophorese haben sich Lambin und Fine [37], sowie Rothe und Purkhanbaba [38] befaßt.

Es gibt eine Reihe unterschiedlicher Methoden, Gele mit linearen oder exponentiellen Porengradienten herzustellen. Alle haben ein gemeinsames Prinzip: Es werden zwei Polymerisationslösungen hergestellt: eine mit einer niedrigen, die andere mit einer hohen Acrylamidkonzentration. Während des Gelgießens wird der hochkonzentrierten Lösung kontinuierlich niederkonzentrierte Lösung zugemischt, so daß der Acrylamidgehalt in der Gießküvette von unten nach oben ständig abnimmt. Damit sich die Schichten in der Küvette nicht untereinander mischen, wird die hochkonzentrierte Lösung zusätzlich mit Glycerin oder Saccharose beschwert. Bei der Polymerisation entsteht ein Gel mit einem Porengradienten.

Ein einfacher Gradientenmischer ist bereits von Svedberg zur Herstellung von Dichtegradienten zur analytischen Ultrazentrifugation benutzt worden. In Abb. 17 ist eine Modifikation dieses Mischers dargestellt.

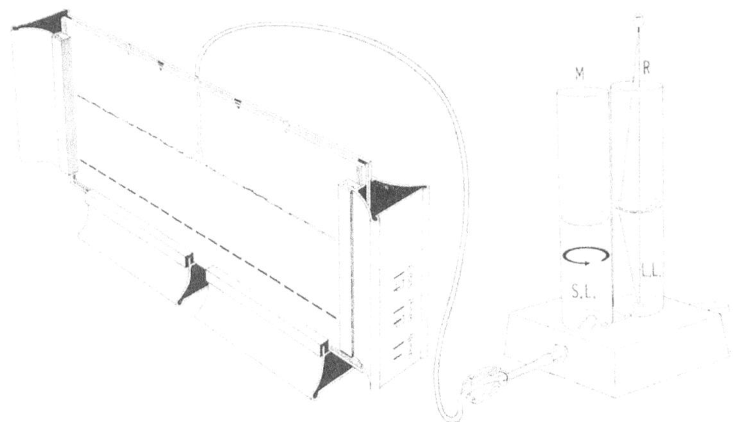

Abb. 17. Gradientenmischer für lineare und exponentielle Gradienten. (M) Mischkammer, (R) Reservoir, (S. L.) Schwere Lösung, (L. L.) Leichte Lösung Der Gradientenmischer wird auf einen kleinen Magnetrührmotor (nicht abgebildet) gestellt (Zentrierung Mischkammer) (Lit. 39).

Die Vermischung der nachfließenden leichten Lösung mit der schweren Lösung erfolgt in der Mischkammer mittels des Magnetrührers. Läßt man die Mischkammer nach oben offen, gilt das Prinzip der kommunizierenden Röhren: damit beide Flüssigkeitslevel immer gleich hoch sind, fließt halb so viel leichte Lösung nach wie Lösung aus der Mischkammer ausfließt. Dabei ergibt sich ein linearer Gradient. Der Glasstab im Reservoir kompensiert das Volumen des Magnetrührers und den Dichteunterschied zwischen den beiden Lösungen. Exponentielle Gradienten entstehen, wenn man die Mischkammer mit einem Stempel verschließt. Dann bleibt das Volumen in der Mischkammer konstant, es fließt soviel leichte Lösung nach wie Lösung aus der Mischkammer ausfließt. Mit dem Mischsystem, das in Abbildung 17 gezeigt ist, werden Gradienten ohne Pumpe (allein durch Gravitation) von oben in die Polymerisationsküvetten gegossen. Wenn die Küvetten von unten her befüllt werden sollen, werden leichte und schwere Lösung vertauscht, der Glasstab weggelassen. Der Rest der schweren Lösung, der sich im Schlauch befindet, wird mit noch schwererer Glycerinlösung herausgeschoben.

Lineare Gradienten können auch mittels einer Schlauchpumpe produziert werden, durch die drei gleich dicke Schläuche geführt sind. Ein Schlauch fördert Lösung aus einem Reservoir-Gefäß in ein Mischgefäß, die zwei anderen Schläuche fördern zusammen die doppelte Menge aus dem Mischgefäß in die Polymerisationsküvette bzw. in eine Kassette mit mehreren Küvetten. Dieses System ist besonderes praktisch und exakt, wenn mehrere Gele auf einmal gegossen, d. h. große Flüssigkeitsvolumina gemischt werden müssen.

Die dritte, hier vorgestellte Methode ist vom apparativen Aufwand die teuerste, jedoch die vielseitigste und am sichersten reproduzierbare: das System der computergesteuerten Motorbüretten nach Altland [40]. Der Gradient wird in eine Anzahl (125) Einzel-Mischvolumina aufgeteilt, deren jeweilige Zusammensetzungen von einem Computer berechnet werden. Der gewünschte Gradientenverlauf wird vorher über einen Bildschirm in den Computer eingegeben. Beim Gießen steuert der Computer die Motorbüretten an, welche die unterschiedlichen Lösungskomponenten enthalten. Die sehr exakt arbeitenden Motorbüretten drücken die jeweils berechneten Lösungsmengen in eine kleine Mischkammer, von der aus die Einzelvolumina hintereinander in die Polymerisationsküvette fließen. Die einmal berechneten Gradientenrezepturen können auf einer Diskette abgespeichert und bei Bedarf wieder verwendet werden. Mit dieser Methode kann der Polymerisationskatalysator erst kurz vor der Küvette zudosiert werden, so daß die Gefahr der zu früh einsetzenden Polymerisation ausgeschaltet ist. Außerdem können reproduzierbare, speziellen Trennproblemen angepaßte, nichtlineare Gradienten produziert werden.

3.3.3.5 SDS-Elektrophorese

Mit der SDS-Elektrophorese (SDS: Natriumdodecylsulfat) können auf einfache Art die Molekulargewichte von Makromolekülen bestimmt werden. Diese von Shapiro et al. [41] eingeführte Methode basiert auf dem Prinzip der Molekularsiebung. Durch die Beladung mit dem anionischen Detergenz SDS werden die Eigenladungen von Proteinen so effektiv überdeckt, daß Anionen mit konstanter Nettoladung pro Masseneinheit entstehen (ca. 1,4 g SDS pro g Protein). Zudem werden die unterschiedlichen Molekular-Formen ausgeglichen, indem die Tertiär- und Sekundärstrukturen durch Aufspalten der Wasserstoffbrücken und durch Streckung der Moleküle aufgelöst werden. Die Schwefelbrückenbindungen werden allerdings nur durch Zugabe einer reduzierenden Thiolverbindung (2-Mercaptoethanol oder Dithiothreitol) aufgespalten. Die mit SDS beladenen, gestreckten Aminosäureketten fügen sich aus elektrostatischen Gründen zu Ellipsoiden mit gleich langen Mittelabständen zusammen, so daß die Längsachsen zu den jeweiligen Molekulargewichten proportional sind. Bei der Elektrophorese im restriktiven Polyacrylamidgel (das 0,1% SDS enthält) ergibt sich eine lineare Beziehung zwischen den relativen Wanderungsstrecken dieser SDS-Polypeptid-Mizellen und dem Logarithmus der jeweiligen Molekulargewichte. Die lineare Beziehung gilt jedoch nur in einem gewissen Bereich, der vom Größen-Verhältnis Molekülmasse zum Porendurchmesser (abhängig von der Acrylamidkonzentration) bestimmt ist. Mit Hilfe der Wanderungsstrecken von parallel aufgetrennten

Markerproteinen lassen sich über eine Eichkurve die Molekulargewichte der Probenproteine ermitteln.

Die SDS-Behandlung denaturiert allerdings die Proteine und löst — besonders bei der Reduzierung mit den erwähnten Thiolverbindungen — die Quartärstruktur auf. Das heißt, daß bei manchen Makromolekülen nur die Molekulargewichte ihrer Untereinheiten bestimmt werden können. Bei manchen Anwendungen der SDS-Elektrophorese, z. B. bei der Urinproteinanalyse [42], wird auf die Reduzierung verzichtet, um Immunglobuline besser auffinden zu können. Man nimmt dabei die unvollständige Auffaltung bestimmter Proteine, z. B. des Albumins in Kauf. Wenn reduziert werden muß, ist Dithiothreitol (DTT, Cleland's Reagenz) dem leichtflüchtigen und übelriechenden 2-Mercaptoethanol vorzuziehen. Da es während der Trennung kaum diffundiert, können reduzierte Proben direkt neben nichtreduzierten Proben aufgetrennt werden, ohne daß sie sich gegenseitig beeinflussen.

SDS-Elektrophoresen werden meist im Phosphatpuffersystem [43] oder diskontinuierlichen Tris/Glycin-System [44] durchgeführt.

Porengradienten-Gele erlauben die Auftrennung von Proben mit weiteren Molekulargewichtsspektren als es in Trenngelen mit konstanten Porendurchmessern möglich ist. Außerdem erzielt man damit sehr scharfe Banden, weil das Gradientengel der Diffusion entgegen wirkt. Bei Verwendung von Gradientengelen ist der Bereich, in welchem die Beziehung zwischen Wanderungsstrecke und dem Logarithmus des Molekulargewichts linear ist, erheblich größer als bei homogenen Trenngelen (s. Abb. 18).

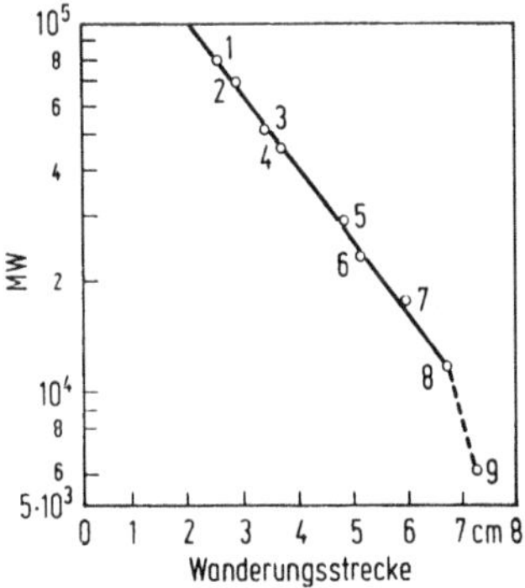

Abb. 18. Eichkurve für die Molekulargewichtsbestimmung in SDS-Gelen mit linearen Porengradienten.
M. W. Marker: 1 Human-Transferrin (77.000), 2 Humanalbumin (68.000), 3 γ-Globulin (schwere Kette) (50.000), 4 Ovalbumin (43.000), 5 Carboanhydrase (29.000), 6 γ-Globulin (leichte Kette) (23.500), 7 Pferdemyoglobin (17.500), 8 Cytochrome (11.700), 9 Aprotinin (6.000)

Die SDS-Elektrophorese hat noch eine Reihe anderer praktischer Vorteile — sie wird nicht nur für Molekulargewichtsanalysen eingesetzt. Weil die Protein-SDS-Mizellen in den verwendeten basischen Puffern stark geladen sind, ist die SDS-Elektrophorese erheblich schneller als die nativen Elektrophoresen. Außerdem laufen die mit SDS beladenen Proteine alle in Richtung Anode: es gibt keine kationischen Proteine, die im Puffertank verlorengehen. So ist die SDS-Elektrophorese die Standardmethode zur Reinheitskontrolle für Protein- und Enzym-Isolierungen.

Weil die Auftrennung ausschließlich auf der Basis der Molekularmassen erfolgt, werden Ladungsmikroheterogenitäten von Isoenzymen ausgeschaltet. Mit SDS können auch schwerlösliche (z. B. denaturierte oder hydrophobe) Proteine extrahiert werden, so daß sich die SDS-Elektrophorese als geeignete Fraktioniermethode anbietet. Nach Elektroblotting auf eine immobilisierende Membran kann das SDS wieder von den Proteinen entfernt werden ohne sie dabei zu eluieren. An den auf der Membran haftenden SDS-freien Proteinfraktionen können verschiedene Detektionsmethoden vorgenommen werden, z. B. Untersuchungen mit spezifischen Ligandenbindungen.

Bei der Molekulargewichtsanalyse von stark sauren Proteinen oder stark basischen Nukleoproteinen, die sich in SDS-Gelen sehr ungewöhnlich verhalten, wird als Alternative die Elektrophorese mit dem kationischen Detergenz CTAB (Cetyl-Trimethyl-Ammonium-Bromid) im sauren Puffersystem (pH 3—5) empfohlen [45].

Viele Glykoproteine wandern bei der SDS-Elektrophorese im Verhältnis zu ihrem jeweiligen Molekulargewicht zu langsam, weil sie weniger SDS binden als reine Polypeptide. Bei Verwendung eines Tris/Borat/EDTA-Puffers werden auch die neutralen Zuckeranteile negativ geladen, so daß die Wanderungsgeschwindigkeit entsprechend erhöht wird [46].

Polypeptide mit Molekulargewichten unter 10000 werden ungenügend aufgelöst. Die Auftrennung kann durch SDS-Elektrophorese in engporigen Gradientengelen in Anwesenheit von 8 M Harnstoff erheblich verbessert werden [47].

3.3.3.6 Zweidimensional-Elektrophoresen

Mit der Kombination zweier verschiedener Elektrophoresemethoden zu einer Zweidimensional(2D)-Elektrophorese werden unterschiedliche Ziele verfolgt:

a) Elektrophoretisch fraktionierte Proteine werden mit einer anschließenden Affinitäts- bzw. Immunelektrophorese identifiziert, näher charakterisiert oder quantifiziert (z. B. Kreuzimmunelektrophorese nach Clarke und Freeman, siehe Abschnitt: Immunelektrophoresen).

b) Aus komplexen Proteingemischen werden Teilfraktionen mit einer Elektrophoresemethode abgetrennt und mit einer zweiten, nach anderen Charakteristika funktionierenden Elektrophorese weiter separiert, so daß die restlichen, nicht interessierenden Proteine die eigentliche Analyse nicht stören können (z. B. Doppelt-1D-Elektrophorese nach Altland und Hackler, Lit. 48).

c) Proteingemische werden so fraktioniert, daß man aus dem 2D-Pherogramm wie aus einem Koordinatensystem mehr als einen physikochemischen Parameter des jeweiligen Proteins ablesen kann (z. B. Ladung und Molekulargewicht).

d) Komplexe Proteingemische sollen möglichst in sämtliche Einzelproteine fraktioniert werden (Hochauflösende 2D-Elektrophorese nach Klose, Lit. 49, O. Farrell, Lit. 50, und Scheele, Lit. 51).

Bei der „Hochauflösenden 2D-Elektrophorese", die mittlerweile als eigenständige Elektrophoresemethode fungiert, besteht die erste Dimension aus einer isoelektrischen Fokussierung in Gegenwart von 8 bis 9 molarem Harnstoff (siehe separates Kapitel „Isoelektrische Fokussierung"), die zweite Dimension aus einer SDS-Elektrophorese in Polyacrylamidgelen mit konstantem Porendurchmesser oder mit Porengradienten. Die Trennparameter der 1. Dimension, der isoelektrische Punkt ist absolut unabhängig vom Molekulargewicht, dem Trennparameter der 2. Dimension. Solche 2-D-Proteinkarten haben das höchste Auflösungsvermögen aller derzeit bekannten Trennmethoden.

Die Gruppe von Anderson und Anderson hat zur rationellen und reproduzierbaren Durchführung dieser Methode im Rahmen ihres Forschungsprogramms für den „Human Protein Index" das „IsoDalt-System" entwickelt: multiple Gelgießapparaturen, Elektrophoreseapparaturen und ein computerisiertes Auswertesystem [24, 26].

In Abb. 19 ist eine Karte von Humanserum-Proteinen dargestellt, die das Ergebnis vieler IsoDalt-2D-Elektrophoresen mit anschließender Identifizierung spezifischer Proteine ist [52]. Diese Karte stammt von 1977, mittlerweile sind erheblich mehr Proteine identifiziert worden. O'Farrell [50] hat bei der Auftrennung von Escherichia-coli-Proteinen in einem 2D-Gel mit Hilfe der Autoradiographie mehr als 1000 Proteinflecke („Spots") gefunden. Durch Verlängerung der Trenndistanzen, Verwendung dünnerer Gele und Entwicklung von Nachweismethoden mit höherer Empfindlichkeit wird in vielen Forschungslabors versucht, die Anzahl der auffindbaren Einzelproteine so weit wie möglich zu steigern. Eine umfassende Übersicht über Grenzen, methodische Möglichkeiten und Anwendungen der 2D-Elektrophoresen ist in den beiden Artikeln von Dunn und Burghes [53, 54] zu finden.

Die Standard-Methode der hochauflösenden 2D-Elektrophorese wird folgendermaßen durchgeführt: Isoelektrische Fokussierung mit 9 M Harnstoff in 3 mm dicken Rundgelen, Äquilibrierung in 1%igem SDS-Puffer, Übertragen der Rundgele auf vertikale, 1,5 mm dicke, diskontinuierliche Porengradientengele (Laemmli-Puffer), Einbetten der Rundgele in 0,8% Agarose, SDS-Elektrophorese [55].

3.3.3.7 Horizontale Ultradünnschicht-Elektrophoresen

Bei Verwendung ultradünner Gelschichten, die auf Trägerfolie aufpolymerisiert werden, können mit Hilfe geringfügiger Modifikationen der konventionellen Techniken die verschiedenen PAGE-Methoden auch im Horizontalsystem durchgeführt werden. Bei ultradünnen Gelen ist die Kühlung bzw. die Thermostatisierung sehr effektiv, das oben für dicke Horizontalgele beschriebene Problem der Elektrodekantation tritt nicht auf. Das Horizontalsystem hat dadurch eine Reihe von Vorteilen gegenüber Vertikalsystemen:

- In Routinelabors werden Horizontalelektrophoresen bevorzugt, weil die Apparate leichter zu bedienen sind und die Probenapplikation einfacher ist.
- Foliengestützte ultradünne Gele sind — besonders bei der Färbeprozedur — leichter zu handhaben als Gele ohne Folie.
- Die Elektrophoresezeiten sind kürzer, weil bei Horizontalkammern höhere Spannungen angelegt werden können als bei herkömmlichen

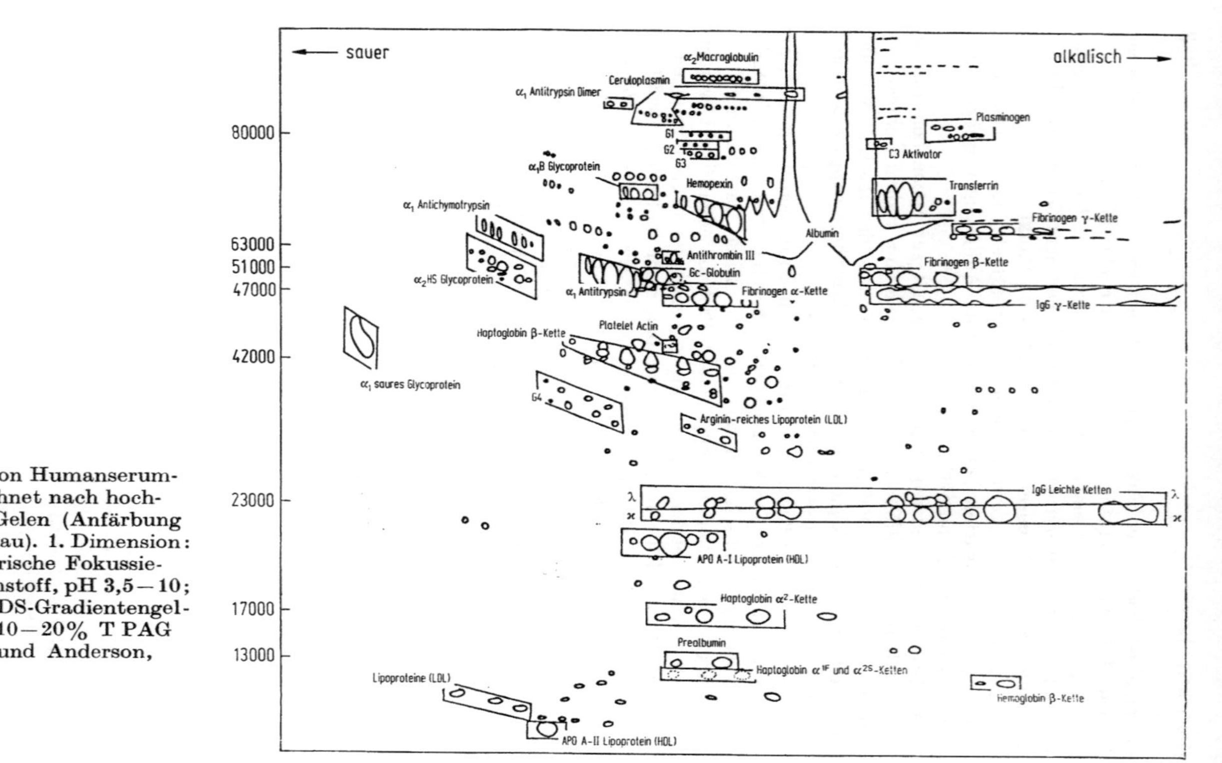

Abb. 19. Karte von Humanserum-Proteinen, gezeichnet nach hochauflösenden 2D-Gelen (Anfärbung mit Coomassie Blau). 1. Dimension: Rundgel-Isoelektrische Fokussierung in 9 M Harnstoff, pH 3,5 – 10; 2. Dimension: SDS-Gradientengel-Elektrophorese, 10 – 20% T PAG (nach Anderson und Anderson, Lit. 52)

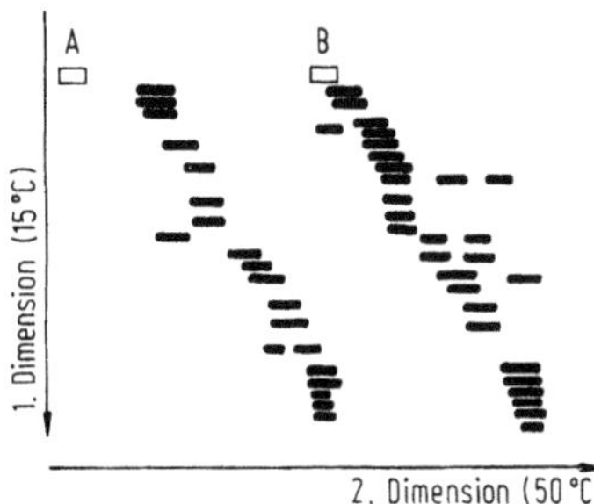

Abb. 20. Zweidimensionale Elektrophorese von Gesamtnukleinsäureextrakten aus Blattgewebe von Apfel (A) und Birne (B), Zeichnung von horizontalem Ultradünnschichtgel, 4 M Harnstoff, Silberfärbung (nach Schumacher, Lit. 56)

Vertikalkammern, und weil ultradünne Gele effektiver gekühlt werden können.
- Die Färbezeiten bei ultradünnen Gelen sind kürzer.
- Die Färbung ist bei ultradünnen Gelen effektiver.
- Aufgrund kürzerer Trenn- und Färbezeiten ist die Diffusion geringer; man erhält schärfere Banden, höhere Auflösung, höhere Nachweisempfindlichkeit.
- Foliengestützte Gele behalten ihre ursprüngliche Größe und Form (Gradientengele!), auch während und nach der Färbung.
- Ultradünne Gele lassen sich einfacher trocknen und aufbewahren.
- Bei nativen Elektrophoresen (ohne SDS o. ä.) werden sowohl Anionen als auch Kationen in einem Gel erfaßt, deshalb können für Auftrennungen von empfindlichen Proteinen und Enzymen schonende Puffersysteme (pH-Werte nahe pH 7) verwendet werden, ohne daß ein Teil der Isoenzyme verloren geht.
- Horizontalsysteme sind in Bezug auf Länge und Breite der eingesetzten Gele flexibler als Vertikalsysteme.
- Horizontalgele verbleiben während der Elektrophorese nicht in der Gießküvette, so daß bei geringer Probenzahl auch Teile von Gelen verwendet werden können.
- Mit ultradünnen, foliengestützten Gelen kann man nichtrestriktive Elektrophoresen leichter durchführen, weil die Handhabung schnell und einfach ist, und weil die aufgetrennten Fraktionen durch schnelles Trocknen der Matrix fixiert werden können.
- Wegen der mechanischen Stabilisierung der Matrix durch die Folie, können auch großporige Gele („Soft-Gels") ohne Probleme gehandhabt werden. Im Vertikalsystem muß man in diesem Fall Rundgele verwenden.
- Eine Reihe von Techniken zur Nukleinsäuretrennung sind nur mit der horizontalen Ultradünnschicht-Elektrophorese mit foliengestützten Polyacrylamid-Gelen möglich [56].

Zum Beispiel können DNA- oder RNA-Fragmente in einem Gel zweidimensional aufgetrennt werden: erst bei 15 °C in die eine Richtung, anschließend im rechten Winkel bei 50 °C (siehe Abb. 20).

Das Gel braucht dann nur zwischendurch auf dem Kühl-/Thermostatisierblock um 90° gedreht zu werden. In Gelen mit 2% T, 9% C können RNA-

oder DNA bis zu Molekulargewichten von 5×10^6 Dalton wandern. Die Trennleistung ist höher als bei Agarosegelen: DNA-Fragmente mit Unterschieden von 6 Basenpaaren (bei einer Gesamtlänge von 500 Basenpaaren) werden noch aufgelöst. Die Nachweisempfindlichkeit ist ebenfalls höher als bei Agarosegelen: bis < 50 pg Nukleinsäure/Bande mit der Silberfärbung.

Für Viroidtests werden *bidirektionale Elektrophoresen* [57] angewendet: Der Pflanzenextrakt (RNA-Fragmente + Viroid) wird erst bei nativen Bedingungen (15 °C) aufgetrennt. Nach einer bestimmten Laufzeit wird das Gelstück hinter einer durch Farbmarker (Bromphenolblau und Xylencyanol) erkennbaren Zone abgeschnitten.

Dieses Gelstück enthält die RNA-Fragmente, welche schneller als das Viroid gelaufen sind. Anschließend führt man die Elektrophorese in Gegenrichtung unter denaturierenden Bedingungen (50 °C) durch. Dabei bildet das Viroid einen Ring, der im Polyacrylamidgel nicht wandern kann. Die beim nativen Lauf (15 °C) langsameren RNA-Bruchstücke verlieren ihre Mobilität bei 50 °C nicht und wandern deshalb aus dem Gel. Bei Anfärbung des Gels findet man nur eine Bande, wenn ein Viroid vorhanden ist. Die Position des Viroids im Gel ist abhängig von der Art des Viroids, da unterschiedliche Arten unterschiedliche Mobilitäten haben. Mit dieser Methode sind bereits mehrere Viroide neu entdeckt worden.

Diese beiden oben beschriebenen Methoden sind im Vertikalsystem nicht bzw. nur durch starke Verkomplizierung der Technik durchführbar. Außerdem ist die Umschaltung von Kühlen auf Heizen mit einer Metallkühlplatte schnell und einfach.

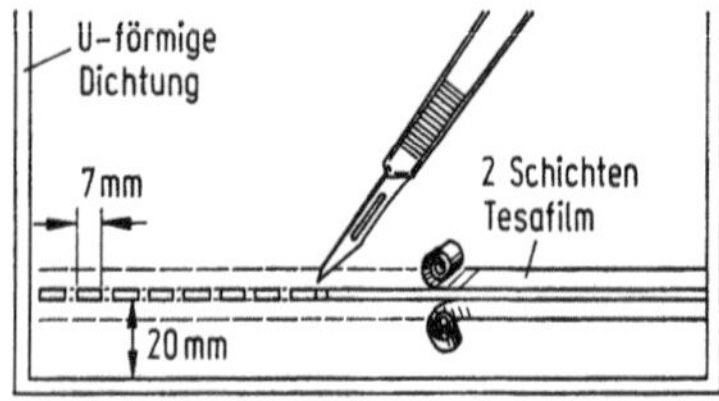

Abb. 21. Herstellung einer Gießschablone für horizontale Ultradünnschicht-Elektrophoresen (39). Die „Slotformer"-Schichtdicke ist dünner als die Schichtdicke der Dichtung, so daß bei der Polymerisation unter den Slots noch eine Gelschicht vorhanden ist

Abbildung 21 zeigt die Herstellung einer Gießschablone für ultradünne Elektrophoresegele. Wenn die Glasplatte vorher gut mit Aceton gereinigt worden ist, für die „Slotformer" Klebebänder gehobener Qualität (z. B. Tesafilms „kristallklar" oder Scotch-tape) und ein scharfes Skalpell verwendet worden sind, kann die einmal gefertigte Gießschablone für die Produktion einer Vielzahl von Gelen benützt werden.

Der Aufbau der Gießkassette erfolgt wie in Abb. 22 dargestellt ist. Die Büroklammern als Abstandhalter werden nur beim Gießen von Gelen verwendet, die dünner als 0,5 mm sind.

Glasplatten mit 0,5 mm – Dichtungen gibt es im Handel. Wenn dünnere Gelschichten gegossen werden sollen, verwendet man anstelle der aufgeklebten Dichtung Parafilm. Die Dicke hängt von der Anzahl von Parafilmplatten ab (1 Schicht = 0,12 mm, 2 Schichten = 0,24 mm usw.), aus denen die Dichtung mit einem Messer ausgeschnitten wird [58]. Abbil-

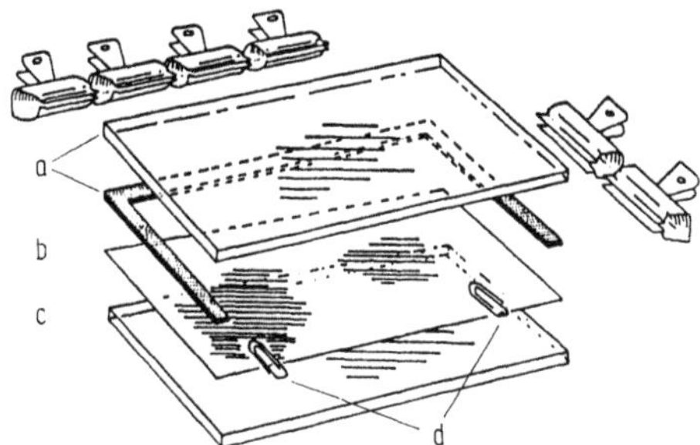

Abb. 22. Explosionsskizze der Gelgieß-Form. **a** Glasplatte mit aufgeklebter U-förmiger Dichtung, **b** GelBond PAG-Film, **c** Glasplatte, **d** Büroklammern (Nach Görg et al., [58])

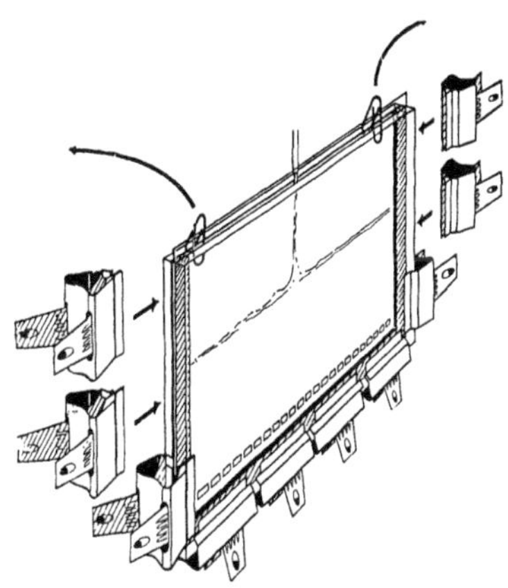

Abb. 23 Gießen von ultradünnen (< 0,5 mm) Polyacrylamidgelen für die Horizontal-Elektrophorese. Nachdem das vorausberechnete Volumen der Polymerisationslösung einpipettiert worden ist, werden die Büroklammern (Abstandshalter) entfernt und die restlichen Seitenklammern gesetzt. Die Flüssigkeit verteilt sich dabei luftblasenfrei auf die Gesamtfläche

dung 23 zeigt die zusammengebaute Polymerisationskassette für ultradünne Gele (< 0,5 mm) während des Gießens [39]. Auf diese Weise können sowohl homogene [14] als auch diskontinuierliche [59] und Porengradienten-Gele [60] hergestellt werden.

Die Durchführung von Zweidimensional-Elektrophoresen ist im Horizontalsystem erheblich einfacher als im klassischen Vertikalen [60, 61]. Während bei der ursprünglichen Horizontal-2D-Elektrophorese große Wannen zur Aufnahme des Gelstreifens mit der 1. Dimension in das Gel polymerisiert worden sind, hat sich in letzter Zeit herausgestellt, daß die Gelstreifen genauso gut bzw. bei bestimmten Trennmethoden der 1. Dimension (isoelektrische Fokussierung in immobilisierten pH-Gradienten, siehe Kapitel – „Isoelektrische Fokussierung") vorzugsweise auf die glatte Geloberfläche aufgelegt werden können [62].

Die hochauflösende horizontale 2D-Elektrophorese wird folgendermaßen durchgeführt: Isoelektrische Fokussierung im horizontalen Flachgel (auch ultradünnen), Äquilibrieren der Flachgelstreifen in 1%igem SDS-Puffer, Auflegen der Gelstreifen (Trägerfolie nach oben) auf horizontale, 0,5 mm—1 mm dicke SDS Gele (meist mit Porengradienten), SDS-Elektrophorese.

3.4 Färbe- und Nachweismethoden

Die mit der Elektrophorese aufgetrennten Fraktionen müssen anschließend in der Gelmatrix detektiert werden.

Allgemeine Proteinanfärbung

Sofort im Anschluß an die Elektrophorese werden die Proteinzonen fixiert, meist mit 20%iger Trichloressigsäure. Für proteinspezifische Anfärbung wird eine ca. 0,1%ige (g/v) Lösung von z. B. Amidoschwarz, Coomassie Brilliant Blau R-250, oder Coomassie Brilliant Blau G-250 in einer Lösung aus Ethanol—Eisessig—Wasser (40:10:50 v/v) verwendet. Der Hintergrund wird mit Ethanol—Eisessig—Wasser (25:10:65 v/v) wieder ausgewaschen, der Farbstoff bleibt an den fixierten Proteinen haften. Agarosegele werden vor der Färbung getrocknet. Um für die Quantifizierung der Fraktionen mit den Densitometer möglichst vollständige und reproduzierbare Färbungen zu erhalten, wird der Färbeschritt meist bei 60 °C durchgeführt. Es existiert eine Reihe von Modifikationen dieser Proteinfärbungen im bezug auf Fixierung, Färbung, Entfärbung, Farbstoff. Bei manchen Methoden wird Fixierung und Färbung in einem Schritt durchgeführt.

Bei der Verwendung von kolloidal in Säure gelösten Farbstoff, z. B. nach Blakesley und Boezi [63]. tritt keine Hintergrundfärbung auf, kurzkettige Peptide (ab etwa 10 Aminosäuren) werden miterfaßt. Diese Methode ist von Seibke [64] für die Anwendung bei SDS-Gelen modifiziert worden.

Um ein vielfaches höhere Nachweisempfindlichkeit erzielt man mit der Silberfärbung. Sie wurde im Jahre 1979 von Switzer et al. [65] eingeführt. Mittlerweile gibt es eine Vielzahl von Modifikationen, von welchen sich einige in der Praxis besonders gut bewährt haben: die Silberfärbung nach Merril et al. [66], Sammons et al. [67], und nach Heukeshoven und Dernick [68].

Man muß auf jeden Fall (besonders bei quantitativen Aussagen) berücksichtigen, daß bei all diesen Proteinfärbemethoden unterschiedliche Proteine verschieden stark angefärbt werden, und daß die Farbintensität einer Bande nur in einem bestimmten Bereich proportional zur Proteinkonzentration ist. Außerdem hängt die Färbeintensität noch von der Art der Elektrophoresemethode ab, z. B. färben die Proteine nach einer SDS-Elektrophorese erheblich intensiver an als nach einer nativen Elektrophorese.

Spezifische Proteinfärbungen

Spezifische Proteine werden entweder mit Immunfixation (Agarosegele) oder Immunoprinttechniken (Agarose-Overlay oder Celluloseacetatfolie)

mit monospezifischen Antikörpern detektiert, oder man weist ihre Enzymfunktion mit Hilfe spezifischer Substratreaktionen (Zymogrammtechnik) nach. Letzteres kann direkt im Gel oder durch Abklatschtechniken (Papier, Agarose-Overlay, Polyacrylamidgel-Overlay, Celluloseacetatfolie) erfolgen.
Inhibitoren werden durch Inkubation mit dem entsprechenden Enzym und anschließender Zymogrammtechnik nachgewiesen. Es gibt auch spezifische Färbungen für Glyko- [69] und Lipoproteine.

Nukleinsäuren-Färbung

Die Standardmethode zur Sichtbarmachung von Nukleinsäuren ist die Anfärbung mit Ethidiumbromid. Ethidiumbromid setzt sich zwischen die Einzelgänge der RNA- bzw. DNA-Helix, bei UV-Belichtung werden die Zonen im Agarosegel sichtbar. Schumacher hat für die Ultradünnschicht-PAGE von RNA und DNA die Silberfärbung nach Sammons [67] so modifiziert, daß sie nicht länger als 30 min dauert. Die Nachweisempfindlichkeit ist höher als die von Ethidiumbromid.

Autoradiographie und Fluorographie

Sehr hoch ist die Nachweisempfindlichkeit bei Autoradiographie oder Fluorographie im Anschluß an eine Elektrophorese von markierten Substanzen (Proteinen oder Nukleinsäuren), da man die Expositionszeit der Gele auf den Röntgenfilm sehr lange wählen kann. Die Bandenschärfe und Nachweisempfindlichkeit ist bei getrockneten Gelen besser als bei feuchten, bei ultradünnen Gelen besser als bei dicken.

Nachweis anderer Substanzen

Alle Nachweisreagenzien für sämtliche, mit der Gelelektrophorese auftrennbaren Substanzen zu beschreiben würde den Rahmen dieser Übersicht sprengen. In vielen Fällen, besonders bei nichtrestriktiven Medien, werden die getrennten Fraktionen durch schnelles Trocknen des Geles fixiert und das Nachweisreagenz, ähnlich wie bei der Dünnschichtchromatographie, aufgesprüht.

Auswertung und Dokumentation

Die qualitative Auswertung der fertig entwickelten Pherogramme oder Röntgenfilme erfolgt meist auf einem Leuchttisch durch visuellen Vergleich der Banden- oder Fleckenmuster. Auch zum Fotographieren der Pherogramme wird Durchlicht verwendet. Bei Verwendung eines Filters mit der Komplementärfarbe des Nachweisfarbstoffs kann man häufig in der Fotographie mehr erkennen als im Originalpherogramm.

Ultradünne Gele läßt man an der Luft trocknen, nachdem sie vorher in einer Imprägnierlösung aus Glycerin—Methanol—Wasser (4:70:26 v/v) äquilibriert worden sind. Für dicke, engporige Polyacrylamidgele ist ein Geltrockner notwendig. Hohe Temperatur und zugleich angelegtes Vakuum verhindern das Zersplittern der Gele. Häufig bewahrt man die Gele im feuchten Zustand auf, nachdem man sie in eine Folie eingeschweißt hat.

Wenn die Ergebnisse quantifiziert oder in einer EDV-Anlage gespeichert werden sollen, zeichnet man die Pherogramme mit einem Densitometer auf. Die Peaks der einzelnen Fraktionen können dann mit einem eingebauten oder nachgeschalteten Integrator quantifiziert werden. Bei genau standardisierten Elektrophoresebedingungen und Färbungen ist ein automatischer quantitativer und qualitativer Vergleich der Densitogramme mit gespeicherten Referenz-Densitogrammen möglich. In, allerdings sehr aufwendigen, Großrechner-Anlagen werden ganze 2D-Pherogramme auf ein Standardmuster modifiziert, abgespeichert und bei Bedarf miteinander verglichen.

3.5 Elektroblotting

Seit der Einführung der „Blotting"-Methode durch Southern [70] im Jahr 1975 hat sich der Anwendungsbereich der Gelelektrophorese erheblich erweitert. Unter „Blotting" versteht man den Transfer der getrennten Fraktionen aus der Gelmatrix auf eine immobilisierende Membran. Die ohne Denaturierung fest auf der Membran haftenden Proteine oder Nukleinsäuren können nicht diffundieren oder eluiert werden, und sind — anders als im Gel — frei zugänglich für spezifische Ligandenbindungen mit Makromolekülen. Bei beim Blotting verwendeten Membranen besitzen hohe Affinität zu Makromolekülen. Bevor bie Untersuchungen mit spezifischen Liganden durchgeführt werden, müssen deshalb die nach dem Transfer freigebliebenen Bindungsstellen der Membran mit nichtreaktiven Makromolekülen (z. B. BSA: Rinderserumalbumin, oder Gelatine) abgesättigt werden.

Ursprünglich wurde das Blotting für Nukleinsäuren zur anschließenden Hybribisierung angewandt, mittlerweile ist auch Proteinblotting eine vielseitig und vielfältig modifizierte Methode geworden (siehe hierzu den Übersichtsartikel von Gershoni und Palade, Lit. 71). Es sind derzeit vier verschiedene Transfer-Arten bekannt:

1) *Kapillar-Blotting* [*70, 72*]: Der „Blot-Sandwich" (Elektrophoresegel + Membran) wird in einen Stapel von Filterkartons gepackt. Wenn der Stapel in Puffer gelegt wird, werden die Makromoleküle durch Kapillarwirkung zur Membran transportiert. Bei hohen Molekular gewichten ist der Transfer allerdings unvollständig.
2) *Diffusions-Blotting* [*73*]: Die Transfers dauern länger (2—4 Tage), die Transfers, besonders bei hochmolekularen Substanzen sind unvollständig.
3) *Vakuum-Blotting* [*74*]: Dies ist ein durch Vakuum beschleunigtes Kapillarblotting, dessen Handhabung schwierig ist, hochmolekulare Substanzen werden ebenfalls unvollständig transferiert.
4) *Elektro-Blotting* [*75, 76, 77*]: Die elektrophoretischen Transfers sind sehr schnell (0,5—24 h), die Ausbeute ist erheblich besser, auch bei hochmolekularen Substanzen. Außerdem sind die Transferbedingungen besser reproduzierbar als bei den anderen 3 Methoden.

Hauptanwendungen:

- Hybridisierung von Nukleinsäuren
- Identifizierung von Antigenen oder Antikörpern mit spezifischen Antikörpern bzw. Antigenen.
- Identifizierung von Zuckeranteilen in Glykoproteinen mit Lektinen

- Protein-Protein-Wechselwirkungen
- Protein-Nukleinsäure-Wechselwirkungen
- Protein-Zell-Wechselwirkungen
- Enzym-Substrat-Wechselwirkungen
- Präparative Anwendungen

Gebräuchliche Transferpuffer:
- 0,7% Essigsäure (saure Gele)
- Tris/Glycin-Puffer pH 8,4 (basische Gele)
- Na_3PO_4/Na-Citrat-Puffer pH 3,0 oder NaPO-Puffer pH 6,5 (Nukleinsäure-Gele)

Gebräuchliche Transfer-Membranen:
- Nitrocellulose (0,45; 0,2; 1,0; 0,05 μm Porendurchmesser): Bindung durch hydrophobe Wechselwirkungen und Wasserstoffbrücken, Bindefähigkeit wird durch 20% Methanol im Transferpuffer erhöht.
- Nylonmembranen: Elektrostatische Bindung mit hoher Kapazität.
- Diazobenzyloxymethyl (DBM)- und Diazophenylthioether (DPT)-Papiere: 2-Stufen-Bindung (elektrostatisch und kovalent), Diazogruppen müssen kurz vor Transfer chemisch aktiviert werden, sind nur bestimmte Zeit stabil, Transfer muß schnell gehen.
- Diethylaminoethyl (DEAE) Anionenaustauscher-Papier: Umkehrbare Bindung, besonders geeignet für präparative Anwendungen.

Die Blockierungsreagenzien zur Hintergrundabdeckung der Membranen dürfen nicht mit transferierten Substanzen oder Liganden reagieren, müssen die freien Bindungsstellen vollständig besetzen, und dürfen die Membran nicht anfärben.

Gebräuchliche Blockier-Reagenzien:
- 2–10% BSA (Rinderserumalbumin)
- 0,25% Gelatine
- 1% Casein
- 0,05% Tween 20
- Magermilchpulver

Literatur

1. Lammel, B.: Electrophoresis 2:39–44 (1981)
2. Schwartz, D. C., und Cantor, C. R.: Cell 37:67–75 (1984)
3. Maurer, R. H.: Disk-Elektrophorese – Theorie und Praxis der diskontinuierlichen Polyacrylamid-Elektrophorese. W. de Gruyter Berlin (1968)
4. Smithies, O.: Biochem. J. 61:629–641 (1955)
5. Serwer, P.: Biochemistry 19:3001–3005 (1980)
6. Raymond, S., und Weintraub, L.: Science 130:711–711 (1959)
7. Righetti, P. G. in Electrophoresis '81 (Eds. R. C. Allen und P. Arnaud) W. de Gruyter, Berlin, New York pp. 3–16 (1981)
8. Rüchel, R., Steere, R. L., und Erbe, E. F.: J. Chromatogr. 166:563–575 (1978)
9. Schumacher, J.: persönl. Mitteilung
10. Righetti, P. G.: Isoelectric Focusing: theory, methodology and applications (Eds. T. S. Work u. R. H. Burdon) Elsevier Biomedical Press, Amsterdam, New York, Oxford (1983)

11. Righetti, P. G.: persönliche Mitteilung
12. Neuhoff, V.: Micromethods in Molecular Biology, Springer Verlag, Berlin (1973)
13. Bøg-Hansen, T. C., und Hau, J.: J. Chrom. Library 18B: 219–252 (1981)
14. Görg, A., Postel, W., und Westermeier, R.: GiT Labor-Medizin 2: 32–40 (1979)
15. Görg, A., Postel, W., und Westermeier, R. in Electrophoresis '79 (Ed. B. J. Radola) W. de Gruyter, Berlin, New York, pp. 67–78 (1980)
16. Smithies, O.: Biochem. J. 71: 585–587 (1959)
17. Ferguson, K. A.: Metabolism 13: 985–995 (1964)
18. Hedrick, J. L., und Smith, A. J.: Arch. Biochem. Biophys. 126: 155–163 (1968)
19. Abramson, H. A., Moyer, L. S., und Gorin, M. H.: Electrophoresis of Proteins and the Chemistry of Cell Surfaces, Hafner, New York (1942)
20. Maniatis, T., Fritsch, E. F., und Sambrook, J.: Molecular Cloning, A Laboratory Manual, Cold Spring Harbor Laboratory (1982)
21. Rickwood, D. und Hames, B. D.: Gel Electrophoresis of Nucleic Acids, IRL Press Ltd.
22. McDonnel, M. W., Simon, M. N. und Studier, F. W.: J. Mol. Biol. 110: 119–146 (1977)
23. Boncinelli, A., Simenone, A., De Falco, A., Fidanza, V. und La Volpe, A.: Anal. Biochem. 134: 40–43 (1983)
24. Anderson, N. G. und Anderson, N. L.: Anal. Biochem. 85: 331–340 (1978)
25. Murach, K.-F., Beltle, W., und Bopp, M.: Electrophoresis 3: 337–341 (1982)
26. Anderson, N. G. und Anderson, N. L.: Anal. Biochem. 85: 341–354 (1978)
27. Sanger, F. und Coulson, A. R.: J. Mol. Biol. 94: 441–448 (1975)
28. Maxam, A. M. und Gilbert, W.: Proc. Natl. Acad. Sci. U.S.A. 74: 560–564 (1977)
29. Ansorge, W. und De Maeyer, L.: J. Chromatogr. 202: 45–53 (1980)
30. Olsson, A., Moks, T., Uhlen, M. und Gaal, A.: J. Biochem. Biophys. Methods 10: 83–90 (1984)
31. Ansorge, W. und Labeit, S.: J. Biochem. Biophys. Methods 10: 237–243 (1984)
32. Ornstein, L.: Ann. N.Y. Acad. Sci. 121: 321–349 (1964)
33. Davis, B. J.: Ann. N.Y. Acad. Sci. 121: 404–427 (1964)
34. Kohlrausch, F.: Ann. Physik 62: 209–220 (1897)
35. Slater, G. G.: Fed. Proc. 24: 215–230 (1965)
36. Margolis, J. und Kenrick, K. G.: Nature 214: 1334–1336 (1967)
37. Lambin, P. und Fine, J. M.: Anal. Biochem. 98: 160–168 (1979)
38. Rothe, G. M. und Purkhanbaba, M.: Electrophoresis 3: 33–42 (1982)
39. Westermeier, R.: mta-journal 7: 63–70 (1985)
40. Altland, K. und Altland, A.: Electrophoresis 5: 143–147 (1984)
41. Shapiro, A. L., Vinuela, E. und Maizel, J. V.: Biochem. Biophys. Res. Commun. 28: 815–822 (1967)
42. Görg, A., Postel, W., Weser, J., Schiwara, H. W. und Boesken, W. H.: Science Tools 32: 5–9 (1985)
43. Weber, K. und Osborn, M.: J. Biol. Chem. 244: 4406–4412 (1968)
44. Laemmli, U. K.: Nature 227: 680–682 (1970)
45. Eley, M. H., Burns, P. C., Kannapell, C. C. und Campbell, P. S.: Anal. Biochem. 92: 411–419 (1979)
46. Poduslo, J. F.: Anal. Biochem. 114: 131–139 (1981)
47. Hashimoto, F., Horigome, T., Kambayashi, M., Yoshida, K., und Sugano, H.: Anal. Biochem. 129: 192–199 (1983)

48. Altland, K. und Hackler, R. in Electrophoresis '84 (ed. V. Neuhoff) Verlag Chemie, Weinheim. pp. 362–378 (1984)
49. Klose, J.: Humangenetik 26:231–243 (1975)
50. O'Farrell, P. H.: J. Biol. Chem. 250:4007–4021 (1975)
51. Scheele, G. A.: J. Biol. Chem. 250:5375–5385 (1975)
52. Anderson, N. G. und Anderson, N. L.: Proc. Natl. Acad. Sci. USA 74:5421–5426 (1977)
53. Dunn, M. J. und Burghes, A. H. M.: Electrophoresis 4:97–116 (1983)
54. Dunn, M. J. und Burghes, A. H. M.: Electrophoresis 4: 173–189 (1983)
55. Warm, E. und Hofman, H.: LKB Sonderdruck RE-053
56. Schumacher, J.: LKB-Sonderdruck RE-040
57. Schumacher, J., Loss, P. und Riesner, D.: Phytopath. Z. 111:26–26 (1984)
58. Görg, A., Postel, W. und Westermeier, R.: Anal. Biochem. 89:60–70 (1978)
59. Görg, A., Postel, W. und Westermeier, R.: Z. Lebensm. Unters.-Forsch. 174:282–285 (1982)
60. Görg, A., Postel, W., Westermeier, R., Gianazza, E. und Righetti, P. G.: J. Biochem. Biophys. Methods 3:273–284 (1980)
61. Görg, A., Postel, W., und Westermeier, R. in Electrophoresis '79 (Ed. B. J. Radola) W. de Gruyter, Berlin, pp. 67–78 (1980)
62. Görg, A., Postel, W., Günther, S. und Weser, J.: Electrophoresis 6:599–604 (1985)
63. Blakesley, R. W. und Boezi, J. A.: Anal. Biochem. 82:580–582 (1977)
64. Seibke, G.: LKB-Sonderdruck RE-066 (1985)
65. Switzer, R. C., Merril, C. R. und Shifrin, S.: Anal. Biochem. 98:231–237 (1979)
66. Merril, C. R., Goldman, D., Sedman, S. A. und Ebert, M. H.: Science 211:1437–1438 (1981)
67. Sammons, D. W., Adams, L. D. und Nishizawa, E. E.: Electrophoresis 2:135–141 (1981)
68. Heukeshoven, J. und Dernick, R.: Electrophoresis 6:103–112 (1985)
69. Kapitany, R. A. und Zebrowski, E. J.: Anal. Biochem. 56:361–369 (1973)
70. Southern, E. M.: J. Mol. Biol. 98:503–517 (1975)
71. Gershoni, J. M. und Palade, G. E.: Anal. Biochem. 131:1–15 (1983)
72. Alwine, J. C., Kemp, D. J. und Stark, G. R.: Proc. Natl. Acad. Sci. USA 74:5350–5354 (1977)
73. Bowen, B., Steinberg, J., Laemmli, U. K. und Weintraub, H.: Nucl. Acids Res. 8:1–20 (1980)
74. Peferoen, M., Huybrechts, R. und Deloof, A.: FEBS Lett. 145:369–372 (1982)
75. Towbin, H., Staehelin, T. und Gordon, J.: Proc. Natl. Acad. Sci. USA 76:4350–4354 (1979)
76. Burnette, W. N.: Anal. Biochem. 112:195–203 (1981)
77. Bittner, M., Kupferer, P. und Morris, C. F.: Anal. Biochem. 102:459–471 (1980)
78. Righetti, P. G. und Drysdale, J. W.: Biochim. Biophys. Acta 236:17–28 (1971)
79. Brewer, J. M. in Experimentelle Methoden in der Biochemie (Ed. J. M. Brewer, A. J. Pesce, R. B. Ashworth) Gustav Fischer Verlag, Stuttgart, pp. 120–150 (1977)
80. Görg, A., Postel, W., Weser, J., Boesken, W. H. und Schiwara, H. W.: LKB-Sonderdruck SD-RE 003
81. Immunoelectrophoresis Seminar Notes, LKB Produkter, Bromma, Schweden (1979)

Addendum: zu den Beiträgen „Gelelektrophorese“ und „Isoelektrische Fokussierung“

Automatisierte Gelelektrophorese, Isoelektrische Fokussierung und Anfärbung der Gele

Nach Einreichung der Manuskripte oben genannter Beiträge wurde von der Industrie ein Gerät auf den Markt gebracht, das aus einem Stromversorger, einer Horizontalelektrophorese-Kammer mit Peltier-Kühl/-Thermostatisierplatte und einer Färbemaschine besteht (siehe Abbildung).

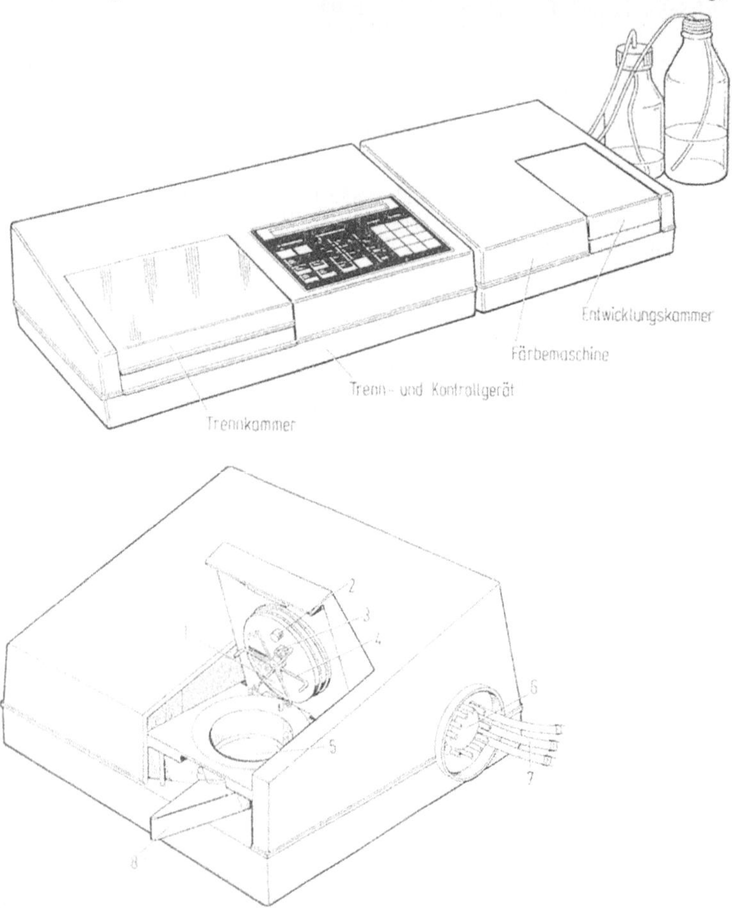

Automatisches Elektrophorese- und Färbungs-System. Oben: Das gesamte Gerät. Unten: Die Färbemaschine: (1) Öffnung zur Vakuumpumpe, (2) Temperatur-Sensor, (3) Flüssigkeitsstand-Sensor, (4) Gelhalter, (5) Entwicklungskammer, (6) 10-Wege-Ventil, (7) PVC-Schläuche, (8) Sperrvorrichtung. (Werkszeichnung Pharmacia, Uppsala, Schweden).

(Fortsetzung S. 374)

Isoelektrische Fokussierung

Dr. Reiner Westermeier

Pharmacia, LKB GmbH, D-7800 Freiburg 1

1 Einleitung

Die isoelektrische Fokussierung ist eine elektrophoretische Trennmethode, bei der ein Protein oder Peptid im elektrischen Feld durch einen pH-Gradienten wandert, bis es den pH-Wert erreicht, an dem seine Nettoladung null ist. Dieser pH-Wert wird isoelektrischer Punkt genannt. Die isoelektrische Fokussierung ist eine Endpunktmethode, weil die Proteine von ihrem isoelektrischen Punkt aus nicht mehr weiterwandern können. Außerdem beinhaltet die isoelektrische Fokussierung einen Konzentrationseffekt, welcher der Diffusion entgegenwirkt und dadurch eine höhere Auflösung als bei anderen Trenntechniken ermöglicht. Die Anwendung der isoelektrischen Fokussierung ist auf solche Moleküle beschränkt, die amphoterer Natur sind, die also einen isoelektrischen Punkt besitzen. Mit großem Erfolg wird die isoelektrische Fokussierung u. a. zur Proteinisolierung (auch im präparativen Maßstab), zur Identifizierung genetischer Varianten und zur Untersuchung von chemischen, physikalischen und biologischen Einflüssen auf Proteine, Enzyme und Hormone eingesetzt. Während die isoelektrische Fokussierung ursprünglich in Dichtegradienten-Säulen in flüssiger Phase durchgeführt wurde, verwendet man heute fast ausschließlich Gelmedien.

Im folgenden Kapitel sollen in kurzer Form die Grundlagen der isoelektrischen Fokussierung und eine Übersicht über ihre methodischen Möglichkeiten vermittelt werden. Als weiterführende Literatur wird das Buch „Isoelectric Focusing: Theory, Methodology, and Applications" von P. G. Righetti [1] empfohlen.

2 Apparatives

2.1 Trenngeräte

Die apparative Ausrüstung besteht prinzipiell aus drei Geräten:

a) Stromversorger
b) Kühl-Thermostat
c) Fokussiersäule oder Trennkammer

Zu a) Bei der isoelektrischen Fokussierung müssen zur Erzielung scharfer Zonen hohe Feldstärken angewendet werden; wegen der relativ geringen Leitfähigkeit von pH-Gradienten werden nur geringe Stromstärken benötigt. Für isoelektrische Fokussierungen in Trägerampholyten-pH-Gradienten braucht man ca. 2000 V, für immobilisierte pH-Gradienten bis zu 5000 V, während Stromstärken von 30 mA pro Trennkammer kaum überschritten werden. Fast alle modernen Stromversorger für die isoelektrische Fokussierung sind leistungsstabilisiert, d. h., daß über eine einprogrammierbare Maximalleistung während der Trennung ein automatisches „Cross-over" von der anfänglichen Maximalstromstärke über die Maximalleistung zur endgültigen Maximalspannung erfolgt. Die meisten Stromversorger sind so ausgelegt, daß sie auch genügend hohe Leistung und Stromstärke für die anderen Elektrophoresetechniken liefern können. Zuweilen wird ein Voltstundenintegrator angeschlossen, um eine zusätzliche Kontrolle über die Fokussierungsbedingungen zu erhalten.

Zu b) Isoelektrische Fokussierungen werden bei kontrollierten und konstanten Temperaturbedingungen durchgeführt, weil sowohl der pH-Gradient als auch die isoelektrischen Punkte der Probensubstanzen stark temperaturabhängig sind. Die während der Trennung entstehende Joulesche Wärme muß effektiv abgeführt werden. Deshalb werden bei der isoelektrischen Fokussierung stets exakte und effektive Kühl-Thermostaten verwendet.

Zu c) Wie bei anderen Elektrophorese-Methoden ist auch bei der isoelektrischen Fokussierung die Trennkammer bzw. die Fokussiersäule das Herzstück der Anlage.

2.1.1 Fokussiersäulen

In Abb. 1 ist schematisch das Prinzip der Fokussiersäule dargestellt. Die Trennung erfolgt in einem stabilisierenden Dichtegradienten aus Glycerin, Saccharose oder Ethylenglykol. Der Dichtegradient wird vorher mit einem Gradientenmischer eingefüllt [2].

Fokussiersäulen werden heute hauptsächlich für präparative Trennungen verwendet.

2.1.2 Fokussierkammern

Bei isoelektrischen Fokussierungen in Gelmedien werden fast ausschließlich entweder vertikale Rundgele oder horizontale Flachgele angewendet. Nur in vereinzelten Spezialfällen benützt man vertikale Flachgel-Systeme wie für die Polyacrylamid-Gelelektrophorese.

2.1.2.1 Rundgelapparaturen

Rundgel-Fokussierungen werden im allgemeinen als 1. Dimension für Zwei-Dimensional-Elektrophoresen durchgeführt. Ein Beispiel für die Bauart einer entsprechenden Kammer ist im Kapitel „Gelelektrophorese“ dargestellt. Viele Vertikal-Elektrophorese-Kammern können auf einfache Weise kurzfristig für die Rundgel-Fokussierung umgerüstet werden, so daß man beide Dimensionen nacheinander in einer Kammer laufen lassen kann [3]. Anderson und Anderson haben für ihr IsoDalt-System zur multiplen 2D-Elektrophorese ein rationelles Rundgel-Gieß- und Trennsystem entwickelt [4].

2.1.2.2 Horizontale Flachgel-Apparaturen

Es gibt zwei verschiedene Typen von Horizontalkammern: Solche, die nur für isoelektrische Fokussierungen (IEF) geeignet sind und „Multifunktionskammern“, in denen man auch verschiedene Arten von Horizontalelektrophoresen durchführen kann.

Abbildung 2 zeigt die Explosionsskizze einer Kammer, die speziell für die isoelektrische Fokussierung konzipiert ist.

In die Kammer ist eine Kühlplatte fest eingebaut, die Elektroden sind auf einer Elektrodenhalterplatte aus Glas so angebracht, daß man sie zur Anpassung an die jeweils verwendete Gelgröße verschieben kann, bei Verwendung gleich großer Gele können sie mit Klemmschrauben auf dem

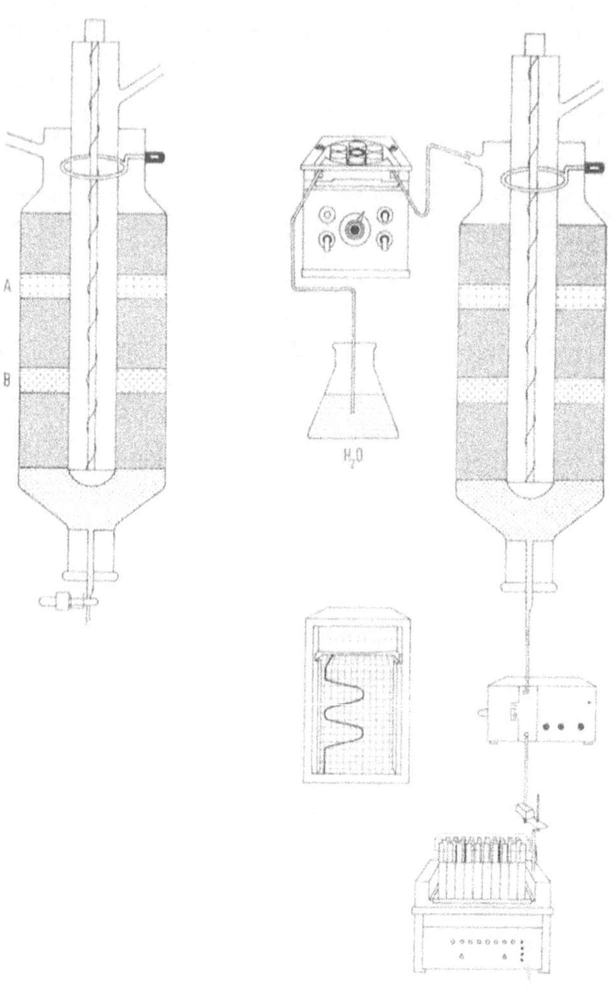

Abb. 1. Schemazeichnung einer Fokussiersäule.
Links: Säule während der Fokussierung. A und B: fokussierte Proteine. In der Mitte der Säule befindet sich die Elektrode in einem Rohr, durch welches das bei der Elektrolyse entstehende Gas entweichen kann. Die zweite, ringförmige Elektrode ist im oberen Teil der Säule angebracht. Der Kühlmantel ist nicht dargestellt. Rechts: Elution der Säule. Die Flüssigkeit fließt nach unten in einen Fraktionensammler. Die Proteine A und B werden mit einem UV-Monitor detektiert. Zur Stabilisierung der Zonen bei der Elution wird von oben Wasser nachgepumpt. (von LKB Produkter AB, Lit. 2)

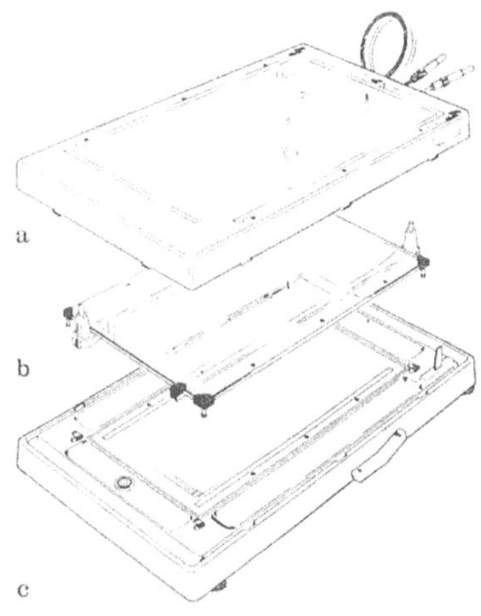

Abb. 2. Explosionsskizze einer Spezial-IEF-Kammer. **a** Sicherheitsdeckel, **b** Elektrodenträgerplatte, **c** Grundplatte mit fest eingebauter Kühlplatte. (Werkszeichnung LKB Produkter, Bromma, Schweden)

Elektrodenhalter fixiert werden. Mit dem Sicherheitsdeckel wird der Luftraum über dem Gel abgeschlossen, in die Kammer kann inertes Gas eingeleitet werden, um sauerstoff- und CO_2-freie Fokussierungen zu ermöglichen. Der Kontakt zwischen Elektroden und Stromversorgungskabel kann nur bei geschlossener Kammer durch einen Kippschalter hergestellt werden. Für Fokussierungen der Länge nach werden spezielle kurze Elektroden eingesetzt.

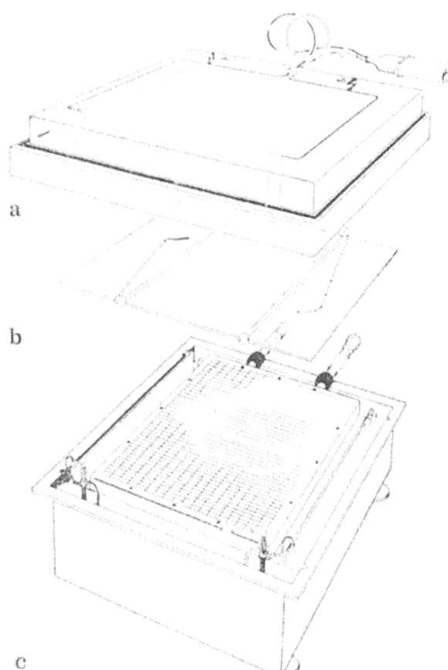

Abb. 3. Multifunktionskammer für die isoelektrische Fokussierung und für horizontale Elektrophoresetechniken. **a** Sicherheitsdeckel, **b** Elektrodenträgerplatte, **c** Grundkammer mit herausnehmbarer Kühlplatte. (Werkszeichnung LKB Produkter, Bromma, Schweden)

Abbildung 3 zeigt eine Multifunktionskammer, die sowohl für die isoelektrische Fokussierung als auch für andere horizontale elektrophoretische Trenntechniken wie Agarose-, Immun-, Affinitäts-, Ultradünnschicht-Polyacrylamid-1D- und 2D-Elektrophoresen verwendet werden kann (siehe Kapitel „Gelelektrophorese").

Auch bei dieser Kammer sind die Elektroden verschieb- und fixierbar auf einer Elektrodenhalterplatte aus Glas angebracht. Für Fokussierungen der Länge nach können hier die selben Elektroden wie für Trennungen der Breite nach verwendet werden, der Elektrodenhalter wird hierzu einfach um 90° gedreht. Seitlich sind große Elektrodenpuffer-Tanks für die Elektrophoresetechniken angebracht. Diese Kammer kann ebenfalls unter Schutzgasatmosphäre betrieben werden. Bei Öffnen des Sicherheitsdeckels wird der Stromkreis automatisch unterbrochen. Für den gleichzeitigen Betrieb von zwei Gelen (der Breite nach) wird eine zweite Anode am Elektrodenhalter befestigt, wobei die Kathode in der Mitte für beide Gele gemeinsam verwendet wird.

Horizontalkammern beider Bauarten können mit entsprechenden Geltrog-Einsätzen für präparative Trennungen in granulierten Gelen verwendet werden.

2.1.3 Sicherheits-Hinweise

Da bei der isoelektrischen Fokussierung mit sehr hohen Spannungen gearbeitet wird — 2000 V bei Trägerampholyten, bis zu 5000 V bei immobilisierten pH-Gradienten —, müssen die Kammern und stromführenden Zuleitungen berührungs- und überschlagssicher sein. Der Stromkreis muß auf jeden Fall bei Öffnen der Kammer unterbrochen werden.

2.2 Auswertegeräte

Die mit der isoelektrischen Fokussierung aufgetrennten Proteinfraktionen können, wie nach anderen elektrophoretischen Trennungen mittels Elektroblotting auf eine immobilisierende Membran für weiterführende Untersuchungen transferiert werden. Die hierfür verwendeten Blotting-Geräte sind im Kapitel „Gelelektrophorese" beschrieben.

Die Fokussierungs-Pherogramme (das sind die IEF-Gele nach der spezifischen oder unspezifischen Anfärbung) können in einem Densitometer mit einem Lichtstrahl abgetastet werden. Die resultierenden Densitogramme können mit einem eingebauten oder nachgeschalteten Integrator quantitativ ausgewertet und in einer EDV-Anlage gespeichert werden. Die Eigenschaften solcher Geräte sind ebenfalls im Kapitel „Gelelektrophorese" zusammengestellt.

3 Theoretische Grundlagen der isoelektrischen Fokussierung

3.1 Das Trennprinzip

Für das Verständnis des Trennprinzips der isoelektrischen Fokussierung muß man wissen, wie die Ladungseigenschaften der Proteine vom pH-Wert abhängen. Proteine sind aus Polypeptidketten zusammengesetzt, die wiederum aus unterschiedlichen Sequenzen verschiedener Aminosäuren aufgebaut sind.

Bei niedrigem pH-Wert sind die *Carboxyl-Seitengruppen* von Aminosäuren neutral:

$$R-COO^- + H^+ \rightarrow R-COOH,$$

bei hohem pH-Wert negativ geladen:

$$R-COOH + OH^- \rightarrow R-COO^- + H_2O$$

Die *Amino-, Imidazol-, und Guanidin-Seitengruppen* von Aminosäuren sind bei niedrigem pH-Wert positiv geladen:

$$R-NH_2 + H^+ \rightarrow R-NH_3^+,$$

bei hohem pH-Wert sind sie neutral:

$$R-NH_3^+ + OH^- \rightarrow R-NH_2 + H_2O.$$

Die Nettoladung eines Proteins ist die Summe aller negativen und positiven Ladungen an den Aminosäuren-Seitengruppen. Bei zusammengesetzten Proteinen (wie z. B. Glyko- oder Nukleoproteinen) wird die Nettoladung noch von den Zucker- bzw. Nukleinsäureresten beeinflußt.

In Abb. 4 ist die Nettoladungskurve eines Proteins in Abhängigkeit des pH-Wertes dargestellt. Der Punkt, an dem diese Kurve die Abszisse schneidet — also die Nettoladung null ist — wird der „isoelektrische

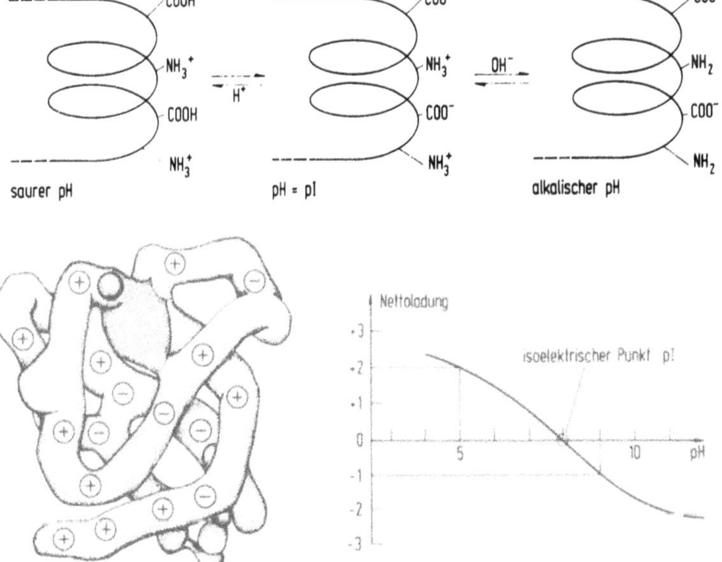

Abb. 4. Abhängigkeit der Nettoladung eines Proteins vom pH-Wert. Ein Protein mit dieser Nettoladungskurve hat bei pH 5 zwei positive, bei pH 9 eine negative Nettoladung. (Nach Lit. 7)

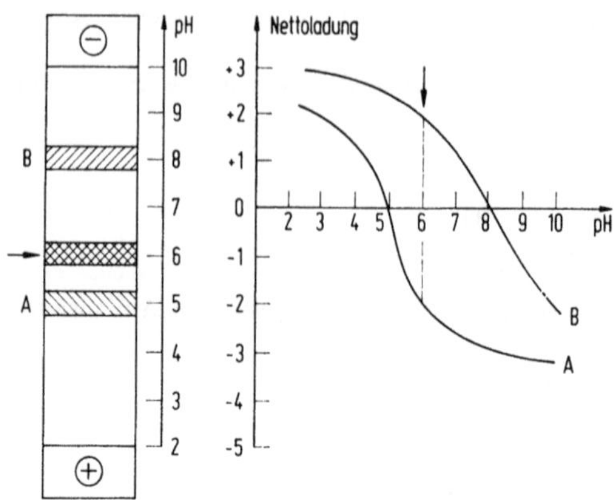

Abb. 5. Elektrophoretische Trennung eines Proteingemisches im pH-Gradienten. Protein A, beim Aufgabe-pH-Wert (6,0) negativ geladen, wandert zur Anode bis zu seinem pI (5,0), Protein B, beim Start positiv geladen, wandert zur Kathode bis zu seinem pI (8,0) (nach Lit. 7)

Punkt" (pI) genannt. Der isoelektrische Punkt ist ausschließlich von der Zusammensetzung eines Proteins abhängig, er ist eine physiko-chemische Konstante. Das Protein mit dem niedrigsten isoelektrischen Punkt, das bisher gefunden wurde, ist das saure Glykoprotein im Schimpansen (pI 1,8), das mit dem höchsten das Lysozym der Human-Plazenta (pI 11,7).

Gibt man ein Proteingemisch an irgendeiner Stelle eines pH-Gradienten auf, so haben die Proteine, je nach ihren individuellen Aminosäurezusammensetzungen, bei diesem pH-Wert unterschiedliche Nettoladungen. Bei Anlegen eines elektrischen Feldes beginnen die Proteine elektrophoretisch zu wandern: positiv geladene in Richtung Kathode, negativ geladene in Richtung Anode. Jedes Protein kann nur so weit wandern, bis es an den pH-Wert im Gradienten gelangt, an dem es seinen isoelektrischen Punkt hat (siehe Abb. 5), weil dort seine Nettoladung null ist.

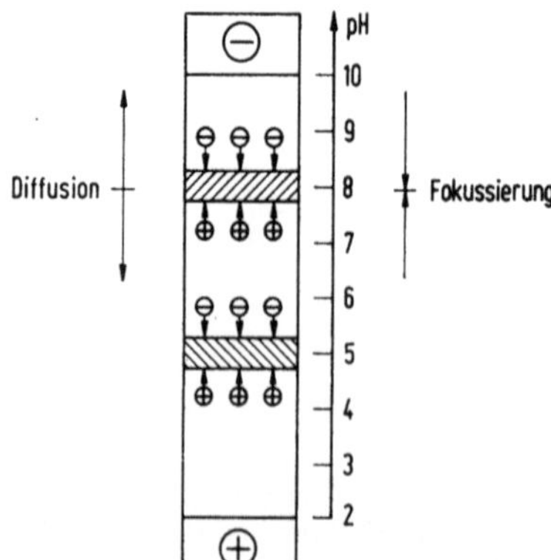

Abb. 6. Fokussierungs- bzw. Konzentrationseffekt der isoelektrischen Fokussierung. Diffundiert ein Molekül von seinem pI in stärker basisches pH-Milieu, bekommt es eine negative Ladung: es wandert zur Anode bis zu seinem pI zurück. Diffundiert es in stärker saures pH-Milieu, wird es positiv geladen und wandert zur Kathode bis zu seinem pI (nach Lit. 7)

Somit ist die isoelektrische Fokussierung, im Gegensatz zur Zonenelektrophorese, eine Endpunktmethode. Das Trennergebnis ist unabhängig von der Molekülgröße. Außerdem wirkt das System der Diffusion entgegen. Entfernt sich ein Molekül durch Diffusion von seinem isoelektrischen Punkt, nimmt es eine Nettoladung auf, so daß es wieder an seinen isoelektrischen Punkt zurückwandern muß, wo es die Nettoladung wieder verliert (siehe Abb. 6). Auf diese Weise erhält man sehr scharf „fokussierte" und konzentrierte Proteinzonen mit sehr hoher Auflösung.

Das Auflösungsvermögen der isoelektrischen Fokussierung wurde durch Svensson-Rilbe [5] definiert:

$$\Delta pI = 3\sqrt{\frac{D[d(pH)/dx]}{E[-du/d(pH)]}}$$

wobei

ΔpI = Auflösungsvermögen,
D = Diffusions-Koeffizient des Proteins,
E = Feldstärke (V/cm),
d(pH)/dx = pH-Gradient,
du/d(pH) = Mobilitätssteigung des Proteins am pI (siehe Titrationskurven).

ΔpI ist das Minimum der pH-Differenz, die nötig ist, zwei benachbarte Banden aufzulösen. Die Formel zeigt, wie man die Auflösung in der Praxis erhöhen kann:

a) Bei einem hohen Diffusionskoeffizienten wählt man ein engporiges Gelmedium, so daß die Diffusion eingeschränkt wird.
b) Man kann einen sehr flachen pH-Gradienten verwenden.

Aber sie veranschaulicht auch die Grenzen der isoelektrischen Fokussierung:

c) Die Feldstärke kann nicht uneingeschränkt erhöht werden.
d) Die Steigung der Mobilität eines Proteins am pI ist nicht beeinflußbar.

3.2 Der pH-Gradient

Grundvoraussetzung zur Erzielung hochauflösender und reproduzierbarer Trennergebnisse ist ein stabiler und kontinuierlicher pH-Gradient mit konstanter Leitfähigkeit und Pufferkapazität. Es gibt hierzu zwei verschiedene Konzepte, die biese Anforderungen erfüllen: pH-Gradienten, die im elektrischen Feld durch amphotere Puffer (Trägerampholyte) gebildet werden oder immobilisierte pH-Gradienten, die durch Kopolymerisation von sauren und basischen Acrylamidderivaten (Immobiline) mit Acrylamid-Monomeren bereits in die Gelmatrix eingebaut werden.

3.2.1 Freie Trägerampholyten

Die theoretischen Grundlagen zur Erzeugung „natürlicher" pH-Gradienten sind von Svensson-Rilbe Anfang der 60er Jahre erarbeitet [5] und von Vesterberg [6] ein paar Jahre später realisiert worden: Vesterberg hat die Synthese eines heterogenen Gemisches von Homologen und Isomeren aliphatischer Polyamino-Polycarbonsäuren entwickelt, die ein Spektrum kleinmolekularer Ampholyte mit eng benachbarten isoelektrischen Punkten darstellen. Ihre chemische Allgemeinformel ist in Abb. 7 dargestellt.

Das Patent zur Herstellung dieser Polyamino-Polycarbonsäuren ist 1966 von der schwedischen Firma LKB übernommen worden, die dann diese „Trägerampholyte" unter dem Namen „Ampholine" auf den Markt gebracht hat.

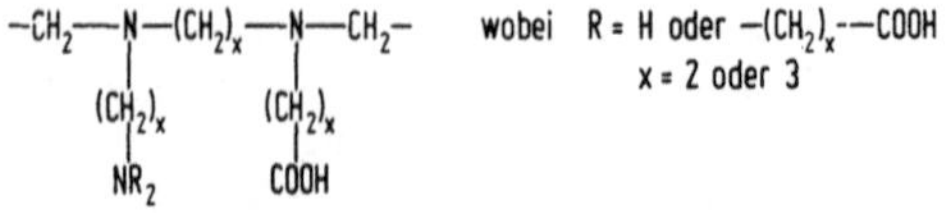

$$-CH_2-\underset{\underset{\underset{NR_2}{|}}{(CH_2)_x}}{\underset{|}{N}}-(CH_2)_x-\underset{\underset{\underset{COOH}{|}}{(CH_2)_x}}{\underset{|}{N}}-CH_2- \quad \text{wobei } R = H \text{ oder } -(CH_2)_x-COOH,\ x = 2 \text{ oder } 3$$

Abb. 7. Allgemeinformel von Ampholine-Trägerampholyten. (Nach Lit. 7)

Die Trägerampholyte haben folgende Eigenschaften:

a) Hohe Pufferkapazität und Löslichkeit am isoelektrischen Punkt.
b) Gute und gleichmäßige Leitfähigkeit am isoelektrischen Punkt.
c) Freiheit von biologischen Effekten.
d) Kleines Molekulargewicht.

Wie baut sich aus diesen Trägerampholyten ein kontinuierlicher und stabiler pH-Gradient auf?

Nimmt man als Beispiel ein Fokussierungsgel (Polyacrylamid oder Agarose), das 2% (g/v) (in der Praxis übliche Konz.) einer Trägerampholytenlösung (pH 3,5—10) enthält, würde das Gel einen einheitlichen pH-Wert von ca. 7 haben. Praktisch alle Trägerampholyte sind geladen, weil sie einen von pH 7 unterschiedlichen isoelektrischen Punkt besitzen, die mit höherem pI positiv, die mit niedrigerem pI negativ. Wenn man nun ein elektrisches Feld anlegt, wandern die negativ geladenen Trägerampholyte zur Anode, die positiv geladenen zur Kathode, wobei die Geschwindigkeiten von der Höhe der jeweiligen Nettoladung abhängen. Wegen seiner hohen Pufferkapazität gibt jedes Molekül an seine Umgebung den pH-Wert weiter, der seinem pI entspricht. Somit wird der pH-Wert des Geles auf der anodischen Seite niedriger, auf der kathodischen Seite höher. Die Trägerampholyt-Moleküle mit dem niedrigsten pI wandern bis an das anodische Ende, die mit dem höchsten pI an das kathodische Ende des Geles. Die anderen Trägerampholyte arrangieren sich dazwischen in der Reihenfolge ihrer pIs und geben den entsprechenden pH-Wert an ihre Umgebung ab. Dabei bleibt jedes Molekül an seinem pI, welcher sich zwischen den pIs der benachbarten Isomeren befindet.

Damit die Trägerampholyte nicht das Gel verlassen, werden zwischen Gel und Elektroden Filterkartonstreifen gelegt, die mit einer Säure (Anode) bzw. einer Lauge (Kathode) getränkt sind. Würden anodische Trägerampholyt-Moleküle in die Säure einwandern, nähme ihre Aminogruppe eine positive Ladung auf, die von der Kathode angezogen wird; kathodische Trägerampholyte würden in der Lauge durch Deprotonierung der Carboxylgruppe negativ geladen und von der Anode angezogen werden. Der pH-Gradient kann dadurch nicht auseinandertriften.

Auf diese Weise erhält man einen stabilen, monoton steigenden pH-Gradient von 3,5 bis 10, der so lange bestehen bleibt, wie das elektrische Feld angelegt ist.

Weil Trägerampholyte kleinmolekular sind, haben sie im Gel eine hohe Diffusionsrate; daraus resultiert, daß sie andauernd und schnell von ihren pIs wegdiffundieren und elektrophoretisch wieder an ihren pI zurückwandern. Sie oszillieren also um ihren pI herum: deshalb entsteht, auch bei einer begrenzten Anzahl an Isomeren, ein „glatter" pH-Gradient. Dies ist besonders wichtig, wenn man zur Erzielung sehr hoher Auflösung flache pH-Gradienten (z. B. pH 4,0–5,0) verwendet. Die Proteine haben erheblich höhere Molekulargewichte als die Trägerampholyte – ihre Diffusionskonstante ist erheblich kleiner –, sie fokussieren in scharfen Zonen. Die IEF-Banden niedermolekularer Oligopeptide sind meist unscharf, weil auch sie eine hohe Diffusionsrate haben.

3.2.2 Immobilisierte pH-Gradienten

Eine noch relativ neue Technik ist die isoelektrische Fokussierung in immobilisierten pH-Gradienten (IPG). Zur Zeit kann man IPGs nur in Polyacrylamidgelen erzeugen. Das Konzept der Kopolymerisation von Gelmatrix und pH-Gradient wurde von Gasparic, Bjellqvist und Rosengren entwickelt [8].

Der pH-Gradient wird aus monomeren Acrylamidderivaten mit puffernden Gruppen („Immobiline") aufgebaut [9]. Es gibt 7 verschiedene Homologe; die allgemeine Strukturformel lautet:

```
CH=CH–C–N–R
      |  |
      O  H
```

Dabei enthält R entweder eine Carboxyl- oder eine tertiäre Aminogruppe. Ein Immobiline ist keine amphotere Substanz (wie z. B. ein Trägerampholyt-Isomer), sondern entweder eine Säure oder eine Base, die durch den pK-Wert definiert ist.

Es gibt drei Säuren (mit Carboxylgruppen):

Immobiline pK 3,6
Immobiline pK 4,4
Immobiline pK 4,6

und vier Basen (mit tertiären Aminogruppen):

Immobiline pK 6,2
Immobiline pK 7,0
Immobiline pK 8,5
Immobiline pK 9,3

Die oben angegebenen pK-Werte sind im einpolymerisierten Zustand bei einer Ionenstärke von 10^{-2} bei 10 °C gemessen worden.

Um einen bestimmten pH-Wert puffern zu können, braucht man mindestens zwei verschiedene Immobiline und zwar eine Säure und eine Base. Abbildung 8 zeigt schematisch ein Polyacrylamidgel mit einpolymerisierten Immobilinen, wobei aufgrund des Mischungsverhältnisses verschiedener Immobiline ein bestimmter pH-Wert eingestellt ist. Ein pH-Gradient wird durch kontinuierliches Verändern des Immobiline-Mischungsverhältnisses erzielt. Das Prinzip ist dabei eine Säure-Base-Titration, wie

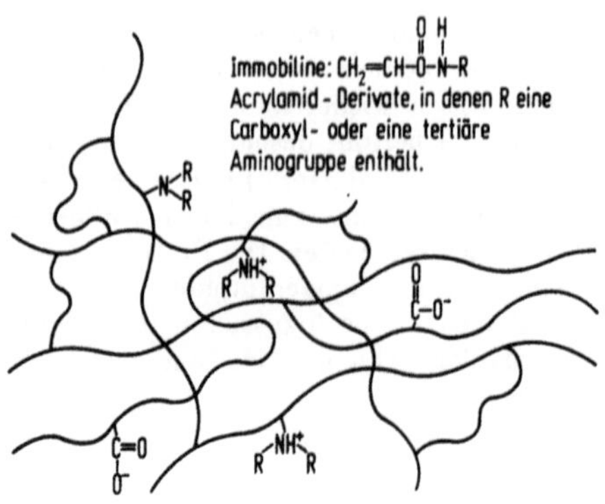

Abb. 8. Schema eines Polyacrylamid-Netzwerks mit kopolymerisierten Immobilinen. (Nach Lit. 10)

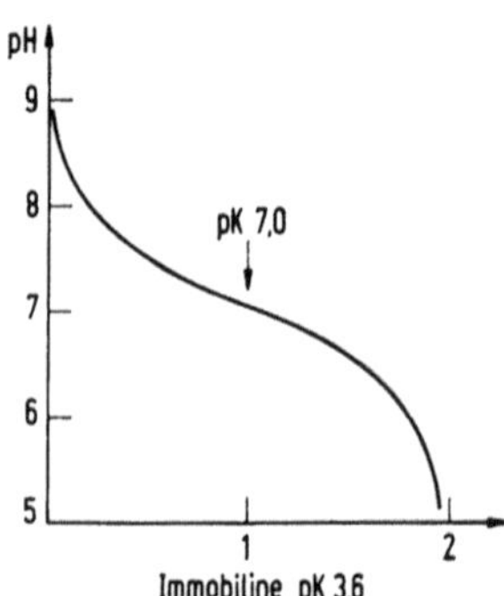

Abb. 9. Beispiel einer Titration eines basischen Immobiline pK 7,0 mit einem sauren Immobiline pK 3,6 zur Erzeugung eines flachen immobilisierten pH-Gradienten, dessen pH-Mittelpunkt bei pH 7,0 liegt. Die resultierende Titrationskurve ist im Bereich von 0,6 pH-Einheiten ober- und unterhalb des Wendepunktes linear

in Abb. 9 dargestellt. Zur Erzeugung eines engen pH-Gradienten wählt man als pufferndes Immobiline dasjenige aus, dessen pK-Wert dem pH-Mittelpunkt des gewünschten Gradienten am nächsten ist. Im hier gezeigten Beispiel ist dies das basische Immobiline pK 7,0. Zur Titration braucht man in diesem Fall ein saures Immobiline. Das titrierende Immobiline soll im gewünschten pH-Bereich möglichst nicht puffern. Man verwendet deshalb eines, dessen pK-Wert am weitesten von diesem pH-Bereich entfernt ist: Immobiline pK 3,6. Abbildung 9 zeig, daß man auf diese Weise einen pH-Gradienten erzeugen kann, der über maximal 1,2 pH-Einheiten linear ist. Der jeweilige pH-Wert auf der Kurve ist durch die Henderson-Hasselbalch-Gleichung definiert:

$$\mathrm{pH} = \mathrm{pK_B} + \log\,(\mathrm{C_B} - \mathrm{C_A})/\mathrm{C_A}\,,$$

wenn das puffernde Immobiline eine Base ist. C_A und C_B sind die molaren Konzentrationen der sauren bzw. basischen Immobiline. Ist das puffernde Immobiline eine Säure, lautet die Gleichung:

$$\mathrm{pH} = \mathrm{pK_A} + \log\,\mathrm{C_B}/(\mathrm{C_A} - \mathrm{C_B})\,.$$

Als titrierendes Immobiline wird in diesem Fall das basische Immobiline mit dem am weitesten entfernten pK-Wert 9,3 verwendet.

In der Praxis werden immobilisierte pH-Gradienten durch lineares Mischen von zwei verschiedenen Polymerisationslösungen mit einem Gradientenmischer hergestellt. Im Prinzip gießt man einen Dichtegradienten. Beide Lösungen enthalten Acrylamid-Monomere und Katalysatoren zur Polymerisation einer Gelmatrix. Die mit Glycerin beschwerte (schwere) Lösung ist mit den entsprechenden Immobilinen auf das saure Extrem des gewünschten pH-Gradienten, die andere (leichte) Lösung auf das basische Extrem eingestellt. Wenn das Gel nach dem Gießen des Dichtegradienten polymerisiert, werden die puffernden Carboxyl- und Aminogruppen kovalent an die Gelmatrix gebunden.

Immobilisierte pH-Gradienten kann man exakt im voraus berechnen und dem Trennproblem anpassen. Man kann durch die Herstellung sehr flacher Gradienten (bis zu 0,01 pH-Einheiten pro cm) extrem hohe Auflösung erreichen. Weil der Gradient fest an die Gelmatrix gebunden ist, bleibt er über die gesamte — bei flachen Gradienten notwendige — Trennzeit unverändert.

Immobilisierte pH-Gradienten mit erweiterten pH-Bereichen sind von Gianazza et al. [11, 12] durch Computer-Simulation und -Optimierung berechnet worden. Der weiteste pH-Gradient, den man mit den derzeit verfügbaren Immobilinen herstellen kann, umfaßt 6 pH-Einheiten: pH 4,0–10,0.

Fertige Rezepturen zur Herstellung enger und weiter IPGs kann man aus Literatur 12 entnehmen. Die notwendigen Immobiline-Mengen für die sauren und basischen Starterlösungen sind in µl angegeben. Durch einfache graphische Interpolation kann man sich aus den vorgegebenen Rezepturen die Immobiline-Mengen für maßgeschneiderte IPGs selbst zusammenstellen.

4 Methoden der isoelektrischen Fokussierung

4.1 Allgemeines

4.1.1 Die Probe

Wie eingangs bereits erwähnt, kann man nur amphotere Substanzen fokussieren. Moleküle, die ausschließlich anionisch oder kationisch geladen sein können, würden über den pH-Gradienten hinaus in die Anode bzw. die Kathode wandern. Nach dem heutigen Stand der Technik kann man amphotere Substanzen nur im pH-Bereich zwischen 3 und 11 fokussieren. Substanzen, die pIs außerhalb dieser Werte haben, müssen mit alternativen Methoden aufgetrennt werden: Erweiterung des pH-Gradienten mit nichtamphoteren Säuren [13] oder Basen („Steady State Stacking"), Zonen-Elektrophoresen, Isotachophorese [14], oder chromatographische Methoden.

Die Proteine, Enzyme oder Peptide müssen zur Fokussierung in wäßriger Lösung vorliegen. Hohe Salz- oder Pufferkonzentrationen in der Probe stören Trägerampholyt-pH-Gradienten. In Rundgelen werden die pH-Gradienten, abhängig von Art und Konzentrationen dieser zusätzlichen Ionen, mehr oder weniger stark verformt bzw. verschoben. In

Flachgelen können sich die Bandenmuster so stark verziehen, daß keine Auftrennung mehr erkennbar ist. Entweder muß die Probe vorher gegen Wasser dialysiert werden, oder man verwendet immobilisierte pH-Gradienten.

Substanzen, welche die Gelporen verstopfen, wie z. B. großmolekulare Polysaccharide, müssen vor der IEF aus der Probe entfernt werden. Nukleinsäuren, Heparin, Polyanionen und Polykationen können Adukte mit Trägerampholyten bilden, die im pH-Gradienten fokussieren [1]. In Zweifelsfällen, bzw., wenn die Entfernung solcher Substanzen schwierig ist, empfiehlt sich die Anwendung von immobilisierten pH-Gradienten.

Die Probe soll außerdem frei von Polyphenolen sein, da diese unter bestimmten Bedingungen mit Proteinen unlösliche Komplexe bilden können.

Hydrophobe Proteine bleiben nur in Lösung, wenn sie in Gegenwart von Harnstoff (bis zu 9-molar) fokussiert werden. Dabei ergibt sich jedoch, bedingt durch die Pufferwirkung von Harnstoff, im sauren Bereich des Gradienten eine Erhöhung der pH-Werte. Bei manchen Proteinen erfolgen Konfigurationsänderungen und die Auflösung der Quartärstruktur. Die Löslichkeit besonders hydrophober Proteine, wie z. B. Membranproteine, kann durch die zusätzliche Verwendung von nichtionischen Detergentien (z. B. Nonidet NP-40, Triton X-100, Polyethylenglykol) oder zwitterionischen Detergentien (CHAPS, Zwittergent) erhöht werden.

4.1.2 Das Trennmedium

a) Freie Lösung

Die isoelektrische Fokussierung in freier Lösung dient hauptsächlich präparativen Zwecken. Außer dem im Apparate-Teil bereits erwähnten Verfahren der Säulenfokussierung im Dichtegradienten gibt es eine Reihe alternativer Techniken, welche in Lit. 1 beschrieben sind.

b) Stabilisierende Medien

Stabilisierende Trennmedien (Gele, Folien) wirken während der IEF der Wärmekonvektion und der Diffusion der getrennten Fraktionen entgegen und halten das notwendige Lösungsmittel (i. a. Wasser) fest. Die Poren sollen dabei so groß gewählt werden, daß möglichst keine Siebwirkung auf die Moleküle ausgeübt wird. Das stabilisierende Medium soll möglichst keine Eigenladungen besitzen, weil diese während der Trennung Gradientenverschiebungen und -verzerrungen verursachen: „Kathodentrift“ [15] und „Plateau-Phänomen“ [16]. Bei präparativen Anwendungen sollen nach der IEF die Fraktionen leicht aus dem Medium eluierbar sein. Bei analytischen Anwendungen soll das Medium mechanisch stabil, chemisch inert, möglichst leicht zu handhaben und problemlos aufzubewahren sein. Trägerampholyten werden gleich in die Gelmatrices mit eingegossen (2–3%, g/v).

1) Granulierte Gele

Granulierte Gele (Sephadex, Ultrodex) werden bei der IEF fast ausschließlich für präparative Trennungen im Flachbettverfahren eingesetzt [17, 2].

2) Polyacrylamidgele

Die weitaus meisten analytischen Fokussierungen werden in Polyacrylamidgelen durchgeführt. Die Eigenschaften dieses Trennmediums sind im Kapitel „Gelelektrophorese“ beschrieben. Meist werden großporige Gele verwendet (5% T, 3% C). Es ist darauf zu achten, daß zur Polymerisation nur die mindestnotwendige Menge an Ammoniumpersulfat verwendet wird, da sonst die Salzbelastung im Gel zu hoch wird. Wenn, z. B. im Falle von Oligopeptiden, die Diffusion herabgesetzt werden soll, setzt man entsprechend engporige Gele ein. Immobilisierte pH-Gradienten sind zum gegenwärtigen Zeitpunkt ausschließlich auf Polyacrylamidgele beschränkt. Für Routine-Fokussierungen sind fertig polymerisierte Trägerampholyt-Polyacrylamidgele und, seit kurzer Zeit, Polyacrylamidgele mit immobilisierten pH-Gradienten im Handel erhältlich.

3) Agarose-Gele

Die isoelektrische Fokussierung in Agarosegelen ist erst seit etwa 1975 möglich, seit es gelungen ist, erfolgreich die Eigenladungen der Agarose (Agaropektinreste aus dem Agar-Rohmaterial) zu entfernen bzw. zu überdecken. Allerdings ist bei der Agarose-IEF trotzdem mit stärkeren Elektroendosmose-Effekten zu rechnen als bei der Polyacrylamidgel-IEF. Trennungen in Agarose-Gelen (meist 0,8–1,0% Agarose) sind schneller, auch Makromoleküle über 500000 Dalton können aufgetrennt werden, weil die Agarose-Gel-Poren größer sind als die von Polyacrylamidgelen. Häufig werden Agarose-Gele auch deshalb für die IEF eingesetzt, weil ihre Ausgangsstoffe – im Gegensatz zu denen der Polyacrylamidgele – ungiftig sind.

4) Celluloseacetat-Folien

Methylierte Celluloseacetat-Folien sind bereits für die isoelektrische Fokussierung verwendet worden [18]. Es ist jedoch bisher noch nicht gelungen, die Eigenladungen dieser Folien so vollständig zu überdecken, daß störungsfreie und reproduzierbare IEF-Trennungen möglich wären. Da diese Folien noch größere Poren besitzen als mit Agarose-Gelen erreichbar sind, könnten sie das ideale Trennmedium für die analytische IEF darstellen.

4.1.3 Die Trenndistanz

Die Standard-Trenndistanz bei der analytischen Flachgel-Polyacrylamid- und Agarose-IEF beträgt 10 cm: die meisten Fokussierungskammern und die Fertiggele sind auf dieses Format festgelegt. Für manche Routineanalysen kommt man auch mit kürzeren Trenndistanzen (3–5 cm) aus. Daraus ergeben sich erheblich kürzere Trennzeiten und damit ein höherer Probendurchsatz. Soll bei der analytischen oder präparativen IEF ein höheres Auflösungsvermögen erzielt werden, müssen entsprechend längere Trenndistanzen gewählt werden. Dabei müssen höhere Spannungen angelegt werden, um genügend elektrische Feldstärke zur Fokussierung der Banden zur Verfügung zu haben. Trägerampholytgele können ohne weiteres in beliebiger Länge zur IEF verwendet werden, immobilisierte pH-Gradienten müssen für die gewünschte Trenndistanz passend hergestellt werden.

4.1.4 Die Trenndauer

Die Trenndauer der IEF ist abhängig von der Trenndistanz, der Steigung des Gradienten, der angelegten Spannung, der Größe bestimmter Moleküle (Siebwirkung des Gels!), den Ladungseigenschaften bestimmter Moleküle ober- oder unterhalb ihrer pIs (siehe Titrationskurven-Analysen) und der Art des pH-Gradienten (Trägerampholyte oder IPGs).

4.1.5 Die Trenntemperatur

Die pK-Werte von Substanzen, und damit auch die pK-Werte der Immobiline sowie die pIs der Trägerampholyte und der zu trennenden Proteine, Peptide und Enzyme sind temperaturabhängig. Zum Beispiel hat die Hauptfraktion des menschlichen Hämoglobins bei 10°C seinen pI bei pH 7,3, bei 15°C bei pH 7,1 und bei 20°C bei pH 6,9. Die Temperaturkoeffizienten unterschiedlicher Substanzen sind verschieden. Die IEF soll deshalb bei einer standardisierten konstanten Temperatur durchgeführt werden, dies ist meist 10°C. Bei der IEF in Gegenwart hoher Harnstoff-Konzentrationen muß die Temperatur höher gewählt werden, damit der Harnstoff nicht ausfällt. Manche Proteine und Enzyme müssen bei Temperaturen über 20°C fokussiert werden, um sie vor dem Präzipitieren oder vor dem Verlust ihrer biologischen Aktivität zu schützen. Zur Untersuchung von Untereinheiten-Konfigurationen bestimmter Proteine, Liganden-Bindungen oder Enzym-Substrat-Komplexen werden auch Kryo-IEF-Methoden bei Temperaturen unter 0°C eingesetzt [19]. Bei diesen Temperaturvariationen müssen die daraus resultierenden pH- und pI-Verschiebungen berücksichtigt werden.

4.1.6 Die Strom-Bedingungen

Wie bereits im Apparate-Teil beschrieben, wird die IEF am besten mit einem leistungsstabilisierten Stromversorger durchgeführt. Auch wenn die Proben auf einen bereits bestehenden pH-Gradienten aufgetragen werden – entweder nach Vorfokussierung von Trägerampholyten oder auf immobilisierte pH-Gradienten –, soll die Feldstärke zu Beginn möglichst niedrig (max. 40–50 V/cm für 30 min) gehalten werden, damit die Proteine ohne an der Oberfläche zu präzipitieren in das Gel einwandern können. Die Stromstärke muß proportional zum Gelquerschnitt (Breite × Dicke) eingestellt werden (Richtwert ca. 0,1 mA/mm^2). Die eingestellte Maximalspannung richtet sich nach der benötigten Feldstärke und der Trenndistanz. Die Leistung hängt vom Gelvolumen ab (Richtwert ca. 1 W/ml).

4.1.7 Die Messung des pH-Gradienten

pH-Gradienten können auf verschiedene Weise gemessen werden. Nach der Säulenfokussierung werden die pH-Werte der einzelnen eluierten Fraktionen gemessen werden. Nach der Rundgel-IEF wird ein Rundgel in kleine Stückchen zerschnitten, welche dann für eine bestimmte Zeit in kleinen Volumina Wasser eluiert werden. Die pH-Werte dieser Fraktionen können gemessen werden. Auch aus Flachgelen können im Anschluß an die IEF entlang einer Trennspur Gelstückchen ausgestanzt werden, mit denen so verfahren wird wie mit den Rundgelstücken. Die pH-Gradienten von Flachgelen können auch mit einer Oberflächenelektrode bestimmt werden. Bei pH-Messungen ist auch zu berücksichtigen, daß eventuell verwendete Additiva (z. B. Harnstoff, Saccharose) wegen ihrer eigenen Pufferwirkung die Meßwerte beeinflussen können. Die pH-Messung in immobilisierten pH-Gradienten gestaltet sich problematisch, weil die puffernden Gruppen in der Gelmatrix fixiert sind. Um die möglichen Fehler, die man bei der pH-Gradienten-Messung in Gelen machen kann, auszuschalten, sei für die IEF in Gelen — mit Trägerampholyten und IPGs — die Verwendung von Markerproteinen empfohlen, mit Hilfe deren pIs man eine pH-Eichkurve aufstellen kann. Markerproteine sind bei einschlägigen Elektrophorese-Firmen erhältlich. Righetti et al. haben in zwei Übersichtsartikeln die pIs und Molekulargewichte der bis zu den jeweiligen Veröffentlichungszeitpunkten bekannten Proteine zusammengestellt [20, 21].

4.1.8 Der Einfluß von CO_2 auf den pH-Gradienten

Gelangt CO_2 aus der Luft in das Trennmedium, entstehen zusammen mit Wasser, Kohlesäureionen (HCO_3^-), welche einen Teil des Gradienten > pH 6,3) saurer machen und im alkalischen Bereich Richtung Anode wandern [22]. Dies hat eine Trägerampholytentrift in Richtung Kathode, unscharfe Banden im alkalischen Bereich und Verschiebungen der gemessenen pH-Werte im alkalischen Bereich zur Folge. Das CO_2 kann während der Präparierung des Trennmediums und/oder während der IEF durch Diffusion in den pH-Gradienten gelangen. Das Trennmedium muß deshalb vor dem Gießen bzw. Polymerisieren entlüftet werden. Bei der horizontalen Flachbett-IEF kann die Diffusion von CO_2 ins Gel verhindert werden, indem man entweder die Geloberfläche mit einer gasundurchlässigen Folie abdeckt, unter Schutzgas (Stickstoff) fokussiert oder innerhalb der nach außen abgedichteten Trennkammer mit in hochkonzentrierter Natronlauge getränkten Filterkartonstreifen das CO_2 aus der Luft abfängt.

Bei alkalischen immobilisierten pH-Gradienten muß das Eindiffundieren von CO_2 ins Gel ebenfalls verhindert werden, weil sonst unscharfe Banden entstehen würden.

4.2 Analytische isoelektrische Fokussierung

4.2.1 Trägerampholyten-IEF

4.2.1.1 Rundgel-IEF

Hierbei werden die Trennungen in individuellen Rundgelen durchgeführt, welche in Glasröhrchen eingegossen bzw. einpolymerisiert worden sind. Als Elektrodenlösungen werden verdünnte Säure (Anode) und verdünnte Lauge (Kathode) verwendet, in welche die Röhrchen oben und unten, wie bei der Rundgelelektrophorese in die Elektrodenpuffer, eintauchen. Die Probelösungen werden am oberen Ende des Rundgels aufgetragen — das ist dann bei der IEF entweder das saure oder das basische Extrem des pH-Gradienten. Damit sich die Probelösungen nicht mit der Elektrodenlösung vermischen, werden sie mit Glycerin oder Saccharose beschwert und unterschichtet. Nach der IEF werden die Rundgele entweder mit einer Spritze mit langer Kanüle oder mit Druckluft aus den Röhrchen entfernt und angefärbt bzw. anderweitig weiterverarbeitet.

Weil die Rundgel-IEF im Hinblick auf Geleherstellung, Probenauftrag, Handhabung und Anfärbeprozeduren arbeits- und zeitaufwendiger ist als die Flachgel-IEF, wird sie nur noch bei speziellen Problemstellungen angewendet:

a) Wenn die Proben absolut voneinander getrennt fokussiert werden sollen.
b) Wenn das CO_2 absolut ausgeschlossen werden muß.
c) Wenn zur Aufrechterhaltung der Löslichkeit sehr hydrophober Proteine mehr als 9 M Harnstoff im Gel notwendig ist.
d) Wenn die klassische hochauflösende Zweidimensional-Elektrophorese durchgeführt werden soll [3, 23—25].

4.2.1.2 Flachgel-IEF

In vereinzelten Fällen werden aus den oben unter den Punkten a, b und c genannten Gründen Flachgel-Fokussierungen in vertikalen Gelelektrophorese-Apparaturen durchgeführt. Aus Sicherheitsgründen können allerdings an solche Kammern nur Maximalspannungen von 500—800 V angelegt werden, so daß die IEF-Zeiten entsprechend lange sind (meist über Nacht).

Die Standard-Flachgel-IEF findet in Horizontalsystemen statt. Seit 1976 sind, wie oben bereits erwähnt, IEF-Polyacrylamid-Fertiggele auf dem Markt, die auf eine Polyester-Trägerfolie aufpolymerisiert sind. Sie enthalten Trägerampholyte für weite pH-Gradienten 3,5—9,5 oder enge pH-Gradienten für spezielle Trennprobleme.

Die Flachgele können natürlich auch selbst hergestellt werden: aus Agarose (Spezialagarose für die IEF) oder aus Polyacrylamid. Nach der konventionellen Methode werden 2 mm dicke Gele in einer Kassette, die durch zwei Glasplatten und einer dazwischen liegenden Dichtung gebildet wird, polymerisiert. Die Handhabung dünnerer Gele ist mit dieser Methode nicht möglich, da diese spätestens bei der Anfärbeprozedur zerreißen würden. Bei Verwendung von Trägerfolien anstelle von unbehandelten Trägerglasplatten können auch dünnere Gele ohne Zerreißen angefärbt werden [26]. Durch Silanisieren von Glasplatten kann man Polyacrylamidgele fest an Glasplatten binden, um ihnen mechanische Festigkeit zu verleihen [27, 28]. Inzwischen sind spezielle Trägerfolien für Agarosegele und spezielle für Polyacrylamidgele auf dem Markt.

Während Polyacrylamidgele unter Luftabschluß in einer Kassette polymerisiert werden müssen, kann man Agarosegele durch einfaches Ausgießen der heißen Agaroselösung auf eine Glasplatte oder eine Trägerfolie herstellen, worauf man das Gel nach dem Erstarren über Nacht in einer Feuchtekammer fertig-gelieren läßt.

Bei salzhaltigen Proben und unterschiedlich konzentrierten Proben treten häufig verzerrte und krumme Bandenmuster auf. Diesen Effekt kann man erheblich mildern, indem man die Viskosität im Gel durch Zugabe von 10% Saccharose, Sorbit oder Glycerin erhöht. Bei Verwendung von höheren Additiv-Konzentrationen kann sich der pH-Gradient verschieben. Bei manchen Proben erhält man nur dann gerade Banden, wenn man die IEF in Gegenwart von Harnstoff durchführt.

Bei der horizontalen Flachgel-IEF wird der Kontakt zwischen Platinelektroden und Gel über Filterkartonstreifen hergestellt, die in der jeweiligen Elektrodenlösung getränkt werden, z. B. bei einem weiteren pH-Gradienten 3,5–9,5 im 1 mm dicken Polyacrylamidgel: 1M H_3PO_4 an der Anode und 1 M NaOH an der Kathode. Für Agarosegele und enge pH-Gradienten werden andere Elektrodenlösungen empfohlen (siehe Tabelle 1).

Tabelle 1. Elektrodenlösungen für die Trägerampholyt-Flachgel-IEF (1 mm)

pH-Gradient	Anode	Kathode
Polyacrylamidgele		
2,5–4,0	1 M H_3PO_4	2% Ampholine, pH 5–7
2,5–4,5	1 M H_3PO_4	0,4 M HEPES
3,5–5,0	1 M H_3PO_4	2% Ampholine, pH 6–8
4,0–5,0	1 M H_3PO_4	1 M Glycin
4,0–6,5	0,5 M Essigsäure	0,5 M NaOH
4,5–7,0	0,5 M Essigsäure	0,5 M NaOH
5,0–6,5	0,5 M Essigsäure	0,5 M NaOH
5,5–7,0	2% Ampholine, pH 4–6	0,5 M NaOH
5,0–8,0	0,5 M Essigsäure	0,5 M NaOH
6,0–8,5	2% Ampholine, pH 4–6	1 M NaOH
7,8–10,0	2% Ampholine, pH 6–8	1 M NaOH
3,5–9,5	1 M H_3PO_4	1 M NaOH
Agarosegele		
3,5–9,5	0,5 M Essigsäure	0,5 M NaOH
2,5–4,5	0,5 M Essigsäure	0,4 M HEPES
4,0–6,5	0,5 M Essigsäure	0,5 M NaOH
5,0–8,0	0,04 M Glutaminsäure	0,5 M NaOH

Der optimale pH-Wert, an dem die Proben aufgetragen werden sollen, wird am besten in einem Vorversuch durch stufenförmigen Probenauftrag über den Gradienten, IEF und anschließende Anfärbung ermittelt.

Es gibt verschiedene Methoden für den Probenauftrag:

- Papier- oder Cellulosefiber-Plättchen,
- Silikongummi- oder Plastikfolien-Lochbänder,
- Wannen, die in die Geloberfläche einpolymerisiert sind,
- Tropfen auf die Geloberfläche.

Die optimale Probenauftragsmethode ist von der Probenzusammensetzung abhängig und muß ebenfalls ausprobiert werden. Bei Agarose-

Gelen dürfen die Proben nur mit Lochbändern oder in Tropfen auf die Oberfläche aufgegeben werden.

Gegen Ende der Fokussierung sind, vor allem im sauren pH-Bereich, Rillen an der Geloberfläche zu beachten, die dem Verlauf der Iso-pH-Linien folgen.

Flachgele haben folgende Vorteile gegenüber Rundgelen:

a) Das Gießen der Gele und deren Handhabung ist erheblich einfacher.
b) Man kann eine große Anzahl von Proben in einem Gel auftrennen.
c) Man kann die Fokussierungsmuster verschiedener Proben besser miteinander vergleichen. Probenverwechslungen sind einfacher zu verhindern.
d) Man kann dünnere Gele herstellen.
e) Flachgele kann man blotten, man kann Immunoprints und Zymogramm-Abklatsche herstellen.
f) Flachgele kann man auch im getrockneten Zustand auswerten und deshalb problemlos aufbewahren.
g) Bei horizontalen Flachgelen ist man frei in der Wahl, bei welchem pH-Wert des Gradienten man die Probe aufträgt.

4.2.1.3 Ultradünnschicht-IEF

Die Ultradünnschicht-IEF ist die konsequente Weiterentwicklung der Flachgeltechnik [29—31]. Die ultradünnen Gele müssen zur mechanischen Stabilisierung an eine Trägerfolie oder eine silanisierte Glasplatte gebunden werden. Zur Herstellung luftblasenfreier ultradünner Gelschichten gibt es eine Reihe verschiedener Gießtechniken:

— Die vertikale Kassettentechnik nach Görg et al. [29—31]: Die Geldicke wird von der Anzahl der Parafilmschichten bestimmt, die als U-förmige Dichtung der zur Polymerisation bzw. Gelierung vertikal gestellten Kassette dienen. Zum besseren Einfließen der Gellösung wird die Kassette während des Befüllens an der Oberkante etwas aufgespreizt (siehe Abb. 10A).
— Die Kapillartechnik: Die Gellösung wird in einer leicht schräg gestellten Kassette durch Kapillarwirkung zwischen Trägerfolie und Deckglasplatte eingesogen und verteilt sich in einer ultradünnen Schicht. Die Geldicke wird durch zwei seitlich dazwischen angebrachte Spacer bestimmt. Zur Gelierung bzw. Polymerisation wird die Kassette waagrecht gestellt (s. Abb. 10B).
— Die Klapptechnik [28]: Die Gellösung wird auf die Trägerfolie pipettiert, die Deckglasplatte daraufgeklappt. Die Geldicke wird durch zwei seitlich dazwischen angebrachte Spacer bestimmt (siehe Abb. 10C).
— Die Schiebetechnik [32]: Eigentlich für die Herstellung großflächiger ultradünner DNA-Sequenziergele (siehe Kapitel „Gelelektrophorese") entwickelt, kann sie auch zur Herstellung von IEF-Gelen angewendet werden.

Für Ultradünne Agarosegele können alle diese Techniken problemlos angewendet werden, wenn die Gießform vorgewärmt worden ist.

Die vertikale Kassettentechnik ist die ursprüngliche für ultradünne Polyacrylamidgele entwickelte Methode. Sie hat dabei einige Vorteile gegen-

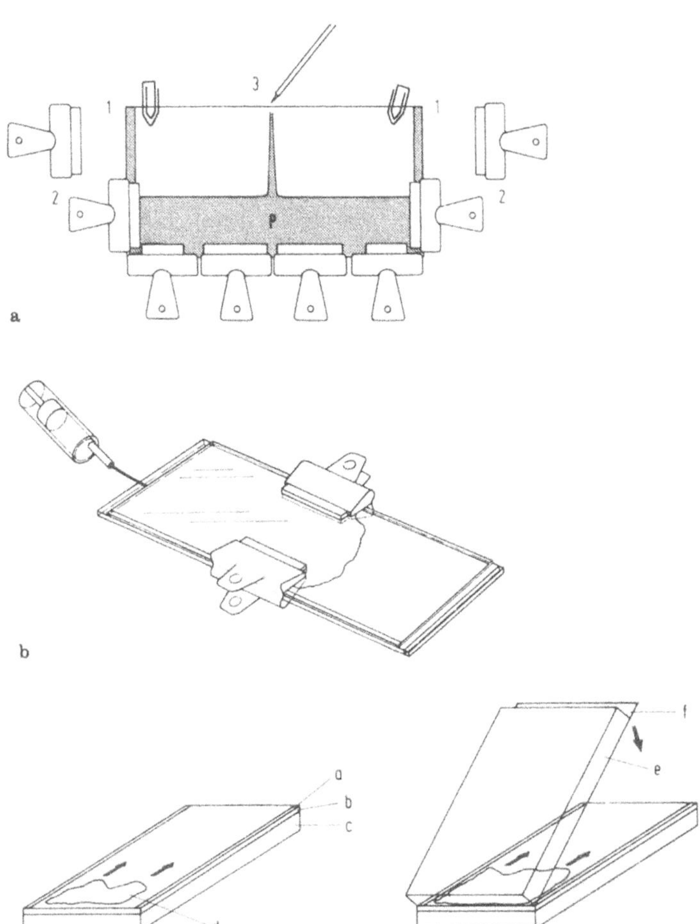

Abb. 10. Gelgießmethoden für die Ultradünnschicht-IEF. **a** Vertikale Kassettentechnik: P Polymerisationslösung, 1 Spacer, 2 Klammern, 3 Pipette. **b** Kapillartechnik. **c** Klapptechnik (nach Lit. 28) a Spacer, b silanisierte Glasplatte oder Polyesterfolie, c Trägerglasplatte, d Polymerisationslösung, e Deckglasplatte, f Gegenfolie

über den anderen Methoden:

— Man hat eine bessere Kontrolle über die toxische Acrylamid-Monomerlösung: Es wird exakt die für das Gel benötigte Menge an Monomerlösung hergestellt und eingefüllt, die für das Gel gebraucht wird. Bei den anderen Methoden benötigt man etwas mehr, der Überschuß kann seitlich wegfließen.

— Weil die Lösung kaum mit Luft in Kontakt kommt, benötigt man weniger Ammoniumpersulfat.
— Aus dem gleichen Grund nimmt sie weniger CO_2 auf.

Die Ultradünnschicht-IEF wird sogar in 0,05 mm dünnen Schichten durchgeführt. Die Praxis hat aber gezeigt, daß für die meisten Proben eine Schichtdicke von ca. 0,25 mm optimal ist, da bei dünneren Gelen Bandenverzerrungen häufig unvermeidbar sind.

Für die Ultradünnschicht-IEF wird vorgeschlagen, die sonst üblichen Anodenlösungen durch eine Lösung aus 25 mM Asparaginsäure/25 mM Glutaminsäure zu ersetzen, um Bandenverzerrungen im sauren pH-Bereich zu minimieren.

Die Ultradünnschicht-IEF hat folgende Vorteile gegenüber der IEF in dickeren Gelen:

a) Erhöhte Nachweisempfindlichkeit:
— Die Kühlung ist effektiver. Es entsteht kein Temperaturgradient innerhalb der Gelschicht, der in dicken Gelen schrägliegende Banden verursacht (die pIs sind temperaturabhängig).
— Dadurch können auch höhere Feldstärken angelegt werden. Auflösungsvermögen und Bandenschärfe erhöhen sich.
— Protein-, Peptid- und Enzym-Anfärbungen laufen in ultradünnen Gelschichten schneller und effektiver ab. Die Bandendiffusion ist geringer.
— Die Silberfärbung funktioniert erheblich besser (keine Hintergrundfärbung).
— Geringere Probenmengen und -konzentrationen müssen eingesetzt werden.

b) Zeitersparnis:
— Höhere Feldstärken ermöglichen schnellere Trennungen.
— Für die Färbungen wird nur ein Bruchteil der Zeit benötigt, die für dickere Gele eingesetzt werden muß.

c) Kosteneinsparung durch geringeren Chemikalienverbrauch (Trägerampholyte!)

d) Trägerfoliengestützte ultradünne Gele sind einfacher zu handhaben und zu trocknen.

Mit der Ultradünnschicht-IEF ist es u. a. erstmals möglich geworden, Oligopeptide scharf zu fokussieren und nach schnellem Trocknen der Gele auf Filterpapier mit Aminosäure-spezifischen Reagenzien nachzuweisen [33].

4.2.1.4 Separator-IEF

Seit Beginn der IEF hat man versucht, die Trägerampholyt-pH-Gradienten zu modifizieren. Man kann z. B. bestimmte Trägerampholyte eines engen pH-Bereiches zumischen und erhält dann eine Spreizung des Gradienten in eben diesem Bereich. Reicht das Auflösungsvermögen für bestimmte Proteine immer noch nicht aus, besteht in manchen Fällen die Möglichkeit, Separatoren zuzumischen [34, 35]. Dies sind Aminosäuren oder amphotere Puffersubstanzen, die den pH-Gradienten in der Nähe ihres pI ändern und abflachen. Man kann die Stelle im Gradienten durch entsprechende Temperatureinstellung und die Separatorkonzentration so verschieben, daß man den Effekt der Trennung sonst sehr eng benachbarter Proteinbanden erreicht. Als Beispiel sei hier die Trennung des glykosylierten HbA_{1c} von der eng benachbarten Hämoglobin-Hauptbande im pH-Gradienten 6–8 mit dem Zusatz von 0,33 M β-Alanin bei 15 °C genannt [36].

4.2.1.5 Titrationskurvenanalyse

Mit Hilfe von IEF-Gelen kann man auch die Nettoladungskurven (Titrationskurven) (siehe Abb. 4) von Proteinen darstellen. Diese Methode wurde von Bjellqvist entwickelt [37] und von der Righetti-Gruppe für vielerlei unterschiedliche Untersuchungen angewendet, die in Lit. 38 zusammengefaßt sind.

In einem quadratischen Flachgel wird erst eine IEF ohne Proben durchgeführt bis sich der Trägerampholyten-pH-Gradient aufgebaut hat. Dann wird das Gel auf der Kühlplatte um 90° gedreht. Die Probe wird nun in eine schmale, lange, vorher in die Gelmitte einpolymerisierte Gelrinne einpipettiert (s. Abb. 11). Legt man nun senkrecht zum pH-Gradienten ein elektrisches Feld an, bleiben die Trägerampholyten an Ort und Stelle unbeweglich, da sie an ihrem pI eine Nettoladung von 0 haben. Die Probenproteine haben jedoch, je nach pH-Wert im Gradienten unterschiedliche Nettoladungen und wandern im Gel elektrophoretisch je nach Nettoladung schnell oder langsam in Richtung Anode bzw. Kathode. Es ergeben sich die Titrationskurven der einzelnen Proteine. An der Stelle, wo ein Protein nicht gewandert ist, also in der Rinne liegengeblieben ist, befindet sich sein pI. Mit der Titrationskurvenanalyse erhält man eine sehr umfassende Information über die Eigenschaften eines Proteins oder Enzyms, über Konformationsänderungen oder Ligandenbindungen in Abhängigkeit vom pH-Wert; man kann das pH-Optimum zur Eluierung bei der Ionenaustauschchromatographie von Proteinen bestimmen, und vieles mehr [38].

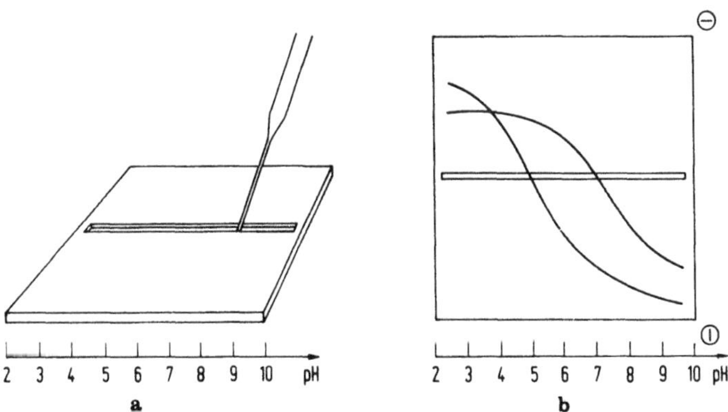

Abb. 11. Titrationskurvenanalyse. **a** Probenaufgabe entlang des pH-Gradienten. **b** Zonenelektrophoresen unter verschiedenen pH-Bedingungen in einem Gel: Ausbildung der Protein-Titrationskurven (Schemazeichnung)

4.2.1.6 *Zweidimensional-Techniken*

Da die IEF eine nichtdenaturierende, hochauflösende Trennmethode mit hoher Reproduzierbarkeit ist und die Probenmoleküle auf der Basis eines einzigen physiko-chemischen Parameters, der Ladungseigenschaft, auftrennt, bietet sie sich als ideale Methode für die erste Dimension von Zweidimensionaltechniken an. Diese Methoden und ihre Anwendungsbereiche sind im Kapitel „Gelelektrophorese" beschrieben worden.

4.2.2 *Immobilisierte pH-Gradienten*

4.2.2.1 *Flachgel-IPGs*

Bis auf sehr wenige Ausnahmen (Lit. 39: vertikale Flachgele, und Lit. 40: vertikale Rundgele) werden immobilisierte pH-Gradienten (IPGs) in horizontalen Flachgelen verwendet. Die Standarddicke für diese Gele beträgt 0,5 mm. Für die Gelherstellung werden zwei verschiedene Polymerisationslösungen hergestellt: eine mit 25% Glycerin beschwerte Acrylamid-Monomerlösung, welche die Immobiline für das saure Ende des pH-Gradienten enthält, und eine Acrylamid-Monomerlösung ohne Glycerin mit Immobilinen für das basische Ende des Gradienten. Die benötigten Immobilinemengen werden entweder direkt aus den Rezepturen in Lit. 10 entnommen oder, um maßgeschneiderte Gradienten zu erzeugen, durch graphische Interpolation ermittelt. Mit Hilfe eines einfachen Gradientenmischers wird beim Gießen der Gellösungen ein linearer Gradient erzeugt, der durch den gleichzeitig entstehenden Dichtegradienten (Glycerin) stabilisiert wird – analog zum Gießen von Porengradientengelen (siehe Kapitel „Gelelektrophorese"). Bei der Polymerisation wird der pH-Gradient fest in die Matrix eingebunden. Das Gel wird dabei kovalent an eine entsprechend präparierte Trägerfolie oder silanisierte Glasplatte polymerisiert.

Nachdem das Gel polymerisiert ist, wird es aus der Kassette entfernt. Die nicht einpolymerisierten Substanzen: Ammoniumpersulfat, Temed, nichtpolymerisierte Immobiline werden mit destilliertem Wasser aus dem Gel ausgewaschen. Während des Waschens quillt das Gel leicht an. Man läßt es anschließend ganz heruntertrocknen und kann es in diesem Zustand gut bis zum Gebrauch im Kühl- oder Gefrierschrank aufbewahren. Kurz vor Gebrauch läßt man es in der Gießkassette wieder mit Wasser anquellen. Bei diesem Schritt werden auch die eventuell benötigten Additive in das Gel gebracht: z. B. Harnstoff, nichtionische oder zwitterionische Detergentien, Glycerin.

Bei extremen pH-Bereichen (< pH 4; > pH 9) soll das Gel bei der IEF ca. 20% Glycerin enthalten, um dem elektroosmotischen Wassertransport, der bei diesen pH-Bereichen auftreten kann, entgegenzuwirken. Das Gel muß beim Einlegen in die Trennkammer richtig orientiert werden – saure Seite zur Anode, basische Seite zur Kathode –, weil der pH-Gradient ja bereits fertig ausgebildet ist.

Man verwendet auch bei IPGs Filterkarton-Elektrodenstreifen, jedoch werden diese nur mit Wasser getränkt. Sie haben bei IPGs nur die Funktion, den direkten Kontakt der Platinelektrodendrähte mit der Geloberfläche zu verhindern und Elektrolyse-Produkte aufzusaugen.

Zu Beginn der IEF in IPGs ist die Stromstärke noch relativ hoch, weil ein Teil der Ionen nicht ausgewaschen werden können, da sie an den puffernden Gruppen des IPG hängenbleiben. Diese Ionen wandern aber sehr schnell elektrophoretisch aus dem Gel, die Stromstärke sinkt rapide ab. Im gleichen Maße steigt die Spannung und damit die Feldstärke an. Weil die Leitfähigkeit im IPG sehr niedrig ist, verwendet man hohe Spannungen für die IEF. Als Richtwerte für die Einstellung des Stromversorgers wird empfohlen: max. 5000 V, max. 15 mA, max. 5 W.

Die Probenauftragung erfolgt bei IPGs entweder als Tropfen auf die Oberfläche, mit Lochbändern, in vorher einpolymerisierte Gelvertiefungen oder in Löcher, die aus dem Gel ausgestanzt worden sind. Damit die Proteine gut in das Gel einwandern können, soll nach dem Probenauftrag erst für 30–45 min die Feldstärke auf maximal 50 V/cm limitiert werden. Da bei IPGs keine Rillenbildung an der Geloberfläche auftritt, können fertigfokussierte Proteine häufig als Zonen mit unterschiedlicher Lichtbrechung im Gel mit dem Auge erkannt werden.

Die Herstellung von IPG-Gelen ist aufwendiger als die von Trägerampholyten-Gelen. Die IPG-Methode ist der Trägerampholyten-Methode aber in einigen Punkten überlegen:

a) Höhere Reproduzierbarkeit:
- Jede puffernde Substanz Immobiline hat eine definierte chemische Struktur; Variationen zwischen verschiedenen Chargen wie bei den Multikomponenten-Gemischen der Trägerampholyten können nicht vorkommen.
- Der pH-Gradient ist fixiert; er wird von Salzen, Puffersubstanzen und unterschiedlichen Proteinkonzentrationen nicht beeinflußt, die Banden bleiben gerade.
- Es gibt kein Plateau-Phänomen, keine Kathodentrift, keine Leitfähigkeitslöcher.

b) Kontrollierte Bedingungen:
- IPGs können dem Trennproblem genau angepaßt werden.
- Leitfähigkeit und Pufferkapazität sind über den gesamten pH-Gradienten gleichmäßig.
- Die Ionenstärke im Gel ist bekannt und kann exakt eingestellt werden.

c) Keine Trägerampholyte im Gel:
- Die Beladungskapazität ist höher, da Proteine und Trägerampholyte nicht um die verfügbare Wassermenge zur Aufrechterhaltung der Löslichkeit konkurrieren. Die Pufferkapazität der Immobiline-Gruppen bleibt immer gleich, sie können kaum innere Salze bilden.
- Peptidfärbungen können im Gel ohne Hintergrundfärbung durchgeführt werden [41].
- Bei der hochauflösenden 2D-Elektrophorese können sich keine SDS-Trägerampholyt-Komplexe bilden.
- Es gibt keine Aduktbildungen von Begleitstoffen mit Trägerampholyten.

d) Extreme Auflösungen können erzielt werden, da man die pH-Gradienten extrem abflachen kann (bis zu 0,01 pH-Einheiten/cm).

e) Die getrennten Proteine und Enzyme diffundieren langsamer aus dem Gel. Sie werden offensichtlich von den puffernden Gruppen festgehalten. Dies hat Vorteile bei der Zymogrammtechnik [42] und bei der SDS-Äquilibrierung für die hochauflösende 2D-Elektrophorese [43].

IPGs kann man bislang nur in Polyacrylamidgelen herstellen. Zur Auftrennung von über 500000 Dalton großen Makromolekülen muß man Agarose-Gele mit Trägerampholyten verwenden.
Manche Proteine wandern schlecht oder überhaupt nicht in ein Immobiline-Gel ein, als Grund hierfür wird die niedrige Leitfähigkeit angenommen. Man kann jedoch die Leitfähigkeit im IPG erhöhen:

4.2.2.2 IPGs mit Trägerampholytenzusatz

Immobilisierte pH-Gradienten mit Trägerampholytenzusatz, kurz IPG-CA (CA = „carrier ampholytes", Trägerampholyte) wurden zur gleichen Zeit von verschiedenen Arbeitsgruppen eingeführt [40, 44, 45]. Bei der IEF im IPG in Anwesenheit von 0,5% Trägerampholyten bleibt der IPG unverändert, die Trägerampholyten wandern an ihre pIs, bleiben während der IEF dort und erhöhen die Leitfähigkeit im Gel. Es hat sich gezeigt, daß bei speziellen Trennproblemen die Salzionen schneller aus dem Gel wandern und bestimmte Proteine besser fokussiert werden [44], daß manche Proteine (z. B. Membranproteine) Trägerampholyte in Kombination mit nichtionischen Detergentien zur Aufrechterhaltung ihrer Löslichkeit benötigen [42, 45], und daß bei komplexen Proteingemischen mehr Proteine in das Gel einwandern [43]. Bei diesen Methoden wird jedoch auf einen Vorteil der IPGs, die Abwesenheit von Trägerampholyten, verzichtet.

4.2.2.3 Zweidimensionale Techniken mit IPGs

Wegen ihrer hohen Reproduzierbarkeit und weil stets gerade Banden entstehen, sind IPGs die ideale erste Dimension für 2D-Elektrophoresen. Während es offensichtlich bei Durchführung von Immunelektrophoresen in der zweiten Dimension keine Schwierigkeiten gibt [46], treten bei der Kombination von IPGs mit der SDS-Elektrophorese Elektroendosmose-Probleme auf [47]. Das Problem wurde von Görg et al. [43] gelöst, indem der Immobiline-Streifen vor der Übertragung auf die zweite Dimension zweimal 15 min mit einer Lösung aus 6 M Harnstoff, 30% Glycerin, 1% SDS, 0,1% Dithiothreitol und 37 mM Tris/HCl – pH 8,8 äquilibriert wird.

IPG-Gele können bereits vor der IEF in Streifen geschnitten werden, so daß die erste Dimension in voneinander getrennten Gelen durchgeführt werden kann (Analog zu den Rundgelen in der klassischen 2D-Technik). Da der pH-Gradient fixiert ist, treten keine Randeffekte auf.

Da die IPG-Technik noch relativ jung ist, wird hiermit auf die einschlägige Fachliteratur verwiesen: in dieser Technik kann sich in der nächsten Zeit einiges Neues ergeben.

4.3 Präparative isoelektrische Fokussierung

4.3.1 Trägerampholyten-IEF

In diesem Kapitel ist bereits mehrmals auf die IEF in der Säule hingewiesen worden. Es wird an dieser Stelle darauf verzichtet, auf diese Methode näher einzugehen, da ihre Handhabung relativ aufwendig und weil sie relativ zeitaufwendig ist.

Schneller und einfacher ist es, die präparative IEF in granulierten Gelen in horizontalen Trögen durchzuführen. Das Dextrangel wird mit Trägerampholyten vermischt und in den Trog gegossen. Nach einer Vor-IEF zur Ausbildung des pH-Gradienten wird an einer bestimmten Stelle innerhalb des pH-Gradienten Gel herausgenommen, mit der Probe vermischt und wieder an seinen ursprünglichen Platz zurückgegossen. Nach der IEF können durch einen Papierabklatsch, den man anfärbt, die Protein- bzw. Enzym-Zonen aufgefunden werden, mit einem Gitter wird das Gel fraktioniert, die Einzelfraktionen werden mit Puffer aus dem Gel herauseluiert [48]. Auf diese Weise können Proteinmengen in der Größenordnung von 100 mg isoliert werden.

4.3.2 Immobilisierte pH-Gradienten

Weil IPGs eine hohe Beladungskapazität besitzen, die puffernden Gruppen in der Matrix fixiert sind, und die Leitfähigkeit so niedrig ist, daß sich auch ein sehr dicke Gel kaum bei der IEF erwärmt, sind sie auch sehr nützlich für präparative Anwendungen [49]. Nachdem die Righetti-Gruppe entdeckt hatte, daß man in sehr stark verdünnten IPG-Gelen die Beladungskapazität erheblich steigern kann, ist es nun möglich, in einem Gel von den Maßen $100 \times 250 \times 5$ mm und der Acrylamidkonzentration von 2,5% T bis zu einem Gramm Protein aufzutrennen [50].

Da Polyacrylamidgele mit IPGs Proteine stärker festhalten als andere Medien, müssen die Proteine elektrophoretisch eluiert werden [49]. Es gibt eine Reihe von elektrophoretischen Eluierungsmethoden, auf die jedoch hier nicht näher eingegangen werden soll.

Eine andere Perspektive ergibt sich seit der Entwicklung der *Immobiline-Kanal-IEF* durch Bartels und Bock: An der Stelle des IPG-Gels, an der die zur Isolierung bestimmte Proteinfraktion fokussiert — die Stelle wird durch vorherige IEF in einem abgeschnittenen Seitenstreifen und Anfärbung dieses Streifens ermittelt —, wird ein Kanal entlang dieses pH-Wertes in das Gel geschnitten, der mit einem Dextrangel gefüllt wird. Während die anderen Proteinfraktionen an ihren jeweiligen pIs im Gel fokussieren, gelangt das zu isolierende Protein elektrophoretisch in den Kanal und kann aufgrund der außerhalb des Kanals herrschenden pH-Bedingungen nicht mehr daraus entweichen. Das Dextrangel wird nach der IEF entnommen, das Protein eluiert [51]. Die Methode hat zusätzlich den Vorteil, daß das gesuchte Protein bzw. Enzym nicht isoelektrisch wird: manche Enzyme verlieren am isoelektrischen Punkt irreversibel ihre biologische Aktivität.

4.4 Färbe- und Nachweismethoden

Zum Nachweis getrennter Fraktionen kann mit IEF-Gelen genauso verfahren werden wie mit Elektrophorese-Gelen (siehe Kapitel „Gelelektrophorese").

Literatur

1. Righetti, P. G.: Isoelectric Focusing: Theory, Methodology, and Applications. Laboratory Techniques in Biochemistry and Molecular Biology. (Eds. T. S. Work, R. H. Burdon) Elsevier Biomedical Press, Amsterdam (1983)
2. LKB Electrofocusing Seminar Notes, Part 3: Preparative
3. Warm, E. und Hofman, H.: LKB-Sonderdruck RE-053 (1984)
4. Anderson, N. G. und Anderson, N. L.: Anal. Biochem. 85:331–340 (1978)
5. Svensson, H.: Acta Chem. Scand. 15:325–341 (1961)
6. Vesterberg, O.: Acta Chem. Scand. 23:2653–2666 (1969)
7. LKB Electrofocusing Seminar Notes, Part 1: Basic Principles
8. Gasparic, V., Bjellqvist, B. und Rosengren, A.: Swedish patent 75 140 49-1 (1975); U.S. patent 4, 130, 470 (1978); Deutsches Patent 2,656, 162 (1981)
9. Bjellqvist, B., Ek, K., Righetti, P. G., Gianazza, E., Görg, A., Westermeier, R. und Postel, W.: J. Biochem. Biophys. Methods 6:317–339 (1982)
10. LKB Application Note 324: High resolution analytical electrofocusing in polyacrylamide gels with Immobiline pH gradients.
11. Gianazza, E., Celentano, F., Dossi, G., Bjellqvist, B. und Righetti, P. G.: Electrophoresis 5:88–97 (1984)
12. Gianazza, E., Astrua-Testori, S. und Righetti, P. G.: Electrophoresis 6:113–117 (1985)
13. Pettersson, E.: Acta Chem. Scand. 23:2631–2635 (1969)
14. Stiefel, T. in Analytiker-Taschenbuch Band 3, Springer-Verlag, Berlin, pp. 139–165
15. Righetti, P. G. und Drysdale, J. W.: Ann. N.Y. Acad. Sci. 209:163–187 (1973)
16. Chrambach, A., Doerr, P., Finlayson, G. R., Miles, L. E. M., Sherins, R. und Rodbard, D.: Ann. N.Y. Acad. Sci. 209:44–69 (1973)
17. Radola, B. J.: Biochim. Biophys. Acta 295:412–428 (1973)
18. Ambler, J. und Walker, G.: Clin. Chem. 25:1320–1322 (1979)
19. Righetti, P. G.: J. Chromatogr. 138:213–215 (1977)
20. Righetti, P. G. und Caravaggio, T.: J. Chromatogr. 127:1–28 (1976)
21. Righetti, P. G., Tudor, G. und Ek, K.: J. Chromatogr. 220:115–194 (1981)
22. Delincee, H. und Radola, B. J.: Anal. Biochem. 90:609–623 (1978)
23. O'Farrell, P. H.: J. Biol. Chem. 250:4007–4021 (1975)
24. Scheele, G. A.: J. Biol. Chem. 250:5375–5385 (1975)
25. Klose, J.: Humangenetik 26:231–243 (1975)
26. Görg, A., Postel, W. und Westermeier, R.: Z. Lebensm. Unters.-Forsch. 164:160–162 (1977)
27. Bianchi Bosisio, A., Loehrlein, C., Snyder, R. S. und Righetti, P. G.: J. Chromatogr. 189:317–330 (1980)

28. Radola, B. J. in: Electrophoresis '79 (Ed. B. J. Radola) W. de Gruyter, Berlin, pp. 79—94 (1980)
29. Görg, A., Postel, W. und Westermeier, R.: Anal. Biochem. 89:60—70 (1978)
30. Görg, A., Postel, W. und Westermeier, R.: Z. Lebensm. Unters.-Forsch. 168:25—28 (1979)
31. Görg, A., Postel, W. und Westermeier, R.: GiT Lab. Med. 2:32—40 (1979)
32. Ansorge, W. und DeMaeyer, L.: J. Chromatogr. 202:45—53 (1980)
33. Gianazza, E., Chillemi, F., Gelfi, C. und Righetti, P. G.: J. Biochem. Biophys. Methods 1:237—251 (1979)
34. Caspers, M. L., Posey, Y. und Brown, R. K.: Anal. Biochem. 79:166—180 (1977)
35. Brown, R. K., Caspers, M. L., Lull, J. M., Vinogradov, S. N., Felgenhauer, K. und Nekic, M.: J. Chromatogr. 131:223—232 (1977)
36. Jeppson, J. O., Franzen, B. und Nilsson, V. O.: Science Tools 25:69—73 (1978)
37. Rosengren, A., Bjellqvist, B. und Gasparic, V. in: Electrofocusing and Isotachophoresis, (Eds. B. J. Radola, D. Graesslin) W. de Gruyter, Berlin, pp. 165—171 (1977)
38. Ek, K.: Titration curves. LKB-Application Note 319 (1981)
39. Menzel, H.-J., Assmann, G., Rall, S. C., Weisgraber, K. H. und Mahley, R. W.: J. Biol. Chem. 259:3070—3076 (1984)
40. Fawcett, J. S. und Chrambach, A. in: Protides of the Biol. Fluids 33 (Ed. H. Peeters) Pergamon Press, Oxford, 439—442 (1985)
41. Gianazza, E., Chillemi, F., Duranti, M. und Righetti, P. G.: J. Biochem. Biophys. Methods 8:339—351 (1983)
42. Sinha, P. und Righetti, P. G.: J. Clin. Chem. 32:1264—1268 (1986)
43. Görg, A., Postel, W., Günther, S. und Weser, J.: Electrophoresis 6:599—604 (1985)
44. Altland, K. und Rossmann, U.: Electrophoresis 6:314—325 (1985)
45. Rimpilainen, M. und Righetti, P. G.: Electrophoresis 6:419—422 (1985)
46. Gianazza, E., Giacon, P., Astrua-Testori, S. und Righetti, P. G.: Electrophoresis 6:326—331 (1985)
47. Westermeier, R., Postel, W., Weser, J. und Görg, A.: J. Biochem. Biophys. Methods 8:321—330 (1983)
48. Winter, A., Perlmutter, H. und Davies, H.: LKB-Application-Note 198 (1980)
49. LKB Application Note 323: Preparative Electrofocusing in Immobiline pH Gradients.
50. Righetti, P. G. und Gelfi, C.: J. Biochem. Biophys. Methods 9:103—119 (1984)
51. Bartels, R. und Bock, L.: LKB Application Note 328

Addendum: zu den Beiträgen „Gelelektrophorese" und „Isoelektrische Fokussierung" (Fortsetzung von S. 344)

Stromwerte, Temperaturen für Trennungen und Färbungen, sowie die Färbemethoden können vorprogrammiert und für die entsprechenden Elektrophorese- und Färbemethoden abgerufen werden. Speziell abgestimmt auf dieses System gibt es fertige foliengestützte Fokussierungs-, Titrationskurven- und Elektrophorese-Porengradienten-Gele und fertige Elektrophorese-Puffer, welche in Agarose eingegossen sind.

Die Proben werden automatisch mit multiplen Probenauftragsstempeln aufgegeben. Die Trennungen und Färbungen funktionieren sehr schnell, weil die Gele ultradünn (ca. 0,4 mm) und relativ klein (ca 4×5 cm) sind. Zum Beispiel dauert eine Isoelektrische Fokussierung inklusive Coomassie-Färbung ca. 1 Stunde, eine SDS-Elektrophorese inklusive Silberfärbung 1,5 Stunden. Deshalb erhält man sehr scharfe Banden und trotz kurzer Trennstrecke hohe Auflösung.

Die Färbemaschine kann bis 50 °C temperiert werden, enthält 9 Eingänge und 1 Ausgang für Färbelösungen, eine pneumatische Pumpe zur Erzeugung von Druck bzw. Vakuum in der Färbekammer zum Entleeren bzw. Ansaugen von Lösungen, sowie eine Vorrichtung zum Rotieren der Gele. Alle Funktionen können einprogrammiert werden. Timer, Temperatur- und Füllstand-Sensoren regeln die genaue Einhaltung der programmierten Parameter.
Die Vorteile eines solchen automatischen Elektrophorese- und Färbesystems liegen auf der Hand:

- Schnelle und sehr reproduzierbare Trennergebnisse.
- Enorme Arbeitsersparnis (fertige Gele und Puffer, automatische Trennung und Färbung).
- Multiple Probenaufgabe.
- Kein Hantieren mit flüssigen Puffern.
- Sauberes Arbeiten.
- Einfaches und schnelles Umstellen von einer Trenn- und Färbemethode auf eine andere.

Nähere Informationen sind in folgenden Publikationen zu finden:

1. Schach, H.: Laborpraxis *6*, 649–655 (1986)
2. Grund, E., Hagerlid, P., Olsson, I. und Savin, J. In Prot. Biol. Fluids *34* (Ed. H. Peeters) Pergamon Press, Oxford, pp. 731–734 (1986)
3. Bhikhabhai, R., Olaisson, E., Manrique, A. und Tunon, P. In Prot. Biol. Fluids *34* (Ed. H. Peeters) Pergamon Press, Oxford, pp. 769–772 (1986)

Bestimmung des gesamten organisch gebundenen Kohlenstoffs (TOC)

Dr. P. Wölfel[1] und Dr. G. Baumann[2]

[1] Zweckverband Landeswasserversorgung
D-7907 Langenau
[2] Chemische Werke Hüls AG
D-4370 Marl

1 Einleitung

Jedes natürliche Wasser enthält organische Stoffe in gelöster und häufig auch in ungelöster Form. Da die gezielte Einzelbestimmung organischer Wasserinhaltsstoffe sehr aufwendig und die quantitative Erfassung aller organischen Einzelsubstanzen aufgrund der großen Zahl an möglichen organischen Wasserinhaltsstoffen meist nicht möglich ist, ist man zur Ermittlung der organischen Belastung eines Wassers oft auf die Messung summarischer Größen (Summenparameter) angewiesen. Früher bestimmte man zu diesem Zweck vor allem den biochemischen Sauerstoffbedarf (BSB), den chemischen Sauerstoffbedarf (CSB), den Kaliumpermanganatverbrauch und den spektralen Absorptionskoeffizienten im UV-Bereich. Vor etwa 20 Jahren kam dann der organisch gebundene Kohlenstoff (TOC) hinzu.

Während beim BSB nur biochemisch oxidierbare Substanzen, beim $KMnO_4$-Verbrauch nur die mit Kaliumpermanganat oxidierbaren Stoffe und mittels der UV-Absorption bevorzugt organische Moleküle mit leicht anregbarem Elektronensystem (z. B. Aromaten) erfaßt werden, liefert die Bestimmung des chemischen Sauerstoffbedarfs und die des organisch gebundenen Kohlenstoffs universelle Parameter für alle organischen Verbindungen. Insbesondere durch Bestimmung des gesamten in gelösten und ungelösten organischen Wasserinhaltsstoffen enthaltenen Kohlenstoffes (TOC) kann das Ausmaß der organischen Verunreinigungen einer Probe meist sehr schnell ermittelt werden. Der in den organischen Stoffen enthaltene Kohlenstoff wird dabei nicht direkt, sondern stets erst nach Oxidation zu Kohlenstoffdioxid bestimmt.

Durch Bestimmung des organisch gebundenen Kohlenstoffes können bei Rohwässern, die zur Trinkwassergewinnung verwendet werden, sowie bei häuslichen und insbesondere bei industriellen Abwässern, unerwünschte Erhöhungen der organischen Belastung schnell erkannt und entsprechende Gegenmaßnahmen ergriffen werden. Spezielle Informationen über die Art und Schädlichkeit der organischen Verbindungen können jedoch nur anhand von gezielten Bestimmungen einzelner Substanzen oder Substanzgruppen erhalten werden. Diese sind aber im Vergleich zur TOC-Bestimmung stets wesentlich zeitaufwendiger und werden deshalb weniger häufig durchgeführt. Oftmals gibt erst ein ungewöhnlich hoher TOC-Wert den Anlaß für gezielte Einzelbestimmungen.

2 Begriffe

Im Rahmen der summarischen Bestimmung von Kohlenstoffverbindungen in Wässern sind eine Reihe von Abkürzungen gebräuchlich, die ursprünglich aus dem angloamerikanischen Sprachbereich stammen, sich inzwischen jedoch weltweit eingeführt haben [1]. Es ist zwischen folgenden Begriffen zu unterscheiden:

TOC (*Total Organic Carbon*)

Gesamter organisch gebundener Kohlenstoff der im Wasser gelösten und ungelösten organischen Substanzen.

DOC (*Dissolved Organic Carbon*)

Organisch gebundener Kohlenstoff der im Wasser gelösten organischen Substanzen.

Bei Wässern, die keine ungelösten bzw. suspendierten Stoffe enthalten, wie z. B. Trinkwässer, sind DOC- und TOC-Wert identisch.

TIC (*Total Inorganic Carbon*)

Gesamter anorganisch gebundener Kohlenstoff der gelösten und ungelösten Substanzen im Wasser.

TC (*Total Carbon*)

Gesamter organisch und anorganisch gebundener, in gelösten sowie ungelösten Substanzen im Wasser enthaltener Kohlenstoff (TC = TOC + TIC).

VOC (*Volatile Organic Carbon*)

Organisch gebundener Kohlenstoff in flüchtigen organischen Substanzen.

3 Verfahren

3.1 Grundprinzip aller Verfahren

Der Anwendungsbereich der zur Bestimmung des organisch gebundenen Kohlenstoffes eingesetzten Analysengeräte umfaßt praktisch die gesamte Wasser- und Abwasseranalytik, angefangen von reinsten Wässern, wie destilliertes Wasser oder Kesselspeisewasser mit TOC-Werten < 0,1 mg/l, über Trinkwässer, deren TOC-Werte meist im Bereich zwischen 0,5 und 2 mg/l liegen, bis hin zu Flußwässern (ca. 2–10 mg/l) und Abwässern mit mehr als 10 mg/l, teilweise sogar mit mehr als 1000 mg/l. Dabei sind neben filtrierten oder sedimentierten Wasserproben auch unbehandelte Proben zu untersuchen, sowie solche, die neben wenig organisch gebundenem Kohlenstoff höhere Konzentrationen an anorganischem Kohlenstoff enthalten. Es sind Einzelproben im Labor zu analysieren und kontinuierliche Betriebskontrollen durchzuführen.

Für diese verschiedenen Aufgabenstellungen gibt es inzwischen eine Vielzahl unterschiedlicher Analysengeräte. So werden z. B. für Abwässer mit hohen TOC-Gehalten meist andere Geräte eingesetzt, als für wenig mit organischen Substanzen verunreinigte Wässer. Selbst sehr unterschiedliche Verfahren liefern jedoch, wie ein 1979 durchgeführter internationaler Ringtest mit 69 Teilnehmern aus 10 Ländern ergab, vergleichbar gute Ergebnisse [2]. Ein signifikanter Hinweis auf die Überlegenheit eines bestimmten Gerätetyps, Aufschlusses, Katalysators oder Detektors wurde dabei nicht festgestellt. Sämtliche Verfahren lassen sich in zwei Gruppen einteilen, in Verfahren mit naßchemischer und solche mit thermischer Oxidation.

3.2 Naßchemische Oxidation

Bei naßchemischen Oxidationsverfahren wird die Probe in einem Reaktionsgefäß mit dem Oxidationsmittelgemisch versetzt und dann bei höherer Temperatur unter Durchleiten eines Gases oxidiert. Als Oxidationsmittel werden vor allem Peroxodisulfat in schwefelsaurer Lösung, ferner Chromschwefelsäure und Chrom-Jod-Schwefelsäure verwendet, wobei im allgemeinen noch Silberionen als Katalysator zugesetzt werden.

Insbesondere zur Untersuchung von Trinkwässern sowie von Rein- und Reinstwässern werden häufig Geräte verwendet, bei denen die Oxidation der organischen Substanzen durch Bestrahlung mit ultraviolettem Licht erfolgt [3; 4]. Häufig wird dabei zur Beschleunigung der Oxidation noch Peroxodisulfat zugesetzt. Der optimale pH-Bereich für die UV-Oxidation liegt bei pH 2,5 bis 3,5 [5]. Die Anwendung des UV-Verfahrens ist aber, unabhängig davon, ob noch zusätzliche Oxidationsmittel eingesetzt werden, auf feststofffreie Proben beschränkt.

3.3 Thermische Oxidation

Grundlage aller thermischen Oxidationsverfahren ist die Oxidation der organischen Wasserinhaltsstoffe mit Sauerstoff bei Temperaturen von 800 bis 1000°C an geeigneten Katalysatoren. Dabei werden zur Erzielung einer möglichst vollständigen Oxidation die unterschiedlichsten Katalysatoren eingesetzt. So werden z. B. Kupfer-, Kobalt-, Nickel-, Platin-, Palladium- und MnO_2-Katalysatoren verwendet.

Beim Eingeben der Probe in das Verbrennungssystem verdampft das Wasser praktisch schlagartig. Aufgrund der Wasserdampfbildung ist das einsetzbare Probenvolumen bei den meisten thermisch arbeitenden Geräten auf deutlich weniger als 0,5 ml beschränkt. Bei einigen Geräten können jedoch bei langsamer Zugabe der Probe bis zu 5 ml dosiert werden. Trotz der relativ kleinen Probenvolumina werden thermisch arbeitende TOC-Geräte in großem Umfang zur Untersuchung von Abwässern und auch von Trinkwässern verwendet. Die Dosierung sehr kleiner Probenvolumina im Bereich von 20 bis 200 µl erfordert allerdings sehr genaue Einspritzsysteme (Spritzen für Handbetrieb bzw. Dosierventile für automatischen Betrieb).

3.4 CO_2-Meßverfahren

Das bei der Oxidation entstehende Kohlenstoffdioxid wird im allgemeinen mit einem Trägergasstrom in ein Meßsystem für CO_2 transportiert. Ein häufig eingesetztes CO_2-Meßverfahren mit hoher Nachweisstärke ist die Infrarot-Spektrometrie. Bei einem zweiten, ebenfalls rein physikalisch arbeitenden Meßprinzip wird das CO_2 bis zu CH_4 reduziert, welches dann mittels eines Flammenionisationsdetektors (FID) bestimmt wird. – Wärmeleitfähigkeitsdetektoren sind weniger empfindlich und werden deshalb kaum noch eingesetzt.

Neben diesen Verfahren, bei denen die CO_2-Bestimmung in der Gasphase erfolgt, gibt es noch eine ganze Reihe anderer Verfahren, die im flüssigen Medium arbeiten. Hierzu zählen z. B. die im Abwasserbereich eingesetzte photometrische Titration in nichtwäßriger Phase (Acidimetrie), die coulometrische Titration in einer Bariumhydroxid-/Bariumperchloratlösung (Coulometrie) oder die Bestimmung der Leitfähigkeitsänderung von Wasser bzw. bei höheren Konzentrationen von Natronlauge nach Absorption von CO_2, sowie die weniger gebräuchlichen konduktometrischen oder mit CO_2-sensitiven Elektroden arbeitenden Verfahren.

Die Wahl des CO_2-Meßverfahrens wird vor allem durch die gewünschte Bestimmungsgrenze und durch das bei einem bestimmten Oxidationsverfahren zu dosierende Probenvolumen bestimmt. Deshalb erfordern z. B. thermisch arbeitende Oxidationsverfahren, wenn nur mit 0,1 ml oder weniger Probenvolumen gearbeitet werden kann, sehr nachweisstarke CO_2-Meßsysteme. Wenn Proben mit TOC-Gehalten unter ca. 10 mg/l analysiert werden sollen, wird deshalb häufig ein IR-Analysator eingesetzt. Bei einem Probenvolumen von 0,05 ml liegt die Bestimmungsgrenze dann z. B. bei etwa 0,5 mg/l TOC.

Ist das einsetzbare Probenvolumen größer als 1 ml, so kann auch mit weniger empfindlichen CO_2-Meßsystemen noch eine Bestimmungsgrenze von ca. 0,5—1,0 mg/l TOC erreicht werden. Bewährte Systeme sind z. B. die Acidimetrie in nichtwäßriger Phase oder die coulometrische CO_2-Messung.

Allgemein kann man feststellen, daß die Bestimmungsgrenze um so tiefer liegt, je größer das einsetzbare Probenvolumen und je nachweisstärker das verwendete CO_2-Meßsystem ist. Besonders niedrige Bestimmungsgrenzen können deshalb bei einigen UV-Oxidationsgeräten mit IR-Analysator erreicht werden, bei denen bis zu 200 ml Probenvolumen eingegeben werden kann. Bei solchen Systemen kann die Bestimmungsgrenze für trübstofffreie Wässer bis auf ca. 0,01 mg/l TOC bzw. DOC verringert werden. Dabei entsteht aus 200 ml einer Probe mit 0,01 mg/l DOC noch 10mal soviel CO_2, wie aus 0,2 ml einer Probe mit 1,0 mg/l DOC.

4 Chemikalien

Die zum Ansäuern der Proben verwendeten Säuren müssen ebenso wie alle zur Oxidation eingesetzten Chemikalien den Reinheitsgrad „zur Analyse" haben.

An dieser Stelle werden nur die bei weitgehend allen Verfahren eingesetzten Chemikalien näher angeführt. Weitere Chemikalien sind nach Angaben des Geräteherstellers einzusetzen und gegebenenfalls vorzubehandeln.

4.1 Verdünnungs-Wasser

Das zum Verdünnen der Proben und zur Herstellung von Kalibrierlösungen verwendete Wasser soll möglichst wenig organische Verunreinigungen enthalten. Sein TOC-Gehalt sollte im Vergleich zu dem der zu untersuchenden Proben stets vernachlässigbar klein sein. Dies bedeutet z. B., daß destilliertes Wasser im Rahmen von Abwasseruntersuchungen meist ausreichend rein ist, daß aber für Trinkwasseruntersuchungen nur doppelt destilliertes Wasser eingesetzt werden sollte.

Wasser, das praktisch frei von organischen Verunreinigungen ist, kann durch Bestrahlung von doppelt destilliertem Wasser mit kurzwelligen UV-Strahlen hergestellt werden. Bei UV-DOC-Bestimmungsgeräten kann man hierzu unter Umständen die Bestrahlungsapparatur verwenden. Es gibt jedoch für diesen Zweck auch spezielle Bestrahlungsapparaturen.

4.2 Gase

Besonders wichtig ist auch die Reinheit der verwendeten Gase. Hier gilt grundsätzlich dasselbe wie beim Verdünnungswasser, d. h. die erforderliche Reinheit der als Trägergas und meist auch als Oxidationsmittel eingesetzten Gase hängt weitgehend von der gewünschten Bestimmungsgrenze ab.

Grundsätzlich sollten jedoch alle verwendeten Gase durch ein CO_2-Absorptionsrohr, das z. B. mit Natronasbest gefüllt ist, geleitet werden. – Bei Verwendung von Luft oder technisch reinem Sauerstoff können organische Verunreinigungen der Gase eliminiert werden, indem man diese durch ein heißes Verbrennungsrohr leitet, das z. B. mit katalysatorbeschichteten Keramikträgern oder mit granuliertem Braunstein gefüllt ist. Die organischen Verunreinigungen werden dabei zu CO_2 oxidiert. Nach Entfernung von Feuchtigkeit, z. B. mittels konzentrierter Schwefelsäure (Waschflasche), wird das CO_2 durch Absorption, z. B. an Natronasbest oder regenerierbaren Molekularsieben aus dem Gas entfernt.

4.3 Kalibriersubstanzen

Häufig wird Oxalsäure als Kalibriersubstanz verwendet. Von Nachteil ist dabei jedoch, daß die Oxalsäure leicht oxidierbar ist, so daß man bei der Kalibrierung keinen Hinweis erhält, wenn schwer oxidierbare Substanzen nicht mehr vollständig oxidiert werden und deshalb der Katalysator eines thermischen Verbrennungssystems oder die UV-Lampe eines UV-DOC-Gerätes erneuert bzw. regeneriert werden müssen. Man verwendet deshalb besser Kalibriersubstanzen, die schwerer oxidierbar sind, wie z. B. Kaliumhydrogenphthalat $C_8H_5KO_4$.

Durch Einwaage von 2,125 g Kaliumhydrogenphthalat und Auffüllen mit C-freiem Wasser auf 1000 ml erhält man eine Stammlösung mit 1000 mg/l TOC. Diese ist im Kühlschrank ca. 4 Wochen haltbar.

Aus der Stammlösung werden dann die jeweils benötigten Verdünnungen hergestellt. Die Haltbarkeit der Verdünnungen ist dabei um so geringer, je kleiner der TOC-Gehalt ist. So sind z. B. Lösungen mit einer Konzentration von 100 mg/l TOC nur noch ca. eine Woche im Kühlschrank haltbar [1]. Kalibrierlösungen sollten deshalb um so häufiger erneuert werden, je geringer ihre Konzentration ist.

Für die TIC-Bestimmung stellt man sich z. B. eine Stammlösung von 4,404 g Natriumcarbonat, Na_2CO_3 (eine Stunde bei ca. 285 °C getrocknet) und 3,497 g Natriumhydrogencarbonat, $NaHCO_3$ (über Silicagel getrocknet) in 1000 ml CO_2-freiem Wasser her. Diese Lösung enthält 1000 mg/l TIC.

Anstelle der aufgeführten Eichsubstanzen können auch andere Verbindungen verwendet werden, wenn es sich dabei um stabile Urtitersubstanzen handelt.

Zum Ansäuern der Proben vor dem Ausgasen wird meist Phosphorsäure oder Schwefelsäure mit $c = 0,5$ mol/l verwendet.

Oxidationskatalysatoren und weitere gerätespezifische Lösungen sind gemäß den jeweiligen Betriebsanleitungen herzustellen.

5 Probenahme

Bei der Probenahme muß man darauf achten, daß die Proben nicht durch organische Stoffe aus ungeeigneten oder verunreinigten Probenahmegeräten oder Probenahmeflaschen verunreinigt werden. Außerdem muß man vermeiden, daß organische Stoffe aus dem zu untersuchenden Wasser durch Adsorption an den Wänden von Probenahmegeräten oder Gefäßen verloren gehen oder daß biochemische Abbauvorgänge, z. B. in langen Probenahmeleitungen zu einem Verlust an organisch gebundenem Kohlenstoff führen.

Die Probenahme selbst muß stets so durchgeführt werden, daß repräsentative Proben entnommen werden [6]. Das ist insbesondere bei Wässern, die suspendierte organische Stoffe (z. B. Abwässer) enthalten, nicht in jedem Fall ganz einfach durchzuführen. Im Zweifelsfall müssen mehrere Proben entnommen und im Ergebnis miteinander verglichen werden.

Wenn man davon ausgehen kann, daß die Proben innerhalb von 8 Tagen untersucht werden, so füllt man diese in saubere Glasflaschen ab und bewahrt sie bis zur Analyse im Kühlschrank auf. Insbesondere bei Trinkwasserproben oder anderen Proben mit ähnlich niedrigem TOC-Gehalt empfiehlt es sich außerdem, die Glasflaschen vorher mit Chrom-Schwefelsäure zu reinigen, um eine Verunreinigung der Proben mit organischen Stoffen auszuschließen.

Für Proben, die zunächst eingefroren werden müssen, werden am besten saubere Kunststoffflaschen aus Polyvinylchlorid (PVC) verwendet. Neue Flaschen sind zunächst mehrmals mit heißem Wasser vorzubehandeln, um eventuell vorhandene Weichmacher zu entfernen. Eine anschließende Erfolgskontrolle ist zweckmäßig.

6 Probenvorbehandlung und Konservierung

Der TOC-Gehalt von Wasserproben kann sich nach der Probenahme durch biochemische Vorgänge verändern. Ebenso wie bei vielen anderen Analysen ist es deshalb auch bei der TOC-Bestimmung wünschenswert, daß die Analyse möglichst unmittelbar nach der Probenahme durchgeführt wird. Dies ist jedoch im allgemeinen nicht möglich. Man ist deshalb oftmals darauf angewiesen, die Proben durch geeignete Konservierungsmaßnahmen möglichst bald nach der Entnahme zu stabilisieren und bis zur Durchführung der Analyse haltbar zu machen [7; 8].

Werden die Proben im Verlauf von maximal 8 Tagen nach der Probenahme untersucht, so können sie bis zur Analyse bei 4 °C im Kühlschrank aufbewahrt werden [1]. Ist der Zeitraum zwischen Probenahme und TOC-Bestimmung jedoch größer, so muß man die Proben konservieren. Hierzu eignet sich vor allem die Konservierung durch Tiefgefrieren, bei der die Geschwindigkeit chemischer und biochemischer Prozesse stark verlangsamt und die Veränderung der Proben auf ein Minimum reduziert wird. Die Proben werden hierzu in saubere PVC-Flaschen gefüllt und möglichst bald nach der Probenahme bei −18 bis −22 °C eingefroren und aufbewahrt. Dabei muß darauf geachtet werden, daß die Flaschen wegen der Volumenausdehnung des Wassers beim Gefrieren nicht vollständig gefüllt werden und daß die Proben nach spätestens 6 Stunden die Endtemperatur erreicht haben.

Zum Auftauen werden die PVC-Flaschen in warmes Wasser (40 bis 50 °C) gestellt und bei häufigem Umschwenken vollständig aufgetaut.

Beim Tiefgefrieren kann es zu Ausfällungen kommen, so daß häufig auch Proben von völlig klaren Wässern nach dem Auftauen Trübstoffe enthalten, die sich jedoch in einigen Fällen durch Säurezusatz wieder weitgehend beseitigen lassen. Bei der Entnahme von Teilmengen aus aufgetauten Proben ist deshalb darauf zu achten, daß die Proben homogen sind. Die zur Homogenisierung der Proben notwendigen Maßnahmen hängen vor allem von der Art der Wasserproben ab und reichen vom kräftigen Aufschütteln bis zur Behandlung mit Ultraschall.

Sind trübstoffhaltige Proben zu untersuchen, bei denen die Entnahme eines repräsentativen Anteils für die Analyse auch nach kräftigem Umschütteln oder Umrühren nicht möglich ist, so müssen die Proben vor der Messung homogenisiert werden. Hierfür haben sich in der Praxis Geräte mit hochtourig laufenden Messern (z. B. Ultraturrax) oder Ultraschallsonden eingeführt. Während der Homogenisierung werden die Proben allerdings schnell erwärmt, so daß es zweckmäßig ist, mit möglichst kurzen Behandlungszeiten zu arbeiten. Meist reichen ca. 20 sec aus.

Im Einzelfall ist jedoch die Vollständigkeit der Homogenisierung jeweils anhand mehrerer, nach unterschiedlichen Homogenisierungszeiten entnommenen Proben zu überprüfen. — Da sich Proben, die mit Ultraschallsonde oder Ultraturrax homogenisiert wurden, häufig nach kurzer Zeit wieder entmischen, empfiehlt es sich, die TOC-Analyse direkt im Anschluß an die Homogenisierung durchzuführen.

Bei der Bestimmung des DOC-Gehaltes aufgetauter Proben ist es zweckmäßig, diese vor der Abtrennung der Trübstoffe durch Filtration oder Zentrifugation auf pH 2 anzusäuern, um die beim Einfrieren entstandenen Ausfällungen soweit wie möglich aufzulösen. Als Filter haben sich in der Praxis Membranfilter aus Zellulosenitrat mit Porenweiten von 0,45 µm bewährt, die so lange mit heißem destilliertem Wasser behandelt werden, bis sie keine organischen Stoffe mehr abgeben. Gebräuchlich ist ein dreimaliges Kochen mit destilliertem Wasser [9].

7 Durchführung der TOC-Bestimmung

Bei allen TOC-Bestimmungsmethoden werden die organischen Wasserinhaltsstoffe bis zu Kohlenstoffdioxid oxidiert. Da jedoch praktisch sämtliche Wasser- und Abwasserproben Kohlenstoffdioxid sowie Carbonate und Hydrogencarbonate in gelöster und teilweise auch in ungelöster Form enthalten, muß dieser anorganisch gebundene Kohlenstoff entweder vor der TOC-Bestimmung eliminiert oder aber gesondert bestimmt werden.

Zur Abtrennung des anorganisch gebundenen Kohlenstoffs wird die Probe mit Schwefel- oder Phosphorsäure ($c = 0{,}5$ mol/l) auf pH < 3 angesäuert und anschließend mit CO_2-freiem Stickstoff oder CO_2-freier Luft ca. 5—10 Minuten lang begast. — Reiner Sauerstoff sollte für diesen Zweck wegen der potentiellen Gefahr einer Oxidation leicht oxidierbarer organischer Substanzen, nicht verwendet werden. — Werden Einzelbestimmungen durchgeführt, so kann die Belüftung der angesäuerten Proben beispielsweise in einer maximal bis zur Hälfte gefüllten Enghalsflasche erfolgen. Das Gas wird dabei mittels eines bis zum Boden der Flasche reichenden Glasröhrchens eingebracht. Verwendet man z. B. Glasflaschen mit 100 ml Inhalt, so genügt im allgemeinen ein Gasstrom von etwa 30 l/h, um das anorganische CO_2 innerhalb von ca. 5 Minuten quantitativ aus der Probe zu entfernen.

Enthält die zu untersuchende Probe in nennenswerten Mengen organische Substanzen, die beim Austreiben des Kohlenstoffdioxids durch Begasen ebenfalls zum Teil mit ausgetrieben werden, wie z. B. Benzol, Toluol, Cyclohexan, Chloroform oder andere flüchtige Verbindungen mit hydrophobem Charakter, so muß man nach der sogenannten Differenzmethode arbeiten.

7.1 Differenzmethode

Im Gegensatz zur direkten TOC-Bestimmung, bei der jeweils nur eine Messung der zuvor durch Belüftung von anorganisch gebundenem Kohlenstoff befreiten Probe erfolgt, sind bei der Differenzmethode stets zwei Messungen erforderlich. Zunächst wird nur der anorganisch gebundene Kohlenstoff (TIC) bestimmt, wozu in manchen Geräten ein separater Apparateteil vorhanden ist. Anschließend wird dann aus der unbelüfteten Probe die Summe von anorganisch und organisch gebundenem Kohlenstoff (TC = TOC + TIC) ermittelt. Der TOC-Gehalt der Probe errechnet sich dann aus der Differenz von TC und TIC (TOC = TC − TIC).

Die Differenzmethode ist vor allem für Wasser geeignet, bei denen der TOC-Gehalt nicht wesentlich kleiner ist als der TIC-Gehalt, da diese Methode zwangsläufig zu relativ großen Ungenauigkeiten führt, wenn TIC > TOC. Wegen der Problematik der Differenzbildung ist es zweckmäßig, jeden TC- und TIC-Wert durch mehrere Einzelmessungen statistisch zu sichern und den TOC-Gehalt der Probe nicht aus der Differenz eines einzelnen Wertepaares, sondern aus der Differenz der Mittelwerte zu bestimmen [10]. Es ist außerdem zu beachten, daß sich der TIC-Gehalt der Probe leicht verändern kann, wenn diese in Kontakt mit der Atmosphäre kommt.

7.2 Dosierung der Proben

Die Eingabe der Proben erfolgt bei den unterschiedlichen TOC-Meßgeräten auf sehr unterschiedliche Weise. Bei thermisch arbeitenden Geräten werden häufig Spritzen eingesetzt, wobei je nach Gerät zwischen 0,01 und 5 ml Probe eingespritzt werden. Erfolgt die Oxidation mittels Chemikalien oder UV-Bestrahlung, so können neben Spritzen auch Pipetten verwendet werden. Insbesondere bei kontinuierlich betriebenen Geräten werden häufig Schlauchpumpen eingesetzt, ebenso wie bei vollautomatischer Probenaufgabe mittels Probenwechslern.

Bei den meisten TOC-Geräten werden die zur Dosierung der Proben zu verwendenden Geräte mitgeliefert. Soweit es sich dabei um Spritzen handelt, hat der Anwender durch Wahl des geeigneten Probenvolumens die Möglichkeit, den verfügbaren Meßbereich des Gerätes besser auszunutzen — ebenso wie bei der Verwendung von Pipetten.

Sehr häufig wird auch mit einem stets konstanten Probenvolumen gearbeitet und bei zu hoher Konzentration der Probe vor der Bestimmung mit destilliertem Wasser verdünnt.

7.3 Kalibrierung

Zur Kalibrierung des verwendeten Gerätes sind Kalibrierkurven anzufertigen, die unter Verwendung von mindestens 5 Kalibrierlösungen ermittelt werden. Die Kalibrierlösungen werden aus derselben Stammlösung mit demselben Verdünnungswasser hergestellt und sollen den erwarteten Meßbereich überdecken. Jede Kalibrierlösung ist in gleicher Weise wie das Verdünnungswasser mindestens dreimal zu analysieren.

Die Konzentration der durch Verdünnung aus der Stammlösung hergestellten Kalibrierlösungen kann nach folgender Gleichung berechnet werden:

$$c_E = \frac{V_1 \cdot c_S}{V_2}$$

Darin bedeuten:

c_E = TOC-Konzentration der Kalibrierlösung in mg/l
c_S = TOC-Konzentration der Stammlösung in mg/l
V_1 = angewandtes Volumen der Stammlösung in ml
V_2 = Volumen in ml auf das V_1 verdünnt wurde

Die TOC-Konzentrationen der einzelnen Eichlösungen werden auf der Abszisse aufgetragen und auf der Ordinate die geräteabhängige Größe, wie z. B. Peakhöhe, Skalenteile usw.

Für die so erhaltene Meßwertreihe ermittelt man die Ausgleichsgerade. Der Reziprokwert der Steigung der Geraden ergibt den Faktor f in der vom gewählten Verfahren abhängigen Einheit.

Während die Kalibrierung bei vergleichenden CO_2-Meßverfahren, wie z. B. der IR-Spektrometrie unbedingt notwendig ist, dient sie bei Absolutverfahren, wie z. B. der Acidimetrie oder der Coulometrie, der Überprüfung des Systems, z. B. auf Dichtheit.

8 Auswertung

Je nach Art des TOC-Meßgerätes erhält man bei der TOC-Analyse unterschiedliche Meßgrößen. Bei diskontinuierlicher Messung und thermisch arbeitenden Geräten, die mit sehr kleinen Probenvolumina arbeiten (0,01—0,2 ml), sind es häufig Peakhöhen. Voraussetzung für korrekte Ergebnisse ist dabei eine von der Art der organischen Substanz unabhängige schlagartige Verbrennung.

Bei größeren Probenvolumina erfolgt die Oxidation langsamer, so daß die Peakform nicht mehr substanzunabhängig ist und deshalb integrierende Systeme erforderlich sind. In Verbindung mit einem IR-Analysator kann dies z. B. ein elektronisch arbeitendes Integrationssystem sein oder auch ein Schreiber, bei dem die Fläche unter der Kurve, welche die zeitliche Änderung der CO_2-Konzentration im Trägergasstrom wiedergibt, mittels eines Integrators bestimmt wird. Wichtig ist dabei jedoch, daß der IR-Analysator linearisiert ist, d. h., daß das CO_2-Meßsignal z. B. bei doppelt so hoher CO_2-Konzentration im Trägergasstrom auch doppelt so groß ist. Andernfalls erhält man bei gleichem TOC-Gehalt von Proben mit unterschiedlich schwer oxidierbaren Substanzen unterschiedliche Ergebnisse.

Erfolgt die CO_2-Messung durch Titration, wie bei der Acidimetrie, so ist die Meßgröße das zur Titration benötigte Laugenvolumen — bei der coulometrischen CO_2-Bestimmung ist es dagegen die elektrische Ladungsmenge.

Bei der kontinuierlichen TOC-Messung wird die mit einem bestimmten Wasser erhaltene CO_2-Konzentration im Trägergasstrom z. B. als Linie auf einem Schreiber registriert. Der Abstand dieser Linie von der Null-Linie ist der TOC-Konzentration proportional.

Unabhängig vom verwendeten TOC- bzw. CO_2-Meßgerät erhält man die TOC-Konzentration der untersuchten Proben entweder mittels der Kalibrierkurve oder nach folgender Formel:

$$c_{\text{Probe}} = f \cdot (x - B)$$

hierin bedeutet:

c_{Probe} = TOC-Konzentration der Probe
x = geräteabhängiger Meßwert der Probe
(z. B. SKT, Peakhöhe, ml, mCb usw.)
f = aus der Steigung der Kalibriergerade ermittelter Faktor
B = Blindwert

Wurde die Probe vor der Messung verdünnt, so gilt:

$$c_{\text{Probe}} = f \cdot (x - B) \cdot \frac{V_3}{V_P}$$

V_P = zur Verdünnung auf V_3 angewandtes Volumen in ml
V_3 = Volumen in ml auf welches V_P verdünnt wurde

Bei der Angabe des Ergebnisses werden maximal 3 signifikante Stellen angegeben, zum Beispiel:

organisch gebundener Kohlenstoff (TOC) 0,32 mg/l
organisch gebundener Kohlenstoff (TOC) 1,45 mg/l
organisch gebundener Kohlenstoff (TOC) 10,2 mg/l
organisch gebundener Kohlenstoff (TOC) 124 mg/l

Wurde die Probe vor der Analyse filtriert, zentrifugiert oder wurde die Analyse aus der abgesetzten Probe vorgenommen, so ist dies mitanzugeben.

Wurden nur die gelösten organischen Inhaltsstoffe bestimmt (DOC), so ist eine vorangegangene Filtration oder Zentrifugation bei der Angabe des Ergebnisses ebenfalls mitanzuführen.

Tabelle 1.

1. Hersteller 2. Gerätebezeichnung	3. Betriebsart (Beschickung) 4. Komponenten	5. TIC-Bestimmung Reagenz, (Temp. bzw. Ausgasg.)	6. TOC-Oxidation (Katalysator, Temp.) 7. CO_2-Analysator (Art des Ergebnisses) 8*	8. Analysendauer (TC), TOC, min	9. Meßbereiche min/max, mg/l 10. Probevolumen, ml (Probefluß, ml/min)
Beckman Industrial, 8000 München					
915 B Total Organic Carbon Analyzer	L (d, m) TC, TIC, TOC	95% H_3PO_4 (155 °C)	Luft (CoO, 950 °C) NDIR (R)	(2), 4	0–1/0–4000 0,1–0,4
915 B TOCAMASTER TOC-Computation System	L (d, m) TC, TIC, TOC	95% H_3PO_4 (155 °C)	Luft (CoO, 950 °C) NDIR (R, D, P)	(2), 4	0–1/0–4000 0,1–0,4
IONICS, Watertown – USA 1*					
TC-Analysator Modell 1254	L (d, m, a) TC		N_2, O_2 (CuO, 900 °C) NDIR (LED, P)	(2,5)	0–10/0–3000 0,2
TC-Analysator Modell 1254 M	L (d, m, a) TC		N_2, O_2 (CuO, 900 °C) NDIR (LED, P)	(2,5)	0–10/0–3000 0,2
TC/TOC-Analysator Modell 1258	L (d, m, a) TC, TOC	2n HCl (N_2)	N_2, O_2 (CuO, 900 °C) NDIR (LED, P)	(2, 5), 5	0–10/0–3000 0,2
TC/TOC-Analysator Modell 1258 M	L (d, m, a) TC, TOC	2n HCl (N_2)	N_2, O_2 (CuO, 900 °C) NDIR (LED, P)	(2,5), 5	0–10/0–3000 0,2
TC/TOC/TOD-Analysator Modell 1270	L (d, m, a) TC, TOC, TOD	2n HCl (N_2)	N_2, O_2 (Keramik, 900 °C) NDIR (LED, P)	(2,5), 5	0–10/0–3000 0,2
TC/TOC/TOD-Analysator Modell 1270 M	L (d, m, a) TC, TOC, TOD	2n HCl (N_2)	N_2, O_2 (Keramik, 900 °C) NDIR (LED, P)	(2,5), 5	0–10/0–3000 0,2
Prozeß 5400, Total Carbon Analyzer	P (d, a) TC		N_2, O_2 (CuO, 900 °C) NDIR (LED, P)	(2)	0–10/0–5000 10 (50–1000)
Prozeß 5800, Total Organic Carbon Analyzer	P (d, a)	2n H_2SO_4 (N_2)	N_2, O_2 (CuO, 900 °C)	5	0–10/0–5000
Total Organic Carbon Analyzer	TOC		NDIR (LED, P)		10 (50–1000)
Gräntzel, 7500 Karlsruhe 21					
Dünnfilm-UV-TOC-Meßgerät	L, P (d, m, a) TIC, TOC	0,1% H_2SO_4 (N_2)	O_2 (UV, 1% $K_2S_2O_8$) NDIR (R)	5	0–0,1/0–1000 (2)

XERTEX, Santa Clara — USA 2*					
DC 85, TOC-Labor-Analysator	L, (d, m) TC, TIC, TOC, VOC	konz. H_3PO_4 (O_2*)	O_2* (CoO, 850 – 950 °C) NDIR (LED, P)	2 – 4	0 – 2000 0,04
DC 80, automatischer TOC-Labor-Analysator	L, (d, m, a) TC, TIC, TOC, VOC	konz. H_3PO_4 (O_2*)	O_2* (UV, 1 m $K_2S_2O_8$) NDIR (LED, P)	3 – 5	0 – 20/0 – 4000 0,04 – 7,0
DC 90, automatischer TOC-Labor-Analysator	L, P (d, m, a) TC, TIC, TOC, VOC	konz. H_3PO_4 (O_2*)	O_2* (CoO, 850 – 950 °C) NDIR (LED, P)		0 – 20/0 – 4000 0,04 – 1,0
COA 1000, TOC-Prozeß-Analysator	P (k, a) TOC		O_2* (UV) LFD (LED)	3 – 5	0 – 1/0 – 300 (1 – 5)
COA 2000, TOC-Prozeß-Analysator	P (k, a) TC, TOC	konz. H_3PO_4 (O_2*)	O_2 (UV, 1 m $K_2S_2O_8$) NDIR (LED)	3 – 5	0 – 1/0 – 2500 (1 – 5)
ASTRO, Houston — USA 3*					
Astro 1850, TC/TOC/TIC-Analysator	L (d, m, a) TC, TIC, TOC	10% H_3PO_4 (O_2)	O_2 (UV, 90 °C, 1 m $Na_2S_2O_8$) NDIR (LED, P, R)	(3 – 4), 3 – 4	0 – 0,1/0 – 5000 0,04 – 6
Astro 1800, TC/TOC-Analysator	P (k, a) TC, TOC	10% H_3PO_4 (O_2*)	O_2* (UV, 90 °C, 1 m $Na_2S_2O_8$) NDIR (LED, R)	(2), 5	0 – 0,1/0 – 10000 (28)
Astro 1900, TC/TOC-Analysator	P (k, a) TC, TOC	10% H_3PO_4 (O_2*)	O_2* (UV, 90 °C, 1 m $Na_2S_2O_8$) NDIR (LED, R)	(2), 5	0 – 0,1/0 – 10000 (28)
Astro 1910, TC-Meßgerät	P (k, a) TC		O_2* (UV, 90 °C, 1 m $Na_2S_2O_8$) NDIR (LED, R)	(2)	0 – 2/0 – 10000 (28)
MAIHAK AG, 2000 Hamburg 60					
TOCOR 1, TOC/TIC/TC-Prozeß-analysator	P (k, d, a) TC, TOC	HCl o. H_2SO_4 (Luft)	Luft (Pd., 850 °C) NDIR (R, D, P)	(5 – 8), 10	0 – 2/0 – 20000 (1 – 2)
TOCOR 2, TOC/TIC/TC-Analysator	L, P (k, d, m, a) TC, TIC, TOC	HCl o. H_2SO_4 (Luft)	Luft (Pd., 850 °C) NDIR (R, D, P)	(5 – 8), 10	0 – 3/0 – 10000 (0,3 – 1)
TOCOR 3, DOC (TOC)/TIC/TC-Analysator	L, P (d, m, a) TC, TIC, TOC, VOC	3% H_2SO_4 (O_2)	O_2 (UV, ($Na_2S_2O_8$), 40 °C) NDIR (R, D, P)	3 – 12	0 – 0,5/0 – 2000 0,05 – 20
TOCOR 4, DOC/TOC/DC/TC-Analysator	L, P (k, d, m, a) TC, DC, TOC, DOC	H_2SO_4 (Luft)	Luft (UV, ($Na_2S_2O_8$ f. TC) NDIR (R, D, P)	9	0 – 3/0 – 30 (0,1)
Shimadzu GmbH, 4018 Langenfeld					
TOC 500, Total Organic Carbon Analyzer	L (d, m, a) C, TIC, TOC, VOC	konz. H_3PO_4 + $AgNO_3$ (150 °C)	Luft (Pt auf Al_2O_3, 680 °C) NDIR (P)	(2 – 4), 4 – 8	0 – 1/0 – 3000 0,001 – 0,5
Ströhlein GmbH & Co, 4044 Kaarst 1					
C-mat 500 LI/C	L (d, m) TC, TOC	konz. H_3PO_4 (O_2)	O_2 (CuO# o. Pt, 800 – 900 °C) NDIR (LED)	(3 – 4), 6	0 – 10/0 – 10000 1 – 5
Coulomat 702 — LI/C	L (d, m) TC, TOC	konz. H_3PO_4 (O_2)	O_2 (Cu# o. Pt, 900 °C) MCT (LED)	(3 – 4), 6	0 – 10/0 – 10000 1 – 5

Tabelle 1. (Fortsetzung)

1. Hersteller 2. Gerätebezeichnung	3. Betriebsart (Beschickung) 4. Komponenten	5. TIC-Bestimmung Reagenz, (Temp. bzw. Ausgasg.)	6. TOC-Oxidation (Katalysator, Temp.) 7. CO_2-Analysator (Art des Ergebnisses) 8*	8. Analysendauer (TC), TOC min	9. Meßbereiche min/max., mg/l 10. Probevolumen, ml, (Probefluß, ml/min)
HORIBA 4* DOC-TOC 2000	L (k, d, m, a) TOC, DOC		O_2* (Pt o. andere, 950 °C) NDIR (R, P)	3	0–10/0–10000 0,025–0,1 (0,2)
O.I. CORPORATION, USA 5* Modell 700, TOC-Analysator	L (d, m, a) TC, TOC, TIC	5% H_3PO_4 (N_2)	N_2 ($Na_2S_2O_8$, 95 °C) NDIR (R, D, P)	(6–10), 6–10	0–5/0–10000 0,01–10
SYBRON/Barnstead 6* E 3600, PHOTOchem (DOC)	L (d, m, a) DOC	verd. H_3PO_4 (Luft)	Luft (UV, $K_2S_2O_8$, 35 °C) LFD (D)	15	0–2/0–20000 0,01–100
E 3600, PHOTOchem, Prozeß-Analysator	P (d, a) DOC	verd. H_3PO_4 (Luft)	Luft (UV, $K_2S_2O_8$, 35 °C) LFD (D, P)	10	0–2 100 (200)
Wösthoff GmbH, 4630 Bochum 1 HYDROMAT-TOC	L, P (k, m, a) TOC	konz. H_2SO_4 (Luft)	Luft ($K_2Cr_2O_7$ + Ag_2SO_4, 160 °C) LFD (LED, R)	12	0–20/0–500 (0,8)

1 Anbieter: BIOTRONIK GmbH, 6457 Maintal 1. — 2 Anbieter: Kipp & Zonen GmbH, 6242 Kronberg/Ts. — 3 Anbieter: Kontron Instrum. GmbH, 8052 Eching. — 4 Anbieter: TECAP GmbH, 2000 Hamburg 60. — 5 Anbieter: TECHMATION GmbH, 4000 Düsseldorf 30. — 6 Anbieter: Werner GmbH, 5060 Bergisch Gladbach 2. — 7 L = Laborgerät, P = Prozeßgerät (d = diskontinuierlich, k = kontinuierlich, m = manuell, a = automatisch). — * O_2* = O_2 oder Luft. — # Pt# = Platinkatalysator im Nachbrennraum. — 8 NDIR = nichtdispersiver Infrarotanalysator, LFD = Leitfähigkeitsdetektor, MCT = Mikrocoulometrische Titration, (R = Schreiber, D = Display, P = Drucker, LED = Digitalanzeige).

9 Handelsübliche TOC-Meßgeräte

In Tabelle 1 sind einige zur Zeit handelsübliche Geräte zusammengestellt. Es wurde versucht, die auf dem deutschen Markt erhältlichen Geräte weitestgehend zu ermitteln und zu erfassen. Die Tabelle erhebt jedoch keinen Anspruch auf Vollständigkeit und es sollte aus ihr auch keine Bewertung nicht aufgeführter Geräte abgeleitet werden.

Die Beschreibung der Geräte mußte auf ein Minimum beschränkt werden. Die Angaben zu den Geräten wurden meist nach Herstellerangaben zusammengestellt. Abweichungen in Anpassung an die unterschiedlichen Aufgaben der Praxis sind durchaus möglich.

Die Geräte sind zum Teil für Arbeiten im Labor (L) oder zur Überwachung von Prozeßanlagen (P) entwickelt worden. Einige lassen sich für beide Bereiche einsetzen. Je nachdem, ob die Proben absatzweise, z. B. mittels Spritzen, Pipetten oder Schlauchpumpen aufgegeben werden oder ob ein konstanter Volumenstrom dosiert wird, ist zwischen diskontinuierlicher (d) und kontinuierlicher (k) Fahrweise zu unterscheiden. Die Proben können manuell (m) eingegeben bzw. vom Gerät aus einem Probensammler oder Probenstrom automatisch (a) entnommen werden. Unter 4. werden die Komponenten aufgeführt, die mit dem jeweiligen Gerät bestimmt werden können. Das Probevolumen bzw. der Probestrom (10.) richtet sich in den meisten Fällen nach der vorliegenden TOC-Konzentration und ist im Zusammenhang mit den Meßbereichen (9.) zu beurteilen.

Bei der TIC-Bestimmung muß das CO_2 durch Einspritzen in einen niedrig temperierten mit säurebeladenen Füllkörpern gefüllten Ofen oder durch Ansäuern der Proben und Strippen mit einem Trägergas ausgetrieben werden (5.). Unter 6. wird die Art der Oxidation und unter 7. die verwendeten CO_2-Detektoren aufgeführt. Bei der Mehrzahl der Geräte wird das CO_2 mittels nichtdispersiver Infrarotanalysatoren (NDIR) bestimmt.

Die Anzeige des Ergebnisses ist unterschiedlich, oftmals in mehrfacher Weise möglich. Fast alle Geräte haben Anschlüsse für die externe Verarbeitung der Meßsignale, auch wenn das in der vorliegenden Tabelle nicht besonders vermerkt ist. Die Analysendauer (8.) ist abhängig von der Art des Verfahrens und der Oxidierbarkeit der organischen Komponenten. Geräte, die den TIC-Gehalt gesondert bestimmen, benötigen im allgemeinen für die TOC-Bestimmung doppelt so viel Zeit, wie für die TC-Bestimmung. Wird der TIC-Gehalt nicht ermittelt, so kann das Ausgasen des Kohlenstoffdioxids zeitlich parallel zur TOC-Bestimmung erfolgen.

Preis und technischer Aufwand stehen in einem engen Verhältnis zueinander. Die Hersteller sind im allgemeinen bemüht, durch ein Baukastenprinzip oder durch verschiedene Geräte das Preis/Leistungsverhältnis dem unterschiedlichen Bedarf anzupassen.

Literaturverzeichnis

1. DIN-Norm 38409 Teil 3, Bestimmung des gesamten organisch gebundenen Kohlenstoffs
2. Dürr, W. und Merz, W.: Auswertung des ISO-TOC-Ringversuches und Diskussion der Ergebnisse. Vom Wasser 55:287–293 (1980)

3. Wölfel, P.: Ein neues Verfahren zur Bestimmung von organisch gebundenem Kohlenstoff im Wasser durch photochemische Oxidation. Vom Wasser 43:315–325 (1974)
4. Topalian, P., Schuster, W. und Sontheimer, H.: Erfahrungen mit der Simultanbestimmung des gelösten organischen Kohlenstoffs und des chemischen Sauerstoffbedarfs durch photochemische Oxidation. Vom Wasser 55:281–286 (1980)
5. Müller, H. R.: Laborbericht 3 der Wasserversorgung Zürich (1982)
6. ISO-NORM: Water quality; sampling; Part 3: Guidance on the preservation and handling of samples, ISO 5667/3 (1985)
7. Gudernatsch, H.: Konservierung von Abwasserproben durch Kühlung. WLB-Wasser, Luft und Betrieb, 21:598–600 (1977)
8. Demel, I., Möbius, G. H., Kluike, F., Heß, B., Lottes, K.: Untersuchungen zur Konservierung von Papierabwasser-Proben für die Bestimmung von CSB und BSB. Das Papier, 37:525–534 (1983)
9. Keck, E., Grunwald, M.: Erfahrungen mit der Bestimmung kleiner TOC/DOC-Konzentrationen bei biologischen Versuchen. Vom Wasser 53:86–95 (1979)
10. Bortlisz, J.: Instrumentelle TOC-Analytik. Vom Wasser 46:35–63 (1976)

III. Anwendungen

Polychlorbiphenyle: Chemie, Analytik und Umweltchemie

Prof. Dr. K. Ballschmiter

Abteilung Analytische Chemie
Universität Ulm
D-7900 Ulm

1 Einführung

1.1 Polychlorbiphenyle als Industrieprodukt

Die durch Chlorierung des Biphenyls bis zu definierten Chlorgehalten entstehenden komplexen Gemische von Chlorbiphenylen (PCB), $C_{12}H_{10-n}Cl_n$, haben wegen ihrer technischen Eigenschaften als inerte und langzeitstabile technische Öle und Dielektrika von ca. 1930 an steigende Bedeutung erlangt [1, 2,55]. Erst Ende der 70er und zu Beginn der 80er Jahre wurde wegen der sich zeigenden Allgegenwart der chlorierten Biphenyle in Umweltproben, die von S. Jensen 1966 zuerst beobachtet wurde, in den USA, in Japan und in der Bundesrepublik Deutschland die Produktion eingestellt. Die PCB sind dabei, ein Synonym für chemische Umweltbelastung zu werden. Ihre gewünschte Stabilität im technischen Einsatz macht andererseits einen natürlichen Abbau wie auch eine Beseitigung als Abfallstoff schwierig. Ein Abbau in der Umwelt ist bisher nur für wenige definierte Verbindungen von den insgesamt 209 zu unterscheidenden PCB-Komponenten beobachtet worden.

Die chlorierten Biphenyle sind unter verschiedenen Handelsnamen im Gebrauch (Tabelle 1). Die Unterscheidung der verschiedenen Typen erfolgt über ihre technischen Eigenschaften – Viskosität, Siedepunkt, Zündtemperatur – die wiederum durch den mittleren Chlorgehalt der Mischung bestimmt werden.

Produktionsziffern für PCB sind weitgehend geschätzt. Die U.S. Produktion von 1930 bis 1971 wird mit 500000 t angenommen, wobei allein im Zeitraum 1960 bis 1971 340000 t produziert wurden. Die Weltproduktion von 1930 bis 1971 wird auf 1500000 t geschätzt. Obwohl einige Hersteller in der Bundesrepublik Deutschland, in Japan und in den USA in den letzten Jahren die Produktion der Polychlorbiphenyle eingestellt haben, ist global gesehen mit einem Abfall der Produktion nur über längere Zeit zu rechnen. Die Abgabe in die Umwelt aus diffusen Quellen wie Kleinkondensatoren, Abfall, Klärschlamm und nicht sachgerechter Entsorgung wird ohnehin voraussichtlich noch lange andauern.

Die Ökotoxizität der Polychlorbiphenyle, verstanden als die Summe biologischer Wirkungen eines diffusen wie akkumulierten Vorkommens, ist nach allen bisher bekannt gewordenen Ergebnissen als nicht vernachlässigbar anzusehen. Die PCB verbinden Persistenz und Akkumulierbarkeit in lipophilen Bereichen. Als sicher nachgewiesen kann der Effekt der Enzyminduktion, insbesondere der Monooxygenasen, gelten. Die daraus folgenden möglichen Sekundäreffekte sind in vielfacher Hinsicht diskutiert worden [2]. Die Schwierigkeit für eine ökotoxikologische Bewertung der Polychlorbiphenyle besteht darin, konkrete nur PCB-bedingte Effekte von Effekten anderer ähnlicher Stoffklassen zu isolieren. Für die Bewertung der Humantoxizität liegen Erfahrungen durch Unfälle mit PCB verseuchten Speiseölen vor [2].

Tabelle 1.1. Hersteller und Handelsnamen von PCB

Hersteller		Handelsname
Monsanto*	U.S.A. u. U.K.	Aroclor
Bayer*	Deutschland	Chlophen
Prodelec	Frankreich	Phenoclor, Pyralene
Kanegafuchi*	Japan	Kanechlor
Mitsubishi*	Japan	Santotherm
Caffaro	Italien	Fenclor
Sovol	U.S.S.R.	
Chemika	C.S.S.R.	

* Produktion eingestellt

Für die chlorierten Biphenyle gelten im Arbeitsschutz für eine achtstündige Exposition folgende MAK-Werte: Chlorgehalt bis 42 Gew.-% 1 mg m^{-3} Chlorgehalt bis 54 Gew.-% 0,5 mg m^{-3}. Die PCB sind ferner der Gruppe IIIB zugeordnet, die Stoffe mit begründetem Verdacht auf krebserzeugendes Potential zusammenfaßt. Als Orientierungshilfe für einen MIK-Wert (Maximale Immissionskonzentration) gilt die nicht offizielle Näherungsregel MAK · 0,04 = MIK. Für die PCB ergeben sich danach MIK-Werte von 40 µg m^{-3} bzw. 20 µg m^{-3}. Die in der Außenluft beobachteten Konzentrationen liegen um den Faktor 10^3-10^4 niedriger.

1.2 Eigenschaften der Polychlorbiphenyle

Die Verteilung der 209 PCB-Komponenten auf die jeweiligen Chlorhomologen ist in Tabelle 1.2 aufgeführt. Für die Einzelverbindungen hat sich der Begriff „Kongenere" (engl. congeners) durchgesetzt. Er faßt die Einordnung in Chlorhomologe und Strukturisomere zusammen. Die Molekulargewichte und der Chlorgehalt der Chlorhomologen sind in Tabelle 1.3 enthalten. Das jeweilige Chlor-Isotopenmuster mit dem des Hauptfragmentes bei der Elektronenstoß-Ionisation (EI-Quelle) im Massenspektrometer ist in Tabelle 3.3 aufgeführt.

Die physikalisch-chemischen Eigenschaften der PCB überstreichen wegen des Unterschiedes im Chlorierungsgrad von 1 bis 10 Chloratomen pro Biphenyl einen weiten Bereich. Tabelle 1.4 faßt Dampfdrücke [3a] und Wasserlöslichkeit [3b] summarisch zusammen. Die Wasserlöslichkeit fast aller 209 PCB Kongeneren ist auch aus HPLC-Daten bestimmt worden [20].

Tabelle 1.2. Polychlorierte Biphenyle, $C_{12}H_{10-n}Cl_n$, (PCB)
Verteilung der Strukturisomeren auf die jeweiligen Chlorhomologen

	Isomere	BZNr.		Isomere	BZNr.
Monochlor-biphenyle	3	1–3	Hexachlor-biphenyle	42	128–169
Dichlor-biphenyle	12	4–15	Heptachlor-biphenyle	24	170–193
Trichlor-biphenyle	24	16–39	Octachlor-biphenyle	12	194–205
Tetrachlor-biphenyle	42	40–81	Nonachlor-biphenyle	3	206–208
Pentachlor-biphenyle	46	82–127	Decachlor-biphenyle	1	209

Summe: 209 mögliche Verbindungen (engl.: congeners)
BZ-Nummer: PCB-Bezifferung nach: Ballschmiter, K., Zell, M.: Fresenius Z. Anal. Chem. 302:20 (1980) [7]

$C_{12}H_{10-N}Cl_N$

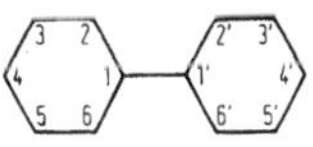

3 2 2' 3'
4 1 1' 4'
5 6 6' 5'

PCB

Tabelle 1.3. Summenformel, Molekulargewicht und Chlorgehalt (in %) der Chlorbiphenyle

Summenformel	Molekulargewicht		Chlorgehalt (%)
$C_{12}H_{10-n}Cl_x$	CL = 35,45	^{35}CL = 34,97	(CL = 35,45)
$C_{12}H_9Cl$	188,65	188,04	18,79
$C_{12}H_8Cl_2$	223,10	222,00	31,77
$C_{12}H_7Cl_3$	257,54	255,96	41,30
$C_{12}H_6Cl_4$	291,99	289,92	48,56
$C_{12}H_5Cl_5$	326,43	323,88	54,30
$C_{12}H_4Cl_6$	360,88	357,84	58,93
$C_{12}H_3Cl_7$	395,32	391,81	62,77
$C_{12}H_2Cl_8$	429,77	425,77	65,98
$C_{12}HCl_9$	464,21	459,73	68,73
$C_{12}Cl_{10}$	498,66	493,69	71,18

^{37}Cl = 36,9659

Tabelle 1.4. Eigenschaften der PCB ($C_{12}H_{10-n}Cl_n$)

Molekulargewicht*	188,65–498,66
Siedebereich	275–450 °C
Dampfdruck 20 °C	10^3–10^{-2} Pa
200 °C	10^4–10^2 Pa

Löslichkeit der PCB in Wasser [3]

PCB		Chlor/ Molekül	Löslichkeit µg/l	Dampfdruck Pa, 25°
Monochlor-	B/PCB(1)	1	1300–7000	$2{,}2 \cdot 10^3$–$9{,}2 \cdot 10^2$
Dichlor-	B/PCB(2)	2	56–790	$3{,}7 \cdot 10^2$–$7{,}5 \cdot 10$
Trichlor-	B/PCB(3)	3	15–640	$1{,}1 \cdot 10^2$–$1{,}3 \cdot 10$
Tetrachlor-	B/PCB(4)	4	19–170	$1{,}8 \cdot 10$–$4{,}4$
Pentachlor-	B/PCB(5)	5	4,5–12	$5{,}3$–$8{,}8 \cdot 10^{-1}$
Hexachlor-	B/PCB(6)	6	0,44–0,91	$1{,}9$–$2{,}0 \cdot 10^{-1}$
Heptachlor-	B/PCB(7)	7	0,47	$5{,}3 \cdot 10^{-1}$–$4{,}8 \cdot 10^{-2}$
Octachlor-	B/PCB(8)	8	0,18–0,27	$7{,}82 \cdot 10^{-2}$–$9{,}0 \cdot 10^{-3}$
Nonachlor-	B/PCB(9)	9	0,11	$3{,}2 \cdot 10^{-2}$–$1{,}1 \cdot 10^{-2}$
Decachlor-	B/PCB(10)	10	0,016	$5{,}6 \cdot 10^{-3}$

* Die Molekulargewichte für Cl = 35,45 (Isotopengemisch) und Cl = 34,97 (Monoisotop) sind in Tabelle 1.2 aufgeführt.
Die für die massenspektrometrische Detektion günstigen Massen sind in Tabelle 3.4 enthalten.

2 Technische Gemische auf PCB-Basis

Für technische Anwendungen werden die chlorierten Biphe finierte Gemische, sogenannte PCB-*Typen*, oder in Gemisch dener PCB-Typen, ohne oder mit Chlorbenzolen versetzt

Tabellen 2.1 und 2.2 geben beispielhaft die Chlorierungsgrade definierter PCB-Typen und die Zusammensetzung der Clophen A PCB-Typen wieder. Die Tabelle 2.3 faßt die für Transformatorfüllungen benutzten Clophen T-Typen in der zeitlichen Abhängigkeit ihres Einsatzes zusammen. Die Kenntnis der zeitlichen Variation der Zusammensetzung der Clophen T-Typen ist besonders wichtig, wenn es um die Aufklärung möglicher Kontaminationen mit Polychlordibenzodioxinen (PCDD) und Polychlordibenzofuranen (PCDF) bei PCB-Brandfällen geht (Kap. 9). Im groben Rahmen ist mit Tabelle 2.3 auch das in der Umwelt zu erwartende PCB Muster beschrieben.

Isolier- und Kühlflüssigkeiten auf der Basis von chlorierten Biphenylen mit Zusatz von Chlorbenzolen oder Chlortoluolen, sogenannte Askarele, sind in Deutschland nur noch in geschlossenen Systemen wie Transformatoren, Kondensatoren, Widerständen, Drosselspulen, Wärmeübertragungssystemen, Hydraulikanlagen im Untertage-Bergbau und in Kleinkondensatoren von Beleuchtungsanlagen zugelassen. Der Austausch gegen andere Isolier- oder Kühlflüssigkeiten wird durchgeführt. Tetrachlor-methyldiphenylmethan (Chlorbenzyl-toluole) ($C_{14}H_{10}Cl_4$) die durch

Tabelle 2.1. Handelsnamon und Chlorierungsgrade polychlorierter Biphenyle (PCB)

Handelsname		% Chlor	Chlor/Molekül
Aroclor 1016		40/41	3,0
Aroclor 1242	Clophen A 30	42/43	3,10
Aroclor 1248	Clophen A 40	48/49	4,0
Aroclor 1254	Clophen A 50	54/55	4,96
Aroclor 1260	Clophen A 60	59/60	6,30
Aroclor 1268	–	68	8,70

Tabelle 2.2. Zusammensetzung der Clophen-A-Typen in Vol.-%

	Clophen Typ			
	A 30	A 40	A 50	A 60
Mono-Chlorbiphenyl	2	<1	–	–
Di-Chlorbiphenyl	20	2	1	0,01
Tri-Chlorbiphenyl	56	23	9	2
Tetra-Chlorbiphenyl	20	50	28	3
Penta-Chlorbiphenyl	2	19	44	20
Hexa-Chlorbiphenyl	<1	4	16	43
Hepta-Chlorbiphenyl	<0,01	1	2	25
Octa Chlorbiphenyl	<0,01	1	<1	5
Nona-Chlorbiphenyl	–	<0,01	<0,01	<0,1
Deca-Chlorbiphenyl	–	–	–	<0,01

Tabelle 2.3. Zusammensetzung der Clophen T-Typen (für Transformatoren*)

Clophen T	64	64	241	241 N**	64 N**	82**
Lieferzeit	bis 1950	1950 bis 1977	1963 bis 1977	1/1977 bis 7/1977	1/1977 bis 12/1980	ab 1981 bis 1984
Komponenten % Vol.						
Clophen A 30 (42%)	–	–	–	–	–	80
Clophen A 50 (54%)	–	20	27,5	55	70	–
Clophen A 60 (60%)	60	50	27,5	–	–	–
Trichlorbenzole	40	30	34,5	34,5	30	20
Tetrachlorbenzole	–	–	10,5	10,5	–	–
HCL Akzeptur	–	–	–	+	+	+

* Der Internationale Sammelbegriff für Isolier- und Kühlflüssigkeiten in der Elektrotechnik ist „ASKAREL"

** Ab 1977 wurde die Reinigung umgestellt und damit die Grundbelastung an Polychlordibenzofuranen zurückgenommen. Der Gehalt an Σ T4CDF liegt bei T 64 Typen bei ca. 2 ppm

Dimerisierung aus Dichlortoluolen gewonnen werden, treten neben Produkten ohne Organochlorverbindungen [2] z. T. an die Stelle der PCB.

Die Entsorgung außer Betrieb genommener oder defekt geratener PCB-haltiger Anlagenteile hat nach einer EG-Richtlinie in für die PCB-Entsorgung zugelassenen Anlagen bzw. Betrieben zu erfolgen. Eine sichere Entsorgung durch Verbrennung der PCB ist im Tonnenmaßstab grundsätzlich technisch bereits gelöst. Nach den bisher vorliegenden Erfahrungen müssen dabei Brenntemperaturen von 1100–1200 °C bei ausreichender Verweilzeit erzielt werden.

3 Die Zusammensetzung technischer PCB-Gemische

Für die Analyse der PCB in Umweltproben wie für eine konkrete toxikologische Beurteilung der PCB hat die Zusammensetzung der technischen Gemische im Detail bekannt zu sein. Darüber hinaus können Verunreinigungen im ppm-Bereich und darunter, wenn sie toxikologisch kritisch zu sehen sind, von entscheidender Bedeutung sein. Bei PCB Gemischen, vor allem bei Askarelen (PCB mit Zusatz von Chlorbenzolen) mit längerer Standzeit, muß stets mit einem komplexen Untergrund an Polychlordibenzofuranen im 2–10 ppm-Bereich gerechnet werden (siehe Kap. 9).

3.1 PCB-Numerierung

Zur vereinfachten Charakterisierung der PCB wurde von Ballschmiter und Zell eine Numerierung geschaffen, die jedem der 209 möglichen PCB-Kongeneren eine systematische Nummer zuordnet [4]. Die Numerierung basiert auf den Vorgaben der systematischen Bezifferung von Substituenten am Biphenyl:

1) $2 < 2'$; $2' < 3$
2) niedrigste mögliche Ziffernabfolge
3) niedrigste Zahl an Hochstrichen
4) bei gleicher Chlorzahl pro Ring werden niedrigste Ziffern ohne Hochstrich gesetzt.

Diese PCB-Numerierung hat sich auch international in der Literatur weitgehend durchgesetzt. Sie wird als PCB-, IUPAC-, Ballschmiter- oder als BZ-Nummer in der Literatur bezeichnet. Tabelle 3.1 gibt diese Zuordnung wieder.

3.2 Kapillar-Gaschromatographie der PCB

Die Analyse der PCB erfordert wegen der hohen Zahl von Einzelkomponenten in den technischen Gemischen konsequenterweise die Anwendung der hochauflösenden Kapillar-Gaschromatographie [4—11]. Die Retentionsdaten können bei Detektion durch den Elektroneneinfang-Detektor (ECD) über den Bezug auf die homologe Reihe der Trichloracetate (ATA) oder über PCB-Komponenten selbst als Retentionsindices normiert werden. Die aktuellen Werte der Retentionsindices hängen dann nur noch von den verwendeten Stationären Phasen (Film, Desaktivierungsmethode und Untergrund) und der Temperatur ab. Bei ausreichender Reproduzierbarkeit der Temperaturführung kann das Retentionsindexsystem auch auf temperaturprogrammiertes (tp) Arbeiten angewandt werden.

Als stationäre Phasen für die gaschromatographische Trennung der PCB haben sich die Kohlenwasserstoffphase Apiezon L oder unpolare Silikonphasen (Methyl (SE 30; OV 101) oder mittelpolare Silikonphasen Methyl-Phenyl (SE 54; OV 17) bzw. Phenyl-Cyanopropyl (OV 1701)) bewährt [4, 5, 6, 7, 8]. Auf diesen Phasen zeigen die PCB eine streng korrelierte Strukturabhängigkeit der Trennabfolge unabhängig vom Chlorierungsgrad. Die Abfolge strukturanaloger Gruppen folgt fast ausnahmslos der „2-3-4-Regel“ [5, 6, 11].

3.3 Detektion der PCB nach Gaschromatographie

3.3.1 FID und ECD als Detektoren

Der geeignetste Detektor für den Nachweis der PCB ist in der Routine der Elektroneneinfang-Detektor (ECD). Er verbindet Nachweisstärke mit einer hinreichenden Selektivität, insbesondere wenn das „Muster“ eines Gemisches als Identifizierungshilfe für die PCB Kongeneren genutzt

Tabelle 3.1. Systematische Bezifferung der 209 PCB Kongeneren. Die Ziffer wird als Synonym für das entsprechende PCB Kongenere verwandt. Die Abfolge 200, 201 wurde wie im Originalzitat beibehalten, obwohl nach den Regeln der Bezifferung die Abfolge umgekehrt sein sollte. Die Kongeneren 28, 51, 101, 138, 153 und 180 werden als Repräsentanten für die Quantifizierung komplexer PCB Gemische verwandt.

Nr.	Structur
	Monochlorbiphenyle
1	2
2	3
3	4
	Dichlorbiphenyle
4	2,2′
5	2,3
6	2,3′
7	2,4
8	2,4′
9	2,5
10	2,6
11	3,3′
12	3,4
13	3,4′
14	3,5
15	4,4′
	Trichlorbiphenyle
16	2,2′,3
17	2,2′,4
18	2,2′,5
19	2,2′,6
20	2,3,3′
21	2,3,4

Nr.	Structur
	Tetrachlorbiphenyle
52	2,2′,5,5′
53	2,2′,5,6′
54	2,2′,6,6′
55	2,3,3′,4
56	2,3,3′,4′
57	2,3,3′,5
58	2,3,3′,5′
59	2,3,3′,6
60	2,3,4,4′
61	2,3,4,5
62	2,3,4,6
63	2,3,4′,5
64	2,3,4′,6
65	2,3,5,6
66	2,3′,4,4′
67	2,3′,4,5
68	2,3′,4,5′
69	2,3′,4,6
70	2,3′,4′,5
71	2,3′,4′,6
72	2,3′,5,5′
73	2,3′,5′,6
74	2,4,4′,5
75	2,4,4′,6
76	2′,3,4,5
77	3,3′,4,4′

Nr.	Structur
	Pentachlorbiphenyle
105	2,3,3′,4,4′
106	2,3,3′,4,5
107	2,3,3′,4′,5
108	2,3,3′,4,5′
109	2,3,3′,4,6
110	2,3,3′,4′,6
111	2,3,3′,5,5′
112	2,3,3′,5,6
113	2,3,3′,5′,6
114	2,3,4,4′,5
115	2,3,4,4′,6
116	2,3,4,5,6
117	2,3,4′,5,6
118	2,3′,4,4′,5
119	2,3′,4,4′,6
120	2,3′,4,5,5′
121	2,3′,4,5′,6
122	2′,3,3′,4,5
123	2′,3,4,4′,5
124	2′,3,4,5,5′
125	2′,3,4,5,6′
126	3,3′,4,4′,5
127	3,3′,4,5,5′
	Hexachlorbiphenyle
128	2,2′,3,3′,4,4′

Nr.	Structur
	Hexachlorbiphenyle
161	2,3,3′,4,5′,6
162	2,3,3′,4′,5,5′
163	2,3,3′,4′,5,6
164	2,3,3′,4′,5′,6
165	2,3,3′,5,5′,6
166	2,3,4,4′,5,6
167	2,3′,4,4′,5,5′
168	2,3′,4,4′,5′,6
169	3,3′,4,4′,5,5′
	Heptachlorbiphenyle
170	2,2′,3,3′,4,4′,5
171	2,2′,3,3′,4,4′,6
172	2,2′,3,3′,4,5,5′
173	2,2′,3,3′,4,5,6
174	2,2′,3,3′,4,5,6′
175	2,2′,3,3′,4,5′,6
176	2,2′,3,3′,4,6,6′
177	2,2′,3,3′,4′,5,6
178	2,2′,3,3′,5,5′,6
179	2,2′,3,3′,5,6,6′
180	2,2′,3,4,4′,5,5′
181	2,2′,3,4,4′,5,6
182	2,2′,3,4,4′,5,6′
183	2,2′,3,4,4′,5′,6
184	2,2′,3,4,4′,6,6′

22	2,3,4′
23	2,3,5
24	2,3,6
25	2,3′,4
26	2,3′,5
27	2,3′,6
28	2,4,4′
29	2,4,5
30	2,4,6
31	2,4′,5
32	2,4′,6
33	2′,3,4
34	2′,3,5
35	3,3′,4
36	3,3′,5
37	3,4,4′
38	3,4,5
39	3,4′,5

Tetrachlorbiphenyle

40	2,2′,3,3′
41	2,2′,3,4
42	2,2′,3,4′
43	2,2′,3,5
44	2,2′,3,5′
45	2,2′,3,6
46	2,2′,3,6′
47	2,2′,4,4′
48	2,2′,4,5
49	2,2′,4,5′
50	2,2′,4,6
51	2,2′,4,6′
78	3,3′,4,5
79	3,3′,4,5′
80	3,3′,5,5′
81	3,4,4′,5

Pentachlorbiphenyle

82	2,2′,3,3′,4
83	2,2′,3,3′,5
84	2,2′,3,3′,6
85	2,2′,3,4,4′
86	2,2′,3,4,5
87	2,2′,3,4,5′
88	2,2′,3,4,6
89	2,2′,3,4,6′
90	2,2′,3,4′,5
91	2,2′,3,4′,6
92	2,2′,3,5,5′
93	2,2′,3,5,6
94	2,2′,3,5,6′
95	2,2′,3,5′,6
96	2,2′,3,6,6′
97	2,2′,3′,4,5
98	2,2′,3′,4,6
99	2,2′,4,4′,5
100	2,2′,4,4′,6
101	2,2′,4,5,5′
102	2,2′,4,5,6′
103	2,2′,4,5′,6
104	2,2′,4,6,6′
129	2,2′,3,3′,4,5
130	2,2′,3,3′,4,5′
131	2,2′,3,3′,4,6
132	2,2′,3,3′,4,6′
133	2,2′,3,3′,5,5′
134	2,2′,3,3′,5,6
135	2,2′,3,3′,5,6′
136	2,2′,3,3′,6,6′
137	2,2′,3,4,4′,5
138	2,2′,3,4,4′,5′
139	2,2′,3,4,4′,6
140	2,2′,3,4,4′,6′
141	2,2′,3,4,5,5′
142	2,2′,3,4,5,6
143	2,2′,3,4,5,6′
144	2,2′,3,4,5′,6
145	2,2′,3,4,6,6′
146	2,2′,3,4′,5,5′
147	2,2′,3,4′,5,6
148	2,2′,3,4′,5,6′
149	2,2′,3,4′,5′,6
150	2,2′,3,4′,6,6′
151	2,2′,3,5,5′,6
152	2,2′,3,5,6,6′
153	2,2′,4,4′,5,5′
154	2,2′,4,4′,5,6′
155	2,2′,4,4′,6,6′
156	2,3,3′,4,4′,5
157	2,3,3′,4,4′,5′
158	2,3,3′,4,4′,6
159	2,3,3′,4,5,5′
160	2,3,3′,4,5,6
185	2,2,′3,4,5,5,6′
186	2,2′,3,4,5,6,6′
187	2,2′,3,4′,5,5′,6
188	2,2′,3,4′,5,6,6′
189	2,3,3′,4,4′,5,5′
190	2,3,3′,4,4′,5,6
191	2,3,3′,4,4′,5′,6
192	2,3,3′,4,5,5′,6
193	2,3,3′,4′,5,5′,6

Octachlorbiphenyle

194	2,2′,3,3′,4,4′,5,5′
195	2,2′,3,3′,4,4′,5,6
196	2,2′,3,3′,4,4′,5,6′
197	2,2′,3,3′,4,4′,6,6′
198	2,2′,3,3′,4,5,5′,6
199	2,2′,3,3′,4,5,6,6′
200	2,2′,3,3′,4,5′,6,6′
201	2,2′,3,3′,4′,5,5′,6
202	2,2′,3,3′,5,5′,6,6′
203	2,2′,3,4,4′,5,5′,6
204	2,2′,3,4,4′,5,6,6′
205	2,3,3′,4,4′,5,5′,6

Nonachlorbiphenyle

206	2,2′,3,3′,4,4′,5,5′,6
207	2,2′,3,3′,4,4′,5,6,6′
208	2,2′,3,3′,4,5,5′,6,6′

Decachlorbiphenyl

209	2,2′,3,3′,4,4′,5,5′,6,6′

werden kann [11]. Oftmals ist allerdings eine geeignete chemische (H_2SO_4 conc.) oder flüssigchromatographische Abtrennung von der Matrix notwendig. Zu beachten ist in der Routine, daß der Anzeigefaktor vom Monochlor- bis Tetrachlorbiphenyl stark zunimmt und außerdem strukturabhängig ist. Die Strukturabhängigkeit wird besonders deutlich, wenn man die Anzeige der PCB durch den ECD und durch den Flammenionisationsdetektor (FID) vergleicht. Der letztere hat für die höherchlorierten PCB eine etwa 10^2 bis 10^3 geringere Nachweisstärke, dafür aber insgesamt die geringsten Schwankungen im Nachweisfaktor, da bevorzugt das Kohlenstoffgerüst des Biphenyls angezeigt wird [5]. Bezogen auf die Teilchenzahl, d. h. molare Konzentration, ist die Anzeigeempfindlichkeit des FID vom Biphenyl bis zum Decachlorbiphenyl innerhalb einer Streubreite von $\pm 5\%$ konstant [12, 30]. Auf diese Weise läßt sich bei bekanntem Chlorierungsgrad der PCB-Komponenten die Massenzusammensetzung eines technischen Gemisches berechnen und letztlich für eine Eichung der ECD-Ansprechfaktoren benützen [8, 13]. Die relativen ECD-Ansprechfaktoren sind unter Verwendung von Referenzsubstanzen für alle 209 möglichen PCB-Kongeneren bestimmt worden [10].

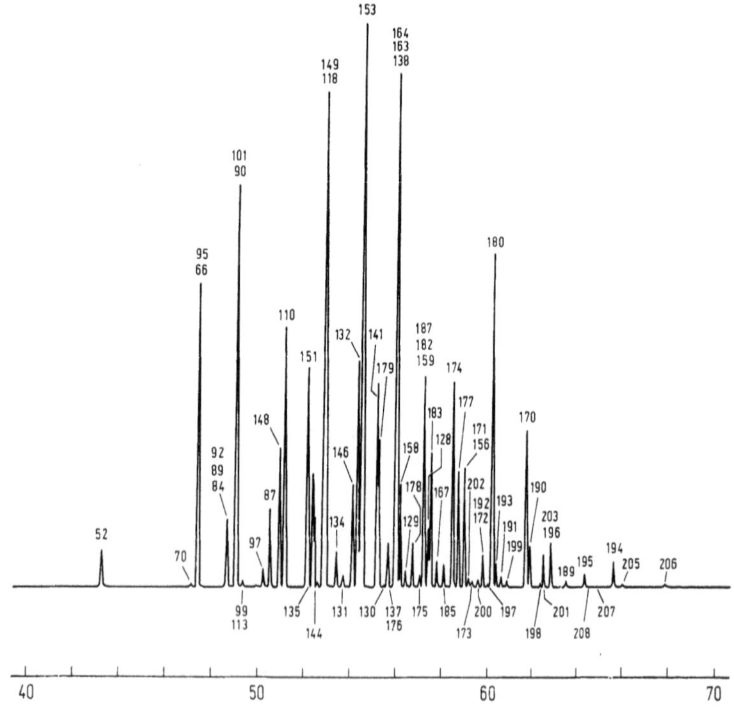

Abb. 1. HRGC/MSD mit Addition der für die Detektion der Chlorhomologen benutzten Massen (summed selected ion monitoring) von PCB Clophen A 60

3.3.2 Der massenselektive Detektor (MSD)

Die PCB bilden bei Elektronenstoßionisation (EI-Quelle) starke Molekülionen (Isotopencluster) mit M^+-2Cl bzw. M^+-2HCl als typische erste Fragmente F_1/F_2 [2]. Lediglich 2,2,6,6'-Komponenten zeigen auch ein deutliches M^+-Cl Fragment. Neben der Totalionenstrom-Registrierung (amu 100–500) ist eine Registrierung nur ausgewählter M^+ bzw. F_1^+ Ionen üblich (Selective Ion Monitoring = SIM), Tabelle 3.3 faßt die üblicherweise zur SIM Registrierung benutzten Ionen zusammen. Mit einer NCI-Quelle (negative chemische Ionisation) nimmt die Nachweisstärke für die höherchlorierten PCB (Chlor > 5) sehr stark zu.

Mit dem Massenspektrometer-Detektor mit einer EI-Quelle werden für die technischen PCB Gemische Chromatogramme erhalten, die neben den Vorgaben der verwendeten Trennphasen und den jeweiligen Bedingungen der Quelle und der MS-Technik (Totalionenstrom, Fragmentionen) noch eine systematische Verzerrung durch das $^{35}Cl/^{37}Cl$-Isotopenmuster des Molekülions bei der SIM-Technik aufweisen. ^{13}C ist mit ca. 1% von ^{12}C vorhanden, die ^{13}C-Sateliten machen deshalb bei Biphenyl entsprechend der Formel $C_{12}H_{10-X}Cl_X$ ca. 12% an Intensität aus. Der EI-MSD hat in der Fragmentionen-Registrierung typische Ansprechfaktoren für die einzelnen PCB-Kongenere, wobei sich im Trend die Ansprechfaktoren für ECD und MSD entsprechen [30].

Ein Chromatogramm von Chlophen A 60 mit Registrierung des Summenstromes der für die selektive Detektion benutzten Massen (summed selected ion monitoring) ist in Abb. 1 gegeben. Für die Chlorierungsgrade Hexachlor-, Heptachlor- und Octachlor-biphenyl eines PCB-Gemisches mit 60% Chlor sind die jeweiligen Strukturisomeren in der Einzelionenregistrierung (SIM) in Abb. 2 wiedergegeben.

3.4 Identifizierung der PCB-Kongenere in technischen Gemischen

Eine vollständige Zuordnung des Elutionsmusters der technischen PCB-Gemische zu definierten PCB Kongeneren ist beschrieben worden [4, 7, 8, 9, 11]. Alle 209 PCB Kongeneren wurden synthetisiert und ihre relative Retention auf der Trennphase SE 54 (5% Phenyl-Methylsilikon) ist bekannt [1, 10]. Zur Zeit sind etwa 100 Kongeneren kommerziell als Referenzverbindungen in Substanz erhältlich. Bei Verwendung standardisierter Kapillaren ist die Zuordnung der weitgehend aus technischen Gründen in der Zusammensetzung definierten PCB-Gemische über Standard-Chromatogramme mit ECD-Detektion leicht möglich. Die Abb. 3a–c geben bie Chromatogramme der PCB Gemische mit 42% Chlor, 54% Chlor bzw. 60% Chlor nach Kapillargaschromatographie mit Elektroneneinfang-Detektion (ECD) wieder [11].

Die bevorzugten Substitutionsmuster der PCB-Gemische, die durch ionische Chlorierung des Biphenyls gewonnen werden, sind in Abb. 4 aufgeführt. Durch die ortho- bzw. para-Substitution bevorzugt entstehenden Substitutionsmuster in den Phenylringen des Biphenyls ergeben durch Kombination die bevorzugten Chlorhomologen. Die PCB, die durch Kombination B, D, E, F, G, I, K, L entstehen, sind biologisch schwer oder

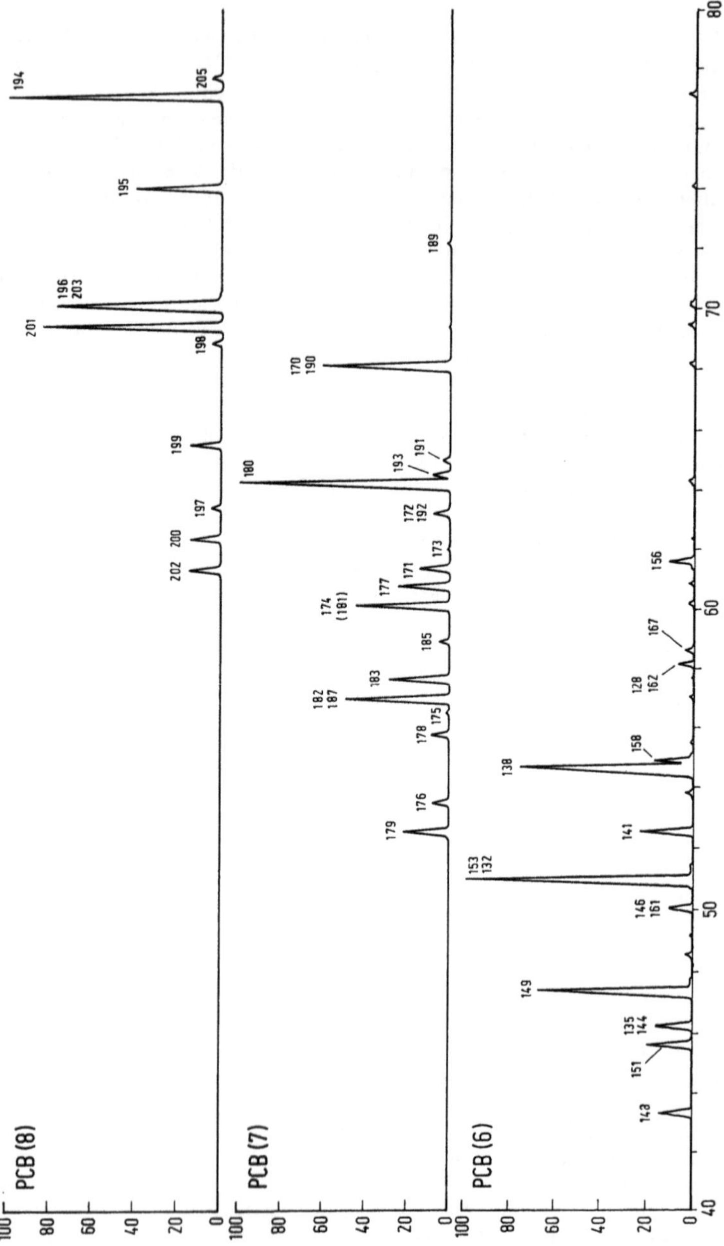
PCB (8)
PCB (7)
PCB (6)
194
205
195
196
203
201
198
199
197
200
202
189
170
190
180
193
191
172
192
173
171
177
174
(181)
185
183
182
187
175
178
176
179
156
167
162
128
158
138
141
153
132
146
161
149
135
144
151
143
100
80
60
40
20
0
40
50
60
70
80

nicht abbaubar. Die PCB nur mit den Kombinationen A, C, H sind leicht abbaubar, während PCB mit Mischungen aus beiden vorstehenden Gruppen bis auf schwerabbaubaren Folgeprodukten abgebaut werden (Chlorbenzoesäure, Chloracetophenone, Chlorphenylketosäure etc.).

Die Tabelle 3.2 führt die Hauptkomponenten zweier PCB-Gemische mit 42% bzw. 60% mittlerer Chlorgehalt auf [9, 13]. Die Abfolge in Tabelle 3.2 entspricht der Elution auf einer Methylsilikon-Phase in der Gas-Chromatographie [11].

Tabelle 3.2. Hauptkomponenten in technischen PCB-Gemischen

Nr.	Struktur	PCB 42% Chlor in %		PCB 60% Chlor in %	
		(13)	(9)	(13)	(9)
4	2–2′	5,0	1,5		
6	2–3′	1,5	–		
8		10,0	6,1		
19	2,6–2′	1,3	1,2		
18	2,5–2′	12,3	9,9		
18	2,5–2′	12,3	9,9		
15	4–4′	2,6	9,0		
17	2,4–2′	5,1	–		
16	2,3–2′	3,9	–		
32	2,6–4′	2,1	–		
26	2,5–3′	1,1	2,1		
29	2,4,5				
31	2,5–4′	7,4	6,8		
28	2,4–4′	8,3	9,9		
20	2,3–3′	6,7	–		
22	2,3–4′	3,7	–		
52	2,5–2′,5′	2,2	3,1	0,7	1,1
49	2,4–2′,3′	1,7	1,2		
44	2,3–2′,5′	2,0	3,0		
37	3,4–4′	2,0	0,4		
42	2,3–2′,4′				
37	3,4–4′	0,8	3,2		
41	2,3,4–2′	2,0	1,6		
74	2,4,5–4′	1,0	–		
70	2,5–3′,4′	1,8	–		
80	3,5–3′,5′	–	2,5		

Abb. 2. HRGC/MSD mit Detektion der Hexa-, Hepta- und Octachlorbiphenyle in PCB Clophen A 60

Tabelle 3.2. (Fortsetzung)

Nr.	Struktur	PCB 42% Chlor in %		PCB 60% Chlor in %	
		(13)	(9)	(13)	(9)
66	2,4–3′,4′	1,8	0,9		
91	2,3,6–2′,4′				
95	2,3,6–2′,5′	0,5	0,3	3,8	3,9
66	2,4–3′,4′	–	2,3		
60	2,3,4–4′				
89	2,3,4–2′,6′	1,5	1,5	–	0,8
101	2,4,5–2,5	–	–	5,2	4,1
148	2,3,5–2′,4′,6′	–	–	1,6	1,5
110	2,3,6–3′,4′	–	–	–	3,6
82	2,3,4–2′,3′	–	–	–	–
151	2,3,5,6–2′,5′	–	–	2,9	4,7
135	2,3,5–2′,3′,6′	–	–	1,8	–
144	2,3,4,6–2′,5′	–	–	9,4	9,6
149	2,3,6–2′,4′,5′	–	2,5	1,3	1,0
118	2,4,5–3′,4′				
146	2,3,5–2′,4′,5′			1,6	–
132	2,3,4–2′,3′,6′			3,8	4,6
153	2,4,5–2′,4′,5′			9,9	8,6
141	2,3,4,5–2′,5′			3,1	1,8
179	2,3,5,6–2′,3′,6′			1,1	0,7
138	2,3,4–2′,4′,5′			11,5	11,3
164	2,3,6–3′,4′,5′				
158	2,3,4,6–3′,4′			1,0	1,2
187	2,3,5,6–2′,4′,5′			1,9	3,8
182	2,3,4,5–2′,4′,6′			–	–
183	2,3,4,6–2′,4′,5′			–	–
174	2,3,4,5–2′,3′,6′			3,6	–
181	2,3,4,5,6–2′,4′			1,7	–
177	2,3,5,6–2′,3′,4′			1,1	3,4
180	2,3,4,5–2′,3′,5′			7,0	8,9
170	2,3,4,5–2′,3′,4′			3,7	5,1

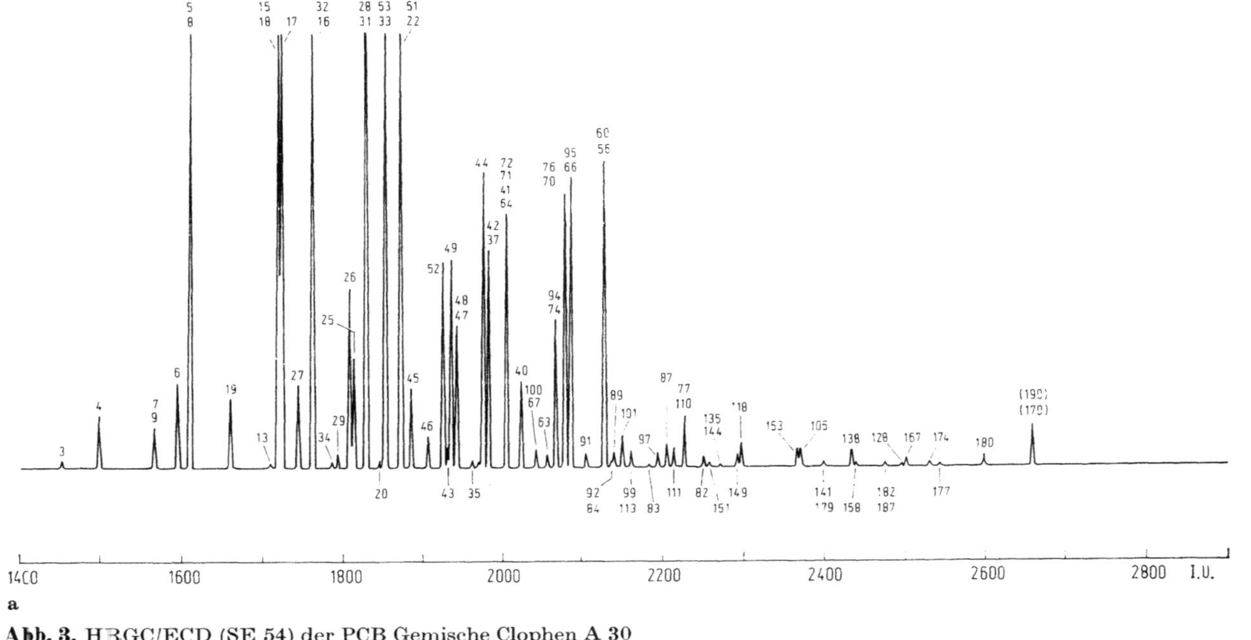

Abb. 3. HRGC/ECD (SE 54) der PCB Gemische Clophen A 30

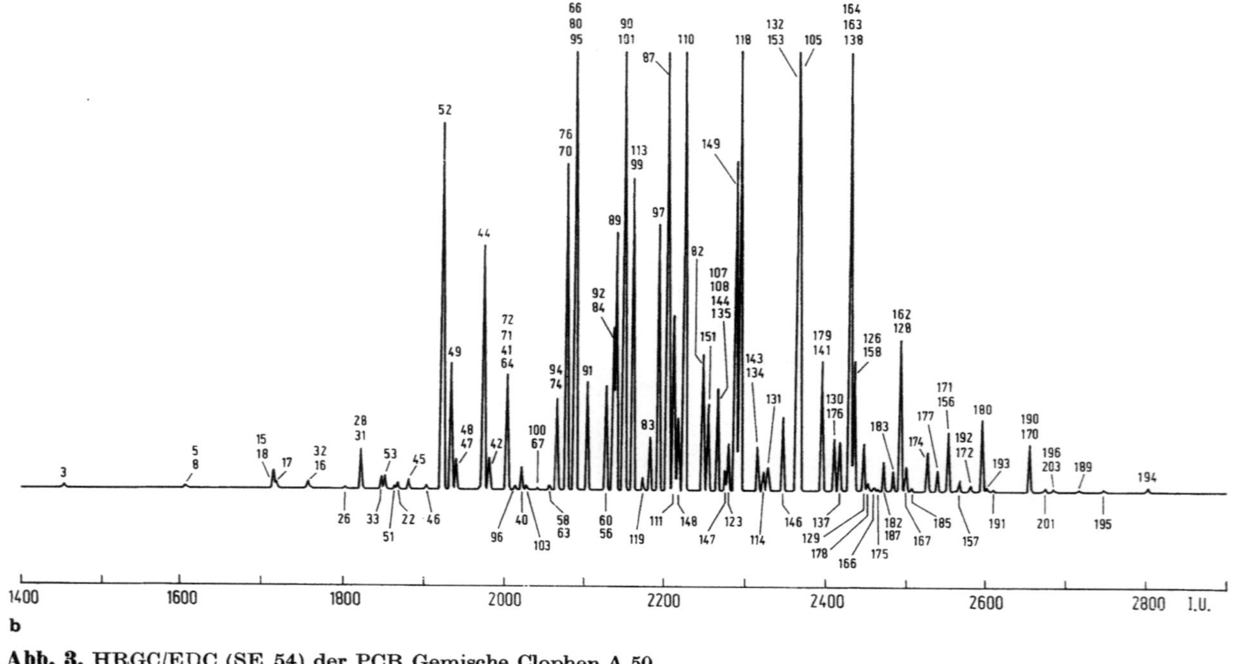

Abb. 3. HRGC/EDC (SE 54) der PCB Gemische Clophen A 50

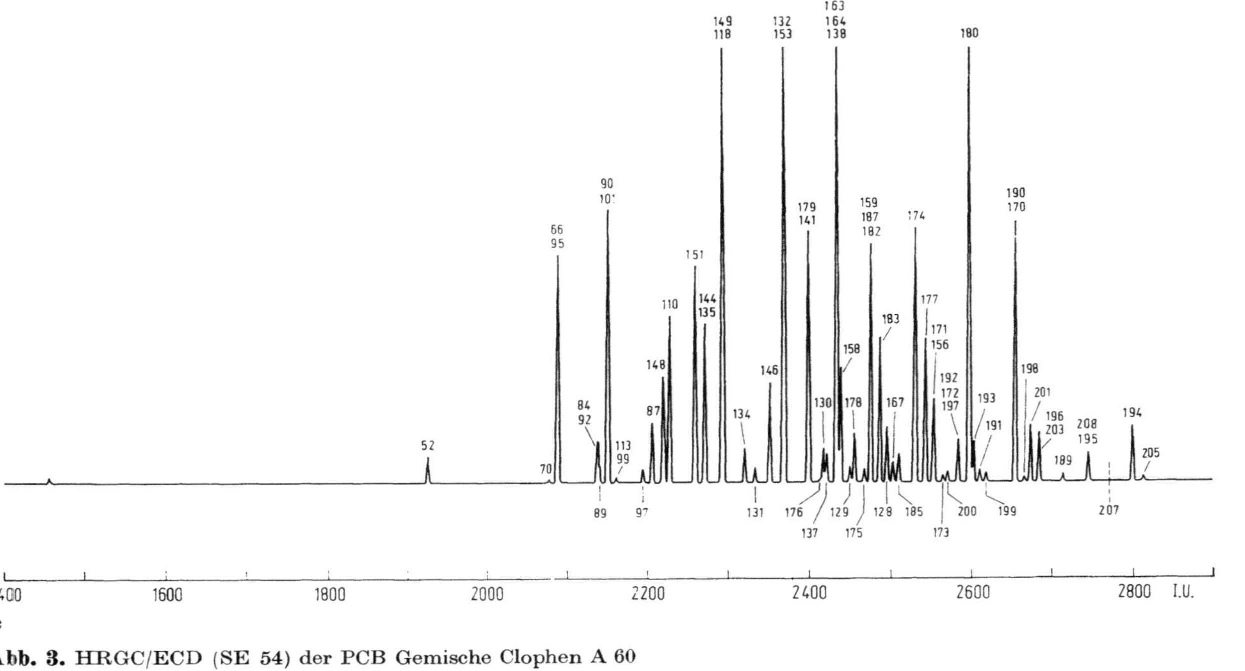

c

Abb. 3. HRGC/ECD (SE 54) der PCB Gemische Clophen A 60

Tabelle 3.3. Polychlorbiphenyle (PCB) $C_{12}H_{10-n}CL_n$

Chlor			M⁺-Ionen nach Elektronenstoß-Ionisation									
1		M⁺ (%)	[**188**]	(100)	190	(33)	192	(4)				
		F_1^+		118		120		122				
2		M⁺ (%)	222*	(100)	[**224**]	(66)	226	(11)	228	(0,1)		
		F_1^+		152		154		156		158		
3	(a)	M⁺ (%)	[**256**]	(100)	258	(98)	260	(32)	262	(4)		
		F_1^+		186		188		190		192		
4	(a)	M⁺ (%)	290	(77)	[**292**]	(100)	294*	(49)	296	(11)		
		F_1^+		220		222		224		226		
5	(a)	M⁺ (%)	[**324**]	(61)	326*	(100)	328	(65)	330	(21)		
		F_1^+		254		256		258		260		
6	(b)	M⁺ (%)	358*	(51)	[**360**]	(100)	362	(81)	364	(35)		
		F_1^+		288		290		292		294		
7	(b)	M⁺ (%)	392	(44)	[**394**]	(100)	396	(98)	398	(53)		
		F_1^+		322		324		326		328		
8	(b)	M⁺ (%)	426	(34)	[**428**]	(88)	430*	(100)	432*	(65)		
		F_1^+		356		358		360		362		
9	(c)	M⁺ (%)	460	(26)	462	(77)	[**464**]	(100)	466	(76)		
		F_1^+		390		392		394		396		
10	(c)	M⁺ (%)	494	(21)	496	(68)	[**498**]	(100)	500	(87		
		F_1^+		424		426		428		430		

(a) ΔMV = −0,1 (b) ΔMV = −0,2 (c) ΔMV = −0,3
BZ Nr.: Ballschmiter-Zell-Fresenius Z. Ana.l Chem. **302**, 20 (1980)

4 Trennung der PCB mittels Flüssigchromatographie

Die flüssigchromatographische Trennung von PCB-Komponenten kann in vielen Fällen eine hilfreiche Ergänzung der gaschromatographischen Trennung sein [7, 14–20]. Sie bietet vor allem bei der Frage der Abtrennung der PCB insgesamt von anderen Organochlorverbindungen verschiedene Alternativen. Die Detektion erfolgt in der Regel mittels UV-Absorption bei 260 bis 230 nm bzw. durch Fluoreszenzlöschung auf entsprechend präparierten DC-Platten. Die Absorptionsmaxima der PCB liegen bei 190–210 nm, Nebenmaxima bei 280–300 nm. Das Absorptionsspektrum ist strukturabhängig [1]. Drei grundsätzlich unterschiedliche Trennmechanismen stehen für die flüssig-chromatographische

								Monochlor-BZ Nr. 1–3
								Dichlor-BZ Nr. 4–15
264	(0,5) 184							Trichlor-BZ Nr. 16–39
298	(1) 228							Tetrachlor-BZ Nr. 40–81
332	(4) 262	334	(0,3) 264					Pentachlor-BZ Nr. 82–127
366	(9) 296	368	(1) 298	370	(0,1) 300			Hexachlor-BZ Nr. 128–169
400	(17) 330	402	(3) 332	404	(0,4) 334			Heptachlor-BZ Nr. 170–193
434*	(27) 364	436	(7) 366	438	(1) 368			Octachlor-BZ Nr. 194–205
468	(37) 398	470	(12) 400	472	(3) 402	474	(0,4) 404	Nonachlor-BZ Nr. 206–208
502	(49) 432	504*	(19) 434	506*	(5) 436	508	(1) 438	Decachlor-BZ Nr. 209

ΔMV = Massendefekt Chlor % = Maximaler Peak mit 100% gesetzt.
* = Massenspuren sind häufig durch Silikone gestört.

Trennung der PCB zur Verfügung:

(1) Adsorptionschromatographie auf (1.1) Florisil (Mg-Silikat), (1.2) Kieselgel oder (1.3) Aluminiumoxid mit Laufmitteln geringer Elutropie (Pentan, Hexan, Cyclohexan),

(2) Adsorptionschromatographie auf Aktivkohle mit (2.1) Aktivkohle auf Polyurethanmehl, Glasfasern oder Glaskugeln aufgebracht; (2.2) spärisch Pyrolysekohle mit unterschiedlicher Oberfläche pro Gramm; (2.3) Pyrolysekohle auf Kieselgel oder Al_2O_3 als Träger mit Benzol oder Toluol als Laufmittel.

(3) RP-Flüssigchromatographie auf Octadecyl-(C18) oder $(CH_2)_3$-Phenyl-Phasen mit Laufmittelgemischen auf Wasser-Methanol- oder Wasser-Acetonitril-Basis mit Tetrahydrofuran als Zusatz.

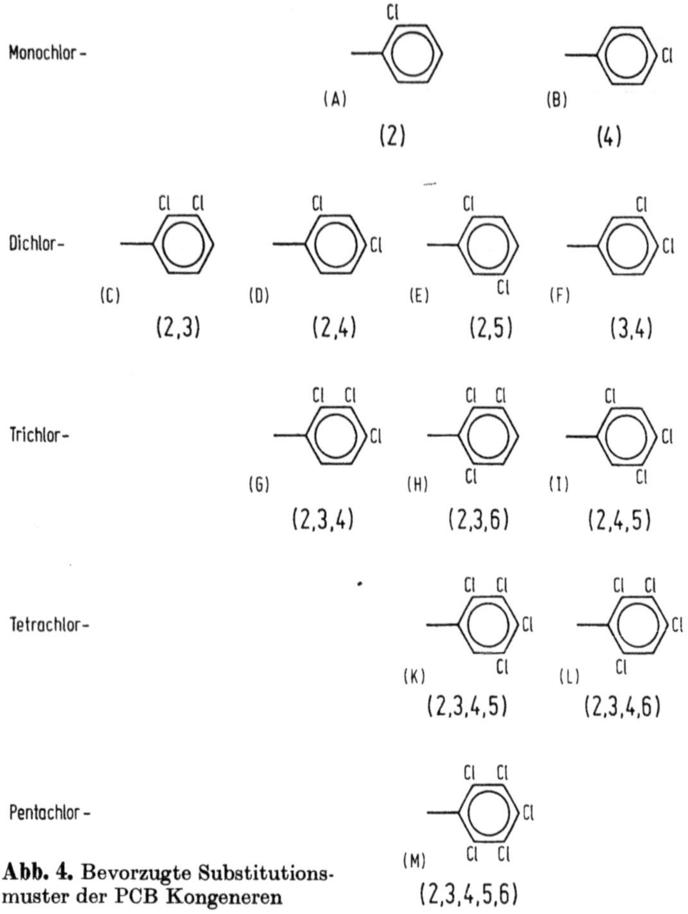

Monochlor- (A) (2) (B) (4)

Dichlor- (C) (2,3) (D) (2,4) (E) (2,5) (F) (3,4)

Trichlor- (G) (2,3,4) (H) (2,3,6) (I) (2,4,5)

Tetrachlor- (K) (2,3,4,5) (L) (2,3,4,6)

Pentachlor- (M) (2,3,4,5,6)

Abb. 4. Bevorzugte Substitutionsmuster der PCB Kongeneren

Jedes dieser Trennverfahren bringt unterschiedliche und typische Trennergebnisse [14–20]. Während die Adsorptions-Chromatographie auf Kieselgel und Al_2O_3 überwiegend nach dem Chlorierungsgrad trennt – mit Decachlorbiphenyl als PCB mit der geringsten Retention [17] – spielt die Planarität (Grad der Verdrillung der beiden Phenylringe durch Substitution in 2,2′,6,6′-Stellung) bei der Chromatographie auf Kohle eine überwiegende Rolle. „Planare" PCB Komponenten, d. h. ohne Substitution in 2,2′,6,6′-Stellung werden selektiv an Kohle adsorbiert [7, 19]. Diese Strukturvorgabe ist auch der Trennung mittels RP-HPLC überlagert, nur geht hier als weiterer Parameter die Löslichkeit in der mobilen Phase ein. Die Trennung auf der Nitrilphase erfolgt dagegen streng nach dem ansteigenden Chlorierungsgrad [20].

Die Abb. 5 gibt eine Trennung des PCB-Gemisches Clophen A 60 mittels RP–C_{18}–HPLC wieder. Die Zusammensetzung der getrennten

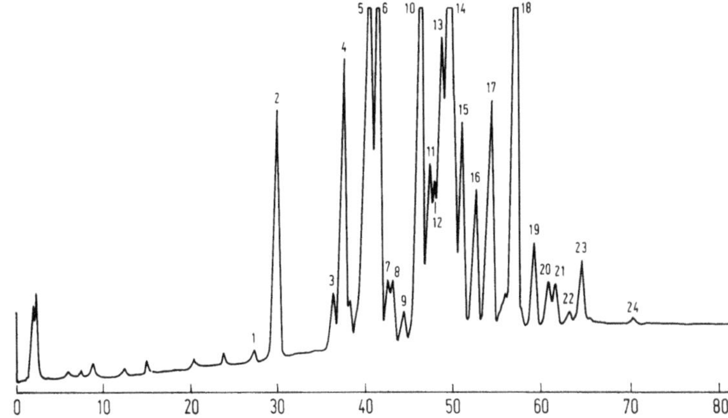

Abb. 5. RP-HPLC-Nucleosil 5 C18 – mit Gradienten-Elution 75% MeOH/25% H_2O → 90% MeOH/10% H_2O des PCB Clophen A 60 (UV Detektion: 254 nm)

Tabelle 4.1. Zusammensetzung der bei RP-HPLC erhältlichen Fraktionen: RP-HPLC von PCB Clophen A 60 auf Nucleosil 5 C18 mit MEOH/H_2O. Gradient: 75/25 → 90/10 (UV 254 nm)

HPLC Fraktion	PCB-Kongenere
1	84
2	52, 89, 95, 148
3	87
4	110, 132, 134
5	90, 92, 101, 135/141, 151
6	149, 179
7	135/141
8	159
9	176
10	118, 138, 164
11	129
12	177
13	131, 141, 158, 163
14	146, 153, 171, 174/181, 178
15	175, 182/187
16	183, 185, 202
17	156, 170, 190
18	167, 172, 180, 191, 192, 193, 197, 199, 200
19	195, 201
20	196, 198
21	203
22	189
23	194, 205
24	206

Fraktionen ist in Tabelle 4.1 enthalten [20]. Auf der Basis der RP-Kieselgel-Alkyl-HPLC lassen sich die für das Verteilungsverhalten in der Umwelt wichtigen Octanol/Wasser-Verteilungskoeffizienten, log K_{ow}, sowie die Wasserlöslichkeit bestimmen [20].

5 Trennung der PCB von anderen $C_8/_{18}C$-Organochlorverbindungen

Ein eindeutiger Nachweis der PCB mittels dem bedingt selektiven Elektroneneinfang-Detektor ist auch bei hochauflösender Kapillar-Chromatographie nur nach vollständiger Abtrennung von anderen im gleichen Bereich eluierenden Organochlorverbindungen möglich. Selbst bei Detektion mit dem massenselektiven Detektor ist eine ausreichende Abtrennung der Matrix und anderer oft komplexer Gemische an Störkomponenten notwendig [21, 22]. Als Störungen bevorzugt bei der Detektion mit dem ECD und dem MSD können auftreten:

1) Chlorparaffine C_8—C_{18},
2) Verbindungen der 4,4′ und 2,2′ DDT-Gruppe,
3) Chlordan-Gruppe,
4) Polychlorcamphene (Toxaphen),
5) Polychlornaphthaline,
6) Polychlorterphenyle,
7) Chlorbenzyltoluole,
8) Phthalsäure-Ester,
9) Cyclodien-Pesticide (Dieldrin, Endrin, Mirex etc.),
10) elementarer Schwefel S_8 und R_2S_x Verbindungen.

Bis auf eine Abtrennung vom 4,4′-DDE und einige wenige Komponenten des Toxaphen, das selbst aus mehr als 600 unterscheidbaren Verbindungen besteht, ist die Adsorptionschromatographie der PCB auf Mg-Silikat (Florisil), Al_2O_3 oder Kieselgel mit Hexan als Laufmittel die einfachste und wirksamste Trennmethode [14, 15, 16, 18, 23]. Eine Abtrennung von Kohlenwasserstoffen z. B. für die PCB-Bestimmung in Altöl erfolgt über die Hexan/Dimethylformamid/Hexan-Verteilung, die gleichzeitig auch eingesetzt wird, um die PCB aus einer Lipid-Matrix anzureichern [21]. Für die Routine hat sich die Vorreinigung über eine Benzolsulfonsäuresäule mit nachfolgender Elution mit Hexan von einer Kieselgelsäule (DIN-Entwurf 51527) bewährt. Der Cleanup von Bioproben kann auch über Gelpermeation erfolgen [22]. Die Abtrennung von Schwefel und schwefelhaltigen Verbindungen erfolgt am einfachsten durch Rühren der Hexanlösung zusammen mit amalgamiertem Kupferpulver.

Eine Trennung von PCB und Toxaphen ist mit Adsorptions-Chromatographie auf Mg-Silikat (Florisil 1,3% H_2O) und Hexan als Elutionsmittel möglich. Analoge Ergebnisse sind mit Kieselgel (5% H_2O) und Hexan als Laufmittel zu erzielen.

Die Abtrennung der PCB als Störkomponenten ist über eine UV-Photolyse möglich. Andererseits kann die Stabilität der PCB gegenüber der alkalischen Dechlorierung, die bevorzugt Chloraliphaten angreift, benutzt werden, um die Anwesenheit von PCB zu bestätigen. Umweltproben mit geringem PCB Gehalt aber sehr hohem Gehalt an Polychlorcamphenen (Toxaphen) lassen sich so mittels Alkaliabbau der Polychlorcamphene und anschließender Trennung mittels HRGC/ECD analysieren [24].

PCB lassen sich ebenfalls mit der Hexan/Schwefelsäure (98%) Verteilung bei sachgerechter Ausführung erfolgreich aus komplexen Matrices mit hoher organischer Belastung, z. B. Böden, Sedimente anreichern.

6 Quantifizierung der PCB

Die richtige Quantifizierung der PCB ist schwierig. Die Quantifizierung der PCB kann bedeuten:

1. Summe der PCB Kongeneren ausgedrückt als eine Bestimmungsform z. B. Biphenyl oder Decachlorbiphenyl.
2. Summe der PCB Kongeneren ausgedrückt als Summe der im Gemisch vorhandenen einzelnen Kongeneren oder eines typischen PCB Gemisches (PCB Typ).
3. Summe von Kongeneren mit bestimmter Struktur (Chlorierungsgrad, Substitutionsmuster)
4. Quantifizierung einzelner „typischer“ PCB Kongenere ausgedrückt als Gehalt der Kongenere, deren Summe oder Umrechnung auf bestimmte PCB Typen (42% Chlor, 54% Chlor, 60% Chlor).

Voraussetzung einer quantitativen Bestimmung muß die eindeutige qualitative Bestimmung der PCB sein. Diese kann bei schwierigen Matrices aufwendige Vortrennungen und die Anwendung der HRGC/MSD Technik notwendig machen.

Liegen in der Probe nur oder weitgehend *definierte* technische PCB Gemische, sogenannte *PCB-Typen* vor, ist eine ausreichend richtige Quantifizierung im Spurenbereich mittels Eichlösung eben dieser PCB-Typen und Auswertung der Fläche bzw. Peakhöhen (HRGC) typischer intensiver Peaks u. a.

PCB 42% Chlor: PCB Nr. 18, 20, 28/31, 44, 52; und
PCB 60% Chlor: PCB Nr.: 95, 101, 138, 144/149, 153, 170, 180

möglich.

Liegen *definierte* Gemische von *verschiedenen PCB-Typen* vor, ist die Erstellung einer Eichlösung über eine Mischungsreihe (3–6 Mischungen) dieser PCB-Typen ein Ausweg.

Liegen *undefinierte* Mischungen von PCB-Typen, die zusätzlich durch Abbau in ihrer Zusammensetzung verändert wurden, vor, gibt es vier Lösungsansätze für eine ausreichend richtige Quantifizierung des Summengehaltes:

(1) Perchlorierung der PCB zum Decachlorbiphenyl – Summe PCB,
(2) Dechlorierung der PCB zum Biphenyl – Summe PCB,
(3) Quantifizierung über Indikator-Kongeneren, die nach Übereinkunft ausgesucht werden,
(4) Quantifizierung aller PCB-Kongeneren über vollständige Trennung und Anwendung des jeweiligen Ansprechfaktors des verwendeten Detektor-Typs.

Die Perchlorierung ist bei der grundsätzlichen Attraktivität, *eine* und dazu nachweisstarke Bestimmungsform für alle PCB Komponenten zu erhalten, mit nur schwer faßbaren systematischen Fehlern behaftet [25]. Die Alternative, auf Biphenyl als Bestimmungsform auszuweichen, konnte in ihrer Ausführung stark vereinfacht werden und ergibt auch bei komplexen Matrices richtige Ergebnisse [25].

Als praktikable Alternative, die vor allem auch bei Überwachungsaufgaben einen hohen Probendurchsatz ermöglicht, ist die Übereinkunft auf EG-Ebene anzusehen, nach Vortrennung und hochauflösender Kapillar-Gaschromatographie mit ECD-Detektion sechs repräsentative PCB-Kongenere (Tab. 6.1) jeweils einzeln oder mit einem definierten Multiplikator zur Quantifizierung einer Summe der PCB zu benutzen [26, 27].

Da für den Flammenionisationsdetektor bei optimaler Einstellung die molare Anzeige z. B. in picomol pro Peakfläche vom Chlorierungsgrad unabhängig ist, lassen sich die molaren und damit auch gewichtsmäßigen Anteile von einzelnen PCB Komponenten an der Gesamtmischung mit ausreichender Genauigkeit bestimmen [12, 13].

Nach derzeit noch nicht verbindlicher europäischer Übereinkunft, die auch vom National Bureau of Standards, Washington, übernommen werden könnte, wurden die in Tabelle 6.1. aufgeführten PCB Komponenten ausgewählt. Diese Verbindungen sind vom BCR, Brüssel, in 99,9% Reinheit synthetisiert worden und als Eichkomponenten erhältlich. Auf der Basis dieser pragmatischen Vorgehensweise werden voraussichtlich auch Höchstwerte für das Vorkommen von PCB festgesetzt.

Werden alle PCB Komponenten aufgetrennt und mit bekannten Nachweisfaktoren des jeweiligen Detektors korrigiert, was heute mit Kleinrechnern problemlos möglich ist, erhält man eine richtige Bestimmung aller PCB Kongeneren als Summe PCB. Diesem Ansatz kommt das Verfahren von Schulte und Malisch nahe [28]. In der Praxis scheitert aber dieser Ansatz an der bis jetzt nicht erreichten vollständigen Trennung der 209 PCB mittels HRGC. Auf jeden Fall konnten diese Autoren zeigen, welche systematische Abweichung entsteht, wenn der PCB Gehalt z. B. in Muttermilch über Indikatorkomponenten nur auf das PCB-Gemisch Clophen A 60 bezogen wird.

Die Bestimmung der PCB durch Isotopen-Verdünnungsanalyse unter Einsatz von ^{13}C-markierten PCB Kongeneren ist beschrieben worden [29]. Hierbei ist aber zu berücksichtigen, daß die relativen Anzeigefaktoren

Tabelle 6.1. Indikator-Komponenten zur Quantifizierung der PCB

Nr. 28	ca. 9%	in	42%	Chlor	PCB	(A 30[a]; 1242[b])
Nr. 52	ca. 8%	in	48%	Chlor	PCB	(A 40; 1248)
Nr. 101	ca. 8%	in	52%	Chlor	PCB	(A 50; 1254)
Nr. 138	ca. 12%	in	60%	Chlor	PCB	(A 60; 1260)
Nr. 153	ca. 9%	in	60%	Chlor	PCB	(A 60; 1260)
Nr. 180	ca. 8%	in	60%	Chlor	PCB	(A 60; 1260)

[a] Chlophen; [b] Arochlor

Eine Höchstmenge von 1 ppm Clophen A 60 ist gegeben durch das Vorhandensein von 0,08 ppm Nr. 180 bzw. 0,12 ppm Nr. 138 bei Zuordnung des Musters zum Chlophen A 60 für die PCB beim massenselektiven Detektor (MSD) eine ähnliche strukturbezogene Streuung zeigen, wie die Anzeigefaktoren für den Elektroneneinfang-Detektor [30]. Letztlich sind deshalb ^{13}C-markierte PCB-Kongeneren in einem erheblichen Umfang notwendig. Werden die PCB-Kongeneren der Tabelle 6.1 als Bezugsgrößen für die Eichung genommen und läßt man die Unterschiede im MSD-Anzeigefaktor innerhalb eines Chlorierungsgrades außer acht, ist eine einfache Quantifizierung der PCB mit dem MSD möglich. Als Korrektur zur Verbesserung der Richtigkeit muß der jeweilige Anzeigefaktor – soweit bekannt – eingehen oder ein PCB Kongeneres mit dem besten mittleren Anzeigefaktor gewählt werden [29, 30].

7 Vorkommen und Verbleib der PCB in der Umwelt

7.1 Vorkommen in Luft, Wasser, Sedimenten, Biota, Mensch

Die Polychlorbiophenyle werden trotz ihrer Schwerflüchtigkeit und geringen Wasserlöslichkeit und trotz der Tatsache, daß sie nie bewußt direkt an die Umwelt bei ihren Anwendungen abgegeben wurden, in allen Umweltbereichen nachgewiesen [2]. Sie stellen einen Modellfall für das ubiquitäre Vorkommen einer ganzen Stoffklasse mit eindeutig anthropogenem Ursprung dar. Dieses Vorkommen kann als ein gewaltiges globales Experiment zur Verteilung einer Umweltchemikalie im geochemischen Kreislauf der Kohlenstoffverbindungen gesehen werden. Den Modellcharakter solcher unbeabsichtigter globaler Experimente versucht das „Ulmer Modell" zum Vorkommen, Transport und Verbleib von Umweltchemikalien zu erfassen [31].

PCB werden in der Luft der unteren Troposphäre im Bereich von 0,1 – 10 ng m^{-3} gefunden. Das Muster läßt sich am ehesten durch ein Gemisch von PCB 54% Chlor und 60% Chlor (1:1) mit wechselnden Gehalten an PCB 42% Chlor simulieren. Die Abweichungen von diesem Bezugsgemisch sind durch den Dampfdruck der PCB-Kongeneren geprägt [32]. In Island wurden im Sommer 1972 1,05 µg PCB m^{-2} $Monat^{-1}$ und im Winter 1972/73 0,05 µg PCB m^{-2} $Monat^{-1}$ als Trockendeposition aus der Luft gemessen. In Columbia, South Carolina USA, wurden als Deposition im Frühjahr 1977 vergleichsweise 3,6 µg Aroclor 1254 m^{-2} $Monat^{-1}$ gefunden [23].

In unbelasteten Bereichen der Ozeane scheint im Wasser ein Gehalt von 0,01 – 0,5 ng L^{-1} vorzuliegen, wobei das Muster der an die Partikelphase adsorbierten PCB Komponenten von dem im freien Wasser abweicht [33, 34]. Die Wasserlöslichkeit von PCB 54% Chlor von 28 µg/Liter Seewasser ist damit um mehrere Größenordnungen unterschritten. Für PCB 60% Chlor liegt die Löslichkeit in Wasser bei 9 µg L^{-1}. In der Nordsee wurden für die Indikator-PCB 138 und 180 Gehalte von $< 0,5$ bis 4,1 ngL^{-1} bzw. $< 0,15$ bis 1,0 ngL^{-1} bestimmt, was einen Summengehalt von ca. 1 – 30 ngL^{-1} entspricht [35].

In Flüssen kann als Emission oft das reine PCB 42% Chlor als Muster gefunden werden. PCB Gehalte in der Elbe lagen bei 20 ngL^{-1} PCB 60% Chlor. Sedimente als Senken haben in Gebieten starken Eintrages (Hafenbecken, Flußläufe mit Eintrag aus elektrotechnischen Betrieben) PCB Gehalte von 0,05–1,2 mg kg^{-1} PCB 60% Chlor. Das Muster ist in diesen Fällen stark von PCB 54% und 60% Chlor geprägt [36].

Die PCB werden gut akkumuliert, und extreme Werte einer PCB-Belastung über 100 ppm wurden in biologischen Proben aus Kanada und aus der Ostsee gefunden. In Fischen aus der tropischen Zone des östlichen Nordatlantiks (0–200 m) liegen in der Leber die Gehalte bei 0,1 bis 0,2 mg kg^{-1} (ppm) Lipide mit Schwerpunkt bei PCB 54% und 60% Chlor. Tiefseefische aus dem Nordatlantik (1000–2500 m) haben vergleichsweise hohe Werte von 5–10 mg kg^{-1} Lipide (ppm) [37]. Die Anreicherung der PCB ist für marine Organismen zum Teil artspezifisch [38] und abhängig vom Aufenthaltsort in der marinen Wassersäule [39]. Es ließ sich zeigen, daß Kabeljau und die drei Plattfische Kliesche, Scholle und Flunder sich hinsichtlich des akkumulierten PCB Musters etwa gleich verhalten, aber der Seeskorpion, ein räuberisch lebender Grundfisch, und vor allem die Miesmuschel sich deutlich von der ersten Gruppe unterscheiden [38]. Für Fische aus einem Lebensbereich unterhalb 1000 m ist eine deutliche verstärkte Anreicherung der höheren Chlorierungsgrade der PCB zu beobachten. Hier spiegelt sich der Transportmechanismus (Detritus) in die Tiefe wider [39].

In Humanfett wurden Gehalte von 1–10 mg kg^{-1} Lipide gefunden, dem entsprechen die Werte im Knochenmark [40]. In Humanmilch wurden Gehalte um 1–2 mg kg^{-1} Lipide bestimmt [28]. Das Muster der PCB in Humanmilch zeigt deutlich die Grenzen des Abbaus von PCB auf, denn nur typische Strukturen haben sich gegenüber technischen Gemischen vermindert oder sind nicht mehr vorhanden. Die Abb. 6/1 und 6/2 zeigen für die Hexachlor- und Heptachlor-biphenyle die Veränderungen im Muster im Vergleich zu im Dorschlebertran akkumulierten PCB-Kongeneren auf. Das PCB Muster einer Gruppe 348 PCB exponierten und nicht direkt exponierten Personen ließ sich auf eine Mischung von PCB 54% Chlor und 60% Chlor mit überwiegendem Anteil von 60% Chlor zurückführen [41].

Für Pinguine wurde gefunden, daß zwischen Mutter und Ei sich für das Muster der PCB Kongeneren kein Unterschied einstellt [42]. Bei Delphinen dagegen wurde nachgewiesen, daß sich im Fötus die niederchlorierten PCB relativ zum Muster der Mutter anreichern, PCB also Placenta-gängig sind [42].

Die biologische Wirkung der PCB Kongeneren als Induktoren der gemischt-funktionalen Oxidasen (MFO) kann in drei Gruppen unterteilt werden:

1. Methylcholanthren-Typ (MC-Typ) und Induktion der Cytochrom P 448 Enzyme,
2. Phenobarbital-Typ (DB-Typ) mit Induktion der Cytochrom P 450 Enzyme und
3. gemischte Induktion (MC + PB Typ) beider P 448 und P 450 Enzymsysteme

Aus Struktur-Aktivitätsdaten ist für alle 209 Kongeneren die Zuordnung zu den drei Induktionstypen getroffen worden [43]. Als besonders biologisch aktiv hat sich die 3,3′,4,4′-Struktur erwiesen, die u. a. in den PCB Nr. 77, 105, 156 bis 158, 169 und 170 enthalten ist.

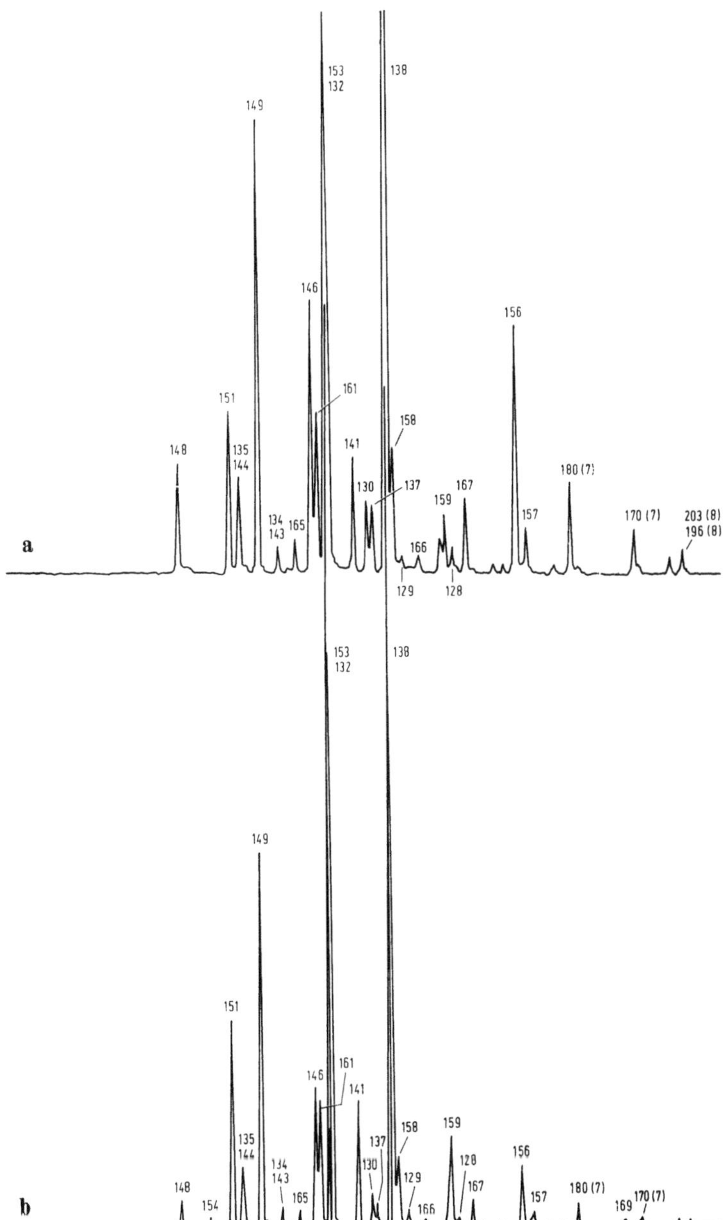

Abb. 6/1. Hexachlorbiphenyle in (**a**) Dorschlebertran und in (**b**) Muttermilch (HRGC-MSD (393,8 amu))

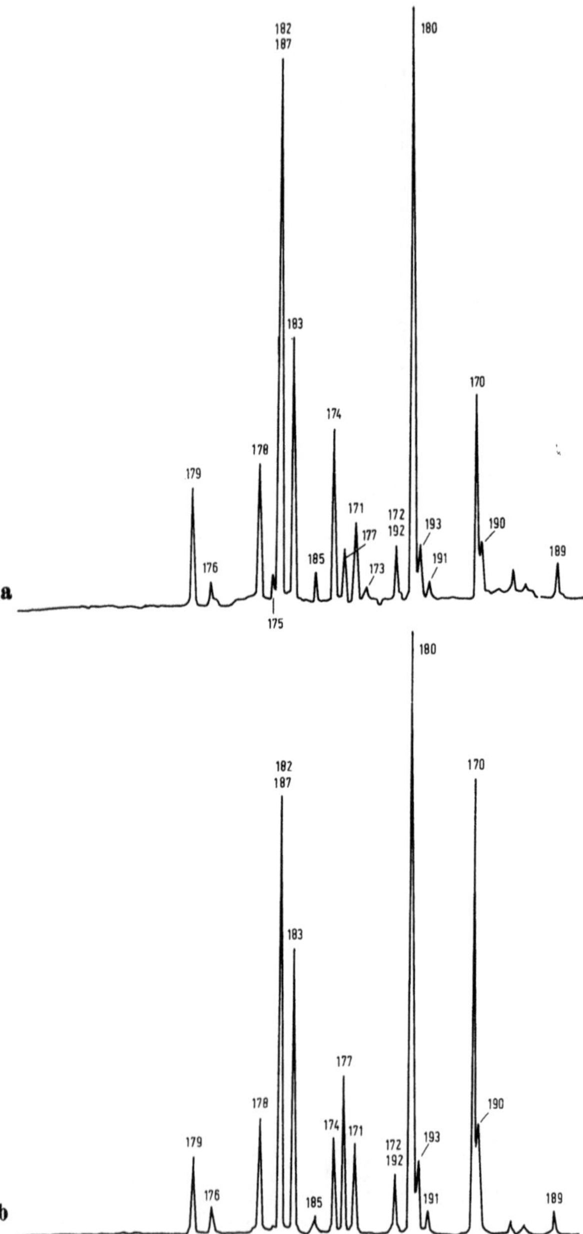

Abb. 6/2. Heptachlorbiphenyle in (**a**) Dorschlebertran und in (**b**) Muttermilch (HRGC-MSD (429,75 amu))

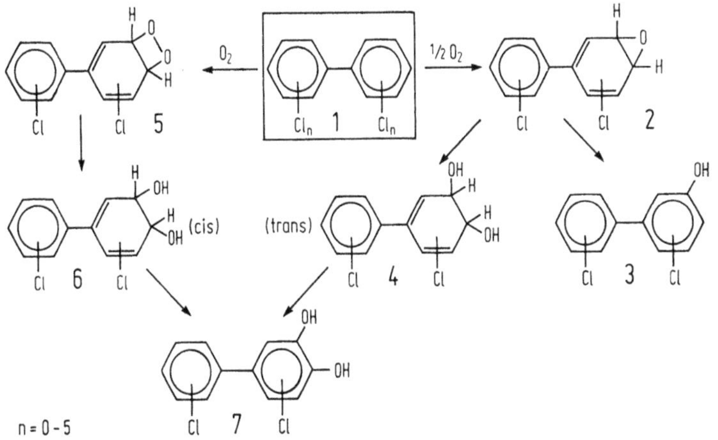

Abb. 7. Primärschritte des Abbaus der PCB

7.2 Biotischer Abbau der PCB

Als Reaktionsschritte beim Metabolismus der PCB müssen für jedes Substitutionsmuster im einzelnen diskutiert werden:

(1) Ring-Hydroxylierung
(2) NIH-Verschiebung der Chlor-Substituenten
(3) Chlor-Eliminierung
(4) Methylether-Bildung
(5) Chinon-Bildung
(6) 1,2-, 2,3- und 3,4-Spaltung der o-Dihydroxy-biphenyle
(7) 1,2- und 2,3-Spaltung der Chlorbrenzkatechine
(8) Hydrierung des aromatischen Systems oder von Folgeprodukten
(9) Carboxylierung und Decarboxylierung
(10) Alpha-Oxidation
(11) Beta-Oxidation
(12) Lacton-Bildung
(13) Bildung cyclischer Ether
(14) Konjugat-Bildung
(15) Bildung von Methylthioethern und Methylsulfonen.

Beim Abbau transformierbarer PCB bildung sich in der ersten Stufe Chlorphenylphenole bzw. deren Methylester und Chlorphenyl-diphenole (Abb. 7). In Sedimenten zweier Seen in der Schweiz wurden Methylthio-substituierte PCB nachgewiesen [44, 45]. In Körperfett und Muttermilch sind Methylsulfone der PCB gefunden worden [46]. Erfolgt ein weiterer Abbau dieser Verbindungen, ist über eine Folge von Zwischenprodukten (Abb. 8) die Stufe der Chlorbenzoesäuren bzw. Chlorphenylcarbonsäuren als nächste Senke einer Biotransformation beobachtet worden. Andere aus dem bekannten Abbau des Benzolringes bzw. des nicht substituierten Biphenyls ableitbare Zwischenprodukte wurden bisher nicht gefunden [47].

Als Grundregel für die Persistenz auch der PCB und deren Folgeprodukte gilt die para-Rekalzitranz-Regel. Diese besagt, daß bei Chlor-Substitution in 1,4-Stellung bzw. 2,5-Stellung am Benzolring nicht oder nur sehr langsam abbaubare Verbindungen entstehen [47]. Das para-Prinzip findet man auch bei nur langsam metabolisierbaren Verbindungen wie 4-Chlorbenzoesäure, 1,4-Dichlorbenzol, DDE und 2,3,7,8-TCDD. Eine oft postulierte freie vicinale Stelle am aromatischen Ring als optimal für den enzymatischen Angriff gilt nicht für die 2,3-Stellung sondern nur für die 3,4-Stellung und schließt somit die freie 4-Stellung mit ein. Die Tabelle 7.1 faßt die Komponenten mit 4,4-Disubstitution zusammen. Langfristig werden diese PCB-Komponenten neben denen mit 2,5- bzw. 3,5-Substitution die Belastung in Warmblütern, damit auch für den Menschen (Fettgewebe, Knochenmark, Muttermilch), darstellen [11, 28, 40].

Untersuchungen an Eisbären zeigen aber auch, daß diese ein sehr stark reduziertes PCB-Kongeneren Muster aufweisen und somit in der Lage sind,

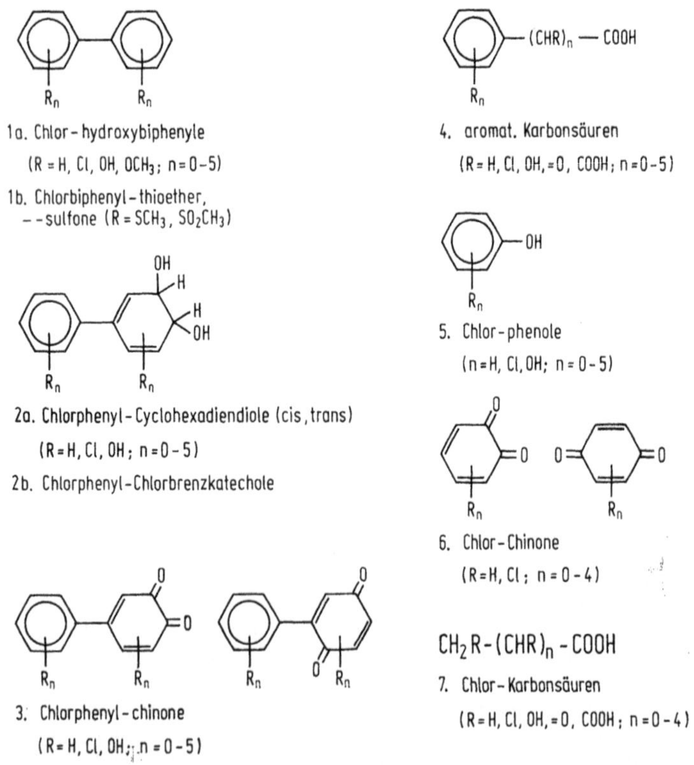

Abb. 8. Folgeprodukte des Abbaus der PCB

Tabelle 7.1. Für Warmblüter persistente PCB-Kongeneren mit 4,4-Disubstitution in PCB-Gemischen mit 24% bzw. 60% Chlor. Kombinationen der Substitutionsmuster B, D, F, G, I, K, L, M aus Abb. 4

		% in 42% Cl	% in 60% Cl
15	4,4′	2,5	–
28	2,4,4′	8,5	–
37	3,4,4′	1,0	–
47	2,2′,4,4′	1,0	
60	2,3,4,4′	1,5	
66	2,3′,4,4′	2,0	
74	2,4,4′,5	1,0	
77	3,3′,4,4′	–	0,1
85	2,2′,3,4,4′	0,3	0,1
99	2,2′,4,4′,5	0,2	0,2
118	2,3′,4,4′,5	–	1,5
119	2,3′,4,4′, 6	0,3	1,0
128	2,2′,3,3′,4,4′	–	1,0
137	2,2′,3,4,4′,5	–	0,1
138	2,2′,3,4,4′,5′	–	11,5
153	2,2′,4,4′,5,5′	–	10,0
156	2,3,3′,4,4′,5	–	1,0
170	2,2′,3,3′,4,4′,5	–	4,0
180	2,2′,3,4,4′,5,5′	–	7,0
181	2,2′,3,4,4′,5,6		3,0
182	2,2′,3,4,4′,5,6′		
183	2,2′,3,4,4′,5′,6		
189	2,3,3′,4,4′,5,5′		
190	2,3,3′,4,4′,5,6		
191	2,3,3′,4,4′,5′,6		
194	2,2′,3,3′,4,4′,5,5′	–	0,9
195	2,2′,3,3′,4,4′,5,6	–	0,4
196	2,2′,3,3′,4,4′,5,6′	–	0,2
197	2,2′,3,3′,4,4′,6,6′	–	< 0,1
203	2,2′,3,4,4′,5,5′,6	–	< 0,1
204	2,2′,3,4,4′,5,6,6′	–	< 0,1
205	2,3,3′,4,4′,5,5′,6	–	< 0,1
206	2,2′,3,3′,4,4′,5,5′,6	–	0,1
207	2,2′,3,3′,4,4′,5,6,6′	–	< 0,1
209	2,2′,3,3′,4,4′,5,5′,6,6′	–	0,2

weitere Strukturen als die oben aufgezeigten, abzubauen. Adaptierte Mikroorganismen (Acinetobacter sp.) könnten z. B. 2,4,4′-Trichlorbiphenyl (Nr. 28) aber nicht 2,2′,4,4′-Tetrachlorbiphenyl (Nr. 47) abbauen [48].

7.3 Abiotischer Abbau der PCB

UV Licht mit Wellenlängen unter 260 nm baut die PCB unter Chlorabspaltung ab. Es ist u. a. eine analytische Möglichkeit zwischen PCB Komponenten und aliphatischen Organochlorverbindungen mit ähnlichen

Trenncharakteristika zu unterscheiden. In der Troposphäre tritt UV-Licht unterhalb 290 nm nicht auf, die direkte Photolyse spielt demnach keine oder nur sehr untergeordnete Rolle. Andere abiotische Abbauvorgänge können ebenfalls ausgeschlossen werden. Bei nahezu vollständigem Erhalt der Kongenerenverhältnisse der PCB, wie sie in technischen PCB-Gemischen gefunden werden, in biologischen Proben aus dem marinen Bereich nahe der Oberfläche, folgt die festzustellende Veränderung einem strengen molekularen Grundmuster (para-Rekalzitranz) [23]. Sie kann außerdem direkt mit der trophischen Ebene korreliert werden, was sehr stark für eine überwiegende oder alleinige Veränderung durch biologischen Abbau spricht [23]. Unbeschadet dieser Tatsachen wird ein Abbau vor allem durch Licht immer wieder diskutiert. Die aufgestellten Massenbilanzen haben aber als Basis stets sehr unsichere Schätzungen des Eintrages an PCB in die Umwelt. Allein die globalen Produktionsziffern können nur angenähert geschätzt werden. Die Rotverschiebung im Absorptionsspektrum der PCB in Festzustand oder nach Adsorption auf Feststoffen wird oft als Beweis für einen möglichen Photoabbau angeführt. Als Katalysatoren für einen Photoabbau von PCB Kongeneren haben sich n-Typ-Halbleiter wie ZnO oder TiO_2 erwiesen [49].

8 Bildung und Vorkommen von PCB in Flugaschen aus Müllverbrennungsanlagen

Die Untersuchung der organischen Emissionen von Verbrennungsanlagen ergab, daß die PCB dort in einem von den technischen Gemischen stark abweichenden Muster auftreten und daher dem Verbrennungsvorgang originär entstammen müssen [11, 50]. Die geringe Strukturspezifität vor allem der höherchlorierten PCB, die aus im Elektrofilter abgeschiedenen Flugaschen von Verbrennungsanlagen isoliert werden können, belegt einen radikalischen Bildungsmechanismus, wie er für die Flammenchemie typisch ist [49, 50] (Abb. 9). In [50] sind vergleichend das Muster der Octachlorbiphenyle aus einem PCB 60% Chlor und einer Flugasche gegenübergestellt wie sie durch HRGC/MSD angezeigt werden. Bis auf Spuren der symmetrischen Octachlorbiphenyle Nr. 194 (2,2′,3,3′,4,4′,5,5′) und Nr. 202 (2,2′,3,3′,4,4′,6,6′) sind in der Flugasche alle anderen 10 möglichen intensiv im Flugaschenmuster vertreten. Für die Bildung ist neben der radikalischen Aufchlorierung von PCB auch die Dimerisierung zweier Chlorbenzole mit möglicher nachfolgender Aufchlorierung anzunehmen. Die Chlorbenzole PCBz (4–6) sind gegenüber dem PCB in deutlich höheren Konzentrationen in Flugaschen nachzuweisen [51]. Bisher wurden Überlagerungen des PCB Musters der technischen PCB-Typen mit denen der Flugaschen in Umweltproben noch nicht beobachtet. Andererseits spricht vieles für einen erheblichen Eintrag von Hexachlorbenzol aus Verbrennungsvorgängen in die Umwelt mit der logischen-Folgerung, daß ein entsprechender Eintrag der PCB aus dieser Quelle gleichfalls vorliegen muß.

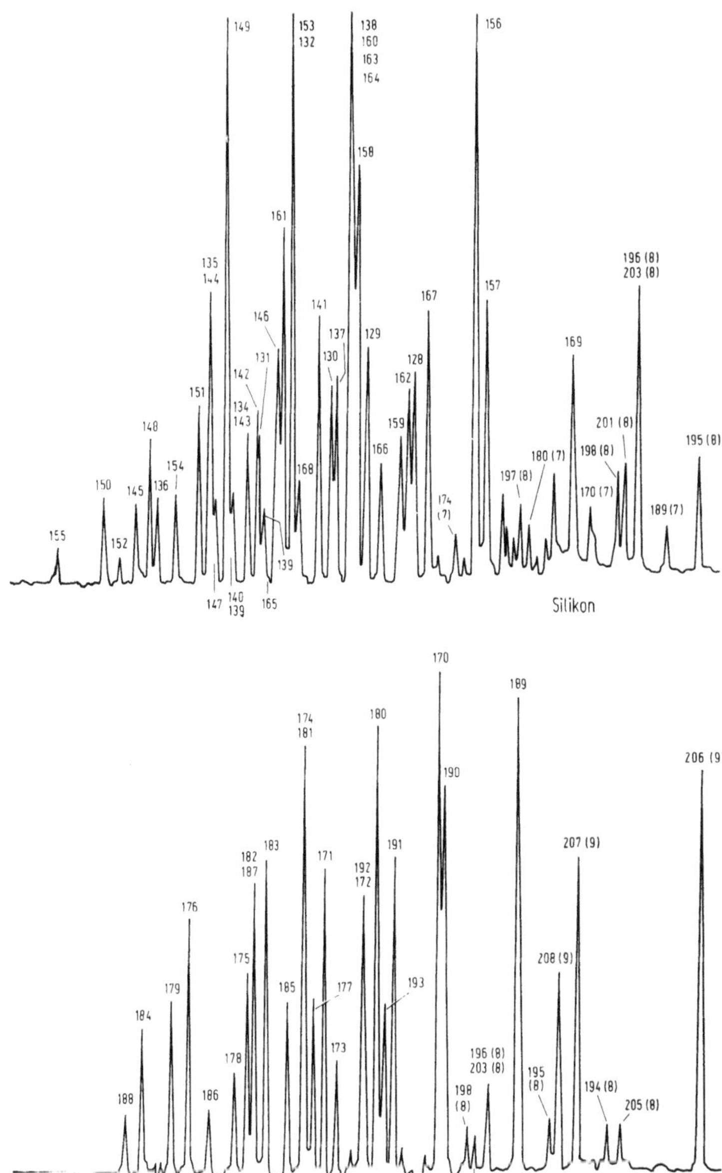

Abb. 9. HRGC/MSD (359,85 und 393,8 amu) des Extrakts einer Elektrofilterasche aus einer Müllverbrennungsanlage: Detektion der Hexachlor- (oben) und Heptachlorbiphenyle (unten)

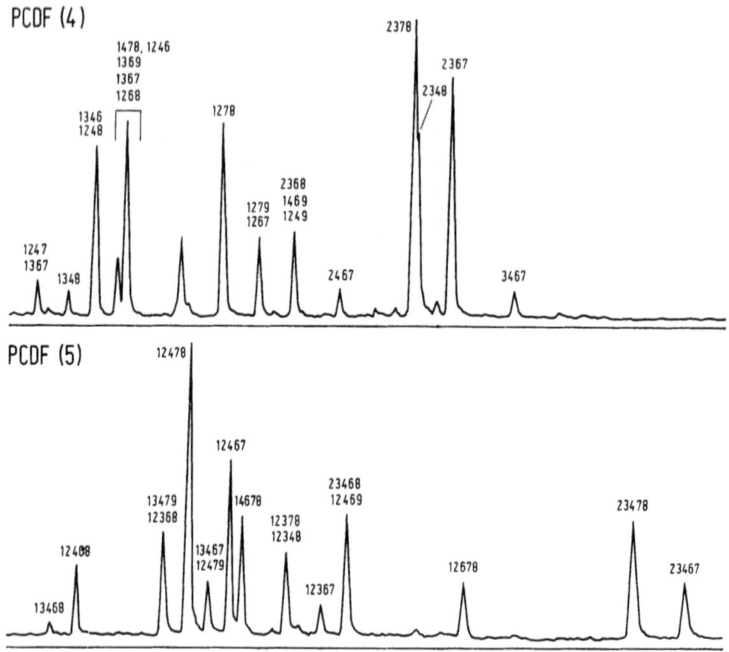

Abb. 10. HRGC/MSD (Sil 88 – 303,9 und 339,9 amu) Muster der Tetrachlor- und Pentachlor-dibenzofurane, die bei Pyrolyse des Clophen A 60 bei 400 °C entstehen

9 Polychlordibenzofurane (PCDF) und -dibenzodioxine (PCDD) als Reaktionsprodukte der PCB

Polychlordibenzofurane sind produktionsbedingt als Verunreinigungen im Bereich von 2–10 ppm in den PCB-Typen enthalten. In Tabelle 9.1 ist die Verteilung der Chlorierungsgrade der PCDF in verschiedenen PCB-Typen nach Untersuchungen von Buser und Rappe aufgeführt [52]. Von Bedeutung für die Entsorgung und für die PCB-Unfälle mit thermischer Belastung (Kondensator-Brände) ist die Bildung der PCDF und der PCDD, insbesondere des 2,3,7,8-TCDF und des 1,2,3,7,8-P5CDF sowie des 2,3,7,8-TCDD, im Temperaturbereich von 600–700 °C. Mögliche Bildungswege sind in der Abb. 11 zusammengefaßt. Die Bildung der PCDD bei Transformatorbränden wird auch auf die Trichlorbenzole in den T-Mischungen zurückgeführt. In Proben aus PCB-Brandfällen überwiegt aber stets das Vorkommen der PCDF. In Tabelle 9.2 sind die PCB-Komponenten aufgeführt, die zur Bildung von PCDF der 2,3,7,8-Klasse, die in Tabelle 9.3 aufgeführt sind, führen. Abb. 10 gibt das nach Pyrolyse von PCB 60% Chlor erhaltene PCDF-Muster wieder.

Tabelle 9.1. Gehalte der Tetra- bis Hexachlordibenzofurane in PCB-Gemischen in mg kg^{-1} (ppm) [52]

	T4CDF	P5CDF in mg · kg^{-1}	H6CDF	Summe
Arochlor 1248 (1969)	0,5	1,2	0,3	2,0
Arochlor 1254 (1969)	0,1	0,2	1,4	1,7
Arochlor 1260 (1969)	0,1	0,4	0,5	1,0
Clophen A 60	1,4	5,0	2,2	8,6
Phenochlor DP 6	0,7	10,0	2,9	13,6
Mitsubishi (gebraucht)	4,0[a]	3,3	0,5	7,8

[a] 2,3,7,8-T4CDF = 1,25 mg · kg^{-1} (Hauptkomponente)

Tabelle 9.2. PCB-Komponenten, die zur Bildung von Polychlordibenzofuranen der „2,3,7,8"-Klasse führen

PCB Nr.		PCB Nr.	
	Tetrachlorbiphenyle		*Octachlorbiphenyle*
177	3,4/3,4	195	2,3,4/2,3,4,5,6
		203	2,4,5/2,3,4,5,6
	Pentachlorbiphenyle	205	3,4,5/2,3,4,5,6
105	3,4/2,3,4	194	2,3,4,5/2,3,4,5
118	**3,/2′4′5**	196	2,3,4,5/2,3,4,6
126	3,4/3,4,5	197	2,3,4,6/2,3,4,6
	Hexachlorbiphenyle		*Nonachlorbiphenyle*
128	2,3,4/2,3,4	206	2,3,4,5/2,3,4,5,6
138	**2,3,4/2,4,5**	207	2,3,4,6/2,3,4,5,6
157	2,3,4/3,4,5		
153	**2,4,5/2,4,5**		*Decachlorbiphenyl*
167	2,4,5/3,4,5	209	2,3,4,5,6/2,3,4,5,6
169	3,4,5/3,4,5		
	Heptachlorbiphenyle		
190	3,4/2,3,4,5,6		
170	**2,3,4/2,3,4,5**		
171	2,3,4/2,3,4,6		
180	**2,4,5/2,3,4,5**		
183	2,4,5/2,3,4,6		
189	3,4,5/2,3,4,5		
191	3,4,5/2,3,4,6		

PCB, die als Hauptbestandteile (53%) in technischen Gemischen vorkommen, sind fett gedruckt, das 2,3,7,8-T4CDF wird bevorzugt aus PCB 138 bzw. PCB 153 gebildet

Für die relative Bewertung der Toxizität der PCDD/PCDF sind Vorschläge erarbeitet worden, die in Tab. 9.4 zusammengestellt sind [53, 54]. Mit diesen Faktoren können komplexe Belastungen mit PCDD und PCDF in sogenannten „2,3,7,8-TCDD-Äquivalenten" ausgedrückt und damit

Tabelle 9.3. Polychlordibenzodioxine und -furane, die der „2,3,7,8"-Klasse zugerechnet werden

„2,3,7,8"-Klasse der PCDF		„2,3,7,8"-Klasse der PCDD	
F/D Nr.		F/D Nr.	
83	2,3,7,8-T4CDF*	48	2,3,7,8-T4CDD*
94	1,2,3,7,8-P5CDF	54	1,2,3,7,8-P5CDD*
114	2,3,4,7,8-P5CDF*	66	1,2,3,4,7,8-H6CDD*
118	1,2,3,4,7,8-H6CDF	67	1,2,3,6,7,8-H6CDD*
121	1,2,3,6,7,8-H6CDF*	70	1,2,3,7,8,9-H6CDD*
124	1,2,3,7,8,9-H6CDF	73	1,2,3,4,6,7,8-H7CDD
130	2,3,4,6,7,8-H6CDF		
131	1,2,3,4,6,7,8-H7CDF		
134	1,2,3,4,7,8,9-H7CDF		

Die Gefahrstoff-VO fordert die Bestimmung der mit * versehenen Verbindungen.

Tabelle 9.4. Von dem Bundesamt für Umwelt der Schweiz 1982 und der U.S. EPA – „Toxic Equivalence Factor" Methodology Subcommittee – 1986 vorgeschlagene Äquivalenz-Faktoren für PCDD und PCDF

		EPA 1986	Schweiz 1982
1	Polychlordibenzodioxine (PCDD)		
	Mono- bis Trichlor-DD	0	0
	2,3,7,8-T4CDD	1	1
	andere T4CDD	0,01	0,01
	1,2,3,7,8-P5CDD	0,5	0,1
	andere P5CDD	0,005	0,1
	„2,3,7,8"-H6CDD	0,04	0,1
	andere H6CDD	0,0004	0,1
	„2,3,7,8"-H7CDD	0,001	0,01
	andere H7Cdd	0,00001	0,01
	OCDD	0	0
2	Polychlordibenzofurane (PCDF)		
	2,3,7,8-T4CDF	0,1	0,1
	andere T4CDF	0,001	0,1
	2,3,7,8-P5CDF	0,1	0,1
	andere P5CDF	0,001	0,1
	„2,3,7,8"-H6CDF	0,01	0,1
	andere H6CDF	0,0001	0,1
	„2,3,7,8"-H7CDF	0,001	0,1
	andere H7CDF	0,00001	0
	OCDF	0	0

zueinander in Beziehung gebracht werden. Das Konzept der „toxischen Äquivalente" kann aber nur eine Hilfestellung sein, die reale Belastung durch komplexe PCDD/PCDF-Gemische vergleichend zu erfassen.

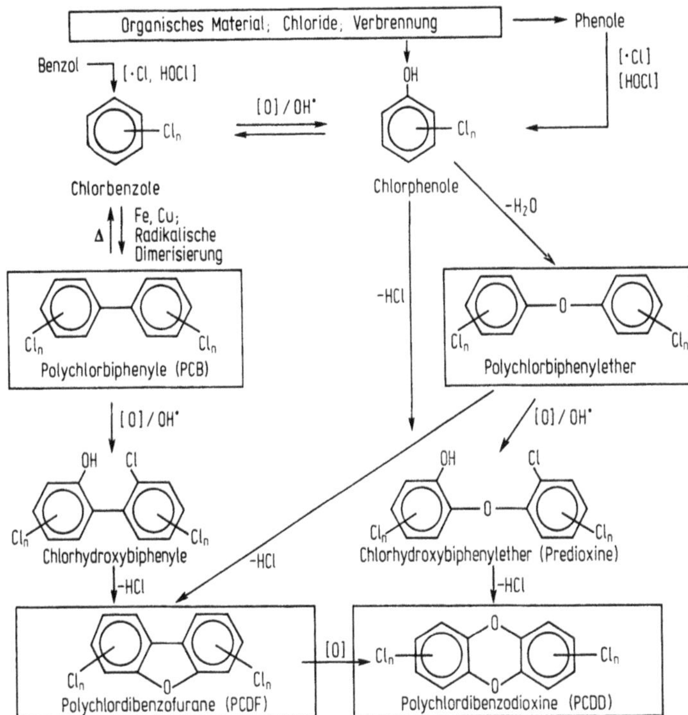

Abb. 11. Mögliche Bildungswege der PCDD und PCDF

Literatur

1. Hutzinger, O., Safe, S., Zitko, V.: The Chemistry of PCB's, CRC Press, Cleveland, Ohio 1974
2. Lorenz, H., Neumeier, G. (Hrsg.): Polychlorierte Biphenyle (PCB) – Bericht Bundesgesundheitsamt/Umweltbundesamt, BGA Schriften 4/83, MMV Medizin Verlag, München 1983

3a. Foreman, W. T., Bidleman, T. F.: Vapor pressure estimates of individual polychlorinated biphenyls and commercial fluids using gas chromatographic retention data, J. Chromatogr. 330:203–216 (1985)

3b. Weil, L., Dure, G., Quentin, K. E.: Wasserlöslichkeit von insektiziden chlorierten Kohlenwasserstoffen und polychlorierten Biphenylen im Hinblick auf eine Gewässerbelastung mit den Stoffen, Wasser und Abwasser Forsch. 7:169–175 (1974)

4. Ballschmiter, K., Zell, M.: Analysis of Polychlorinated Biphenyls (PCB) by Glass Capillary Gas Chromatography – Composition of Technical Aroclor- and Clophen – PCB mixtures, Fresenius Z. Anal. Chem. 302:20 to 31 (1980)
5. Sissons, D., Welti, D.: Structural Identification of Polychlorinated Biphenyls in Commercial Mixtures by Gas-Liquid Chromatography, Nuclear Magnetic Resonance and Mass Spectrometry, J. Chromatogr. 60:15–32 (1971)

6. Albro, P. W., Fishbein, L.: Quantitative and Qualitative Analysis of Polychlorinated Biphenyls by gas-liquid Chromatography and Flame Ionisation, J. Chromatogr. 69:273–283 (1972)
7. Jensen, S., Sundström, G.: Structures and Levels of Most Chlorobiphenyls in two technical Mixtures and in Human Adipose Tissue, Ambio 3:70–76 (1974)
8. Zell, M., Neu, H. J., Ballschmiter, K.: Identifizierung der PCB-Komponenten durch Retentionsindexvergleich nach Kapillar-Gaschromatographie, Chemosphere 6:69–76 (1977)
9. Duinker, J. C., Hillebrand, M. T. J.: Characterization of PCB Components in Clophen Formulations by Capillary GC/MS and GC/ECD Techniques, Environ. Sci. Technol. 17:449–456 (1983)
10. Mullin, M. D., Pochini, C. M., McCrindle, S., Romkes, M., Safe, S. H., Safe, L. M.: High-Resolution PCB Analysis: Synthesis and Chromatographic Properties of all 209 PCB Congeners, Environ. Sci. Technol. 18:468–476 (1984)
11. Ballschmiter, K., Schäfer, W., Buchert, H.: Isomer-specific Identification of PCB Congeners in Technical Mixtures and Environmental Samples by HRGC-ECD and HRGC-MSD, Fresenius Z. Anal. Chem. (1987) 326:253–257
12. Zoller, W., Schäfer, W., Class, Th., Ballschmiter, K.: Quantitation of Polychlorodibenzodioxin and Polychlorobiphenyl Standards by Gas. Chromatography Flame Ionisation Detection, Fresenius Z. Anal. Chem. 321:247–251 (1985)
13. Schulte, E., Malisch, R.: Berechnung der wahren PCB-Gehalte in Umweltproben — I. Ermittlung der Zusammensetzung zweier technischer PCB-Gemische, Fresenius Z. Anal. Chem. 314:545–551 (1983)
14. Holden, A. V., Marsden, K.: Single-Stage Clean-up of Animal Tissue Extracts for Organochlorine Residue Analysis, J. Chromatogr. 44:481–492 (1969)
15. Ismail, R., Bonner, F. L.: New, Improved Thin Layer Chromatography for Polychlorinated Biphenyls, Toxaphene, and Chlordane Components, J. Assoc. Off. Anal. Chem. 57:1026–1032 (1974)
16. Bidleman, T. F., Matthews, J. R., Olney, Ch. E., Rice, C. P.: Separation of Polychlorinated Biphenyls, Chlordane, and pp'DDT from Toxaphene by Silicic Acid Column Chromatography, J. Assoc. Off. Anal. Chem. 61:820–828 (1978)
17. Brinkman, U. A. Th., Seetz, Frh. J. W., Reymer, H. G. M.: High Speed Liquid Chromatography of Polychlorinated Biphenyls and Related Compounds, J. Chromatogr. 116:353–363 (1976)
18. Berg, O. W., Diosady, P. J., Rees, G. A. V.: Column Chromatographic Separation of Polychlorinated Biphenyls from chlorinated Hydrocarbon Pesticides, and their Subsequent Gas Chromatographic Quantitation in Terms of Derivatisation, Bull. Environm. Contam. Toxicol. 7:338–347 (1972)
19. Hanai, T., Walton, H. F.: Liquid Chromatography of Chlorinated Biphenyls on Pyrolytically — Deposited Carbon, Anal. Chem. 49:1954 to 1958 (1977)
20. Brodsky, J.: Struktur und Trennung chlorierter Aromaten mittels Flüssig-Chromatographie, Dissertation, Ulm 1987;
Brodsky, J., Ballschmiter, K.: Reversed Phase Liquid Chromatography of Polychlorinated Biphenyls (PCB), in preparation
21. Ballschmiter, K.: Sample Treatment Techniques for Organic Trace Analysis, Pure and Appl. Chem. 55:1943–1955 (1983)
22. Specht, W., Tillkes, M.: Gas-chromatographische Bestimmung von

Rückständen an Pflanzenbehandlungsmitteln nach Clean-up über Gel-Chromatographie und Mini-Kieselgel-Säulen-Chromatographie, Fresenius Z. Anal. Chem. 301:300–307 (1980)

23. Zell, M., Ballschmiter, K.: Baseline Studies of the Global Pollution. III. Trace Analysis of Polychlorinated Biphenyls (PCB) by ECD Glass Capillary Gas Chromatography in Environmental Samples of different trophic Levels, Fresenius Z. Anal. Chem. 304:337–349 (1980)
24. Ballschmiter, K., Scholz, Ch., Buchert, H., Zell, M.: Studies of the Global Baseline Pollution. V. Monitoring the Baseline Pollution of the Sub-Antarctic by Penguins as Bioindicators, Fresenius Z. Anal. Chem. 309:1–7 (1981)
25. De Kok, A., Geerdink, R. B., Frei, R. W., Brinkman, U. A. Th.: The use of Dechlorination in the Analysis of Polychlorinated Biphenyls and Related Classes of Compounds, Intern. J. Environ. Anal. Chem. 9:301–318 (1981)
26. VDLUFA: Rahmenkonzept für die Toutineanalytik von Polychlorierten Biphenylen (PCB), VDLUFA-Verlag, Darmstadt 1985
27. Beck, H., Mathar, W.: Analysenverfahren zur Bestimmung von ausgewählten PCB-Einzelkomponenten in Lebensmitteln, Bundesgesundheitsblatt 28:1 (1985)
28. Schulte, E., Malisch, R.: Calculation of the Real PCB Content in Environmental Samples II. Gas-chromatographic Determination of the PCB Concentration in Human Milk and Butter, Fresenius Z. Anal. Chem. 319:54–59 (1984)
29. Shore, F. L., Martin, J. D., Williams, L. R.: Mass Spectrometric Quantification of Polychlorinated Biphenyl Congeners Using Carbon-13 Internal Standards, Biomed. Environ. Mass Spectrom. 13:15–19 (1986)
30. Schäfer, W.: Analytik der Brom-Chlor-Aromaten mittels Kapillar-Gas-Chromatographie und massenselektivem Detektor (HRGC-MSD), Dissertation, Ulm 1986
31. Ballschmiter, K.: Ulmer Modell – Globale Verteilung von Chemikalien, Nachr. Chem. Techn. Lab. 33:206–208 (1985)
32. Wittlinger, R., Ballschmiter, K.: Fresenius Z. Anal. Chem. (1987) 327, 51–52
33. I.O.C. – I. C. Duinker (ed.): The determination of polychlorinated biphenyls in open ocean waters, IOC Tech. Ser. 26, Unesco, Paris 1984
34. Tanabe, S., Mori, T., Tatsukawa, R.: Global Pollution of Marine Mammals by PCB's, DDT's and HCH's (BHC's) Chemosphere 12:1269–1275 (1983)
35. Gaul, H., Ziebarth, U.: Method for the Analysis of Lipophilic compounds in Water and Results about the Distribution of Different Organochlorine Compounds in the North Sea, Dt. Hydrogr. Z. 36:192–212 (1983)
36. Buchert, H., Bihler, S., Ballschmiter, K.: Hochauflösende Gas-Chromatographie persistenter Chlorkohlenwasserstoffe (CKW) und Polyaromaten (AKW) in limnischen Sedimenten unterschiedlicher Belastung, Fresenius Z. Anal. Chem. 313: 1–20 (1982)
37 Krämer, W., Buchert, H., Reuter, U., Biscoito, M., Maul, D. C., LeGrand, G., Ballschmiter, K.: Global Baseline Pollution Studies IX. C_6-C_{14} Organochlorine Compounds in Surface-Water- and Deep-Sea-Fish from the Eastern North Atlantic, Chemosphere 13:1255–1267 (1984)
38. Weigelt, V.: Kapillargaschromatographische PCB-Musteranalysen mariner Spezies – Betrachtungen zwischen Anreicherung und Chlorsubstitution ausgewählter PCB-Komponenten in marinen Organismen aus der Deutschen Bucht, Chemosphere 15:289–300 (1986)

39. Fischer, R., Ballschmiter, K.: Fresenius Z. Anal. Chem. (1987) 327, 42–43
40. Dmochewitz, S., Ballschmiter, K.: Rückstandsanalyse von Chlorkohlenwasserstoffen in Humanknochenmark durch hochauflösende Gas-Chromatographie mit Elektroneneinfang-Detektor, Fresenius Z. Anal. Chem. 310:6–12 (1982)
41. Wolff, M. S., Thornton, J., Fishbein, A., Lilis, R., Selikoff, I. J.: Disposition of Polychlorinated Biphenyl Congeners in Occupationally Exposed Persons, Toxicol. Appl. Pharmacol. 62:294–306 (1982)
42. Tanabe, S., Subramanian, A. N., Hidaka, H., Tatsukawa, R.: Transfer Rates and pattern of PCB Isomers and Congeners and p,p'-DDT from mother to egg in Adelie Penguin (Pygoscelis adeliae), Chemosphere 15:343–352 (1986)
43. Clarke, I. U.: Structure-activity relationships in PCB's: use of principal component analysis to predict inducers of mixed function oxidase activity, Chemosphere 15:275–288 (1986)
44. Buser, H. R.: Determination of Methylthio-substituted Polychlorinated Aromatic Compounds Using Gas Chromatography/Mass Spectrometry, Anal. Chem. 57:2801–2806 (1985)
45. Buser, H. R., Müller, M. D.: Methylthio-Metabolites of Polychlorobiphenyls Identified in Sediment Samples from Two Lakes in Switzerland, Environ. Sci. Technol. (1986) 20, 730–735
46. Haraguchi, K., Kuroki, H., Masuda, Y.: Determination of PCB methylsulfone congeners in Yusho and control patients, Chemosphere 15:2027–2030 (1986)
47. Bedford, C. T.: Industrial Chemicals and Miscellaneous Organic Compounds, in: D. E. Hathway (ed.): Foreign Compound Metabolism in Mammals, Vol. 5 and 6. The Chemical Society, London, 1979, 1981
48. Furukawa, K.: Microbial Degradation of Polychlorobiphenyls (PCBs), in: A. M. Chakrabarty (ed.): Biodegradation and Detoxification of Environmental Pollutants, CRC Press, Boca Raton, Florida 1982
49. Barbeni, M., Pramauro, E., Pelizetti, E.: Photochemical Degradation of Chlorinated Dioxins, Biphenyls, Phenols and Benzene on semiconductor Dispersions, Chemosphere 15:1913–1916 (1986)
50. Ballschmiter, K., Zoller, W., Scholz, Ch., Nottrodt, A.: Occurrence and Absence of Polychlorodibenzofurans and Polychlorodibenzodioxins in Fly Ash from Municipal Incinerators, Chemosphere, 12:585–594 (1983)
51. Ballschmiter, K., Schäfer, W., Zoller, W., Niemczyk, R.: The Isomer Specific Determination of the Polychlorobenzenes (PCBz) and -biphenyls (PCB) in Effluents from Municipal Waste Incineration, Fresenius Z. Anal. Chem. (1987) in press
52. Buser, H. R.: Formation, Occurrence and Analysis of Polychlorinated Dibenzofurans, Dioxins and Related Compounds, Environ. Health Persp. 60:259–267 (1985)
53. Umweltbundesamt: Sachstand Dioxine, 1985
54. a) Barnes, D. G., Bellin, J., Cleverly, D.: Interim procedures for estimating risk associated with expossures to mixtures of chlorinated dibenzodioxins and dibenzofurans (PCDDs and PCDFs), Chemosphere 15:1895–1903 (1986);
b) EPA: Toxic Equivalency Factor, Methodology Subcommittee Report, Washington, 1986
55. Erickson, M. D.: Analytical Chemistry of PCBs, Butterworths Publishers, Boston (1986)

Konservierungsstoffe in Lebensmitteln

Dr. Wolfgang Frede

Chemische und Lebensmitteluntersuchungsanstalt im
Hygienischen Institut Marckmannstr. 129a, D-2000 Hamburg 28

1 Einführung

Konservierungsstoffe sind Substanzen, die in der Lage sind, nachteilige Veränderungen durch Mikroorganismen im Lebensmittel zu verzögern oder zu verhindern. Zur Konservierung werden diese Stoffe den Lebensmitteln zugesetzt, sie werden lebensmittelrechtlich als Zusatzstoffe betrachtet, über Eigenschaften und Anwendungen der einzelnen Konservierungsstoffe informiert Lück [1]. Ziel dieses Artikels soll sein, Verfahren anzubieten, um lebensmittelrechtlich [71] erlaubte Konservierungsstoffe (s. dazu Tabelle 1) zu ermitteln, und um Überschreitungen der gesetzlich erlaubten Höchstmengen festzustellen (s. dazu Tabelle 2 und Kap. 7).

Die Fülle der in der Literatur beschriebenen qualitativen und quantitativen Methoden zur Bestimmung von Konservierungsstoffen ist nicht nur ein Zeichen der in den letzten beiden Jahrzehnten eingetretenen Entwicklung auf dem Gebiet der instrumentellen Analytik, sondern auch ein Zeichen der Unzufriedenheit mit der Anwendung der bisherigen Methoden. Eine gemeinsame Bestimmung aller Konservierungsstoffe ist nicht möglich, dafür sind die Stoffe chemisch zu unterschiedlich. Somit ist auch eine Multi-Methode, d.h. die gleichzeitige Bestimmung von möglichst vielen Stoffen in möglichst allen Lebensmitteln, bei der Vielfalt der in Lebensmitteln vorkommenden Stoffgemische praktisch nicht zu erreichen, obwohl HPLC-Verfahren aufgrund ihrer Leistungsfähigkeit und einfachen Bedienbarkeit ein Schritt in diese Richtung darstellen. So wird der Analytiker selbst bei einem Routineverfahren noch gefordert werden. Ein verläßliches analytisches Ergebnis setzt bei einer guten Warenkunde eine besondere Sorgfalt in der Auswahl der Methode und in der Probenahme voraus.

In Kapitel 2 werden allgemeine Möglichkeiten der Extraktion von Konservierungsstoffen aus Lebensmitteln und allgemeine Bestimmungsverfahren angeboten. In den Kapiteln 3 bis 7 werden die Bestimmungen von einzelnen Konservierungsstoffen oder von zusammengehörenden Gruppen abgehandelt und amtliche Methoden vorgestellt. In Kapitel 8 wird kurz dargestellt, daß mit den Konservierungsstoffen zusammen auch andere Zusatzstoffe, ob sie nun eine konservierende Wirkung besitzen oder nicht, erfaßt werden. Die Reinheitsanforderungen an die Konservierungsstoffe sind rechtlich [71] in der ZVerkV geregelt.

Tabelle 1. Zugelassene Konservierungsstoffe nach § 3 ZZulV und § 23 Abs. 1 Käse V [71]

Stoff	EWG-Nummern	Kenn-Nummer
Sorbinsäure + Na/K/Ca-Salze	E 200 – 203	1
Benzoesäure + Na/K/Ca-Salze	E 210 – 213	2
PHB-Ester + Na-Verbindung	E 214 – 219	3
Ameisensäure + Na/Ca-Salze	E 236 – 238	4
Propionsäure + Na/K/Ca-Salze	E 280 – 283	5
Diphenyl	E 230	6
Orthophenylphenol + Na-Verbindung	E 231 + 232	7
Thiabendazol	E 233	8
Natamycin	ohne	ohne

Es wird hier darauf hingewiesen, daß einige Konservierungsstoffe von Natur aus in Lebensmitteln vorkommen [z. B. 4, 62, 67], das ist von analytischer und lebensmittelrechtlicher Bedeutung.

2 Allgemeine qualitative und quantitative Bestimmung von Konservierungsstoffen

Die Bestimmung von Konservierungsstoffen richtet sich nach den erwarteten Gehalten in Lebensmitteln (s. Tabelle 2) und nach der Zusammensetzung und Beschaffenheit der Lebensmittel. So kann bei genügender Konzentration oder bekannter Matrix das Lebensmittel direkt oder nach Verdünnung mit einem geeigneten Lösungsmittel zur Bestimmung eingesetzt werden. Oft wird man aber einen Reinigungs- und/oder Konzentrierungsschritt vorschalten müssen.

2.1 Extraktion aus dem Lebensmittel

Die gebräuchlichsten Methoden zur Extraktion aus Lebensmitteln sind die Wasserdampfdestillation und die Extraktion mit Lösungsmitteln [z. B. 2, 3, 4, 8, 9, 11, 38, 50, 56]. Aufgrund des besonderen Löslichkeitsverhaltens des Natamycins [30] wird auf die Spezialmethode in Kapitel 7 verwiesen.

2.1.1 Wasserdampfdestillation

Wasserdampfflüchtig sind folgende Stoffe:
Ameisensäure; Propionsäure; Sorbinsäure; Benzoesäure; o-Phenylphenol (OPP); Diphenyl (DP); nicht quantitativ die PHB-Ester.

Üblich ist die Wasserdampfdestillation in einer speziellen Apparatur [24], die besonderen Bedingungen für die Extraktion von OPP und DP werden in Kapitel 6 behandelt. Da die Konservierungsstoffe auch in Form ihrer Salze bzw. Natriumverbindungen eingesetzt werden können, ist ein Ansäuern des Probenmaterials mit Weinsäure, Citronensäure oder einer anorganischen Säure erforderlich. Zur Verkürzung der Destillationszeit kann dem Destillationsgut ein Neutralsalz zur Siedepunktserhöhung zugesetzt werden, so wird ein besserer Übergang der Stoffe erreicht [12]. Bewährt hat sich hier der Zusatz von Magnesiumsulfat, zusätzlich sollte man in das äußere Dampfentwicklungsgefäß so viel Calciumchlorid geben, daß die Temperatur des entweichenden Dampfes etwa 105 °C beträgt [50]. 500 ml Destillat sollten ausreichen.

Verwendbarkeit:
Für alle chromatographischen und spektralphotometrischen Methoden; eine Konzentrierung ist durch alkalische Einengung oder saure Extraktion mit organischen Lösungsmitteln möglich.

Achtung:
Sollte im Wasserdampfdestillat keine meßbare UV-Absorption festgestellt werden, muß für eine Bestimmung im Spurenbereich eine Konzentrierung durchgeführt werden.

Tabelle 2. Zusatzstoff-ZulassungsVO; Anlage 3, Liste B [71], Lebensmittel, denen Konservierungsstoffe zugesetzt werden dürfen

Lebensmittel	Höchstmenge an Konservierungsstoffen in Gramm[1] Kenn-Nummer							
	1	2	3	4	5	6	7	8
1. Marinaden aus Fischen oder Muscheln einschließlich ihrer Aufgüsse und Tunken	2,0	2,5	1,0	0,5	—	—	—	—
2. Brat- und Kochfischwaren, mariniert, einschließlich ihrer Aufgüsse und Tunken	2,0	2,5	1,0	0,5	—	—	—	—
3. Fischpasten mit weniger als 10 vom Hundert Kochsalz	2,0	4,0	1,2	0,5	—	—	—	—
4. Salzheringserzeugnisse, Salzfische in Öl	2,0	2,5	1,2	0,5	—	—	—	—
5. Seelachserzeugnisse in Öl	2,0	4,0	1,2	0,5	—	—	—	—
6. Fischwaren aus Rogen, ausgenommen geräucherter Rogen	2,0	4,0	0,8	1,0	—	—	—	—
7. Anchosen einschließlich ihrer Aufgüsse und Tunken	2,5	4,0	2,0	1,0	—	—	—	—
8. Krebszubereitungen, nicht sterilisiert, mit Ausnahme von Pulvern für Krebssuppen	2,5	4,0	1,5	0,5	—	—	—	—
9. Garnelen- (Krabben-) erzeugnisse, nicht sterilisiert	2,5	4,0	2,0	0,5	—	—	—	—
10. Flüssiges Vollei (Flüssigei), flüssiges Eigelb	10,0	10,0	—	—	—	—	—	—
11. Mayonnaise, mayonnaiseartige Erzeugnisse	2,5	2,5	1,2	—	—	—	—	—
12. Gewürz- und Salatsoßen	2,5	2,5	1,5	—	—	—	—	—
13. Würzmittel aus Zitronensaft	2,0	1,0	—	—	—	—	—	—
14. Fleischsalat, Aspik, Gemüsesalat, Kartoffelsalat	1,5	1,5	0,6	—	—	—	—	—

15. Eßbare gelatinehaltige Überzugsmassen für Fleischerzeugnisse	2,0	2,0	1,2	—	—	—	—	—
16. Margarine mit einem Wassergehalt von mehr als 15 vom Hundert, Halbfettmargarine Milchhalbfetterzeugnisse	1,2	—	—	—	—	—	—	—
17. Obstpülpen, Obstmark und Früchte zur Weiterverarbeitung in der Süßwaren- und Getränkewirtschaft	2,0	—	—	4,0	—	—	—	—
18. Fruchtsäfte und konzentrierte Fruchtsäfte bis zu einem spezifischen Gewicht von 1,33 zur gewerbsmäßigen Weiterverarbeitung, ausgenommen solche zur Herstellung von zur Abgabe an den Verbraucher bestimmten Fruchtsäften, konzentrierten Fruchtsäften oder Fruchtnektaren[2]	2,0	1,0	—	4,0	—	—	—	—
19. Ansätze und Grundstoffe für alkoholfreie, mit Fruchtsaft hergestellte Getränke sowie für Limonaden, Brausen, künstliche Heiß- und Kaltgetränke	1,0	1,0	—	4,0	—	—	—	—
20. Gekochtes Obst sowie Rhabarber und Kürbis, ausgenommen durch Erhitzen in verschlossenen Behältnissen haltbar gemachte Erzeugnisse[2]	1,2	1,5	—	—	—	—	—	—
21. Fruchtzubereitungen und erhitzte Nußzubereitungen für die Herstellung von Frucht- und Nußjoghurt und anderen Milcherzeugnissen	1,2	1,5	—	—	—	—	—	—
22. Hagebuttenmark zur Weiterverarbeitung[2]	—	1,0	—	—	—	—	—	—
23. Trockenpflaumen und Trockenfeigen mit einem Wassergehalt von mehr als 20 vom Hundert	0,5	—	—	—	—	—	—	—
24. Pektinlösungen zur Behandlung von Trockenobst einschließlich Weinbeeren	10,0	—	—	—	—	—	—	—
25. zerkleinerte Schalen von Zitrusfrüchten[2]	1,2	1,5	—	—	—	—	—	—

Tabelle 2 (Fortsetzung)

Lebensmittel	Höchstmenge an Konservierungsstoffen in Gramm[1] Kenn-Nummer							
	1	2	3	4	5	6	7	8
26. Sauerkonserven aller Art (Gurkenkonserven und Gemüse in Essig sowie milchsauer vergorene Gurken), ausgenommen Sauerkraut, küchenfertig vorbereitete Champignons	1,5	2,0	—	1,0	—	—	—	—
27. Zwiebeln, zerkleinerter Meerrettich, Paprikamark	2,0	2,5	1,5	—	—	—	—	—
28. Olivenkonserven	0,5	—	—	—	—	—	—	—
29. Speisesenf	1,0	1,5	1,5	—	—	—	—	—
30. Marzipan, marzipanähnliche Erzeugnisse aus anderen Ölsamen als Mandeln; Makronen-, Nußmakronen- und Makronenersatzmassen; mit Zusätzen von Milch, Frucht- und anderen Stoffen versehene wasser- oder fetthaltige Massen für Zucker-, Schokoladen- und Dauerbackwaren und für Backwaren anderer Art	1,5	1,5	1,5	—	—	—	—	—
31. Brot, sofern es in Scheiben geschnitten und verpackt in den Verkehr gebracht wird, brennwertvermindertes Brot	2,0	—	—	—	3,0	—	—	—
32. Feine Backwaren mit einem Feuchtigkeitsgehalt von mehr als 22 vom Hundert, brennwertverminderte Feine Backwaren, Kuchen mit feuchter Auflage oder Füllung	—	—	—	—	3,0	—	—	—
33. Halbfeuchte Fertigteige	2,0	—	—	—	—	—	—	—
34. Trennemulsionen	1,5	1,5	1,0	—	—	—	—	—
35. Wasserhaltige Aromen mit einem Alkoholgehalt unter 12 vom Hundert	1,0	1,5	1,5	—	—	—	—	—

36. Flüssige Enzymzubereitungen								
a) Lab und Labaustauscher	12,0	12,0	10,0	—	—	—	—	—
b) andere Enzyme	5,0	5,0	5,0	—	—	—	—	—
37. Brennwertverminderte Konfitüren und brennwertverminderte ähnliche Erzeugnisse	0,8	—	—	—	—	—	—	—
38. Zitrusfrüchte[2]	—	—	—	—	—	0,07	0,012	0,006
39. Getrocknete Zitrusfruchtschalen zur Herstellung von Zitronat und Orangeat	—	—	—	—	—	0,05	0,015	0,002
40. Bananen	—	—	—	—	—	—	—	0,003
41. Back- und Zwiebackcreme, jedoch nur zur Oberflächenbehandlung	0,1	0,1	0,1	—	—	—	—	—

[1] Die Höchstmengenfestsetzungen beziehen sich
a) in den Fällen der Nummern 1 bis 40 auf ein Kilogramm,
b) in den Fällen der Nummer 41 auf ein Quadratdezimeter der Oberfläche
der angegebenen Lebensmittel.

[2] Die Zulassung gilt nicht für Erzeugnisse, die zur Weiterverarbeitung zur Erzeugnissen im Sinne der Konfitürenverordnung verwendet werden.

2.1.2 TAS-Verfahren

Ein qualitatives Verfahren besonderer Art stellt das TAS-Verfahren dar [15, 55], eine Art Ultramikrowasserdampfdestillation kombiniert mit einer DC-Methode.

Eignung:
Propionsäure, Benzoesäure, Sorbinsäure, PHB-Ester, Diphenyl, o-Phenylphenol.

Methode:
10 bis 50 mg Probe werden mit Hilfe einer Spezial-Glaspatrone in einem TAS-Ofen (Hersteller Fa. Desaga, Heidelberg) für ca. 90 Sekunden auf 200 °C erhitzt. Die in Form eines feinen Dampfstrahles austretenden flüchtigen Substanzen werden auf eine DC-Platte zur Absorption mit anschließender Bestimmung gelenkt (DC-Bestimmung siehe 2.2.1).

2.1.3 Extraktion mit Lösungsmitteln

Durch eine Wasserdampfdestillation werden die PHB-Ester nicht quantitativ erfaßt [8]. Durch eine Direktextraktion können hingegen eine Vielzahl von Begleitstoffen mitextrahiert werden, die eine anschließende direkte photometrische Bestimmung stören.

2.1.3.1 Flüssig-Flüssig-Extraktion (siehe auch 6.1.1)

Die angesäuerten Lebensmittelproben werden 3× mit 50 bis 100 ml Diethylether evtl. unter Zusatz von Seesand ausgeschüttelt. Die vereinigten Etherextrakte werden über Natriumsulfat getrocknet oder am Rotationsverdampfer bis zur Trockne eingeengt und zur weiteren Bestimmung mit einem geeigneten Lösungsmittel aufgenommen. Emulsionsbildungen während des Ausschüttelns lassen sich durch Zusatz von Ethylalkohol oder Kochsalz zerstören. Die extrahierten Konservierungsstoffe können vom mitextrahierten Fett dadurch abgetrennt werden, daß der Etherextrakt mit z. B. 1-m-Natronlauge ausgeschüttelt wird und die wäßrige Phase nach Ansäuern mit Ether erneut ausgeschüttelt wird.

Verwendbarkeit:
Für alle chromatographischen Methoden, nicht für die direkte photometrische Bestimmung.

Eine besondere Form der Flüssig-Flüssig-Extraktion stellt eine Extraktion unter Verwendung einer Kieselgursäule dar [2, 3, 10, 18, 22]. Nach dieser Methode lassen sich alle Extraktionen, die nach herkömmlicher Methode im Scheidetrichter durchgeführt werden, vornehmen. Emulsionsbildungen im Eluat treten dabei nicht auf. Es handelt sich um ein weitporiges Kieselgurmaterial von körniger Struktur, das in Form von Fertigsäulen im Handel zu beziehen ist (Merck, Art. Nr. 11737).

20 ml einer sauren wäßrigen Phase oder homogenen Aufschlämmung des Lebensmittels werden auf die Säule gegeben. Das Probenmaterial kann auch mit dem Kieselgur verrieben und dann in die Säule gefüllt werden. Nach einer Einwirkzeit wird mit einem organischen Lösungsmittel oder mit Lösungsmittelgemischen extrahiert werden (Vorschrift des Her-

stellers beachten). Folgende Extraktionsmittel haben sich bewährt:

a) Chloroform/Methanol 9:1 v/v [22].
b) Chloroform/Isopropanol 9:1 v/v [10].
c) Dichlormethan/Diethylether 80 + 20 v/v [2, 3].
d) Dichlormethan [18].

Man kann bei fettreichen Lebensmitteln im alkalischen Milieu mit Ether eine Entfettung durchführen, muß aber dann Verluste an PHB-Estern hinnehmen.

2.1.3.2 Flüssig-Fest-Extraktion

Von verschiedenen Herstellern werden kleine Säulen (z. B. Bond Elut, Fa. ICT Frankfurt; Sep-Pak-Kartuschen, Fa. Waters; Baker-10-Extraktionssystem) angeboten, die als Säulenfüllung ein der HPLC entnommenes Trägermaterial besitzen. Entsprechend den HPLC-Trennbedingungen kann z. B. bei unpolaren Trägermaterialien eine wäßrige oder verdünnt alkoholische Phase mit einer Spritze oder unter Vakuumanlegung durch die Säule geschickt werden. Mit einem unpolareren Lösungsmittel werden dann die Konservierungsstoffe eluiert. Diese Verfahrensweise eignet sich sowohl zu Reinigungs- wie zu Konzentrierungszwecken, sie ist der Flüssig-Flüssig-Extraktion besonders im Zeitbedarf überlegen [65].

2.2 Bestimmungsverfahren

Die in den Kapiteln 3 bis 7 angeführten Verfahren eignen sich zur qualitativen wie auch zur quantitativen Bestimmung. Zusätzlich werden hier noch chromatographische und andere Verfahren angeboten, die bei bestimmten Aufgabenstellungen oder bei bekannter Matrix schneller zu einem sicheren Ergebnis führen oder als Alternativmethoden zur Absicherung vorhandener Befunde dienen können. Eine Bestimmung von Sorbinsäure in Wein wird im Analytiker Taschenbuch Band 5 beschrieben [28]:

2.2.1 Dünnschichtchromatographische Methoden

Folgende Proben können chromatographiert werden:

a) Wasserdampfdestillate, auch nach Konzentrierung.
b) Extraktionslösungen nach Extraktion mit organischen Lösungsmitteln.

Eine Auftragung nach dem TAS-Verfahren ist unter 2.1.2 beschrieben.

Für die DC-Trennung werden beispielhaft folgende Parameter angeboten:

Plattenmaterial	Fließmittel	Konservierungsstoffe Kenn-Nummer:
1) Kieselgel GF_{254}	1	1/2/3/6/7
2) Polyamid/Cellulose 8 + 2	2	1/2/3
3) Kieselgel 60 F_{254}	3	1/2
4) Polyamid UV 254	4	1/2/3

Fließmittel:	Literatur:
1) Hexan/Essigsäure 96% (85 + 15)	[15]
2) Toluol/Petrolether/Chloroform/Essigsäure (30 + 15 + 10 + 1)	[25]
3) n-Hexan/Diethylether/Ameisensäure (98%) 80 + 20 + 4	[26]
4) n-Pentan/n-Hexan/Eisessig (10:10:3)	[63]

Die Detektion erfolgt durch Fluoreszenzlöschung [15, 63], aber auch eine Remissionsphotometrische Bestimmung (Benzoesäure 230 nm, Sorbinsäure und PHB-Ester 260 nm) kann durchgeführt werden [25, 26].

2.2.2 Hochdruckflüssigchromatographische Methoden

Über direkte hochdruckflüssigchromatographische Methoden zur Bestimmung der Konservierungsstoffe wird in den Kapiteln 3, 4, 6, 7 ausfürhlich berichtet (Trennbedingungen s. auch Tabelle 3).

Alternativ kann eine Bestimmung der PHB-Ester nach Benzoylierung durchgeführt werden [20]. Dazu werden z. B. 0,3 g Senf mit 10 ml Acetonitril extrahiert, der Extrakt eingeengt und zur Herstellung der Benzoate dem Rückstand 2 ml Pyridin und 0,2 ml Benzoylchlorid zugesetzt. Reaktionsdauer 1,5 Std. bei 75 °C. Für die quantitative (qualitative) Bestimmung läßt man den Kolben anschließend 12 (1) Std. offen stehen und gibt dann zum Ausfällen der Benzoate Wasser hinzu. Nach weiteren 5 (1) Std. wird der Niederschlag auf einem 0,2 µm Filter gesammelt, am Filterausgang eine Sep-Pak-Kieselgel-Kartusche (Fa. Waters) aufgesteckt und mit einem Gemisch von Isooctan/Diethylether/Acetonitril (500 + 65 + 1) eluiert. Das Eluat kann direkt zur HPLC- aber auch zur GC-Bestimmung (Parameter s. 2.2.3) eingesetzt werden.

Hochdruckflüssigchromatographische Bedingungen A:	
Eluent:	Isooctan/Diethylether/Acetonitril (500 + 35 + 0,3; v/v/v)
Trennsäule:	*LiChrosorb Si 60*, 5 µm, 300 × 3 mm i. D. Glassäule Riedel de Haen
Detektion:	UV 240 nm
Fließgeschwindigkeit:	1,2 ml/min
Injektionsvolumen:	10 µl Schleife
Retention:	Reihenfolge Prop/Eth/Meth-Ester

Hochdruckflüssigchromatographische Bedingungen B:	
Eluent:	Methanol/Wasser (80 + 20, v/v)
Trennsäule:	*RP-18*, 7 µm, Riedel de Haen (Dim. s. o.)
Detektion:	UV 240 nm
Fließgeschwindigkeit:	0,6 ml/min
Injektionsvolumen:	10 µl Schleife
Retention:	Reihenfolge Meth/Eth/Prop-Ester

2.2.3 Gaschromatographische Bestimmung

Die nach 2.2.2 hergestellten Derivate der PHB-Ester können auch gaschromatographisch bestimmt werden [20].

Andere Derivatisierungsmöglichkeiten:

a) Butylester [29]: Ein von Lösungsmitteln befreiter Extrakt wird mit 2 ml Bortrifluorid-Butanol-Komplex (Fa. Applied Science Laboratories Inc.) 20 Minuten am Rückfluß gekocht. Nach dem Abkühlen werden 2 ml n-Heptan zugegeben, die Lösung mit Wasser in einen Scheidetrichter übergespült und mit Wasser ausgeschüttet. Die trockene Heptan-Phase wird gaschromatographisch bestimmt.

b) Methylester [27]: Ein von Lösungsmitteln befreiter Extrakt wird mit 5 ml wasserfreiem Methanol und 1 ml Schwefelsäure 15 Minuten am Rückfluß verestert. Die Esterlösung wird mit 20 ml Wasser verdünnt und mit 5 ml Isobutylmethylketon ausgeschüttelt. Die organische Phase wird getrocknet und zur GC-Bestimmung eingesetzt. Mit Head-Space-Technik sind auch Ameisensäure und Propionsäure bestimmbar.

c) TMS-Silylierung [48, 49]: Ein von Lösungsmitteln befreiter Extrakt (z. B. ein konzentriertes Wasserdampfdestillat) wird mit 10 ml Chloroform versetzt und 2 Minuten extrahiert. 1 ml der Chloroformlösung wird mit 0,2 ml Silylierungsreagenz (MSTFA, Machery-Nagel, Düren) 15 Minuten bei 60 °C in einem geeigneten Gefäß inkubiert. Die Lösung wird direkt injiziert. Möglicher interner Standard: Capronsäure und Phenylessigsäure.

Literatur:	[20]	[29]	[27]	[48, 49]
Trennsäule:	Glascapillare OV-73 24 m × 0,22 mm	Stahl, 2 m mit 10% SP 1000 auf Chromosorb W AW-DMCS (80/100 mesh)	Glas, 1,8 m × 2 mm gefüllt mit 5% Carbowax 20 M TPA auf Gas Chrom Q 80/100 mesh	Glas 1,8 m × 2 mm mit 3% OV-1 auf 100/200 mesh Varaport 30
Trägergas:	0,8 bar Stickstoff	Stickstoff 40 ml/min	Stickstoff 35 ml/min	Stickstoff 20 ml/min
Temperaturen:	120 °C nach 3 Min. 10 °C/min bis 300 °C	140 °C	100 °C	80–210 °C 8 °C/min
Detektor:	FID	FID	FID	FID
Injektion:	1 µl, splitlos	2 µl	—	1 µl
Retention:	Meth/Eth/Prop	Sorb/Benz	Sorb/Benz	Sorb/Benz

2.2.4 *Isotachophorese* [21]

Eine Probenlösung oder -suspension wird auf eine Kieselgur-Säule (s. 2.1.3.1) gegeben, die Konservierungsstoffe werden sauer mit Ether extrahiert. Fett stört die Bestimmung und muß durch eine Vorextraktion bei pH 7–7,5 entfernt werden. Hier können Verluste an PHB-Estern auftreten (s. 2.1.3.1). Das Ethereluat wird eingeengt und der Rückstand mit dem Leitelektrolyten aufgenommen. Es folgt die Bestimmung in einer Isotachophorese-Einrichtung („Tachophor“, Firma LKB) aufgrund der unterschiedlichen elektrophoretischen Beweglichkeit der Konservierungsstoffe. Eine quantitative Aussage ist über die Messung der Breite des UV-Signals bei 254 nm möglich. Sorbinsäure, Benzoesäure und PHB-Ester lassen sich deutlich voneinander trennen.

2.2.5 *Photometrische Methode*

Zur Bestimmung kann das Wasserdampfdestillat eingesetzt werden.

a) Wenn nur ein UV-absorbierender Konservierungsstoff vorliegt und störende wasserdampfflüchtige Begleitstoffe (z. B. Hydroxymethylfurfurol, [14]) fehlen, ist die gemessene Extinktion ein Maß für die Konzentration, diese kann über den Vergleich mit Standardlösungen quantitativ bestimmt werden.

b) Liegen Benzoesäure und Sorbinsäure ohne weitere Störstoffe und in etwa gleicher Größenordnung vor, dann können die ermittelten Extinktionen bei 230 und 262 nm in folgende Formeln eingesetzt und die Gehalte in g/l Meßlösung ermittelt werden [8]:

$$\text{Gehalt}_{BS} = (5{,}70 * E_{230} - E_{262})/523{,}6$$
$$\text{Gehalt}_{SS} = (14{,}53 * E_{262} - E_{230})/3273$$

c) Die auf einer DC-Patte getrennten Substanzen können durch Auskratzen aus dem Plattenmaterial isoliert werden. Nach quantitativer Überführung in ein Zentrifugenglas wird ein definiertes Volumen eines geeigneten Lösungsmittels zugegeben und der Stoff im Ultraschallbad extrahiert, anschließend zentrifugiert. Zur Kompensation von evtl. Störungen durch das DC-Trägermaterial wird ein Blindwert entsprechend hergestellt. Beide Lösungen werden im UV gegeneinander vermessen (UV-Maxima s. Tabelle 4).

2.2.6 *Kolorimetrische Methode*

Farbreaktionen für den Nachweis einzelner Konservierungsstoffe werden auch noch neben modernen Verfahren angeführt. So wird über kolorimetrische Verfahren zum Nachweis und zur Bestimmung von Ameisensäure, Benzoesäure, PHB-Ester nach Verseifung und Sorbinsäure berichtet [14, 26, 48, 50]. Gebräuchlich ist wohl nur noch die kolorimetrische Sorbinsäurebestimmung aus dem Wasserdampfdestillat [13, 48].

In schwefelsaurer Lösung wird die Sorbinsäure durch 0,01 n-Kaliumdichromatlösung im siedenden Wasserbad zu Malondialdehyd oxydiert, das mit 0,5%iger Thiobarbitursäure eine Rotfärbung (Maximum bei

530 nm) ergibt, Alkohol stört die Reaktion. Die Oxidation kann auch mit 0,1 m HNO_3 und 1%iger $Fe(NO_3)_3$-Lösung durchgeführt werden. Die bei Bestimmungen von Sorbinsäure in Brot auftretenden Störungen, können durch Verdünnung des Wasserdampfdestillates umgangen werden [29].

3. Bestimmungen von Benzoesäure, Sorbinsäure, PHB-Estern; amtliche Methoden [2]

Eignung: Diese Methoden sind insbesondere geeignet, Überschreitungen der durch die Zusatzstoff-Zulassungsverordnung [71] festgelegten Höchstmengen zuverlässig zu erfassen.

3.1. Bestimmung in fettreichen Lebensmitteln

(Amtliche Methode Nr. L 00.00-10)

3.1.1 Extraktion der Konservierungsstoffe

Extraktionslösung:
Dichlormethan/Diethylether (80/20 v/v)

2 g homogenisiertes Probenmaterial werden mit 16 ml Wasser und ca. 2 ml 0,5 m Schwefelsäure (zur pH-Einstellung auf pH 1—2) mit 10 bis 11 g Kieselgur (z. B. Extrelut Merck) vermischt, diese Mischung wird auf eine mit 5 bis 6 g Kieselgur gepackte Extraktionssäule gegeben (bei Fertigsäulen Angaben des Herstellers beachten). Erst nach der Gleichgewichtseinstellung werden die Reste des Probenmaterials mit 2×10 ml Extraktionslösung auf die Säule gegeben und das Eluat aufgefangen.
Anschließende Elution mit 4 bis 8×40 ml Extraktionslösung. Vereinigte Eluate am Rotationsverdampfer ($< 40\,°C$) einengen.

3.1.2 Herstellung der Probenmeßlösung

Das eingeengte Eluat mit ca. 2 ml Diisopropylether unter Erwärmen lösen und mit n-Heptan auf ein definiertes Volumen auffüllen.

3.1.3 Hochdruckflüssigchromatographische Bedingungen

Eluent:	n-Heptan/Diisopropylether/Essigsäure (90 + 10 + 0,02 bis 0,05 v/v/v). Zusatz von 1 bis 2 Tropfen Wasser auf 100 ml. Zur Konditionierung der Säule siehe [3].
Trennsäule:	Kieselgel 5 µm, Länge 150 mm, Durchmesser 4,6 mm
Detektion:	UV 230 bis 240 nm, (s. auch Tab. 4)
Fließgeschwindigkeit:	1,8 ml/min
Injektionsvolumen:	10 bis 20 µl

3.1.4 Quantitative Bestimmung

Methode externer Standard, Integration der Peaktflächen bzw. der Peakhöhen bezogen auf die entsprechenden Werte der Standardsubstanzen.

3.2 Bestimmung in fettarmen Lebensmitteln
(Amtliche Methode Nr. L 00.00-9)

3.2.1 Extraktion der Konservierungsstoffe

Extraktionslösung:
0,01 m Ammoniumacetatlösung/Essigsäure/Methanol (1000/1,2/667).

5 bis 10 g homogenisiertes Probenmaterial werden in einem Becherglas mit 10 bis 20 ml Extraktionslösung mit Hilfe eines Glasstabes und eines Ultraschallbades suspendiert. Die Suspension wird mit Extraktionslösung in einen 100 ml Meßkolben übergespült. Das Gesamtvolumen beträgt ca. 80 ml.
Der Meßkolben wird für ca. 10 Minuten in ein Ultraschallbad gestellt, der Inhalt zur Klärung mit je 1 ml Carrez-Lösung I und II versetzt, dann wird mit Extraktionslösung bis zur Marke aufgefüllt. Anschließend durch ein hartes Faltenfilter filtrieren, den Vorlauf verwerfen. Flüssiges Probenmaterial kann unmittelbar in den Meßkolben gegeben werden, bei blanken flüssigen Proben kann auf die Klärung verzichtet werden.

3.2.2 Herstellung der Probenmeßlösung

Ein Teil der so gewonnenen Probenlösung wird, falls erforderlich, durch ein Membranfilter filtriert und für die HPLC-Analyse eingesetzt.

3.2.3 Hochdruckflüssigchromatographische Bedingungen

Eluent:	0,01 m Ammoniumacetatlösung/Methanol (5 + 4 v/v) Mischung mit Essigsäure auf pH 4,5 bis 4,6 einstellen, Membranfiltration.
Trennsäule:	Reversed Phase C 8, 5 µm, Länge 250 mm, Durchmesser 4,6 mm.
Detektion:	UV 235 nm, (s. auch Tab. 4)
Fließgeschwindigkeit:	1,2 ml/min
Injektionsvolumen:	10 µl

3.2.4 Quantitative Bestimmung

(s. Abschn. 3.1.4)

3.3 Anmerkungen:

Zum Nachweis der völligen Abwesenheit von Konservierungsstoffen z. B. im unteren ppm-Bereich ist die Methode 3.1. weniger gut geeignet [3].

Musterchromatogramme sind in der amtlichen Sammlung enthalten [2]

4 Bestimmung von Propionsäure

Propionsäure ist als Zusatz nur zu bestimmten Brotsorten und feinen Backwaren zugelassen (s. Tabelle 2). Die in der Literatur angegebenen Verfahren beziehen sich deshalb vornehmlich auf die Bestimmung der Propionsäure in diesen Lebensmitteln [50, 51, 52, 53, 55, 66]. Überwiegend wird dabei die Propionsäure zur quantitativen Bestimmung mit Hilfe einer Destillation aus dem angesäuerten Lebensmittel abgetrennt, dann aber unterschiedlich bestimmt. Die ebenfalls wasserdampfflüchtige Sorbinsäure, die Brot auch als Zusatzstoff zugesetzt werden kann, kann hier mitbestimmt werden.
Amtliche Methoden [2] sind unter Nr. L 17.00-14 und L 18.00-11 erschienen.

4.1 Extraktion aus dem Lebensmittel

4.1.1 Destillation

Die homogenisierte und nicht getrocknete Probe (Anm.: Eine Trocknung kann zu Propionsäureverlusten führen.) wird einer Wasserdampfdestillation in einer speziellen Apparatur [24] unterworfen. Um ein Zusammenkleben der Probenmasse während des Destillationsvorganges zu verhindern, werden folgende Möglichkeiten angeboten:

a) Die Probe wird mit der gleichen bis etwa doppelten Menge an Kalium- oder Natriumhydrogensulfat [2, 51] bzw. Magnesiumsulfat [50] ver-

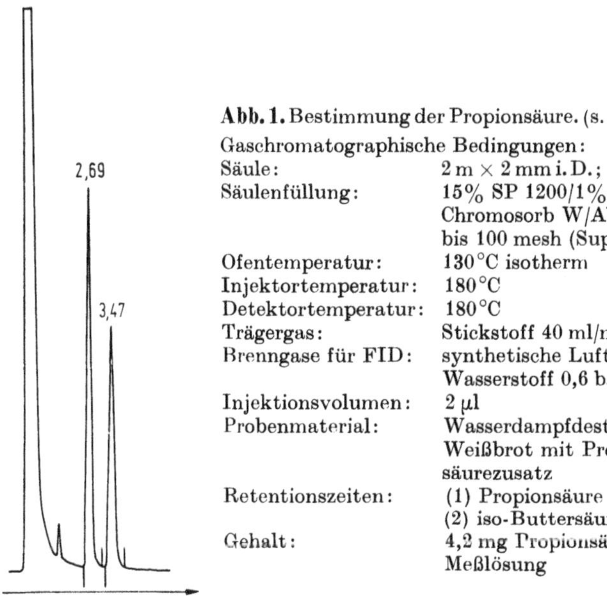

Abb. 1. Bestimmung der Propionsäure. (s. Kap. 4.2.1)

Gaschromatographische Bedingungen:

Säule:	2 m × 2 mm i. D.; Glasspirale
Säulenfüllung:	15% SP 1200/1% H_3PO_4 auf Chromosorb W/AW 80 bis 100 mesh (Supelco)
Ofentemperatur:	130 °C isotherm
Injektortemperatur:	180 °C
Detektortemperatur:	180 °C
Trägergas:	Stickstoff 40 ml/min
Brenngase für FID:	synthetische Luft 0,9 bar; Wasserstoff 0,6 bar
Injektionsvolumen:	2 µl
Probenmaterial:	Wasserdampfdestillat aus Weißbrot mit Propionsäurezusatz
Retentionszeiten:	(1) Propionsäure 2,7 Min.; (2) iso-Buttersäure 3,5 Min.
Gehalt:	4,2 mg Propionsäure/ml Meßlösung

mengt, in die Destillationsapparatur gegeben, dann mit ca. 1 ml 50%iger Schwefelsäure versetzt.

b) Statt Schwefelsäure wird Citronensäure zum Ansäuern und Taka-Diastase (Fa. Serva) als Aufschlußmittel zugesetzt. Es reicht eine Inkubationszeit von 5 Minuten bei 50 °C vor der Dampfeinleitung aus [52].

Der größte Teil der Propionsäure geht mit den ersten 100 ml über, zur quantitativen Erfassung der Sorbinsäure sollten weitere 300 ml überdestilliert werden [52]. Erhöht man hingegen durch Zugabe von Calciumchlorid zum Wasser des Dampfentwicklungsgefäßes die Temperatur des entweichenden Dampfes auf ca. 105 °C, so genügt für die Bestimmung beider Konservierungsstoffe eine Gesamtvorlage von 250 ml [50].

4.1.2 Direktextraktion

a) In einen Enghalserlenmeyerkolben gibt man 10 g Brot (+ evtl. 1 ml internen Standard), 5 g Kaliumhydrogensulfat, 50 ml frisch destillierten Ether und 1 ml 37%ige Salzsäure. Es wird 1 Stunde im verschlossenen Kolben geschüttelt und die überstehende Etherlösung zur Bestimmung nach 4.2.1 verwendet [66].

b) 5 g Brot können auch mit 100 ml Dichlormethan/Ameisensäure-Mischung (1000 + 1) 3 Minuten homogenisiert werden. Nach Filtration durch einen G 2 Glasfilter kann eine direkte GC-Bestimmung durchgeführt werden [69].

4.2 Bestimmungsverfahren

Bei höheren Gehalten im Lebensmittel kann aus dem Destillat (4.1.1) direkt eine Bestimmung der Konservierungsstoffe erfolgen, andernfalls wird ein Teil des Destillats neutralisiert bis leicht alkalisch gemacht und am Rotationsverdampfer oder auf dem Wasserbad bis etwa zur Trockne eingeengt. Da bei diesem Verfahren gelegentlich Sorbinsäureverluste bis zu 25% eintreten können [50], wird für eine quantitative Bestimmung der Sorbinsäure auf Kapitel 3.2 verwiesen.

4.2.1 Gaschromatographische Bestimmung

Der Trockenrückstand nach 4.2 wird mit wenig (z. B. 2 ml) Dichlormethan-Ameisensäure-Gemisch (99 + 1) im Ultraschallbad extrahiert und für die GC eingesetzt [54]. Es werden auch andere Möglichkeiten, den Trockenrückstand aufzunehmen angeboten:

a) 2 Tropfen konz. Phosphorsäure, 1 ml Dichlormethan [50];
b) 1 ml 25%ige HCl, dann mit 5 ml Isobutylmethylketon schütteln, organische Phase nach Trocknung zur GC einsetzen [27];
c) 8,5%ige Phosphorsäure, dann zur GC [51].

Zur quantitativen Berechnung kann die Methode des inneren Standards verwendet werden. Dazu eignen sich Buttersäure [52, 66] und iso-Buttersäure [2, 53].

Gaschromatographische Bedingungen beispielhaft angeführt:

Literatur:	[66]	[54 und Abb. 1]	[50]
Säule:	Metall o. Glas 2m × 2mm i. D.	Glasspirale 2m × 2mm i. D.	Stahl 2m × 1/8″ (3,2mm i. D.)
Säulenfüllung:	5 bis 10% FFAP auf Volaspher A2 0,1 bis 0,125mm 120bis140mesh ASTM (FFAP, Fa. Macherey-Nagel)	15% SP1200/1% H_3PO_4 auf Chromosorb W/AW 80bis100mesh (SUPELCO)	5% DEGS + 1% H_3PO_4 auf Aeropack-30 80/100 mesh
Ofentemperatur:	100–222 °C, 6 °C/min	130 °C isotherm	75 °C isotherm
Trägergas:		Stickstoff	
Detektor:		FID	
Injektionsvolumen:	10 µl	2 µl	2 µl
Retentionszeit ca.:	9 Min.	2,7 Min.	6 Min.

Es werden aber auch andere gaschromatographische Bedingungen vorgeschlagen:

- Derivatisierung zum Methylester und Trennung auf Glassäule mit 5% Carbowax 20 M TPA auf Gas Chrom Q 80/100 mesh [27].
- Derivatisierung zum Butylester mit 4-Fluorbenzoesäure als internem Standard und Trennung an einer SP 2100- oder DB 1-Quarz-Kapillare [68].
- Ohne Derivatisierung an einer Glassäule (2 m × 3 mm), gepackt mit 5% SP-1000 auf DMCS-Uniport KS 60/80 mesh [69].

4.2.2 Hochdruckflüssigchromatographische Bestimmung [27]

Je nach Konzentration der Propionsäure wird das Destillat direkt verwendet oder der Trockenrückstand wird mit wenig (z. B. 200 µl) Elutionsmittel aufgenommen.

HPLC-Bedingungen:

Eluent:	0,005 m Ammoniumacetat (mit Essigsäure auf pH 4,4)/Acetonitril (80:20)
Trennsäule:	LiChrosorb RP-18, 7 µm, 25 cm × 4,6 mm i. D.
Detektion:	UV 225 nm
Fließgeschwindigkeit:	1–3 ml/min
Injektionsvolumen:	10 µl

4.2.3 TAS-Verfahren [55]

Zur Bestimmung nach dem in Kapitel 2.1.2 näher beschriebenem TAS-Verfahren werden z. B. 200 mg Brot mit 2 Tropfen 10%iger Phosphorsäure angesäuert und in die Patrone gegeben. Zur besseren Fixierung der

Tabelle 3. Hochdruckflüssigchromatographische Bedingungen für die Trennungen von Konservierungsstoffen (ohne Derivatisierung):
(Die in dem Kapitel 7 angeführten chromatographischen Parameter für die Bestimmung des Natamycins sind in der Tabelle nicht angeführt!)

Trennsäulen

a) LiChrosorb RP-8, 10 μm, 250 × 4,6 mm i. D.
b) C 18 Merckosorb SI 60, 10 μm, 250 × 4,5 i. D.
c) LiChrosorb RP-18, 7 bzw. 10 μm, 250 × 4–4,6 mm
d) μ-Bondapak C-18
e) Perkin-Elmer Analytical C 18, 250 × 4,6 mm
f) Spherisorb ODS II, 3 μm, 60 × 4,6 mm mit Vorsäule 5 μm, 17 × 4,6 mm
g) LiChrosorb SI 60, 5 μm, 200 × 4 mm/150 × 4,6 mm
h) Ultrasphere – Octyl (RP 8), 5 μm, 250 × 4,6 mm
i) Nucleosil 7 C 8, 7 μm, 250 × 4 mm
j) NOVA Pak C 18, 5 μm, 150 × 4 mm
k) Shodex Ionpak C811, 500 × 8 mm
l) Nucleosil 7-C 18

Trennungbedingungen (Kenn-Nummer s. Tabelle 1)

Nr.:	Lit.:	Eluent	Säule:	Kenn-Nr.:
01:	[5]	55% Acetonitril in Wasser	–a–	(3, 6, 7)
02:	[6]	Acetonitril/Methanol/Wasser (90 + 70 + 120 v/v/v)	–b–	(3)
03:	[7]	Acetonitril/Ammoniumacetat-Puffer (0,005 m, pH 4,4) Gradient 25/75 auf 60/40	–a–	(1, 2, 3, 6, 7)
04:	[9]	wie 3, isochratisch 15/85	–c–	(1, 2, 3)
05:	[10]	Methanol/Phosphatpuffer (je 2,5 g $K_2HPO_4 * 3H_2O$ u. KH_2PO_4) Gradient 20% Methanol zu 80%	–d–	(1, 2, 3)
06:	[16]	Methanol/Wasser mit 0,2% Perchlorsäure	–e–	(1, 3)
07:	[17]	Wasser/Methanol/Tetrahydrofuran/ Phosphorsäure 85% (600 + 310 + 80 + 10; v/v/v/v)	–f–	(1, 2, 3)
08:	[19]	wie 5, isochratisch 10% Methanol	–c–	(1, 2)
09:	[27]	wie 3, isochratisch 20/80	–c–	(1, 2, 4, 5)
10:	[18]	Heptan/Diisopropylether/Essigsäure (69,9 + 30 + 0,1)	–g–	(7)
11:	[3, 2]	Heptan/Diisopropylether/Essigsäure (88 + 12 + 0,1)	–g–	(1, 2, 3)
12:	[2, 4]	Methanol/0,01 m-Ammoniumacetat-Puffer (4 + 5 v/v) mit Essigsäure auf pH 4,5	–h–	(1, 2, 3)
13:	[54]	Methanol/0,1 Vol.-% Essigsäure (55/45 v/v)	–i–	(6, 7, 8)
14:	[38]	Methanol + 0,01 m Ammoniumacetat (61 + 39) mit Ammoniak auf pH = 7,5 – 7,7 eingestellt	–j–	(6, 7, 8)
15:	[29]	Wasser/Acetonitril (80:20) mit Essigsäure auf pH 4,5	–c–	(1, 2, 5)
16:	[64]	A Perchlorsäure 1%, B = A + Isopropanol 1 + 1,35% B in 10 Min. zu 100% B, dann isochratisch	–c–	(1, 2, 3)
17:	[16]	0,2%ige Phosphorsäure	–k–	(1, 5)
18:	[70]	Formiat-Puffer/Methanol (40 + 60), Puffer: 5,0 g HCOOH/l mit NaOH auf pH 7,5	–l–	(6, 7, 8)

Propionsäure auf der DC-Folie wird der Startfleck mit basischer 10%iger Ammoniumcarbaminatlösung vorbehandelt.

Dünnschichtchromatographische Bedingungen:

DC-Plattenmaterial:	Cellulose-Fertigfolie F 1440 (Fa. Schleicher und Schüll, 35 5000)
Fließmittel:	150 ml n-Butanol werden mit 50 ml wäßriger 1%iger Ammoniaklösung gesättigt, Verwendung der n-Butanol-Phase.
Sprühmittel:	0,25 g Bromkresolgrün in 50 ml Ethanol 96% und 50 ml n-Butanol lösen.
Detektion:	Blaue Flecken auf gelbem Grund.

5 Bestimmung von Ameisensäure

Die in der Literatur aufgeführten photometrischen und oxidimetrischen Analysenverfahren sind z. T. unspezifisch und aufwendig [26]. Es wird daher nur die in der amtlichen Sammlung veröffentlichte Methode [2] angeboten.

5.1 Amtliche Methode (Nr. L 26.11.03-15)

Es handelt sich um ein enzymatisches Verfahren, das für die Untersuchung von Tomatenmark, Tomatenketchup und vergleichbaren Erzeugnissen geeignet ist.

Ameisensäure wird dabei enzymatisch in Gegenwart von Formiat-Dehydrogenase (FDH) durch NAD (Lithiumsalz) quantitativ zu CO_2 oxidiert. NAD wird zu NADH reduziert und kann photometrisch bei 334, 340 oder 365 nm bestimmt werden. Notwendige Konzentration an Ameisensäure je nach Meßwellenlänge 0,01 bis 0,2 g/l.

Enzyme: NAD-Li (Boehringer, Mannheim, Best. Nr. 223468); FDH (Boehringer, Mannheim, Best. Nr. 244678); die Enzyme sind auch als Enzymtestsatz erhältlich (Boehringer, Mannheim Best. Nr. 979732). Angaben und ausführliche Vorschrift in der amtlichen Sammlung beachten.

6 Bestimmung von Diphenyl (DP), o-Phenylphenol (OPP), Thiabendazol (TBZ)

Diphenyl (nach IUPAC-Nomenklatur offiziell Biphenyl), o-Phenylphenol und Thiabendazol werden als fungizid wirkende Stoffe zur konservierenden Oberflächenbehandlung bei Citrusfrüchten und Bananen eingesetzt [71]. Zur Bestimmung werden in der Literatur unterschiedliche Methoden angeboten. In einer EG-Richtlinie [39] wird eine dünnschichtchromatographische Reinigung mit einer photometrischen Bestimmung kombiniert, es sind aber auch gaschromatographische und HPLC-Bestimmungsverfahren möglich. Die Probenahme sollte nach der EG-Richtlinie vorgenommen werden.

6.1 Extraktion aus dem Lebensmittel

Diphenyl und o-Phenylphenol unterscheiden sich durch ihre Wasserdampfflüchtigkeit physikalisch vom Thiabendazol. Zur Extraktion der Oberflächenbehandlungsmittel aus dem homogenisierten Material sind zwei Verfahren gebräuchlich:

6.1.1 Direkte Extraktion mit organischen Lösungsmitteln

Es sind z. B. folgende Extraktionen mit Dichlormethan (D) möglich:

a) 400 g Material werden mit 150 ml D 2 Minuten und nach 60minütigem Stehenlassen erneut 2 Minuten im Ultraschallbad behandelt. Mit D nachspülen [38].
b) 20 ml flüssige Probe werden auf eine Extrelutsäule gegeben, die Elution erfolgt mit D [18].
c) 50 bis 100 g Probe werden mit D 3 Stunden am Rückfluß im Soxhlet extrahiert [56].

6.1.2 Wasserdampfdestillation

6.1.2.1 zur Bestimmung von Diphenyl [39]

200 bis 300 g zerkleinertes Material werden mit Wasser vermengt und zusammen mit 2 ml 96%iger Schwefelsäure, 1 ml Antischaummittel und einigen Siedesteinchen in einen Destillierkolben mit Abscheider (n. Clevenger, Abbildungen siehe z. B. [35, 39]) gegeben, in den Abscheider wird Wasser und 7 ml Cyclohexan gefüllt, anschließend etwa 2 Stunden destilliert.
Hinweis:

Wird 6 Stunden destilliert, wird gleichzeitig OPP erfaßt [54].

6.1.2.2 zur Bestimmung von o-Phenylphenol [39]

Wie 6.1.2.1, aber mit folgender Modifikation: Zum Ansäuern wird 10 ml 70%ige Phosphorsäure verwendet, statt Cyclohexan wird 10 ml Di-Isopentylether in den Abscheider gegeben, es wird 6 Stunden destilliert.

6.1.2.3 zur Bestimmung von Diphenyl und o-Phenylphenol [40]

100 g Probe werden zusammen mit etwa 500 ml Wasser, 10 ml Phosphorsäure und Antischaummittel in eine Wasserdampfapparatur nach Moritz und Clevenger gegeben und zwei Stunden destilliert. Es scheidet sich das ätherische Öl mit den darin gelösten Oberflächenbehandlungsmitteln ab.

6.2 Reinigungsschritte

Je nach Zusammensetzung der Matrix müssen noch besondere Reinigungsschritte vorgenommen werden. Das gilt vor allem vor nichtchromatographischen Endbestimmungsmethoden wie der Photometrie. Folgende Schritte werden beispielhaft angeboten:

6.2.1 Ausschütteln des o-phenylphenolhaltigen Extraktes 4–5× mit je 5 ml 86,3%iger (g/g) Schwefelsäure [42].

6.2.2 Zerstörung organischer Begleitstoffe durch Ausschütteln (30 Minuten) einer Lösung des ätherischen Öles in Petrolether mit einer Mischung aus gleichen Teilen Eisessig und 6%iger Kaliumpermanganatlösung [41]. Eine IR-Diphenylbestimmung schließt sich an (s. 6.3.1).

6.2.3 Reinigung über eine Glassäule (400 × 9 mm i. D.), gepackt mit 120 mm Florisil und 40–50 mm wasserfreiem Natriumsulfat als Auflage. Nachfolgend Bestimmung von OPP [46], siehe auch 6.4.1.

6.2.4 Reinigung über DC-Platten. Auf Kieselgel G-Platten werden ca. 4 cm breite Zonen markiert und die Konservierungsstoffextrakte in organischem Lösungsmittel bandförmig aufgetragen. Nach Entwicklung der Platten und Lufttrocknung werden die betreffenden Zonen durch Betrachten mit UV-Licht bei 254 nm lokalisiert, ausgekratzt und mit Ethanol/Methanol extrahiert [39, 56].

6.2.5 Die Cyclohexanphase (n. 6.1.2.1) wird 3× mit 4%iger Natronlauge ausgeschüttelt, die vereinigten Laugen werden angesäuert und das o-Phenylphenol mit Dichlormethan in die organische Phase zurückgeschüttelt.

6.2.6 Aus Dichlormethan-Extrakten wird das Thiabendazol 2–3× mit 0,1 m Salzsäure extrahiert, die vereinigten Salzsäureextrakte werden mit NaOH auf ca. pH 8 alkalisiert und das TBZ mit Dichlormethan zurückgeschüttelt. Die vereinigten Dichlormethan-Extrakte werden über Natriumsulfat getrocknet [38, 45].

6.3 Einzelbestimmungen

6.3.1 DP-Infrarotspektroskopie [41]

Ein Teil der Cyclohexanphase (n. 6.1.2.1) wird in eine Kochsalzküvette (Schichtdicke 0,5 mm) gegeben und das IR-Spektrum gegen Cyclohexan aufgenommen. Die typischen Banden mit den Wellenzahlen 736,2 und 698,5 cm^{-1} sind quantitativ auswertbar.

Nachweisgrenze bei 250 g Probeneinwaage: 2 mg/kg Probe [54].

6.3.2 DP-Dünnschichtchromatographie [39]

Mit einem Teil der Cyclohexanphase (n. 6.1.2.1) wird eine Reinigung über DC-Platten gemäß 6.2.4 durchgeführt. Die Platten werden mit n-Hexan entwickelt. Von den alkoholischen Extrakten der ausgekratzten Zonen wird gegen einen gleichartig hergestellten Blindwert das UV-Spektrum zwischen 200 und 300 nm aufgezeichnet, das Maximum bei 248 nm quantitativ ausgewertet.

6.3.3 OPP-Dünnschichtchromatographie [39]

Der Extrakt des o-Phenylphenols in z. B. Dichlormethan (n. 6.2.5) wird nach Trocknen auf ein definiertes Volumen z. B. 10 ml gebracht. 100 µl werden auf eine Kieselgel 60 DC-Platte aufgetragen und mit Dichlormethan/Cyclohexan Gemisch (80 + 20) entwickelt. Zum Sichtbarmachen scheint sehr gut das Phenolreagens nach Gibbs geeignet zu sein. Besprühung mit 0,1%iger alkoholischer 2,6-Dibromchinonchlorimid-Lösung und anschließende Behandlung mit Ammoniakdämpfen [57].

Eine halbquantitative Abschätzung der blauen Flecken gegen Standard-Auftragungen ist gut möglich. Nachweisgrenze bei 250 g Probeneinsatz: ca. 40 µg/kg Probe [54].

6.3.4 TBZ-Kolorimetrische Bestimmung aus einem gereinigten HCl-Extrakt [48, S. 811]

6.3.5 TBZ-Dünnschichtchromatographie [56]

Der nach 6.1.1c gewonnene Dichlormethanextrakt wird getrocknet und auf ein Volumen von 10 ml gebracht. 200 µl werden auf Kieselgel GF 254-DC-Platten gemäß (6.2.4) gereinigt. Die Platten werden mit einem Gemisch aus Benzol/Eisessig/Aceton/Wasser (70/20/10/2 v/v/v/v) entwickelt. Benzol sollte durch Toluol ersetzbar sein, eine Vorentwicklung mit Dichlormethan oder Chloroform ist angebracht. Die im UV-Licht von 254 nm erkennbaren Thiabendazolzonen werden ausgekratzt, mit Methanol extrahiert. Von dem Extrakt wird gegen einen entsprechenden Blindwert ein UV-Spektrum zwischen 260 und 340 nm aufgezeichnet. Das Thiabendazolspektrum wird quantitativ ausgewertet.

Nachweisgrenze 2 µg auf der Platte, bei 400 g Fruchteinwaage entspricht das 250 µg/kg Frucht [54].

6.3.6 TBZ-Gaschromatographie

Es eignen sich methanolische [56] und Dichlormethan [59]-Lösungen. Für die Bestimmung ist eine Derivatisierung nicht erforderlich:

Gaschromatographische Bedingungen:

Literatur:	[59]	[56]
Trennsäule:	2 m Glas; ∅ = 2 mm; 3% OV 210 auf Gas-chrom 100–120 mesh	1,8 m Glas; ∅ = 2 mm; 5% SE 30 auf Chromosorb G AW DMCS 80–100 mesh
Trägergas Stickstoff:	30 ml/min	40 ml/min
Ofen-Temperaturen:	230 °C	200 °C
Detektor:	--------- FID besser: Stickstoffdetektor -------	

6.4 DP/OPP/TBZ-HPLC-Bestimmung [38]

Der Dichlormethanextrakt nach 6.1.1a wird über Natriumsulfat getrocknet, am Rotationsverdampfer vorsichtig eingeengt und in einen 25 ml Braunglaskolben überspült.

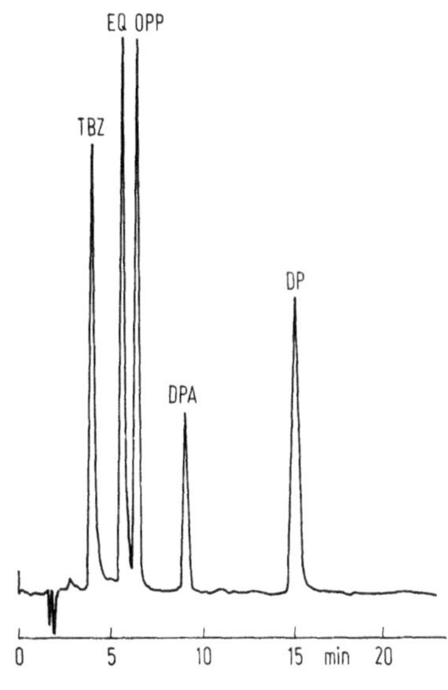

Abb. 2. Bestimmung von Oberflächenbehandlungsmitteln. (s. Kap. 6.4.3.).
Probenmaterial:
Standardlösung einer Mischung von Thiabendazol (TBZ), Ethoxiquin (QE), o-Phenylphenol (OPP), Diphenylamin (DPA) und Diphenyl (DP). Konzentration je 10 mg /L Meßlösung

6.4.1 Bestimmung von Diphenyl und o-Phenylphenol

Es folgt ein Reinigungsschritt über eine Glassäule 10 cm hoch mit aktiviertem Florisil und 1 cm hoch mit Natriumsulfat gefüllt (s. 6.2.3). Auf die mit Dichlormethan gewaschene Säule werden 10 ml Dichlormethan-Extrakt gegeben und mit 60 ml Dichlormethan eluiert. Das Eluat wird vorsichtig eingeengt, in Methanol gelöst und für die HPLC eingesetzt.

6.4.2 Bestimmung von Thiabendazol

10 ml Dichlormethan-Extrakt werden mit Dichlormethan verdünnt und nach 6.2.6 gereinigt. Die vereinigten über Natriumsulfat getrockneten Extrakte werden vorsichtig eingeengt. Der Rückstand wird in Methanol aufgenommen und für die HPLC eingesetzt.

6.4.3 Hochdruckflüssigchromatographische Bedingungen

Literatur:	(54 und Abb. 2)	[38]
Eluent:	Methanol/0,1 Vol.-%ige Essigsäure (55/45 v/v)	Methanol/0,01 m Ammoniumacetat (61 + 39) mit NH_3 auf pH 7,5 – 7,7
Trennsäule:	Nucleosil 7 C 8, 7 µm 250 × 4 mm	NOVA PAK C 18, 5 µm 150 × 4 mm
Detektion:	UV 233 nm	UV 233 nm + Fluor 258 nm Ex./320 nm Em.
Fließgeschwindigkeit:	1,5 ml/min	1 ml/min
Injektionsvolumen:	20 µl	10 bis 20 µl

Bei Einsatz von 400 g Probenmaterial können Restmengen von je 50 µg/kg Frucht bestimmt werden [38].

(Anmerkung: Weitere HPLC-Trennbedingungen siehe Tabelle Nr. 3)

6.5 Dünnschichtchromatographische Trennbedingungen

Literatur:	[44, 47]	[45, 56]	[23]	[57]	[39]	[59]
Plattenmaterial:	Kieselgel G (+HPTLC)	Kieselgel GF 254	Kieselgel	Kieselgel G	Kieselgel GF 254	Kieselgel Sil 20
Fließmittel:	a	b	c	c/d	e	a
Detektion:	Fluoreszens	UV-	Fluor/ Gibbs	HCHO + H_2SO_4 od Gibbs	UV- + Gibbs	Fluoreszens
Stoff:	TBZ	TBZ	DP + OPP	DP + OPP	DP + OPP	TBZ

DC-Fließmittel:		Literatur
a Ethylacetat/Methylethylketon/Ameisensäure/Wasser	(5:3:1:1)	[44, 47, 59]
b Benzol/Eisessig/Aceton/Wasser	(10:4:1:0,4)	[45]
c Cyclohexan/Dichlormethan	(3:1)	[23, 57]
d Heptan oder Hexan oder Dichlormethan		[57, 39]
e Cyclohexan/Dichlormethan	(25:95)	[39]
f Hexan/Essigsäure 96%	(85:15)	[15] s. 2.2.1

7 Bestimmung von Natamycin

Das Makrolid-Antibiotikum Natamycin, das auch als Pimaricin bezeichnet wird, gehört zu den Polyen-Antibiotika mit Tetraenstruktur. Es ist in der Bundesrepublik Deutschland als antimycetisches Oberflächenbehandlungsmittel für einige Käsesorten (Hartkäse, Schnittkäse, halbfester Schnittkäse), in anderen Ländern auch zur Behandlung von Wurst zugelassen [30, 71]. Die Käseverordnung begrenzt den Gehalt auf der Oberfläche von verkaufsfertigem Käse auf 2 mg Natamycin/dm^2 bezogen auf die höchste Eindringtiefe in die Randschicht von 5 mm.

7.1 Extraktion des Natamycins

Ein definierter Teil der Käseoberfläche (z. B. 25—50 cm^2) kann mit Methanol [33], evtl. nach Verreiben mit wasserfreiem Natriumsulfat [31], aber auch mit einem Methanol/Wasser-Gemisch mit einem Ultra-Turrax oder mit Ultraschallbad homogenisiert und unter Schütteln extrahiert werden. Die methanolischen Extrakte werden evtl. zur Entfernung störender Begleitstoffe tiefgekühlt und kalt filtriert. Ein schonendes Konzentrieren am Rotationsverdampfer (< 40 °C) ist möglich. Ein weiterer Reinigungs- und damit verbundener Konzentrierungsschritt ist auch an „Sep-Pak C 18"-Kartuschen möglich [58]. Dazu wird nach Aktivierung der Kartuschen (die Angaben des Herstellers sind zu beachten) zuerst eine Verdünnung der Extrakte mit Wasser (1 Teil Extrakt + 2

Teile Wasser) vorgenommen, die verdünnten Extrakte und anschließend Waschwasser werden durch die Kartuschen gedrückt. Das Natamycin ist dann mit wenig Methanol (z. B. 5–10 ml) von der Kartusche extrahierbar.

7.2 Bestimmungsverfahren

7.2.1 Mikrobiologische Methode

Es ist naheliegend, die antimycetische Wirkung des Natamycins, die seine Anwendung bedingt, auch zum Nachweis seiner Verwendung in Lebensmitteln zu nutzen. Als Testkeim wird Saccharomyces cerevisiae ATCC 9763 verwendet [30, 36], die Durchführung geschieht mit Hilfe des Agardiffusionstestes. Diese für Natamycin nicht spezifische Nachweismethode wird aber als unempfindlich gegenüber den unten beschriebenen Methoden bezeichnet [33].

7.2.2 Spektralphotometrische Methode

Natamycin zeigt in methanolischer Lösung ein für Tetraene typisches UV-Spektrum mit Maxima bei 290, 303 und 318 nm und entsprechenden Minima bei 295,5 und 311 nm. Dieses Spektrum kann für einen quantitativen Nachweis verwendet werden [30]. Ein klarer Extrakt aus dem Lebensmittel wird mit Methanol/Essigsäure (99 + 1) so verdünnt, daß die Endkonzentration an Natamycin zwischen 2 und 6 μg/ml liegt. Es werden die Extinktionswerte bei 295,5, 303 und 311 nm gegen Methanol/Essigsäure (99 + 1) ermittelt. Die Natamycinkonzentration wird nach der Formel

$$C = A * (E_{303} - 0{,}5(E_{295,5} + E_{311}))$$

berechnet. Die Konstante A ergibt sich aus mehreren Messungen mit Natamycin-Standardlösungen.

Durch Eigenabsorption von im Extrakt enthaltenen Käsebegleitstoffen kann eine quantitative Auswertung der Spektren (s. Abb. 3) gestört oder unmöglich gemacht werden [34, 43]. Diese Schwierigkeiten kann man umgehen, wenn man

a) nicht gegen Methanol/Essigsäure mißt, sondern mit einem Extrakt aus dem natamycinfreien Käseinnern einen Teil der Störstoffe kompensiert [43], oder
b) mit Hilfe der weniger arbeitsaufwendigen Derivativspektroskopie (siehe 7.2.3) die Störungen durch den Käseuntergrund vermindert und damit auch eine Bestimmung von homogen in Proben verteiltem Natamycin ermöglicht [34], oder
c) eine chromatographische Methode nach 7.2.4 wählt.

7.2.3 Derivativspektroskopische Methode

Eine quantitative Bestimmung des Natamycins ist mit Hilfe der Derivativspektroskopie möglich [34].

a) Herstellung des Extraktes:
   Von der Käseoberfläche wird ein definierter Teil (z. B. 25 cm², 1 mm dick) abgehoben, gewogen und je 3× mit Methanol (15 + 10 + 10 ml)

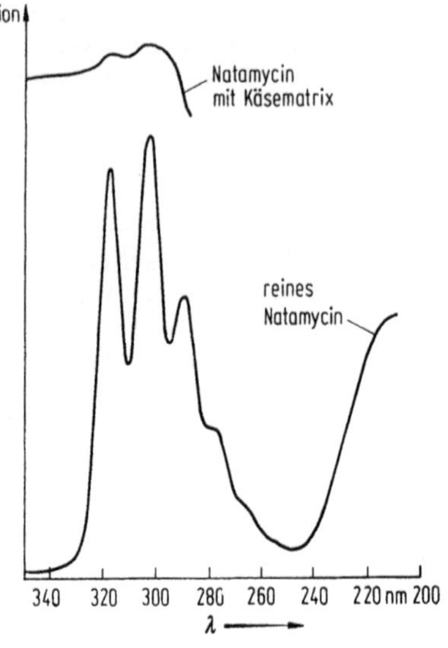

Abb. 3. UV-Spektrum Natamycin

im Ultra-Turrax 2 Minuten homogenisiert, dann 20 Minuten geschüttelt. Die Überstände werden filtriert, mit Methanol nachgewaschen und die gesammelten Methanolextrakte auf ein definiertes Volumen (z. B. 50 ml) aufgefüllt.

b) Photometer: Geeignetes registrierendes UV-VIS Zweistrahlphotometer (z. B. „554" Fa. Perkin-Elmer).
c) Messung: In Quarzküvetten wird die zweite Ableitung des Spektrums von 340 bis 290 nm gegen Methanol aufgenommen. Zur quantitativen Bestimmung wird die absolute Extinktionsdifferenz zwischen dem Minimum bei 318 nm und dem Maximum bei 311 nm im Vergleich zu einer Natamycin-Eichlösung entsprechender Konzentration ausgewertet.
d) Nachweisempfindlichkeiten bei den oben angegebenen quantitativen Daten ohne weitere Konzentrierung [34]:

Reine methanolische Natamycinlösung:	ca. 20 ng/ml
Natamycin im Käseextrakt:	ca. 150 ng/ml

Das entspricht einer Natamycinkonzentration:

bei Einwaage von 3 g Käse:	2,5 mg/kg
bei Einsatz von 25 cm^2 Oberfläche:	0,03 mg/dm^2

7.2.4 Chromatographische Methoden

Die photometrischen Methoden werden häufig als Screening-Methoden eingesetzt, da eine endgültige Absicherung des Nachweises von Natamycin nur mit einer chromatographischen Methode möglich ist. So ist bei der Höchstmengenüberprüfung eines gekennzeichneten Gehaltes an Natamycin eine quantitative Bestimmung nach 7.2.3 sicher gut möglich, bei einem nicht gekennzeichneten Gehalt und einem positiven Spektrum ist aber zum Nachweis des Natamycins eine Absicherung notwendig, denn z. B. Nystatin, ebenfalls ein Tetraen-Antibiotikum, versuchsweise Hüttenkäse [37] zugesetzt, zeigt ein dem des Natamycin sehr ähnliches UV-Spektrum. Es kann aber chromatographisch von diesem eindeutig abgetrennt werden [31, 60].

7.2.4.1 Dünnschichtchromatographische Methode

Eine Entwicklung auf Kieselgelplatten mit dem Fließmittelsystem Butanol/Eisessig/Wasser (60/20/20) ist möglich [60]. Bei der direkten Auftragung von Käseextrakten stören Käsebegleitstoffe die Detektion. Teilweise kann man eine Verbesserung durch Vorentwicklung der Platten mit Dioxan erreichen.

DC-Nachweisgrenze durch Fluoreszenzlöschnng:
Natamycin mit Käsematrix . . . . 1 µg/Auftragung

7.2.4.2 Hochdruckflüssigchromatographische Methode

Wesentlich spezifischer ist jedoch die HPLC. Folgende Trennbedingungen werden angeboten:

Literatur:	[31]	[32]	[33]
Eluent:	Methanol/0,02 m Phosphatpuffer (pH 6,85) 100 + 55 v/v	Methanol/Wasser/ Eisessig (60 + 40 + 5)	Methanol/ Phosphatpuffer ($3{,}026\ g\ KH_2PO_4$ in 1 l Wasser pH 4,45 65/35 v/v)
Trennsäule:	LiChrosorb RP-18 10 µm 250 mm × 3 mm	LiChrosorb RP-8 5 µm 150 mm × 4,6 mm	LiChrosorb RP-8 10 µm 250 mm × 4,6 mm
Detektion:	UV 303 nm	UV 303 nm	UV 303 nm
Fließgeschw.:	1,55 ml/min	1 ml/min	1,5 ml/min
Injektionsvol.:	10 µl	20 µl	10 µl
Nachweisgrenze:	10 ng/Injektion	< 0,05 mg/kg Käse	0,02 mg/dm^2

Anmerkungen: Die quantitative Bestimmung kann vorgenommen werden nach der Methode:

a) externer Standard; Natamycin-Standardlösungen sind möglichst frisch anzusetzen, da schon nach wenigen Tagen Abbauprodukte des Natamycins im HPLC-Chromatogramm zu erkennen sind.
b) interner Standard; hierzu eignet sich das oben erwähnte Nystatin, das zu Beginn der Probenaufarbeitung zugesetzt werden sollte.

Tabelle 4. [61]

Stoff	UV-Maxima in verschiedenen Lösungsmitteln		
	Methanol	0,1 m HCl	0,1 m NaOH
Sorbinsäure	252 nm	262 nm	254 nm
Benzoesäure	280; 273; 227 nm	273; 230 nm	269 nm
PHB-Ester	256 nm	254/255 nm	295/296 nm

8 Erfassung anderer Stoffe

Mit den in den Kapiteln dargestellten Verfahren lassen sich nicht nur die dort angeführten Konservierungsstoffe sondern auch andere Stoffe erfassen. Es kann sich hierbei um folgende Stoffe handeln:

1) Nicht zugelassene Konservierungsstoffe.
2) Andere Zusatzstoffe.
3) Div. Lebensmittelinhaltsstoffe.

In der folgenden Tabelle werden beispielhaft einige dieser Stoffe, die in der bearbeiteten Literatur aufgefallen sind, vorgestellt:

Stoff	Literatur	Bestimmungsmethode
PHB-Butylester	[3] [63]	HPLC *N*ormal-*P*hase/DC
PHB-Heptylester	[3]	HPLC NP
Purinbasen	[4]	HPLC *R*eversed-*P*hase
Vanillin	[4] [63]	HPLC RP/DC
Cumarin	[4]	HPLC RP
Saccharin	[4, 10]	HPLC RP
Diphenylamin	[23]	DC/GC/HPLC
Diphenylamin	[38, 54, 70]	HPLC RP
Diphenylamin	[15]	TAS
Salicylsäure	[15] [64] [63]	TAS/HPLC RP/DC
Dehydracetsäure	[15]	TAS
p-Chlorbenzoesäure	[15]	TAS
p-Hydroxybenzoesäure	[16, 27, 64] [63]	HPLC RP/DC
3-Hydroxybenzoesäure	[17]	HPLC RP
p-Phenylphenol	[18]	HPLC NP
Hippursäure	[19]	HPLC RP
Nystatin	[31]	HPLC RP
Ethoxiquin	[38, 54, 70]	HPLC RP

Literatur

1. Lück, E.: Chemische Lebensmittelkonservierung, Springer Verlag Berlin Heidelberg New York, 2. Auflage 1986
2. Amtliche Sammlung von Untersuchungsverfahren nach § 35 LMBG, Herausgeber Bundesgesundheitsamt, Beuth Verlag GmbH Berlin, Köln
3. Aitzetmüller, K., Arzberger, E.: Z. Lebensm. Unters.-Forsch., 178:279 (1984)

4. Gieger, U.: Lebensmittelchemie u. gerichtl. Chemie, 36:109 (1982)
5. Hewlett Packard Applikation LC 319-77
6. Clarke, G., Rashid, I. A.: Analyst, 102:685 (1977)
7. Hewlett Packard Applikation AN 232-4
8. Lorenzen, W., Sieh, R.: Z. Lebensm. Unters.-Forsch., 118:222 (1962)
9. Ehlers, D., Littmann, S.: Dtsch. Lebensmittel-Rdsch., 80:44 (1984)
10. Leuenberger, U., Gauch, R., Baumgartner, E.: J. Chromatogr., 173:343 (1979)
11. Jäckl, H.: Lebensmittelchemie u. gerichtl. Chemie, 17:129 (1963)
12. Brümmer, J. M.: Dtsch. Lebensmittel-Rdsch., 69:192 (1973)
13. Schmidt, H.: Z. Analyt. Chem. 178:173 (1960)
14. Murakami, R., u. a.: Shokuhin Eiseigaku Zasshi, 25:360 (1984); ref.: Analytical Abstracts 1985 11F17.
15. Stahl, E.: Z. Lebensm. Unters.-Forsch., 140:321 (1969)
16. Böhme, W., Oehme, U., Steinwand, M.: Lebensmittelchemie u. gerichtl. Chemie, 38:88 (1984)
17. Gertz, Ch., Herrmann, K.: Dtsch. Lebensmittel-Rdsch., 79:331 (1983)
18. Aitzetmüller, K., Arzberger, E.: J. of HRC & CC, 4:242 (1981)
19. Stijve, T., Hischenhuber, C.: Dtsch. Lebensmittel-Rdsch. 80:81 (1984)
20. Galensa, R., Schäfers, F.-I.: Z. Lebensm. Unters.-Forsch., 173:279 (1981)
21. Rubach, K., Breyer, Ch., Kirchhoff, E.: Z. Lebensm. Unters.-Forsch., 170:99 (1980)
22. Schindler, I., Spröer, P. D.: Dtsch. Lebensmittel-Rdsch., 75:214 (1979)
23. Piorr, W., Tòth, L.: Z. Lebensm. Unters.-Forsch., 135:260 (1967)
24. Antonacopoulos, N.: Z. Lebensm. Unters.-Forsch., 113:113 (1960)
25. Duden, R., Fricker, A., Calverley, R., Park, K. H., Rios, V. M.: Z. Lebensm. Unters.-Forsch., 151:23 (1973)
26. Gertz, Ch., Hild, J.: Z. Lebensm. Unters.-Forsch., 170:103 (1980)
27. Gertz, Ch., Hild, J.: Z. Lebensm. Unters.-Forsch., 170:110 (1980)
28. Rapp, A.: Analytiker-Taschenbuch Band 5, Springer Verlag Heidelberg (1985)
29. Rabe, E.: Getreide, Mehl und Brot, 39:77 (1985)
30. Kiermeier, F.: Z. Lebensm. Unters.-Forsch., 151:179 (1973)
31. Frede, W.: Lebensmittelchemie u. gerichtl. Chemie, 36:65 (1982)
32. Tuinstra, L. G. M. T., Traag, W. A.: J. Assoc. Off. Anal. Chem., 65:820 (1982)
33. Engel, G., Hertel, K., Teuber, M.: Milchwissenschaft, 38:145 (1983)
34. Riedl, R., Luf, W., Brandl, E.: Z. Lebensm. Unters.-Forsch., 179:394 (1984)
35. Souci, S. W., Maier-Haarländer, G.: Z. Lebensm. Unters.-Forsch., 119:217 (1963)
36. Raab, W. P.: Pimaricin (Natamycin) Eigenschaften und medizinische Anwendung. Georg Thieme Verlag Stuttgart 1974
37. Nilson, K. M., Shahani, K. M., Vakil, J. R., Kilara, A.: J. of Dairy Science, 58:668 (1975)
38. Gieger, U.: Lebensmittelchemie u. gerichtl. Chemie, 40:25 (1986)
39. Richtlinie des Rates der EG Nr. 67/427/EWG vom 27. 6. 67, Amtsblatt v. 11. 7. 67
40. Ihloff, M., Kalitzki, M.: Dtsch. Lebensmittel-Rdsch., 56:139 (1960)
41. Ihloff, M., Kalitzki, M.: Lebensmittelchemie u. gerichtl. Chemie, 11:129 (1957)
42. Rajzman, A.: Analyst, 97:271 (1972)
43. Frede, W.: Milchwissenschaft, 32:66 (1977)
44. Otteneder, H.: J. Chromatogr., 109:181 (1975)

45. Kröller, E.: Dtsch. Lebensmittel-Rdsch., 67:229 (1971)
46. Ott, D. E.: J. Assoc. Anal. Chem., 61:1465 (1978)
47. Hezel, U.: Lebensmittelchemie u. gerichtl. Chemie, 30:217 (1976)
48. Official Methods Of Analysis Of The AOAC, 14. Auflage (1984), AOAC Inc. Arlington, Virginia 22209 USA
49. The Nordic Committee on Food Analysis, Uppsala, Schweden: Methode No. 103 (1984) ref. in Z. Lebensm. Unters.-Forsch., 179:455 (1984)
50. Hadorn, H., Zürcher, K.: Mitt. Gebiete Lebensm. Hyg., 62:339 (1971)
51. Lück, E., Oeser, H., Remmert, K.-H., Sabel, J.: Z. Lebensm. Unters.-Forsch., 158:27 (1975)
52. Meuser, F., Klingler, R. W.: Getreide, Mehl, Brot, 31:63 (1977)
53. Lanksch, R.: Lebensmittelchemie u. gerichtl. Chemie, 34:99 (1980)
54. Swaczyna, H.: Privatmitteilung (1986)
55. Laub, E.: Dtsch. Lebensmittel-Rdsch., 76:14 (1980)
56. Hey, H.: Z. Lebensm. Unters.-Forsch., 149:79 (1972)
57. Hoppe, H., Romminger, K.: Die Nahrung, 11:797 (1967)
58. Internationale Organisation für Normung „Entwurf" ISO/DP 9233 doc. nr. ISO/TC 34/SC5N 292
59. Becker, G.: Z. Analyt. Chem., 318:276 (1984)
60. Stahl, E.: Dünnschicht-Chromatographie, 2. Auflage, Springer Verlag Berlin, Heidelberg, New York 1967
61. Dibbern, H.-W.: Uv- und IR-Spektren wichtiger pharmazeutischer Wirkstoffe, Editio Cantor Aulendorf 1978, Stand 1985
62. Drawert, F., Leupold, G.: Lebensmittelchemie u. gerichtl. Chemie, 32:76 (1978)
63. Woidich, H., Gnauer, H., Galinovsky, E.: Z. Lebensm. Unters.-Forsch., 133:317 (1967)
64. Collinge, A., Noirfalise, A.: Anal. chim. Acta, 132:201 (1981)
65. Mildau, G., Jork, H.: Z. Analyt. Chem. 318:302 (1984)
66. Laub, E., Klintrimas, T.: Lebensmittelchemie u. gerichtl. Chemie, 37:144 (1983)
67. Ayuto, M., Rohns, G.: Z. Lebensm. Unters.-Forsch., 179:243 (1984)
68. Carl, M.: Lebensmittelchemie u. gerichtl. Chemie, 37:18 (1983)
69. Isshiki, K., Tsumura, S., Watanabe, T.: J. Assoc. Off. Anal. Chem., 64:280 (1981)
70. Luckas, B.: Z. Lebensm. Unters.-Forsch., 184:195 (1987)
71. Gesetzliche Bestimmungen:
ZZulV: Zusatzstoffzulassungs-Verordnung v. 22. 12. 81 (BGBl. I S. 1633) in der Fassung vom 20. 12. 84 (BGBl. I S. 1652)
ZVerkV: Zusatzstoff-Verkehrsverordnung v. 10. 7. 84 (BGBl. I S. 897)
KäseV: Käseverordnung in der Bekanntmachung der Neufassung v. 14. 4. 86 (BGBl. I S. 412)

IV. Basisteil

Um den Umfang des Basisteils nicht zu Lasten der methodischen Beiträge immer mehr anwachsen zu lassen, verweisen wir bei einem Teil der nachstehenden Beiträge auf einen der vorhergehenden Bände. In diesen Fällen hat sich der Inhalt der betreffenden Tabellen in der Zwischenzeit nicht oder nur unwesentlich geändert, so daß eine Aktualisierung erst zu einem späteren Zeitpunkt erforderlich ist. Die Tabellen der SI-Einheiten werden stets unverändert beibehalten, damit diese dem Leser eines jeden Bandes unmittelbar zur Verfügung stehen. Die Informationszentren für Vergiftungsfälle werden ebenfalls – aktualisiert bzw. überprüft – in jedem Band wiederholt.

Literatur (Monographien)

Die Literaturangaben zu den einzelnen Beiträgen dieses Taschenbuches verweisen den Leser, der tiefer in das jeweilige Sachgebiet eindringen will, auf weiterführende Literatur. Vor allem sind dort auch stets einschlägige Monographien zitiert. Da jedoch die Beiträge nicht systematisch geordnet sind, sondern nach jeweiliger Aktualität des Sachgebietes erscheinen, ergibt sich daraus keine brauchbare Übersicht über die Basisliteratur der analytischen Chemie. Es wurde deshalb versucht, in nachfolgend zusammengestellter Liste die wichtigsten neueren Monographien über das Gebiet der Analytischen Chemie und deren Teilbereiche in einer systematischen Ordnung aufzuführen. Im wesentlichen wurden Monographien der letzten 6 Jahre berücksichtigt, darüber hinaus aber auch ältere Standardwerke, soweit sie heute noch als Basisliteratur oder Nachschlagewerke Bedeutung haben.

Es ist beabsichtigt, in den Folgebänden dieses Taschenbuches jeweils die Neuerscheinungen zu zitieren. Auch soll die Systematik künftig um weitere Sachgebiete, die in der vorliegenden Liste noch keine Berücksichtigung gefunden haben, ergänzt werden.

Inhaltsübersicht

1 Analyse allgemein

Wilson & Wilson, Svehla (Ed.): Comprehensive Analytical Chemistry; erscheint seit 1959. Seit 1980 erschienene Bände:
Vol. 10: Organic Spot Test Analysis; The History of Analytical Chemistry. 1980.
Vol. 11: The Application of Mathematical Statistics in Analytical Chemistry; Mass Spectroscopy; Ion Selective Electrodes. 1981.
Vol. 12: Thermal Analysis.
Part A: Simultaneous Thermoanalytical Examinations by Means of the Derivatograph. 1981.
Part B: Biochemical and Clinical Applications of Thermometric and Thermal Analysis. 1982.
Part C: Emanation Thermal Analysis and other Radiometric Emanation Methods. 1984.
Part D: Thermophysical Properties of Solids. Their Measurements and Theoretical Thermal Analysis. 1984.
Vol. 13: Analysis of Complex Hydrocarbon Mixtures
Part A: Separation Methods. 1981.
Part B: Group Analysis and Detailed Analysis. 1981.
Vol. 14: Ion Exchangers in Analytical Chemistry. Their Properties and Use in Inorganic Chemistry. 1982.
Vol. 15: Methods of Organic Analysis. 1983.
Vol. 16: Thermomicroscopy of Organic Compounds. 1982.
Vol. 17: Gas and Liquid Analyzers. 1982.
Vol. 18: Kinetic Methods in Chemical Analysis. Application of Computers in Analytical Chemistry. 1983.
Vol. 19: Analytical Visible und Ultraviolet Spectrometry. 1986.
Vol. 20: Photometric Methods in Inorganic Trace Analysis. 1985.
Verlag: Elsevier, Amsterdam

Fresenius, W., Günzler, H., Huber, W., Lüderwald, I., Tölg, G., Wisser, H. (Herausgeb.): Analytiker Taschenbuch, Band 1 (1980)...Band 6 (1986). Springer-Verlag, Berlin—Heidelberg.

Kolthoff, I. M., Elving, P. J.: Treatise on Analytical Chemistry; erscheint seit 1959, 2. Aufl. seit 1978. Verlag: Interscience, New York.

Naumer, H., Heller, W.: Untersuchungsmethoden in der Chemie — Einführung in die moderne Analytik 1986. Verlag: Georg Thieme, Stuttgart.

Hulpke, H., Hartkamp, H., Tölg, G.: Analytische Chemie für die Praxis 1986. Verlag: Georg Thieme, Stuttgart.

Deutsche Forschungsgemeinschaft: Maximale Arbeitsplatzkonzentrationen und Biologische Arbeitsstofftoleranzwerte. 1985 (erscheint jährlich). Mitteilung XXI der Senatskommission zur Prüfung gesundheitsschädlicher Arbeitsstoffe.

Wieland, D. M.: Analytical and Chromatographic Techniques in Radiopharmaceutical Chemistry. 1985. Springer-Verlag, Berlin—Heidelberg.

Funk, W., Dammann, V., Vonderheid, C.: Statistische Methoden in der Wasseranalytik. 1985. VCH-Verlagsgesellschaft, Weinheim.

Grime, J. K. (Ed.): Analytical Solution Calorimetry. 1985. Verlag: Wiley & Sons, New York.

Shapiro, B. L. (Ed.): New Directions in Chemical Analysis. 1985. Verlag: Texas Univ. Press, College Station Texas.

Eckschlager, K., Stepanek, V.: Analytical Measurement and Information. 1985. Verlag: Res. Studies Press, Ltd., Letchworth. Distr.: J. Wiley & Sons, New York.

Küster-Thiel: Rechentafeln für die Chem. Analytik. 1985. Verlag: W. de Gruyter, Berlin.

Taylor, D. G.: NIOSH Manual of Analytical Chemistry Vol. 1 bis Vol 7, 1977—1985. Verlag: US Department of Health and Human Services, Cincinnati, Ohio.

Williams, F.: Strukturaufklärung in der organischen Chemie. 1985. Springer-Verlag, Berlin—Heidelberg.

Boschke, F. L. (Herausgeber): Topics in Current Chemistry. Vol. 95: Analytical Problems. 1981. Vol. 126: Analytical Chemistry Progress. 1984. Springer-Verlag, Berlin—Heidelberg.

Bock, R.: Methoden der Analytischen Chemie. Eine Einführung. Band 1: Trennungsmethoden. 1973. Band 2: Nachweis- und Bestimmungsmethoden. Teil 1, 1980; Teil 2, 1984. VCH-Verlagsgesellschaft, Weinheim.

Autorenkollektiv: Analytikum, 6. Aufl., 1984. Verlag: VEB Deut. Verlag Grundstoffind., Leipzig.

Miller, J. C., Miller, J. N.: Statistics for Analytical Chemistry. 1984. Verlag: Wiley & Sons, New York.

Williams, D. B.: Practical Analytical Electron Microscopy in Materials Science. 1984. VCH-Verlagsgesellschaft, Weinheim.

Doerffel, K.: Statistik in der Analytischen Chemie. 1984. VCH-Verlagsgesellschaft, Weinheim.

Schreier, P. (Ed.): Analysis of Volatiles, Methods-Applications. 1984. Verlag: W. de Gruyter, Berlin.

Bundesanstalt für Arbeitsschutz, Dortmund: Empfohlene Analysenverfahren für Arbeitsplatz-Messungen. Dokumentation. 1984.

Biltz, W., Fischer, W., Busemann, J.: Ausführung qualitativer Analysen anorganischer Stoffe. (17. Auflage). 1984. Verlag: Harry Deutsch, Frankfurt (Main).

Miznike, A.: Enrichment Techniques for Inorganic Trace Analysis. 1983. Springer-Verlag, Berlin-Heidelberg.

Biltz, H., Biltz, W., Auterhoff, H.: Ausführung quantitativer Analysen. 10. Aufl. 1983 (überarbeitete Fassung). Verlag: S. Hirzel, Leipzig.

Kirsten, W.: Organic Elemental Analysis. 1983. Verlag: Academic Press, Inc., New York.

Beyermann, K.: Organische Spurenanalyse. 1982. Verlag: Georg Thieme, Stuttgart.

Hieftje, G. M., Travis, J. C., Lytle, F. E.: Lasers in Chemical Analysis. 1981. Verlag: Humana Press, Clifton, New York.

Müller, H., Otto, M., Werner, G.: Katalytische Methoden in der Spurenanalyse. 1980. Verlag Chemie, Weinheim.

Ullmanns Encyclopädie der technischen Chemie, Vol. 5, 4., neubearbeitete und erweiterte Auflage. Analysen- und Meßverfahren. Herausgeb. H. Kelker. 1980. Verlag Chemie, Weinheim.

GDMB Gesellschaft Deutscher Metallhütten- und Bergleute (Herausgeber): Schriftenreihe der GDMB, Heft 36: Probenahme, Theorie und Praxis. 1980. Verlag Chemie, Weinheim.

Ma, T. S., Rittner, R. C.: Modern Organic Elemental Analysis, 1979. Verlag: Marcel Dekker, Inc., New York, Basel.

Coomber, D. I.: Radiochemical Methods in Analysis. 1975. Verlag: Plenum Press, London.

Houben-Weyl: Methoden der organischen Chemie Band III: Physikalische Forschungsmethoden, Teil 1 u. 2., 1955. Georg Thieme Verlag, Stuttgart.

2 Chromatographie

Giddings, J. C. et al. (Herausgeber): Advances in Chromatography, Vol. 24 (1984), erscheint seit 1965. Verlag: M. Dekker, Inc., New York.

Nikelly, J. G.: Advances in Capillary Chromatography. 1985. Verlag: Dr. Alfred Hüthig, Heidelberg.

Novotny, M. V., Ishii, D. (Eds.): Microcolumn Separations. 1985. (Journal of Chromatography Library, Vol. 30). Verlag: Elsevier, Amsterdam.

Bruner, F. (Ed.): The Science of Chromatography. 1985. (Journal of Chromatography Library, Vol. 32). Verlag: Elsevier, Amsterdam.

Leibnitz, E., Struppe, H. G.: Handbuch der Chromatographie, 3. Auflage, 1984. Verlag: Akademische Verlagsgesellschaft, Geest u. Portig KG, Leipzig.

Poole, C. F., Schuette, S. A.: Contemporary Practice of Chromatography. 1984. Verlag: Elsevier, Amsterdam.

Vorhees, K. J. (Ed.): Analytical Pyrolysis — Techniques and Applications. 1984. Verlag: Butterworths, London.

Schott, H.: Affinity Chromatography. Template Chromatography of Nucleic Acids and Proteins. 1984. Verlag: Marcel Dekker, Inc., New York.

Schwedt, G.: Chromatographische Praxis in der anorganischen Analyse. 1982. Springer-Verlag, Berlin—Heidelberg.

Zlatkis, A., Poole, C. F. (Herausgeber): Electron Capture, Theory and Practice in Chromatography. 1981. (Journal of Chromatography Library, Vol. 20). Verlag: Elsevier Sci. Publ. Co., Amsterdam.

Dunges, W.: Prächromatographische Mikromethoden. 1979. Verlag: Dr. Alfred Hüthig, Heidelberg.

Knapp, D. R.: Handbook of Analytical Derivatization Reactions. 1979. Verlag: Wiley-Interscience, New York.

Blau, K., King, S.: Handbook of Derivatives for Chromatography. 1977. Verlag: Heyden & Son, London.

2.1 Gas-Chromatographie

Schomburg, G.: Gaschromatographie. Grundlagen — Praxis — Kapillartechnik. 2. Auflage. 1986. VCH-Verlagsgesellschaft, Weinheim.

Grob, R. L. (Herausgeber): Modern Practice of Gas Chromatography. 1985. Verlag: Wiley & Sons, Inc., New York.

Sandra, P. (Ed.): Sample Introduction in Capillary Gas Chromatography, Vol. 1. 1985. Verlag: Dr. Alfred Hüthig, Heidelberg.

Lee, M. L., Yang, F. J., Bartle, K. D.: Open Tubular Column Gas Chromatography. Theory and Practice. 1984. Verlag: Wiley-Interscience, New York.

Schulte, E.: Praxis der Kapillar-Gas-Chromatographie. 1983. Springer-Verlag, Berlin—Heidelberg.

Wollrab, A.: Gas-Chromatographie. Laborbücher Chemie. 1983. Verlag: Diesterweg Salle Sauerländer, Frankfurt.

Cowper, C. J., DeRose, A. J.: The Analysis of Gases by Chromatography. Pergamon Series in Analytical Chemistry, Vol. 7. 1983. Verlag: Pergamon Press, Oxford.

Oehme, M.: Gas-Chromatographische Detektoren. 1982. Verlag: Dr. Alfred Hüthig, Heidelberg.

Jennings, W. G.: Application of Glass Capillary Gas Chromatography. 1981. Verlag: Marcel Dekker, Inc., New York. Verlag Chemie, Weinheim.

Hachenberg, H., Schmidt, A. P.: Gas-Chromatographic Headspace Analysis. 1977. Verlag: Heyden, London.

2.2 Flüssig-Chromatographie (HPLC)

Engelhardt, H. (Herausgeber): Practice of High Performance Liquid Chromatography. 1986. Springer-Verlag, Berlin—Heidelberg.

Scott, R. P. W.: Liquid Chromatography Detectors. 1986. (J. Chrom. Libr. 33) Verlag: Elsevier, Amsterdam.

Jandera, P., Churáček, J.: Gradient Elution in Column Liquid Chromatography. 1985 (J. Chrom. Libr. 31). Verlag: Elsevier, Amsterdam.

Berridge, J. C.: Techniques for the Automated Optimization of HPLC Separations. 1985. Verlag: Wiley & Sons, Inc., New York.

Balke, S. T.: Quantitative Column Liquid Chromatography. 1984. (J. Chrom. Libr. 29), Verlag: Elsevier, Amsterdam.

Kucera, P. (Ed.): Microcolumn High-Performance Liquid Chromatography. 1984. (J. Chrom. Libr. 28). Verlag: Elsevier, Amsterdam.

Meier, V.: Praxis der Hochleistungs-Flüssigchromatographie in: Laborbücher Chemie. 3. Aufl. 1984. Verlag: Diesterweg Salle Sauerländer, Frankfurt.

Parris, N. A.: Instrumental Liquid Chromatography, A Practical Manual on HPLC. 1984. Verlag: Elsevier, Amsterdam.

Kalász, H. (Ed.): New Approaches in Liquid Chromatography. 1984. Verlag: Elsevier, Amsterdam.

Lawrance, J. F.: Organic Trace Analysis by Liquid Chromatography, 1981. Verlag: Academic Press, New York.

Schwedt, G.: Chemische Reaktionsdetektoren für die schnelle Flüssigkeitschromatographie. 1980. Verlag: Dr. Alfred Hüthig, Heidelberg.

Snyder, L. R., Kirkland, J. J.: Introduction to Modern Liquid Chromatography, 2. Auflage, 1979. Verlag: John Wiley & Sons, Inc., New York.

Engelhardt, H.: Hochdruck-Flüssigkeits-Chromatographie. 2. überarbeitete Auflage, 1977. Springer-Verlag, Berlin—Heidelberg.

2.3 Dünnschicht-Chromatographie (DC)

Jork, H., Wimmer, H. (Hrsg.): Quantitative Auswertung von Dünnschicht-Chromatogrammen (Literatursammlung) Lieferungen 1–5. 1985. GIT-Verlag, Darmstadt.

Hezel, U., Blome, J., Halpaap, H., Jaenchen, D., Kaiser, R. E., Rippʼhahn, J.; Herausgeber: Kaiser, R. E.: Einführung in die Hochleistungs Dünnschicht-Chromatographie. HPDC. IFC-Reihe, Band 2. 1976-Verlag: Institut für Chromatographie, Bad Dürkheim.

2.4 Ionenchromatographie

Weiss, J.: Handbuch der Ionenchromatographie. 1985. VCH-Verlagsgesellschaft, Weinheim.

Fritz, J. S., Gjerde, D. T., Pohlandt, L.: Ion Chromatography. 1982. Verlag: Dr. Alfred Hüthig, Heidelberg.

3 Elektrochemische Analysenmethoden

Henze, G., Neeb, R.: Elektrochemische Analytik. 1986. Springer-Verlag, Berlin—Heidelberg, New York, Tokyo.

Neuhoff, V. (Ed.): Electrophoresis 84 (+ 83, 82) (1984, 1983). 1985. VCH-Verlagsgesellschaft, Weinheim.

Wang, Y.: Stripping Analysis. Principles, Instrumentation and Applications. 1985. VCH-Verlagsgesellschaft, Weinheim.

Serjeant, E. P.: Potentiometry and Potentiometr. Titrations. 1984. Verlag: Wiley & Sons, Inc., New York.

Kissinger, P. T., Heinemann, W. R. (Eds.): Laboratory Techniques in Electroanalytical Chemistry. 1984. Verlag: Marcel Dekker, Inc., New York.

Scholz, E.: Karl-Fischer-Titrationen. Methoden zur Wasserbestimmung. 1984. Springer-Verlag, Berlin—Heidelberg.

Ryan, T. H. (Ed.): Electrochemical Detectors. Analytical Applications. 1984. Verlag: Plenum Press, New York.

Mitchell, J. jr,. Smith, D. M.: Aquametry. Part III (The Karl Fischer Reagent) A Treatise on Methods for the Determination of Water. 2. Auflage. 1980. Verlag: John Wiley & Sons, New York.

Evevaerts, F. M., Beckers, J. L., Verheggen, Th. P. E. M.: Isotachophoresis. 1976. Verlag: Elsevier, Amsterdam.

4 Molekülspektroskopie

Hirota, E.: High-Resolution Spectroscopy of Transient Molecules. 1985. (Chemical Physics 40). Springer-Verlag, Berlin—Heidelberg.

Hesse, M., Meier, H., Zeeh, B.: Spektroskopische Methoden in der organischen Chemie. 2. Auflage. 1984. Verlag: Georg Thieme, Stuttgart.

Lyon, W. S. (Ed.): Analytical Spectroscopy (Anal. Chem. Symp. Series, Vol. 19). 1984. Verlag: Elsevier, Amsterdam.

4.1 Schwingungsspektroskopie (IR, Raman)

Clark, R. J. H., Hester, R. E. (Herausgeber): Advances in Infrared and Raman Spectroscopy, Vol. 12 (1985). Erscheint seit 1975. Verlag: John Wiley & Sons, New York.

Ferraro, J. R., Basile, L. J. (Herausgeb.): Fourier Transform Infrared Spectroscopy-Application to Chemical Systems,
Vol. 1, 1978
Vol. 2, 1979
Vol. 3, 1982
Vol. 4, 1985
Verlag: Academic Press, New York.

Coates, J. P., Sotti, L. C.: Oils, Lubricants, and Petroleum Products Characterization by Infrared Spectra. 1985. Verlag: Marcel Dekker, Inc., New York.

Fadini, A. F., Schnepel, F. M.: Schwingungsspektroskopie — Methoden, Anwendungen, 1984. Verlag: Georg Thieme, Stuttgart.

Günzler, H., Böck, H.: IR-Spektroskopie — Eine Einführung. 2. überarbeitete Auflage. 1983. Verlag Chemie, Weinheim.

Weidlein, J., Müller, U., Dehnicke, K.: Schwingungsspektroskopie. Eine Einführung. 1982. Verlag: Georg Thieme, Stuttgart.

Weidlein, J., Müller, U., Dehnicke, K.: Schwingungsfrequenzen I. Hauptgruppenelemente. 1981. Verlag: Georg Thieme, Stuttgart.

Durig, J. R.: Vibrational Spectra and Structure. A Series of Advances, Vol. 10. 1981. Verlag: Elsevier, Amsterdam.

Pretsch, E., Clerc, T., Seibl, J., Simon, W.: Tabellen zur Strukturaufklärung organischer Verbindungen mit spektroskopischen Methoden. 2. überarb. u. ergänzte Auflage. 1981. Springer-Verlag, Berlin—Heidelberg.

Bellamy, L. J.: The Infrared Spectra of Complex Molecules, Vol. 1. 1975. The Infrared Spectra of Complex Molecules, Vol. 2. Advances in Infrared Group Frequencies, 2. Aufl. 1980. Verlag: Chapman and Hall, London.

Socrates, G.: Infrared Characteristic Group Frequencies. 1980. Verlag: John Wiley & Sons, Chichester.

Maslowsky, E. jr.: Vibrational Spectra of Organometallic Compounds. 1977. Verlag: John Wiley & Sons, London.

Barnes, A. J., Orville-Thomas, W. J.: Vibrational Spectroscopy — Modern Trends. 1977. Verlag: Elsevier Sci. Publ. Co., Amsterdam. (Interbuch R. M. Schöneberg, Braunschweig).

Cole, A. R. H.: Tables of Wavenumbers for the Calibration of Infrared Spectrometers, 2. Auflage. 1977. Verlag: Pergamon Press, London.

Colthup, N. B., Daly, L. H., Wiberly, S. E.: Introduction to Infrared and Raman Spectroscopy. 1975. Verlag: Academic Press, New York—London.

Brügel, W.: Einführung in die Ultrarotspektroskopie. 1969. Verlag: Steinkopff, Darmstadt.

Brandmüller, J., Moser, N.: Einführung in die Ramanspektroskopie. 1962. Verlag: Steinkopff, Darmstadt.

4.2 Elektronenspektroskopie (UV-Spektroskopie)

Phillips, J. P., Bates, D., Feuer, H., Thyagarajan, B. S.: Organic Electronic Spectral Data. Vol. XXI, 1979. 1985. Erscheint seit 1960. Verlag: Interscience, John Wiley & Sons, New York.
Perkampus, H.-H.: UV-VIS-Spektroskopie und ihre Anwendungen. 1986. Springer-Verlag, Berlin—Heidelberg.
Brundle, C. R., Baker, A. D. (Eds.): Electron Spectroscopy — Theory, Techniques and Applications, Vol. 1—5. (Vol. 5 1984). Verlag: Academic Press, Inc., New York.
Lever, A. B. P.: Inorganic Electronic Spectroscopy, 2nd ed. 1984. Verlag: Elsevier, Amsterdam.
Gauglitz, G.: Praxis der UV/VIS-Spektroskopie. 1983. Attempto Verlag Tübingen.
Ghosh, P. K.: Introduction to Photoelectron Spectroscopy. 1983. Chemical Analysis, Vol. 67. Verlag: Wiley-Interscience, New York.
Pestemer, M.: Correlation Tables for the Structural Determination of Organic Compounds by Ultraviolet Light Absorptiometry. 1974. Verlag Chemie, Weinheim.

4.3 Photometrie

Kakác, B., Vejdelek, Z. J.: Handbuch der photometrischen Analyse organischer Verbindungen, Band 1 und Band 2. 1974.
1. Ergänzungsband. 1977.
2. Ergänzungsband. 1983.
Verlag Chemie, Weinheim.

4.4 Fluoreszenzspektroskopie

Zander M.: Fluorimetrie. 1985. Springer-Verlag, Berlin—Heidelberg.
Wehry, E. L. (Herausgeb.): Modern Fluorescence Spectroscopy, Vol. 1 to Vol. 4, 1981. Verlag: Plenum Press, New York.
Schwedt, G.: Fluorimetrische Analyse. 1981. Verlag Chemie, Weinheim.

4.5 Photoakustische Spektroskopie

Lüscher, E., Coufal, H. J., Korpium, P., Tigner, R.: Photo Acoustic Effect. 1984. Verlag: Vieweg, Braunschweig.
Rosencwaig, A.: Photoacoustics and Photoacoustic Spectroscopy. 1980. (Chemical Analysis, Vol. 57). Verlag: John Wiley & Sons, New York.
Pao, Yoh-Han (Herausgeb.): Optoacoustic Spectroscopy and Detection. 1977. Verlag: Academic Press, New York.

4.6 Massenspektrometrie

Chapman, J. R.: Practical Organic Mass Spectrometry. 1985. Verlag: J. Wiley & Sons, Inc., New York.
Facchetti, S.: Mass Spectrometry of Large Molecules. 1985. Verlag: Elsevier, Amsterdam.

Benninghoven, A. et al. (Eds.): Secondary Ion Mass Spectrometry SIMS. 1984. (Ser. in Chem. Phys., Vol. 4). Springer-Verlag, Berlin—Heidelberg.

Harrison, A. G.: Chemical Ionization Mass Spectrometry. 1983. Verlag: CRC Press, Inc., Boca Raton.

McLafferty, F. W. (Ed.): Tandem Mass Spectrometry. 1983. Verlag: John Wiley, New York.

Beynon, J. H., Brenton, A. G.: An Introduction to Mass Spectrometry. 1982. Verlag: Univ. of Wales Press, Cardiff.

Facchetti, S.: Applications of Mass Spectrometry to Trace Analysis. 1982. Verlag: Elsevier, Amsterdam.

Rose, M. E., Johnston, R. A. W.: Mass Spectrometry for Chemists and Biochemists. 1982. Verlag: Cambridge Univ. Press, Cambridge.

Morris, H. R.: Soft Ionization Biological Mass Spectrometry. 1981. Verlag: Heyden & Son, London.

Howe, I., Williams, D. H., Bowen, R. D.: Mass Spectrometry. Principles and Applications. 1981. Verlag: Mc Graw-Hill, New York.

Budzikiewicz, H.: Massenspektrometrie, 2. Aufl., Taschentext Band Nr. 5, 1980. Verlag Chemie, Weinheim.

Schlunegger, U. P.: Advanced Mass Spectrometry. Applications in Organic and Analytical Chemistry. 1980. Verlag: Pergamon Press, Oxford.

McLafferty, F. W.: Interpretation of Mass Spectra, 3rd Ed. 1980. Verlag: Univ. Science Books, California.

Levsen, K.: Fundamental Aspects of Organic Mass Spectrometry. Progress in Mass Spectrometry, Fortschritte der Massenspektrometrie, Vol. 4, 1978. Verlag Chemie, Weinheim.

Beckey, H. D.: Principles of Field Ionization and Field Desorption Mass Spectrometry. International Series in Analytical Chemistry, Vol. 61, 1977. Verlag: Pergamon Press, Oxford.

Kienitz, H.: Massenspektrometrie. 1968. Verlag Chemie, Weinheim.

Budzikiewicz, H., Djerassi, C., Williams, D. H.: Mass Spectrometry of Organic Compounds. 1967 Verlag: Holden-Day, San Francisco.

4.7 NMR-Spektroskopie

Webb, G. A. (Herausgeber): Annual Reports on NMR Spectroscopy Vol. 16, 1985, erscheint seit 1968. Verlag: Academic Press, London.

Emsley, J. W., Feeney, J., Sutcliffe, L. M.: Progress in Nuclear Magnetic Resonance Spectroscopy. Vol. 18, 1985, erscheint seit 1967. Verlag: Academic Press, London.

Evans, E. A. et al.: Handbook of Tritium NMR Spectroscopy and Applications. 1985. Verlag: John Wiley & Sons, Chichester.

Emsley, J. W.: Nuclear Magnetic Resonance of Liquid Crystals. 1985. Verlag: D. Reidel Publ. Comp., Dordrecht.

Mehring, M.: Principles of High Resolution NMR in Solids. 1985. Springer-Verlag, Berlin—Heidelberg.

Oki, M.: Applications of Dynamic NMR Spectroscopy to Organic Chemistry. 1985. VCH-Verlagsgesellschaft, Weinheim.

Gorenstein, D. G.: Phosphorus-31 NMR. Principles and Applications. 1984. Verlag: Acedemic Press, New York.

Roth, K.: NMR-Tomographie und -Spektroskopie in der Medizin. Eine Einführung. 1984. Springer-Verlag, Berlin—Heidelberg.

Kalinowski, H. O., Berger, S., Braun, S.: C-13-NMR-Spektroskopie. 1984. Verlag: Georg Thieme, Stuttgart.

Shaw, D.: Fourier Transform N.M.R. Spectroscopy. 1984. Verlag: Elsevier, Amsterdam.

Günther, H.: NMR-Spektroskopie. Eine Einführung in die Protonenresonanz-Spektroskopie. 2. Auflage. 1983. Verlag: Georg Thieme, Stuttgart.

Marshall, J. L.: Carbon-Carbon and Carbon-Proton NMR Couplings. Application to Organic Stereochemistry and Conformational Analysis. Methods in Stereochemical Analysis 2. 1983. Verlag: Verlag Chemie International, Deerfield Beach.

Lambert, J. B., Riddell, F. G. (Herausgeber): The Multinuclear Approach to NMR-Spektroscopy. 1983. Verlag: D. Reidel Publ. Comp., Dordrecht.

Laszlo, P. (Herausgeber): NMR of Newly Accessible Nuclei, 2 Bände. 1983. Verlag: Academic Press, London.

Marchand, A. P.: Stereochemical Applications of NMR Studies in Rigid Bicyclic Systems. 1982. (Methods in Stereochemical Analysis, Vol. 1) Verlag Chemie International, Deerfield Beach.

Bremser, W., Franke, B., Wagner, H.: Chemical Shift Ranges in Carbon-13 NMR Spectroscopy. 1982. Verlag Chemie, Weinheim.

Bax, A.: Two-Dimensional Nuclear Magnetic Resonance in Liquids. 1982. Verlag: Delft University Press und D. Reidel Publ. Comp. Dordrecht, Boston, London.

Michel, D.: Grundlagen und Methoden der kernmagnetischen Resonanz. 1981. Verlag: Akademie-Verlag, Berlin.

Kleinpeter, E., Borsdorf, R.: ^{13}C-NMR-Spektroskopie in der organischen Chemie. 1981. Akademie-Verlag, Berlin.

Brevard, C., Granger, P.: Handbook of High Resolution Multinuclear NMR. 1981. Verlag: John Wiley & Sons, New York.

Fakushima, E., Roeder, St. B. W.: Experimental Pulse NMR. 1981. Verlag: Addison-Wesley, London.

Ernst, L.: C-13-NMR-Spektroskopie. UNI-Taschenbücher 1061. 1980. Verlag: D. Steinkopff, Darmstadt.

Schumann, Chr.: Nuclear Magnetic Resonance and Electron Spin Resonance Studies. 1980. In Kelker, H., Hatz, R.: Handbook of Liquid Crystals. Verlag Chemie, Weinheim.

Martin, M. L., Delpuech, J. J., Martin, G. J.: Practical NMR Spectroscopy. 1979. Verlag: Heyden & Sons, Ltd., London.

Levy, G. C., Lichter, R. L.: 15N-Nuclear Magnetic Resonance Spectroscopy. 1979. Verlag: Wiley-Interscience, New York.

Harris, R. B., Mann, B. E. (Herausgeber): NMR and the Periodic Table. 1978. Verlag: Academic Press, London.

Hallpap, P., Schütz, H.: Anwendung der 1 H-NMR-Spektroskopie. Taschentext 31, Reihe Chemie Programm. 1975. Verlag Chemie, Weinheim.

Bovey, F. A.: High Resolution NMR of Macromolecules. 1972. Verlag: Academic Press, London.

4.8 ESR-Spektroskopie

Kirmse, R., Stach, J.: ESR-Spektroskopie, Anwendungen in der Chemie. 1985. Verlag: Akademie-Verlag, Berlin.

Wertz, J. E., Bolton, J. R.: Electron Spin Resonance. 1972. Verlag: Mc Graw Hill, New York.

Scheffler, K., Stegmann, H. B.: Elektronenspinresonanz. 1969. Springer-Verlag, Berlin—Heidelberg.

5 Atomspektroskopie

Welz, B. (Herausgeber): Fortschritte in der atomspektrometrischen Spurenanalytik, Band 1. 1984. VCH-Verlagsgesellschaft, Weinheim.

Brümmer, O. et al. (Herausgeber): Handbuch Festkörperanalyse mit Elektronen, Ionen und Röntgenstrahlen. 1980. Verlag: F. Vieweg & Sohn, Braunschweig.

5.1 Atomabsorptionsspektroskopie (AAS)

Welz, B.: Atomic Absorption Spectrometry. Second rev. Edition. 1986. VCH-Verlagsgesellschaft, Weinheim.

Slavin, W.: Graphite Furnace Technology and Atomic Absorption Spectroscopy. 1984. Verlag: Pergamon Press, Oxford.

Hassan, S. S. M.: Organic Analysis Using Atomic Absorption Spectrometry. 1984. Verlag: J. Wiley & Sons, Inc., New York.

5.2 Optische Emissionsspektroskopie (OES, AES; ICP-AES)

Winge, R. K., Fassel, V. A., Peterson, V. J., Floyd, M. A.: ICP-AES. An Atlas of Spectral Information (Physical Science Data 20). 1985. Verlag: Elsevier, Amsterdam.

Thompson, M., Walsh, J. N.: A Handbook of Inductively Coupled Plasma Spectrometry. 1983. (Publ. by Chapman & Hall). Verlag: Methuen, Inc., New York.

5.3 Röntgenfluoreszenzanalyse (RFA)

Hahn-Weinheimer, P., Hirner, A., Weber-Diefenbach, K.: Grundlagen und praktische Anwendungen der Röntgenfluoreszenzanalyse. 1984. Verlag: F. Vieweg & Sohn, Braunschweig.

Jenkins, R., De Vries, J. L.: Practical X-Ray Spectrometry. 1982. Verlag: The Macmillan Press Ltd., London, Basingstoke.

5.4 Mößbauer-Spektroskopie

Thosar, B. V. et al. (Eds.): Advances in Mößbauer Spectroscopy. 1983. Verlag: Elsevier, Amsterdam.

Barb, D., Meisel, W.: Grundlagen und Anwendungen der Mößbauerspektroskopie. 1980. Verlag: Akademie-Verlag, Berlin.

6 Analyse bestimmter Matrices

6.1 *Lebensmittel*

Schwedt, G.: Chemie und Analytik der Lebensmittelzusatzstoffe. 1986. Springer-Verlag, Berlin—Heidelberg.

Gilbert, J. (Ed.): Analysis of Food Contaminants. 1984. Verlag: Elsevier, Amsterdam.

Gruenwedel, D. W., Whitaker, J. R. (Eds.): Food Analysis, Vol. 1 + 2. 1984. Verlag: Marcel Dekker, Inc., New York.

6.2 *Umweltanalytik*

Marr, Cresser, Ottendorfer: Umweltanalytik — Eine Einführung. 1986. Springer-Verlag, Berlin—Heidelberg.

Van Loon, G. C.: Selected Methods of Trace Metal Analysis Biological and Environmental Samples. 1985. Verlag: J. Wiley & Sons, Inc., New York.

Keith, L. H. (Ed.): Identification and Analysis of Organic Pollutants in Air. 1984. Verlag: Butterworths, London.

Merian, E. (Herausgeber): Metalle in der Umwelt. Verteilung, Analytik und biologische Relevanz. 1984. VCH-Verlagsgesellschaft, Weinheim.

Murphy, C. H.: Handbook of Particle Sampling and Analysis Methods. 1984. VCH-Verlagsgesellschaft, Weinheim.

Parsons, T. R., Maita, Y., Lalli, C. M.: Seawater Analysis, a Manual of Chemical and Biological Methods. 1984. Verlag: Pergamon Press, Oxford.

Nürnberg, H. W. (Herausgeber): Pollutants and their Ecotoxicological Significance, 1984. Verlag: John Wiley & Sons, Chichester, New York.

Minear, R. A., Keith, L. H.: Water Analysis, Vol. 1—3, 1982/1984. Verlag: Academic Press, Inc., New York.

Hutzinger, O., Frey, R. W., Merian, E.: Chlorinated Dioxins and Related Compounds Impact on the Environment. 1982. Verlag: Pergamon Press, Oxford.

Hutzinger, O. (Herausgeber): The Handbook of Environmental Chemistry. 1980. Springer-Verlag, Berlin—Heidelberg.

Thain, W.: Monitoring Toxic Gases in the Atmosphere for Hygiene and Pollution Control. 1980. Verlag: Pergamon Press, Oxford.

Katz, M.: Methods of Air Sampling and Analysis, 2. Aufl. 1977. Herausgeber: Air Pollution Control Association, Pittsburgh.

6.3 *Biochemie*

Bergmeyer, H. U., Bergmeyer, J., Graße, M. (Herausgeber): Methods of Enzymatic Analysis. 3rd Ed., Vol. I—XI. 1983—1986. Verlag Chemie, Weinheim.

Kirschenbaum, D. M. (Ed.): Bibliographic Atlas of Protein Spectra in the UV and VIS Regions. 1984. Verlag: Plenum Publ. Corp., New York.

Havas, J.: Ion- and Molecule-Selective Electrodes in Biological Systems. 1985. Springer-Verlag, Berlin—Heidelberg.

Heuschen, A., Hupe, K.-P., Lottspeich, F., Voelter, W.: High Performance Liquid Chromatography in Biochemistry. 1985. VCH-Verlagsgesellschaft, Weinheim.

Nelson, W. H.: Instrumental Methods for Rapid Microbiological Analysis. 1985. VCH-Verlagsgesellschaft, Weinheim.

Roth, H. J., Eger, K., Troschütz, R.: Arzneistoffanalyse. 2. Auflage, 1985. Verlag: Georg Thieme, Stuttgart.

Deutsche Forschungsgemeinschaft: Analysis of Hazardous Substances in Biological Materials, Vol. 1. 1985. VCH-Verlagsgesellschaft, Weinheim.

Munson, J. W. (Ed.): Pharmaceutical Analysis. Modern Methods, Part A + B. 1982 und 1984. Verlag: Marcel Dekker, Ins., New York.

Verpoorte, R., Baerheim Svendson, A.: Chromatography of Alkaloids, HPLC and GLC. 1984. Verlag: Elsevier, Amsterdam.

Wagman, G. H., Weinstein, M. J.: Chromatography of Antibiotics. 1984. (J. Chrom. Libr. 26). Verlag: Elsevier, Amsterdam.

Guiltbault, G. G.: Analytical Uses of Immobilized Enzymes. 1984. Verlag: Marcel Dekker, Inc., New York.

Desidario, D. M.: Analysis of Neuropeptides by Liquid Chromatography and Mass Spectrometry. 1984. Verlag: Elsevier, Amsterdam.

Brown, P. R. (Ed.): HPLC in Nucleic Acid Research. Methods and Applications. 1984. (Chrom. Sci. Ser. 28). Verlag: Marcel Dekker, New York.

Gövög, S.: Quantitative Analysis of Steroids. 1983. Verlag: Elsevier, Amsterdam.

6.4 Pestizide

Rüssel: Rückstandsanalytik von Wirkstoffen in tierischen Produkten. 1986. Springer-Verlag, Berlin—Heidelberg.

Thier, Frehse: Rückstandsanalytik von Pflanzenschutzmitteln. 1986. Springer-Verlag, Berlin—Heidelberg.

Deutsche Forschungsgemeinschaft: Rückstandsanalytik von Pflanzenschutzmitteln, 1. bis 8. Lieferung (8. Lief.: 1985). VCH-Verlagsgesellschaft, Weinheim.

Worthing, Ch. R.: The Pesticide Manual ("World Compendium") 7. Auflage, 1983. British Crop Protection Council. Verlag: State Mutual Bk., Periodical Serv., Ltd., New York.

Hammarstrand, K.: Gas Chromatographic Analysis of Pesticides. 1976. Verlag: Varian Instrument Division, Sunnyvale, Californien.

6.5 Toxikologische und forensische Analytik

Pfleger, K., Maurer, H., Weber, A.: Mass Spectra and GC Data of Drugs and Poisons, Part I + II. 1985. VCH-Verlagsgesellschaft, Weinheim.

Pohl, K. D.: Forensische Toxikologie. Laboratoriumspraxis der Giftanalyse. 1984. Kriminalistik Verlag GmbH, Heidelberg.

Hathway, D. E.: Molecular Aspects of Toxicology. 1984. Verlag: Royal Soc. of Chemistry, London.

Maethly, A., Strömberg, L.: Chemical Criminalistics, 1981. Springer-Verlag, Berlin—Heidelberg.

6.6 Polymere

Liebman, S. A., Levy, E. J. (Eds.): Pyrolysis and GC in Polymer Analysis. 1985. (Chromatogr. Science Series, Vol. 29). Verlag: Marcel Dekker, Inc., New York.

Klöpfer, W.: Introduction to Polymer Spectroscopy. 1984. Springer-Verlag, Berlin—Heidelberg.

Hummel, D. O., Scholl, F.: Atlas der Polymer- und Kunststoffanalyse. 2. Auflage. Band 1: Polymere: Struktur und Spektrum. 1978. Band 2: Kunststoffe, Fasern, Kautschuk, Harze; Ausgangs- und Hilfsstoffe, Abbauprodukte. Teil a/I: Einführung, Klassifikation, Spektren. 1984. Teil a/II: Spektren, Register. 1984. Band 3: Zusatzstoffe und Verarbeitungshilfsmittel. 1981. Verlag: Carl Hanser, München; Verlag Chemie, Weinheim.

Scott, G. (Herausgeber): Developments in Polymer Stabilisation, letzter erschienener Band: Vol. 7. 1984. Verlag: Elsevier Publ., London, New York.

Randall, J. C. (Editor): NMR and Macromolecules — Sequence, Dynamic and Domain Structure. 1984. ACS Symposium Series No 247. Verlag: Amer. Chem. Soc., Washington.

Siesler, H. W., Holland-Moritz, K.: Infrared and Raman Spectroscopy of Polymers. 1980. Verlag: Marcel Dekker, Inc., New York.

Krause, A., Lange, A.: Kunststoff-Bestimmungsmöglichkeiten. 2. bearbeitete Auflage. 1970. Verlag: Carl Hanser, München.

6.7 Oberflächenanalytik

Grasserbauer, M., Dudek, H. J., Ebel, M. F.: Angewandte Oberflächenanalyse. 1986. Springer-Verlag, Berlin—Heidelberg.

Thompson, M., Baker, M. D., Christie, A., Tyson, J. F.: Auger Electron Spectroscopy. 1985. Chemical Analysis Vol. 74. Verlag: Wiley-Interscience, New York.

Briggs, D., Seah, M. P. (Eds.): Practical Surface Analysis by Auger and X-ray Photoelectron Spectroscopy. 1983. Verlag: J. Wiley & Sons, Chichester.

Windawi, H., Ho, F. (Eds.): Applied Electron Spectroscopy for Chemical Analysis. 1982. Chemical Analysis Vol. 63. Verlag: Wiley-Interscience, New York.

Hair, M. L.: Infrared Spectroscopy in Surface Chemistry. 1977. Verlag: Marcel Dekker, New York.

Die relativen Atommassen der Elemente

Seit 1984 ist keine IUPAC-Veröffentlichung „Atomic Weights of the Elements" mehr erschienen (Redaktionsschluß: Oktober 1986). Die vollständige Tabelle befindet sich in Band 5, Seite 289, eine Ergänzung in Band 6, Seite 329.

Maximale Arbeitsplatzkonzentrationen (1986)

Der MAK-Wert (maximale Arbeitsplatz-Konzentration) ist die höchstzulässige Konzentration eines Arbeitsstoffes als Gas, Dampf oder Schwebstoff in der Luft am Arbeitsplatz, die nach dem gegenwärtigen Stand der Kenntnis auch bei wiederholter und langfristiger, in der Regel täglich 8-stündiger Einwirkung, jedoch bei Einhaltung einer durchschnittlichen Wochenarbeitszeit bis zu 40 Stunden, im allgemeinen die Gesundheit der Beschäftigten nicht beeinträchtigt und diese nicht unangemessen belästigt. Textauszüge und nachstehende Zusammenstellung der für den Analytiker wichtigsten MAK-Werte wurden aus Anlage 4 der Unfallverhütungsvorschriften der Berufsgenossenschaft der chemischen Industrie entnommen. Dort findet sich die vollständige Liste der Stoffe mit den MAK-Werten.[1] Die im Basisteil von Band 5 wiedergegebene Zusammenstellung ist überholt.

Die MAK-Werte geben für die Beurteilung der Bedenklichkeit oder Unbedenklichkeit der am Arbeitsplatz vorhandenen Konzentrationen eine Urteilsgrundlage ab. Sie sind jedoch keine Konstanten, aus denen das Eintreten oder Ausbleiben von Wirkungen bei längeren oder kürzeren Einwirkungszeiten errechnet werden kann. Ebensowenig läßt sich aus MAK-Werten eine festgestellte oder angenommene Schädigung im Einzelfalle herleiten; für die Beurteilung einer Schadstoffwirkung entscheidet der ärztliche Befund unter Berücksichtigung der äußeren Umstände des Fallherganges.

MAK-Werte sind historisch als 8-Stunden-Mittelwerte konzipiert und angewendet worden. In der Praxis schwankt jedoch die aktuelle Konzentration der Arbeitsstoffe in der Atemluft häufig in erheblichem Ausmaß. Die Abweichung nach oben vom Mittelwert bedarf bei vielen Stoffen der Begrenzung, um Gesundheitsschäden zu verhüten (Spitzenbegrenzung). Da die Wertigkeit für die gesundheitliche Beurteilung solcher Konzentrationsspitzen vom besonderen Wirkungscharakter der Stoffe abhängt, wurde ein System der Erfassung und Einordnung möglichst aller, in der MAK-Werte-Liste erfaßten Arbeitsstoffe in überschaubaren Kategorien geschaffen, das neben den toxikologischen Erfordernissen auch die analytische Vollziehbarkeit berücksichtigt. Angaben hierzu finden sich in der Anlage 4 zu den Unfallverhütungsvorschriften der Berufsgenossenschaft der chemischen Industrie.

Die maximale Arbeitsplatzkonzentration von Gasen, Dämpfen und flüchtigen Schwebstoffen wird in der folgenden Tabelle in von den Zu-

[1] Die Daten finden sich auch in: Maximale Arbeitsplatzkonzentrationen und Biologische Arbeitsstofftoleranzwerte 1986, Verlag Chemie, Weinheim

standsgrößen Temperatur und Luftdruck unabhängigen Volumenanteilen (ppm)[1] sowie in der von den Zustandsgrößen abhängigen Massenkonzentration (mg/m^3) für eine Temperatur von 20°C und einem Luftdruck von 1013 mbar angegeben, die von nichtflüchtigen Schwebstoffen (Staub, Rauch, Nebel) nur in mg/m^3. Nichtflüchtige Schwebstoffe sind solche, deren Dampfdruck so klein ist, daß bei gewöhnlicher Temperatur keine gefährlichen Konzentrationen in der Gasphase auftreten können.

Da die Flüchtigkeit eines Arbeitsstoffes für die Gesundheitsgefährdung eine bedeutsame Rolle spielen kann, wurde für eine Reihe leichtflüchtiger Stoffe der Dampfdruck in der letzten Spalte aufgenommen. Die Kenntnis des Dampfdruckes ermöglicht unter gleichzeitiger Bewertung der am Ort gegebenen Freisetzungsbedingungen die Abschätzung des Risikos eines Auftretens gesundheitsschädlicher Dampfkonzentrationen.

In Spalte 5 der Tabelle 1 bedeutet:

H: Gefahr der Hautresorption. Diese kann bei vielen Arbeitsstoffen in der Praxis eine ungleich größere Vergiftungsgefahr bedeuten als die Einatmung. Beim Umgang mit solchen Stoffen ist größte Sauberkeit von Haut, Haaren und Kleidung für den Gesundheitsschutz von besonderer Bedeutung. Das „H" weist jedoch nicht auf eine eventuelle Hautreizungsgefahr hin.

S: Gefahr der Sensibilisierung. Je nach persönlicher Disposition können nach Sensibilisierung z. B. der Haut oder der Atemwege allergische Erscheinungen unterschiedlich schnell und stark durch Stoffe verschiedener Art ausgelöst werden. Auch die Einhaltung des MAK-Wertes gibt hier keine Sicherheit gegen das Auftreten derartiger Reaktionen. Fallen Arbeitsstoffe durch häufigere Sensibilisierung als gewöhnlich auf, werden sie in der MAK-Werte-Liste in der 5. Spalte durch ein „S" gekennzeichnet.

MAK-Werte und Schwangerschaft

Maximale Arbeitsplatzkonzentrationen werden für gesunde Personen im arbeitsfähigen Alter aufgestellt. Epidemiologische und tierexperimentelle Befunde, die auf fruchtschädigende Wirkungen von Arbeitsstoffen schließen lassen, werden in den „Toxikologisch-arbeitsmedizinischen Begründungen von MAK-Werten" und von „BAT-Werten" berücksichtigt. Die vorbehaltlose Übernahme von MAK-Werten auf den Zustand der Schwangerschaft ist nicht möglich, weil ihre Einhaltung den sicheren Schutz des ungeborenen Kindes vor fruchtschädigenden Wirkungen von Arbeitsstoffen nicht in jedem Fall gewährleistet. Der Begriff „fruchtschädigend" wird von der Kommission im weitesten Sinne verstanden und zwar im Sinne jeder Stoffeinwirkung, die eine gegenüber der physiologischen Norm veränderte Entwicklung des Organismus hervorruft, die prä- oder postnatal zum Tod oder zu einer permanenten morphologischen oder funktionellen Schädigung der Leibesfrucht führt. Zahlreiche Arbeitsstoffe wurden nicht oder nicht ausreichend auf fruchtschädigende Wirkung untersucht. Die bisher vorliegenden tierexperimentellen Prüfungen auf eine solche Wirkung von Arbeitsstoffen wurden nicht nur nach verschie-

---

[1] Ein ppm entspricht einem Milliliter (ml) Arbeitsstoff je Kubikmeter (m^3) Luft

denen Methoden, sondern auch unterschiedlich intensiv durchgeführt. Aus diesen Prüfungen ist ein Risiko der Fruchtschädigung für den Menschen meist weder sicher zu begründen noch zu quantifizieren, weil im Einzelfall sowohl bei negativen Tierversuchen als auch bei wesentlich geringeren als den im Tierversuch als fruchtschädigend ermittelten Grenzdosen ein solches Risiko für den Menschen gegeben sein kann.

Die Kommission überprüft die bisher erfaßten gesundheitsschädlichen Arbeitsstoffe daraufhin, ob ein Risiko der Fruchtschädigung bei Einhaltung der MAK-Werte und der BAT-Werte ausgeschlossen werden kann, ob ein solches sicher nachgewiesen ist oder nach den vorliegenden Informationen als wahrscheinlich unterstellt werden muß. Für eine Anzahl von Arbeitsstoffen wird es jedoch vorerst nicht möglich sein, eine Aussage zum Risiko der Fruchtschädigung zu machen. Mit der Nennung suspekter Stoffe soll auf die Notwendigkeit entsprechender Untersuchungen hingewiesen werden.

Nach einer eingehenden Diskussion der Grundlagen und Möglichkeiten zur Klassifizierung fruchtschädigender Arbeitsstoffe (ASP 18, 181–185, 1983) erfolgt eine Einteilung der Listenstoffe (Teil IIa) in einer besonderen Spalte „Schwangerschaft" in die folgenden Gruppen:[1]

Gruppe A: Ein Risiko der Fruchtschädigung ist sicher nachgewiesen. Bei Exposition Schwangerer kann auch bei Einhaltung des MAK-Wertes und des BAT-Wertes eine Schädigung der Leibesfrucht auftreten.

Gruppe B: Nach dem vorliegenden Informationsmaterial muß ein Risiko der Fruchtschädigung als wahrscheinlich unterstellt werden. Bei Exposition Schwangerer kann eine solche Schädigung auch bei Einhaltung der MAK-Werte und der BAT-Werte nicht ausgeschlossen werden.

Gruppe C: Ein Risiko der Fruchtschädigung braucht bei Einhaltung der MAK-Werte und der BAT-Werte nicht befürchtet zu werden.

Krebserzeugende Arbeitsstoffe ohne MAK-Werte erhalten ein „–".

Die Kommission beabsichtigt, durch schrittweise Aufarbeitung die bestehenden Lücken zu schließen und damit eine brauchbare Grundlage für entsprechende Maßnahmen des Arbeitsschutzes zu schaffen.

Die Gründe, die für die Eingruppierung von Stoffen in die Gruppen A–C maßgebend waren, werden in den toxikologisch-arbeitsmedizinischen Begründungen der MAK-Werte und der BAT-Werte aufgeführt.

Bei einer Reihe von Stoffen liegen einzelne Befunde über die Möglichkeit fruchtschädigender Wirkungen vor, die jedoch für eine Zuordnung zu einer der Gruppen A–C noch keine ausreichende Grundlage ergeben. Solche Stoffe werden zunächst in der Liste der Ankündigungen der Überprüfung von MAK-Werten und BAT-Werten geführt. Mit der Nennung soll auf die Notwendigkeit entsprechender Untersuchungen hingewiesen werden.

Der Umgang mit erwiesenen oder potentiellen krebserzeugenden Arbeitsstoffen erfordert besondere Vorsicht und Maßnahmen der Gesundheitsvorsorge. Diese Stoffe werden daher in den Tabellen 2–4 aufgeführt.

[1] Der Schwangerschaftshinweis wurde nicht in die hier auszugsweise abgedruckte Tabelle 1 (entspr. Teil IIa) übernommen; ggf. muß die eingangs zitierte Originalliteratur herangezogen werden.

Tabelle 1. Liste der für den Analytiker wichtigsten Stoffe mit MAK-Werten

Stoff	Formel	MAK ppm	MAK mg/m³	H; S	Dampfdruck in mbar bei 20 °C
Acetaldehyd	$CH_3 \cdot CHO$	50	90		
		vgl. Tab. 4			
Acetamid	$CH_3 \cdot CO \cdot NH_2$	vgl. Tab. 4			
Aceton	$CH_3 \cdot CO \cdot CH_3$	1000	2400		233
Acetonitril	$CH_3 \cdot CN$	40	70		
Acrolein (2-Propenal)	$CH_2{:}CH \cdot CHO$	0,1	0,25		
Acrylamid	$CH_2{:}CH \cdot CO \cdot NH_2$	vgl. Tab. 3		H	
Acrylnitril	$CH_2{:}CH \cdot CN$	vgl. Tab. 3		H	
Acrylsäureethylester (Ethylacrylat)	$CH_2{:}CH \cdot COO \cdot C_2H_5$	25	100	H	39
Acrylsäuremethylester (Methylacrylat)	$CH_2{:}CH \cdot COO \cdot CH_3$	5	18	H	93
Allylalkohol (2-Propen-1-ol)	$CH_2{:}CH \cdot CH_2 \cdot HO$	2	5	H	24
Allylchlorid (3-Chlorpropen)	$CH_2{:}CH \cdot CH_2 \cdot Cl$	1	3		393
		vgl. Tab. 4			
Ameisensäure	$HCOOH$	5	9		
Ameisensäureethylester (Ethylformiat)	$HCOO \cdot C_2H_5$	100	300		256
Ameisensäuremethylester (Methylformiat)	$HCOO \cdot CH_3$	100	250		640
2-Aminoethanol	$NH_2 \cdot CH_2 \cdot CH_2 \cdot OH$	3	6		
Ammoniak	NH_3	50	35		
iso-Amylalkohol	$(CH_3)_2CH \cdot CH_2 \cdot CH_2 \cdot OH$	100	360		
Anilin	$C_6H_5 \cdot NH_2$	2	8	H	
		vgl. Tab. 4			
Anisidin (o, p-Isomeren)	$NH_2 \cdot C_6H_4 \cdot OCH_3$	0,1	0,5	H	
Antimonwasserstoff	SbH_3	0,1	0,5		
Arsenwasserstoff	AsH_3	0,05	0,2		
Asbest (Feinstaub)		vgl. Tab. 2 und Abschnitt IV der Originalmitteilung			
p-Benzochinon	$C_6H_4O_2$	0,1	0,4		
Benzol	C_6H_6	vgl. Tab. 2		H	101
Benzotrichlorid (α,α,α-Trichlortoluol)	$C_6H_5 \cdot CCl_3$	vgl. Tab. 4			
Biphenyl	$(C_6H_5)_2$	0,2	1		
Bis(chlormethyl)-ether	$Cl \cdot CH_2 \cdot O \cdot CH_2 \cdot Cl$	vgl. Tab. 2			
Bleitetraethyl (als Pb berechnet)	$Pb(C_2H_5)_4$	0,01	0,075	H	

Tabelle 1. (Fortsetzung)

Stoff	Formel	MAK ppm	MAK mg/m³	H; S	Dampfdruck in mbar bei 20°C
Bleitetramethyl (als Pb berechnet)	$Pb(CH_3)_4$	0,01	0,075	H	
Bortrifluorid	BF_3	1	3		
Brom	Br_2	0,1	0,7		
Bromethan	$C_2H_5 \cdot Br$	200	890		507
Brommethan	$CH_3 \cdot Br$	5	20	H	
Bromwasserstoff	HBr	5	17		
1,3-Butadien	$CH_2{:}CH \cdot CH{:}CH_2$	vgl. Tab. 3			
Butan	C_4H_{10}	1000	2350		
Butanol (alle Isomeren)	$C_4H_9 \cdot OH$	100	300		4–40
2-Butoxyethyl-acetat	$CH_3(CH_2)_3 \cdot O \cdot CH_2 \cdot CH_2 \cdot COO \cdot CH_3$	20	135	H	
p-tert.-Butylphenol	$HO \cdot C_6H_4 \cdot C(CH_3)_3$	0,08	0,5	H	
p-tert.-Butyltoluol	$C_4H_9 \cdot C_6H_4 \cdot CH_3$	10	60		
Calciumoxid	CaO		5		
Carbonylchlorid (Phosgen)	$COCl_2$	0,1	0,4		
Chinon (p-Benzochinon)	$C_6H_4O_2$	0,1	0,4		
Chlor	Cl_2	0,5	1,5		
Chloracetaldehyd	$Cl \cdot CH_2 \cdot CHO$	1	3		
Chlorbenzol	$C_6H_5 \cdot Cl$	50	230		12
Chlorbrommethan	$CH_2 \cdot Cl \cdot Br$	200	1050		147
1-Chlor-2,3-epoxy-propan	$O \cdot CH_2 \cdot CH \cdot CH_2 \cdot Cl$ (O und CH ringförmig verbunden)	vgl. Tab. 3		H	
Chlorethan	$C_2H_5 \cdot Cl$	1000	2600		
2-Chlorethanol	$Cl \cdot CH_2 \cdot CH_2OH$	1	3	H	
Chloroform	$CHCl_3$	10	50		210
(Trichlormethan)		vgl. Tab. 4			
Chlormethan	$CH_3 \cdot Cl$	50	105		
		vgl. Tab. 4			
3-Chlorpropen	$CH_2{:}CH \cdot CH_2 \cdot Cl$	1	3		393
Chlorwasserstoff	HCl	5	7		
Chromtrioxid	CrO_3		0,1		
		vgl. Tab. 4			
Cyanide (als CN berechnet)			5	H	
Cyanwasserstoff	HCN	10	11	H	
Cyclohexan	C_6H_{12}	300	1050		104
Cyclohexanol	$C_6H_{11} \cdot OH$	50	200		
Cyclohexanon	$C_6H_{10}O$	50	200		5
Cyclohexylamin	$C_6H_{11} \cdot NH_2$	10	40		
DDT	$(C_6H_4Cl)_2CH \cdot CCl_3$		1	H	
1,2-Diaminoethan	$NH_2 \cdot C_2H_4 \cdot NH_2$	10	25		
Diazomethan	$CH_2{:}N_2$	vgl. Tab. 3			
1,2-Dibromethan	$CH_2Br \cdot CH_2Br$	vgl. Tab. 3		H	15

Tabelle 1. (Fortsetzung)

Stoff	Formel	MAK ppm	MAK mg/m³	H; S	Dampf-druck in mbar bei 20 °C
1,2-Dichlorbenzol	$C_6H_4Cl_2$	50	300		
1,4-Dichlorbenzol	$C_6H_4Cl_2$	75	450		
2,2′-Dichlordi-ethylether	$C_4H_4Cl \cdot O \cdot C_2H_4Cl$	10	60	H	
1,1-Dichlorethan	$CHCl_2 \cdot CH_3$	100	400		240
1,2-Dichlorethan	$CH_2Cl \cdot CH_2Cl$	20 vgl. Tab. 4	80		87
1,1-Dichlorethen (Vinylidenchlorid)	$CH_2:CCl_2$	2 vgl. Tab. 4	8		667
1,2-Dichlorethen	$CHCl:CHCl$	200	790		220
Dichlordifluor-methan	CF_2Cl_2	1000	4950		
Dichlordimethyl-ether (Bis(chlor-methyl)ether)	$Cl \cdot CH_2 \cdot O \cdot CH_2 \cdot Cl$	vgl. Tab. 2			
Dichlorfluor-methan	$CHFCl_2$	10	45		
Dichlormethan	CH_2Cl_2	100	360		453
1,2-Dichlorpropan	$CH_2Cl \cdot CHCl \cdot CH_3$	75	350		56
Dicyan (Oxalsäuredinitril)	$(CN)_2$	10	22	H	
Dicyclohexyl-peroxid	$(C_6H_{11})_2 \cdot O_2$	vgl. Abschn. V a) der Orig.-Mitteilung			
Diethylamin	$(C_2H_5)_2NH$	10	30		
Diethylether	$C_2H_5 \cdot O \cdot C_2H_5$	400	1200		587
Difluordibrom-methan	CF_2Br_2	100	860		
1,4-Dihydroxy-benzol	$C_6H_4(OH)_2$		2		
Diisopropylether	$[(CH_3)_2CH]_2O$	500	2100		180
Dimethylamin	$(CH_3)_2NH$	10	18		
N,N-Dimethyl-anilin	$C_6H_5 \cdot N(CH_3)_2$	5	25	H	
Dimethylformamid	$HCO \cdot N(CH_3)_2$	20	60	H	
N,N-Dimethyl-nitrosamin	$(CH_3)_2N \cdot NO$	vgl. Tab. 3			
Dimethylsulfat	$(CH_3)_2SO_4$	vgl. Tab. 3		H	
Dinitrobenzol (alle Isomeren)	$C_6H_4(NO_2)_2$	0,15	1	H	
Dinitrotoluol (alle Isomeren)	$CH_3 \cdot C_6H_3(NO_2)_2$	vgl. Tab. 3		H	
1,4-Dioxan	$O \cdot CH_2CH_2 \cdot O \cdot CH_2 \cdot CH_2$ (ringförmig verbunden)	50 vgl. Tab. 4	180	H	41
Diphenylether (Dampf)	$C_6H_5 \cdot O \cdot C_6H_5$	1	7		
Diphenylether/ Biphenylmischung (Dampf)		1	7		

Tabelle 1. (Fortsetzung)

Stoff	Formel	MAK		H; S	Dampf-druck in mbar bei 20 °C
		ppm	mg/m³		
Eisenpenta-carbonyl	$Fe(CO)_5$	0,1	0,8		
Epichlorhydrin (1-Chlor-2,3-epoxypropan)	$O \cdot CH_2 \cdot CH \cdot CH_2Cl$ (Ring O–CH)	vgl. Tab. 3		H	
Essigsäure	$CH_3 \cdot COOH$	10	25		
Essigsäureethyl-ester (Ethylacetat)	$CH_3 \cdot COO \cdot C_2H_5$	400	1400		97
Essigsäureanhydrid	$(CH_3 \cdot CO)_2O$	5	20		
Essigsäure-methylester (Methylacetat)	$CH_3 \cdot COO \cdot CH_3$	200	610		220
Ethanol	$C_2H_5 \cdot OH$	1000	1900		59
2-Ethoxyethanol	$C_2H_5 \cdot O \cdot C_2H_4 \cdot OH$	20	75	H	~ 5
Ethylacetat	$CH_3 \cdot COO \cdot C_2H_5$	400	1400		97
Ethylacrylat	$CH_2{:}CH \cdot COO \cdot C_2H_5$	5	20	H	39
Ethylamin	$C_2H_5 \cdot NH_2$	10	18		
Ethylbenzol	$C_6H_5 \cdot C_2H_5$	100	435	H	
Ethylendiamin (1,2-Diaminoethan)	$NH_2 \cdot C_2H_4 \cdot NH_2$	10	25		
Ethylenglykol-monoethylether (2-Ethoxyethanol)	$C_2H_5 \cdot O \cdot C_2H_4 \cdot OH$	20	75	H	
Ethylenglykol-monomethylether (Methoxyethanol)	$CH_3 \cdot O \cdot C_2H_4 \cdot OH$	25	80	H	
Ethylenimin	$CH_2 \cdot CH_2 \cdot NH$ (Ring)	vgl. Tab. 3		H	
Ethylenoxid	$CH_2 \cdot CH_2 \cdot O$ (Ring)	vgl. Tab. 3		H	
Ethylether (Diethylether)	$C_2H_5 \cdot O \cdot C_2H_5$	400	1200		587
Ethylformiat	$HCOO \cdot C_2H_5$	100	300		256
Fluor	F_2	0,1	0,2		
Fluorwasserstoff	HF	3	2		
Formaldehyd	HCHO	1 vgl. Tab. 4	1,2	S	
Glutaraldehyd	$OHC \cdot (CH_2)_3 \cdot CHO$	0,2	0,8	S	
Heptan	C_7H_{16}	500	2000		48
Hexachlorethan	C_2Cl_6	1	10		
γ-Hexachlorcyclo-hexan (Lindan)	$C_6H_6Cl_6$		0,5	H	
Hexan (n-Hexan)	C_6H_{14}	50	180		160
Hydrazin	$NH_2 \cdot NH_2$	vgl. Tab. 3		H S	
Hydrochinon (1,4-Dihydroxy-benzol)	$C_6H_4(OH)_2$		2		
Iod	I_2	0,1	1		

Tabelle 1. (Fortsetzung)

Stoff	Formel	MAK		H; S	Dampfdruck in mbar bei 20 °C
		ppm	mg/m³		
Iodmethan	$CH_3 \cdot I$	vgl. Tab. 3			
Kampfer	$C_{10}H_{16}O$	2	13		
Keten	$CH_2 : CO$	0,5	0,9		
Kohlendioxid	CO_2	5000	9000		
Kohlenmonoxid	CO	30	33		
Kohlenstoffdisulfid (Schwefelkohlenstoff)	CS_2	10	30	H	400
Kresol (alle Isomeren)	$CH_3 \cdot C_6H_4 \cdot OH$	5	22	H	
Lindan (γ-Hexachlorcyclohexan)	$C_6H_6Cl_6$		0,5	H	
Mesityloxid (4-Methylpent-3-en-2-on)	$(CH_3)_2C : CH \cdot CO \cdot CH_3$	25	100		
Methacrylsäuremethylester (Methylmethacrylat)	$CH_2 : C(CH_3) \cdot COO \cdot CH_3$	100	410	S	47
Methanol	$CH_3 \cdot OH$	200	260	H	128
Methanthiol	$CH_3 \cdot SH$	0,5	1		
2-Methoxyethanol	$CH_3 \cdot O \cdot C_2H_4 \cdot OH$	5	15	H	∼ 11
1-Methoxy-propanol-2	$CH_3 \cdot CHOH \cdot CH_2 \cdot O \cdot CH_3$	100	375		12
Methylacetat	$CH_3 \cdot COO \cdot CH_3$	200	610		220
Methylacetylen	$CH_3 \cdot C \vdots CH$	1000	1650		
Methylacrylat	$CH_2 : CH \cdot COO \cdot CH_3$	5	18	H	93
Methylamin	$CH_3 \cdot NH_2$	10	12		
N-Methylanilin	$C_6H_5 \cdot NHCH_3$	2	9	H	
Methylbromid (Brommethan)	$CH_3 \cdot Br$	5	20	H	
		vgl. Tab. 4			
Methylchlorid (Chlormethan)	$CH_3 \cdot Cl$	50	105		
		vgl. Tab. 4			
Methylformiat	$HCOO \cdot CH_3$	100	250		640
Methyliodid (Iodmethan)	CH_3I	vgl. Tab. 3			
Methylmercaptan (Methanthiol)	$CH_3 \cdot SH$	0,5	1		
Methylmethacrylat	$CH_2 : C(CH_3) \cdot COO \cdot CH_3$	100	410	S	47
4-Methylpent-3-en-2-on (Mesityloxid)	$(CH_3)_2C : CH \cdot CO \cdot CH_3$	25	100		
N-Methyl-pyrrolidon	$CO(CH_2)_3 \cdot N \cdot CH_3$ (Ring)	100	400		
α-Methylstyrol (iso-Propenylbenzol)	$C_6H_5 \cdot C(CH_3) : CH_2$	100	480		3

Tabelle 1. (Fortsetzung)

Stoff	Formel	MAK		H; S	Dampfdruck in mbar bei 20 °C
		ppm	mg/m³		
Monochlor-dimethylether	$CH_3 \cdot O \cdot CH_2Cl$	vgl. Tab. 2			213
Morpholin	C_4H_9NO	20	70	H	
Naphthalin	$C_{10}H_8$	10	50		
2-Naphthylamin	$C_{10}H_7 \cdot NH_2$	vgl. Tab. 2		H	
Nickeltetracarbonyl	$Ni(CO)_4$	vgl. Tab. 3		H	
Nitrobenzol	$C_6H_5(NO_2)$	1	5	H	
Nitroethan	$C_2H_5 \cdot NO_2$	100	310		
Nitromethan	$CH_3 \cdot NO_2$	100	250		
1-Nitropropan	$CH_2NO_2 \cdot CH_2 \cdot CH_3$	25	90		
2-Nitropropan	$CH_3 \cdot CHNO_2 \cdot CH_3$	vgl. Tab. 3			
Octan	C_8H_{18}	500	2350		15
Oxalsäuredinitril	$(CN)_2$	10	22	H	
Ozon	O_3	0,1	0,2		
Pentan	C_5H_{12}	1000	2950		573
Phenol	$C_6H_5 \cdot OH$	5	19	H	
Phenylhydrazin	$C_6H_5 \cdot NH \cdot NH_2$	5 vgl. Tab. 4	22	H S	
Phosgen (Carbonylchlorid)	$COCl_2$	0,1	0,4		
Phosphorpentoxid	P_2O_5		1		
Phosphorwasserstoff	PH_3	0,1	0,15		
Pikrinsäure (2,4,6-Trinitrophenol)	$C_6H_2(OH)(NO_2)_3$		0,1	H	
Propan	C_3H_8	1000	1800		
Propenal (Acrolein)	$CH_2{:}CH \cdot CHO$	0,1	0,25		
2-Propen-1-ol	$CH_2{:}CH \cdot CH_2 \cdot OH$	2	5	H	24
iso-Propenylbenzol (α-Methylstyrol)	$C_6H_5 \cdot C(CH_3){:}CH_2$	100	480		3
Propionsäure	C_2H_5COOH	10	30		
iso-Propylalkohol	$(CH_3)_2CH \cdot OH$	400	980		43
Propylenoxid (1,2-Epoxypropan)	$CH_3 \cdot CH \cdot CH_2 \cdot O$ (Ring: CH–O)	vgl. Tab. 3			
Pyridin	C_5H_5N	5	15		20
Quecksilber	Hg	0,01	0,1		
Salpetersäure	HNO_3	10	25		
Schwefeldioxid	SO_2	2	5		
Schwefelhexafluorid	SF_6	1000	6000		
Schwefelkohlenstoff (Kohlenstoffdisulfid)	CS_2	10	30	H	400

Tabelle 1. (Fortsetzung)

Stoff	Formel	MAK ppm	MAK mg/m³	H; S	Dampfdruck in mbar bei 20°C
Schwefelsäure	H_2SO_4		1		
Schwefelwasserstoff	H_2S	10	15		
Selenwasserstoff	H_2Se	0,05	0,2		
Stickstoffdioxid	NO_2	5	9		
Styrol	$C_6H_5 \cdot CH:CH_2$	100	420		6
1,1,2,2-Tetrabromethan	$CHBr_2 \cdot CHBr_2$	1	14		
1,1,2,2-Tetrachlorethan	$CHCl_2 \cdot CHCl_2$	1 vgl. Tab. 4	7	H	7
Tetrachlorethen	$CCl_2:CCl_2$	50	345		19
Tetrachlormethan	CCl_4	10 vgl. Tab. 4	65	H	120
Tetrahydrofuran	$CH_2(CH_2)_3 \cdot O$ (Ring)	200	590		200
o-Toluidin	$CH_3 \cdot C_6H_4 \cdot NH_2$	vgl. Tab. 4		H	
Toluol	$C_6H_5 \cdot CH_3$	100	375		29
1,2,4-Trichlorbenzol	$C_6H_3 \cdot Cl_3$	5	40		
1,1,1-Trichlorethan	$CCl_3 \cdot CH_3$	200	1080		133
1,1,2-Trichlorethan	$CH_2Cl \cdot CHCl_2$	10 vgl. Tab. 4	55	H	25
Trichlorethen	$CCl_2:CHCl$	50 vgl. Tab. 4	260		77
Trichlorfluormethan	$CFCl_3$	1000	5600		889
Trichlormethan (Chloroform)	$CHCl_3$	10 vgl. Tab. 4	50		210
α,α,α-Trichlortoluol	$C_6H_5 \cdot CCl_3$	vgl. Tab. 4			
Triethylamin	$(C_2H_5)_3N$	10	40		
Trifluorbrommethan	CF_3Br	1000	6100		
2,4,6-Trinitrophenol (Pikrinsäure)	$C_6H_2(OH)(NO_2)_3$		0,1	H	
Trinitrotoluol	$CH_3 \cdot C_6H_2(NO_2)_3$	0,15	1,5	H	
Vinylchlorid	$CH_2:CHCl$	vgl. Tab. 2			
Vinylidenchlorid (1,1-Dichlorethen)	$CH_2:CCl_2$	2 vgl. Tab. 4	8		667
Wasserstoffperoxid	H_2O_2	1	1,4		
Xylol (alle Isomeren)	$(CH_3)_2C_6H_4$	100	440	H	7–9

Tabelle 2. Stoffe, die beim Menschen erfahrungsgemäß bösartige Geschwülste zu verursachen vermögen

---

4-Aminodiphenyl
Arsentrioxid und Arsenpentoxid, arsenige Säure, Arsensäure und ihre Salze
Asbest (Chrysotil, Krokydolith, Amosit, Anthophyllit, Aktinolith, Tremolit) als Feinstaub und asbesthaltiger Feinstaub
Benzidin und seine Salze
Benzol
Bis(chlormethyl)ether (Dichlordimethylether)
Braunkohlenteer
Monochlordimethylether
2-Naphthylamin
Nickel (in Form atembarer Stäube/Aerosole von Nickelmetall, Nickelsulfid und sulfidischen Erzen, Nickeloxid und Nickelcarbonat, wie sie bei der Herstellung und Weiterverarbeitung auftreten können)
Steinkohlenteer, Steinkohlenteerpech und Steinkohlenteeröle mit carcinogenem Potential sowie Gemische damit
Vinylchlorid
Zinkchromat

Tabelle 3. Stoffe, die sich bisher nur im Tierversuch eindeutig als cancerogen erwiesen haben

---

Acrylamid
Acrylnitril
o-Aminoazotoluol
Antimontrioxid
Auramin (techn. Gemische)
Beryllium und seine Verbindungen
1,3-Butadien
2,4-Butansulton
Cadmiumchlorid (in Form atembarer Stäube/Aerosole)
Calciumchromat
1-Chlor-2,3-epoxypropan (Epichlorhydrin)
4-Chlor-o-toluidin
N-Chlorformyl-morpholin
Chrom-III-chromate („Chromic-chromate")
Chrysen
Cobalt (in Form atembarer Stäube/Aerosole von Cobaltmetall und schwerlöslichen Cobaltsalzen)
2,4-Diaminoanisol
Diazomethan
1,2-Dibrom-3-chlorpropan
1,2-Dibromethan
Dichloracetylen
3,3'-Dichlorbenzidin
1,4-Dichlorbuten-2
1,3-Dichlorpropen(cis- und trans-)
Diethylsulfat
3,3'-Dimethoxybenzidin(o-Dianisidin)
3,3'-Dimethylbenzidin(o-Tolidin)
Dimethylcarbamidsäurechlorid
3,3'-Dimethyl-4,4'-diaminodiphenylmethan
1,1-Dimethylhydrazin
1,2-Dimethylhydrazin
N,N-Dimethylnitrosamin
Dimethylsulfamoylchlorid
Dimethylsulfat
Dinitrotoluole (Isomerengemische)
1,2-Epoxypropan
Ethylcarbamat
Ethylenimin
Ethylenoxid
Hexamethylphosphorsäuretriamid
Hydrazin
Iodmethan (Methyliodid)
4,4'-Methylen-bis(2-chloranilin)
Nickeltetracarbonyl
5-Nitroacenaphthen
4-Nitrobiphenyl
2-Nitronaphthalin
2-Nitropropan
N-Nitrosodi-n-butylamin und 11 weitere homologe Nitrosamine
Polycyclische aromatische Kohlenwasserstoffe, krebserzeugende (vgl. Abschn. Vd der Orig.-Mitteilung)

Tabelle 3. (Fortsetzung)

1,3-Propansulton	2,3,7,8-Tetrachlordibenzo-p-dioxin
β-Propiolacton	o-Toluidin
Propylenimin	2,4-Toluylendiamin
Strontiumchromat	2,3,4-Trichlorbuten-1

Tabelle 4. Stoffe, bei denen nach neueren Befunden der Krebsforschung ein nennenswertes krebserzeugendes Potential zu vermuten ist

Acetaldehyd
Acetamid
Alkali-Chromate
3-Amino-9-ethylcarbazol
4-Amino-2-nitrophenol
Anilin
Antimontrioxid
Azo-Farbstoffe aus doppelt diazotiertem Benzidin, 3,3'-Dimethylbenzidin, 3,3'-Dimethoxybenzidin und 3,3'-Dichlorbenzidin
Bitumen
Bleichromat, Bleichromatoxid
Brommethan
1,3-Butadien
2-Butenal
Cadmium und seine Verbindungen
(Cadmiumoxid, Cadmiumsulfat; ferner Cadmiumsulfid als Ausgangsstoff bei technischen Prozessen)
Chlordan
Chlordecon (Kepone)
Chlorierte Biphenyle (technische Produkte)
Chlormethan
3-Chlorpropen (Allylchlorid)
4-Chlor-o-toluidin
5-Chlor-o-toluidin
α-Chlortoluol (Benzylchlorid)
Chromcarbonyl
Chromoxychlorid
Chromtrioxid
2,4-Diaminoanisol
4,4'-Diaminodiphenylmethan
2,2'-Dichlordiethylether
1,2-Dichlorethan
1,1-Dichlorethen (Vinylidenchlorid)
Dichlormethan
1,3-Dichlorpropen (-cis und -trans)
α,α-Dichlortoluol (Benzalchlorid)
Diethylcarbamidsäurechlorid
1,1-Difluorethen
Diglycidylether
3,3'-Dimethoxybenzidin (o-Dianisidin)
3,3'-Dimethylbenzidin (o-Tolidin)
Dinitronaphthaline (alle Isomeren)
1,4-Dioxan

Tabelle 4. (Fortsetzung)

1,2-Epoxypropan
Ethylenoxid
Formaldehyd
Heptachlor
Holzstaub (außer Buchen- und Eichenholzstaub)
1,1,2,3,4,4-Hexachlor-1.3-butadien
Isopropylöl (Rückstand bei der iso-Propylalkohol-Herstellung)
Künstliche Mineralfasern (Durchmesser $< 1\ \mu m$)
Kühlschmierstoffe, die Nitrit oder nitritliefernde Verbindungen und Reaktionspartner für Nitrosaminbildung enthalten
4,4'-Methylen-bis(N,N'-dimethylanilin)
Michlers Keton
Monochlordifluormethan
1-Nitronaphthalin
2-Nitro-p-phenylendiamin
Nitropyrene (Mono-, Di-, Tri-, Tetra-) (Isomere)
4,4'-Oxydianilin
Phenylglycidylether
Phenylhydrazin
N-Phenyl-2-naphthylamin
Pyrolyseprodukte aus organischem Material (vgl. Abschn. Vd der Orig.-Mitteilung)
1,1,2,2-Tetrachlorethan
Tetrachlormethan
4,4'-Thiodianilin
o-Toluidin
2,4-Toluylendiamin
1,1,2-Trichlorethan
Trichlorethen (Trichlorethylen)
Trichlormethan (Chloroform)
α,α,α-Trichlortoluol (Benzotrichlorid)
2,4,5-Trimethylanilin
Trimethylphosphat
2,4,7-Trinitrofluorenon
2,4-Xylidin

Akronyme

Siehe Band 5, Seite 304–310.

Prüfröhrchen für Luftuntersuchungen und technische Gasanalysen

In Band 1 des Analytiker-Taschenbuchs[1] gibt K. Leichnitz einen Überblick über das Prinzip und die Einsatzbereiche der Prüfröhrchenverfahren für die Gasanalyse. Ihrer allgemeinen Bedeutung wegen wurden die Tabellen jenes Beitrages in den Basisteil dieses Taschenbuches aufgenommen. Für die Überarbeitung der Tabellen (Stand 1985) danken wir Herrn Obering. Leichnitz.

Erläuterungen zu den Tabellen

Bezeichnung des Prüfröhrchens (Spalte 1): Basis ist der für das jeweilige Prüfröhrchen vom Hersteller benutzte Name (z. B. Ammoniak, Ethylacetat, Arsenwasserstoff). In Klammern hinzugefügt wurde — falls möglich — der Name entsprechend den Nomenklatur-Richtsätzen der IUPAC (z. B. Arsan, Ethen, Hydrogensulfid).

Meßbereich: Bei Röhrchen für Kurzzeitmessungen:

ppm $\triangleq$ cm^3/m^3
% $\triangleq$ $cm^3/100\ cm^3$

Bei Röhrchen für Langzeitmessungen:

Mikroliter (als absolute Einheit)
ppm (als Konzentration)

Sämtliche Angaben beziehen sich auf die Gasphase:

Volumenkonzentration in ppm oder %.

Als absolute Einheit für das Volumen der zu messenden Komponente wird Mikroliter benutzt.

Hubzahl: Pumpen für Kurzzeit-Prüfröhrchen fördern pro Hub 100 cm^3.

Maximale Einsatzzeit: bezieht sich auf Langzeit-Prüfröhrchen.

Reagenz: Anzeigereagenzien (soweit bekanntgegeben).

Farbumschlag: bezieht sich auf den Farbumschlag der Anzeigeschicht bei der Reaktion mit dem Gas.

MAK-Wert: Maximale Arbeitsplatzkonzentration eines Arbeitsstoffes in der Luft am Arbeitsplatz, die im allg. die Gesundheit der Beschäftigten nicht beeinträchtigt.

Für eine Reihe cancerogener Stoffe sind Technische Richtkonzentrationen (TRK) festgelegt; diese Grenzwerte sollen nur als Anhaltspunkt dienen, jedoch ist auch bei Einhaltung der TRK das Risiko einer Beeinträchtigung der Gesundheit nicht vollständig auszuschließen.

[1] Analytiker-Taschenbuch, Bd. 1, S. 205ff.: K. Leichnitz, Prüfröhrchen. Berlin, Heidelberg, New York: Springer 1980

Tabelle 1. Prüfröhrchen für Luftuntersuchungen am Arbeitsplatz (Kurzzeitmessungen: Dauer wenige Minuten)

Prüfröhrchen für	Meßbereich (20°C, 1013 mbar)	Hubzahl	Reagenz	Farbumschlag (von → nach)	MAK-Wert (Stand 1985)
Acetaldehyd	100 bis 1000 ppm	20	Chromat-Schwefelsäure	orange → braungrün	50 ppm
Aceton	100 bis 12000 ppm	10	Dinitrophenylhydrazin	hellgelb → gelb	1000 ppm
Acrylnitril	1 bis 30 ppm	3	HCN-Abspaltung (Chromat) $HgCl_2$-Indikator $HgCl_2$ und Methylrot	gelb → rot	(3 ppm) TRK
Alkohol	100 bis 3500 ppm (Ethanol)	10	Chrom(VI)-Verbindung	braunrot → graugrün	1000 ppm
Alkohol	100 bis 3000 ppm (C_1- bis C_4-Alkohol)	10	Chromat	gelb → grün	200 ppm CH_3OH 400 ppm $(CH_3)_2CH \cdot OH$ 100 ppm $C_4H_9 \cdot OH$
Ameisensäure	1 bis 15 ppm	20	Säure-Indikator	blauviolett → gelb	5 ppm
Ammoniak	5 bis 1000 ppm	10	Base-Indikator	orange-tiefblau	50 ppm
Ammoniak	5 bis 70 ppm 50 bis 700 ppm	10 1	Bromphenolblau u. Säure	orange → dkl.-blau	50 ppm
Anilin	0,5 bis 10 ppm	20	Chromat	hellgelb → hellgrün	(2 ppm) TRK
Arsentrioxid	0,2 mg/m³	100	Reduktion zu AsH_3 Goldverbindung	weiß → grau-violett	(0,2 mg As/m³) TRK
Arsenwasserstoff (Arsan, Arsin)	0,05 bis 3 ppm	20	Goldverbindung	weiß → schwach grauviolett	0,05 ppm
Benzinkohlenwasserst. (n-Octan)	100 bis 2500 ppm	2	I_2O_5 u. $H_2S_2O_7$	weiß → bräunl.-grün	500 ppm
Benzol	2 bis 60 ppm	20	I_2O_5 u. H_2SO_4	weiß → braun	(5 ppm) TRK
Benzol	0,5 bis 10 ppm	40 bis 2	Aldehyd u. H_2SO_4	weiß → hellbraun	(5 ppm) TRK
Chlor	0,2 bis 30 ppm	10	Aromatisches Amin	weiß → orangebraun grün	0,5 ppm

Tabelle 1. (Fortsetzung)

Prüfröhrchen für	Meßbereich (20 °C, 1013 mbar)	Hubzahl	Reagenz	Farbumschlag (von → nach)	MAK-Wert (Stand 1985)
Chlor	0,2 bis 3 ppm 2 bis 30 ppm	10 1	o-Tolidin	weiß → gelb	0,5 ppm
Chlorameisensäureester (Alkylchlorformiate)	0,2 bis 10 ppm	20	p-Nitrobenzylpyridin	weiß → gelb	—
Chlorbenzol	5 bis 200 ppm	10	HCl-Abspaltung (Chromat) Bromphenolblau	blau → gelbgrau	50 ppm
Chlorcyan	0,25 bis 5 ppm	20 bis 1	Pyridin und Barbitursäure	weiß → rosa	—
Chloroform	2 bis 10 ppm	10	Cl_2-Abspaltung o-Tolidin	weiß → gelb	10 ppm
Chloropren	5 bis 60 ppm	3	Permanganat	violett → gelbbraun	10 ppm
Chlorwasserstoff (Hydrogenchlorid)	1 bis 10 ppm	10	Bromphenolblau	blau → gelb	5 ppm
Chromsäure (CrO_3)	0,1 bis 0,5 mg/m^3	40	Diphenylcarbazid	weiß → violett	(0,1 mg CrO_3/m^3) TRK
Cyanid (KCN, NaCN)	2 bis 15 mg/m^3	10	HCN-Abspaltung $HgCl_2$ u. Methylrot	gelb → rot	5 mg/m^3 (berechnet als CN)
Cyanwasserstoff	2 bis 30 ppm	5	$HgCl_2$ + Methylrot	gelb → rot	10 ppm
Cyclohexan	100 bis 1500 ppm	10	Chromsäure	orange → grünbraun	300 ppm
Cyclohexylamin	2 bis 30 ppm	10	Bromphenolblau u. Säure	gelb → blau	10 ppm
Diboran	0,05 bis 3 ppm	20	Goldkomplex	weiß → hellgrau	0,1 ppm
Dichlorvos	0,05	10	Cholinesterase-Inhibierung	—	0,1 ppm
Diethylether	100 bis 4000 ppm	10	Chromat-Schwefelsäure	orange → grünbraun	400 ppm
Dimethylacetamid	10 bis 40 ppm	20	Aminabspaltung (NaOH) Bromphenolblau u. Säure	gelb → blau	10 ppm
Dimethylformamid	10 bis 40 ppm	10	Aminabspaltung (NaOH) Bromphenolblau u. Säure	gelb → blau	20 ppm

Dimethylsulfat	0,005 bis 0,05 ppm	—	p-Nitrobenzylpyridin	weiß → blau	(0,1 mg/m³) TRK
Dimethylsulfid	1 bis 15 ppm	20	Permanganat	violett → gelbbraun	—
Epichlorhydrin	5 bis 50 ppm	20	Chlorabspaltung (Chromat) o-Tolidin	weiß → gelbl.-orange	(3 mg/m³) TRK
Essigsäure	5 bis 80 ppm	3	Säure-Indikator	blauviolett → gelb	10 ppm
Ethylacetat	200 bis 3000 ppm	20	Chromat-Schwefelsäure	orange → braungrün	400 ppm
Ethylbenzol	30 bis 400 ppm	6	I_2O_5 und $H_2S_2O_7$	weiß → braun	100 ppm
Ethylen	0,5 bis 10 ppm	20	Pd-Molybdat-Verbindung	hellgelb → blau	—
Ethylenglykol	10 bis 180 mg/m³	10	Periodat	weiß → rosa	(125 mg/m³) TLV
Ethylenoxid (Oxiran)	1 bis 15 ppm	20	Oxidation zu Aldehyd Xylol u. H_2SO_4	weiß → rosa	10 ppm
Ethylenoxid	25 bis 500 ppm	30	Chromat	hellgelb → blaß türkisgrün	
Ethylglykolacetat (Ethoxyethylacetat)	50 bis 700 ppm	10	Chromat-Schwefelsäure	gelbl.-orange → bräunl.-türkisgrün	20 ppm
Fluorwasserstoff	1,5 bis 15 ppm	20	Zirkon-Chinalizarin	hellblau → schwach-rosa	3 ppm
Flüssiggas (Propan, Butan)	0,02 bis ca. 1%	—	CrO_3 u. $H_2S_2O_7$	gelbbraun → hellgrün	1000 ppm
Flüssiggas	0,1 bis ca. 1%	15 bis 3	I_2O_5 u. $H_2S_2O_7$	weiß → braungrau	1000 ppm
Formaldehyd	0,2 bis 5 ppm	10 bis 20	Xylol u. H_2SO_4	weiß → rosa	1 ppm
n-Hexan	100 bis 3000 ppm	6	Chromsäure	orange → grünbraun	50 ppm
Hydrazin	0,2 bis 10 ppm	10 bis 20	Silberverbindung	weiß → grau	(0,1 ppm) TRK
Kohlendioxid (Carbondioxid)	0,1 bis 1,2%	4	Amin u. Base-Indikator	gelblich → violett	5000 ppm
Kohlendioxid	0,1 bis 1,2%	5	Hydrazin u. Kristallviolett	weiß → blauviolett	5000 ppm
Kohlenmonoxid (Carbonmonoxid)	5 bis 100 ppm	10	I_2O_5 u. $H_2S_2O_7$	weiß → hellbraun/hellgrün	30 ppm
Kohlenmonoxid	2 bis 60 ppm	10	I_2O_5, SeO_2 u. $H_2S_2O_7$	weiß → braungrün	30 ppm
Kohlenwasserstoffe	ca. 20 bis 5000 ppm	—	CrO_3 u. $H_2S_2O_7$	orange → grün/braunschwarz	—
Kohlenwasserstoffe	2 bis 23 mg/Liter	24 bis 3	SeO_2 u. H_2SO_4	gelb → braun	—

Tabelle 1. (Fortsetzung)

Prüfröhrchen für	Meßbereich (20 °C, 1013 mbar)	Hubzahl	Reagenz	Farbumschlag (von → nach)	MAK-Wert (Stand 1985)
Mercaptan (C_2H_5SH)	0,5 bis 5 ppm Ethylmercaptan	20	Palladium-Verbindung	blaßgrau → gelb	0,5 ppm
Mercaptan (CH_3SH, C_2H_5SH)	2 bis 100 ppm	10	Cu-Verbindung u. S	weiß → gelbbraun	0,5 ppm
Methacrylnitril	1 bis 10 ppm	20	HCN-Abspaltung (Chromat) $HgCl_2$ u. Methylrot	gelb → rot	—
Methanol	50 bis 3000 ppm	5	Chromat	orange → schwarzgrau	200 ppm
Methylacrylat	5 bis 200 ppm	20	Pd-Molybdatverbindg.	gelb → blau	5 ppm
Methylbromid	5 bis 50 ppm	5	Br_2-Abspaltung ($SO_3 + KMnO_4$) o-Dianisidin	weiß → braun	5 ppm
Methylenchlorid (Dichlormethan)	100 bis 2000 ppm	10	I_2O_5, SeO_2 u. $H_2S_2O_7$	weiß → bräunl.-grün	100 ppm
Methylmethacrylat	50 bis 500 ppm	10	Pd-Molybdatverbindg.	gelb → blau	100 ppm
Monostyrol (Ethenylbenzol)	10 bis 200 ppm	15 bis 2	H_2SO_4	weiß → hellgelb	100 ppm
Nickel	0,25 bis 1 mg/m^3	100	Dioxim	weiß → rosa TRK	0,5 mg/m^3 (Staub)
Nickeltetracarbonyl	0,1 bis 1 ppm	20	Iod u. Dioxim	hellbraun → rosa	—
Nitroglykol	0,25 ppm	20	H_2SO_4 u. Diamin	weiß → gelb	0,05 ppm
Nitrose Gase (Stickstoffoxide $NO-NO_2$)	0,5 bis 50 ppm	5	Aromatisches Amin	gelblich → blau	5 ppm (NO_2)
Nitrose Gase (Stickstoffoxide $NO-NO_2$)	0,5 bis 10 ppm	5	N,N′-Diphenylbenzidin	weiß → blaugrau	5 ppm (NO_2)

Öl (Nebel + Dampf)	5 bis 20 mg/m³	50	Schwefelsäure u. Katalysator	weiß → braun	—
Olefine (Propen, Buten)	1 bis 55 mg/Liter	20 bis 1	Permanganat	violett → hellbraun	—
Ozon	0,05 bis 1,4 ppm	10	Indigo	hellblau → weiß	0,1 ppm
n-Pentan	100 bis 1 500 ppm	5	Chromsäure	orange → grünbraun	1 000 ppm
Perchlorethylen (Tetrachlorethen)	10 bis 500 ppm	5	I_2O_5 u. $H_2S_2O_7$	weiß → bräunlich-grün	50 ppm
Perchlorethylen (Tetrachlorethen)	10 bis 500 ppm	3	Cl_2-Abspaltung ($KMnO_4$) N,N′-Diphenylbenzidin	weiß → graublau	50 ppm
Phenol	5 ppm	10	2,6-Dibromchinon-chlorimid	weiß → blau	5 ppm
Phosgen (Carbonyldichlorid)	0,04 bis 1,5 ppm	33 bis 1	Dimethylaminobenzaldehyd u. Diethylanilin	gelb → blaugrün	0,1 ppm
Phosphorwasserstoff (Phosphan, Phosphin)	0,1 bis 10 ppm	10	Silbersalz	weiß → braun	0,1 ppm
Phosphorwasserstoff (Phosphan, Phosphin)	0,1 bis 4 ppm 1 bis 40 ppm	10 1	Goldverbindung	weiß → schwach grauviolett	0,1 ppm
Quecksilber	0,05 bis 1,4 mg/m³	28 bis 1	Cu-Iodid	weiß → gelb-orange	0,1 mg/m³
Quecksilber	0,1 bis 2 mg/m³	20 bis 1	Cu(I)-Iodid	gelbgrau → schwach gelborange	0,1 mg/m³
Salpetersäure	1 bis 15 ppm	20	Bromphenolblau	blau → gelb	10 ppm
Schwefeldioxid	1 bis 25 ppm	4	Iod	braun → weiß	2 ppm
Schwefeldioxid	1 bis 25 ppm	10	Iod-Stärke	blau → weiß	2 ppm
Schwefelkohlenstoff (Carbondisulfid)	2 bis 50 ppm	5	I_2O_5 u. $H_2S_2O_7$	weiß → braungrün	10 ppm
Schwefelkohlenstoff	5 bis 60 ppm	11	I_2O_5 u. $H_2S_2O_7$	weiß → braungrün	10 ppm
Schwefelsäure	1 bis 5 mg/m³	100	Bariumchloranilat	nach violett	1 mg/m³
Schwefelwasserstoff (Hydrogensulfid)	1 bis 20 ppm	10	Silbersalz	weiß → gelbbraun	10 ppm
Schwefelwasserstoff	0,5 bis 15 ppm	10	Hg-Komplex	weiß → hellbraun	10 ppm
Schwefelwasserstoff	1 bis 20 ppm	10	Pb-Verbindung	weiß → hellbraun	10 ppm
Tetrachlorkohlenstoff (Carbontetrachlorid)	5 bis 50 ppm	5	$COCl_2$-Abspaltung ($H_2S_2O_7$) dann $COCl_2$-Messung	gelb → blaugrün	10 ppm

Tabelle 1. (Fortsetzung)

Prüfröhrchen für	Meßbereich (20 °C, 1013 mbar)	Hubzahl	Reagenz	Farbumschlag (von → nach)	MAK-Wert (Stand 1985)
Tetrahydrothiophen	1 bis 10 ppm	30	Permanganat	violett → gelbbraun	—
o-Toluidin	1 bis 30 ppm	20	Chromat	hellgelb → blaugrau	5 ppm
Toluol (Methylbenzol)	5 bis 1000 ppm	5	I_2O_5 u. H_2SO_4	weiß → rotbraun	100 ppm
Toluol	5 bis 500 ppm	5	I_2O_5 u. H_2SO_4	weiß → braun	100 ppm
Toluylendiisocyanat	0,02 bis 0,2 ppm	25	Pyridylpyridin	weiß → orange	0,01 ppm
1,1,1-Trichlorethan	50 bis 600 ppm	10	Cl_2-Abspaltung (Chromat) o-Tolidin	grau → braunrot	200 ppm
Trichlorethylen (Trichlorethen)	10 bis 1000 ppm	5	I_2O_5 u. $H_2S_2O_7$	weiß → bräunl.-grün	50 ppm
Trichlorethylen	2 bis 50 ppm	5	Cl_2-Abspaltung (Chromat) o-Tolidin	hellgrau → orange	50 ppm
Triethylamin	5 bis 60 ppm	5	Bromphenolblau u. Säure	gelbgrau → blau	10 ppm
Vinylchlorid (Chlorethen)	1 bis 15 ppm	10	Cl_2-Abspaltung (Chromat) Aromatisches Amin	weiß → orangebraun	(2 bzw. 3 ppm) TRK
Vinylchlorid	0,5 bis 3 ppm	10	HCl-Abspaltung (Chromat) Bromphenolblau	blaugrau → gelb	(2 bzw. 3 ppm) TRK
Vinylchlorid	1 bis 10 ppm	20	Cl_2-Abspaltung ($KMnO_4$) o-Tolidin	weiß → schwach gelborange	(2 bzw. 3 ppm) TRK
Wasserdampf	1 bis 40 mg/Liter	10	SeO_2 u. H_2SO_4	gelb → rotbraun	—
Wasserstoff	0,5 bis 3%	5	H_2O-Bildung (Pd) SeO_2 u. H_2SO_4	gelbgrün → rosa	—
o-Xylol	10 bis 400 ppm	5	Formaldehyd Schwefelsäure	weiß → rotbraun	100 ppm

Tabelle 2. Prüfröhrchen für technische Gasanalysen (Prozeßkontrolle, Abgasuntersuchung) bei Kurzzeitmessungen (wenige Minuten). Zur technischen Gasanalyse sind auch sämtliche Röhrchen aus Tabelle 1 geeignet

Prüfröhrchen für	Meßbereich (20°C, 1013 mbar)	Hubzahl	Reagenz	Farbumschlag (von → nach)
Ammoniak	0,1 bis 1,6%	10	Base-Indikator	orange-blau
	0,5 bis 10%	2		
Ammoniak	0,05 bis 1%	10	Bromphenolblau	gelb → violett
	0,5 bis 10%	1		
Benzol	15 bis 420 ppm	20 bis 2	HCHO und H_2SO_4	weiß → braun
Chlor	50 bis 500 ppm	1	o-Tolidin	hellgrau → dkl.-braun
Chlorwasserstoff (Hydrogenchlorid)	500 bis 5000 ppm	1	Bromphenolblau	blau → weiß
Formaldehyd	1,6 bis 40 ppm	5	Xylol und H_2SO_4	weiß → rosa
Kohlendioxid	1 bis 20%	1	Hydrazin und Kristallviolett	weiß → blauviolett
Kohlenmonoxid	0,5 bis 7%	1	I_2O_5 und $H_2S_2O_7$	weiß → braun
Kohlenmonoxid	0,5 bis 7%	1	I_2O_5, SeO_2 und $H_2S_2O_7$	weiß → braun
Nitrose Gase (Stickstoffoxide $NO-NO_2$)	10 bis 300 ppm	2	Aromatisches Amin	weiß → blau/braun
Nitrose Gase ($NO-NO_2$)	50 bis 3000 ppm	1	Aromatisches Amin	weiß → blau/braun
Nitrose Gase ($NO-NO_2$)	2 bis 50 ppm	10	N,N′-Diphenylbenzidin	gelb → dkl.-blaugrau
Nitrose Gase ($NO-NO_2$)	20 bis 500 ppm	2	o-Dianisidin	hellgrau → rotbraun
Nitrose Gase ($NO-NO_2$)	300 bis 2000 ppm	10	Säure-Indikator	blau → weiß
	1000 bis 5000 ppm	3		
Ozon	10 bis 300 ppm	1	Indigo	blau → gelb
Perchlorethylen (Tetrachlorethen)	2 bis 150 g/m³	2	I_2O_5 und $H_2S_2O_7$	weiß → braun
Perchlorethylen	0,1 bis 1,4%	5	I_2O_5, SeO_2 und $H_2S_2O_7$	weiß → braun
Phosgen (Carbonyldichlorid)	0,25 bis 15 ppm	5	Dimethylaminobenzaldehyd und Dimethylanilin	gelb → blaugrün

Tabelle 2. (Fortsetzung)

Prüfröhrchen für	Meßbereich (20 °C, 1013 mbar)	Hubzahl	Reagenz	Farbumschlag (von → nach)
Phosphorwasserstoff (Phosphan, Phosphin)	50 bis 2000 ppm	1	Silbersalz	weiß → dkl.-braun
Phosphorwasserstoff	50 bis 1000 ppm	3	Goldverbindung	gelb → braunschwarz
Sauerstoff	5 bis 23%	1	$TiCl_3$	schwarz → hellgrau
Schwefeldioxid	100 bis 600 ppm	10	Iodat	weiß → gelbbraun
	500 bis 4000 ppm	2		
Schwefeldioxid	20 bis 200 ppm	10	Iod	braungelb → weiß
Schwefeldioxid	50 bis 500 ppm	10	Iodat u. Säure-Indikator	blaugrau → gelb
Schwefeldioxid	0,2 bis 7%	1	Iod	braun → hellgelb
	0,02 bis 0,7%	10		
Schwefelkohlenstoff (Carbondisulfid)	32 bis 3200 ppm	6	Cu-Verbindung u. Amin	hellblau → braun
Schwefelwasserstoff (Hydrogensulfid)	100 bis 4000 ppm	1	Silbersalz	weiß → braun
Schwefelwasserstoff	100 bis 2000 ppm	1	Pb-Verbindung	weiß → braun
Schwefelwasserstoff	0,2 bis 7%	1	Cu-Verbindung	hellblau → schwarz
Toluol	25 bis 1860 ppm	10	SeO_2 und H_2SO_4	blaßgraubraun → braunviolett
Vinylchlorid (Chlorethen)	100 bis 3000 ppm	18 bis 1	$KMnO_4$	violett → hellbraun

Tabelle 3. Langzeit-Prüfröhrchen zur Bestimmung von Luftverunreinigungen (Dauer mehrere Stunden)

Langzeit-Prüfröhrchen	Einsatzzeit (Stunden)	absolute Einheit (20°C, 1013 mbar)	für maximale Einsatzzeit	für kürzere Einsatzzeit	Reagenz	Farbumschlag (von → nach)
Aceton	8	500 bis 10000 μl	62,5 bis 1250 ppm (Volumen 8 Liter in etwa 8 Stunden)	500 bis 10000 ppm (Volumen 1 Liter in etwa 1 Stunde)	Chrom(VI)-oxid	orange → dkl. braun
Acrylnitril	8	2 bis 40 μl	0,25 bis 5 ppm (Volumen 8 Liter in etwa 8 Stunden)	2 bis 40 ppm (Volumen 1 Liter in etwa 1 Stunde)	Permanganat	violett → gelbbraun
Ammoniak	4	10 bis 100 μl	2,5 bis 25 ppm (Volumen 4 Liter in etwa 4 Stunden)	10 bis 100 ppm (Volumen 1 Liter in etwa 1 Stunde)	Bromphenolblau u. Säure	gelb → blau
Benzol	4	20 bis 200 μl	5 bis 50 ppm (Volumen 4 Liter in etwa 4 Stunden)	20 bis 200 ppm (Volumen 1 Liter in etwa 1 Stunde)	Iodsäure u. H_2SO_4	weiß → bräunl.-grün
Blausäure (Cyanwasserstoff)	8	10 bis 120 μl	1,3 bis 15 ppm (Volumen 8 Liter in etwa 8 Stunden)	10 bis 120 ppm (Volumen 1 Liter in etwa 1 Stunde)	$HgCl_2$ u. Methylrot	gelb → rot
Chlor	8	1 bis 20 μl	0,13 bis 2,5 ppm (Volumen 8 Liter in etwa 8 Stunden)	0,5 bis 10 ppm (Volumen 2 Liter in etwa 2 Stunden)	o-Tolidin	weiß → gelb-orange
Chloropren	4	5 bis 100 μl	1,3 bis 25 ppm (Volumen 4 Liter in etwa 4 Stunden)	5 bis 100 ppm (Volumen 1 Liter in etwa 1 Stunde)	Permanganat	violett → gelb-braun
Ethanol	8	500 bis 8000 μl	63 bis 1000 ppm (Volumen 8 Liter in etwa 8 Stunden)	500 bis 8000 ppm (Volumen 1 Liter in etwa 1 Stunde)	Chrom(VI)-oxid	orange → dkl. braun
Ethylacetat	8	1000 bis 9000 μl	125 bis 1125 ppm (Volumen 8 Liter in etwa 8 Stunden)	1000 bis 9000 ppm (Volumen 1 Liter in etwa 1 Stunde)	Chrom(VI)-oxid	orange → dkl. braun

Tabelle 3. (Fortsetzung)

Langzeit-Prüfröhrchen	Einsatzzeit (Stunden)	absolute Einheit (20 °C, 1013 mbar)	für maximale Einsatzzeit	für kürzere Einsatzzeit	Reagenz	Farbumschlag (von → nach)
Fluorwasserstoff (Hydrogenfluorid)	8	2 bis 30 µl	0,25 bis 3,75 ppm (Volumen 8 Liter in etwa 8 Stunden)	2 bis 30 ppm (Volumen 1 Liter in etwa 1 Stunde)	Bromphenolblau	blau → gelb
Hydrazin	4	0,2 bis 3 µl	0,05 bis 0,75 ppm (Volumen 4 Liter in etwa 4 Stunden)	0,2 bis 3 ppm (Volumen 1 Liter in etwa 1 Stunde)	Bromphenolblau u. Säure	gelb → blau
Kohlendioxid (Carbondioxid)	4	1000 bis 6000 µl	250 bis 1500 ppm (Volumen 4 Liter in etwa 4 Stunden)	1000 bis 6000 ppm (Volumen 1 Liter in etwa 1 Stunde)	Alkali u. Indikator	orange → hellgelb
Kohlenmonoxid (Carbonmonoxid)	4	10 bis 100 µl	2,5 bis 25 ppm (Volumen 4 Liter in etwa 4 Stunden)	10 bis 100 ppm (Volumen 1 Liter in etwa 1 Stunde)	I_2O_5, SeO_2, $H_2S_2O_7$	weiß → braun
Kohlenmonoxid (Carbonmonoxid)	8	50 bis 500 µl	6,3 bis 63 ppm (Volumen 8 Liter in etwa 8 Stunden)	100 bis 1000 ppm (Volumen 0,5 Liter in etwa 1/2 Stunde)	I_2O_5, SeO_2, $H_2S_2O_7$	weiß → braun
Kohlenwasserstoffe (kalibriert für n-Octan)	4	100 bis 3000 µl	25 bis 750 ppm (Volumen 4 Liter in etwa 4 Stunden)	100 bis 3000 ppm (Volumen 1 Liter in etwa 1 Stunde)	Chromat u. H_2SO_4	orange → grünbraun
Monostyrol (Styrol)	2	20 bis 250 µl	10 bis 125 ppm (Volumen 2 Liter in etwa 2 Stunden)	20 bis 250 ppm (Volumen 1 Liter in etwa 1 Stunde)	Permanganat	violett → gelbbraun
Methylenchlorid (Dichlormethan)	4	50 bis 800 µl	12,5 bis 200 ppm (Volumen 4 Liter in etwa 4 Stunden)	50 bis 800 ppm (Volumen 1 Liter in etwa 1 Stunde)	Methylenchlorid-Spaltung (Chromat), I_2O_5 u. $H_2S_2O_7$	weiß → bräunl. grün
Perchlorethylen (Tetrachlorethen)	4	50 bis 300 µl	12,5 bis 75 ppm (Volumen 4 Liter in etwa 4 Stunden)	50 bis 300 ppm (Volumen 1 Liter in etwa 1 Stunde)	HCl-Abspaltung (Chromat) Bromphenolblau	blau → gelblich-weiß

Salzsäure (Chlorwasserstoff)	8	10 bis 50 µl	1,3 bis 6,3 ppm (Volumen 8 Liter in etwa 8 Stunden)	10 bis 50 ppm (Volumen 1 Liter in etwa 1 Stunde)	Bromphenolblau	blau → gelb-grau
Schwefeldioxid	4	5 bis 50 µl	1,3 bis 13 ppm (Volumen 4 Liter in etwa 4 Stunden)	5 bis 50 ppm (Volumen 1 Liter in etwa 1 Stunde)	$HgCl_2$ u. Methylrot	gelb → rot
Schwefelkohlenstoff (Carbondisulfid)	8	10 bis 100 µl	1,3 bis 13 ppm (Volumen 8 Liter in etwa 8 Stunden)	10 bis 100 ppm (Volumen 1 Liter in etwa 1 Stunde)	I_2O_5, SeO_2, $H_2S_2O_7$	weiß (hellgrün) → braun
Schwefelwasserstoff (Hydrogensulfid)	8	5 bis 60 µl	0,63 bis 7,5 ppm (Volumen 8 Liter in etwa 8 Stunden)	10 bis 120 ppm (Volumen 0,5 Liter in etwa 1/2 Stunden)	Pb-Verbindg.	weiß → braun
Stickstoffdioxid	8	10 bis 100 µl	1,3 bis 13 ppm (Volumen 8 Liter in etwa 8 Stunden)	10 bis 100 ppm (Volumen 1 Liter in etwa 1 Stunde)	Diphenyl-benzidin	gelb → blau-grau
Stickstoffoxide ($NO + NO_2$)	4	5 bis 50 µl	1,25 bis 12,5 ppm (Volumen 4 Liter in etwa 4 Stunden)	5 bis 50 ppm (Volumen 1 Liter in etwa 1 Stunde)	Oxidation durch Chromat, dann o-Dianisidin	weiß → braun
Stickstoffoxide ($NO + NO_2$)	4	50 bis 350 µl	13 bis 88 ppm (Volumen 4 Liter in etwa 4 Stunden)	50 bis 350 ppm (Volumen 1 Liter in etwa 1 Stunde)	Oxidation durch Chromat, dann Diphenylbenzidin	gelb → gelbl.-blau
Toluol	8	200 bis 4000 µl	25 bis 500 ppm (Volumen 8 Liter in etwa 8 Stunden)	100 bis 2000 ppm (Volumen 2 Liter in etwa 2 Stunden)	Iodsäure u. H_2SO_4	weiß → braun
Trichlorethan	4	10 bis 200 µl	2,5 bis 50 ppm (Volumen 4 Liter in etwa 4 Stunden)	10 bis 200 ppm (Volumen 1 Liter in etwa 1 Stunde)	Cl_2-Abspaltung (Chromat) o-Tolidin	hellgrau → orange
Vinylchlorid (Chlorethen)	8	10 bis 50 µl	1,3 bis 6,3 ppm (Volumen 8 Liter in etwa 8 Stunden)	10 bis 50 ppm (Volumen 1 Liter in etwa 1 Stunde)	Cl_2-Abspaltung (Chromat) o-Tolidin	weiß → gelborange

SI-Einheiten

Die Einheiten des Internationalen Einheitensystems (kurz: SI-Einheiten) sind durch das „Gesetz über Einheiten im Meßwesen" (1969) in Verbindung mit einem später erlassenen Änderungsgesetz (1973) in der Bundesrepublik verbindlich geworden. Die Übergangsbestimmungen sind Ende 1977 abgelaufen. Heute sollten nur noch die SI-Einheiten und ihre mit den SI-Vorsätzen gebildeten dezimalen Vielfachen und Teile verwendet werden. Dem Einheitengesetz liegen vor allem die Beschlüsse der „Generalkonferenz für Maß und Gewicht" (CGPM)[1] zugrunde. Mehrere DIN-Normen, im wesentlichen DIN 1301 und DIN 1304[2] interpretieren das Gesetz und enthalten weitere Empfehlungen für die Anwendung auf der Basis der ISO-Nummern 31 und 1000[3]. Die wichtigsten Neuerungen, die sich durch das Einheitengesetz für die chemische Praxis ergeben haben, hat E. Merkel[4] in einer Broschüre zusammengestellt, diskutiert und anhand praktischer Anwendungsbeispiele erläutert. Eine ausführliche Darstellung der geltenden Größen- und Einheitensysteme und ihrer historischen Entwicklung gab J. F. Cordes in Band 2 dieses Taschenbuchs[5].

In den Tabellen 1—3 sind die SI-Basis-Einheiten sowie abgeleitete SI-Einheiten und weitere allgemein anwendbare Einheiten außerhalb des SI aufgeführt.

Die Teile und Vielfache von Einheiten, die durch Multiplikation mit den Faktoren $10^{\pm 1}$, $10^{\pm 2}$, $10^{\pm 3}$ (k = 1, 2, ..., 6) gebildet werden, haben besondere Namen und Zeichen. Diese werden dadurch gebildet, daß vor die Namen und Zeichen der SI-Einheiten besondere Vorsätze bzw. Vorsatzzeichen gesetzt werden, die in Tabelle 4 aufgeführt sind.

In den Tabellen 5—13 sind für einige wichtige SI-Einheiten Faktoren bzw. Formeln zur Umrechnung in andere Einheiten angegeben. Die SI-Einheiten und deren dezimales Vielfache oder Teile sind dort durch Fettdruck herausgegeben.

---

[1] Le système international d'Unités, 1970, Comité Consultatif des Unités (Generalkonferenz für Maß und Gewicht), Deutsche Übersetzung „SI, das Internationale Einheitensystem". Braunschweig: Vieweg 1977

[2] DIN-Normen. Berlin und Köln: Beuth-Vertrieb

[3] International Organisation for Standardization ISO 31, 14 Teile (1973 bis 1975: ISO 1000 (1972))

[4] E. Merkel: Die SI-Einheiten in der chemischen Praxis. Köln: Aulis-Verlag 1980

[5] Analytiker-Taschenbuch Bd. 2, S. 3—29: J. F. Cordes, Größen- und Einheitensysteme, SI-Einheiten. Berlin, Heidelberg, New York: Springer 1981

Tabelle 1. SI-Basiseinheiten

Basisgröße	SI-Basiseinheit	
	Name	Zeichen
Länge	Meter	m
Masse	Kilogramm	kg
Zeit	Sekunde	s
elektrische Stromstärke	Ampere	A
thermodynamische Temperatur	Kelvin	K
Stoffmenge	Mol	mol
Lichtstärke	Candela	cd

Tabelle 2. Abgeleitete SI-Einheiten mit besonderem Namen und mit besonderem Zeichen

Größe	SI-Einheit		Beziehung
	Name	Zeichen	
ebener Winkel	Radiant	rad	1 rad = 1 m/m
Raumwinkel	Steradiant	sr	1 sr = 1 m^2/m^2
Frequenz eines periodischen Vorganges	Hertz	Hz	1 Hz = 1 s^{-1}
Aktivität einer radioaktiven Substanz	Becquerel	Bq	1 Bq = 1 s^{-1}
Kraft	Newton	N	1 N = 1 J/m = 1 m · kg/s^2
Druck, mechanische Spannung	Pascal	Pa	1 Pa = 1 N/m^2 = 1 kg/m · s^2
Energie, Arbeit, Wärmemenge	Joule	J	1 J = 1 N · m = 1 W · s = 1 m^2 · kg/s^2
Leistung, Wärmestrom	Watt	W	1 W = 1 J/s = 1 m^2 · kg/s^3
Energiedosis	Gray	Gy	1 Gy = 1 J/kg = 1 m^2/s^2
elektrische Ladung, Elektrizitätsmenge	Coulomb	C	1 C = 1 A · s
elektrisches Potential, elektrische Spannung	Volt	V	1 V = 1 J/C = 1 m^2 · kg/s^3 · A
elektrische Kapazität	Farad	F	1 F = 1 C/V = 1 s^4 · A^2/m^2 · kg
elektrischer Widerstand	Ohm	Ω	1 Ω = 1 V/A = 1 m^2 · kg/s^3 · A^2
elektrischer Leitwert	Siemens	S	1 S = 1 Ω^{-1} = 1 s^3 · A^2/m^2 · kg
magnetischer Fluß	Weber	Wb	1 Wb = 1 V · s = 1 m^2 · kg/s^2 · A
magnetische Flußdichte, magnetische Induktion	Tesla	T	1 T = 1 Wb/m^2 = 1 kg/s^2 · A
Induktivität	Henry	H	1 H = 1 Wb/A = 1 m^2 · kg/s^2 · A^2
Celsius-Temperatur	Grad Celsius	°C	1 °C = 1 K
Lichtstrom	Lumen	lm	1 lm = 1 cd · sr
Beleuchtungsstärke	Lux	lx	1 lx = 1 lm/m^2 = 1 cd · sr/m^2

Tabelle 3. Allgemein anwendbare Einheiten des SI

Größe	Einheit		Beziehung
	Name	Zeichen	
Volumen	Liter	l, L	$1\,l = 1\,dm^3 = 1\,L$
Zeit	Minute	min[a]	$1\,min = 60\,s$
	Stunde	h[a]	$1\,h = 60\,min$
	Tag	d[a]	$1\,d = 24\,h$
Masse	Tonne	t	$1\,t = 10^3\,kg = 1\,Mg$
	Gramm	g	$1\,g = 10^{-3}\,kg$
Druck	Bar	bar	$1\,bar = 10^5\,Pa$

[a] nicht mit Vorsätzen verwenden

Tabelle 4. Vorsätze und Vorsatzzeichen für dezimale Teile und Vielfache von Einheiten („SI-Vorsätze")

Vorsatz	Vorsatzzeichen	Faktor, mit dem die Einheit multipliziert wird
Atto	a	10^{-18}
Femto	f	10^{-15}
Piko	p	10^{-12}
Nano	n	10^{-9}
Mikro	µ	10^{-6}
Milli	m	10^{-3}
Zenti	c	10^{-2}
Dezi	d	10^{-1}
Deka	da	10^{1}
Hekto	h	10^{2}
Kilo	k	10^{3}
Mega	M	10^{6}
Giga	G	10^{9}
Tera	T	10^{12}
Peta	P	10^{15}
Exa	E	10^{18}

Tabelle 5.

Länge	m	km	in	ft	yd	stat mile	n mile
1 m (Meter)	1	0,001	39,3701	3,28084	1,09361	—	—
1 km (Kilometer)	1000	1	39370,1	3280,84	1093,61	0,621371	0,539957
1 inch (Zoll)	0,0254	—	1	0,08333	0,02778	—	—
1 foot (Fuß)	0,3048	—	12	1	0,3333	0,000189	—
1 yard	0,9144	—	36	3	1	0,000568	—
1 statute mile (Landmeile)	1609,344	1,609344	63360	5280	1760	1	0,868976
1 international nautical mile	1852	1,852	72960	6076,12	2025,37	1,15078	1

Tabelle 6.

Fläche	m^2	km^2	cm^2	in^2	ft^2	yd^2	sq mile	acre	a	ha
1 m^2 (Quadratmeter)	1	—	10000	1550	10,7639	1,196	—	—	0,01	—
1 km^2 (Quadratkilometer)	—	1	—	—	—	—	0,3861	247,105	10000	100
1 square inch (Quadratzoll)	—	—	6,4516	1	—	—	—	—	—	—
1 square foot (Quadratfuß)	0,092903	—	929,03	144	1	0,111	—	—	—	—
1 square yard (Quadratyard)	0,836127	—	8361,27	1296	9	1	—	—	—	—
1 square mile (Quadratmeile)	—	2,5899	—	—	—	—	1	640	—	258,999
1 acre	4046,86	—	—	—	—	4840	0,00156	1	40,4686	0,404686
1 a (Ar)	100	—	—	—	1076,39	—	—	—	1	0,01
1 ha (Hektar)	10000	0,01	—	—	—	—	—	2,47105	100	1

Tabelle 7.

Volumen	m³	cm³	in³	ft³	yd³	US fl oz	UK fl oz	US gal	UK gal	UK pint
1 m³ (Kubikmeter)	1	10^6	61 024	35	1,3	33 814	35 195	264,2	219,9	1 759,8
1 cm³ (Kubikzentimeter)	10^{-6}	1	0,061 024	—	—	0,033 814	0,035 195	—	—	—
1 cubic inch (Kubikzoll)	—	16,387 2	1	—	—	0,554 1	0,576 8	—	—	0,028 8
1 cubic foot (Kubikfuß)	0,028 316 8	283 16,8	1 728	1	0,037 04	957,5	996,6	7,480 5	6,228 8	49,831
1 cubic yard (Kubikyard)	0,764 56	—	46 656	27	1	—	—	201,97	168,18	1 345,43
1 US fluid ounce (Flüssigkeits-Unze)	—	29,574	1,805	—	—	1	1,041	—	—	—
1 UK fluid ounce (Flüssigkeits-Unze)	—	28,413	1,733 9	—	—	0,960 75	1	—	—	0,05
1 US gallon	—	3 785,4	231	0,133 7	—	128	133,23	1	0,832 7	6,662
1 UK gallon	—	4 546,09	277,42	0,160 5	—	153,72	160	1,201	1	8
1 UK print	—	568,261	34,68	0,02	—	19,215	20	0,150 1	0,125	1

Tabelle 8.

Temperatur	
Umrechnungsformeln:	
Celsius-Temperatur ϑ in °C:	$\vartheta = \frac{5}{9}(\vartheta_F - 32) = \frac{\vartheta_F - 32}{1,8}$
Fahrenheit-Temperatur ϑ_F in °F:	$\vartheta_F = \frac{9}{5}\vartheta + 32 = 1,8\vartheta + 32$
Temperaturdifferenzen:	
1 Kelvin = **1 K** = 1 °C	$T_K = \vartheta + 273,15$
1 Grad Rankine = 1 °R = 1 °F	$T_R = \vartheta_F + 459,67$

Tabelle 9.

Masse	**kg**	**g**	**t**	oz	lb	sh cwt	cwt	sh tn	ton
1 kg (Kilogramm)	1	1000	0,001	35,274	2,20462	—	—	—	—
1 g (Gramm)	0,001	1	—	—	—	—	—	—	—
1 t (Tonne)	1000	—	1	35274	2204,62	22,0462	19,685	1,10231	0,98421
1 oz (ounce avoirdupois)	—	28,35	—	1	0,0625	—	—	—	—
1 lb (pound avoirdupois)	0,45359	453,5924	—	16	1	0,01	0,0089	0,0005	—
1 sh cwt (short hundredweight, US-Einheit)	45,3592	—	—	—	100	1	0,8929	0,05	0,0446
1 cwt (hundredweight, brit. Einheit)	50,8023	—	—	—	112	1,12	1	0,056	0,05
1 sh tn (short ton, US-Einheit)	907,185	—	—	—	2000	20	17,857	1	0,8929
1 ton (brit. Einheit)	1016,05	—	1,01605	—	2240	22,4	20	1,12	1

Tabelle 10.

Kraft	N	dyn	p	kp	lbf
1 N (Newton)	1	10^5	101,9716	0,1019716	0,224809
1 dyn	10^{-5}	1	$1{,}019716 \cdot 10^{-3}$	$1{,}019716 \cdot 10^{-6}$	$2{,}24809 \cdot 10^{-6}$
1 p (Pond)	$9{,}80665 \cdot 10^{-3}$	980,665	1	0,001	$2{,}20462 \cdot 10^{-3}$
1 kp (Kilopond)	9,80665	$9{,}80665 \cdot 10^5$	1000	1	2,20462
1 lbf (pound-force)	4,44822	$4{,}44822 \cdot 10^5$	453,592	0,453592	1

Tabelle 11.

Druck	Pa	bar	kp/cm²	at	atm	Torr	lbf/in²
1 Pa = 1 N/m²	1	10^{-5}	$1{,}019716 \cdot 10^{-1}$	$1{,}019716 \cdot 10^{-5}$	$0{,}986923 \cdot 10^{-5}$	$0{,}750062 \cdot 10^{-2}$	$145{,}038 \cdot 10^{-6}$
1 bar = 10^5 dyn/cm²	10^5	1	$10{,}19716 \cdot 10^3$	1,019716	0,986923	750,062	14,5038
1 kp/m² = 1 mm WS	9,80665	$0{,}980665 \cdot 10^{-4}$	1	10^{-4}	$0{,}967841 \cdot 10^{-4}$	$0{,}735559 \cdot 10^{-1}$	$1{,}42233 \cdot 10^{-3}$
1 at = 1 kp/cm²	$0{,}980665 \cdot 10^5$	0,980665	10^4	1	0,967841	735,559	14,2233
1 atm = 760 Torr	101325	1,01325	$1{,}033227 \cdot 10^4$	1,033227	1	760	14,69595
1 Torr	133,3224	$1{,}333224 \cdot 10^{-3}$	13,59510	$1{,}359510 \cdot 10^{-3}$	$1{,}315789 \cdot 10^{-3}$	1	$19{,}3368 \cdot 10^{-3}$
1 lbf/in² = 1 psi (pound-force per sq. inch)	$6{,}89476 \cdot 10^3$	$689476 \cdot 10^{-3}$	703,070	$70{,}3070 \cdot 10^{-3}$	$68{,}0460 \cdot 10^{-3}$	51,7128	1

Tabelle 12.

Arbeit, Energie, Wärmemenge, Drehmoment	J	kWh	PSh	hph	kpm	kcal	Btu	MeV
1 J (Joule) = 1 WS = 1 Nm = 10 erg	1	$2{,}778 \cdot 10^{-7}$	$3{,}777 \cdot 10^{-7}$	$3{,}725 \cdot 10^{-7}$	0,1019716	$2{,}388 \cdot 10^{-4}$	$9{,}478 \cdot 10^{-4}$	$6{,}242 \cdot 10^{12}$
1 kWh (Kilowattstunde)	$3{,}6 \cdot 10^{6}$	1	1,39562	1,34102	$3{,}671 \cdot 10^{5}$	859,845	3412,14	$2{,}247 \cdot 10^{19}$
1 PSh (PS-Stunde)	$2{,}648 \cdot 10^{6}$	0,735499	1	0,986320	$2{,}7 \cdot 10^{5}$	632,41	2509,62	$1{,}653 \cdot 10^{19}$
1 hph (horse-power hour)	$2{,}685 \cdot 10^{6}$	0,745700	1,013870	1	$273{,}7 \cdot 10^{3}$	641,186	2544,43	$1{,}676 \cdot 10^{19}$
1 kpm (Kilopondmeter)	9,80665	$2{,}724 \cdot 10^{-6}$	$3{,}70 \cdot 10^{-6}$	$3{,}653 \cdot 10^{-6}$	1	$2{,}342 \cdot 10^{-3}$	$9{,}295 \cdot 10^{-3}$	$6{,}122 \cdot 10^{13}$
1 kcal (Kilokalorie)	4186,8	$1{,}163 \cdot 10^{-3}$	$1{,}581 \cdot 10^{-3}$	$1{,}560 \cdot 10^{-3}$	426,935	1	3,96832	$2{,}614 \cdot 10^{16}$
1 Btu (British thermal unit)	1055,06	$2{,}931 \cdot 10^{-4}$	$3{,}985 \cdot 10^{-4}$	$3{,}930 \cdot 10^{-4}$	107,586	0,251996	1	$6{,}586 \cdot 10^{15}$
1 MeV (Mega-Elektronvolt)	$1{,}602 \cdot 10^{-13}$	$4{,}45 \cdot 10^{-20}$	$6{,}050 \cdot 10^{-20}$	$5{,}968 \cdot 10^{-20}$	$1{,}63 \cdot 10^{-14}$	$3{,}82 \cdot 10^{-17}$	$1{,}518 \cdot 10^{-15}$	1

Tabelle 13.

Leistung	kW	PS	hp	kpm/s	kcal/s	Btu/s	ft-lbf/s
1 kW (Kilowatt) = 10^{10} erg/s	1	1,35962	1,34102	101,9716	0,238846	0,94781	737,562
1 PS (Pferdestärke)	0,735499	1	0,986320	75	0,1757	0,69712	542,476
1 hp (horsepower)	0,745700	1,01387	1	76,042	0,17811	0,70679	550
1 kpm/s (Kilopondmeter je Sekunde)	$9{,}807 \cdot 10^{-3}$	0,013333	0,0131509	1	$2{,}342 \cdot 10^{-3}$	$9{,}295 \cdot 10^{-3}$	7,23301
1 kcal/s (Kilokalorie je Sekunde)	4,1868	5,692	5,614	426,939	1	3,96832	3088,05
1 Btu/s (British thermal unit/sec)	1,05505	1,4345	1,4149	107,586	0,251993	1	778,17
1 ft-lbf/s (foot-pound-force/sec)	$1{,}356 \cdot 10^{-3}$	$1{,}843 \cdot 10^{-3}$	$1{,}818 \cdot 10^{-3}$	0,138255	$3{,}328 \cdot 10^{-4}$	$1{,}285 \cdot 10^{-3}$	1

Informations- und Behandlungszentren für Vergiftungsfälle mit durchgehendem 24-Stunden-Dienst
im deutschsprachigen Raum

(überprüft im Oktober 1986)

Bundesrepublik Deutschland

Berlin: Beratungsstelle für Vergiftungserscheinungen
an der Universitäts-Kinderklinik, KAVH
Heubnerweg 6, 1000 Berlin 19
Tel. (030) 3023022

Reanimationszentrum der Medizinischen Klinik und Poliklinik
der Freien Universität im Klinikum Westend
Spandauer Damm 130, 1000 Berlin 19
Tel. (030) Durchwahl 3035466 oder 30352215
Klinikzentrale 30351

Bonn: Universitäts-Kinderklinik und Poliklinik Bonn
Informationszentrale für Vergiftungen
Adenauerallee 119, 5300 Bonn
Tel. (0228) Durchwahl 2606211
Pforte 26061

Braunschweig: Medizinische Klinik des Städtischen Krankenhauses
Salzdahlumer Straße 90, 3300 Braunschweig
Tel. (0531) Durchwahl 62290
Klinikzentrale 6880

Bremen: Kliniken der Freien Hansestadt Bremen
Zentralkrankenhaus St.-Jürgen-Straße
Klinikum für innere Medizin, Intensivstation
St.-Jürgen-Straße, 2800 Bremen
Tel. (0421) Durchwahl 4975268 oder 4973688

Freiburg: Universitäts-Kinderklinik Freiburg
Informationszentrale für Vergiftungen
Mathildenstraße 1, 7800 Freiburg
Tel. (0761) Durchwahl 2704361
Klinikzentrale 2701, Pforte 2704300/01 nach 16 Uhr

Göttingen: Universitäts-Kinderklinik und Poliklinik
Humboldtallee 38, 3400 Göttingen
Tel. (0551) Durchwahl 396239
Klinikzentrale 396210/11 (Verm. a. d. diensthabenden Arzt)

Hamburg: I. Medizinische Abteilung des Krankenhauses Barmbek
Giftinformationszentrale
Rübenkamp 148, 2000 Hamburg 60
Tel. (040) Durchwahl 63853345/3346

Homburg: Universitäts-Kinderklinik Homburg/Saar
Informationszentrale für Vergiftungen
6650 Homburg/Saar
Tel. (06841) Durchwahl 162257/162846
Klinikzentrale 161

Kiel: I. Medizinische Universitätsklinik Kiel
Zentralstelle zur Beratung bei Vergiftungsfällen
Schittenhelmstraße 12, 2300 Kiel
Tel. (0431) Durchwahl 5974268
Klinikzentrale 5971, Pforte 5972444/2445

Koblenz: Städtisches Krankenhaus Kemperhof, Koblenz
I. Medizinische Klinik
Koblenzer Straße 115–155, 5400 Koblenz
Tel. (0261) Zentrale 4991
Durchwahl: Kinder bis zu 14 Jahren: 499676
Erwachsene: 499648

Ludwigshafen: Städtische Krankenanstalten Ludwigshafen
Entgiftungszentrale
Bremserstraße 79, 6700 Ludwigshafen
Tel. (0621) Durchwahl 503431
Klinikzentrale 5031

Mainz: Zentrum für Entgiftung und Giftinformation
II. Medizinische Klinik und Poliklinik der Universität
Langenbeckstraße 1, 6500 Mainz
Tel. (06131) 232466
Klinikzentrale 171

München: Giftnotruf München
(Toxikologische Abteilung der II. Medizinischen Klinik rechts der Isar der Technischen Universität)
Ismaninger Straße 22, 8000 München 80
Tel. (089) Durchwahl 41402211
Telex: 50-24404 klire d

Münster: Medizinische Klinik und Poliklinik
Domagkstr. 3, 4400 Münster
Tel. (0251) Durchwahl 836245/6188
Klinikzentrale 831, bei speziellen Vergiftungen auch
Inst. für Pharmakologie und Toxikologie
Durchwahl 835510

Nürnberg: II. Medizinische Klinik der Städtischen Krankenanstalten
Toxikologische Abteilung
Flurstraße 17, 8500 Nürnberg 5
Tel. (0911) Durchwahl 3982451

Papenburg: Marienhospital-Kinderabteilung
Hauptkanal rechts 75, 2990 Papenburg
Tel. (04961) Klinikzentrale 831

Deutsche Demokratische Republik

Der Zentrale Toxikologische Auskunftsdients (ZTA) der DDR ist rund um die Uhr unter den Rufnummern Berlin 3669418 und 3653353/54 zu erreichen. Bei Störung beider Telefonanschlüsse ist folgende Telefonnummer anzuwählen: SMH Berlin (Rettungsamt) 2820561, App. 279. Um eine Information des ärztlichen Bereiches wird gebeten.

Österreich

Wien: Vergiftungsinformationszentrale
Spitalgasse 23, A-1090 Wien
Tel. 0222/434343

Entgiftungsstation des Wilhelminenspitals der Stadt Wien
Montleartstraße 37, A-1160 Wien
Tel. 0222/952511

Schweiz

Zürich: Schweizerisches Toxikologisches Informationszentrum
Klosterbachstraße 107, CH-8030 Zürich
Tel. 01/2515151

Organisationen der Analytischen Chemie im deutschsprachigen Raum

Internationale Organisationen

International Union of Pure and Applied Chemistry (IUPAC)
Analytical Chemistry Division
Vorsitzender: Professor Dr. G. H. Nancollas, Buffalo, N.Y., USA

Federation of European Chemical Societies (FECS)
Working Party on Analytical Chemistry (WPAC)
Vorsitzender: Professor Dr. E. Pungor, Budapest

Nationale Organisationen

Bundesrepublik Deutschland

Gesellschaft Deutscher Chemiker

Fachgruppe „Analytische Chemie"
Vorsitzender: Professor Dr. H. Kelker, Hoechst AG, Frankfurt

mit folgenden Arbeitskreisen:

Deutscher Arbeitskreis für Spektroskopie (DASp)
Vorsitzender: Prof. Dr. L. Laqua, Dortmund

Arbeitskreis Chromatographie
Vorsitzender: Priv. Doz. Dr. G. Schomburg, Mülheim, MPI

Arbeitskreis Archäometrie
Vorsitzender: Professor Dr. G. Schulze, Berlin, Techn. Universität

Arbeitskreis Mikro- und Spurenanalyse der Elemente (A. M. S. E. L.)
Vorsitzender: Prof. Dr. K. Heumann, Regensburg, Universität

Arbeitskreis Kristallstrukturanalyse von Molekülverbindungen (KSAM)
Vorsitzender: Dr. habil. A. Gieren, Universität Innsbruck

Arbeitskreis Laborautomation und Datenverarbeitung
Vorsitzender: Prof. Dr. S. Ebel, Würzburg, Universität

Diskussionsgruppe Analytik im Umweltschutz (DAU)
Vorsitzender: Professor Dr. E. Lahmann, Berlin, Bundesgesundheitsamt

Die Fachgruppe „Analytische Chemie" hält auf dem Gebiet der analytischen Chemie engen Kontakt mit den GDCh-Fachgruppen:

Lebensmittelchemie und gerichtliche Chemie
Vorsitzender: Dr. H. Berg, Karlsruhe, Chem. Untersuchungsanstalt

Magnetische Resonanzspektroskopie
Vorsitzender: Professor Dr. R. Kosfeld, Duisburg, Universität-GH

Nuclearchemie
Vorsitzender: Professor Dr. H. J. Ache, Karlsruhe, KFZ

Waschmittelchemie
Vorsitzender: Dr. H. Stache, Chemische Werke Hüls AG

Wasserchemie
Vorsitzender: Professor Dr. K.-E. Quentin, München, Techn. Universität

Arbeitsgemeinschaft Massenspektrometrie der Deutschen Physik. Gesellschaft der GDCh und der Deutschen Bunsengesellschaft
Vorsitzender: Dr. D. Henneberg, Mülheim, MPI

sowie mit

dem Chemikerausschuß des Vereins Deutscher Eisenhüttenleute (VDEh)
Vorsitzender: Dr. K. H. Koch, Dortmund

dem Chemikerausschuß der Gesellschaft Deutscher Metallhütten- u. Bergleute (GDMB)
Vorsitzender: Dr. D. Hirschfeld, Essen, Krupp GmbH

der Deutschen Gesellschaft für Klinische Chemie e. V.
Präsident: Professor Dr. med. W. Guder, München

Deutsche Demokratische Republik

Chemische Gesellschaft der DDR
FV Analytik
Vorsitzender: Professor Dr. G. Ackermann, Freiberg

Österreich

Gesellschaft Österreichischer Chemiker
Österreichische Gesellschaft für Mikrochemie und Analytische Chemie
Präsident: Prof. Dr. J. F. K. Huber, Wien

Schweiz

Schweizerische Gesellschaft
für Analytische und Angewandte Chemie
Vorsitzender: Prof. Dr. J. Solms, Zürich

Schweizerische Gesellschaft
für Instrumentalanalytik und Mikrochemie
Vorsitzender: Prof. Dr. W. Haerdi, Genf, Universität

Autorenverzeichnis der Bände 1–7

GPSR Compliance
The European Union's (EU) General Product Safety Regulation (GPSR) is a set of rules that requires consumer products to be safe and our obligations to ensure this.

If you have any concerns about our products, you can contact us on

ProductSafety@springernature.com

In case Publisher is established outside the EU, the EU authorized representative is:

Springer Nature Customer Service Center GmbH
Europaplatz 3
69115 Heidelberg, Germany

www.ingramcontent.com/pod-product-compliance
Ingram Content Group UK Ltd.
Pitfield, Milton Keynes, MK11 3LW, UK
UKHW021650190726
13853UKWH00001B/177

* 9 7 8 3 6 4 2 7 2 5 9 1 3 *